1章 ベクトル

1 平面上のベクトル

練習 1 右の図のベクトル$\vec{a}$と次の関係にあるベクトルをすべて求めよ。

(1) 同じ向きのベクトル
(2) 大きさの等しいベクトル
(3) 等しいベクトル
(4) 逆ベクトル

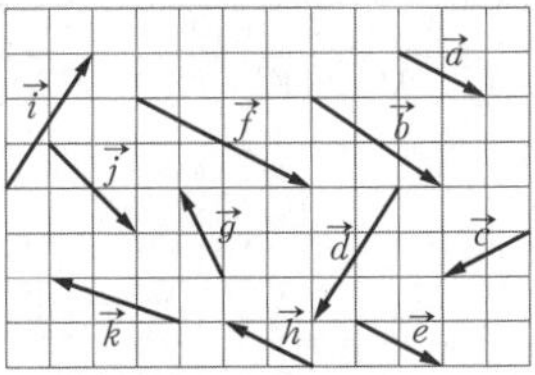

(1) 大きさは考えずに，$\vec{a}$と平行で矢印の向きが同じベクトルであるから
$\vec{e}$, $\vec{f}$

(2) 向きは考えずに，$\vec{a}$と大きさが等しいベクトルであるから
$\vec{c}$, $\vec{e}$, $\vec{g}$, $\vec{h}$

(3) $\vec{a}$と平行，矢印の向きが同じで，大きさも等しいベクトルであるから
$\vec{e}$

(4) $\vec{a}$と平行，矢印の向きが反対で，大きさが等しいベクトルであるから
$\vec{h}$

◀向きは，各ベクトルを対角線とする四角形をもとに考える。

◀(1)と(2)のどちらにも入っているベクトルを求めればよい。

練習 2 右の図の3つのベクトル$\vec{a}$, $\vec{b}$, $\vec{c}$について，次のベクトルを図示せよ。ただし，始点はOとせよ。

(1) $\vec{a}+\frac{1}{2}\vec{b}$ (2) $\vec{a}+\frac{1}{2}\vec{b}-\vec{c}$

(3) $\vec{a}-\vec{b}-2\vec{c}$

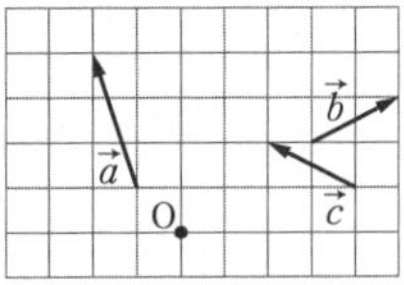

(1)

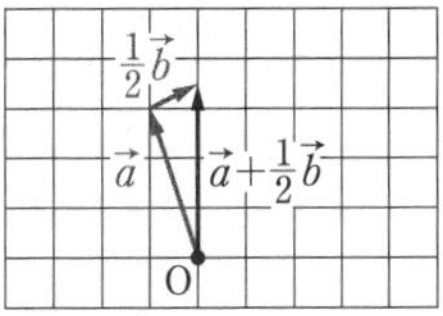

(2) $\vec{a}+\frac{1}{2}\vec{b}-\vec{c}$

$=\left(\vec{a}+\frac{1}{2}\vec{b}\right)+(-\vec{c})$

と考えて，(1)の結果を利用すると，**右の図**のようになる。

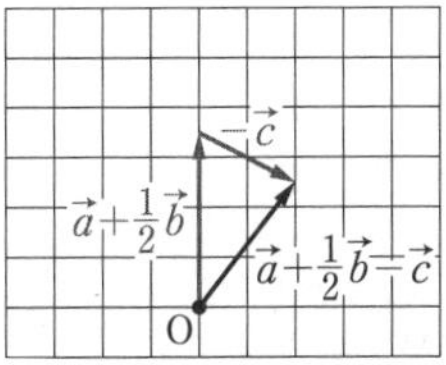

(3) $\vec{a}-\vec{b}-2\vec{c}$

$=\vec{a}+(-\vec{b})+(-2\vec{c})$

と考えると，**右の図**のようになる。

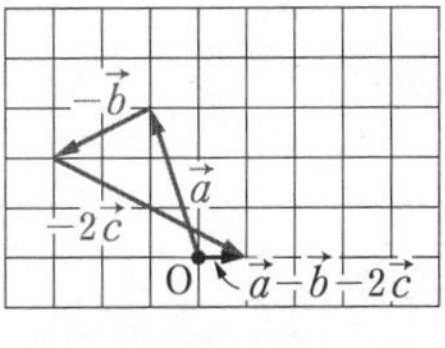

◀(1)において，$\frac{1}{2}\vec{b}$は$\vec{b}$と同じ向きで大きさが$\frac{1}{2}$倍のベクトルである。求めるベクトルは，$\vec{a}$の終点に$\frac{1}{2}\vec{b}$の始点を重ねると，$\vec{a}$の始点から$\frac{1}{2}\vec{b}$の終点へ向かうベクトルである。

練習 3　〔1〕 等式 $\overrightarrow{AC}-\overrightarrow{DC}=\overrightarrow{BD}-\overrightarrow{BA}$ が成り立つことを証明せよ。

〔2〕 平面上に2つのベクトル $\vec{a}$, $\vec{b}$ がある。

(1) $\vec{p}=\vec{a}+\vec{b}$, $\vec{q}=\vec{a}-\vec{b}$ のとき，$2(\vec{p}-3\vec{q})+3(\vec{p}+4\vec{q})$ を $\vec{a}$, $\vec{b}$ で表せ。

(2) $\vec{b}-3\vec{x}+5\vec{a}=2(\vec{a}+5\vec{b}-\vec{x})$ を満たす $\vec{x}$ を $\vec{a}$, $\vec{b}$ で表せ。

(3) $3\vec{x}+\vec{y}=9\vec{a}-7\vec{b}$, $2\vec{x}-\vec{y}=\vec{a}-8\vec{b}$ を同時に満たす $\vec{x}$, $\vec{y}$ を $\vec{a}$, $\vec{b}$ で表せ。

〔1〕 $\overrightarrow{AC}-\overrightarrow{DC}-(\overrightarrow{BD}-\overrightarrow{BA})=\overrightarrow{AC}-\overrightarrow{DC}-\overrightarrow{BD}+\overrightarrow{BA}$

$=(\overrightarrow{AC}+\overrightarrow{CD})+(\overrightarrow{DB}+\overrightarrow{BA})$

$=\overrightarrow{AD}+\overrightarrow{DA}=\overrightarrow{AA}=\vec{0}$

よって，$\overrightarrow{AC}-\overrightarrow{DC}=\overrightarrow{BD}-\overrightarrow{BA}$ が成り立つ。

◀ (左辺) − (右辺) $=\vec{0}$ を示す。

◀ $-\overrightarrow{DC}=\overrightarrow{CD}$, $-\overrightarrow{BD}=\overrightarrow{DB}$

〔2〕 (1) $2(\vec{p}-3\vec{q})+3(\vec{p}+4\vec{q})=2\vec{p}-6\vec{q}+3\vec{p}+12\vec{q}=5\vec{p}+6\vec{q}$

$=5(\vec{a}+\vec{b})+6(\vec{a}-\vec{b})=\mathbf{11\vec{a}-\vec{b}}$

◀ まず，$\vec{p}$, $\vec{q}$ について式を整理し，$\vec{p}=\vec{a}+\vec{b}$ と $\vec{q}=\vec{a}-\vec{b}$ を代入する。

(2) $\vec{b}-3\vec{x}+5\vec{a}=2(\vec{a}+5\vec{b}-\vec{x})$ より $\vec{b}-3\vec{x}+5\vec{a}=2\vec{a}+10\vec{b}-2\vec{x}$

$-\vec{x}=-3\vec{a}+9\vec{b}$

よって　$\mathbf{\vec{x}=3\vec{a}-9\vec{b}}$

◀ x についての1次方程式 $b-3x+5a=2(a+5b-x)$ と同じ手順で解けばよい。

(3) $3\vec{x}+\vec{y}=9\vec{a}-7\vec{b}$ …①，$2\vec{x}-\vec{y}=\vec{a}-8\vec{b}$ …② とおく。

①＋② より　$5\vec{x}=10\vec{a}-15\vec{b}$

①×2−②×3 より　$5\vec{y}=15\vec{a}+10\vec{b}$

よって　$\mathbf{\vec{x}=2\vec{a}-3\vec{b}}$, $\mathbf{\vec{y}=3\vec{a}+2\vec{b}}$

◀ x, y の連立方程式 $\begin{cases}3x+y=9a-7b\\2x-y=a-8b\end{cases}$ と同じ手順で解けばよい。

練習 4　O を中心とする正六角形 ABCDEF において，辺 DE の中点を M とする。$\overrightarrow{OA}=\vec{a}$, $\overrightarrow{OB}=\vec{b}$ とするとき，次のベクトルを $\vec{a}$, $\vec{b}$ で表せ。

(1) $\overrightarrow{BF}$　(2) $\overrightarrow{FD}$　(3) $\overrightarrow{AM}$　(4) $\overrightarrow{FM}$

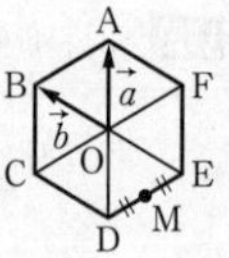

(1) $\overrightarrow{BF}=\overrightarrow{BA}+\overrightarrow{AF}$

$=(\overrightarrow{OA}-\overrightarrow{OB})+\overrightarrow{BO}$

$=\vec{a}-\vec{b}-\vec{b}$

$=\mathbf{\vec{a}-2\vec{b}}$

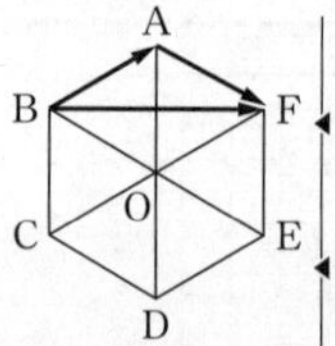

◀ AF // BO, AF = BO よって $\overrightarrow{AF}=\overrightarrow{BO}=-\vec{b}$

$\overrightarrow{BF}=\overrightarrow{BO}+\overrightarrow{OA}+\overrightarrow{AF}$
$=-\vec{b}+\vec{a}+(-\vec{b})$
$=\vec{a}-2\vec{b}$
と考えてもよい。

(2) $\overrightarrow{FD}=\overrightarrow{FA}+\overrightarrow{AD}$

$=\vec{b}+(-2\vec{a})$

$=\mathbf{-2\vec{a}+\vec{b}}$

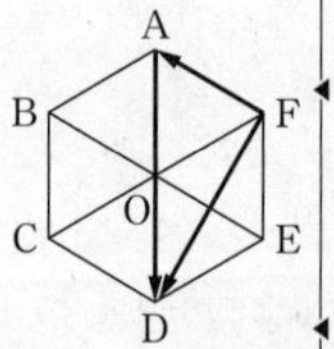

◀ AD = 2AO

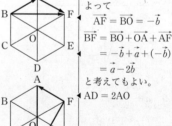

(3) $\overrightarrow{AM}=\overrightarrow{AD}+\overrightarrow{DM}$

$=\overrightarrow{AD}+\dfrac{1}{2}\overrightarrow{BA}$

$=-2\vec{a}+\dfrac{1}{2}(\vec{a}-\vec{b})$

$=\mathbf{-\dfrac{3}{2}\vec{a}-\dfrac{1}{2}\vec{b}}$

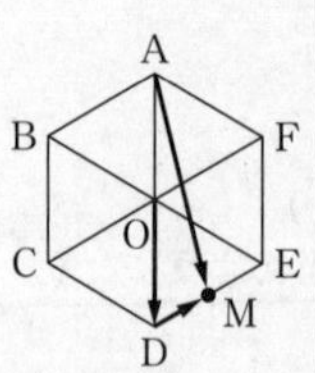

◀ $\mathrm{DM}=\dfrac{1}{2}\mathrm{DE}$, DE = BA

(4) $\overrightarrow{FM} = \overrightarrow{FE} + \overrightarrow{EM}$

$= \overrightarrow{AO} + \frac{1}{2}\overrightarrow{AB}$

$= -\vec{a} + \frac{1}{2}(\vec{b} - \vec{a})$

$= \boldsymbol{-\frac{3}{2}\vec{a} + \frac{1}{2}\vec{b}}$

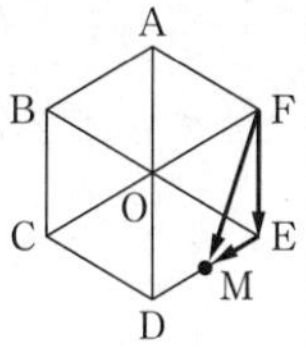

(3) を利用して
$\overrightarrow{FM} = \overrightarrow{FA} + \overrightarrow{AM}$
$= \vec{b} + \left(-\frac{3}{2}\vec{a} - \frac{1}{2}\vec{b}\right)$
$= -\frac{3}{2}\vec{a} + \frac{1}{2}\vec{b}$
としてもよい。

練習 5 正六角形 ABCDEF において，$\overrightarrow{AB} = \vec{a}$，$\overrightarrow{AF} = \vec{b}$ とするとき
(1) $\overrightarrow{AC}$，$\overrightarrow{AE}$ を $\vec{a}$，$\vec{b}$ で表せ。
(2) $\overrightarrow{AC} = \vec{p}$，$\overrightarrow{AE} = \vec{q}$ とするとき，$\overrightarrow{AD}$ を $\vec{p}$，$\vec{q}$ で表せ。

(1) 右の図のように，正六角形の中心を O とする。

$\overrightarrow{AC} = \overrightarrow{AB} + \overrightarrow{BO} + \overrightarrow{OC}$
$= \vec{a} + \vec{b} + \vec{a}$
$= \boldsymbol{2\vec{a} + \vec{b}}$

$\overrightarrow{AE} = \overrightarrow{AF} + \overrightarrow{FO} + \overrightarrow{OE}$
$= \vec{b} + \vec{a} + \vec{b}$
$= \boldsymbol{\vec{a} + 2\vec{b}}$

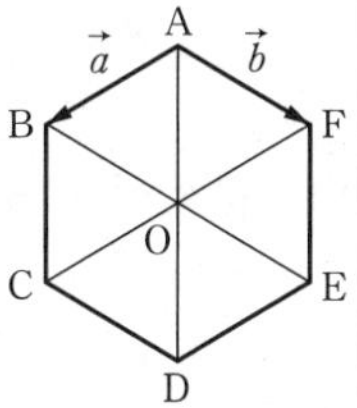

(2) (1) より $\begin{cases} \vec{p} = 2\vec{a} + \vec{b} & \cdots ① \\ \vec{q} = \vec{a} + 2\vec{b} & \cdots ② \end{cases}$

①×2−② より

$2\vec{p} - \vec{q} = 3\vec{a}$ すなわち $\vec{a} = \frac{2}{3}\vec{p} - \frac{1}{3}\vec{q}$

②×2−① より

$-\vec{p} + 2\vec{q} = 3\vec{b}$ すなわち $\vec{b} = -\frac{1}{3}\vec{p} + \frac{2}{3}\vec{q}$

よって

$\overrightarrow{AD} = 2\overrightarrow{AO} = 2\vec{a} + 2\vec{b}$
$= 2\left(\frac{2}{3}\vec{p} - \frac{1}{3}\vec{q}\right) + 2\left(-\frac{1}{3}\vec{p} + \frac{2}{3}\vec{q}\right)$
$= \boldsymbol{\frac{2}{3}\vec{p} + \frac{2}{3}\vec{q}}$

2 元 1 次連立方程式
$\begin{cases} p = 2x + y \\ q = x + 2y \end{cases}$
と同じ手順で解けばよい。

①＋② より
$\vec{p} + \vec{q} = 3(\vec{a} + \vec{b})$
よって
$\overrightarrow{AD} = 2\overrightarrow{AO} = 2(\vec{a} + \vec{b})$
$= \frac{2}{3}(\vec{p} + \vec{q})$
と考えてもよい。

練習 6 平行四辺形 OABC の対角線 OB を 3 等分する点を O に近い方からそれぞれ P，Q とし，対角線 AC を 4 等分する点で A に最も近い点を K，C に最も近い点を L とする。このとき，四角形 PKQL は平行四辺形であることを示せ。

$\overrightarrow{OA} = \vec{a}$，$\overrightarrow{OC} = \vec{c}$ とおく。
四角形 OABC は平行四辺形であるから

$\overrightarrow{CB} = \overrightarrow{OA} = \vec{a}$，　$\overrightarrow{AB} = \overrightarrow{OC} = \vec{c}$

$\overrightarrow{OB} = \overrightarrow{OA} + \overrightarrow{AB} = \vec{a} + \vec{c}$

また，O，P，Q，B は一直線上にあり，OP ＝ PQ ＝ QB であるから

CB ＝ OA かつ CB // OA
AB ＝ OC かつ AB // OC

$$\overrightarrow{OP} = \frac{1}{3}\overrightarrow{OB} = \frac{1}{3}(\vec{a}+\vec{c}),\ \overrightarrow{OQ} = \frac{2}{3}\overrightarrow{OB} = \frac{2}{3}(\vec{a}+\vec{c})$$

対角線ACを4等分する点でAに最も近い点がK, Cに最も近い点がLであるから

$$\overrightarrow{AK} = \frac{1}{4}\overrightarrow{AC} = \frac{1}{4}(\vec{c}-\vec{a})$$

$$\overrightarrow{AL} = \frac{3}{4}\overrightarrow{AC} = \frac{3}{4}(\vec{c}-\vec{a})$$

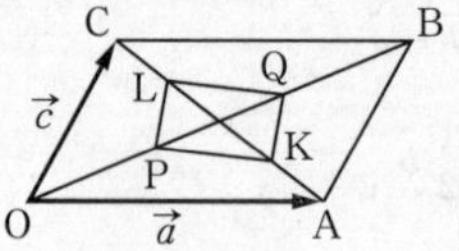

ゆえに

$$\overrightarrow{OK} = \overrightarrow{OA}+\overrightarrow{AK} = \vec{a}+\frac{1}{4}(\vec{c}-\vec{a}) = \frac{1}{4}(3\vec{a}+\vec{c})$$

$$\overrightarrow{OL} = \overrightarrow{OA}+\overrightarrow{AL} = \vec{a}+\frac{3}{4}(\vec{c}-\vec{a}) = \frac{1}{4}(\vec{a}+3\vec{c})$$

よって

$$\overrightarrow{PK} = \overrightarrow{OK}-\overrightarrow{OP}$$

$$= \frac{1}{4}(3\vec{a}+\vec{c})-\frac{1}{3}(\vec{a}+\vec{c}) = \frac{5}{12}\vec{a}-\frac{1}{12}\vec{c}$$

◀$\overrightarrow{PK}$と$\overrightarrow{LQ}$をそれぞれ$\vec{a}$, $\vec{c}$を用いて表す。

$$\overrightarrow{LQ} = \overrightarrow{OQ}-\overrightarrow{OL}$$

$$= \frac{2}{3}(\vec{a}+\vec{c})-\frac{1}{4}(\vec{a}+3\vec{c}) = \frac{5}{12}\vec{a}-\frac{1}{12}\vec{c}$$

$\overrightarrow{PK} = \overrightarrow{LQ}$ が成り立つから, 四角形PKQLは平行四辺形である。

◀$\overrightarrow{PL}$と$\overrightarrow{KQ}$を$\vec{a}$, $\vec{c}$を用いて表し, $\overrightarrow{PL} = \overrightarrow{KQ}$ を示してもよい。

p.25 問題編 1 平面上のベクトル

問題 1 右の図において, 次の条件を満たすベクトルの組をすべて求めよ。

(1) 大きさの等しいベクトル
(2) 互いに逆ベクトル

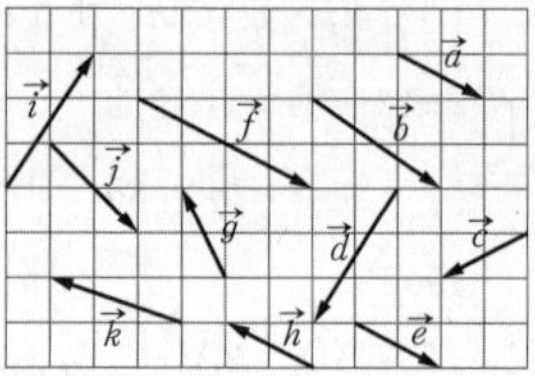

(1) 向きは考えずに, 大きさが等しいベクトルであるから

$\vec{a}$と$\vec{c}$と$\vec{e}$と$\vec{g}$と$\vec{h}$, $\vec{b}$と$\vec{d}$と$\vec{i}$

(2) 互いに平行, 矢印の向きが反対で, 大きさが等しいベクトルであるから

$\vec{a}$と$\vec{h}$, $\vec{e}$と$\vec{h}$, $\vec{d}$と$\vec{i}$

問題 2 右の図の3つのベクトル$\vec{a}$, $\vec{b}$, $\vec{c}$について, 次のベクトルを図示せよ。ただし, 始点はOとせよ。

(1) $\vec{d} = \frac{3}{2}(\vec{b}-\vec{a})+\frac{1}{2}(3\vec{a}+2\vec{c})+\frac{1}{2}\vec{b}$

(2) $\vec{e} = (2\vec{a}-\vec{b})+(\vec{b}-\vec{c})+(\vec{c}-\vec{a})$

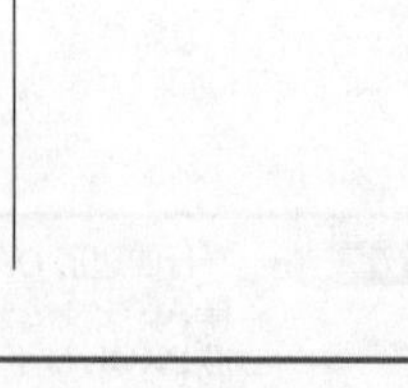

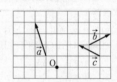

(1) $\vec{d}=\dfrac{3}{2}(\vec{b}-\vec{a})+\dfrac{1}{2}(3\vec{a}+2\vec{c})+\dfrac{1}{2}\vec{b}$

$=\dfrac{3}{2}\vec{b}-\dfrac{3}{2}\vec{a}+\dfrac{3}{2}\vec{a}+\vec{c}+\dfrac{1}{2}\vec{b}$

$=2\vec{b}+\vec{c}$

よって，**右の図** のようになる。

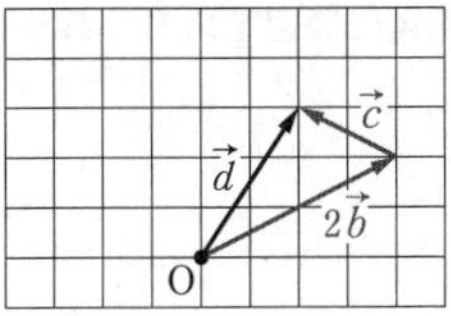

◀計算をして，式を簡単にしてから，ベクトルを考える。

(2) $\vec{e}=(2\vec{a}-\vec{b})+(\vec{b}-\vec{c})+(\vec{c}-\vec{a})$

$=2\vec{a}-\vec{b}+\vec{b}-\vec{c}+\vec{c}-\vec{a}$

$=\vec{a}$

よって，**右の図** のようになる。

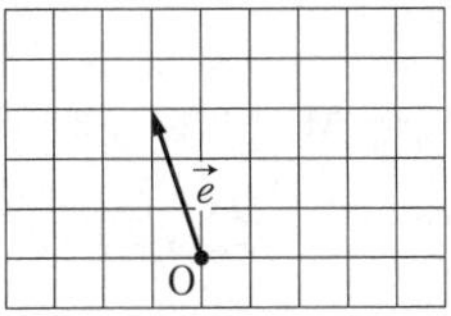

問題 3 $\vec{x}+\vec{y}+2\vec{z}=3\vec{a}$，$2\vec{x}-3\vec{y}-2\vec{z}=8\vec{a}+4\vec{b}$，$-\vec{x}+2\vec{y}+6\vec{z}=-2\vec{a}-9\vec{b}$ を同時に満たす $\vec{x}$，$\vec{y}$，$\vec{z}$ を $\vec{a}$，$\vec{b}$ で表せ。

$\vec{x}+\vec{y}+2\vec{z}=3\vec{a}$ …①

$2\vec{x}-3\vec{y}-2\vec{z}=8\vec{a}+4\vec{b}$ …②

$-\vec{x}+2\vec{y}+6\vec{z}=-2\vec{a}-9\vec{b}$ …③ とおく。

①＋② より $3\vec{x}-2\vec{y}=11\vec{a}+4\vec{b}$ …④

①×3－③ より $4\vec{x}+\vec{y}=11\vec{a}+9\vec{b}$ …⑤

④＋⑤×2 より $11\vec{x}=33\vec{a}+22\vec{b}$

よって $\vec{x}=3\vec{a}+2\vec{b}$ …⑥

これを ⑤ に代入すると $4(3\vec{a}+2\vec{b})+\vec{y}=11\vec{a}+9\vec{b}$

よって $\vec{y}=-\vec{a}+\vec{b}$ …⑦

⑥，⑦ を ① に代入すると $(3\vec{a}+2\vec{b})+(-\vec{a}+\vec{b})+2\vec{z}=3\vec{a}$

よって $\vec{z}=\dfrac{1}{2}\vec{a}-\dfrac{3}{2}\vec{b}$

すなわち $\boldsymbol{\vec{x}=3\vec{a}+2\vec{b}}$，$\boldsymbol{\vec{y}=-\vec{a}+\vec{b}}$，$\boldsymbol{\vec{z}=\dfrac{1}{2}\vec{a}-\dfrac{3}{2}\vec{b}}$

◀x，y，z についての連立3元1次方程式

$$\begin{cases}x+y+2z=3a\\2x-3y-2z=8a+4b\\-x+2y+6z=-2a-9b\end{cases}$$

と同じ手順で解けばよい。

問題 4 正八角形 ABCDEFGH において，$\overrightarrow{AB}=\vec{a}$，$\overrightarrow{AH}=\vec{b}$ とするとき，次のベクトルを $\vec{a}$，$\vec{b}$ で表せ。

(1) $\overrightarrow{AD}$　　(2) $\overrightarrow{AG}$

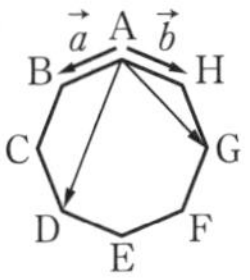

(1) 正八角形の外接円の中心を O，OA と BH の交点を P とする。

正八角形の 1 つの内角の大きさは

$180°\times(8-2)\div 8=135°$

ゆえに

$\angle OHP=\angle OHA-\angle AHP$

$=\dfrac{1}{2}\times 135°-\dfrac{1}{2}(180°-135°)$

$=45°$

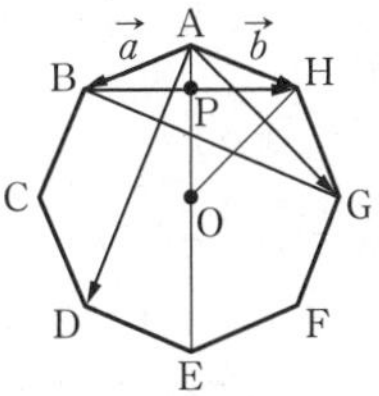

◀n 角形の内角の和は $180°\times(n-2)$

◀△ABH は二等辺三角形

よって，△OHP は直角二等辺三角形であり

◀ $\angle \mathrm{POH} = \angle \mathrm{OHP} = 45°$

$$\mathrm{OP} = \frac{1}{\sqrt{2}}\mathrm{OH}$$

$$\mathrm{AP} = \mathrm{OA} - \mathrm{OP} = \mathrm{OH} - \frac{1}{\sqrt{2}}\mathrm{OH} = \frac{2-\sqrt{2}}{2}\mathrm{OH}$$

◀ $\mathrm{OA} = \mathrm{OH}$

$$\overrightarrow{\mathrm{AP}} = \overrightarrow{\mathrm{AB}} + \frac{1}{2}\overrightarrow{\mathrm{BH}} = \vec{a} + \frac{1}{2}(\vec{b}-\vec{a}) = \frac{1}{2}(\vec{a}+\vec{b}),$$

◀ P は線分 BH の中点

$\mathrm{AE} = 2\mathrm{OH} = 2 \cdot \dfrac{2}{2-\sqrt{2}}\mathrm{AP} = 2(2+\sqrt{2})\mathrm{AP}$ より

$$\overrightarrow{\mathrm{AE}} = 2(2+\sqrt{2})\overrightarrow{\mathrm{AP}} = (2+\sqrt{2})(\vec{a}+\vec{b})$$

よって

$$\overrightarrow{\mathrm{AD}} = \overrightarrow{\mathrm{AE}} + \overrightarrow{\mathrm{ED}} = (2+\sqrt{2})(\vec{a}+\vec{b}) + (-\vec{b})$$
$$= \boldsymbol{(2+\sqrt{2})\vec{a} + (1+\sqrt{2})\vec{b}}$$

◀ $\overrightarrow{\mathrm{ED}} = -\vec{b}$

(2) $\mathrm{BH} = 2\mathrm{PH} = 2\mathrm{OP} = \sqrt{2}\,\mathrm{OH} = \sqrt{2}\,\mathrm{OG}$, $\overrightarrow{\mathrm{BH}} = \vec{b} - \vec{a}$ であるから

◀ △OHP は直角二等辺三角形

$$\overrightarrow{\mathrm{OG}} = \frac{1}{\sqrt{2}}\overrightarrow{\mathrm{BH}} = \frac{1}{\sqrt{2}}(\vec{b}-\vec{a})$$

よって

$$\overrightarrow{\mathrm{AG}} = \overrightarrow{\mathrm{AO}} + \overrightarrow{\mathrm{OG}} = \frac{2+\sqrt{2}}{2}(\vec{a}+\vec{b}) + \frac{1}{\sqrt{2}}(\vec{b}-\vec{a})$$
$$= \boldsymbol{\vec{a} + (1+\sqrt{2})\vec{b}}$$

◀ $\overrightarrow{\mathrm{AO}} = \dfrac{1}{2}\overrightarrow{\mathrm{AE}}$

問題 5　1 辺の長さが 1 の正五角形 ABCDE において，$\overrightarrow{\mathrm{AB}} = \vec{a}$, $\overrightarrow{\mathrm{AE}} = \vec{b}$ とする。対角線 AC と BE の交点を F とおくとき，$\overrightarrow{\mathrm{AF}}$ を $\vec{a}$, $\vec{b}$ で表せ。

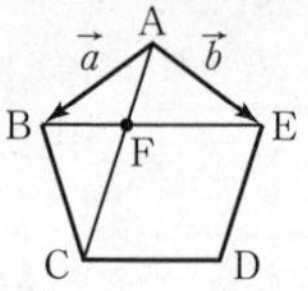

正五角形の 1 つの内角の大きさは

$$180° \times (5-2) \div 5 = 108°$$

△BCA, △ABE は頂角が 108°，2 つの底角がそれぞれ 36° の合同な二等辺三角形である。

また，△EAF において

$$\angle \mathrm{EAF} = \angle \mathrm{EAB} - \angle \mathrm{BAC}$$
$$= 108° - 36° = 72°$$
$$\angle \mathrm{EFA} = \angle \mathrm{FAB} + \angle \mathrm{FBA}$$
$$= 36° + 36° = 72°$$

◀ △FAB において ∠EFA は ∠AFB の外角である。

よって，∠EAF ＝ ∠EFA より　　AE ＝ FE ＝ 1

次に，△FAB と △ABE において

∠FAB ＝ ∠FBA ＝ ∠ABE ＝ ∠AEB ＝ 36° より

$$\triangle \mathrm{FAB} \backsim \triangle \mathrm{ABE}$$

よって　　FA : AB ＝ AB : BE

ここで，FA ＝ FB ＝ x とおくと，AB ＝ FE ＝ 1 より

$$x : 1 = 1 : (x+1)$$

◀ $\mathrm{BE} = \mathrm{BF} + \mathrm{FE} = x + 1$

$x(x+1) = 1$ より　　$x^2 + x - 1 = 0$

$x > 0$ であるから　　$x = \dfrac{-1+\sqrt{5}}{2}$

◀ 2 次方程式の解の公式

したがって

$$\overrightarrow{AF}=\overrightarrow{AB}+\overrightarrow{BF}$$
$$=\overrightarrow{AB}+\frac{x}{x+1}\overrightarrow{BE}$$
$$=\vec{a}+\frac{-1+\sqrt{5}}{1+\sqrt{5}}(\vec{b}-\vec{a})$$
$$=\vec{a}+\frac{3-\sqrt{5}}{2}(\vec{b}-\vec{a})$$
$$=\boldsymbol{\frac{\sqrt{5}-1}{2}\vec{a}+\frac{3-\sqrt{5}}{2}\vec{b}}$$

◀ BF : FE $= x : 1$

◀ $\overrightarrow{BE}=\overrightarrow{AE}-\overrightarrow{AB}$
$=\vec{b}-\vec{a}$

問題 **6** 平行四辺形 ABCD の辺 AB, BC, CD, DA の中点をそれぞれ K, L, M, N とし，線分 KL, LM, MN, NK の中点をそれぞれ P, Q, R, S とする。
(1) 四角形 KLMN，四角形 PQRS はともに平行四辺形であることを示せ。
(2) PQ // AD であることを示せ。

(1) $\overrightarrow{AB}=\vec{b}$, $\overrightarrow{AD}=\vec{d}$ とおく。
四角形 ABCD は平行四辺形であるから
$\overrightarrow{DC}=\overrightarrow{AB}=\vec{b}$, $\overrightarrow{BC}=\overrightarrow{AD}=\vec{d}$
K, L, M, N はそれぞれ辺 AB, BC, CD, DA の中点であるから

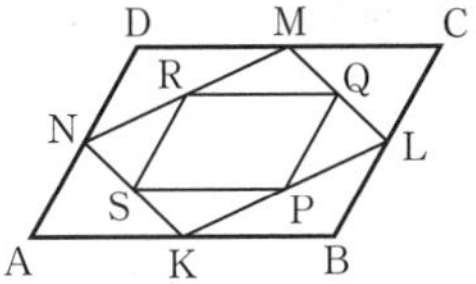

$$\overrightarrow{AK}=\frac{1}{2}\overrightarrow{AB}=\frac{1}{2}\vec{b}$$
$$\overrightarrow{AL}=\overrightarrow{AB}+\frac{1}{2}\overrightarrow{BC}=\vec{b}+\frac{1}{2}\vec{d}$$
$$\overrightarrow{AM}=\overrightarrow{AD}+\frac{1}{2}\overrightarrow{DC}=\frac{1}{2}\vec{b}+\vec{d}$$
$$\overrightarrow{AN}=\frac{1}{2}\overrightarrow{AD}=\frac{1}{2}\vec{d}$$

よって $\overrightarrow{KL}=\overrightarrow{AL}-\overrightarrow{AK}=\vec{b}+\frac{1}{2}\vec{d}-\frac{1}{2}\vec{b}=\frac{1}{2}(\vec{b}+\vec{d})$

$\overrightarrow{NM}=\overrightarrow{AM}-\overrightarrow{AN}=\frac{1}{2}\vec{b}+\vec{d}-\frac{1}{2}\vec{d}=\frac{1}{2}(\vec{b}+\vec{d})$

◀ $\overrightarrow{KL}$ と $\overrightarrow{NM}$ をそれぞれ $\vec{b}$, $\vec{d}$ を用いて表す。

◀ $\overrightarrow{KN}$ と $\overrightarrow{LM}$ を $\vec{b}$, $\vec{d}$ を用いて表し，$\overrightarrow{KN}=\overrightarrow{LM}$ を示してもよい。

$\overrightarrow{KL}=\overrightarrow{NM}$ が成り立つから，四角形 KLMN は平行四辺形である。
次に，P, Q, R, S はそれぞれ辺 KL, LM, MN, NK の中点であるから

$$\overrightarrow{AP}=\overrightarrow{AK}+\frac{1}{2}\overrightarrow{KL}=\overrightarrow{AK}+\frac{1}{2}(\overrightarrow{AL}-\overrightarrow{AK})$$
$$=\frac{1}{2}(\overrightarrow{AK}+\overrightarrow{AL})=\frac{1}{2}\left(\frac{1}{2}\vec{b}+\vec{b}+\frac{1}{2}\vec{d}\right)=\frac{1}{4}(3\vec{b}+\vec{d})$$

◀ 点 P は線分 KL の中点であるから
$\overrightarrow{AP}=\frac{1}{2}(\overrightarrow{AK}+\overrightarrow{AL})$
としてもよい。

$$\overrightarrow{AQ}=\overrightarrow{AL}+\frac{1}{2}\overrightarrow{LM}=\overrightarrow{AL}+\frac{1}{2}(\overrightarrow{AM}-\overrightarrow{AL})$$
$$=\frac{1}{2}(\overrightarrow{AL}+\overrightarrow{AM})=\frac{1}{2}\left(\vec{b}+\frac{1}{2}\vec{d}+\frac{1}{2}\vec{b}+\vec{d}\right)=\frac{3}{4}(\vec{b}+\vec{d})$$
$$\overrightarrow{AR}=\overrightarrow{AN}+\frac{1}{2}\overrightarrow{NM}=\overrightarrow{AN}+\frac{1}{2}(\overrightarrow{AM}-\overrightarrow{AN})$$
$$=\frac{1}{2}(\overrightarrow{AN}+\overrightarrow{AM})=\frac{1}{2}\left(\frac{1}{2}\vec{d}+\frac{1}{2}\vec{b}+\vec{d}\right)=\frac{1}{4}(\vec{b}+3\vec{d})$$

$$\overrightarrow{\mathrm{AS}}=\overrightarrow{\mathrm{AN}}+\frac{1}{2}\overrightarrow{\mathrm{NK}}=\overrightarrow{\mathrm{AN}}+\frac{1}{2}(\overrightarrow{\mathrm{AK}}-\overrightarrow{\mathrm{AN}})$$

$$=\frac{1}{2}(\overrightarrow{\mathrm{AN}}+\overrightarrow{\mathrm{AK}})=\frac{1}{2}\left(\frac{1}{2}\vec{d}+\frac{1}{2}\vec{b}\right)=\frac{1}{4}(\vec{b}+\vec{d})$$

よって

$$\overrightarrow{\mathrm{PQ}}=\overrightarrow{\mathrm{AQ}}-\overrightarrow{\mathrm{AP}}=\frac{3}{4}(\vec{b}+\vec{d})-\frac{1}{4}(3\vec{b}+\vec{d})=\frac{1}{2}\vec{d}$$

$$\overrightarrow{\mathrm{SR}}=\overrightarrow{\mathrm{AR}}-\overrightarrow{\mathrm{AS}}=\frac{1}{4}(\vec{b}+3\vec{d})-\frac{1}{4}(\vec{b}+\vec{d})=\frac{1}{2}\vec{d}$$

したがって，$\overrightarrow{\mathrm{PQ}}=\overrightarrow{\mathrm{SR}}$ が成り立つから，四角形 PQRS は平行四辺形である。

(2)　(1) の結果より，$\overrightarrow{\mathrm{PQ}}=\frac{1}{2}\vec{d}=\frac{1}{2}\overrightarrow{\mathrm{AD}}$ であるから　$\overrightarrow{\mathrm{PQ}}\parallel\overrightarrow{\mathrm{AD}}$

すなわち　PQ $\parallel$ AD

p.25　本質を問う 1

1　$s\vec{a}+t\vec{b}=s'\vec{a}+t'\vec{b} \iff s=s'$ かつ $t=t'$ …① は常に成り立つとは限らない。① が常に成り立つためには，どのような条件を加えるとよいか述べよ。また，その条件を加えたとき，① が成り立つことを示せ。

「**$\vec{a}\neq\vec{0}$，$\vec{b}\neq\vec{0}$，$\vec{a}$ と $\vec{b}$ が平行でないとき**」という条件を加えるとよい。

$\vec{a}\neq\vec{0}$，$\vec{b}\neq\vec{0}$，$\vec{a}$ と $\vec{b}$ が平行でないとき，

「$s\vec{a}+t\vec{b}=s'\vec{a}+t'\vec{b} \iff s=s'$ かつ $t=t'$」が成り立つことを証明する。

$s=s'$ かつ $t=t' \implies s\vec{a}+t\vec{b}=s'\vec{a}+t'\vec{b}$ は明らかに成り立つ。

$s\vec{a}+t\vec{b}=s'\vec{a}+t'\vec{b}$ のとき　$(s-s')\vec{a}=(t'-t)\vec{b}$　…②

ここで，$s\neq s'$ と仮定すると　$\vec{a}=\dfrac{t'-t}{s-s'}\vec{b}$　…③

③ は $\vec{a}\parallel\vec{b}$ または $\vec{a}=\vec{0}$ であることを示している。

これは，$\vec{a}$ と $\vec{b}$ が平行でなく，かつ $\vec{a}\neq\vec{0}$ であることに矛盾する。

よって　$s=s'$

これを ② に代入すると　$(t'-t)\vec{b}=\vec{0}$

$\vec{b}\neq\vec{0}$ であるから，$t'-t=0$ より　$t=t'$

したがって，$s\vec{a}+t\vec{b}=s'\vec{a}+t'\vec{b} \implies s=s'$ かつ $t=t'$ は成り立つ。

◀ $\vec{a}$ と $\vec{b}$ が 1 次独立である。

◀ 例えば $-\vec{a}=\vec{b}$ のとき
$s\vec{a}+t(-\vec{a})=s'\vec{a}+t'(-\vec{a})$
$\iff (s-t)\vec{a}=(s'-t')\vec{a}$
これは，$s=2$，$t=1$，$s'=3$，$t'=2$ のときに成り立つ。

◀ $t\neq t'$ のとき　$\vec{a}\parallel\vec{b}$
$t=t'$ のとき　$\vec{a}=\vec{0}$

2　$\vec{a}\neq\vec{0}$，$\vec{b}\neq\vec{0}$，$\vec{a}$ と $\vec{b}$ が平行でないとき，$\vec{a}$ と $\vec{b}$ は 1 次独立であるという。このとき，
「$\begin{cases}\vec{a}\text{ と }\vec{b}\text{ が 1 次独立である}\\ \vec{b}\text{ と }\vec{c}\text{ が 1 次独立である}\end{cases} \implies \vec{a}$ と $\vec{c}$ は 1 次独立である」は正しいかどうか述べよ。

例えば，O を中心とする右の図のような正六角形において，

$\vec{a}=\overrightarrow{\mathrm{OA}}$，$\vec{b}=\overrightarrow{\mathrm{OB}}$，$\vec{c}=\overrightarrow{\mathrm{BC}}$ とする。

$\vec{a}$ と $\vec{b}$ は 1 次独立であり，$\vec{b}$ と $\vec{c}$ は 1 次独立であるが，

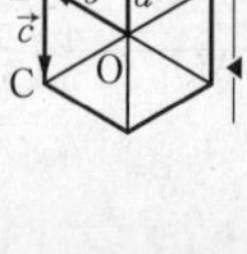

◀ $\vec{a}$ と $\vec{b}$ はともに $\vec{0}$ でなく，平行でない。

◀ $\vec{b}$ と $\vec{c}$ はともに $\vec{0}$ でなく，平行でない。

$\vec{a}$ と $\vec{c}$ は平行であり，1次独立ではない。
よって　**正しくない。**

p.26 | Let's Try! 1

① 1辺の長さが1の正六角形 ABCDEF に対して，$\overrightarrow{AB}=\overrightarrow{a_1}$，$\overrightarrow{BC}=\overrightarrow{a_2}$，$\overrightarrow{CD}=\overrightarrow{a_3}$，$\overrightarrow{DE}=\overrightarrow{a_4}$，$\overrightarrow{EF}=\overrightarrow{a_5}$，$\overrightarrow{FA}=\overrightarrow{a_6}$ とする。

(1) $|\overrightarrow{a_1}+\overrightarrow{a_2}|$ と $|\overrightarrow{a_4}+\overrightarrow{a_6}|$ の値を求めよ。

(2) $\overrightarrow{a_i}+\overrightarrow{a_j}$ $(i<j)$ は15通りの i，j の組み合わせがある。今，$P(i,\ j)=|\overrightarrow{a_i}+\overrightarrow{a_j}|$ とするとき，$P(i,\ j)$ のとり得るすべての値を求めよ。

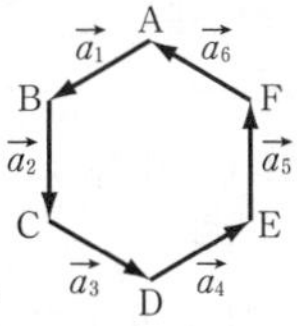

（国士舘大）

(1) 正六角形の中心を O とする。

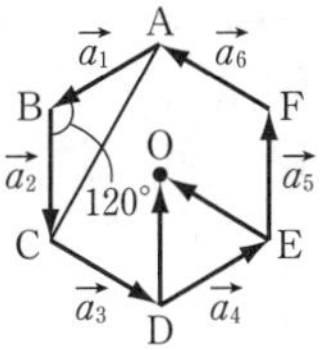

$$|\overrightarrow{a_1}+\overrightarrow{a_2}|=|\overrightarrow{AC}|=AC$$

△ABC は $AB=BC=1$，$\angle ABC=120^\circ$

よって　$AC^2=1^2+1^2-2\cdot1\cdot1\cos120^\circ=3$　◀余弦定理

$AC>0$ より　　$AC=\sqrt{3}$

ゆえに　　$|\overrightarrow{a_1}+\overrightarrow{a_2}|=\sqrt{3}$

また，右の図より　　$|\overrightarrow{a_4}+\overrightarrow{a_6}|=|\overrightarrow{DE}+\overrightarrow{EO}|=|\overrightarrow{DO}|=1$

(2) (ア) $j-i=1$ のとき

◀ i と j の差で場合分けをする。
$j-i>0$ より
$j-i=1,\ 2,\ 3,\ 4,\ 5$
の5つの場合について調べればよい。

$|\overrightarrow{a_1}+\overrightarrow{a_2}|=|\overrightarrow{AC}|=\sqrt{3}$，　$|\overrightarrow{a_2}+\overrightarrow{a_3}|=|\overrightarrow{BD}|=\sqrt{3}$，

$|\overrightarrow{a_3}+\overrightarrow{a_4}|=|\overrightarrow{CE}|=\sqrt{3}$，　$|\overrightarrow{a_4}+\overrightarrow{a_5}|=|\overrightarrow{DF}|=\sqrt{3}$，

$|\overrightarrow{a_5}+\overrightarrow{a_6}|=|\overrightarrow{EA}|=\sqrt{3}$

いずれの場合も　　$P(i,\ j)=\sqrt{3}$

(イ) $j-i=2$ のとき

$|\overrightarrow{a_1}+\overrightarrow{a_3}|=|\overrightarrow{AB}+\overrightarrow{BO}|=|\overrightarrow{AO}|=1$，

$|\overrightarrow{a_2}+\overrightarrow{a_4}|=|\overrightarrow{BC}+\overrightarrow{CO}|=|\overrightarrow{BO}|=1$，

$|\overrightarrow{a_3}+\overrightarrow{a_5}|=|\overrightarrow{CD}+\overrightarrow{DO}|=|\overrightarrow{CO}|=1$，

$|\overrightarrow{a_4}+\overrightarrow{a_6}|=|\overrightarrow{DE}+\overrightarrow{EO}|=|\overrightarrow{DO}|=1$

いずれの場合も　　$P(i,\ j)=1$

(ウ) $j-i=3$ のとき

$|\overrightarrow{a_1}+\overrightarrow{a_4}|=|\vec{0}|=0$，　$|\overrightarrow{a_2}+\overrightarrow{a_5}|=|\vec{0}|=0$，

$|\overrightarrow{a_3}+\overrightarrow{a_6}|=|\vec{0}|=0$

いずれの場合も　　$P(i,\ j)=0$

(エ) $j-i=4$ のとき

$|\overrightarrow{a_1}+\overrightarrow{a_5}|=|\overrightarrow{AB}+\overrightarrow{OA}|=|\overrightarrow{OB}|=1$，

$|\overrightarrow{a_2}+\overrightarrow{a_6}|=|\overrightarrow{BC}+\overrightarrow{OB}|=|\overrightarrow{OC}|=1$

いずれの場合も　　$P(i,\ j)=1$

(オ) $j-i=5$ のとき

$|\overrightarrow{a_1}+\overrightarrow{a_6}|=|\overrightarrow{FB}|=\sqrt{3}$

よって　　$P(i,\ j)=\sqrt{3}$

(ア)〜(オ)より，P$(i,\ j)$ のとり得る値は　**0，1，$\boldsymbol{\sqrt{3}}$**

②　$\vec{a}=\vec{c}-3\vec{d}$ …①，$\vec{b}=-\dfrac{1}{2}\vec{c}+\vec{d}$ …② のとき

(1)　$\vec{c}$，$\vec{d}$ を $\vec{a}$，$\vec{b}$ を用いて表せ。

(2)　$(\vec{c}-4\vec{d})\,/\!/\,\vec{a}$ のとき，$\vec{a}\,/\!/\,\vec{b}$ を示せ。ただし，$\vec{c}-4\vec{d}$，$\vec{a}$，$\vec{b}$ は零ベクトルではないとする。

（専修大）

(1)　①＋②×2 より　　$\vec{a}+2\vec{b}=-\vec{d}$

◀与えられた 2 つの式を連立させて $\vec{c}$，$\vec{d}$ を求める。

よって　　$\vec{d}=-\vec{a}-2\vec{b}$　　…③

① より $\vec{c}=\vec{a}+3\vec{d}$ となり，これに ③ を代入すると

$\vec{c}=\vec{a}+3(-\vec{a}-2\vec{b})=-2\vec{a}-6\vec{b}$

◀ベクトルの計算は，和，差，実数倍について，文字式と同様に取り扱える。

ゆえに　　$\boldsymbol{\vec{c}=-2\vec{a}-6\vec{b}}$，$\boldsymbol{\vec{d}=-\vec{a}-2\vec{b}}$

(2)　$\vec{c}-4\vec{d}=-2\vec{a}-6\vec{b}-4(-\vec{a}-2\vec{b})=2\vec{a}+2\vec{b}$

◀$\vec{c}-4\vec{d}$ を $\vec{a}$，$\vec{b}$ で表す。

$\vec{c}-4\vec{d}\neq\vec{0}$，$\vec{a}\neq\vec{0}$，$(\vec{c}-4\vec{d})\,/\!/\,\vec{a}$ より，$\vec{c}-4\vec{d}=k\vec{a}$（$k$ は実数）とおける。

よって　　$2\vec{a}+2\vec{b}=k\vec{a}$

$\vec{b}$ について解くと　　$\vec{b}=\dfrac{k-2}{2}\vec{a}$

◀$2\vec{b}=(k-2)\vec{a}$

$\vec{a}\neq\vec{0}$，$\vec{b}\neq\vec{0}$ であり，$\dfrac{k-2}{2}$ は実数であるから　　$\vec{a}\,/\!/\,\vec{b}$

③　五角形 ABCDE は，半径 1 の円に内接し，

$\angle\mathrm{EAD}=30^\circ$，$\angle\mathrm{ADE}=\angle\mathrm{BAD}=\angle\mathrm{CDA}=60^\circ$

を満たしている。

$\overrightarrow{\mathrm{AB}}=\vec{a}$，$\overrightarrow{\mathrm{AE}}=\vec{b}$ とおくとき，$\overrightarrow{\mathrm{BC}}$，$\overrightarrow{\mathrm{AC}}$ を $\vec{a}$，$\vec{b}$ を用いてそれぞれ表せ。

（センター試験　改）

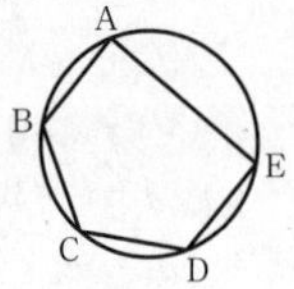

$\angle\mathrm{BAE}=\angle\mathrm{EAD}+\angle\mathrm{BAD}=30^\circ+60^\circ=90^\circ$

より，BE は円の直径である。

また

$\angle\mathrm{AED}=180^\circ-(\angle\mathrm{ADE}+\angle\mathrm{EAD})=90^\circ$

より，AD も円の直径である。

よって，BE と AD の交点は円の中心であり，その点を O とする。

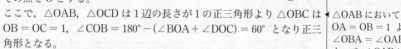

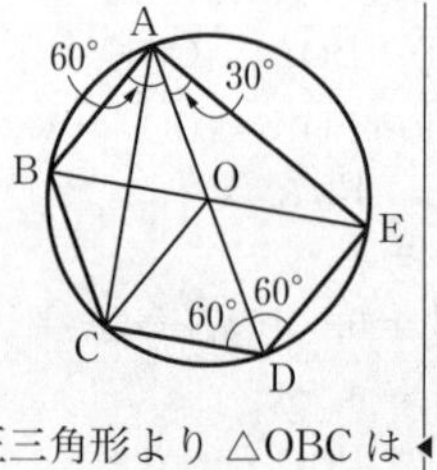

ここで，△OAB，△OCD は 1 辺の長さが 1 の正三角形より △OBC は OB＝OC＝1，$\angle\mathrm{COB}=180^\circ-(\angle\mathrm{BOA}+\angle\mathrm{DOC})=60^\circ$ となり正三角形となる。

◀△OAB において OA＝OB＝1 より $\angle\mathrm{OBA}=\angle\mathrm{OAB}=60^\circ$ よって，△OAB は正三角形である。

したがって，四角形 OABC は 1 辺の長さが 1 のひし形となる。

ゆえに

$$\overrightarrow{\mathrm{BC}}=\overrightarrow{\mathrm{AO}}=\overrightarrow{\mathrm{AB}}+\overrightarrow{\mathrm{BO}}$$

$$=\overrightarrow{\mathrm{AB}}+\frac{1}{2}\overrightarrow{\mathrm{BE}}$$

◀点 O は BE の中点である。

$$=\overrightarrow{\mathrm{AB}}+\frac{1}{2}(\overrightarrow{\mathrm{AE}}-\overrightarrow{\mathrm{AB}})=\boldsymbol{\frac{1}{2}(\vec{a}+\vec{b})}$$

$$\overrightarrow{AC}=\overrightarrow{AB}+\overrightarrow{BC}=\vec{a}+\frac{1}{2}(\vec{a}+\vec{b})=\boldsymbol{\frac{3}{2}\vec{a}+\frac{1}{2}\vec{b}}$$

④ 平面上に中心 O，半径 1 の円 K がある。異なる 2 点 A，B があり，直線 AB は，円 K と交点をもたないものとする。点 P を円 K 上の点とし，点 Q を $2\overrightarrow{PA}=\overrightarrow{BQ}$ を満たすようにとる。線分 AB と線分 PQ の交点を M とする。

(1) $\overrightarrow{OM}$ を $\overrightarrow{OA}$ と $\overrightarrow{OB}$ を用いて表せ。

(2) $3\overrightarrow{OM}=\overrightarrow{OD}$ を満たす点を D とする。$\overrightarrow{DQ}$ の大きさを求めよ。

(1) △MPA ∽ △MQB で相似比は 1：2 より

◀ AP // QB より △MPA ∽ △MQB

AM：MB ＝ 1：2

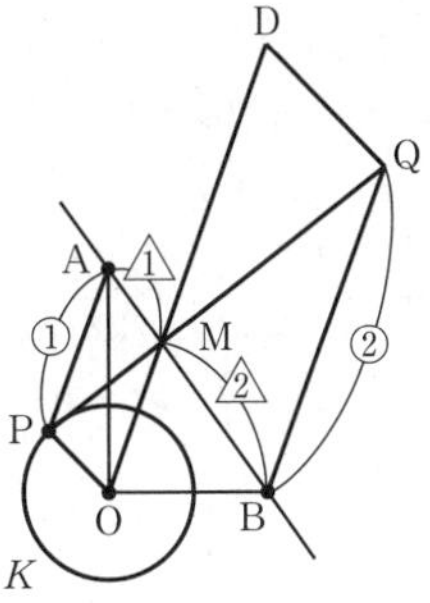

よって
$$\overrightarrow{OM}=\overrightarrow{OA}+\overrightarrow{AM}$$
$$=\overrightarrow{OA}+\frac{1}{3}\overrightarrow{AB}$$
$$=\overrightarrow{OA}+\frac{1}{3}(\overrightarrow{OB}-\overrightarrow{OA})$$
$$=\boldsymbol{\frac{2}{3}\overrightarrow{OA}+\frac{1}{3}\overrightarrow{OB}}$$

(2)
$$\overrightarrow{DQ}=\overrightarrow{DO}+\overrightarrow{OB}+\overrightarrow{BQ}$$
$$=-3\overrightarrow{OM}+\overrightarrow{OB}+2\overrightarrow{PA}$$

◀ $\overrightarrow{DO}=-\overrightarrow{OD}=-3\overrightarrow{OM}$

$$=(-2\overrightarrow{OA}-\overrightarrow{OB})+\overrightarrow{OB}+2\overrightarrow{PA}$$

◀ (1) の結果を代入する。

$$=-2(\overrightarrow{OA}-\overrightarrow{PA})=-2(\overrightarrow{OA}+\overrightarrow{AP})=-2\overrightarrow{OP}$$

よって $|\overrightarrow{DQ}|=|-2\overrightarrow{OP}|=2|\overrightarrow{OP}|=\boldsymbol{2}$

◀ $|\overrightarrow{OP}|=1$

〔別解〕

△MOP ∽ △MDQ で相似比 1：2 より　OP：DQ ＝ 1：2

◀ MP:MQ＝MO:MD＝1:2, ∠OMP＝∠DMQ

OP ＝ 1 より　$|\overrightarrow{DQ}|=2$

⑤ O を中心とする半径 1 の円に内接する正五角形 ABCDE に対し，$\angle AOB=\theta$，$\overrightarrow{OA}=\vec{a}$，$\overrightarrow{OB}=\vec{b}$，$\overrightarrow{OC}=\vec{c}$，$\overrightarrow{OD}=\vec{d}$，$\overrightarrow{OE}=\vec{e}$ とおく。

(1) $\vec{b}$ を $\vec{a}$，$\vec{c}$，θ を用いて表せ。

(2) $\vec{a}+\vec{b}+\vec{c}+\vec{d}+\vec{e}=\vec{0}$ を示せ。

(1) AC と OB の交点を H とする。

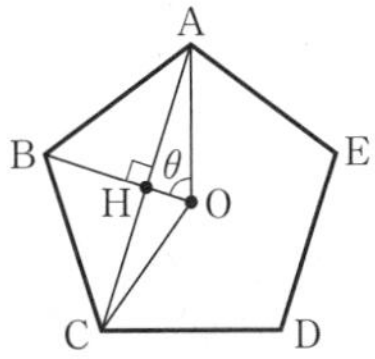

△OAH と △OCH において

OA ＝ OC ＝ 1

∠AOB ＝ ∠COB ＝ θ

OH は共通

であるから　△OAH ≡ △OCH

ゆえに　AH ＝ CH

よって，H は二等辺三角形 OAC の底辺 AC の中点であるから

∠OHA ＝ 90°

ゆえに　$|\overrightarrow{OH}|=\mathrm{OA}\cos\theta=\cos\theta$

◀

また　$\overrightarrow{OH}=\overrightarrow{OA}+\overrightarrow{AH}$

$$= \overrightarrow{OA} + \frac{1}{2}\overrightarrow{AC}$$

$$= \overrightarrow{OA} + \frac{1}{2}(\overrightarrow{OC} - \overrightarrow{OA}) = \frac{1}{2}(\vec{a} + \vec{c})$$

$|\vec{b}| = 1$ であるから

$$\vec{b} = \frac{1}{\cos\theta}\overrightarrow{OH} = \boldsymbol{\frac{1}{2\cos\theta}(\vec{a} + \vec{c})}$$

◀ $\overrightarrow{OH}$ と同じ向きの単位ベクトル $\vec{b}$ は

$\vec{b} = \frac{\overrightarrow{OH}}{|\overrightarrow{OH}|} = \frac{\overrightarrow{OH}}{\cos\theta}$

(2) (1) より　$\vec{a} + \vec{c} = (2\cos\theta)\vec{b}$　…①

同様にして　$\vec{b} + \vec{d} = (2\cos\theta)\vec{c}$　…②

$\vec{c} + \vec{e} = (2\cos\theta)\vec{d}$　…③

$\vec{d} + \vec{a} = (2\cos\theta)\vec{e}$　…④

$\vec{e} + \vec{b} = (2\cos\theta)\vec{a}$　…⑤

①＋②＋③＋④＋⑤ より

$$2(\vec{a} + \vec{b} + \vec{c} + \vec{d} + \vec{e}) = (2\cos\theta)(\vec{a} + \vec{b} + \vec{c} + \vec{d} + \vec{e})$$

$$2(1 - \cos\theta)(\vec{a} + \vec{b} + \vec{c} + \vec{d} + \vec{e}) = \vec{0}$$

$\theta = 72^\circ$ より　$\cos\theta \neq 1$

◀ $\theta = 360^\circ \div 5 = 72^\circ$

したがって　$\vec{a} + \vec{b} + \vec{c} + \vec{d} + \vec{e} = \vec{0}$

2 平面上のベクトルの成分と内積

練習 7　2つのベクトル $\vec{a}$, $\vec{b}$ が $\vec{a}-2\vec{b}=(-5,\ -8)$, $2\vec{a}-\vec{b}=(2,\ -1)$ を満たすとき

(1) $\vec{a}$, $\vec{b}$ を成分表示せよ。また，その大きさをそれぞれ求めよ。

(2) $\vec{c}=(6,\ 11)$ を $k\vec{a}+l\vec{b}$ の形に表せ。ただし，k, l は実数とする。

(1) $\vec{a}-2\vec{b}=(-5,\ -8)$ …①

$2\vec{a}-\vec{b}=(2,\ -1)$ …②

とおく。

②×2−① より　$3\vec{a}=(9,\ 6)$

よって　$\boldsymbol{\vec{a}=(3,\ 2)}$

②−①×2 より　$3\vec{b}=(12,\ 15)$

よって　$\boldsymbol{\vec{b}=(4,\ 5)}$

したがって　$|\vec{a}|=\sqrt{3^2+2^2}=\boldsymbol{\sqrt{13}}$

$|\vec{b}|=\sqrt{4^2+5^2}=\boldsymbol{\sqrt{41}}$

◀ $\vec{a}=(a_1,\ a_2)$ のとき $|\vec{a}|=\sqrt{a_1{}^2+a_2{}^2}$

(2) $k\vec{a}+l\vec{b}=k(3,\ 2)+l(4,\ 5)=(3k+4l,\ 2k+5l)$

これが $\vec{c}=(6,\ 11)$ に等しいから

$$\begin{cases}3k+4l=6 & \cdots ③\\ 2k+5l=11 & \cdots ④\end{cases}$$

③, ④ を解くと　$k=-2,\ l=3$

したがって　$\boldsymbol{\vec{c}=-2\vec{a}+3\vec{b}}$

◀ ③×5−④×4 より $7k=-14$ であるから　$k=-2$

練習 8　平面上に3点 A(1, −2), B(3, 1), C(−1, 2) がある。

(1) $\overrightarrow{AB}$, $\overrightarrow{AC}$ を成分表示せよ。また，その大きさをそれぞれ求めよ。

(2) $\overrightarrow{AB}$ と同じ向きの単位ベクトルを成分表示せよ。

(3) $\overrightarrow{AC}$ と平行で，大きさが5のベクトルを成分表示せよ。

(1) $\overrightarrow{AB}=(3-1,\ 1-(-2))=\boldsymbol{(2,\ 3)}$

よって　$|\overrightarrow{AB}|=\sqrt{2^2+3^2}=\boldsymbol{\sqrt{13}}$

$\overrightarrow{AC}=(-1-1,\ 2-(-2))=\boldsymbol{(-2,\ 4)}$

よって　$|\overrightarrow{AC}|=\sqrt{(-2)^2+4^2}=\boldsymbol{2\sqrt{5}}$

(2) $\overrightarrow{AB}$ と同じ向きの単位ベクトルは

$$\frac{\overrightarrow{AB}}{|\overrightarrow{AB}|}=\frac{\overrightarrow{AB}}{\sqrt{13}}=\frac{\sqrt{13}}{13}\overrightarrow{AB}=\frac{\sqrt{13}}{13}(2,\ 3)=\boldsymbol{\left(\frac{2\sqrt{13}}{13},\ \frac{3\sqrt{13}}{13}\right)}$$

◀ $\vec{a}$ と同じ向きの単位ベクトルは　$\dfrac{\vec{a}}{|\vec{a}|}$

(3) $\overrightarrow{AC}$ と平行な単位ベクトルは $\pm\dfrac{\overrightarrow{AC}}{|\overrightarrow{AC}|}$ であるから，

$\overrightarrow{AC}$ と平行で大きさが5のベクトルは

$$5\times\left(\pm\frac{\overrightarrow{AC}}{|\overrightarrow{AC}|}\right)=\pm\frac{5}{2\sqrt{5}}\overrightarrow{AC}=\pm\frac{\sqrt{5}}{2}(-2,\ 4)$$

すなわち　$\boldsymbol{(-\sqrt{5},\ 2\sqrt{5})}$ または $\boldsymbol{(\sqrt{5},\ -2\sqrt{5})}$

練習 9 平面上に3点A(2, 3), B(5, −6), C(−3, −4)がある。
(1) 四角形ABCDが平行四辺形となるとき，点Dの座標を求めよ。
(2) 4点A, B, C, Dが平行四辺形の4つの頂点となるとき，点Dの座標をすべて求めよ。

点Dの座標を$(a,\ b)$とおく。

(1) 四角形ABCDが平行四辺形になるとき　$\overrightarrow{AD}=\overrightarrow{BC}$

◀ $\overrightarrow{BA}=\overrightarrow{CD}$ より a, b を求めてもよい。

$\overrightarrow{AD}=(a-2,\ b-3)$

$\overrightarrow{BC}=(-3-5,\ -4-(-6))$
$=(-8,\ 2)$

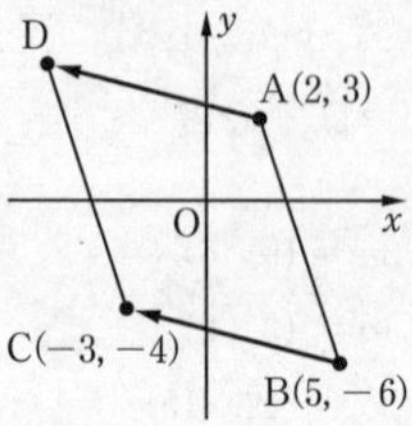

よって　$(a-2,\ b-3)=(-8,\ 2)$

成分を比較すると　$\begin{cases}a-2=-8\\ b-3=2\end{cases}$

ゆえに，$a=-6$, $b=5$ より

D(−6, 5)

(2) (ア) 四角形ABCDが平行四辺形になるとき

◀ 4点A, B, C, Dの順序によって3つの場合がある。

(1)より　D(−6, 5)

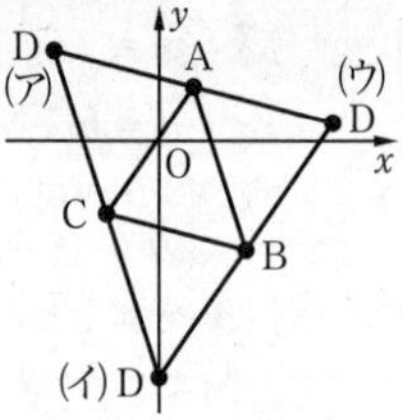

(イ) 四角形ABDCが平行四辺形になるとき　$\overrightarrow{AC}=\overrightarrow{BD}$

$\overrightarrow{AC}=(-3-2,\ -4-3)=(-5,\ -7)$

$\overrightarrow{BD}=(a-5,\ b+6)$

よって　$(a-5,\ b+6)=(-5,\ -7)$

ゆえに，$a=0$, $b=-13$ より　D(0, −13)

(ウ) 四角形ADBCが平行四辺形になるとき　$\overrightarrow{AD}=\overrightarrow{CB}$

$\overrightarrow{CB}=(5-(-3),\ -6-(-4))=(8,\ -2)$

$\overrightarrow{AD}=(a-2,\ b-3)$

よって　$(a-2,\ b-3)=(8,\ -2)$

ゆえに，$a=10$, $b=1$ より　D(10, 1)

(ア)〜(ウ)より，点Dの座標は

(−6, 5), (0, −13), (10, 1)

練習 10 3つのベクトル $\vec{a}=(2,\ -4)$, $\vec{b}=(3,\ -1)$, $\vec{c}=(-2,\ 1)$ について
(1) $\vec{a}+t\vec{b}$ の大きさの最小値，およびそのときの実数 t の値を求めよ。
(2) $\vec{a}+t\vec{b}$ と $\vec{c}$ が平行となるとき，実数 t の値を求めよ。

(1) $\vec{a}+t\vec{b}=(2,\ -4)+t(3,\ -1)$
$=(2+3t,\ -4-t)$　…①

よって　$|\vec{a}+t\vec{b}|^2=(2+3t)^2+(-4-t)^2$
$=10t^2+20t+20$
$=10(t+1)^2+10$

◀ $|\vec{a}+t\vec{b}|^2$ を t の式で表す。t の2次式となるから，平方完成して最小値を求める。

ゆえに，$|\vec{a}+t\vec{b}|^2$ は $t=-1$ のとき最小値10をとる。

このとき，$|\vec{a}+t\vec{b}|$ も最小となり，最小値は　$\sqrt{10}$

したがって

$t=-1$ のとき　最小値 $\sqrt{10}$

(2) $(\vec{a}+t\vec{b}) \mathbin{/\!/} \vec{c}$ のとき，k を実数として $\vec{a}+t\vec{b}=k\vec{c}$ と表される。

①より　$(2+3t,\ -4-t)=(-2k,\ k)$

よって　$\begin{cases} 2+3t=-2k \\ -4-t=k \end{cases}$

◀ x 成分，y 成分がともに等しい。

これを連立して解くと　$k=-10$，$\boldsymbol{t=6}$

練習 11　1辺の長さが1の正六角形 ABCDEF において，次の内積を求めよ。

(1) $\overrightarrow{AD}\cdot\overrightarrow{AF}$　　(2) $\overrightarrow{AD}\cdot\overrightarrow{BC}$　　(3) $\overrightarrow{DA}\cdot\overrightarrow{BE}$

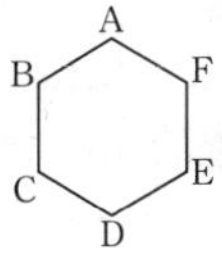

(1) $|\overrightarrow{AD}|=2$，$|\overrightarrow{AF}|=1$，$\overrightarrow{AD}$ と $\overrightarrow{AF}$ のなす角は $60°$

よって　$\overrightarrow{AD}\cdot\overrightarrow{AF}=2\times1\times\cos60°=\boldsymbol{1}$

◀ 正六角形の中心を O として，△AOF は正三角形より　∠OAF $=60°$

(2) $|\overrightarrow{AD}|=2$，$|\overrightarrow{BC}|=1$，$\overrightarrow{AD}$ と $\overrightarrow{BC}$ のなす角は $0°$

よって　$\overrightarrow{AD}\cdot\overrightarrow{BC}=2\times1\times\cos0°=\boldsymbol{2}$

◀ $\overrightarrow{AD}$ と $\overrightarrow{BC}$ は向きが同じであるから，なす角は $0°$

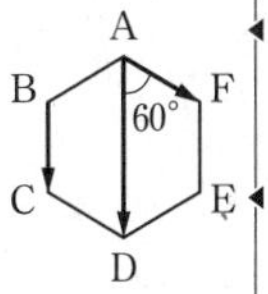

(3) $|\overrightarrow{DA}|=2$，$|\overrightarrow{BE}|=2$，$\overrightarrow{DA}$ と $\overrightarrow{BE}$ のなす角は $120°$

よって　$\overrightarrow{DA}\cdot\overrightarrow{BE}=2\times2\times\cos120°=\boldsymbol{-2}$

◀ $\overrightarrow{BE}$ を平行移動して $\overrightarrow{DA}$ と始点を一致させてなす角を考える。

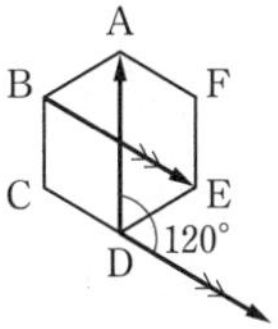

練習 12　〔1〕 次の2つのベクトル $\vec{a}$，$\vec{b}$ のなす角 θ $(0°\leqq\theta\leqq180°)$ を求めよ。

(1) $|\vec{a}|=2$，$|\vec{b}|=\sqrt{3}$，$\vec{a}\cdot\vec{b}=-3$　　(2) $\vec{a}=(-1,\ 2)$，$\vec{b}=(2,\ -4)$

〔2〕 平面上の2つのベクトル $\vec{a}=(1,\ x)$，$\vec{b}=(4,\ 2)$ について，$\vec{a}$ と $\vec{b}$ のなす角が $45°$ であるとき，x の値を求めよ。

〔1〕 (1) $\cos\theta=\dfrac{\vec{a}\cdot\vec{b}}{|\vec{a}||\vec{b}|}=\dfrac{-3}{2\times\sqrt{3}}=-\dfrac{\sqrt{3}}{2}$

◀ $\vec{a}\cdot\vec{b}=|\vec{a}||\vec{b}|\cos\theta$ より　$\cos\theta=\dfrac{\vec{a}\cdot\vec{b}}{|\vec{a}||\vec{b}|}$

$0°\leqq\theta\leqq180°$ より　$\boldsymbol{\theta=150°}$

(2) $\vec{a}\cdot\vec{b}=-1\times2+2\times(-4)=-10$

$|\vec{a}|=\sqrt{(-1)^2+2^2}=\sqrt{5}$，$|\vec{b}|=\sqrt{2^2+(-4)^2}=\sqrt{20}=2\sqrt{5}$ より

◀ $\vec{a}=(a_1,\ a_2)$，$\vec{b}=(b_1,\ b_2)$ のとき
$\vec{a}\cdot\vec{b}=a_1b_1+a_2b_2$
$|\vec{a}|=\sqrt{a_1{}^2+a_2{}^2}$

$\cos\theta=\dfrac{\vec{a}\cdot\vec{b}}{|\vec{a}||\vec{b}|}=\dfrac{-10}{\sqrt{5}\times2\sqrt{5}}=-1$

$0°\leqq\theta\leqq180°$ より　$\boldsymbol{\theta=180°}$

◀ 図示すれば $\theta=180°$ は明らかである。

〔2〕 $\vec{a}=(1,\ x)$，$\vec{b}=(4,\ 2)$ であるから

$\vec{a}\cdot\vec{b}=1\times4+x\times2=2x+4$

$|\vec{a}|=\sqrt{1+x^2}$，$|\vec{b}|=\sqrt{4^2+2^2}=2\sqrt{5}$

◀ $\vec{a}=(a_1,\ a_2)$，$\vec{b}=(b_1,\ b_2)$ のとき
$\vec{a}\cdot\vec{b}=a_1b_1+a_2b_2$

$\vec{a}$ と $\vec{b}$ のなす角が $45°$ であるから

$2x+4=\sqrt{x^2+1}\cdot2\sqrt{5}\cdot\cos45°$

◀ $\vec{a}\cdot\vec{b}=|\vec{a}||\vec{b}|\cos\theta$

$\sqrt{2}(x+2)=\sqrt{5(x^2+1)}$　…①

◀ $\cos45°=\dfrac{1}{\sqrt{2}}$

両辺を2乗すると　$2(x+2)^2=5(x^2+1)$

整理すると　$3x^2-8x-3=0$

$(3x+1)(x-3)=0$

よって　$x=-\dfrac{1}{3},\ 3$

これらはともに ① を満たすから　$\boldsymbol{x=-\dfrac{1}{3},\ 3}$

◀ ① を2乗して求めているから，実際に代入して確かめる。

練習 13 (1) $|\vec{a}|=\sqrt{3},\ |\vec{b}|=2,\ |\vec{a}-\vec{b}|=1$ のとき，$\vec{a}$ と $\vec{b}$ のなす角 θ を求めよ。

(2) $|\vec{a}|=4,\ |\vec{b}|=\sqrt{3}$，$\vec{a}$ と $\vec{b}$ のなす角が 150° である。$\vec{a}+3\vec{b}$ と $3\vec{a}+2\vec{b}$ のなす角 θ を求めよ。

(1) $|\vec{a}-\vec{b}|^2=(\vec{a}-\vec{b})\cdot(\vec{a}-\vec{b})$

$=|\vec{a}|^2-2\vec{a}\cdot\vec{b}+|\vec{b}|^2$

$|\vec{a}|=\sqrt{3},\ |\vec{b}|=2,\ |\vec{a}-\vec{b}|=1$ を代入すると

$1^2=(\sqrt{3})^2-2\vec{a}\cdot\vec{b}+2^2$

$1=3-2\vec{a}\cdot\vec{b}+4$ より　$\vec{a}\cdot\vec{b}=3$

よって　$\cos\theta=\dfrac{\vec{a}\cdot\vec{b}}{|\vec{a}||\vec{b}|}=\dfrac{3}{\sqrt{3}\times2}=\dfrac{\sqrt{3}}{2}$

$0^\circ\leqq\theta\leqq180^\circ$ より　$\boldsymbol{\theta=30^\circ}$

◀ まず，$\vec{a}\cdot\vec{b}$ を求める。$|\vec{a}-\vec{b}|$ を2乗して，$\vec{a}\cdot\vec{b}$ をつくり出す。

◀ $\vec{a}\cdot\vec{a}=|\vec{a}|^2$

(2) $\vec{a}\cdot\vec{b}=|\vec{a}||\vec{b}|\cos150^\circ=4\times\sqrt{3}\times\left(-\dfrac{\sqrt{3}}{2}\right)=-6$

よって

$(\vec{a}+3\vec{b})\cdot(3\vec{a}+2\vec{b})=3|\vec{a}|^2+11\vec{a}\cdot\vec{b}+6|\vec{b}|^2$

$=3\times4^2+11\times(-6)+6\times(\sqrt{3})^2$

$=0$

$\vec{a}+3\vec{b}$ と $3\vec{a}+2\vec{b}$ はともに $\vec{0}$ ではないから

$(\vec{a}+3\vec{b})\perp(3\vec{a}+2\vec{b})$　すなわち　$\boldsymbol{\theta=90^\circ}$

◀ まず $\vec{a}$ と $\vec{b}$ の内積を求める。

練習 14 (1) $\vec{a}=(2,\ x+1),\ \vec{b}=(1,\ 1)$ について，$\vec{a}$ と $\vec{b}$ が垂直のとき x の値を求めよ。

(2) $\vec{a}=(-2,\ 3)$ と垂直で大きさが2のベクトル $\vec{p}$ を求めよ。

(1) $\vec{a}\cdot\vec{b}=2\times1+(x+1)\times1=x+3$

$\vec{a}$ と $\vec{b}$ が垂直のとき，$\vec{a}\cdot\vec{b}=0$ であるから

$x+3=0$ より　$\boldsymbol{x=-3}$

◀ $\vec{a}=(a_1,\ a_2),\ \vec{b}=(b_1,\ b_2)$ のとき $\vec{a}\cdot\vec{b}=a_1b_1+a_2b_2$

(2) $\vec{p}=(x,\ y)$ とおく。

$\vec{a}\perp\vec{p}$ より　$\vec{a}\cdot\vec{p}=-2x+3y=0$　…①

$|\vec{p}|=2$ より　$|\vec{p}|^2=x^2+y^2=4$　…②

① より　$y=\dfrac{2}{3}x$　…③

③ を ② に代入すると　$x^2+\left(\dfrac{2}{3}x\right)^2=4$

◀ $\vec{a}\perp\vec{p}$ より $\vec{a}\cdot\vec{p}=0$

$\dfrac{13}{9}x^2 = 4$ より　　$x = \pm\dfrac{6\sqrt{13}}{13}$

◀ $x^2 = \dfrac{36}{13}$

③ より，$x = \dfrac{6\sqrt{13}}{13}$ のとき　　$y = \dfrac{4\sqrt{13}}{13}$

$x = -\dfrac{6\sqrt{13}}{13}$ のとき　　$y = -\dfrac{4\sqrt{13}}{13}$

よって　　$\vec{p} = \left(\dfrac{6\sqrt{13}}{13},\ \dfrac{4\sqrt{13}}{13}\right),\ \left(-\dfrac{6\sqrt{13}}{13},\ -\dfrac{4\sqrt{13}}{13}\right)$

◀ $\vec{p}$ は2つ存在する。

練習 15　$\vec{0}$ でない2つのベクトル $\vec{a}$，$\vec{b}$ について，$|\vec{a}| = |\vec{b}|$ が成り立っている。$3\vec{a}+\vec{b}$ と $\vec{a}-3\vec{b}$ が垂直であるとき，次の問に答えよ。

(1) $\vec{a}$ と $\vec{b}$ のなす角 θ $(0° \leqq \theta \leqq 180°)$ を求めよ。

(2) $\vec{a}-2\vec{b}$ と $\vec{a}+t\vec{b}$ が垂直であるとき，t の値を求めよ。

(1) $(3\vec{a}+\vec{b}) \perp (\vec{a}-3\vec{b})$ であるから

$$(3\vec{a}+\vec{b})\cdot(\vec{a}-3\vec{b}) = 0$$

$$3\vec{a}\cdot\vec{a} - 9\vec{a}\cdot\vec{b} + \vec{b}\cdot\vec{a} - 3\vec{b}\cdot\vec{b} = 0$$

$$3|\vec{a}|^2 - 8\vec{a}\cdot\vec{b} - 3|\vec{b}|^2 = 0 \quad \cdots ①$$

◀ $\vec{a}\cdot\vec{a} = |\vec{a}|^2$

ここで，$|\vec{a}| = |\vec{b}|$ より　　$|\vec{a}|^2 = |\vec{b}|^2$

① に代入すると　　$3|\vec{a}|^2 - 8\vec{a}\cdot\vec{b} - 3|\vec{a}|^2 = 0$

よって　　$\vec{a}\cdot\vec{b} = 0$

$\vec{a} \neq \vec{0}$，$\vec{b} \neq \vec{0}$ であるから　　$\vec{a} \perp \vec{b}$

したがって　　$\boldsymbol{\theta = 90°}$

◀ $\vec{a} \neq \vec{0}$，$\vec{b} \neq \vec{0}$ のとき $\vec{a}\cdot\vec{b} = 0 \Longleftrightarrow \vec{a} \perp \vec{b}$

(2) $\vec{a}-2\vec{b}$ と $\vec{a}+t\vec{b}$ が垂直であるとき

$$(\vec{a}-2\vec{b})\cdot(\vec{a}+t\vec{b}) = 0$$

よって　　$|\vec{a}|^2 + (t-2)\vec{a}\cdot\vec{b} - 2t|\vec{b}|^2 = 0$

◀ $\vec{a}\cdot\vec{a} = |\vec{a}|^2$

(1) より $|\vec{a}|^2 = |\vec{b}|^2$，$\vec{a}\cdot\vec{b} = 0$ であるから　　$|\vec{a}|^2 - 2t|\vec{a}|^2 = 0$

$$(1-2t)|\vec{a}|^2 = 0$$

$|\vec{a}| \neq 0$ であるから　　$1-2t = 0$

◀ $\vec{a} \neq \vec{0}$ より　$|\vec{a}| \neq 0$

したがって，求める t の値は　　$\boldsymbol{t = \dfrac{1}{2}}$

練習 16　△OAB において，$\overrightarrow{\mathrm{OA}} = \vec{a}$，$\overrightarrow{\mathrm{OB}} = \vec{b}$ とおくと，$|\vec{a}| = 4$，$|\vec{b}| = 5$，$|\vec{a}+\vec{b}| = 5$ である。$\angle\mathrm{AOB} = \theta$ とするとき，次の値を求めよ。

(1) $\cos\theta$　　　　(2) △OAB の面積 S

(1) $|\vec{a}+\vec{b}| = 5$ の両辺を2乗すると

$$|\vec{a}+\vec{b}|^2 = 5^2$$

$$|\vec{a}|^2 + 2\vec{a}\cdot\vec{b} + |\vec{b}|^2 = 25$$

◀ $|\vec{a}+\vec{b}|$ を2乗して，$|\vec{a}|$，$|\vec{b}|$，$\vec{a}\cdot\vec{b}$ をつくり出す。

$|\vec{a}| = 4$，$|\vec{b}| = 5$ を代入すると

$$16 + 2\vec{a}\cdot\vec{b} + 25 = 25$$

よって　　$\vec{a}\cdot\vec{b} = -8$

◀ $|\vec{a}+\vec{b}|^2$
$= (\vec{a}+\vec{b})\cdot(\vec{a}+\vec{b})$
$= \vec{a}\cdot\vec{a} + 2\vec{a}\cdot\vec{b} + \vec{b}\cdot\vec{b}$
$= |\vec{a}|^2 + 2\vec{a}\cdot\vec{b} + |\vec{b}|^2$

したがって　$\cos\theta=\dfrac{\vec{a}\cdot\vec{b}}{|\vec{a}||\vec{b}|}=\dfrac{-8}{4\times5}=-\dfrac{2}{5}$

(2) $0^\circ<\theta<180^\circ$ より，$\sin\theta>0$ であるから

$$\sin\theta=\sqrt{1-\cos^2\theta}=\sqrt{1-\left(-\frac{2}{5}\right)^2}=\frac{\sqrt{21}}{5}$$

したがって　$S=\dfrac{1}{2}|\vec{a}||\vec{b}|\sin\theta=\dfrac{1}{2}\cdot4\cdot5\cdot\dfrac{\sqrt{21}}{5}=2\sqrt{21}$

◀ △OAB の面積 S は $S=\dfrac{1}{2}\mathrm{OA}\cdot\mathrm{OB}\cdot\sin\theta$ で求められるから，まず，(1) の結果から $\sin\theta$ を求める。

練習 17　△ABC の面積を S とするとき，例題 17 を用いて，次の問に答えよ。
(1) $|\overrightarrow{AB}|=2$，$|\overrightarrow{AC}|=3$，$\overrightarrow{AB}\cdot\overrightarrow{AC}=2$ であるとき，S の値を求めよ。
(2) 3 点 A(0, 0)，B(1, 4)，C(2, 3) とするとき，S の値を求めよ。

(1) $S=\dfrac{1}{2}\sqrt{|\overrightarrow{AB}|^2|\overrightarrow{AC}|^2-(\overrightarrow{AB}\cdot\overrightarrow{AC})^2}$ より

$$S=\frac{1}{2}\sqrt{2^2\cdot3^2-2^2}=\frac{4\sqrt{2}}{2}=2\sqrt{2}$$

(2) $\overrightarrow{AB}=(1,\ 4)$，$\overrightarrow{AC}=(2,\ 3)$ であるから

$$S=\frac{1}{2}|1\cdot3-2\cdot4|=\frac{5}{2}$$

◀ $\overrightarrow{AB}=(x_1,\ y_1)$，$\overrightarrow{AC}=(x_2,\ y_2)$ のとき $\triangle ABC=\dfrac{1}{2}|x_1y_2-x_2y_1|$

Plus One

information

△ABC の面積 S，$\vec{a}=\overrightarrow{AB}$，$\vec{b}=\overrightarrow{AC}$ とおくとき，$S=\dfrac{1}{2}\sqrt{|\vec{a}|^2|\vec{b}|^2-(\vec{a}\cdot\vec{b})^2}$ を証明する問題は，広島大学（2015 年），京都教育大学（2021 年）の入試で出題されている。

チャレンジ〈1〉　座標軸を設定し A(a, b)，B($-c$, 0)，C(c, 0) とおき，2 点間の距離の公式を用いて中線定理を証明せよ。

A(a, b)，B($-c$, 0)，C(c, 0) とおくと
M(0, 0)

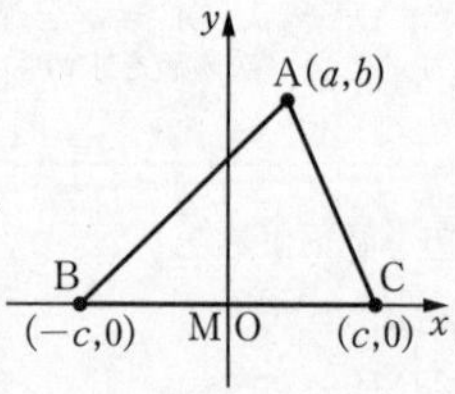

このとき

$$\mathrm{AB}^2+\mathrm{AC}^2=(a+c)^2+b^2+(a-c)^2+b^2=2(a^2+b^2+c^2)$$

$$2(\mathrm{AM}^2+\mathrm{BM}^2)=2(a^2+b^2+c^2)$$

よって　$\mathrm{AB}^2+\mathrm{AC}^2=2(\mathrm{AM}^2+\mathrm{BM}^2)$

◀ 一般性を失わないように，x 軸上の点を用いて，計算を簡単にする。

◀ $\mathrm{AM}^2=a^2+b^2$

Plus One

平面図形の性質を利用して，中線定理を証明することもできる。

〔証明〕

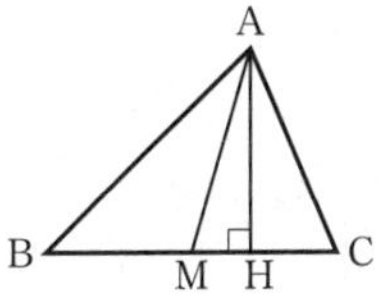

(ア) $\angle ABC < 90°$, $\angle ACB < 90°$ のとき

A から辺 BC に垂線 AH を下ろす。

△ABH において，三平方の定理により

$$AB^2 = AH^2 + BH^2$$

△ACH において，三平方の定理により

$$AC^2 = AH^2 + CH^2$$

よって

$$AB^2 + AC^2 = 2AH^2 + BH^2 + CH^2 \quad \cdots ①$$

ここで，$BH = BM + MH$, $CH = CM - MH$, $BM = CM$ より

$$\begin{aligned} BH^2 + CH^2 &= (BM + MH)^2 + (CM - MH)^2 \\ &= BM^2 + 2BM \cdot MH + MH^2 + CM^2 - 2CM \cdot MH + MH^2 \\ &= 2BM^2 + 2MH^2 \end{aligned}$$

これを ① に代入すると

$$\begin{aligned} AB^2 + AC^2 &= 2(AH^2 + BM^2 + MH^2) \\ &= 2(AH^2 + MH^2 + BM^2) \\ &= 2(AM^2 + BM^2) \end{aligned}$$

← △AMH において，三平方の定理により $AH^2 + MH^2 = AM^2$

よって　$AB^2 + AC^2 = 2(AM^2 + BM^2)$

(イ) $\angle ABC < 90°$, $\angle ACB \geqq 90°$ のとき，(ウ) $\angle ABC \geqq 90°$, $\angle ACB < 90°$ のとき，も同様に考えることができる。

また，ベクトルを用いる方法について，**Play Back** 1 の探究例題 1(1) では始点を A にして考えたが，BC の中点 M を始点として考えることもできる。

〔証明〕

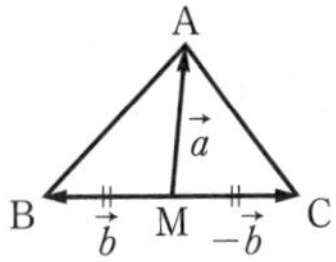

$\overrightarrow{MA} = \vec{a}$, $\overrightarrow{MB} = \vec{b}$ とおくと　$\overrightarrow{MC} = -\vec{b}$

よって　$\overrightarrow{AB} = \overrightarrow{MB} - \overrightarrow{MA} = \vec{b} - \vec{a}$

$\overrightarrow{AC} = \overrightarrow{MC} - \overrightarrow{MA} = -\vec{b} - \vec{a}$

ゆえに

$$\begin{aligned} AB^2 + AC^2 &= |\overrightarrow{AB}|^2 + |\overrightarrow{AC}|^2 \\ &= |\vec{b} - \vec{a}|^2 + |-\vec{b} - \vec{a}|^2 \\ &= (|\vec{b}|^2 - 2\vec{a} \cdot \vec{b} + |\vec{a}|^2) + (|\vec{b}|^2 + 2\vec{a} \cdot \vec{b} + |\vec{a}|^2) \\ &= 2(|\vec{a}|^2 + |\vec{b}|^2) \\ &= 2(|\overrightarrow{MA}|^2 + |\overrightarrow{MB}|^2) = 2(AM^2 + BM^2) \end{aligned}$$

したがって　$AB^2 + AC^2 = 2(AM^2 + BM^2)$

練習 18　次の不等式を証明せよ。

(1) $\vec{a} \cdot \vec{b} + \vec{b} \cdot \vec{c} + \vec{c} \cdot \vec{a} \leqq |\vec{a}|^2 + |\vec{b}|^2 + |\vec{c}|^2$　　(2) $2|\vec{a}| - 3|\vec{b}| \leqq |2\vec{a} + 3\vec{b}| \leqq 2|\vec{a}| + 3|\vec{b}|$

(1)

$$\begin{aligned} (\text{右辺}) - (\text{左辺}) &= |\vec{a}|^2 + |\vec{b}|^2 + |\vec{c}|^2 - (\vec{a} \cdot \vec{b} + \vec{b} \cdot \vec{c} + \vec{c} \cdot \vec{a}) \\ &= \frac{1}{2}(|\vec{a}|^2 - 2\vec{a} \cdot \vec{b} + |\vec{b}|^2) + \frac{1}{2}(|\vec{b}|^2 - 2\vec{b} \cdot \vec{c} + |\vec{c}|^2) \end{aligned}$$

◀ $\vec{a}$, $\vec{b}$, $\vec{c}$ に関して対称である。

$$+\frac{1}{2}(|\vec{c}|^2-2\vec{c}\cdot\vec{a}+|\vec{a}|^2)$$

$$=\frac{1}{2}|\vec{a}-\vec{b}|^2+\frac{1}{2}|\vec{b}-\vec{c}|^2+\frac{1}{2}|\vec{c}-\vec{a}|^2 \geqq 0$$

◀ $|\vec{a}-\vec{b}|^2 \geqq 0$, $|\vec{b}-\vec{c}|^2 \geqq 0$, $|\vec{c}-\vec{a}|^2 \geqq 0$

よって　$\vec{a}\cdot\vec{b}+\vec{b}\cdot\vec{c}+\vec{c}\cdot\vec{a} \leqq |\vec{a}|^2+|\vec{b}|^2+|\vec{c}|^2$

(2) [1] $|2\vec{a}+3\vec{b}| \leqq 2|\vec{a}|+3|\vec{b}|$ を示す。

$$(2|\vec{a}|+3|\vec{b}|)^2-|2\vec{a}+3\vec{b}|^2$$
$$=(4|\vec{a}|^2+12|\vec{a}||\vec{b}|+9|\vec{b}|^2)-(4|\vec{a}|^2+12\vec{a}\cdot\vec{b}+9|\vec{b}|^2)$$
$$=12(|\vec{a}||\vec{b}|-\vec{a}\cdot\vec{b}) \geqq 0$$

◀ 左辺，右辺ともに0以上であるから (右辺)^2 − (左辺)$^2 \geqq 0$ を示す。

よって　$(2|\vec{a}|+3|\vec{b}|)^2 \geqq |2\vec{a}+3\vec{b}|^2$

◀ $|\vec{a}||\vec{b}|-\vec{a}\cdot\vec{b}$
$=|\vec{a}||\vec{b}|(1-\cos\theta) \geqq 0$
例題18参照。

$2|\vec{a}|+3|\vec{b}| \geqq 0$, $|2\vec{a}+3\vec{b}| \geqq 0$ より

$$2|\vec{a}|+3|\vec{b}| \geqq |2\vec{a}+3\vec{b}|$$

[2] $2|\vec{a}|-3|\vec{b}| \leqq |2\vec{a}+3\vec{b}|$ を示す。

(ア) $2|\vec{a}|-3|\vec{b}|<0$ のとき，$|2\vec{a}+3\vec{b}| \geqq 0$ であるから，明らかに成り立つ。

(イ) $2|\vec{a}|-3|\vec{b}| \geqq 0$ のとき

$$|2\vec{a}+3\vec{b}|^2-(2|\vec{a}|-3|\vec{b}|)^2$$
$$=(4|\vec{a}|^2+12\vec{a}\cdot\vec{b}+9|\vec{b}|^2)-(4|\vec{a}|^2-12|\vec{a}||\vec{b}|+9|\vec{b}|^2)$$
$$=12(\vec{a}\cdot\vec{b}+|\vec{a}||\vec{b}|) \geqq 0$$

◀ 左辺，右辺ともに0以上であるから (右辺)^2 − (左辺)$^2 \geqq 0$ を示す。

よって　$|2\vec{a}+3\vec{b}|^2 \geqq (2|\vec{a}|-3|\vec{b}|)^2$

◀ $\vec{a}\cdot\vec{b}+|\vec{a}||\vec{b}|$
$=|\vec{a}||\vec{b}|(\cos\theta+1) \geqq 0$
例題18参照。

$|2\vec{a}+3\vec{b}| \geqq 0$, $2|\vec{a}|-3|\vec{b}| \geqq 0$ より

$$|2\vec{a}+3\vec{b}| \geqq 2|\vec{a}|-3|\vec{b}|$$

(ア)，(イ)より　$|2\vec{a}+3\vec{b}| \geqq 2|\vec{a}|-3|\vec{b}|$

[1]，[2]より　$2|\vec{a}|-3|\vec{b}| \leqq |2\vec{a}+3\vec{b}| \leqq 2|\vec{a}|+3|\vec{b}|$

〔別解〕

[2] $2|\vec{a}|-3|\vec{b}| \leqq |2\vec{a}+3\vec{b}|$ を示す。

[1]より　$|2\vec{a}+3\vec{b}| \leqq 2|\vec{a}|+3|\vec{b}|$ であるから

$2\vec{a}$ を $2\vec{a}+3\vec{b}$，$3\vec{b}$ を $-3\vec{b}$ に置き換えると

$$|(2\vec{a}+3\vec{b})+(-3\vec{b})| \leqq |2\vec{a}+3\vec{b}|+|-3\vec{b}|$$

よって　$|2\vec{a}| \leqq |2\vec{a}+3\vec{b}|+|3\vec{b}|$

ゆえに　$2|\vec{a}|-3|\vec{b}| \leqq |2\vec{a}+3\vec{b}|$

練習 19 $\vec{a}$，$\vec{b}$ が $|\vec{a}+2\vec{b}|=\sqrt{2}$，$|2\vec{a}-\vec{b}|=1$ を満たすとき，$|3\vec{a}+\vec{b}|$ のとり得る値の範囲を求めよ。

$\vec{a}+2\vec{b}=\vec{p}$ …①，$2\vec{a}-\vec{b}=\vec{q}$ …② とおくと　$|\vec{p}|=\sqrt{2}$，$|\vec{q}|=1$

①＋②×2 より，$5\vec{a}=\vec{p}+2\vec{q}$ となり　$\vec{a}=\dfrac{\vec{p}+2\vec{q}}{5}$

①×2−② より，$5\vec{b}=2\vec{p}-\vec{q}$ となり　$\vec{b}=\dfrac{2\vec{p}-\vec{q}}{5}$

よって　$3\vec{a}+\vec{b}=\dfrac{3\vec{p}+6\vec{q}}{5}+\dfrac{2\vec{p}-\vec{q}}{5}=\dfrac{5\vec{p}+5\vec{q}}{5}=\vec{p}+\vec{q}$

ゆえに　$|3\vec{a}+\vec{b}|^2=|\vec{p}+\vec{q}|^2=|\vec{p}|^2+2\vec{p}\cdot\vec{q}+|\vec{q}|^2$

$=2+2\vec{p}\cdot\vec{q}+1$

$=3+2\vec{p}\cdot\vec{q}$

ここで，$-|\vec{p}||\vec{q}|\leqq\vec{p}\cdot\vec{q}\leqq|\vec{p}||\vec{q}|$ であるから

$-2\sqrt{2}\leqq 2\vec{p}\cdot\vec{q}\leqq 2\sqrt{2}$

$3-2\sqrt{2}\leqq 3+2\vec{p}\cdot\vec{q}\leqq 3+2\sqrt{2}$

したがって

$3-2\sqrt{2}\leqq|3\vec{a}+\vec{b}|^2\leqq 3+2\sqrt{2}$

$|3\vec{a}+\vec{b}|\geqq 0$ より

$\sqrt{3-2\sqrt{2}}\leqq|3\vec{a}+\vec{b}|\leqq\sqrt{3+2\sqrt{2}}$

すなわち　$\boldsymbol{\sqrt{2}-1\leqq|3\vec{a}+\vec{b}|\leqq\sqrt{2}+1}$

$|\vec{p}|=\sqrt{2}$，$|\vec{q}|=1$ のとき，$|3\vec{a}+\vec{b}|$ の範囲は $|3\vec{a}+\vec{b}|^2$ の範囲から考える。

$\vec{p}\cdot\vec{q}$ のとり得る値の範囲が分かれば，$|3\vec{a}+\vec{b}|^2$ の範囲が分かる。$\vec{p}\cdot\vec{q}$ のとり得る値の範囲として，例題 18 (1) の不等式を用いる。

$\sqrt{3-2\sqrt{2}}=\sqrt{(\sqrt{2}-1)^2}$
$\sqrt{3+2\sqrt{2}}=\sqrt{(\sqrt{2}+1)^2}$

チャレンジ〈2〉 (1) 不等式 $(a^2+b^2+c^2)(x^2+y^2+z^2)\geqq(ax+by+cz)^2$ を証明せよ。
(2) 実数 x，y，z が $x^2+y^2+z^2=1$ を満たすとき，$3x+4y+5z$ の最大値を求めよ。

(1) $\vec{p}=(a,\ b,\ c)$，$\vec{q}=(x,\ y,\ z)$ とおくと

(左辺) $=|\vec{p}|^2|\vec{q}|^2$，(右辺) $=(\vec{p}\cdot\vec{q})^2$

ここで，$-|\vec{p}||\vec{q}|\leqq\vec{p}\cdot\vec{q}\leqq|\vec{p}||\vec{q}|$ であるから

$(|\vec{p}||\vec{q}|)^2\geqq(\vec{p}\cdot\vec{q})^2$

したがって　$(a^2+b^2+c^2)(x^2+y^2+z^2)\geqq(ax+by+cz)^2$

(2) $\vec{p}=(3,\ 4,\ 5)$，$\vec{q}=(x,\ y,\ z)$ とおくと

$3x+4y+5z=\vec{p}\cdot\vec{q}$

$|\vec{p}|=\sqrt{3^2+4^2+5^2}=5\sqrt{2}$，$|\vec{q}|=\sqrt{x^2+y^2+z^2}=1$ であるから

$\vec{p}\cdot\vec{q}\leqq|\vec{p}||\vec{q}|=5\sqrt{2}$

よって，求める最大値は　$\boldsymbol{5\sqrt{2}}$

等号が成立するのは，$\vec{p}\parallel\vec{q}$ のときである。よって，$x\neq 0$，$y\neq 0$，$z\neq 0$ のとき $\dfrac{a}{x}=\dfrac{b}{y}=\dfrac{c}{z}$ の場合である。

$\vec{p}=(a,b,c)$，$\vec{q}=(x,y,z)$ とすると
$\vec{p}\cdot\vec{q}=ax+by+cz$

p.46　問題編 2　平面上のベクトルの成分と内積

問題 7　3つの単位ベクトル $\vec{a}$，$\vec{b}$，$\vec{c}$ が $\vec{a}+\vec{b}+\vec{c}=\vec{0}$ を満たしている。
$\vec{a}=(1,\ 0)$ のとき，$\vec{b}$，$\vec{c}$ を成分表示せよ。

$\vec{b}=(x,\ y)$ とおく。

$\vec{a}+\vec{b}+\vec{c}=\vec{0}$ より　$\vec{c}=-\vec{a}-\vec{b}=(-1-x,\ -y)$

$|\vec{b}|=|\vec{c}|=1$ であるから　$|\vec{b}|^2=|\vec{c}|^2=1$

よって　$\begin{cases}x^2+y^2=1 & \cdots①\\(-1-x)^2+(-y)^2=1 & \cdots②\end{cases}$

② より　$x^2+2x+y^2=0$　$\cdots③$

③－① より $2x=-1$ であるから　$x=-\dfrac{1}{2}$

$\vec{b}$，$\vec{c}$ は単位ベクトル

これを ① に代入すると $y^2=\frac{3}{4}$ より　　$y=\pm\frac{\sqrt{3}}{2}$

したがって　　$\vec{b}=\left(-\frac{1}{2},\ \frac{\sqrt{3}}{2}\right),\ \vec{c}=\left(-\frac{1}{2},\ -\frac{\sqrt{3}}{2}\right)$

または　　$\vec{b}=\left(-\frac{1}{2},\ -\frac{\sqrt{3}}{2}\right),\ \vec{c}=\left(-\frac{1}{2},\ \frac{\sqrt{3}}{2}\right)$

◀下の図のような配置になっている。

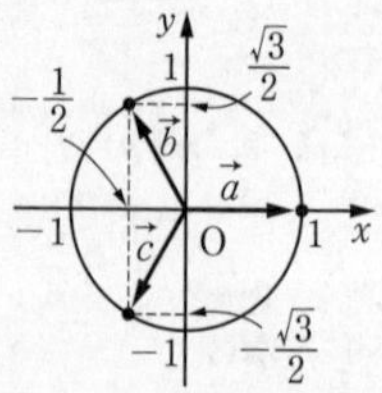

問題 8　平面上に 2 点 $A(x+1,\ 3-x)$, $B(1-2x,\ 4)$ がある。$\overrightarrow{AB}$ の大きさが 13 となるとき，$\overrightarrow{AB}$ と平行な単位ベクトルを成分表示せよ。

$\overrightarrow{AB}=((1-2x)-(x+1),\ 4-(3-x))=(-3x,\ x+1)$　　$\cdots$①

よって　　$|\overrightarrow{AB}|^2=(-3x)^2+(x+1)^2$
$=9x^2+(x^2+2x+1)$
$=10x^2+2x+1$

◀$\vec{a}=(a_1,\ a_2)$ のとき $|\vec{a}|=\sqrt{a_1{}^2+a_2{}^2}$ これより $|\vec{a}|^2=a_1{}^2+a_2{}^2$

$|\overrightarrow{AB}|=13$ より，$|\overrightarrow{AB}|^2=169$ であるから

$10x^2+2x+1=169$
$5x^2+x-84=0$
$(5x+21)(x-4)=0$

◀$10x^2+2x-168=0$ より $5x^2+x-84=0$

ゆえに　　$x=-\frac{21}{5},\ 4$

$\overrightarrow{AB}$ と平行な単位ベクトルは　　$\pm\frac{\overrightarrow{AB}}{|\overrightarrow{AB}|}=\pm\frac{1}{13}\overrightarrow{AB}$

◀$\overrightarrow{AB}$ の大きさは 13 であることに注意する。

(ア)　$x=-\frac{21}{5}$ のとき

① より　　$\overrightarrow{AB}=\left(\frac{63}{5},\ -\frac{16}{5}\right)$

よって，$\overrightarrow{AB}$ と平行な単位ベクトルは　　$\pm\frac{1}{13}\left(\frac{63}{5},\ -\frac{16}{5}\right)$

すなわち　　$\left(\frac{63}{65},\ -\frac{16}{65}\right)$ または $\left(-\frac{63}{65},\ \frac{16}{65}\right)$

(イ)　$x=4$ のとき

① より　　$\overrightarrow{AB}=(-12,\ 5)$

よって，$\overrightarrow{AB}$ と平行な単位ベクトルは　　$\pm\frac{1}{13}(-12,\ 5)$

すなわち　　$\left(-\frac{12}{13},\ \frac{5}{13}\right)$ または $\left(\frac{12}{13},\ -\frac{5}{13}\right)$

(ア), (イ) より，求める単位ベクトルは

$\left(\frac{63}{65},\ -\frac{16}{65}\right),\ \left(-\frac{63}{65},\ \frac{16}{65}\right),\ \left(-\frac{12}{13},\ \frac{5}{13}\right),\ \left(\frac{12}{13},\ -\frac{5}{13}\right)$

問題 9 平面上の4点 A(1, 2), B(−2, 7), C(p, q), D(r, $r+3$) について，四角形 ABCD がひし形となるとき，定数 p, q, r の値を求めよ。

四角形 ABCD がひし形になるとき

$$|\overrightarrow{AD}| = |\overrightarrow{AB}| \cdots ① \quad かつ \quad \overrightarrow{AB} = \overrightarrow{DC} \cdots ②$$

◀ AD＝AB かつ AB∥DC かつ AB＝DC

$\overrightarrow{AB} = (-2-1,\ 7-2) = (-3,\ 5)$ より

$$|\overrightarrow{AB}|^2 = (-3)^2 + 5^2 = 34$$

$\overrightarrow{AD} = (r-1,\ (r+3)-2) = (r-1,\ r+1)$ より

$$|\overrightarrow{AD}|^2 = (r-1)^2 + (r+1)^2 = 2r^2 + 2$$

◀ $(r-1)^2+(r+1)^2$
$=(r^2-2r+1)+(r^2+2r+1)$
$=2r^2+2$

① より　$2r^2 + 2 = 34$

$r^2 = 16$

よって　$r = \pm 4$

(ア) $r = 4$ のとき

点 D の座標は (4, 7) であるから

$$\overrightarrow{DC} = (p-4,\ q-7)$$

② より　$(-3,\ 5) = (p-4,\ q-7)$

よって　$p = 1,\ q = 12$

(イ) $r = -4$ のとき

点 D の座標は (−4, −1) であるから

$$\overrightarrow{DC} = (p+4,\ q+1)$$

◀ $\overrightarrow{DC} = (p-(-4),\ q-(-1))$
$= (p+4,\ q+1)$

② より　$(-3,\ 5) = (p+4,\ q+1)$

よって　$p = -7,\ q = 4$

(ア), (イ) より，求める p, q, r の値は

$\boldsymbol{p = 1,\ q = 12,\ r = 4}$　**または**　$\boldsymbol{p = -7,\ q = 4,\ r = -4}$

問題 10 $\vec{a} = (1,\ 1)$, $\vec{b} = (-1,\ 0)$, $\vec{c} = (1,\ 2)$ に対して，$\vec{c}$ が $(m^2-3)\vec{a} + m\vec{b}$ と平行になるような自然数 m を求めよ。　(関西大)

$\vec{a} = (1,\ 1)$, $\vec{b} = (-1,\ 0)$ より

$$(m^2-3)\vec{a} + m\vec{b} = (m^2-3,\ m^2-3) + (-m,\ 0)$$
$$= (m^2-m-3,\ m^2-3)$$

$\vec{c} = (1,\ 2)$ と平行であるから，k を実数とすると

$$(m^2-m-3,\ m^2-3) = k(1,\ 2)$$

◀ $\vec{a} /\!/ \vec{b}$ のとき $\vec{b} = k\vec{a}$ となる実数 k が存在する。

よって　$\begin{cases} m^2-m-3 = k & \cdots ① \\ m^2-3 = 2k & \cdots ② \end{cases}$

① より，$k = m^2-m-3$ を ② に代入すると

$$m^2-3 = 2(m^2-m-3)$$
$$m^2-2m-3 = 0$$

$(m-3)(m+1) = 0$ となり　$m = -1,\ 3$

m は自然数より　$\boldsymbol{m = 3}$

問題 11 1辺の長さが1の正六角形ABCDEFにおいて，次の内積を求めよ。

(1) $\overrightarrow{AB}\cdot\overrightarrow{BE}$　　　(2) $(\overrightarrow{AB}+\overrightarrow{FE})\cdot\overrightarrow{AD}$

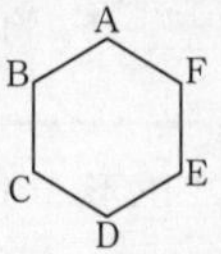

(1) $|\overrightarrow{AB}|=1$, $|\overrightarrow{BE}|=2$, $\overrightarrow{AB}$ と $\overrightarrow{BE}$ のなす角は
$120°$

よって

$\overrightarrow{AB}\cdot\overrightarrow{BE}=1\times2\times\cos120°=\mathbf{-1}$

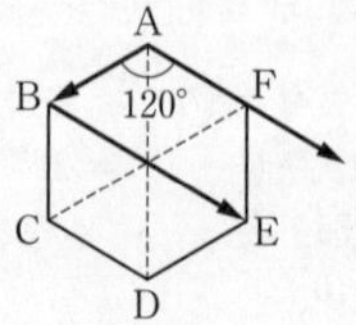

◀ $\overrightarrow{AB}$ と $\overrightarrow{BE}$ のなす角は，始点を一致させて考える。

(2) $\overrightarrow{AB}+\overrightarrow{FE}=\overrightarrow{AB}+\overrightarrow{BC}=\overrightarrow{AC}$

よって　$(\overrightarrow{AB}+\overrightarrow{FE})\cdot\overrightarrow{AD}=\overrightarrow{AC}\cdot\overrightarrow{AD}$

$|\overrightarrow{AC}|=\sqrt{3}$，$|\overrightarrow{AD}|=2$, $\overrightarrow{AC}$ と $\overrightarrow{AD}$ のなす角は　$30°$

よって　$\overrightarrow{AC}\cdot\overrightarrow{AD}=\sqrt{3}\times2\times\cos30°=3$

したがって　$(\overrightarrow{AB}+\overrightarrow{FE})\cdot\overrightarrow{AD}=\mathbf{3}$

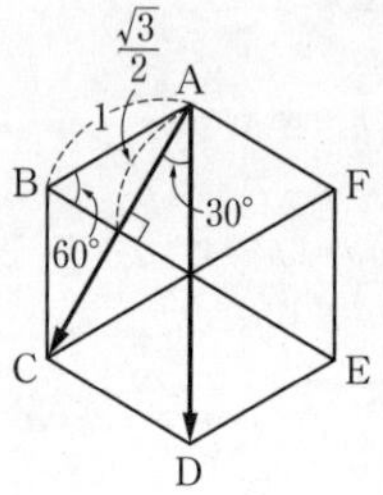

〔別解〕

$(\overrightarrow{AB}+\overrightarrow{FE})\cdot\overrightarrow{AD}=\overrightarrow{AB}\cdot\overrightarrow{AD}+\overrightarrow{FE}\cdot\overrightarrow{AD}$

◀ $(\vec{a}+\vec{b})\cdot\vec{c}=\vec{a}\cdot\vec{c}+\vec{b}\cdot\vec{c}$

$|\overrightarrow{AB}|=1$，$|\overrightarrow{AD}|=2$，$\overrightarrow{AB}$ と $\overrightarrow{AD}$ のなす角は　$60°$

よって　$\overrightarrow{AB}\cdot\overrightarrow{AD}=1\times2\times\cos60°=1$

$|\overrightarrow{FE}|=1$，$|\overrightarrow{AD}|=2$，$\overrightarrow{FE}$ と $\overrightarrow{AD}$ のなす角は　$0°$

よって　$\overrightarrow{FE}\cdot\overrightarrow{AD}=1\times2\times\cos0°=2$

したがって　$(\overrightarrow{AB}+\overrightarrow{FE})\cdot\overrightarrow{AD}=1+2=3$

問題 12 〔1〕 3点A(2, 3)，B(−2, 6)，C(1, 10) に対して，次のものを求めよ。

(1) 内積 $\overrightarrow{AB}\cdot\overrightarrow{AC}$　　(2) ∠BACの大きさ　　(3) ∠ABCの大きさ

〔2〕 平面上のベクトル $\vec{a}=(7,\ -1)$ とのなす角が45°で大きさが5であるようなベクトル $\vec{b}$ を求めよ。

〔1〕 (1) $\overrightarrow{AB}=(-2-2,\ 6-3)=(-4,\ 3)$

$\overrightarrow{AC}=(1-2,\ 10-3)=(-1,\ 7)$

よって

$\overrightarrow{AB}\cdot\overrightarrow{AC}=(-4)\times(-1)+3\times7=\mathbf{25}$

(2) ∠BACは $\overrightarrow{AB}$ と $\overrightarrow{AC}$ のなす角であるから

$$\cos\angle BAC=\frac{\overrightarrow{AB}\cdot\overrightarrow{AC}}{|\overrightarrow{AB}||\overrightarrow{AC}|}$$

◀ 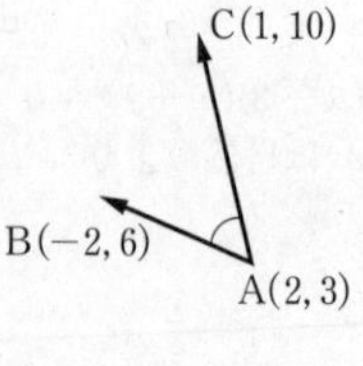

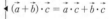

$|\overrightarrow{AB}|=\sqrt{(-4)^2+3^2}=5$，$|\overrightarrow{AC}|=\sqrt{(-1)^2+7^2}=5\sqrt{2}$ より

$$\cos\angle BAC=\frac{25}{5\cdot5\sqrt{2}}=\frac{1}{\sqrt{2}}$$

$0^\circ \leqq \angle BAC \leqq 180^\circ$ より　　$\angle \mathbf{BAC = 45^\circ}$

(3)　$\overrightarrow{BA} = (2-(-2),\ 3-6) = (4,\ -3)$

$\overrightarrow{BC} = (1-(-2),\ 10-6) = (3,\ 4)$

よって　　$\overrightarrow{BA}\cdot\overrightarrow{BC} = 4\times3+(-3)\times4 = 0$

$\overrightarrow{BA} \neq \vec{0}$, $\overrightarrow{BC} \neq \vec{0}$ であるから　　$\overrightarrow{BA} \perp \overrightarrow{BC}$

$0^\circ \leqq \angle ABC \leqq 180^\circ$ より　　$\angle \mathbf{ABC = 90^\circ}$

◀ $\vec{a} \neq \vec{0}$, $\vec{b} \neq \vec{0}$ のとき $\vec{a}\cdot\vec{b} = 0 \Longleftrightarrow \vec{a} \perp \vec{b}$

〔2〕 $\vec{b} = (x,\ y)$ とおくと

$\vec{a}\cdot\vec{b} = 7\times x + (-1)\times y = 7x - y$

$|\vec{a}| = \sqrt{7^2+(-1)^2} = 5\sqrt{2}$, $|\vec{b}| = 5$

◀ $\vec{a}$ が成分表示されているから，$\vec{b}$ を成分表示する。

よって　　$7x - y = 5\sqrt{2}\cdot5\cdot\cos45^\circ$

◀ $\vec{a}\cdot\vec{b} = |\vec{a}||\vec{b}|\cos\theta$ より

整理すると　　$y = 7x - 25$　　…①

また，$|\vec{b}| = 5$ より　　$x^2 + y^2 = 25$

◀ $|\vec{b}| = \sqrt{x^2+y^2}$

① を代入すると　　$x^2 + (7x-25)^2 = 25$

整理して　　$x^2 - 7x + 12 = 0$

$(x-3)(x-4) = 0$

よって　　$x = 3,\ 4$

① より，$x = 3$ のとき $y = -4$, $x = 4$ のとき $y = 3$

したがって　　$\vec{\boldsymbol{b}} = \mathbf{(3,\ -4),\ (4,\ 3)}$

問題 13　$|\vec{a}+\vec{b}| = \sqrt{19}$, $|\vec{a}-\vec{b}| = 7$, $|\vec{a}| < |\vec{b}|$, $\vec{a}$ と $\vec{b}$ のなす角が 120° のとき

(1) 内積 $\vec{a}\cdot\vec{b}$ を求めよ。　　(2) $\vec{a}$, $\vec{b}$ の大きさをそれぞれ求めよ。

(3) $\vec{a}+\vec{b}$ と $\vec{a}-\vec{b}$ のなす角を θ $(0^\circ \leqq \theta \leqq 180^\circ)$ とするとき，$\cos\theta$ の値を求めよ。

---

(1)　$|\vec{a}+\vec{b}| = \sqrt{19}$ の両辺を 2 乗すると

$|\vec{a}|^2 + 2\vec{a}\cdot\vec{b} + |\vec{b}|^2 = 19$　　…①

◀ ベクトルの大きさは 2 乗して展開する。

$|\vec{a}-\vec{b}| = 7$ の両辺を 2 乗すると

$|\vec{a}|^2 - 2\vec{a}\cdot\vec{b} + |\vec{b}|^2 = 49$　　…②

①－② より　　$4\vec{a}\cdot\vec{b} = -30$

よって　　$\vec{\boldsymbol{a}}\cdot\vec{\boldsymbol{b}} = \boldsymbol{-\frac{15}{2}}$　　…③

(2)　$|\vec{a}| = \alpha$, $|\vec{b}| = \beta$ とおくと　　$0 \leqq \alpha < \beta$

◀ $|\vec{a}| < |\vec{b}|$

③ を ① に代入すると　　$|\vec{a}|^2 - 15 + |\vec{b}|^2 = 19$

よって　　$\alpha^2 + \beta^2 = 34$　　…④

また，$\vec{a}$ と $\vec{b}$ のなす角が 120° であるから，③ より

$\alpha\beta\cos120^\circ = -\frac{15}{2}$

よって　　$\alpha\beta = 15$　　…⑤

⑤ より，$\alpha \neq 0$ であるから　　$\beta = \frac{15}{\alpha}$　　…⑥

これを ④ に代入すると　　$\alpha^2 + \frac{225}{\alpha^2} = 34$

$\alpha^4 - 34\alpha^2 + 225 = 0$ より　　$(\alpha^2-9)(\alpha^2-25) = 0$

◀ 分母をはらって整理する。

$\alpha > 0$ より　　$\alpha = 3,\ 5$

⑥より，$\alpha = 3$ のとき $\beta = 5$，$\alpha = 5$ のとき $\beta = 3$

$\alpha < \beta$ であるから　　$\alpha = 3,\ \beta = 5$

すなわち　　$|\vec{a}| = 3,\ |\vec{b}| = 5$

(3)　$(\vec{a}+\vec{b})\cdot(\vec{a}-\vec{b}) = |\vec{a}|^2 - |\vec{b}|^2 = -16$

$\vec{a}+\vec{b}$ と $\vec{a}-\vec{b}$ のなす角が θ であるから

$$\cos\theta = \frac{(\vec{a}+\vec{b})\cdot(\vec{a}-\vec{b})}{|\vec{a}+\vec{b}||\vec{a}-\vec{b}|} = \frac{-16}{\sqrt{19}\times 7} = -\frac{16\sqrt{19}}{133}$$

問題 14　2つのベクトル $\vec{a} = (t+2,\ t^2-k)$，$\vec{b} = (t^2,\ -t-1)$ がどのような実数 t に対しても垂直にならないような，実数 k の値の範囲を求めよ。ただし，$\vec{a} \neq \vec{0}$，$\vec{b} \neq \vec{0}$ とする。

（芝浦工業大　改）

$$\vec{a}\cdot\vec{b} = (t+2)t^2 + (t^2-k)(-t-1)$$
$$= t^2 + kt + k$$

$\vec{a} \neq \vec{0}$，$\vec{b} \neq \vec{0}$ のとき，$\vec{a}$ と $\vec{b}$ が垂直になるのは $\vec{a}\cdot\vec{b} = 0$ のときであるから，どのような実数 t の値に対しても $\vec{a}$ と $\vec{b}$ が垂直にならないのは，2次方程式 $t^2 + kt + k = 0$ が実数解をもたないときである。

◀ $\vec{a} \neq \vec{0}$，$\vec{b} \neq \vec{0}$ のとき $\vec{a} \perp \vec{b} \Longleftrightarrow \vec{a}\cdot\vec{b} = 0$

よって，この2次方程式の判別式を D とすると　　$D < 0$

ゆえに　　$D = k^2 - 4k < 0$

すなわち　　$k(k-4) < 0$

したがって　　$\boldsymbol{0 < k < 4}$

◀ 2次方程式 $ax^2 + bx + c = 0$ の判別式を D とすると 実数解をもたない $\Longleftrightarrow D < 0$

問題 15　$|\vec{x}-\vec{y}| = 1$，$|\vec{x}-2\vec{y}| = 2$ で $\vec{x}+\vec{y}$ と $6\vec{x}-7\vec{y}$ が垂直であるとき，次の問に答えよ。

(1)　$\vec{x}$ と $\vec{y}$ の大きさを求めよ。

(2)　$\vec{x}$ と $\vec{y}$ のなす角 θ $(0° \leqq \theta \leqq 180°)$ を求めよ。

(1)　$|\vec{x}-\vec{y}| = 1$ の両辺を2乗すると　　$|\vec{x}-\vec{y}|^2 = 1$

よって　　$|\vec{x}|^2 - 2\vec{x}\cdot\vec{y} + |\vec{y}|^2 = 1$　　…①

$|\vec{x}-2\vec{y}| = 2$ の両辺を2乗すると　　$|\vec{x}-2\vec{y}|^2 = 4$

よって　　$|\vec{x}|^2 - 4\vec{x}\cdot\vec{y} + 4|\vec{y}|^2 = 4$　　…②

$(\vec{x}+\vec{y}) \perp (6\vec{x}-7\vec{y})$ であるから

$$(\vec{x}+\vec{y})\cdot(6\vec{x}-7\vec{y}) = 0$$

$$6|\vec{x}|^2 - \vec{x}\cdot\vec{y} - 7|\vec{y}|^2 = 0 \quad \cdots③$$

①×2−② より　　$|\vec{x}|^2 - 2|\vec{y}|^2 = -2$　　…④

①−③×2 より　　$-11|\vec{x}|^2 + 15|\vec{y}|^2 = 1$　　…⑤

◀ まず，$\vec{x}\cdot\vec{y}$ を消去し，$|\vec{x}|^2$ と $|\vec{y}|^2$ の連立方程式をつくる。

④×11＋⑤ より　　$-7|\vec{y}|^2 = -21$

よって　　$|\vec{y}|^2 = 3$

$|\vec{y}| \geqq 0$ より　　$|\vec{y}| = \sqrt{3}$

④に代入して　　$|\vec{x}|^2 = 4$

$|\vec{x}| \geqq 0$ より　　$|\vec{x}| = 2$

(2) ① より　$4-2\vec{x}\cdot\vec{y}+3=1$

$$\vec{x}\cdot\vec{y}=3$$

よって　$\cos\theta=\dfrac{\vec{x}\cdot\vec{y}}{|\vec{x}||\vec{y}|}=\dfrac{3}{2\sqrt{3}}=\dfrac{\sqrt{3}}{2}$

$0^\circ \leqq \theta \leqq 180^\circ$ より　$\boldsymbol{\theta=30^\circ}$

問題 16 △OAB において，$\overrightarrow{OA}=\vec{a}$，$\overrightarrow{OB}=\vec{b}$ とおくと，$\vec{a}\cdot\vec{b}=3$，$|\vec{a}-\vec{b}|=1$，$(\vec{a}-\vec{b})\cdot(\vec{a}+2\vec{b})=-2$ である。

(1) $|\vec{a}|$，$|\vec{b}|$ を求めよ。　(2) △OAB の面積を求めよ。

(1) $|\vec{a}-\vec{b}|=1$ の両辺を 2 乗すると

$$|\vec{a}-\vec{b}|^2=1$$

$$|\vec{a}|^2-2\vec{a}\cdot\vec{b}+|\vec{b}|^2=1$$

$\vec{a}\cdot\vec{b}=3$ を代入すると　$|\vec{a}|^2+|\vec{b}|^2=7$　…①

$(\vec{a}-\vec{b})\cdot(\vec{a}+2\vec{b})=-2$ であるから

$$|\vec{a}|^2+\vec{a}\cdot\vec{b}-2|\vec{b}|^2=-2$$

$\vec{a}\cdot\vec{b}=3$ を代入すると　$|\vec{a}|^2-2|\vec{b}|^2=-5$　…②

①−② より，$3|\vec{b}|^2=12$ であるから　$|\vec{b}|^2=4$

$|\vec{b}|\geqq 0$ より　$\boldsymbol{|\vec{b}|=2}$

① に代入すると　$|\vec{a}|^2=3$

$|\vec{a}|\geqq 0$ より　$\boldsymbol{|\vec{a}|=\sqrt{3}}$

(2) $\cos\angle AOB=\dfrac{\vec{a}\cdot\vec{b}}{|\vec{a}||\vec{b}|}=\dfrac{3}{\sqrt{3}\times 2}=\dfrac{\sqrt{3}}{2}$

$0^\circ<\angle AOB<180^\circ$ より，$\angle AOB=30^\circ$ であるから

$$\triangle OAB=\frac{1}{2}|\vec{a}||\vec{b}|\sin 30^\circ=\frac{1}{2}\cdot\sqrt{3}\cdot 2\cdot\frac{1}{2}=\boldsymbol{\frac{\sqrt{3}}{2}}$$

◀ $|\vec{a}-\vec{b}|$ を 2 乗して，$\vec{a}\cdot\vec{b}$ をつくり出す。

◀ ①，② を $|\vec{a}|^2$ と $|\vec{b}|^2$ の連立方程式と見なす。

◀ $\triangle OAB=\dfrac{1}{2}OA\cdot OB\sin\angle AOB$

問題 17 3 点 A(−1, −2)，B(3, 0)，C(1, 1) に対して，△ABC の面積を求めよ。

$$\overrightarrow{AB}=(3-(-1),\ 0-(-2))=(4,\ 2)$$

$$\overrightarrow{AC}=(1-(-1),\ 1-(-2))=(2,\ 3)$$

であるから

$$\triangle ABC=\frac{1}{2}|4\cdot 3-2\cdot 2|=\boldsymbol{4}$$

問題 18 $|\vec{a}+\vec{b}+\vec{c}|^2\geqq 3(\vec{a}\cdot\vec{b}+\vec{b}\cdot\vec{c}+\vec{c}\cdot\vec{a})$ を証明せよ。

$$(左辺)-(右辺)=|\vec{a}+\vec{b}+\vec{c}|^2-3(\vec{a}\cdot\vec{b}+\vec{b}\cdot\vec{c}+\vec{c}\cdot\vec{a})$$

$$=|\vec{a}|^2+|\vec{b}|^2+|\vec{c}|^2-2\vec{a}\cdot\vec{b}-2\vec{b}\cdot\vec{c}-2\vec{c}\cdot\vec{a}$$

$$-3(\vec{a}\cdot\vec{b}+\vec{b}\cdot\vec{c}+\vec{c}\cdot\vec{a})$$

$$=(|\vec{a}|^2+|\vec{b}|^2+|\vec{c}|^2)-(\vec{a}\cdot\vec{b}+\vec{b}\cdot\vec{c}+\vec{c}\cdot\vec{a})$$

$$=\frac{1}{2}\{(2|\vec{a}|^2+2|\vec{b}|^2+2|\vec{c}|^2)-(2\vec{a}\cdot\vec{b}+2\vec{b}\cdot\vec{c}+2\vec{c}\cdot\vec{a})\}$$

$$=\frac{1}{2}(|\vec{a}-\vec{b}|^2+|\vec{b}-\vec{c}|^2+|\vec{c}-\vec{a}|^2)\geqq 0$$

◀ $|\vec{a}-\vec{b}|^2\geqq 0$, $|\vec{b}-\vec{c}|^2\geqq 0$, $|\vec{c}-\vec{a}|^2\geqq 0$

よって　$|\vec{a}+\vec{b}+\vec{c}|^2\geqq 3(\vec{a}\cdot\vec{b}+\vec{b}\cdot\vec{c}+\vec{c}\cdot\vec{a})$

問題 19　平面上の2つのベクトル $\vec{a}$, $\vec{b}$ はそれぞれの大きさが1であり，また平行でないとする。

(1)　$t\geqq 0$ であるような実数 t に対して，不等式 $0<|\vec{a}+t\vec{b}|^2\leqq(1+t)^2$ が成立することを示せ。

(2)　$t\geqq 0$ であるような実数 t に対して $\vec{p}=\dfrac{2t^2\vec{b}}{|\vec{a}+t\vec{b}|^2}$ とおき，$f(t)=|\vec{p}|$ とする。このとき，不等式 $f(t)\geqq\dfrac{2t^2}{(1+t)^2}$ が成立することを示せ。

(3)　$f(t)=1$ となる正の実数 t が存在することを示せ。　(新潟大)

(1)　$|\vec{a}|=|\vec{b}|=1$ より

$$|\vec{a}+t\vec{b}|^2=|\vec{a}|^2+2t\vec{a}\cdot\vec{b}+t^2|\vec{b}|^2$$

$$=t^2+1+2t\vec{a}\cdot\vec{b}\qquad\cdots①$$

◀ $|\vec{a}|=1$, $|\vec{b}|=1$

$-|\vec{a}||\vec{b}|\leqq\vec{a}\cdot\vec{b}\leqq|\vec{a}||\vec{b}|$ であるから　$-1\leqq\vec{a}\cdot\vec{b}\leqq 1$

$t\geqq 0$, $-1\leqq\vec{a}\cdot\vec{b}\leqq 1$ であるから，① より

$$|\vec{a}+t\vec{b}|^2\leqq t^2+1+2t\cdot 1=(1+t)^2\qquad\cdots②$$

また，① より

$$t^2+1+2t\vec{a}\cdot\vec{b}=(t+\vec{a}\cdot\vec{b})^2-(\vec{a}\cdot\vec{b})^2+1$$

ここで，$\vec{a}$ と $\vec{b}$ は平行でないから

$$1-(\vec{a}\cdot\vec{b})^2=|\vec{a}|^2|\vec{b}|^2-(\vec{a}\cdot\vec{b})^2>0$$

すなわち　$0<|\vec{a}+t\vec{b}|^2\qquad\cdots③$

②, ③ より　$0<|\vec{a}+t\vec{b}|^2\leqq(1+t)^2$

(2)　$f(t)=|\vec{p}|=\dfrac{2t^2|\vec{b}|}{|\vec{a}+t\vec{b}|^2}=\dfrac{2t^2}{|\vec{a}+t\vec{b}|^2}$

◀ $|\vec{b}|=1$

(1) より $\dfrac{1}{|\vec{a}+t\vec{b}|^2}\geqq\dfrac{1}{(1+t)^2}$ であるから　$\dfrac{2t^2}{|\vec{a}+t\vec{b}|^2}\geqq\dfrac{2t^2}{(1+t)^2}$

したがって，$f(t)\geqq\dfrac{2t^2}{(1+t)^2}$ が成り立つ。

(3)　$f(t)=1$ のとき $\dfrac{2t^2}{|\vec{a}+t\vec{b}|^2}=1$ より

$$2t^2=|\vec{a}+t\vec{b}|^2$$

$$=|\vec{a}|^2+2t\vec{a}\cdot\vec{b}+t^2|\vec{b}|^2$$

$$=1+2t\vec{a}\cdot\vec{b}+t^2$$

よって　$t^2-2t\vec{a}\cdot\vec{b}-1=0$

ここで，$g(t)=t^2-2t\vec{a}\cdot\vec{b}-1$ とおくと

$g(0)=-1<0$

$y=g(t)$ は下に凸の放物線であるから，

$t>0$ の範囲で t 軸と交点をもつ。

したがって，$g(t)=0$ を満たす正の実数 t が存在するから，

$f(t)=1$ となる正の実数 t が存在する。

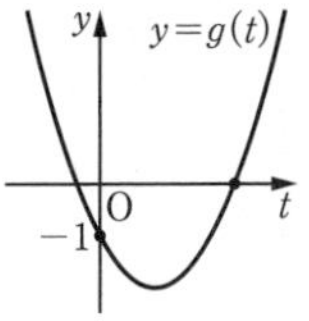

p.47　本質を問う 2

1　右の図において，内積 $\overrightarrow{AB}\cdot\overrightarrow{AC}$ の値を求めよ。

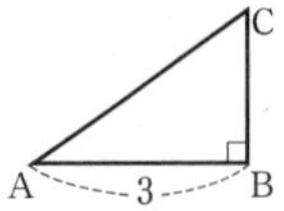

$\angle BAC=\theta$ とおくと　$\cos\theta=\dfrac{AB}{AC}$

よって　$AC\cos\theta=AB$

したがって　$\overrightarrow{AB}\cdot\overrightarrow{AC}=|\overrightarrow{AB}||\overrightarrow{AC}|\cos\theta$

$=AB\times AC\cos\theta$

$=AB\times AB=3\times3=9$

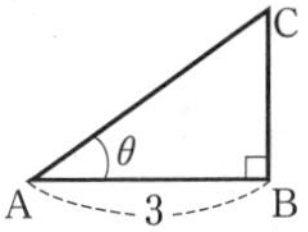

一般に，次のことが成り立つ。
$\vec{a}\cdot\vec{b}=$($\vec{a}$ の大きさ)×($\vec{a}$ への $\vec{b}$ の正射影ベクトルの大きさ)

◀ **Go Ahead** 4 参照。

2　$\vec{a}=(a_1,\ a_2)$，$\vec{b}=(b_1,\ b_2)$ とする。

〔1〕 $\vec{a}\cdot\vec{b}=a_1b_1+a_2b_2$ が成り立つことを余弦定理を用いて示せ。

〔2〕 $\vec{a}\neq\vec{0}$，$\vec{b}\neq\vec{0}$ とする。

(1) $\vec{a}\parallel\vec{b}$ であるとき，$a_1b_2-a_2b_1=0$ が成り立つことを示せ。

(2) $\vec{a}\perp\vec{b}$ であるとき，$a_1b_1+a_2b_2=0$ が成り立つことを示せ。

〔1〕 (ア) $\vec{a}=\vec{0}$ または $\vec{b}=\vec{0}$ のとき

$\vec{a}\cdot\vec{b}=0$，$a_1b_1+a_2b_2=0$ であるから　$\vec{a}\cdot\vec{b}=a_1b_1+a_2b_2$

◀ $\vec{a}=(0,\ 0)$ または $\vec{b}=(0,\ 0)$

(イ) $\vec{a}\neq\vec{0}$ かつ $\vec{b}\neq\vec{0}$ のとき

右の図の △OAB において，$\vec{a}=\overrightarrow{OA}$，$\vec{b}=\overrightarrow{OB}$，

$\angle AOB=\theta$ とする。

◀ 余弦定理を用いるために，△OAB を考える。

$0°<\theta<180°$ のとき，余弦定理により

$AB^2=OA^2+OB^2-2OA\cdot OB\cos\theta$　…①

①は，$\theta=0°$，$180°$ のときも成り立つ。

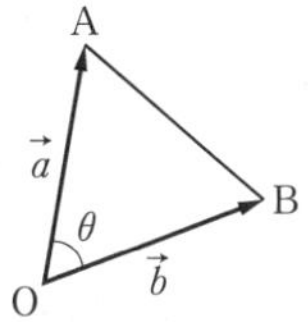

$\theta=0°$，$180°$ のとき，$\vec{a}\parallel\vec{b}$ である。

◀ $\theta=0°$ のとき

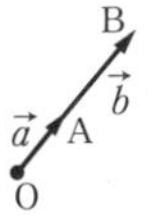

$\theta=180°$ のとき

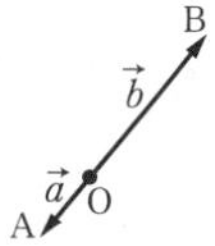

①より　$|\vec{b}-\vec{a}|^2=|\vec{a}|^2+|\vec{b}|^2-2\vec{a}\cdot\vec{b}$

$(b_1-a_1)^2+(b_2-a_2)^2=(a_1{}^2+a_2{}^2)+(b_1{}^2+b_2{}^2)-2\vec{a}\cdot\vec{b}$

整理すると　$\vec{a}\cdot\vec{b}=a_1b_1+a_2b_2$

(ア)，(イ)より，$\vec{a}\cdot\vec{b}=a_1b_1+a_2b_2$ が成り立つことが示された。

〔2〕 (1) $\vec{0}$ でない 2 つのベクトル $\vec{a}$，$\vec{b}$ が平行であるとき　$\vec{b}=k\vec{a}$

すなわち，$(b_1,\ b_2)=k(a_1,\ a_2)$ となる 0 でない実数 k が存在するから

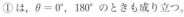

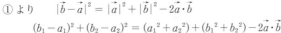

$$\begin{cases} b_1 = ka_1 & \cdots ① \\ b_2 = ka_2 & \cdots ② \end{cases}$$

(ア) $a_1 \neq 0$ のとき

①より　$k = \dfrac{b_1}{a_1}$

②に代入して　$b_2 = \dfrac{b_1}{a_1} \times a_2$

よって　$a_1b_2 = a_2b_1$　すなわち　$a_1b_2 - a_2b_1 = 0$

(イ) $a_1 = 0$ のとき

①より　$b_1 = 0$

よって　$a_1b_2 - a_2b_1 = 0$

(ア), (イ)より，$a_1b_2 - a_2b_1 = 0$ が成り立つことが示された。

(2) $\vec{0}$でない2つのベクトル$\vec{a}$, $\vec{b}$が垂直であるとき

$$\vec{a} \cdot \vec{b} = |\vec{a}||\vec{b}|\cos 90° = 0$$

◀$\vec{a}$と$\vec{b}$のなす角が90°。

また，〔1〕より　$\vec{a} \cdot \vec{b} = a_1b_1 + a_2b_2$

以上より，$a_1b_1 + a_2b_2 = 0$ が成り立つことが示された。

p.48 Let's Try! 2

① 平面上に3つのベクトル $\vec{a} = (3,\ 2)$, $\vec{b} = (-1,\ 2)$, $\vec{c} = (4,\ 1)$ がある。

(1) $3\vec{a} + \vec{b} - 2\vec{c}$ を求めよ。

(2) $\vec{a} = m\vec{b} + n\vec{c}$ となる実数 m, n を求めよ。

(3) $(\vec{a} + k\vec{c}) \parallel (2\vec{b} - \vec{a})$ となる実数 k を求めよ。

(4) この平面上にベクトル $\vec{d} = (x, y)$ をとる。ベクトル $\vec{d}$ が $(\vec{d} - \vec{c}) \parallel (\vec{a} + \vec{b})$ および $|\vec{d} - \vec{c}| = 1$ を満たすように $\vec{d}$ を決めよ。　(東京工科大)

(1) $3\vec{a} + \vec{b} - 2\vec{c} = 3(3,\ 2) + (-1,\ 2) - 2(4,\ 1) = \mathbf{(0,\ 6)}$

(2) $m\vec{b} + n\vec{c} = m(-1,\ 2) + n(4,\ 1) = (-m + 4n,\ 2m + n)$

$\vec{a} = m\vec{b} + n\vec{c}$ より，$(3,\ 2) = (-m + 4n,\ 2m + n)$ であるから

$$\begin{cases} -m + 4n = 3 & \cdots ① \\ 2m + n = 2 & \cdots ② \end{cases}$$

◀各成分を比較する。

①，②を連立して　$\boldsymbol{m = \dfrac{5}{9}}$, $\boldsymbol{n = \dfrac{8}{9}}$

(3) $\vec{a} + k\vec{c} = (3,\ 2) + k(4,\ 1) = (3 + 4k,\ 2 + k)$

$2\vec{b} - \vec{a} = 2(-1,\ 2) - (3,\ 2) = (-5,\ 2)$

$(\vec{a} + k\vec{c}) \parallel (2\vec{b} - \vec{a})$ より，$\vec{a} + k\vec{c} = t(2\vec{b} - \vec{a})$ (t は実数) とおける。

◀$\vec{a} = (a_1,\ a_2)$, $\vec{b} = (b_1,\ b_2)$ のとき，$\vec{a} \parallel \vec{b} \Leftrightarrow a_1b_2 - a_2b_1 = 0$ より，$2(3 + 4k) - (-5)(2 + k) = 0$ としてもよい。

$$(3 + 4k,\ 2 + k) = t(-5,\ 2) = (-5t,\ 2t)$$

よって　$\begin{cases} 3 + 4k = -5t & \cdots ③ \\ 2 + k = 2t & \cdots ④ \end{cases}$

③，④を連立して　$\boldsymbol{k = -\dfrac{16}{13}}$

(4) $\vec{d} - \vec{c} = (x,\ y) - (4,\ 1) = (x - 4,\ y - 1)$

$\vec{a}+\vec{b}=(3,\ 2)+(-1,\ 2)=(2,\ 4)$

$(\vec{d}-\vec{c}) /\!/ (\vec{a}+\vec{b})$ より，$\vec{d}-\vec{c}=s(\vec{a}+\vec{b})$ （s は実数）とおける。

$$(x-4,\ y-1)=s(2,\ 4)$$
$$=(2s,\ 4s)$$

よって $\begin{cases} x-4=2s & \cdots⑤ \\ y-1=4s & \cdots⑥ \end{cases}$

また　$|\vec{d}-\vec{c}|^2=(x-4)^2+(y-1)^2=1$　$\cdots⑦$

⑤，⑥ を ⑦ に代入して

$$(2s)^2+(4s)^2=1 \quad すなわち \quad s=\pm\frac{\sqrt{5}}{10}$$

⑤，⑥ より，$x=2s+4$，$y=4s+1$ であるから

$s=\dfrac{\sqrt{5}}{10}$ のとき　$x=4+\dfrac{\sqrt{5}}{5}$，$y=1+\dfrac{2\sqrt{5}}{5}$

$s=-\dfrac{\sqrt{5}}{10}$ のとき　$x=4-\dfrac{\sqrt{5}}{5}$，$y=1-\dfrac{2\sqrt{5}}{5}$

ゆえに　$\boldsymbol{\vec{d}=\left(4+\dfrac{\sqrt{5}}{5},\ 1+\dfrac{2\sqrt{5}}{5}\right),\ \left(4-\dfrac{\sqrt{5}}{5},\ 1-\dfrac{2\sqrt{5}}{5}\right)}$

② $|\vec{a}|=2$，$|\vec{b}|=\sqrt{2}$，$|\vec{a}-2\vec{b}|=2$ とする。

(1) $\vec{a}$ と $\vec{b}$ のなす角 θ （$0°<\theta<180°$）を求めよ。

(2) $|\vec{a}+t\vec{b}|$ の最小値，およびそのときの実数 t の値を求めよ。　（明治学院大　改）

(1) $|\vec{a}-2\vec{b}|=2$ の両辺を 2 乗すると　$|\vec{a}-2\vec{b}|^2=4$

$$|\vec{a}|^2-4\vec{a}\cdot\vec{b}+4|\vec{b}|^2=4$$

$|\vec{a}|=2$，$|\vec{b}|=\sqrt{2}$ を代入すると　$4-4\vec{a}\cdot\vec{b}+8=4$

よって　$\vec{a}\cdot\vec{b}=2$

ゆえに　$\cos\theta=\dfrac{\vec{a}\cdot\vec{b}}{|\vec{a}||\vec{b}|}=\dfrac{2}{2\sqrt{2}}=\dfrac{1}{\sqrt{2}}$

$0°<\theta<180°$ より　$\boldsymbol{\theta=45°}$

(2) $|\vec{a}+t\vec{b}|^2=|\vec{a}|^2+2t\vec{a}\cdot\vec{b}+t^2|\vec{b}|^2$

$$=2t^2+4t+4=2(t+1)^2+2$$

◀まず，$|\vec{a}+t\vec{b}|^2$ の最小値を考える。

よって，$|\vec{a}+t\vec{b}|^2$ は $t=-1$ のとき最小値 2 をとる。

このとき，$|\vec{a}+t\vec{b}|$ も最小となり，最小値は　$\sqrt{2}$

◀$|\vec{a}+t\vec{b}|\geqq 0$ であるから，$|\vec{a}+t\vec{b}|^2$ が最小のとき，$|\vec{a}+t\vec{b}|$ も最小となる。

したがって　**$t=-1$ のとき　最小値 $\sqrt{2}$**

③ 平面上の3つのベクトル $\vec{a}$, $\vec{b}$, $\vec{c}$ は, $|\vec{a}|=|\vec{b}|=|\vec{c}|=|\vec{a}+\vec{b}|=1$ を満たし, $\vec{c}$ は $\vec{a}$ に垂直で, $\vec{b}\cdot\vec{c}>0$ であるとする。

(1) $\vec{a}\cdot\vec{b}$, $|2\vec{a}+\vec{b}|$ の値および $2\vec{a}+\vec{b}$ と $\vec{b}$ のなす角を求めよ。

(2) ベクトル $\vec{c}$ を $\vec{a}$ と $\vec{b}$ を用いて表せ。

(3) x, y を実数とする。ベクトル $\vec{p}=x\vec{a}+y\vec{c}$ が $0\leqq\vec{p}\cdot\vec{a}\leqq 1$, $0\leqq\vec{p}\cdot\vec{b}\leqq 1$ を満たすための必要十分条件を求めよ。

(4) x と y が(3)で求めた条件の範囲を動くとき, $\vec{p}\cdot\vec{c}$ の最大値を求めよ。また, そのときの $\vec{p}$ を $\vec{a}$ と $\vec{b}$ で表せ。

(センター試験 改)

(1) $|\vec{a}|=|\vec{b}|=|\vec{a}+\vec{b}|=1$ より

$$|\vec{a}+\vec{b}|^2=|\vec{a}|^2+2\vec{a}\cdot\vec{b}+|\vec{b}|^2=1$$

◀ $|\vec{a}+\vec{b}|^2=(\vec{a}+\vec{b})\cdot(\vec{a}+\vec{b})$

よって, $2+2\vec{a}\cdot\vec{b}=1$ より　$\boldsymbol{\vec{a}\cdot\vec{b}=-\frac{1}{2}}$

$$|2\vec{a}+\vec{b}|^2=4|\vec{a}|^2+4\vec{a}\cdot\vec{b}+|\vec{b}|^2=4-2+1=3$$

$|2\vec{a}+\vec{b}|\geqq 0$ より　$\boldsymbol{|2\vec{a}+\vec{b}|=\sqrt{3}}$

また　$(2\vec{a}+\vec{b})\cdot\vec{b}=2\vec{a}\cdot\vec{b}+|\vec{b}|^2=-1+1=0$

$2\vec{a}+\vec{b}\neq\vec{0}$, $\vec{b}\neq\vec{0}$ であるから, $2\vec{a}+\vec{b}$ と $\vec{b}$ のなす角は **90°**

◀ $|2\vec{a}+\vec{b}|=\sqrt{3}$, $|\vec{b}|=1$ より $2\vec{a}+\vec{b}\neq 0$, $\vec{b}\neq\vec{0}$

(2) $\vec{c}=s\vec{a}+t\vec{b}$ (s, t は実数) とすると, $\vec{a}$ と $\vec{c}$ は垂直であるから

$$\vec{a}\cdot\vec{c}=\vec{a}\cdot(s\vec{a}+t\vec{b})=s|\vec{a}|^2+t\vec{a}\cdot\vec{b}=0$$

よって　$s-\frac{1}{2}t=0$　…①

◀ $|\vec{a}|^2=1$, $\vec{a}\cdot\vec{b}=-\frac{1}{2}$

また, $|\vec{c}|^2=1$ より

$$|s\vec{a}+t\vec{b}|^2=s^2|\vec{a}|^2+2st\vec{a}\cdot\vec{b}+t^2|\vec{b}|^2=1$$

◀ $|\vec{b}|^2=1$

よって　$s^2-st+t^2=1$　…②

また, $\vec{b}\cdot\vec{c}>0$ より　$\vec{b}\cdot(s\vec{a}+t\vec{b})=s\vec{a}\cdot\vec{b}+t|\vec{b}|^2>0$

よって　$-\frac{1}{2}s+t>0$　…③

①～③より　$2s=t>0$　かつ　$3s^2=1$

◀ $s^2-2s^2+4s^2=1$

ゆえに　$s=\frac{\sqrt{3}}{3}$, $t=\frac{2\sqrt{3}}{3}$

したがって　$\boldsymbol{\vec{c}=\frac{\sqrt{3}}{3}(\vec{a}+2\vec{b})}$

(3) (1)より　$\vec{a}\cdot\vec{b}=-\frac{1}{2}$

$\vec{a}\perp\vec{c}$ より　$\vec{a}\cdot\vec{c}=0$

また　$\vec{b}\cdot\vec{c}=\vec{b}\cdot\left(\frac{\sqrt{3}}{3}\vec{a}+\frac{2\sqrt{3}}{3}\vec{b}\right)$

$$=-\frac{\sqrt{3}}{6}+\frac{2\sqrt{3}}{3}=\frac{\sqrt{3}}{2}$$

◀ $\vec{a}\cdot\vec{b}=-\frac{1}{2}$

よって　$\vec{p}\cdot\vec{a}=(x\vec{a}+y\vec{c})\cdot\vec{a}=x|\vec{a}|^2+y\vec{a}\cdot\vec{c}=x$　…④

◀ $\vec{a}\cdot\vec{c}=0$

$$\vec{p}\cdot\vec{b}=(x\vec{a}+y\vec{c})\cdot\vec{b}=-\frac{1}{2}x+\frac{\sqrt{3}}{2}y \quad \cdots⑤$$

ゆえに, ④より　$0\leqq x\leqq 1$

⑤より　$0 \leqq -\frac{1}{2}x+\frac{\sqrt{3}}{2}y \leqq 1$

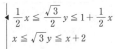

すなわち　$x \leqq \sqrt{3}\,y \leqq x+2$

また，逆も成り立つ。

したがって，求める必要十分条件は　$\boldsymbol{0 \leqq x \leqq 1,\ x \leqq \sqrt{3}\,y \leqq x+2}$

(4)　$\vec{p}\cdot\vec{c}=(x\vec{a}+y\vec{c})\cdot\vec{c}=x\vec{a}\cdot\vec{c}+y|\vec{c}|^2=y$

よって，$\vec{p}\cdot\vec{c}$ の最大値は y の最大値と等しい。

(3)より，y は $\sqrt{3}\,y=x+2$ かつ $x=1$ のとき最大となり，その値は $\sqrt{3}\,y=1+2$ より　$y=\sqrt{3}$

すなわち，$\vec{p}\cdot\vec{c}$ の **最大値** は $\boldsymbol{\sqrt{3}}$

このとき

$$\vec{p}=\vec{a}+\sqrt{3}\,\vec{c}=\vec{a}+\sqrt{3}\left(\frac{\sqrt{3}}{3}\vec{a}+\frac{2\sqrt{3}}{3}\vec{b}\right)=\boldsymbol{2\vec{a}+2\vec{b}}$$

◀ $\frac{1}{2}x \leqq \frac{\sqrt{3}}{2}y \leqq 1+\frac{1}{2}x$
$x \leqq \sqrt{3}\,y \leqq x+2$

◀ $\frac{1}{\sqrt{3}}x \leqq y \leqq \frac{1}{\sqrt{3}}(x+2)$
としてもよい。
この条件を xy 平面で表すと下の図のようになる。

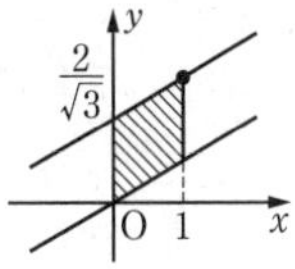

④ 鋭角三角形OABにおいて，頂点Bから辺OAに下ろした垂線をBCとする。
$\vec{a}=\overrightarrow{OA},\ \vec{b}=\overrightarrow{OB}$ とする。次の問に答えよ。
(1)　$|\vec{a}|=2$ であるとき，$\overrightarrow{OC}$ を内積 $\vec{a}\cdot\vec{b}$ と $\vec{a}$ を用いて表せ。
(2)　$|\vec{a}|=2,\ |\vec{b}|=\sqrt{3}$ であるとき，$0<\vec{a}\cdot\vec{b}<2\sqrt{3}$ を示せ。
(3)　$|\vec{a}|=2,\ |\vec{b}|=\sqrt{3}$ であるとき，$|\overrightarrow{CB}|$ を内積 $\vec{a}\cdot\vec{b}$ を用いて表せ。　(佐賀大　改)

(1)　$\overrightarrow{OC}=k\vec{a}$ とおくと，$\overrightarrow{BC}=\overrightarrow{OC}-\overrightarrow{OB}=k\vec{a}-\vec{b}$ であるから

$$\overrightarrow{OA}\cdot\overrightarrow{BC}=\vec{a}\cdot(k\vec{a}-\vec{b})$$
$$=k|\vec{a}|^2-\vec{a}\cdot\vec{b}$$
$$=4k-\vec{a}\cdot\vec{b}$$

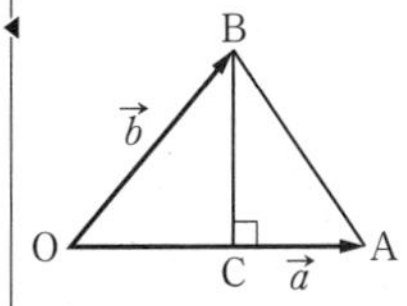

OA ⊥ BC より，$\overrightarrow{OA}\cdot\overrightarrow{BC}=0$ であるから

$$4k-\vec{a}\cdot\vec{b}=0$$

よって，$k=\frac{\vec{a}\cdot\vec{b}}{4}$ より　$\boldsymbol{\overrightarrow{OC}=\frac{\vec{a}\cdot\vec{b}}{4}\vec{a}}$

(2)　$\vec{a}$ と $\vec{b}$ のなす角を θ とすると

$$\vec{a}\cdot\vec{b}=|\vec{a}||\vec{b}|\cos\theta=2\sqrt{3}\cos\theta$$

$0^\circ<\theta<90^\circ$ であるから　$0<\cos\theta<1$

よって，$0<2\sqrt{3}\cos\theta<2\sqrt{3}$ となり　$0<\vec{a}\cdot\vec{b}<2\sqrt{3}$

◀ 鋭角三角形であるから，θ は鋭角である。

(3)　$\overrightarrow{CB}=\overrightarrow{OB}-\overrightarrow{OC}=\vec{b}-\frac{\vec{a}\cdot\vec{b}}{4}\vec{a}$ であるから

◀ (1)の結果を用いる。

$$|\overrightarrow{CB}|^2=\left|\vec{b}-\frac{\vec{a}\cdot\vec{b}}{4}\vec{a}\right|^2=|\vec{b}|^2-\frac{(\vec{a}\cdot\vec{b})^2}{2}+\frac{(\vec{a}\cdot\vec{b})^2}{16}|\vec{a}|^2$$
$$=3-\frac{1}{4}(\vec{a}\cdot\vec{b})^2$$

◀ (2)より
$3-\frac{1}{4}(\vec{a}\cdot\vec{b})^2>0$

よって　$\boldsymbol{|\overrightarrow{CB}|=\sqrt{3-\frac{1}{4}(\vec{a}\cdot\vec{b})^2}}$

⑤ Oを原点とする平面上に点A, B, Cがある。3点A, B, Cがつくる三角形が
$|\overrightarrow{OA}|=|\overrightarrow{OB}|=|\overrightarrow{OC}|=1$ …①, $\overrightarrow{OA}+\overrightarrow{OB}+\overrightarrow{OC}=\vec{0}$ …② を満たすとき
(1) 内積 $\overrightarrow{OA}\cdot\overrightarrow{OB}$ の値を求めよ。 (2) $\angle AOB$ の大きさを求めよ。
(3) $\triangle ABC$ の面積を求めよ。 (立命館大 改)

(1) ②より $\overrightarrow{OC}=-\overrightarrow{OA}-\overrightarrow{OB}$

①より, $|\overrightarrow{OC}|^2=1$ であるから $|-\overrightarrow{OA}-\overrightarrow{OB}|^2=1$

よって $|\overrightarrow{OA}|^2+2\overrightarrow{OA}\cdot\overrightarrow{OB}+|\overrightarrow{OB}|^2=1$

$2\overrightarrow{OA}\cdot\overrightarrow{OB}+2=1$

ゆえに $\boldsymbol{\overrightarrow{OA}\cdot\overrightarrow{OB}=-\dfrac{1}{2}}$

◀ $\overrightarrow{OA}\cdot\overrightarrow{OB}$ を求めるために $\overrightarrow{OC}$ を消去する。

◀ ①より $|\overrightarrow{OA}|^2=|\overrightarrow{OB}|^2=1$

(2) $\cos\angle AOB=\dfrac{\overrightarrow{OA}\cdot\overrightarrow{OB}}{|\overrightarrow{OA}||\overrightarrow{OB}|}=-\dfrac{1}{2}$

◀ $|\overrightarrow{OA}|=|\overrightarrow{OB}|=1$

$0°<\angle AOB<180°$ であるから $\boldsymbol{\angle AOB=120°}$

(3) (2)と同様に考えると $\angle BOC=120°$, $\angle COA=120°$

明らかに, 点Oは△ABCの内部にあるから

$\triangle ABC=\triangle AOB+\triangle BOC+\triangle COA$

$=3\cdot\dfrac{1}{2}\cdot1\cdot1\cdot\sin120°$

$=\boldsymbol{\dfrac{3\sqrt{3}}{4}}$

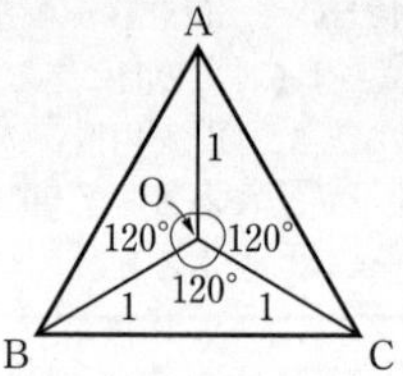

◀ 与えられた条件はA, B, Cに対称性がある。

◀ $\triangle AOB=\triangle BOC=\triangle COA$ より $\triangle ABC=3\times\triangle AOB$

3 平面上の位置ベクトル

練習 20 平面上に 3 点 A($\vec{a}$), B($\vec{b}$), C($\vec{c}$) がある。次の点の位置ベクトルを $\vec{a}$, $\vec{b}$, $\vec{c}$ を用いて表せ。

(1) 線分 BC を 3:2 に内分する点 P($\vec{p}$)

(2) 線分 CA の中点 M($\vec{m}$)

(3) 線分 AB を 3:2 に外分する点 Q($\vec{q}$)

(4) △PMQ の重心 G($\vec{g}$)

(1) $\vec{p}=\dfrac{2\vec{b}+3\vec{c}}{3+2}=\dfrac{\mathbf{2\vec{b}+3\vec{c}}}{\mathbf{5}}$

(2) $\vec{m}=\dfrac{\mathbf{\vec{c}+\vec{a}}}{\mathbf{2}}$

(3) 線分 AB を 3:(−2) に分ける点と考えて

$$\vec{q}=\frac{(-2)\vec{a}+3\vec{b}}{3+(-2)}=\mathbf{-2\vec{a}+3\vec{b}}$$

(4) $\vec{g}=\dfrac{\vec{p}+\vec{m}+\vec{q}}{3}$

$$=\frac{1}{3}\left(\frac{2\vec{b}+3\vec{c}}{5}+\frac{\vec{c}+\vec{a}}{2}-2\vec{a}+3\vec{b}\right)$$

$$=\frac{4\vec{b}+6\vec{c}+5\vec{c}+5\vec{a}-20\vec{a}+30\vec{b}}{30}$$

$$=\frac{\mathbf{-15\vec{a}+34\vec{b}+11\vec{c}}}{\mathbf{30}}$$

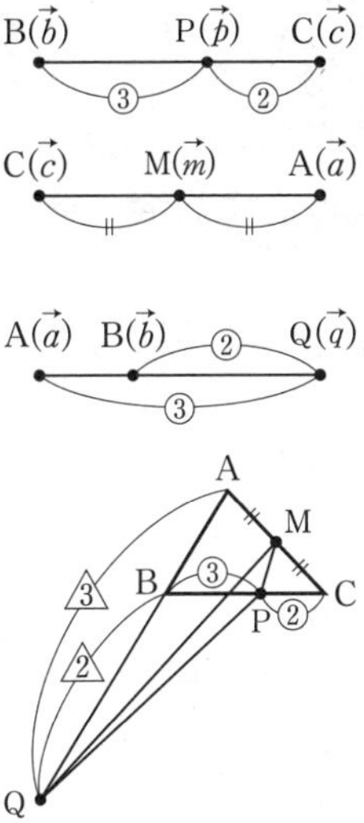

◀ A($\vec{a}$), B($\vec{b}$) に対し，線分 AB を $m:n$ に内分する点の位置ベクトルは

$$\frac{n\vec{a}+m\vec{b}}{m+n}$$

線分 AB の中点の位置ベクトルは $\dfrac{\vec{a}+\vec{b}}{2}$

◀ 線分を $m:n$ に外分する点の位置ベクトルは $m:(-n)$ に内分すると考える。

◀ 重心の位置ベクトルは，3 頂点の位置ベクトルの和を 3 で割る。

練習 21 △ABC の辺 BC, CA, AB を 1:2 に内分する点をそれぞれ点 D, E, F とするとき，△ABC, △DEF の重心は一致することを示せ。

ある点 O に対し，$\overrightarrow{OA}=\vec{a}$, $\overrightarrow{OB}=\vec{b}$, $\overrightarrow{OC}=\vec{c}$ とおく。

$$\overrightarrow{OD}=\frac{2\vec{b}+\vec{c}}{3},\ \overrightarrow{OE}=\frac{2\vec{c}+\vec{a}}{3},\ \overrightarrow{OF}=\frac{2\vec{a}+\vec{b}}{3}$$

であるから，△DEF の重心を G′ とすると

$$\overrightarrow{OG'}=\frac{\overrightarrow{OD}+\overrightarrow{OE}+\overrightarrow{OF}}{3}$$

$$=\frac{1}{3}\left(\frac{2\vec{b}+\vec{c}}{3}+\frac{2\vec{c}+\vec{a}}{3}+\frac{2\vec{a}+\vec{b}}{3}\right)$$

$$=\frac{\vec{a}+\vec{b}+\vec{c}}{3}$$

一方，△ABC の重心を G とすると

$$\overrightarrow{OG}=\frac{\vec{a}+\vec{b}+\vec{c}}{3}$$

$\overrightarrow{OG}=\overrightarrow{OG'}$ が成り立つから，△ABC, △DEF の重心は一致する。

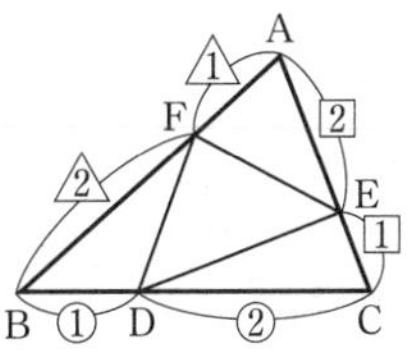

◀

練習 22 △ABCにおいて，辺ABの中点をD，辺BCを2:1に外分する点をE，辺ACを2:1に内分する点をFとする。このとき，3点D，E，Fが一直線上にあることを示せ。また，DF:FEを求めよ。

$\overrightarrow{AB}=\vec{a}$，$\overrightarrow{AC}=\vec{b}$ とする。

点Dは辺ABの中点であるから　$\overrightarrow{AD}=\dfrac{1}{2}\vec{a}$

◀点Aを基準にして，$\overrightarrow{AB}$ と $\overrightarrow{AC}$ を用いて，ほかのベクトルを表す。

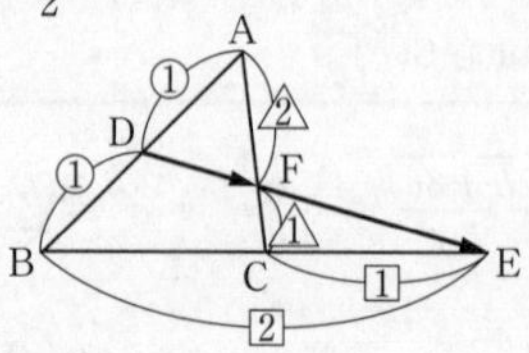

点Eは辺BCを2:1に外分する点であるから

$$\overrightarrow{AE}=\frac{(-1)\overrightarrow{AB}+2\overrightarrow{AC}}{2+(-1)}$$
$$=-\vec{a}+2\vec{b}$$

点Fは辺ACを2:1に内分する点であるから　$\overrightarrow{AF}=\dfrac{2}{3}\vec{b}$

ここで

$$\overrightarrow{DE}=\overrightarrow{AE}-\overrightarrow{AD}=(-\vec{a}+2\vec{b})-\frac{1}{2}\vec{a}$$

◀$\overrightarrow{DE}=\overrightarrow{\square E}-\overrightarrow{\square D}$

$$=-\frac{3}{2}\vec{a}+2\vec{b}=\frac{1}{2}(-3\vec{a}+4\vec{b}) \quad \cdots ①$$

$$\overrightarrow{DF}=\overrightarrow{AF}-\overrightarrow{AD}=\frac{2}{3}\vec{b}-\frac{1}{2}\vec{a}=\frac{1}{6}(-3\vec{a}+4\vec{b}) \quad \cdots ②$$

①，②より　$\overrightarrow{DE}=3\overrightarrow{DF}$

よって，3点D，E，Fは一直線上にあり

　DF:FE=1:(3−1)=**1:2**

〔別解〕 △ABCと直線DEについて

$$\frac{BE}{EC}\cdot\frac{CF}{FA}\cdot\frac{AD}{DB}=\frac{2}{1}\cdot\frac{1}{2}\cdot\frac{1}{1}=1$$

メネラウスの定理の逆により，3点D，E，Fは一直線上にある。

このとき，△BDEにおいて，メネラウスの定理により

$$\frac{BA}{AD}\cdot\frac{DF}{FE}\cdot\frac{EC}{CB}=1 \quad すなわち \quad \frac{2}{1}\cdot\frac{DF}{FE}\cdot\frac{1}{1}=1$$

$\dfrac{DF}{FE}=\dfrac{1}{2}$ より　DF:FE=1:2

練習 23 △OABにおいて，辺OAを3:1に内分する点をE，辺OBを2:3に内分する点をFとする。また，線分AFと線分BEの交点をP，直線OPと辺ABの交点をQとする。さらに，$\overrightarrow{OA}=\vec{a}$，$\overrightarrow{OB}=\vec{b}$ とおく。

(1) $\overrightarrow{OP}$ を $\vec{a}$，$\vec{b}$ を用いて表せ。　(2) $\overrightarrow{OQ}$ を $\vec{a}$，$\vec{b}$ を用いて表せ。

(3) AQ:QB，OP:PQをそれぞれ求めよ。

(1) 点Eは辺OAを3:1に内分する点であるから　$\overrightarrow{OE}=\dfrac{3}{4}\vec{a}$

点Fは辺OBを2:3に内分する点であるから　$\overrightarrow{OF}=\dfrac{2}{5}\vec{b}$

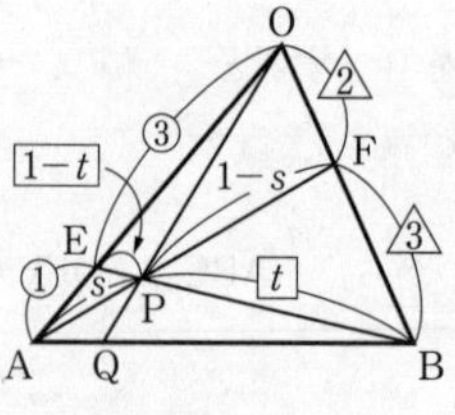

AP : PF $= s:(1-s)$ とおくと

$$\overrightarrow{OP} = (1-s)\overrightarrow{OA} + s\overrightarrow{OF}$$
$$= (1-s)\vec{a} + \frac{2}{5}s\vec{b} \quad \cdots ①$$

◀点 P を △OAF の 辺 AF の内分点と考える。

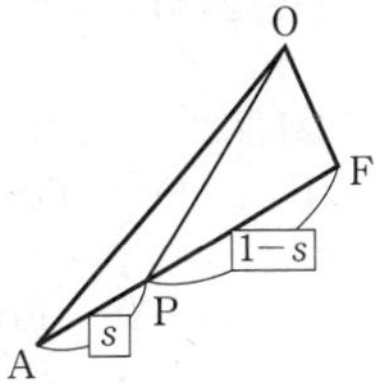

BP : PE $= t:(1-t)$ とおくと

$$\overrightarrow{OP} = (1-t)\overrightarrow{OB} + t\overrightarrow{OE} = \frac{3}{4}t\vec{a} + (1-t)\vec{b} \quad \cdots ②$$

◀点 P を △OBE の辺 BE の内分点と考える。

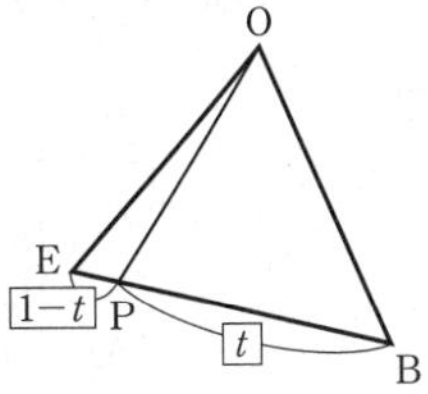

$\vec{a} \neq \vec{0}$, $\vec{b} \neq \vec{0}$ であり，$\vec{a}$ と $\vec{b}$ は平行でないから

①，② より　　$1-s = \frac{3}{4}t$　かつ　$\frac{2}{5}s = 1-t$

これを解くと　　$s = \frac{5}{14}$，$t = \frac{6}{7}$

よって　　$\overrightarrow{\mathbf{OP}} = \frac{\mathbf{9}}{\mathbf{14}}\vec{\boldsymbol{a}} + \frac{\mathbf{1}}{\mathbf{7}}\vec{\boldsymbol{b}}$

(2)　点 Q は直線 OP 上の点であるから

$$\overrightarrow{OQ} = k\overrightarrow{OP} = \frac{9}{14}k\vec{a} + \frac{1}{7}k\vec{b} \quad \cdots ③$$

とおける。

また，点 Q は辺 AB 上の点であるから，AQ : QB $= u:(1-u)$ とおくと　　$\overrightarrow{OQ} = (1-u)\vec{a} + u\vec{b} \quad \cdots ④$

$\vec{a} \neq \vec{0}$, $\vec{b} \neq \vec{0}$ であり，$\vec{a}$ と $\vec{b}$ は平行でないから

◀係数を比較するときには必ず 1 次独立であることを述べる。

③，④ より　　$\frac{9}{14}k = 1-u$　かつ　$\frac{1}{7}k = u$

これを連立して解くと　　$k = \frac{14}{11}$，$u = \frac{2}{11}$

よって　　$\overrightarrow{\mathbf{OQ}} = \frac{\mathbf{9}}{\mathbf{11}}\vec{\boldsymbol{a}} + \frac{\mathbf{2}}{\mathbf{11}}\vec{\boldsymbol{b}}$

◀ $\overrightarrow{OP} = \frac{9}{14}\vec{a} + \frac{1}{7}\vec{b}$
$= \frac{9\vec{a}+2\vec{b}}{14}$
$= \frac{11}{14} \times \frac{9\vec{a}+2\vec{b}}{11}$
$= \frac{11}{14}\overrightarrow{OQ}$
と変形して考えてもよい。
例題 25 参照。

〔別解〕

点 Q は直線 OP 上の点であるから

$$\overrightarrow{OQ} = k\overrightarrow{OP} = \frac{9}{14}k\vec{a} + \frac{1}{7}k\vec{b} \quad \cdots ③$$

とおける。

点 Q は辺 AB 上の点であるから　　$\frac{9}{14}k + \frac{1}{7}k = 1$

◀ $\overrightarrow{OQ} = s\overrightarrow{OA} + t\overrightarrow{OB}$ のとき点 Q が直線 AB 上にある $\Longleftrightarrow s+t=1$

これを解くと　　$k = \frac{14}{11}$

③ に代入すると　　$\overrightarrow{OQ} = \frac{9}{11}\vec{a} + \frac{2}{11}\vec{b}$

(3)　(2) より　　AQ : QB $= \frac{2}{11} : \frac{9}{11} = \mathbf{2:9}$

また，(2) より　　$\overrightarrow{OP} = \frac{11}{14}\overrightarrow{OQ}$

よって，OP : OQ = 11 : 14 となるから

OP : PQ = 11 : 3

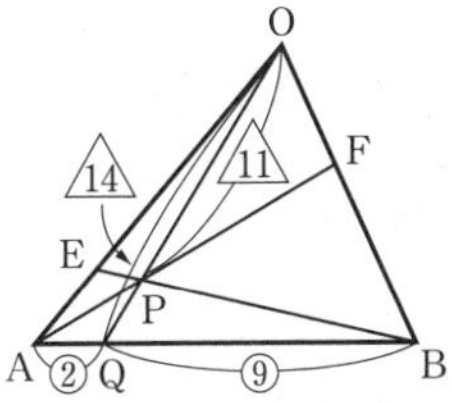

◀ $\overrightarrow{OQ} = \frac{9\vec{a}+2\vec{b}}{11}$
$= \frac{9\overrightarrow{OA}+2\overrightarrow{OB}}{2+9}$
より点 Q は線分 AB を 2 : 9 に内分すると考えてもよい。

Plus One

練習 23 のように，三角形の頂点や分点を結ぶ 2 直線の交点の位置ベクトルを求める問題では，数学 A で学習したメネラウスの定理やチェバの定理を用いる解法も有効である。

〔練習 23 の別解〕

(1)　△OAF と直線 BE において，
メネラウスの定理により

$$\frac{AP}{PF}\cdot\frac{FB}{BO}\cdot\frac{OE}{EA}=1$$

ここで，点 E，F はそれぞれ，
辺 OA を 3:1，辺 OB を 2:3 に
内分する点であるから

$$\frac{AP}{PF}\cdot\frac{3}{5}\cdot\frac{3}{1}=1$$

すなわち　$\frac{AP}{PF}=\frac{5}{9}$

よって，AP : PF = 5 : 9 であるから

$$\overrightarrow{OP}=\frac{9\overrightarrow{OA}+5\overrightarrow{OF}}{5+9}=\frac{9}{14}\overrightarrow{OA}+\frac{5}{14}\overrightarrow{OF}$$

ここで，$\overrightarrow{OA}=\vec{a}$，$\overrightarrow{OF}=\frac{2}{5}\overrightarrow{OB}=\frac{2}{5}\vec{b}$ より

$$\overrightarrow{OP}=\frac{9}{14}\vec{a}+\frac{5}{14}\times\frac{2}{5}\vec{b}=\frac{9}{14}\vec{a}+\frac{1}{7}\vec{b}\quad\cdots①$$

(2)　OP の延長線と辺 AB の交点が Q であるから，△OAB において，チェバの定理により

$$\frac{AQ}{QB}\cdot\frac{BF}{FO}\cdot\frac{OE}{EA}=1\quad すなわち\quad \frac{AQ}{QB}\cdot\frac{3}{2}\cdot\frac{3}{1}=1$$

よって　$\frac{AQ}{QB}=\frac{2}{9}$　すなわち　AQ : QB = 2 : 9　…②

ゆえに　$\overrightarrow{OQ}=\frac{9\overrightarrow{OA}+2\overrightarrow{OB}}{2+9}=\frac{9}{11}\vec{a}+\frac{2}{11}\vec{b}$　…③

(3)　② より　AQ : QB = 2 : 9

また，①，③ より，$\overrightarrow{OP}=\frac{11}{14}\overrightarrow{OQ}$ であるから

OP : PQ = 11 : 3

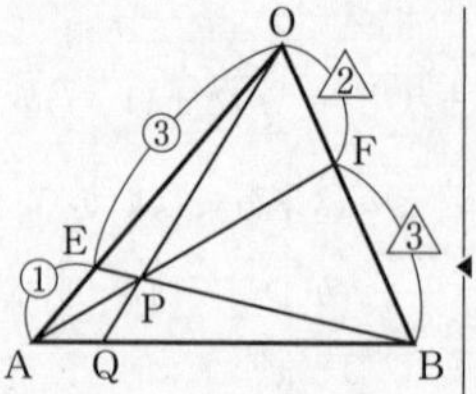

◀ $\frac{FB}{BO}=\frac{3}{2+3}=\frac{3}{5}$

$\frac{OE}{EA}=\frac{3}{1}$

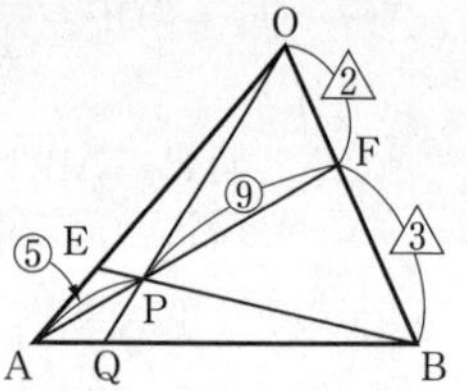

◀ △ABF と直線 OQ について，メネラウスの定理により

$$\frac{AQ}{QB}\cdot\frac{BO}{OF}\cdot\frac{FP}{PA}=1$$

(1) より AP : PF = 5 : 9 であるから

$$\frac{AQ}{QB}\cdot\frac{5}{2}\cdot\frac{9}{5}=1$$

よって　AQ : QB = 2 : 9 と考えてもよい。

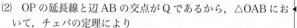

練習 24　△ABC において，辺 BC を 2 : 3 に内分する点を D とし，線分 AD の中点を E とする。直線 BE と辺 AC の交点を F とするとき，AF : FC を求めよ。

$\overrightarrow{BA}=\vec{a}$，$\overrightarrow{BC}=\vec{c}$ とおく。

点 D は辺 BC を 2 : 3 に内分するから

$$\overrightarrow{BD}=\frac{2}{5}\overrightarrow{BC}=\frac{2}{5}\vec{c}$$

点 E は線分 AD の中点であるから

$$\overrightarrow{BE}=\frac{\overrightarrow{BA}+\overrightarrow{BD}}{2}=\frac{\vec{a}+\frac{2}{5}\vec{c}}{2}=\frac{1}{2}\vec{a}+\frac{1}{5}\vec{c}$$

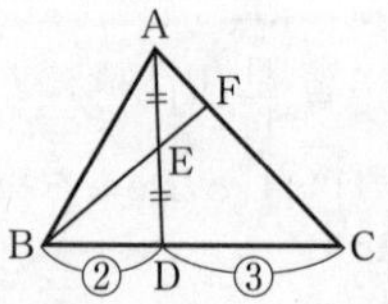

Fは直線BE上にあるから

$$\overrightarrow{BF}=k\overrightarrow{BE}=\frac{1}{2}k\vec{a}+\frac{1}{5}k\vec{c} \quad \cdots ①$$

となる実数 k がある。

また，点Fは辺AC上にあるから　$\frac{1}{2}k+\frac{1}{5}k=1$

よって　$k=\frac{10}{7}$

このとき，①より $\overrightarrow{BF}=\frac{5}{7}\vec{a}+\frac{2}{7}\vec{c}$ となるから

AF : FC = 2 : 5

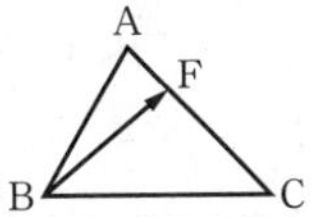

◀点Fが直線AC上にあることから $\overrightarrow{BF}$ を $\overrightarrow{BA}$ と $\overrightarrow{BC}$ で表す。
点Fが直線AC上にある。
$\Longleftrightarrow \overrightarrow{BF}=s\overrightarrow{BA}+t\overrightarrow{BC}$
$(s+t=1)$

〔別解〕

△ACDと直線BFについて，メネラウスの定理により

$$\frac{CB}{BD}\cdot\frac{DE}{EA}\cdot\frac{AF}{FC}=1$$

よって　$\frac{5}{2}\cdot\frac{1}{1}\cdot\frac{AF}{FC}=1$

ゆえに，$\frac{AF}{FC}=\frac{2}{5}$ であるから

AF : FC = 2 : 5

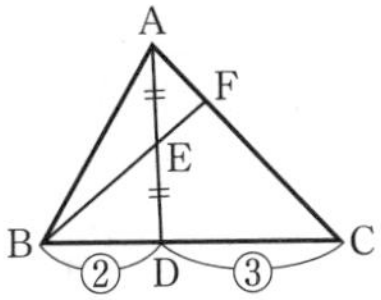

練習 25　△ABCの内部の点Pが $2\overrightarrow{PA}+3\overrightarrow{PB}+4\overrightarrow{PC}=\vec{0}$ を満たしている。APの延長と辺BCの交点をDとするとき，次の問に答えよ。
(1)　BD : DC および AP : PD を求めよ。　(2)　△PBC : △PCA : △PAB を求めよ。

(1)　$2\overrightarrow{PA}+3\overrightarrow{PB}+4\overrightarrow{PC}=\vec{0}$ より

$$2(-\overrightarrow{AP})+3(\overrightarrow{AB}-\overrightarrow{AP})+4(\overrightarrow{AC}-\overrightarrow{AP})=\vec{0}$$

$$-9\overrightarrow{AP}+3\overrightarrow{AB}+4\overrightarrow{AC}=\vec{0}$$

◀始点をAとするベクトルに直し，$\overrightarrow{AP}$ を $\overrightarrow{AB}$ と $\overrightarrow{AC}$ で表す。

よって　$\overrightarrow{AP}=\frac{3\overrightarrow{AB}+4\overrightarrow{AC}}{9}$

$$=\frac{7}{9}\times\frac{3\overrightarrow{AB}+4\overrightarrow{AC}}{7}$$

◀$3\overrightarrow{AB}+4\overrightarrow{AC}$ の係数の合計が7であるから，分母が7になるように変形する。

3点A，P，Dは一直線上にあり，点Dは辺BC上の点であるから

$$\overrightarrow{AD}=\frac{3\overrightarrow{AB}+4\overrightarrow{AC}}{7},\quad \overrightarrow{AP}=\frac{7}{9}\overrightarrow{AD}$$

◀$\overrightarrow{AD}=k\overrightarrow{AP}$ とおき，$\overrightarrow{AD}=\frac{3}{9}k\overrightarrow{AB}+\frac{4}{9}k\overrightarrow{AC}$ から，$\frac{3}{9}k+\frac{4}{9}k=1$ を解いて求めてもよい。

すなわち，点Dは線分BCを4 : 3に内分し，点Pは線分ADを7 : 2に内分する。

したがって　**BD : DC = 4 : 3,　AP : PD = 7 : 2**

(2)　△ABCの面積を S とすると

◀三角形の面積比は，辺の長さの比を利用する。

$$△PBC=\frac{2}{9}S$$

$$△PCA=\frac{7}{9}△ACD=\frac{7}{9}\times\frac{3}{7}S=\frac{1}{3}S$$

$$△PAB=\frac{7}{9}△ABD=\frac{7}{9}\times\frac{4}{7}S=\frac{4}{9}S$$

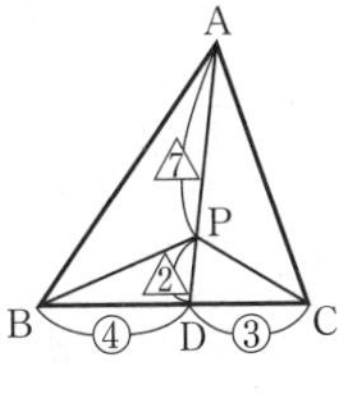

よって

$$\triangle PBC:\triangle PCA:\triangle PAB=\frac{2}{9}S:\frac{1}{3}S:\frac{4}{9}S=2:3:4$$

Plus One

information

△ABC の内部に点 P があり，正の実数 a, b, c について，$a\overrightarrow{AP}+b\overrightarrow{BP}+c\overrightarrow{CP}=\vec{0}$ を満たすとき，$\triangle PBC:\triangle PCA:\triangle PAB=a:b:c$ となることを証明する問題は，岩手県立大学（2017 年）の入試で出題されている。**Play Back** 5 参照。

練習 26 $\overrightarrow{OA}=(3,\ -4)$, $\overrightarrow{OB}=(-8,\ 6)$ とするとき，∠AOB の二等分線と平行な単位ベクトルを求めよ。

$|\overrightarrow{OA}|=\sqrt{3^2+(-4)^2}=5$, $|\overrightarrow{OB}|=\sqrt{(-8)^2+6^2}=10$

$\overrightarrow{OA}$, $\overrightarrow{OB}$ と同じ向きの単位ベクトルを $\overrightarrow{OA'}$, $\overrightarrow{OB'}$ とすると

$$\overrightarrow{OA'}=\frac{1}{5}(3,\ -4)=\left(\frac{3}{5},\ -\frac{4}{5}\right)$$

◀ $\overrightarrow{OA}$ と同じ向きの単位ベクトルは $\dfrac{\overrightarrow{OA}}{|\overrightarrow{OA}|}$

$$\overrightarrow{OB'}=\frac{1}{10}(-8,\ 6)=\left(-\frac{4}{5},\ \frac{3}{5}\right)$$

ここで，$\overrightarrow{OA'}+\overrightarrow{OB'}=\overrightarrow{OC}$ とすると，$\overrightarrow{OC}$ は ∠AOB の二等分線と平行なベクトルとなる。

$$\overrightarrow{OC}=\left(\frac{3}{5},\ -\frac{4}{5}\right)+\left(-\frac{4}{5},\ \frac{3}{5}\right)=\left(-\frac{1}{5},\ -\frac{1}{5}\right)$$

ここで　$|\overrightarrow{OC}|=\sqrt{\left(-\frac{1}{5}\right)^2+\left(-\frac{1}{5}\right)^2}=\frac{\sqrt{2}}{5}$

求める単位ベクトルは $\pm\dfrac{5}{\sqrt{2}}\overrightarrow{OC}$ であるから

◀ 平行なベクトルであるから同じ向きと逆向きの 2 つを考えなければならない。

$$\left(-\frac{\sqrt{2}}{2},\ -\frac{\sqrt{2}}{2}\right),\ \left(\frac{\sqrt{2}}{2},\ \frac{\sqrt{2}}{2}\right)$$

練習 27 OA $=a$, OB $=b$, AB $=c$ である △OAB の内心を I とする。このとき，$\overrightarrow{OI}$ を a, b, c および $\overrightarrow{OA}$, $\overrightarrow{OB}$ を用いて表せ。

∠AOB の二等分線と辺 AB の交点を C とすると

$$AC:CB=OA:OB=a:b$$

◀ 三角形の角の二等分線の性質

ゆえに　$\overrightarrow{OC}=\dfrac{b\overrightarrow{OA}+a\overrightarrow{OB}}{a+b}$

◀ 点 C は，線分 AB を $a:b$ に内分する点である。

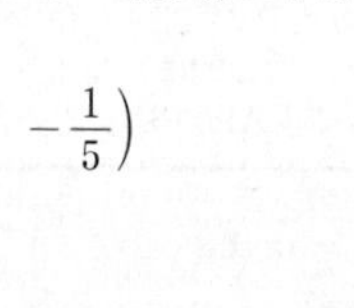

また　$AC=\dfrac{a}{a+b}AB=\dfrac{ac}{a+b}$

次に，線分 AI は ∠OAC の二等分線であるから

◀ △ACO において，AI は ∠OAC の二等分線である。

$$OI:IC=AO:AC$$
$$=a:\frac{ac}{a+b}=(a+b):c$$

よって

$$\overrightarrow{\mathrm{OI}}=\frac{a+b}{(a+b)+c}\overrightarrow{\mathrm{OC}}$$

$$=\frac{a+b}{a+b+c}\times\frac{b\overrightarrow{\mathrm{OA}}+a\overrightarrow{\mathrm{OB}}}{a+b}=\boldsymbol{\frac{b\overrightarrow{\mathrm{OA}}+a\overrightarrow{\mathrm{OB}}}{a+b+c}}$$

練習 28 AB = 7, AC = 5, $\overrightarrow{\mathrm{AB}}\cdot\overrightarrow{\mathrm{AC}}=10$ である △ABC の外心を O とする。
(1) $\overrightarrow{\mathrm{AO}}$ を $\overrightarrow{\mathrm{AB}}$, $\overrightarrow{\mathrm{AC}}$ を用いて表せ。また，$\overrightarrow{\mathrm{AO}}$ の大きさを求めよ。
(2) 直線 AO と辺 BC の交点を D とするとき，BD : DC，AO : OD を求めよ。

(1) $\overrightarrow{\mathrm{AO}}=s\overrightarrow{\mathrm{AB}}+t\overrightarrow{\mathrm{AC}}$ とおく。

◀平面上の任意のベクトルは，1 次独立であるベクトル $\overrightarrow{\mathrm{AB}}$, $\overrightarrow{\mathrm{AC}}$ を用いて表すことができる。

外心 O は，辺 AB と AC の垂直二等分線の交点であるから，辺 AB，AC の中点をそれぞれ M，N とすると

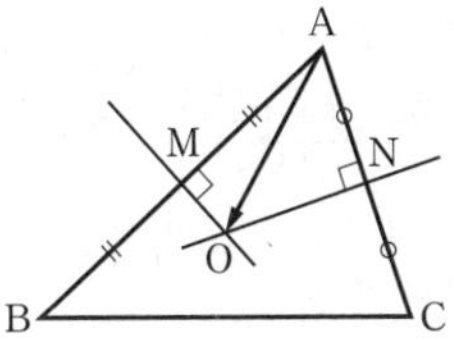

$\overrightarrow{\mathrm{AB}}\cdot\overrightarrow{\mathrm{OM}}=0$ … ①，$\overrightarrow{\mathrm{AC}}\cdot\overrightarrow{\mathrm{ON}}=0$ … ②

◀$\overrightarrow{\mathrm{AB}}\perp\overrightarrow{\mathrm{OM}}$，$\overrightarrow{\mathrm{AC}}\perp\overrightarrow{\mathrm{ON}}$

ここで

$$\overrightarrow{\mathrm{OM}}=\overrightarrow{\mathrm{AM}}-\overrightarrow{\mathrm{AO}}$$

◀$\overrightarrow{\mathrm{OM}}$ を $\overrightarrow{\mathrm{AB}}$, $\overrightarrow{\mathrm{AC}}$ で表す。

$$=\frac{1}{2}\overrightarrow{\mathrm{AB}}-(s\overrightarrow{\mathrm{AB}}+t\overrightarrow{\mathrm{AC}})$$

$$=\left(\frac{1}{2}-s\right)\overrightarrow{\mathrm{AB}}-t\overrightarrow{\mathrm{AC}}$$

$$\overrightarrow{\mathrm{ON}}=\overrightarrow{\mathrm{AN}}-\overrightarrow{\mathrm{AO}}$$

◀$\overrightarrow{\mathrm{ON}}$ を $\overrightarrow{\mathrm{AB}}$, $\overrightarrow{\mathrm{AC}}$ で表す。

$$=\frac{1}{2}\overrightarrow{\mathrm{AC}}-(s\overrightarrow{\mathrm{AB}}+t\overrightarrow{\mathrm{AC}})$$

$$=-s\overrightarrow{\mathrm{AB}}+\left(\frac{1}{2}-t\right)\overrightarrow{\mathrm{AC}}$$

よって，① より

$$\overrightarrow{\mathrm{AB}}\cdot\left\{\left(\frac{1}{2}-s\right)\overrightarrow{\mathrm{AB}}-t\overrightarrow{\mathrm{AC}}\right\}=0$$

$$\left(\frac{1}{2}-s\right)|\overrightarrow{\mathrm{AB}}|^2-t\overrightarrow{\mathrm{AB}}\cdot\overrightarrow{\mathrm{AC}}=0$$

ゆえに　$49\left(\frac{1}{2}-s\right)-10t=0$

◀$|\overrightarrow{\mathrm{AB}}|^2=49$，$\overrightarrow{\mathrm{AB}}\cdot\overrightarrow{\mathrm{AC}}=10$ を代入する。

すなわち　$98s+20t=49$　… ③

また，② より

$$\overrightarrow{\mathrm{AC}}\cdot\left\{-s\overrightarrow{\mathrm{AB}}+\left(\frac{1}{2}-t\right)\overrightarrow{\mathrm{AC}}\right\}=0$$

$$-s\overrightarrow{\mathrm{AB}}\cdot\overrightarrow{\mathrm{AC}}+\left(\frac{1}{2}-t\right)|\overrightarrow{\mathrm{AC}}|^2=0$$

ゆえに　$-10s+25\left(\frac{1}{2}-t\right)=0$

◀$|\overrightarrow{\mathrm{AC}}|^2=25$，$\overrightarrow{\mathrm{AB}}\cdot\overrightarrow{\mathrm{AC}}=10$ を代入する。

すなわち　$4s+10t=5$　… ④

③，④ を解くと　$s=\frac{13}{30}$，$t=\frac{49}{150}$

よって　$\boldsymbol{\overrightarrow{\mathrm{AO}}=\frac{13}{30}\overrightarrow{\mathrm{AB}}+\frac{49}{150}\overrightarrow{\mathrm{AC}}}$

また

$$|\overrightarrow{AO}|^2 = \left|\frac{13}{30}\overrightarrow{AB} + \frac{49}{150}\overrightarrow{AC}\right|^2$$

$$= \left(\frac{13}{30}\right)^2|\overrightarrow{AB}|^2 + 2\times\frac{13}{30}\times\frac{49}{150}\overrightarrow{AB}\cdot\overrightarrow{AC} + \left(\frac{49}{150}\right)^2|\overrightarrow{AC}|^2$$

$$= \left(\frac{13}{30}\right)^2\times 7^2 + 2\times\frac{13}{30}\times\frac{49}{150}\times 10 + \left(\frac{49}{150}\right)^2\times 5^2$$

$$= \frac{7^2}{30^2}(13^2 + 2\times 13\times 2 + 49) = \frac{7^2\times 270}{30^2} = \frac{7^2\times 3}{10}$$

したがって　$|\overrightarrow{\mathbf{AO}}| = \dfrac{\mathbf{7\sqrt{30}}}{\mathbf{10}}$

(2) (1) より

$$\overrightarrow{AO} = \frac{114}{150}\times\frac{65\overrightarrow{AB} + 49\overrightarrow{AC}}{114}$$

よって　**BD : DC = 49 : 65**

AO : OD = 19 : 6

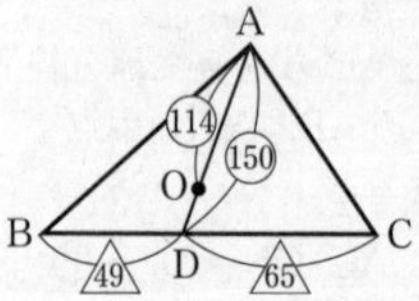

〔(1) の別解〕

$\overrightarrow{AO} = s\overrightarrow{AB} + t\overrightarrow{AC}$ とおく。

外心Oは，辺ABとACの垂直二等分線の交点であるから，辺AB，ACの中点をそれぞれM，Nとすると，内積の定義より

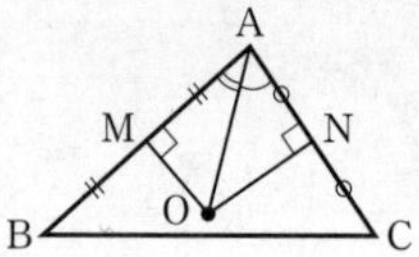

$$\overrightarrow{AM}\cdot\overrightarrow{AO} = |\overrightarrow{AM}||\overrightarrow{AO}|\cos\angle OAM$$

$$= |\overrightarrow{AM}|^2 = \frac{49}{4} \quad \cdots ①$$

$$\overrightarrow{AN}\cdot\overrightarrow{AO} = |\overrightarrow{AN}||\overrightarrow{AO}|\cos\angle OAN$$

$$= |\overrightarrow{AN}|^2 = \frac{25}{4} \quad \cdots ②$$

一方

$$\overrightarrow{AM}\cdot\overrightarrow{AO} = \frac{1}{2}\overrightarrow{AB}\cdot(s\overrightarrow{AB} + t\overrightarrow{AC})$$

$$= \frac{s}{2}|\overrightarrow{AB}|^2 + \frac{t}{2}\overrightarrow{AB}\cdot\overrightarrow{AC}$$

$$= \frac{49}{2}s + 5t \quad \cdots ③$$

$$\overrightarrow{AN}\cdot\overrightarrow{AO} = \frac{1}{2}\overrightarrow{AC}\cdot(s\overrightarrow{AB} + t\overrightarrow{AC})$$

$$= \frac{s}{2}\overrightarrow{AB}\cdot\overrightarrow{AC} + \frac{t}{2}|\overrightarrow{AC}|^2$$

$$= 5s + \frac{25}{2}t \quad \cdots ④$$

①，③ より

$$\frac{49}{2}s + 5t = \frac{49}{4} \quad すなわち \quad 98s + 20t = 49 \quad \cdots ⑤$$

②，④ より

$$5s + \frac{25}{2}t = \frac{25}{4} \quad すなわち \quad 4s + 10t = 5 \quad \cdots ⑥$$

⑤，⑥ を解くと　$s = \dfrac{13}{30}$，$t = \dfrac{49}{150}$

◀ **〔別解〕**
$\overrightarrow{AB}\cdot\overrightarrow{AC} = |\overrightarrow{AB}||\overrightarrow{AC}|\cos A$
より　$\cos A = \dfrac{2}{7}$
△ABC について余弦定理により
$BC^2 = 7^2 + 5^2 - 2\cdot 7\cdot 5\cdot\dfrac{2}{7}$
$= 54$
よって　$BC = 3\sqrt{6}$
また，$\sin^2 A + \cos^2 A = 1$ より
$$\sin A = \frac{3\sqrt{5}}{7}$$
$|\overrightarrow{AO}|$ は△ABCの外接円の半径であるから，正弦定理により
$$2|\overrightarrow{AO}| = \frac{BC}{\sin A}$$
よって　$|\overrightarrow{AO}| = \dfrac{7\sqrt{30}}{10}$

◀ $\overrightarrow{AM}\cdot\overrightarrow{AO}$，$\overrightarrow{AN}\cdot\overrightarrow{AO}$ をそれぞれ2通りに表す。

◀ △AMO は直角三角形であるから
$|\overrightarrow{AO}|\cos\angle OAM = |\overrightarrow{AM}|$

◀ △ANO は直角三角形であるから
$|\overrightarrow{AO}|\cos\angle OAN = |\overrightarrow{AN}|$
$\overrightarrow{AN}$ や上の $\overrightarrow{AM}$ は，それぞれ $\overrightarrow{AO}$ の辺AC，ABへの正射影ベクトルである。**Go Ahead** 4 参照。

よって　$\overrightarrow{AO}=\frac{13}{30}\overrightarrow{AB}+\frac{49}{150}\overrightarrow{AC}$　(以降同様)

練習 29　△ABC において $|\overrightarrow{AB}|=4$, $|\overrightarrow{AC}|=5$, $|\overrightarrow{BC}|=6$ である。辺 AC 上の点 D は BD ⊥ AC を満たし，辺 AB 上の点 E は CE ⊥ AB を満たす。CE と BD の交点を H とする。
(1) $\overrightarrow{AD}=r\overrightarrow{AC}$ となる実数 r を求めよ。
(2) $\overrightarrow{AH}=s\overrightarrow{AB}+t\overrightarrow{AC}$ となる実数 s, t を求めよ。　(一橋大)

(1) $|\overrightarrow{BC}|=6$ より　$|\overrightarrow{AC}-\overrightarrow{AB}|=6$

$$|\overrightarrow{AC}-\overrightarrow{AB}|^2=|\overrightarrow{AC}|^2-2\overrightarrow{AB}\cdot\overrightarrow{AC}+|\overrightarrow{AB}|^2=25-2\overrightarrow{AB}\cdot\overrightarrow{AC}+16$$

であるから　$36=41-2\overrightarrow{AB}\cdot\overrightarrow{AC}$

よって　$\overrightarrow{AB}\cdot\overrightarrow{AC}=\frac{5}{2}$

BD ⊥ AC より　$\overrightarrow{BD}\cdot\overrightarrow{AC}=0$

$\overrightarrow{AD}=r\overrightarrow{AC}$ より

$$\overrightarrow{BD}\cdot\overrightarrow{AC}=(\overrightarrow{AD}-\overrightarrow{AB})\cdot\overrightarrow{AC}=(r\overrightarrow{AC}-\overrightarrow{AB})\cdot\overrightarrow{AC}=r|\overrightarrow{AC}|^2-\overrightarrow{AB}\cdot\overrightarrow{AC}=25r-\frac{5}{2}$$

よって　$25r-\frac{5}{2}=0$

したがって　$\boldsymbol{r=\frac{1}{10}}$

(2) BH ⊥ AC, CH ⊥ AB より

$\overrightarrow{BH}\cdot\overrightarrow{AC}=0$　…①

$\overrightarrow{CH}\cdot\overrightarrow{AB}=0$　…②

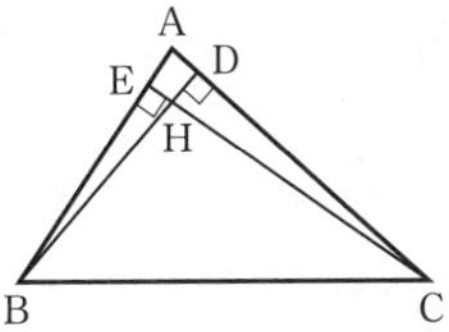

◀(1) の結果を用いて $\overrightarrow{AH}=\overrightarrow{AB}+k\overrightarrow{BD}$ とおき，$\overrightarrow{CH}\perp\overrightarrow{AB}$ より k の値を求めてもよい。

$\overrightarrow{AH}=s\overrightarrow{AB}+t\overrightarrow{AC}$ より

①, ② の左辺を変形すると

$$\overrightarrow{BH}\cdot\overrightarrow{AC}=(\overrightarrow{AH}-\overrightarrow{AB})\cdot\overrightarrow{AC}=(s\overrightarrow{AB}+t\overrightarrow{AC}-\overrightarrow{AB})\cdot\overrightarrow{AC}=(s-1)\overrightarrow{AB}\cdot\overrightarrow{AC}+t|\overrightarrow{AC}|^2=\frac{5}{2}(s-1)+25t$$

$$\overrightarrow{CH}\cdot\overrightarrow{AB}=(\overrightarrow{AH}-\overrightarrow{AC})\cdot\overrightarrow{AB}=(s\overrightarrow{AB}+t\overrightarrow{AC}-\overrightarrow{AC})\cdot\overrightarrow{AB}=s|\overrightarrow{AB}|^2+(t-1)\overrightarrow{AB}\cdot\overrightarrow{AC}=16s+\frac{5}{2}(t-1)$$

よって　$\begin{cases}\frac{5}{2}(s-1)+25t=0\\16s+\frac{5}{2}(t-1)=0\end{cases}$

1章 3 平面上の位置ベクトル

これを解いて　　$s=\frac{1}{7},\ t=\frac{3}{35}$

練習 30　正三角形でない鋭角三角形 ABC の外心を O，重心を G とする。OG の G の方への延長上に $\mathrm{OH}=3\mathrm{OG}$ となる点を H とし，直線 OA と △ABC の外接円の交点のうち A でない方を D とする。このとき，四角形 BDCH は平行四辺形であることを示せ。

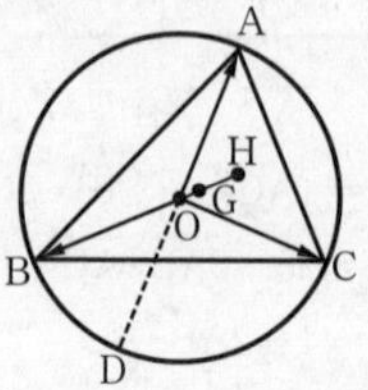

$\overrightarrow{\mathrm{OA}}=\vec{a},\ \overrightarrow{\mathrm{OB}}=\vec{b},\ \overrightarrow{\mathrm{OC}}=\vec{c}$ とおく。

点 G が △ABC の重心であるから

$$\overrightarrow{\mathrm{OG}}=\frac{\vec{a}+\vec{b}+\vec{c}}{3}$$

点 H は OG の G の方への延長上に $\mathrm{OH}=3\mathrm{OG}$ となる点であるから

$$\overrightarrow{\mathrm{OH}}=3\overrightarrow{\mathrm{OG}}=\vec{a}+\vec{b}+\vec{c}$$

また，点 O が △ABC の外心であるから　　$\overrightarrow{\mathrm{OD}}=-\overrightarrow{\mathrm{OA}}=-\vec{a}$

よって

$$\overrightarrow{\mathrm{BH}}=\overrightarrow{\mathrm{OH}}-\overrightarrow{\mathrm{OB}}=\vec{a}+\vec{c}\quad\cdots①$$

また　$\overrightarrow{\mathrm{DC}}=\overrightarrow{\mathrm{OC}}-\overrightarrow{\mathrm{OD}}=\vec{c}-(-\vec{a})=\vec{a}+\vec{c}\quad\cdots②$

①，② より　　$\overrightarrow{\mathrm{BH}}=\overrightarrow{\mathrm{DC}}$

したがって，四角形 BDCH は平行四辺形である。

◀ $\overrightarrow{\mathrm{OG}},\ \overrightarrow{\mathrm{OH}},\ \overrightarrow{\mathrm{OD}}$ を $\vec{a},\ \vec{b},\ \vec{c}$ で表す。

◀ 3 点 O, G, H が一直線上にあるから $\overrightarrow{\mathrm{OH}}=k\overrightarrow{\mathrm{OG}}$ （k は実数）とおける。

◀ 四角形 BDCH が平行四辺形であることを示すには $\overrightarrow{\mathrm{BH}}=\overrightarrow{\mathrm{DC}}$ を示せばよい。

練習 31　$\overrightarrow{\mathrm{OA}}+\overrightarrow{\mathrm{OB}}+\overrightarrow{\mathrm{OC}}=\vec{0},\ |\overrightarrow{\mathrm{OA}}|=1,\ |\overrightarrow{\mathrm{OB}}|=\sqrt{3},\ |\overrightarrow{\mathrm{OC}}|=2$ のとき

(1) 内積 $\overrightarrow{\mathrm{OA}}\cdot\overrightarrow{\mathrm{OB}}$ を求めよ。　　(2) 内積 $\overrightarrow{\mathrm{AB}}\cdot\overrightarrow{\mathrm{AC}}$ を求めよ。

(1) $\overrightarrow{\mathrm{OA}}+\overrightarrow{\mathrm{OB}}+\overrightarrow{\mathrm{OC}}=\vec{0}$ より　　$\overrightarrow{\mathrm{OC}}=-(\overrightarrow{\mathrm{OA}}+\overrightarrow{\mathrm{OB}})$

よって　　$|\overrightarrow{\mathrm{OC}}|^2=|\overrightarrow{\mathrm{OA}}+\overrightarrow{\mathrm{OB}}|^2=|\overrightarrow{\mathrm{OA}}|^2+2\overrightarrow{\mathrm{OA}}\cdot\overrightarrow{\mathrm{OB}}+|\overrightarrow{\mathrm{OB}}|^2$

$|\overrightarrow{\mathrm{OA}}|=1,\ |\overrightarrow{\mathrm{OB}}|=\sqrt{3},\ |\overrightarrow{\mathrm{OC}}|=2$ を代入すると

$$2^2=1^2+2\overrightarrow{\mathrm{OA}}\cdot\overrightarrow{\mathrm{OB}}+(\sqrt{3})^2$$

$$4=1+2\overrightarrow{\mathrm{OA}}\cdot\overrightarrow{\mathrm{OB}}+3$$

したがって　　$\overrightarrow{\mathrm{OA}}\cdot\overrightarrow{\mathrm{OB}}=\mathbf{0}$

(2) $\overrightarrow{\mathrm{AB}}=\overrightarrow{\mathrm{OB}}-\overrightarrow{\mathrm{OA}}$

$\overrightarrow{\mathrm{AC}}=\overrightarrow{\mathrm{OC}}-\overrightarrow{\mathrm{OA}}=-2\overrightarrow{\mathrm{OA}}-\overrightarrow{\mathrm{OB}}$

よって

$$\begin{aligned}\overrightarrow{\mathrm{AB}}\cdot\overrightarrow{\mathrm{AC}}&=(\overrightarrow{\mathrm{OB}}-\overrightarrow{\mathrm{OA}})\cdot(-2\overrightarrow{\mathrm{OA}}-\overrightarrow{\mathrm{OB}})\\&=2|\overrightarrow{\mathrm{OA}}|^2-\overrightarrow{\mathrm{OA}}\cdot\overrightarrow{\mathrm{OB}}-|\overrightarrow{\mathrm{OB}}|^2\\&=\mathbf{-1}\end{aligned}$$

◀ $|\vec{a}+\vec{b}|^2=|\vec{a}|^2+2\vec{a}\cdot\vec{b}+|\vec{b}|^2$

◀ $\overrightarrow{\mathrm{OC}}=-\overrightarrow{\mathrm{OA}}-\overrightarrow{\mathrm{OB}}$

練習 32　△ABC において，$\overrightarrow{\mathrm{AB}}\cdot\overrightarrow{\mathrm{AC}}=\overrightarrow{\mathrm{BA}}\cdot\overrightarrow{\mathrm{BC}}=\overrightarrow{\mathrm{CA}}\cdot\overrightarrow{\mathrm{CB}}$ が成り立つとき，この三角形はどのような三角形か。

$\overrightarrow{\mathrm{AB}}\cdot\overrightarrow{\mathrm{AC}}=\overrightarrow{\mathrm{BA}}\cdot\overrightarrow{\mathrm{BC}}$ より　　$\overrightarrow{\mathrm{AB}}\cdot\overrightarrow{\mathrm{AC}}=(-\overrightarrow{\mathrm{AB}})\cdot(\overrightarrow{\mathrm{AC}}-\overrightarrow{\mathrm{AB}})$

◀ $\overrightarrow{\mathrm{BC}}=\overrightarrow{\mathrm{AC}}-\overrightarrow{\mathrm{AB}}$

よって　$2\overrightarrow{AB}\cdot\overrightarrow{AC}=|\overrightarrow{AB}|^2$

$\overrightarrow{AB}\cdot\overrightarrow{AC}=\overrightarrow{CA}\cdot\overrightarrow{CB}$ より　$\overrightarrow{AB}\cdot\overrightarrow{AC}=(-\overrightarrow{AC})\cdot(\overrightarrow{AB}-\overrightarrow{AC})$

よって　$2\overrightarrow{AB}\cdot\overrightarrow{AC}=|\overrightarrow{AC}|^2$

ゆえに　$|\overrightarrow{AB}|=|\overrightarrow{AC}|$　…①

また，$\overrightarrow{BA}\cdot\overrightarrow{BC}=\overrightarrow{CA}\cdot\overrightarrow{CB}$ より　$\overrightarrow{BA}\cdot\overrightarrow{BC}=(\overrightarrow{BA}-\overrightarrow{BC})\cdot(-\overrightarrow{BC})$

よって　$2\overrightarrow{BA}\cdot\overrightarrow{BC}=|\overrightarrow{BC}|^2$

$\overrightarrow{BA}\cdot\overrightarrow{BC}=\overrightarrow{AB}\cdot\overrightarrow{AC}$ より　$\overrightarrow{BA}\cdot\overrightarrow{BC}=(-\overrightarrow{BA})\cdot(\overrightarrow{BC}-\overrightarrow{BA})$

よって　$2\overrightarrow{BA}\cdot\overrightarrow{BC}=|\overrightarrow{BA}|^2$

ゆえに　$|\overrightarrow{BC}|=|\overrightarrow{BA}|$　…②

①，② より　$AB=BC=CA$

したがって，△ABC で 3 辺の長さが等しいから，△ABC は **正三角形** である。

◀ $\overrightarrow{AB}\cdot\overrightarrow{AB}=|\overrightarrow{AB}|^2$

◀ $|\overrightarrow{AB}|^2=|\overrightarrow{AC}|^2$

◀ 与えられた条件から $\overrightarrow{AB}$，$\overrightarrow{BC}$，$\overrightarrow{CA}$ の対等性を予想できる。

練習 33　平面上の異なる 3 点 $A(\vec{a})$，$B(\vec{b})$，$C(\vec{c})$ がある。線分 AB の中点を通り，直線 BC に平行な直線と垂直な直線のベクトル方程式を求めよ。ただし，A，B，C は一直線上にないものとする。

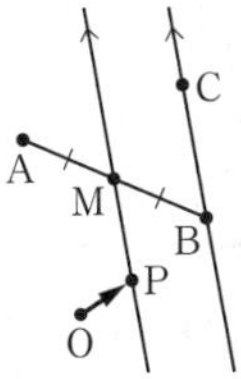

線分 AB の中点を M とする。$\overrightarrow{BC}$ は直線 BC に平行な直線の方向ベクトルであるから，求める直線上の点を $P(\vec{p})$ とすると，t を媒介変数として

$$\overrightarrow{OP}=\overrightarrow{OM}+t\overrightarrow{BC}\quad\cdots①$$

ここで　$\overrightarrow{OP}=\vec{p}$，$\overrightarrow{OM}=\dfrac{\vec{a}+\vec{b}}{2}$，$\overrightarrow{BC}=\vec{c}-\vec{b}$

① に代入すると　$\vec{p}=\dfrac{\vec{a}+\vec{b}}{2}+t(\vec{c}-\vec{b})$

すなわち　$\boldsymbol{\vec{p}=\dfrac{1}{2}\vec{a}+\dfrac{1-2t}{2}\vec{b}+t\vec{c}}$

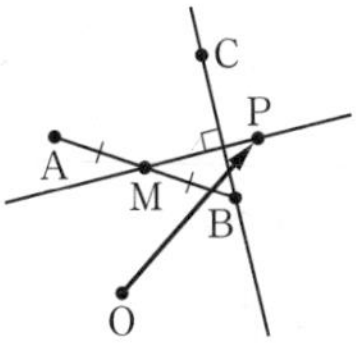

次に，$\overrightarrow{BC}$ は直線 BC に垂直な直線の法線ベクトルであるから，求める直線上の点を $P(\vec{p})$ とすると　$\overrightarrow{MP}\cdot\overrightarrow{BC}=0$　…②

ここで　$\overrightarrow{MP}=\overrightarrow{OP}-\overrightarrow{OM}=\vec{p}-\dfrac{\vec{a}+\vec{b}}{2}$

$\overrightarrow{BC}=\vec{c}-\vec{b}$

② に代入すると　$\boldsymbol{\left(\vec{p}-\dfrac{\vec{a}+\vec{b}}{2}\right)\cdot(\vec{c}-\vec{b})=0}$

◀ $\overrightarrow{MP}\perp\overrightarrow{BC}$ または $\overrightarrow{MP}=\vec{0}$

◀ $(2\vec{p}-\vec{a}-\vec{b})\cdot(\vec{c}-\vec{b})=0$ としてもよい。

練習 34　次の直線の方程式を媒介変数 t を用いて表せ。

(1)　点 A(5，−4) を通り，方向ベクトルが $\vec{d}=(1,\ -2)$ である直線

(2)　2 点 B(2，4)，C(−3，9) を通る直線

(1) A($\vec{a}$) とし，直線上の点を P($\vec{p}$) とすると，求める直線のベクトル方程式は　$\vec{p}=\vec{a}+t\vec{d}$

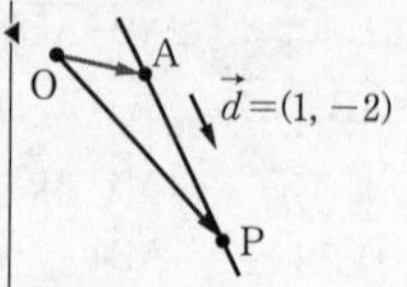

ここで，$\vec{p}=(x,\ y)$ とおき，$\vec{a}=(5,\ -4)$，$\vec{d}=(1,\ -2)$ を代入すると　$(x,\ y)=(5,\ -4)+t(1,\ -2)=(t+5,\ -2t-4)$

よって，求める直線を媒介変数表示すると

$$\begin{cases} \boldsymbol{x=t+5} \\ \boldsymbol{y=-2t-4} \end{cases}$$

◀ この2式から t を消去すると $y=-2x+6$ となる。

(2) B($\vec{b}$) とする。$\overrightarrow{\mathrm{BC}}$ は求める直線の方向ベクトルであるから，直線上の点を P($\vec{p}$) とすると，求める直線のベクトル方程式は

$$\vec{p}=\vec{b}+t\overrightarrow{\mathrm{BC}}$$

◀ $\vec{p}=\vec{c}+t\overrightarrow{\mathrm{BC}}$ とおいてもよい。

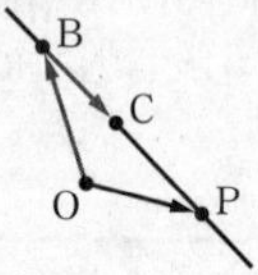

ここで，$\vec{p}=(x,\ y)$ とおき，$\vec{b}=(2,\ 4)$，

$\overrightarrow{\mathrm{BC}}=(-3-2,\ 9-4)=(-5,\ 5)$ を代入すると

$$(x,\ y)=(2,\ 4)+t(-5,\ 5)=(-5t+2,\ 5t+4)$$

よって，求める直線を媒介変数表示すると

$$\begin{cases} \boldsymbol{x=-5t+2} \\ \boldsymbol{y=5t+4} \end{cases}$$

◀ この2式から t を消去すると，$x+y=6$ となる。

練習 35　2つの定点 A($\vec{a}$)，B($\vec{b}$) と動点 P($\vec{p}$) がある。次のベクトル方程式で表される点 P はどのような図形をえがくか。

(1) $|\vec{p}-\vec{a}|=|\vec{b}-\vec{a}|$　　(2) $(2\vec{p}-\vec{a})\cdot(\vec{p}+\vec{b})=0$

---

(1) $|\vec{p}-\vec{a}|=|\vec{b}-\vec{a}|$ より　$|\overrightarrow{\mathrm{AP}}|=|\overrightarrow{\mathrm{AB}}|$

よって，点 P は **点 A を中心とし，線分 AB を半径とする円** をえがく。

◀ $|\overrightarrow{\mathrm{AB}}|$ は定数であるから，$|\overrightarrow{\mathrm{AP}}|=|\overrightarrow{\mathrm{AB}}|$ は円のベクトル方程式である。

(2) $(2\vec{p}-\vec{a})\cdot(\vec{p}+\vec{b})=0$ より　$\left(\vec{p}-\dfrac{1}{2}\vec{a}\right)\cdot(\vec{p}+\vec{b})=0$

◀ $(\vec{p}-\vec{\square})\cdot(\vec{p}-\vec{\triangle})=0$ の形になるように変形する。

ここで，$\dfrac{1}{2}\vec{a}=\overrightarrow{\mathrm{OD}}$，$-\vec{b}=\overrightarrow{\mathrm{OB'}}$ とすると，点 D は線分 OA の中点，点 B′ は点 B の点 O に関して対称な点であり

$$(\overrightarrow{\mathrm{OP}}-\overrightarrow{\mathrm{OD}})\cdot(\overrightarrow{\mathrm{OP}}-\overrightarrow{\mathrm{OB'}})=0$$

すなわち，$\overrightarrow{\mathrm{DP}}\cdot\overrightarrow{\mathrm{B'P}}=0$ であるから

$$\overrightarrow{\mathrm{DP}}=\vec{0}\ \text{ または }\ \overrightarrow{\mathrm{B'P}}=\vec{0}\ \text{ または }\ \overrightarrow{\mathrm{DP}}\perp\overrightarrow{\mathrm{B'P}}$$

◀ $\vec{a}\cdot\vec{b}=0$ のとき $\vec{a}=\vec{0}$ または $\vec{b}=\vec{0}$ または $\vec{a}\perp\vec{b}$ に注意

ゆえに，点 P は点 D または点 B′ に一致するか，$\angle \mathrm{B'PD}=90^\circ$ となる点である。

したがって，点 P は **点 B の点 O に関して対称な点 B′ と線分 OA の中点 D に対し，線分 B′D を直径とする円** をえがく。

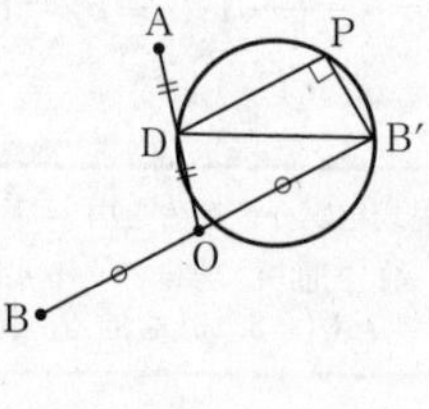

練習 36 中心 $\mathrm{C}(\vec{c})$，半径 r の円 C 上の点 $\mathrm{A}(\vec{a})$ における円の接線 l のベクトル方程式は $(\vec{a}-\vec{c})\cdot(\vec{p}-\vec{c})=r^2$ である。このことを用いて，円 $(x-a)^2+(y-b)^2=r^2$ 上の点 $(x_1,\ y_1)$ における接線の方程式が $(x_1-a)(x-a)+(y_1-b)(y-b)=r^2$ であることを示せ。

円の中心の座標は $(a,\ b)$ であるから

$$\vec{a}-\vec{c}=(x_1,\ y_1)-(a,\ b)=(x_1-a,\ y_1-b) \quad \cdots ①$$

$$\vec{p}-\vec{c}=(x,\ y)-(a,\ b)=(x-a,\ y-b) \quad \cdots ②$$

中心 $\mathrm{C}(\vec{c})$，半径 r の円 C 上の点 $\mathrm{A}(\vec{a})$ における円の接線 l のベクトル方程式は $(\vec{a}-\vec{c})\cdot(\vec{p}-\vec{c})=r^2$ であるから，①，② より

$$(x_1-a)(x-a)+(y_1-b)(y-b)=r^2$$

◀ $\vec{a}-\vec{c}$，$\vec{p}-\vec{c}$ を，接点の座標と中心の座標を用いて成分表示すればよい。

練習 37 平面上に △ABC がある。この平面上の点 P が $\overrightarrow{\mathrm{AP}}\cdot\overrightarrow{\mathrm{CP}}=\overrightarrow{\mathrm{AB}}\cdot\overrightarrow{\mathrm{AP}}$ を満たすとき，点 P はどのような図形をえがくか。

$\overrightarrow{\mathrm{AP}}=\vec{p}$，$\overrightarrow{\mathrm{AB}}=\vec{b}$，$\overrightarrow{\mathrm{AC}}=\vec{c}$ とおくと

$$\vec{p}\cdot(\vec{p}-\vec{c})=\vec{b}\cdot\vec{p}$$

$$|\vec{p}|^2-(\vec{b}+\vec{c})\cdot\vec{p}=0$$

$$\left|\vec{p}-\frac{\vec{b}+\vec{c}}{2}\right|^2=\left|\frac{\vec{b}+\vec{c}}{2}\right|^2$$

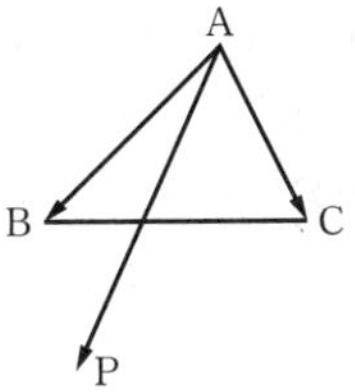

これは，中心の位置ベクトル $\dfrac{\vec{b}+\vec{c}}{2}$，

半径 $\dfrac{|\vec{b}+\vec{c}|}{2}$ の円を表す。

したがって，点 P は **BC の中点 M を中心とし，AM の長さを半径とする円** をえがく。

〔別解〕

$\overrightarrow{\mathrm{AP}}=\vec{p}$，$\overrightarrow{\mathrm{AB}}=\vec{b}$，$\overrightarrow{\mathrm{AC}}=\vec{c}$ とおくと

$$\vec{p}\cdot(\vec{p}-\vec{c})=\vec{b}\cdot\vec{p}$$

$$\vec{p}\cdot\{\vec{p}-(\vec{b}+\vec{c})\}=0$$

◀ 位置ベクトル $\vec{0}$，$\vec{b}+\vec{c}$ を直径の両端とする円を表す。

したがって，この円の中心の位置ベクトルは $\dfrac{\vec{b}+\vec{c}}{2}$ で，辺 BC の中点を表す。

点 A の位置ベクトルは $\vec{0}$ より，点 P は点 A を通り BC の中点を中心とする円をえがく。

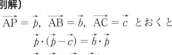

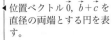

◀ 結果の書き方はいろいろあるが，同じ図形を表している。

練習 38 一直線上にない 3 点 O，A，B があり，実数 s，t が次の条件を満たすとき，$\overrightarrow{\mathrm{OP}}=s\overrightarrow{\mathrm{OA}}+t\overrightarrow{\mathrm{OB}}$ で定められる点 P の存在する範囲を図示せよ。

(1) $2s+5t=10$　　(2) $3s+2t=2,\ s\geqq 0,\ t\geqq 0$

(3) $2s+3t\leqq 1,\ s\geqq 0,\ t\geqq 0$　　(4) $2\leqq s\leqq 3,\ 3\leqq t\leqq 4$

(1) $2s+5t=10$ より　$\dfrac{1}{5}s+\dfrac{1}{2}t=1$

◀両辺を 10 で割り，右辺を 1 にする。

ここで　$\overrightarrow{\mathrm{OP}}=\dfrac{1}{5}s(5\overrightarrow{\mathrm{OA}})+\dfrac{1}{2}t(2\overrightarrow{\mathrm{OB}})$

よって，$\overrightarrow{\mathrm{OA_1}}=5\overrightarrow{\mathrm{OA}}$，$\overrightarrow{\mathrm{OB_1}}=2\overrightarrow{\mathrm{OB}}$

とおくと，点 P の存在範囲は **右の図の直線 $\mathbf{A_1B_1}$** である。

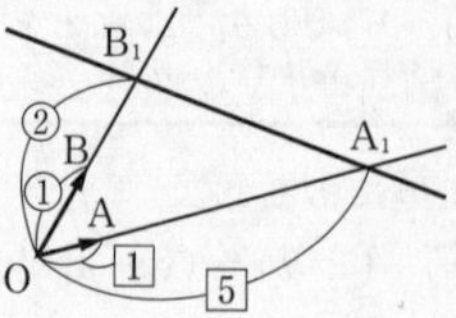

(2) $3s+2t=2$ より　$\dfrac{3}{2}s+t=1$

◀両辺を 2 で割り，右辺を 1 にする。

ここで　$\overrightarrow{\mathrm{OP}}=\dfrac{3}{2}s\left(\dfrac{2}{3}\overrightarrow{\mathrm{OA}}\right)+t\overrightarrow{\mathrm{OB}}$

◀$s\geqq 0$ より　$\dfrac{2}{3}s\geqq 0$

よって，$\overrightarrow{\mathrm{OA_2}}=\dfrac{2}{3}\overrightarrow{\mathrm{OA}}$ とおくと，点 P の存在範囲は **右の図の線分 $\mathbf{A_2B}$** である。

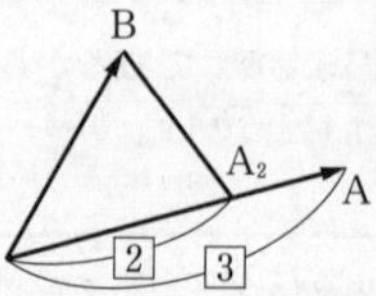

(3) $\overrightarrow{\mathrm{OP}}=2s\left(\dfrac{1}{2}\overrightarrow{\mathrm{OA}}\right)+3t\left(\dfrac{1}{3}\overrightarrow{\mathrm{OB}}\right)$

よって，$\overrightarrow{\mathrm{OA_3}}=\dfrac{1}{2}\overrightarrow{\mathrm{OA}}$，$\overrightarrow{\mathrm{OB_3}}=\dfrac{1}{3}\overrightarrow{\mathrm{OB}}$ とおくと，$2s+3t\leqq 1$，$2s\geqq 0$，$3t\geqq 0$ より，点 P の存在範囲は **右の図の $\triangle\mathbf{OA_3B_3}$ の周および内部**である。

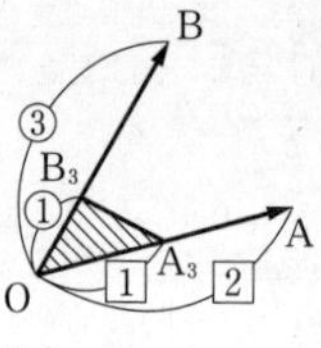

(4) $2\leqq s\leqq 3$ である s に対して，$\overrightarrow{\mathrm{OA_s}}=s\overrightarrow{\mathrm{OA}}$ とすると

◀まず，s を固定して考える。

$$\overrightarrow{\mathrm{OP}}=s\overrightarrow{\mathrm{OA}}+t\overrightarrow{\mathrm{OB}}$$
$$=\overrightarrow{\mathrm{OA_s}}+t\overrightarrow{\mathrm{OB}}\ (3\leqq t\leqq 4)$$

よって，点 P の存在範囲は，点 A_s を通り $\overrightarrow{\mathrm{OB}}$ を方向ベクトルとする直線のうち，$3\leqq t\leqq 4$ の範囲の線分である。

◀$\overrightarrow{\mathrm{OP}}=\overrightarrow{\mathrm{OA_s}}+t\overrightarrow{\mathrm{OB}}$ のとき，点 P は点 $\mathrm{A_s}$ を通り $\overrightarrow{\mathrm{OB}}$ に平行な直線上にある。

さらに，$2\leqq s\leqq 3$ の範囲で s の値を変化させると，求める点 P の存在範囲は

◀ある s に対する点 P の存在範囲を調べたから，次に s を変化させて考える。

$$\overrightarrow{\mathrm{OA_4}}=2\overrightarrow{\mathrm{OA}},\ \overrightarrow{\mathrm{OA_5}}=3\overrightarrow{\mathrm{OA}},\ \overrightarrow{\mathrm{OB_4}}=3\overrightarrow{\mathrm{OB}},\ \overrightarrow{\mathrm{OB_5}}=4\overrightarrow{\mathrm{OB}}$$

とおくと

$\overrightarrow{\mathrm{OC}}=\overrightarrow{\mathrm{OA_4}}+\overrightarrow{\mathrm{OB_4}}$，$\overrightarrow{\mathrm{OD}}=\overrightarrow{\mathrm{OA_5}}+\overrightarrow{\mathrm{OB_4}}$，

$\overrightarrow{\mathrm{OE}}=\overrightarrow{\mathrm{OA_5}}+\overrightarrow{\mathrm{OB_5}}$，$\overrightarrow{\mathrm{OF}}=\overrightarrow{\mathrm{OA_4}}+\overrightarrow{\mathrm{OB_5}}$

を満たす点 C，D，E，F について，**右の図の平行四辺形 CDEF の周および内部**である。

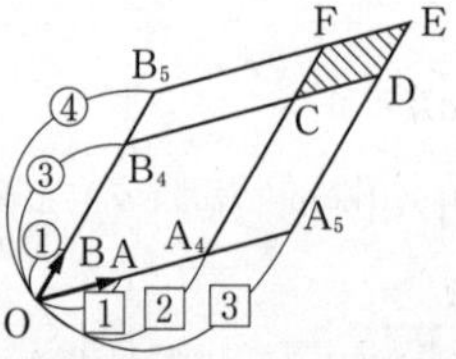

> **練習 39** (1) 点 A(2, 1) を通り，法線ベクトルの 1 つが $\vec{n}=(1,\ -3)$ である直線の方程式を求めよ。
> (2) 2 直線 $x-y+1=0$ …①，$x+(2-\sqrt{3})y-3=0$ …② のなす角 θ を求めよ。ただし，$0^\circ<\theta\leqq 90^\circ$ とする。

(1) 求める直線上の点を $\mathrm{P}(x,\ y)$ とすると

$$\overrightarrow{\mathrm{AP}}=(x-2,\ y-1)$$

$\overrightarrow{\mathrm{AP}}\perp\vec{n}$ または $\overrightarrow{\mathrm{AP}}=\vec{0}$ より，$\overrightarrow{\mathrm{AP}}\cdot\vec{n}=0$

であるから　$(x-2)-3(y-1)=0$

よって，求める直線の方程式は

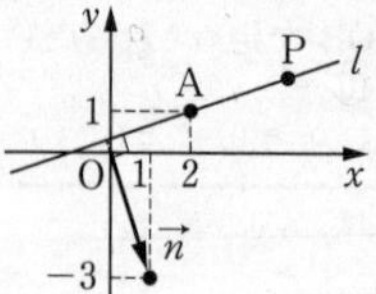

◀点 $(x_1,\ y_1)$ を通り，$\vec{n}=(a,\ b)$ に垂直な直線の方程式は $a(x-x_1)+b(y-y_1)=0$ 直接この式に値を代入して求めてもよい。

$$x-3y+1=0$$

(2)　直線 ① の法線ベクトルの 1 つは

$$\overrightarrow{n_1}=(1,\ -1)$$

直線 ② の法線ベクトルの 1 つは

$$\overrightarrow{n_2}=(1,\ 2-\sqrt{3})$$

$\overrightarrow{n_1}$ と $\overrightarrow{n_2}$ のなす角を α とすると

$$\cos\alpha=\frac{\overrightarrow{n_1}\cdot\overrightarrow{n_2}}{|\overrightarrow{n_1}||\overrightarrow{n_2}|}$$

$$=\frac{1-(2-\sqrt{3})}{\sqrt{2}\sqrt{8-4\sqrt{3}}}=\frac{\sqrt{3}-1}{2(\sqrt{3}-1)}=\frac{1}{2}$$

$0°\leqq\alpha\leqq 180°$ より　　$\alpha=60°$

よって，2 直線のなす角 θ は　**60°**

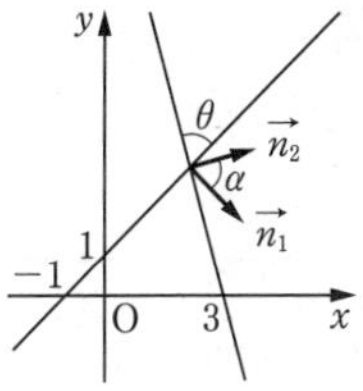

◀ 直線 $ax+by+c=0$ の法線ベクトルの 1 つは $\vec{n}=(a,\ b)$

◀ $\overrightarrow{n_1}\cdot\overrightarrow{n_2}=|\overrightarrow{n_1}||\overrightarrow{n_2}|\cos\alpha$

◀ $\sqrt{8-4\sqrt{3}}=\sqrt{8-2\sqrt{12}}=\sqrt{6}-\sqrt{2}=\sqrt{2}(\sqrt{3}-1)$

チャレンジ〈3〉　点 A$(-2,\ 3)$ と直線 $l:2x-3y-5=0$ との距離を，ベクトルを利用して求めよ。

点 A から直線 l へ下ろした垂線を AH とする。

l の法線ベクトルの 1 つは $\vec{n}=(2,\ -3)$

よって，$\overrightarrow{AH}\parallel\vec{n}$ より，実数 k を用いて

$$\overrightarrow{AH}=k\vec{n}=k(2,\ -3)=(2k,\ -3k)$$

原点を O とすると

$$\overrightarrow{OH}=\overrightarrow{OA}+\overrightarrow{AH}=(-2+2k,\ 3-3k)$$

点 H$(-2+2k,\ 3-3k)$ は直線 l 上にあるから

$$2(-2+2k)-3(3-3k)-5=0$$

ゆえに　　$k=\dfrac{-\{2\times(-2)-3\times3-5\}}{2^2+3^2}=\dfrac{18}{13}$

$|\vec{n}|=\sqrt{2^2+(-3)^2}=\sqrt{13}$ であるから

$$|\overrightarrow{AH}|=|k\vec{n}|=|k||\vec{n}|=\mathbf{\frac{18\sqrt{13}}{13}}$$

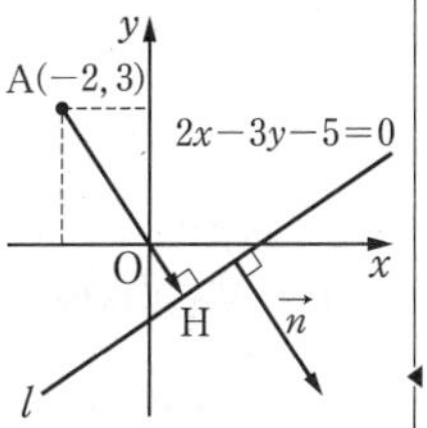

◀ $\overrightarrow{AH}=\overrightarrow{OH}-\overrightarrow{OA}$

数学Ⅱで学習した点と直線の距離の公式を用いると

$$\mathrm{AH}=\frac{|2\cdot(-2)-3\cdot3-5|}{\sqrt{2^2+(-3)^2}}$$

◀ $=\dfrac{|-18|}{\sqrt{13}}=\dfrac{18\sqrt{13}}{13}$

p.83　問題編 3　平面上の位置ベクトル

問題 20　四角形 ABCD において，辺 AD の中点を P，辺 BC の中点を Q とするとき，$\overrightarrow{PQ}$ を $\overrightarrow{AB}$ と $\overrightarrow{DC}$ を用いて表せ。

4 点 A，B，C，D の位置ベクトルをそれぞれ $\vec{a}$，$\vec{b}$，$\vec{c}$，$\vec{d}$ とする。

2 点 P，Q の位置ベクトルを $\vec{p}$，$\vec{q}$ とする。

P は AD の中点であるから　　$\vec{p}=\dfrac{\vec{a}+\vec{d}}{2}$

Q は BC の中点であるから　　$\vec{q}=\dfrac{\vec{b}+\vec{c}}{2}$

ここで　　$\overrightarrow{PQ}=\vec{q}-\vec{p}=\dfrac{\vec{b}+\vec{c}}{2}-\dfrac{\vec{a}+\vec{d}}{2}=\dfrac{1}{2}(-\vec{a}+\vec{b}+\vec{c}-\vec{d})$

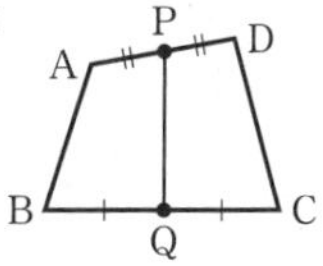

◀ $\overrightarrow{PQ}$，$\overrightarrow{AB}$，$\overrightarrow{DC}$ を $\vec{a}$，$\vec{b}$，$\vec{c}$，$\vec{d}$ で表す。

$$\overrightarrow{AB} = \vec{b} - \vec{a} = -\vec{a} + \vec{b}$$
$$\overrightarrow{DC} = \vec{c} - \vec{d}$$
よって　$\overrightarrow{\mathbf{PQ}} = \dfrac{\mathbf{1}}{\mathbf{2}}(\overrightarrow{\mathbf{AB}} + \overrightarrow{\mathbf{DC}})$

問題 21　四角形ABCDにおいて，△ABC，△ACD，△ABD，△BCDの重心をそれぞれG_1，G_2，G_3，G_4とする。G_1G_2の中点とG_3G_4の中点が一致するとき，四角形ABCDはどのような四角形か。

ある点Oに対し，$\overrightarrow{OA} = \vec{a}$，$\overrightarrow{OB} = \vec{b}$，$\overrightarrow{OC} = \vec{c}$，$\overrightarrow{OD} = \vec{d}$ とおく。

$$\overrightarrow{OG_1} = \frac{\vec{a}+\vec{b}+\vec{c}}{3},\quad \overrightarrow{OG_2} = \frac{\vec{a}+\vec{c}+\vec{d}}{3},$$
$$\overrightarrow{OG_3} = \frac{\vec{a}+\vec{b}+\vec{d}}{3},\quad \overrightarrow{OG_4} = \frac{\vec{b}+\vec{c}+\vec{d}}{3}$$

であるから，G_1G_2の中点とG_3G_4の中点とが一致するとき

$$\frac{\overrightarrow{OG_1}+\overrightarrow{OG_2}}{2} = \frac{\overrightarrow{OG_3}+\overrightarrow{OG_4}}{2}$$

よって　$\dfrac{2\vec{a}+\vec{b}+2\vec{c}+\vec{d}}{6} = \dfrac{\vec{a}+2\vec{b}+\vec{c}+2\vec{d}}{6}$

ゆえに　$\vec{a}+\vec{c} = \vec{b}+\vec{d}$

$\vec{a}-\vec{b} = \vec{d}-\vec{c}$ より　$\overrightarrow{BA} = \overrightarrow{CD}$

したがって，四角形ABCDは **平行四辺形** である。

$\overrightarrow{BA}=\overrightarrow{CD}$ より，辺BAと辺CDは平行で長さが等しい。

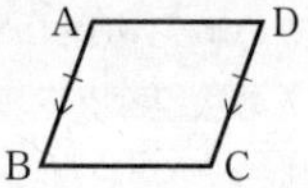

◀1組の対辺が平行でその長さが等しい四角形は平行四辺形である。

問題 22　3点A，B，Cの位置ベクトルを$\vec{a}$，$\vec{b}$，$\vec{c}$とし，2つのベクトル$\vec{x}$，$\vec{y}$を用いて，$\vec{a} = 3\vec{x}+2\vec{y}$，$\vec{b} = \vec{x}-3\vec{y}$，$\vec{c} = m\vec{x}+(m+2)\vec{y}$（$m$は実数）と表すことができるとする。このとき，3点A，B，Cが一直線上にあるような実数mの値を求めよ。ただし，$\vec{x} \neq \vec{0}$，$\vec{y} \neq \vec{0}$で，$\vec{x}$と$\vec{y}$は平行でない。

3点A，B，Cが一直線上にあるから，$\overrightarrow{AC} = k\overrightarrow{AB}$ …①（kは実数）と表される。

◀$\overrightarrow{AB}=k\overrightarrow{AC}$ としてもよいが，$\overrightarrow{AB}$には文字mが含まれていないから，ここでは，$\overrightarrow{AC}=k\overrightarrow{AB}$ を用いる方が計算が楽である。

ここで　$\overrightarrow{AC} = \vec{c}-\vec{a}$

$$= m\vec{x}+(m+2)\vec{y}-(3\vec{x}+2\vec{y}) = (m-3)\vec{x}+m\vec{y}$$

$\overrightarrow{AB} = \vec{b}-\vec{a}$

$$= \vec{x}-3\vec{y}-(3\vec{x}+2\vec{y}) = -2\vec{x}-5\vec{y}$$

①に代入すると　$(m-3)\vec{x}+m\vec{y} = k(-2\vec{x}-5\vec{y})$

すなわち　$(m-3)\vec{x}+m\vec{y} = -2k\vec{x}-5k\vec{y}$

$\vec{x} \neq \vec{0}$，$\vec{y} \neq \vec{0}$であり，$\vec{x}$と$\vec{y}$は平行でないから

$$m-3 = -2k \cdots ②\quad かつ\quad m = -5k \cdots ③$$

◀$\vec{x}$と$\vec{y}$は1次独立であるから，係数を比較する。

②，③より　$k=-1$，$\boldsymbol{m=5}$

問題 23 △ABC において，辺 AB を 2:1 に内分する点を P とし，辺 AC の中点を Q とする。また，線分 BQ と線分 CP の交点を R とする。

(1) $\overrightarrow{AR}$ を $\overrightarrow{AB}$，$\overrightarrow{AC}$ を用いて表せ。

(2) △RAB：△RBC：△RCA を求めよ。

(1) 点 P は辺 AB を 2:1 に内分する点であるから

$$\overrightarrow{AP}=\frac{2}{3}\overrightarrow{AB}$$

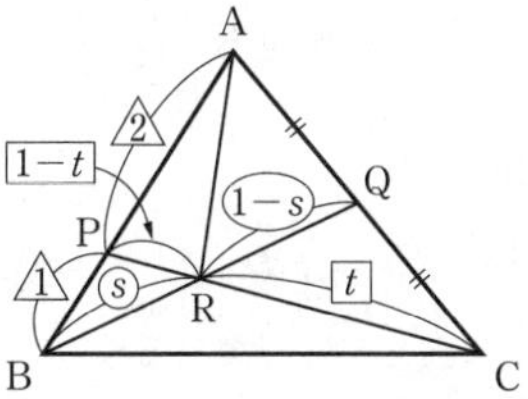

点 Q は辺 AC の中点であるから

$$\overrightarrow{AQ}=\frac{1}{2}\overrightarrow{AC}$$

BR：RQ $= s:(1-s)$ とおくと

$$\overrightarrow{AR}=(1-s)\overrightarrow{AB}+s\overrightarrow{AQ}$$

$$=(1-s)\overrightarrow{AB}+\frac{s}{2}\overrightarrow{AC}\quad \cdots ①$$

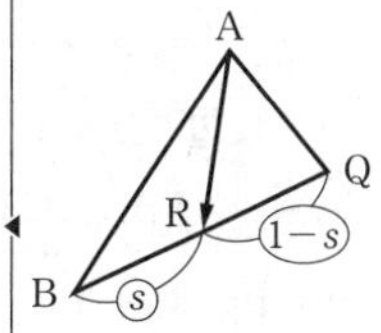

CR：RP $= t:(1-t)$ とおくと

$$\overrightarrow{AR}=t\overrightarrow{AP}+(1-t)\overrightarrow{AC}$$

$$=\frac{2}{3}t\overrightarrow{AB}+(1-t)\overrightarrow{AC}\quad \cdots ②$$

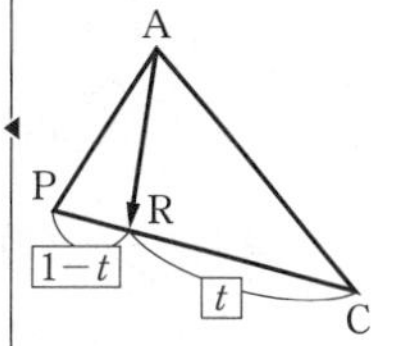

$\overrightarrow{AB}\neq\vec{0}$，$\overrightarrow{AC}\neq\vec{0}$ であり，$\overrightarrow{AB}$ と $\overrightarrow{AC}$ は平行でないから，①，② より

◀係数比較をするときには必ず 1 次独立であることを述べる。

$$1-s=\frac{2}{3}t \quad かつ \quad \frac{s}{2}=1-t$$

これを解くと　$s=\dfrac{1}{2}$，　$t=\dfrac{3}{4}$

よって　$\boldsymbol{\overrightarrow{AR}=\frac{1}{2}\overrightarrow{AB}+\frac{1}{4}\overrightarrow{AC}}$

◀メネラウスの定理を用いてもよい。

(2) (1) より　$\overrightarrow{AR}=\dfrac{2\overrightarrow{AB}+\overrightarrow{AC}}{4}$

$$=\frac{3}{4}\cdot\frac{2\overrightarrow{AB}+\overrightarrow{AC}}{3}$$

◀$\overrightarrow{AR}=k\cdot\dfrac{n\overrightarrow{AB}+m\overrightarrow{AC}}{m+n}$ の形に変形する。

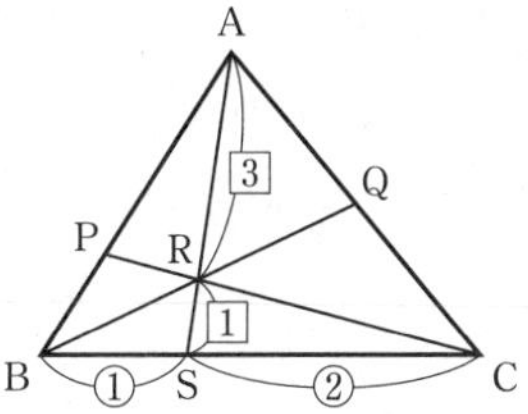

$\overrightarrow{AS}=\dfrac{2\overrightarrow{AB}+\overrightarrow{AC}}{3}$ とおくと，点 S は辺 BC を 1:2 に内分する点であり，

点 R は AS を 3:1 に内分する点である。

よって

$$\triangle RAB=\frac{3}{4}\triangle ABS=\frac{3}{4}\cdot\frac{1}{3}\triangle ABC=\frac{1}{4}\triangle ABC$$

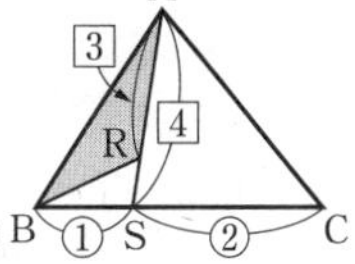

$$\triangle RBC=\frac{1}{4}\triangle ABC$$

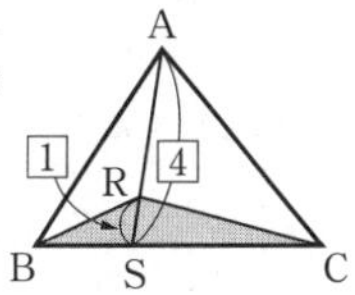

$$\triangle RCA=\frac{3}{4}\triangle ACS=\frac{3}{4}\cdot\frac{2}{3}\triangle ABC=\frac{1}{2}\triangle ABC$$

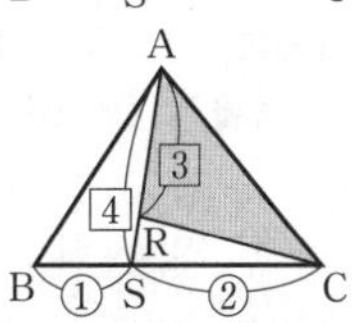

したがって

△RAB：△RBC：△RCA

$=\dfrac{1}{4}$△ABC：$\dfrac{1}{4}$△ABC：$\dfrac{1}{2}$△ABC

$=\mathbf{1:1:2}$

問題 24 平行四辺形 ABCD において，辺 BC を 1:2 に内分する点を E，辺 AD を 1:3 に内分する点を F とする。また，線分 BD と EF の交点を P，直線 AP と直線 CD の交点を Q とする。さらに，$\overrightarrow{AB}=\vec{b}$，$\overrightarrow{AD}=\vec{d}$ とおく。
(1) $\overrightarrow{AP}$ を $\vec{b}$，$\vec{d}$ を用いて表せ。　(2) $\overrightarrow{AQ}$ を $\vec{b}$，$\vec{d}$ を用いて表せ。

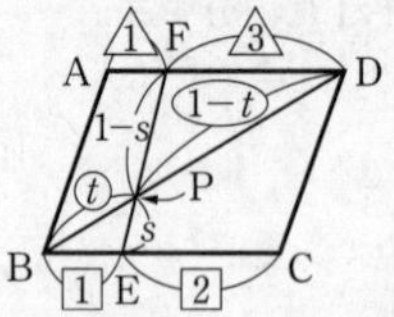

(1) 点 E は辺 BC を 1:2 に内分する点であるから

$$\overrightarrow{AE}=\overrightarrow{AB}+\overrightarrow{BE}$$
$$=\overrightarrow{AB}+\frac{1}{3}\overrightarrow{BC}=\vec{b}+\frac{1}{3}\vec{d}$$

点 F は辺 AD を 1:3 に内分する点であるから　$\overrightarrow{AF}=\frac{1}{4}\overrightarrow{AD}=\frac{1}{4}\vec{d}$

EP : PF $=s:(1-s)$ とおくと

$$\overrightarrow{AP}=(1-s)\overrightarrow{AE}+s\overrightarrow{AF}$$
$$=(1-s)\left(\vec{b}+\frac{1}{3}\vec{d}\right)+\frac{1}{4}s\vec{d}$$
$$=(1-s)\vec{b}+\left(\frac{1}{3}-\frac{1}{12}s\right)\vec{d}\quad\cdots①$$

BP : PD $=t:(1-t)$ とおくと

$$\overrightarrow{AP}=(1-t)\overrightarrow{AB}+t\overrightarrow{AD}=(1-t)\vec{b}+t\vec{d}\quad\cdots②$$

$\vec{b}\neq\vec{0}$，$\vec{d}\neq\vec{0}$ であり，$\vec{b}$ と $\vec{d}$ は平行でないから，①，② より

$$1-s=1-t \quad かつ \quad \frac{1}{3}-\frac{1}{12}s=t$$

これを解くと　$s=t=\frac{4}{13}$

よって　$\overrightarrow{\mathbf{AP}}=\frac{9}{13}\vec{b}+\frac{4}{13}\vec{d}$

(2) 点 Q は直線 AP 上の点であるから

$$\overrightarrow{AQ}=k\overrightarrow{AP}=\frac{9}{13}k\vec{b}+\frac{4}{13}k\vec{d}\quad\cdots③$$

とおける。
また，点 Q は直線 CD 上の点であるから，
$\overrightarrow{DQ}=u\overrightarrow{DC}$（$u$ は実数）とおくと

$$\overrightarrow{AQ}=\overrightarrow{AD}+\overrightarrow{DQ}=u\vec{b}+\vec{d}\quad\cdots④$$

$\vec{b}\neq\vec{0}$，$\vec{d}\neq\vec{0}$ であり，$\vec{b}$ と $\vec{d}$ は平行でないから，
③，④ より　$\frac{9}{13}k=u$　かつ　$\frac{4}{13}k=1$

これを解くと　$k=\frac{13}{4}$，$u=\frac{9}{4}$

よって　$\overrightarrow{\mathbf{AQ}}=\frac{9}{4}\vec{b}+\vec{d}$

〔別解〕
点 Q は直線 AP 上の点であるから

$$\overrightarrow{AQ}=k\overrightarrow{AP}=\frac{9}{13}k\vec{b}+\frac{4}{13}k\vec{d}\quad\cdots③$$

◀四角形 ABCD は平行四辺形であるから，$\overrightarrow{BC}=\overrightarrow{AD}=\vec{d}$ である。

◀点 P を △AEF の辺 EF の内分点と考える。

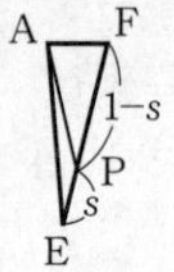

◀点 P を △ABD の辺 BD の内分点と考える。

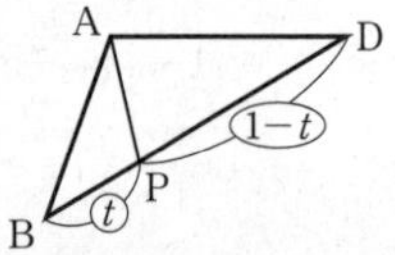

◀**〔別解〕**

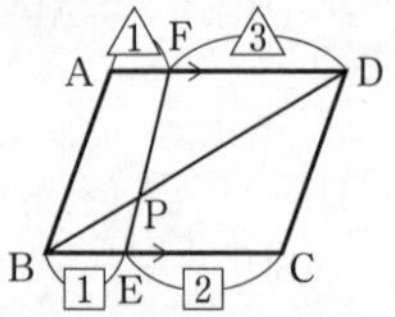

AD // BC より
BP : PD = BE : DF
$=\frac{1}{3}:\frac{3}{4}$
$=4:9$
よって
$$\overrightarrow{AP}=\frac{9\overrightarrow{AB}+4\overrightarrow{AD}}{4+9}$$
$$=\frac{9}{13}\vec{b}+\frac{4}{13}\vec{d}$$

とおける。ここで，$\overrightarrow{AC}=\vec{b}+\vec{d}$ であるから

$$\overrightarrow{AQ}=\frac{9}{13}k(\vec{b}+\vec{d})-\frac{5}{13}k\vec{d}$$

$$=\frac{9}{13}k\overrightarrow{AC}-\frac{5}{13}k\overrightarrow{AD}$$

点 Q は直線 CD 上の点であるから

$$\frac{9}{13}k+\left(-\frac{5}{13}k\right)=1$$

これを解くと　　$k=\frac{13}{4}$

③ に代入すると

$$\overrightarrow{AQ}=\frac{9}{4}\vec{b}+\vec{d}$$

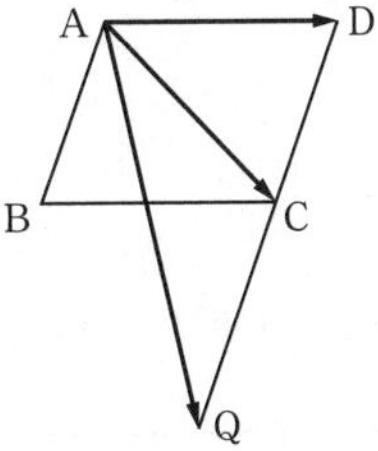

◀点 Q は直線 CD 上の点であるから，$\overrightarrow{AQ}$ を $\overrightarrow{AC}$ と $\overrightarrow{AD}$ で表したとき，係数の和が 1 となればよい。**Plus One** 参照。

Plus One

例題 24，練習 24 では，点 Q が辺 AB 上にあるとき，$\overrightarrow{OQ}$ を $\overrightarrow{OA}$ と $\overrightarrow{OB}$ で表したときの係数の和が 1 になることを用いた。この性質は，点 Q が直線 AB 上にあるときも同様に成り立つ。

なぜなら，線分 AB を $m:n$ に外分する点を Q とすると，点 Q は辺 AB 上にはなく，直線 AB 上にあるが

$$\overrightarrow{OQ}=\frac{-n\overrightarrow{OA}+m\overrightarrow{OB}}{m-n}=\frac{-n}{m-n}\overrightarrow{OA}+\frac{m}{m-n}\overrightarrow{OB}$$

と表され，やはり係数の和が 1 になるからである。

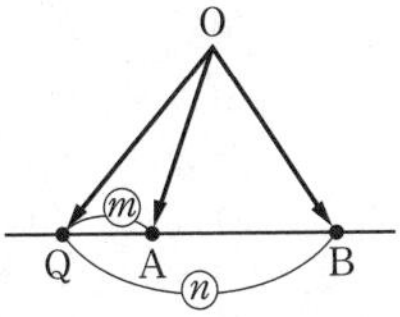

問題 25　△ABC において，等式 $3\overrightarrow{PA}+m\overrightarrow{PB}+2\overrightarrow{PC}=\vec{0}$ を満たす点 P に対して，△PBC：△PAC：△PAB = 3：5：2 であるとき，正の数 m を求めよ。

$3\overrightarrow{PA}+m\overrightarrow{PB}+2\overrightarrow{PC}=\vec{0}$ より

$$3(-\overrightarrow{AP})+m(\overrightarrow{AB}-\overrightarrow{AP})+2(\overrightarrow{AC}-\overrightarrow{AP})=\vec{0}$$

$$-(m+5)\overrightarrow{AP}+m\overrightarrow{AB}+2\overrightarrow{AC}=\vec{0}$$

よって　　$\overrightarrow{AP}=\dfrac{m\overrightarrow{AB}+2\overrightarrow{AC}}{m+5}$

$$=\frac{m+2}{m+5}\times\frac{m\overrightarrow{AB}+2\overrightarrow{AC}}{2+m}\quad\cdots ①$$

◀$m>0$ より $m+5>0$

ここで，$\dfrac{m\overrightarrow{AB}+2\overrightarrow{AC}}{2+m}=\overrightarrow{AD}$ とおくと，$m>0$ であるから，点 D は線分 BC を $2:m$ に内分する点である。

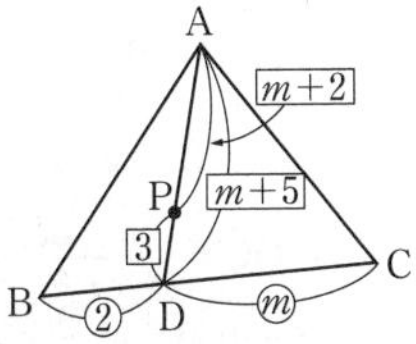

また，① より，$\overrightarrow{AP}=\dfrac{m+2}{m+5}\overrightarrow{AD}$ であるから，点 P は，線分 AD を $(m+2):3$ に内分する点である。

◀$m+2>0$

$\triangle PBD=S$ とおくと，$BD:DC=2:m$ より

$$\triangle PCD=\frac{m}{2}S,\qquad \triangle PBC=S+\frac{m}{2}S=\frac{m+2}{2}S$$

AP：PD $=(m+2):3$ より

$$\triangle PAB:\triangle PBD=(m+2):3$$
$$\triangle PAC:\triangle PCD=(m+2):3$$

よって

$$\triangle PAB=\frac{m+2}{3}S,\ \triangle PAC=\frac{m+2}{3}\cdot\frac{m}{2}S=\frac{m(m+2)}{6}S$$

ゆえに

$$\triangle PBC:\triangle PAC:\triangle PAB=\frac{m+2}{2}S:\frac{m(m+2)}{6}S:\frac{m+2}{3}S$$
$$=3:m:2$$

◀ $m+2>0$

$\triangle PBC:\triangle PAC:\triangle PAB=3:5:2$ であるから　　$\boldsymbol{m=5}$

問題 26　3点A(1, −2), B(5, −2), C(4, 2) を頂点とする△ABCの∠CABの二等分線とBCの交点をDとするとき，$\overrightarrow{AD}$ を求めよ。

$\overrightarrow{AB}=(5-1,\ -2-(-2))=(4,\ 0)$

$\overrightarrow{AC}=(4-1,\ 2-(-2))=(3,\ 4)$

また　$|\overrightarrow{AB}|=\sqrt{4^2+0^2}=4$

　　　$|\overrightarrow{AC}|=\sqrt{3^2+4^2}=5$

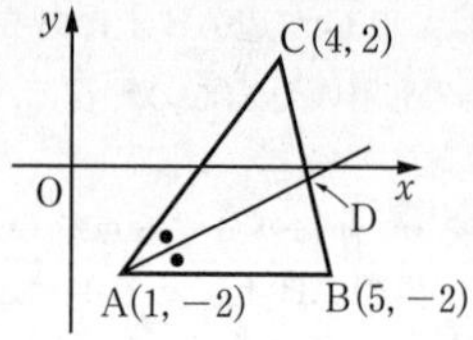

◀位置ベクトルの成分と点の座標は一致する。

ここで，ADは∠CABの二等分線であるから　BD：DC＝AB：AC＝4：5

◀△ABCの∠Aの二等分線をADとすると
AB：AC＝BD：DC

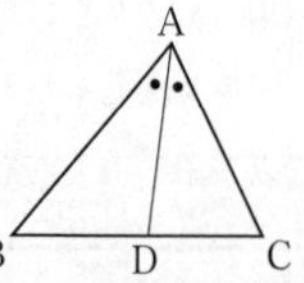

よって，点DはBCを4：5に内分する点であるから

$$\overrightarrow{AD}=\frac{5\overrightarrow{AB}+4\overrightarrow{AC}}{4+5}=\frac{5\overrightarrow{AB}+4\overrightarrow{AC}}{9}$$
$$=\frac{5}{9}(4,\ 0)+\frac{4}{9}(3,\ 4)=\left(\boldsymbol{\frac{32}{9},\ \frac{16}{9}}\right)$$

問題 27　OA＝5，OB＝3 の△OABがある。∠AOBの二等分線と辺ABの交点をC，辺ABの中点をM，ベクトル $\overrightarrow{OA}=\vec{a}$，$\overrightarrow{OB}=\vec{b}$ とするとき

(1)　$\overrightarrow{OM}$，$\overrightarrow{OC}$ を $\vec{a}$，$\vec{b}$ を用いて表せ。

(2)　直線OM上に点Pを，直線APと直線OCが直交するようにとるとき，$\overrightarrow{OP}$ を $\vec{a}$，$\vec{b}$ を用いて表せ。

(1)　$\boldsymbol{\overrightarrow{OM}=\frac{\vec{a}+\vec{b}}{2}}$

AC：CB＝5：3 より

$$\overrightarrow{OC}=\frac{3\vec{a}+5\vec{b}}{5+3}=\boldsymbol{\frac{3}{8}\vec{a}+\frac{5}{8}\vec{b}}$$

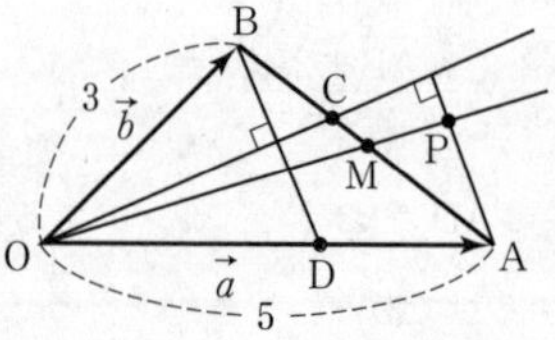

◀三角形の角の二等分線の性質

(2)　3点O，M，Pは一直線上にあるから　$\overrightarrow{OP}=k\overrightarrow{OM}=\frac{1}{2}k(\vec{a}+\vec{b})$

とおける。よって

$$\overrightarrow{AP}=\overrightarrow{OP}-\overrightarrow{OA}=\frac{1}{2}k(\vec{a}+\vec{b})-\vec{a}=\left(\frac{1}{2}k-1\right)\vec{a}+\frac{1}{2}k\vec{b}$$

ここで，点BからOCに垂線を下ろし，OAとの交点をDとすると，

△ODB は二等辺三角形になるから，OB = OD より

$$\overrightarrow{DB}=\overrightarrow{OB}-\overrightarrow{OD}=\vec{b}-\frac{3}{5}\vec{a}$$

$\overrightarrow{AP}\,/\!/\,\overrightarrow{DB}$ より，$\overrightarrow{AP}=t\overrightarrow{DB}$ とおける。

よって　$\left(\frac{1}{2}k-1\right)\vec{a}+\frac{1}{2}k\vec{b}=t\vec{b}-\frac{3}{5}t\vec{a}$

$\vec{a}\neq\vec{0}$，$\vec{b}\neq\vec{0}$，$\vec{a}\not\parallel\vec{b}$ であるから

$$\frac{1}{2}k-1=-\frac{3}{5}t,\quad \frac{1}{2}k=t$$

これを解くと，$k=\frac{5}{4}$ であるから　$\overrightarrow{\mathbf{OP}}=\frac{5}{8}(\vec{a}+\vec{b})$

◀ △ODB において，∠DOB の二等分線が辺 BD に垂直に交わるから，△ODB は OB = OD の二等辺三角形である。

◀ $\vec{a}$ と $\vec{b}$ は 1 次独立

問題 28　AB = 3，AC = 4，∠A = 60° である △ABC の外心を O とする。$\overrightarrow{AB}=\vec{b}$，$\overrightarrow{AC}=\vec{c}$ とおく。
(1) △ABC の外接円の半径を求めよ。
(2) $\overrightarrow{AO}$ を $\vec{b}$，$\vec{c}$ を用いて表せ。
(3) 直線 BO と辺 AC の交点を P とするとき，AP : PC を求めよ。　(北里大)

(1) △ABC において，余弦定理により

$$BC^2=3^2+4^2-2\times3\times4\cos60^\circ=13$$

BC > 0 より　$BC=\sqrt{13}$

△ABC において，外接円の半径を R とすると，正弦定理により

$$2R=\frac{\sqrt{13}}{\sin60^\circ}=\frac{\sqrt{13}}{\frac{\sqrt{3}}{2}}=\frac{2\sqrt{13}}{\sqrt{3}}$$

よって　$R=\frac{\sqrt{13}}{\sqrt{3}}=\frac{\sqrt{39}}{3}$

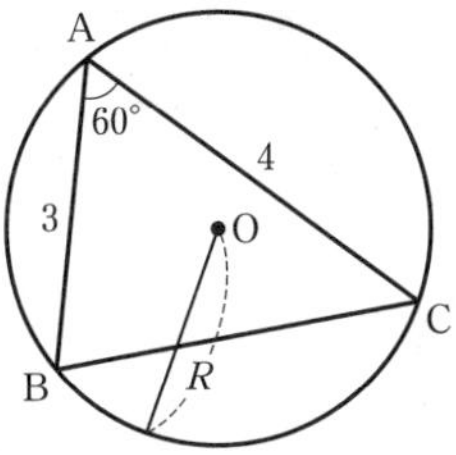

(2) $\overrightarrow{AB}\cdot\overrightarrow{AC}=3\times4\times\cos60^\circ=6$ であるから　$\vec{b}\cdot\vec{c}=6$

$\overrightarrow{AO}=s\vec{b}+t\vec{c}$ とおく。

外心 O は，辺 AB と AC の垂直二等分線の交点であるから，辺 AB，AC の中点をそれぞれ M，N とすると

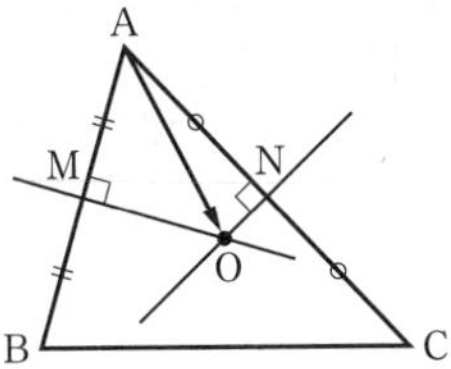

$\vec{b}\cdot\overrightarrow{OM}=0$ …①，$\vec{c}\cdot\overrightarrow{ON}=0$ …②

ここで　$\overrightarrow{OM}=\overrightarrow{AM}-\overrightarrow{AO}$

$$=\frac{1}{2}\vec{b}-(s\vec{b}+t\vec{c})=\left(\frac{1}{2}-s\right)\vec{b}-t\vec{c}$$

◀ $\overrightarrow{OM}$ を $\vec{b}$，$\vec{c}$ で表す。

$\overrightarrow{ON}=\overrightarrow{AN}-\overrightarrow{AO}$

$$=\frac{1}{2}\vec{c}-(s\vec{b}+t\vec{c})=-s\vec{b}+\left(\frac{1}{2}-t\right)\vec{c}$$

◀ $\overrightarrow{ON}$ を $\vec{b}$，$\vec{c}$ で表す。

よって，① より　$\vec{b}\cdot\left\{\left(\frac{1}{2}-s\right)\vec{b}-t\vec{c}\right\}=0$

$$\left(\frac{1}{2}-s\right)|\vec{b}|^2-t\vec{b}\cdot\vec{c}=0$$

$$9\left(\frac{1}{2}-s\right)-6t=0$$

ゆえに　$6s+4t=3$　$\cdots$ ③

② より　$\vec{c}\cdot\left\{-s\vec{b}+\left(\frac{1}{2}-t\right)\vec{c}\right\}=0$

$$-s\vec{b}\cdot\vec{c}+\left(\frac{1}{2}-t\right)|\vec{c}|^2=0$$

$$-6s+16\left(\frac{1}{2}-t\right)=0$$

ゆえに　$3s+8t=4$　$\cdots$ ④

③, ④ を解くと　$s=\frac{2}{9},\ t=\frac{5}{12}$

したがって　$\overrightarrow{\mathbf{AO}}=\frac{\mathbf{2}}{\mathbf{9}}\vec{b}+\frac{\mathbf{5}}{\mathbf{12}}\vec{c}$

(3)　点 P は直線 BO 上にあることより，k を実数として

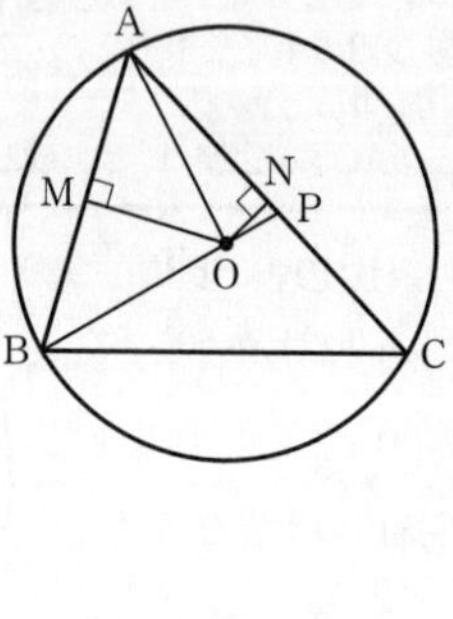

$$\overrightarrow{AP}=(1-k)\overrightarrow{AB}+k\overrightarrow{AO}$$
$$=\left(1-\frac{7}{9}k\right)\vec{b}+\frac{5}{12}k\vec{c}$$

◀点 P は，線分 BO を外分する点

$\vec{b}\neq\vec{0}$, $\vec{c}\neq\vec{0}$, $\vec{b}$ と $\vec{c}$ は平行でないから，点 P は AC 上にあることより

◀点 P は AC 上にあるから，$\overrightarrow{AP}$ は $\vec{c}$ の実数倍で表すことができる。

$$1-\frac{7}{9}k=0$$

したがって　$k=\frac{9}{7}$

よって，$\overrightarrow{AP}=\frac{5}{12}\times\frac{9}{7}\vec{c}=\frac{15}{28}\vec{c}$ であるから

AP : PC = 15 : 13

問題 29　直角三角形でない △ABC とその内部の点 H について，
$\overrightarrow{HA}\cdot\overrightarrow{HB}=\overrightarrow{HB}\cdot\overrightarrow{HC}=\overrightarrow{HC}\cdot\overrightarrow{HA}$ が成り立つとき，H は △ABC の垂心であることを示せ。

$\overrightarrow{HA}\cdot\overrightarrow{HB}=\overrightarrow{HB}\cdot\overrightarrow{HC}$ より

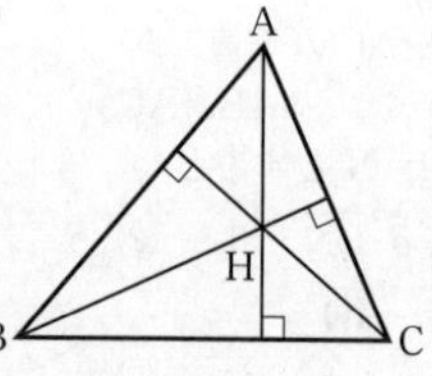

$$\overrightarrow{HB}\cdot(\overrightarrow{HC}-\overrightarrow{HA})=0$$

よって　$\overrightarrow{HB}\cdot\overrightarrow{AC}=0$

$\overrightarrow{HB}\neq\vec{0}$, $\overrightarrow{AC}\neq\vec{0}$ より

$$\overrightarrow{HB}\perp\overrightarrow{AC}\quad\cdots①$$

◀H は △ABC の内部の点であるから　$\overrightarrow{HB}\neq\vec{0}$

$\overrightarrow{HB}\cdot\overrightarrow{HC}=\overrightarrow{HC}\cdot\overrightarrow{HA}$ より

$$\overrightarrow{HC}\cdot(\overrightarrow{HA}-\overrightarrow{HB})=0$$

よって　$\overrightarrow{HC}\cdot\overrightarrow{BA}=0$

$\overrightarrow{HC}\neq\vec{0}$, $\overrightarrow{BA}\neq\vec{0}$ より　$\overrightarrow{HC}\perp\overrightarrow{BA}$　$\cdots$ ②

①, ② より，H は △ABC の垂心である。

◀$\overrightarrow{HA}\perp\overrightarrow{CB}$ を示さなくても ①, ② だけで十分である。

問題 30 直角三角形でない △ABC の外心を O，重心を G，$\overrightarrow{OH}=\overrightarrow{OA}+\overrightarrow{OB}+\overrightarrow{OC}$ とする。ただし，O，G，H はすべて異なる点であるとする。

(1) 点 H は △ABC の垂心であることを示せ。

(2) 3 点 O，G，H は一直線上にあり，OG : GH = 1 : 2 であることを示せ。

(1) $\overrightarrow{AH}=\overrightarrow{OH}-\overrightarrow{OA}=\overrightarrow{OB}+\overrightarrow{OC}$，$\overrightarrow{BC}=\overrightarrow{OC}-\overrightarrow{OB}$ より

$$\overrightarrow{AH}\cdot\overrightarrow{BC}=(\overrightarrow{OB}+\overrightarrow{OC})\cdot(\overrightarrow{OC}-\overrightarrow{OB})=|\overrightarrow{OC}|^2-|\overrightarrow{OB}|^2$$

点 O が △ABC の外心であるから　$|\overrightarrow{OA}|=|\overrightarrow{OB}|=|\overrightarrow{OC}|$

よって　$\overrightarrow{AH}\cdot\overrightarrow{BC}=0$

$\overrightarrow{AH}\neq\vec{0}$，$\overrightarrow{BC}\neq\vec{0}$ より　$\overrightarrow{AH}\perp\overrightarrow{BC}$

$\overrightarrow{BH}=\overrightarrow{OH}-\overrightarrow{OB}=\overrightarrow{OA}+\overrightarrow{OC}$，$\overrightarrow{CA}=\overrightarrow{OA}-\overrightarrow{OC}$ より

$$\overrightarrow{BH}\cdot\overrightarrow{CA}=(\overrightarrow{OA}+\overrightarrow{OC})\cdot(\overrightarrow{OA}-\overrightarrow{OC})=|\overrightarrow{OA}|^2-|\overrightarrow{OC}|^2=0$$

$\overrightarrow{BH}\neq\vec{0}$，$\overrightarrow{CA}\neq\vec{0}$ より　$\overrightarrow{BH}\perp\overrightarrow{CA}$

ゆえに，点 H は △ABC の垂心である。

◀ AH ⊥ BC，BH ⊥ CA，CH ⊥ AB のうち 2 つを示せばよい。

◀ $|\overrightarrow{OC}|^2=|\overrightarrow{OB}|^2$

(2) 点 G が △ABC の重心であるから　$\overrightarrow{OG}=\dfrac{\overrightarrow{OA}+\overrightarrow{OB}+\overrightarrow{OC}}{3}$

よって　$\overrightarrow{OH}=3\overrightarrow{OG}$

ゆえに，3 点 O，G，H は一直線上にある。

また，OG : OH = 1 : 3 であるから　OG : GH = 1 : 2

◀ 3 点 O，G，H が一直線上にあるための条件は $\overrightarrow{OH}=k\overrightarrow{OG}$ となる実数 k があることである。

問題 31 鋭角三角形 ABC の重心を G とする。また，$\overrightarrow{GA}=\vec{a}$，$\overrightarrow{GB}=\vec{b}$，$\overrightarrow{GC}=\vec{c}$ とおくとき，$2\vec{a}\cdot\vec{b}+\vec{b}\cdot\vec{c}+\vec{c}\cdot\vec{a}=-9$，$\vec{a}\cdot\vec{b}-\vec{b}\cdot\vec{c}+2\vec{c}\cdot\vec{a}=-3$ を満たしているものとする。

(1) ベクトル $\vec{a}$，$\vec{b}$ の大きさ $|\vec{a}|$，$|\vec{b}|$ を求めよ。

(2) $\vec{a}\cdot\vec{b}=-2$ のとき，△ABC の 3 辺 AB，BC，CA の長さを求めよ。　（岩手大　改）

(1) $\overrightarrow{OG}=\vec{g}$ とすると

$\overrightarrow{OA}=\vec{a}+\vec{g}$，$\overrightarrow{OB}=\vec{b}+\vec{g}$，$\overrightarrow{OC}=\vec{c}+\vec{g}$

$\overrightarrow{OG}=\dfrac{\overrightarrow{OA}+\overrightarrow{OB}+\overrightarrow{OC}}{3}$ より

$$\vec{g}=\vec{g}+\frac{\vec{a}+\vec{b}+\vec{c}}{3}$$

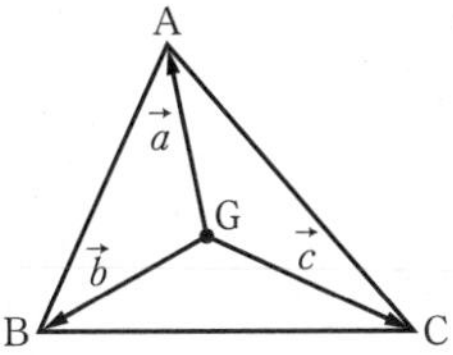

◀ $\overrightarrow{AG}=\dfrac{\overrightarrow{AB}+\overrightarrow{AC}}{3}$ より

$-\vec{a}=\dfrac{(\vec{b}-\vec{a})+(\vec{c}-\vec{a})}{3}$

よって　$\vec{a}+\vec{b}+\vec{c}=\vec{0}$ と考えてもよい。

ゆえに　$\vec{a}+\vec{b}+\vec{c}=\vec{0}$　…①

$2\vec{a}\cdot\vec{b}+\vec{b}\cdot\vec{c}+\vec{c}\cdot\vec{a}=-9$　…②

$\vec{a}\cdot\vec{b}-\vec{b}\cdot\vec{c}+2\vec{c}\cdot\vec{a}=-3$　…③

◀ G が △ABC の重心であることから，$\vec{a}+\vec{b}+\vec{c}=\vec{0}$ を導く。

とすると，②＋③ より

$3(\vec{a}\cdot\vec{b}+\vec{c}\cdot\vec{a})=-12$　…④

$\vec{a}\cdot(\vec{b}+\vec{c})=-4$

① より $\vec{b}+\vec{c}=-\vec{a}$ であるから　$-|\vec{a}|^2=-4$

$|\vec{a}|\geqq 0$ より　$|\vec{a}|=\mathbf{2}$

②×2－③ より

$3(\vec{a}\cdot\vec{b}+\vec{b}\cdot\vec{c})=-15$　…⑤

$\vec{b}\cdot(\vec{a}+\vec{c})=-5$

① より $\vec{a}+\vec{c}=-\vec{b}$ であるから　　$-|\vec{b}|^2=-5$

$|\vec{b}|\geqq 0$ より　　$|\vec{b}|=\sqrt{5}$

(2)　$\vec{a}\cdot\vec{b}=-2$ のとき，④，⑤より

$$\vec{c}\cdot\vec{a}=-2,\quad \vec{b}\cdot\vec{c}=-3$$

$$|\overrightarrow{AB}|^2=|\vec{b}-\vec{a}|^2=|\vec{b}|^2-2\vec{a}\cdot\vec{b}+|\vec{a}|^2$$
$$=5-2\times(-2)+4=13$$

$|\overrightarrow{AB}|\geqq 0$ より　　$|\overrightarrow{AB}|=\sqrt{13}$　　$\cdots$⑥

$$|\overrightarrow{BC}|^2=|\vec{c}-\vec{b}|^2=|\vec{c}|^2-2\vec{b}\cdot\vec{c}+|\vec{b}|^2$$

ここで，① より $\vec{c}=-(\vec{a}+\vec{b})$ であるから

$$|\vec{c}|^2=|\vec{a}|^2+2\vec{a}\cdot\vec{b}+|\vec{b}|^2$$
$$=4+2\times(-2)+5=5$$

よって　　$|\overrightarrow{BC}|^2=5-2\times(-3)+5=16$

$|\overrightarrow{BC}|\geqq 0$ より　　$|\overrightarrow{BC}|=4$　　$\cdots$⑦

$$|\overrightarrow{CA}|^2=|\vec{a}-\vec{c}|^2=|\vec{a}|^2-2\vec{a}\cdot\vec{c}+|\vec{c}|^2$$
$$=4-2\times(-2)+5=13$$

$|\overrightarrow{CA}|\geqq 0$ より　　$|\overrightarrow{CA}|=\sqrt{13}$　　$\cdots$⑧

⑥～⑧ より　　**$AB=\sqrt{13}$，$BC=4$，$CA=\sqrt{13}$**

問題 **32**　四角形 ABCD に対して，次の ①，② が成り立つとする。

$$\overrightarrow{AB}\cdot\overrightarrow{BC}=\overrightarrow{CD}\cdot\overrightarrow{DA}\ \cdots①\qquad \overrightarrow{DA}\cdot\overrightarrow{AB}=\overrightarrow{BC}\cdot\overrightarrow{CD}\ \cdots②$$

このとき，四角形 ABCD は向かい合う辺の長さが等しくなる（すなわち平行四辺形になる）ことを示せ。　　（鹿児島大）

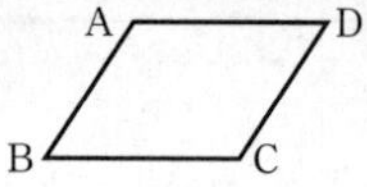

◀ $\overrightarrow{AB}$，$\overrightarrow{BC}$，$\overrightarrow{CD}$，$\overrightarrow{DA}$ において成り立つ関係式を考える。

$\overrightarrow{AB}+\overrightarrow{BC}+\overrightarrow{CD}+\overrightarrow{DA}=\vec{0}$ より，

$\overrightarrow{AB}+\overrightarrow{BC}=-(\overrightarrow{CD}+\overrightarrow{DA})$ であるから

$$|\overrightarrow{AB}+\overrightarrow{BC}|^2=|\overrightarrow{CD}+\overrightarrow{DA}|^2$$

よって

$$|\overrightarrow{AB}|^2+2\overrightarrow{AB}\cdot\overrightarrow{BC}+|\overrightarrow{BC}|^2$$
$$=|\overrightarrow{CD}|^2+2\overrightarrow{CD}\cdot\overrightarrow{DA}+|\overrightarrow{DA}|^2$$

① より　　$|\overrightarrow{AB}|^2+|\overrightarrow{BC}|^2=|\overrightarrow{CD}|^2+|\overrightarrow{DA}|^2$　　$\cdots$③

同様に，$\overrightarrow{AB}+\overrightarrow{DA}=-(\overrightarrow{BC}+\overrightarrow{CD})$ であるから

$$|\overrightarrow{AB}+\overrightarrow{DA}|^2=|\overrightarrow{BC}+\overrightarrow{CD}|^2$$

よって

$$|\overrightarrow{AB}|^2+2\overrightarrow{AB}\cdot\overrightarrow{DA}+|\overrightarrow{DA}|^2=|\overrightarrow{BC}|^2+2\overrightarrow{BC}\cdot\overrightarrow{CD}+|\overrightarrow{CD}|^2$$

② より　　$|\overrightarrow{AB}|^2+|\overrightarrow{DA}|^2=|\overrightarrow{BC}|^2+|\overrightarrow{CD}|^2$　　$\cdots$④

③－④ より　　$|\overrightarrow{BC}|^2-|\overrightarrow{DA}|^2=|\overrightarrow{DA}|^2-|\overrightarrow{BC}|^2$

$$|\overrightarrow{BC}|^2=|\overrightarrow{DA}|^2\quad\cdots⑤$$

よって　　$BC=DA$

⑤ を ③ に代入すると　　$|\overrightarrow{AB}|^2=|\overrightarrow{CD}|^2$

よって　　$AB=CD$

したがって，四角形 ABCD は向かい合う辺の長さが等しくなる。

問題 **33** 平面上の異なる 3 点 O, A($\vec{a}$), B($\vec{b}$) において，次の直線を表すベクトル方程式を求めよ。ただし，3 点 O, A, B は一直線上にないものとする。
(1) 線分 OA の中点と線分 AB を 3:2 に内分する点を通る直線
(2) 点 A を中心とし，半径が AB である円について円上の点 B における接線

(1) 線分 OA の中点を A′, 線分 AB を 3:2 に内分する点を C とする。$\overrightarrow{A'C}$ は求める直線の方向ベクトルであるから，求める直線上の点を P($\vec{p}$) とすると，t を媒介変数として

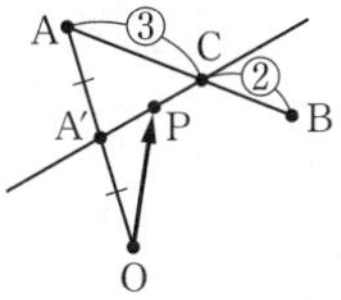

$\overrightarrow{OP}=\overrightarrow{OA'}+t\overrightarrow{A'C}$ …①

ここで $\overrightarrow{OP}=\vec{p}$, $\overrightarrow{OA'}=\dfrac{1}{2}\vec{a}$,

$\overrightarrow{A'C}=\overrightarrow{OC}-\overrightarrow{OA'}=\dfrac{2\vec{a}+3\vec{b}}{5}-\dfrac{1}{2}\vec{a}=\dfrac{-\vec{a}+6\vec{b}}{10}$

◀点 C は線分 AB を 3:2 に内分する点であるから $\overrightarrow{OC}=\dfrac{2\vec{a}+3\vec{b}}{5}$

① に代入すると $\vec{p}=\dfrac{1}{2}\vec{a}+t\cdot\dfrac{-\vec{a}+6\vec{b}}{10}$

すなわち $\boldsymbol{\vec{p}=\dfrac{5-t}{10}\vec{a}+\dfrac{3}{5}t\vec{b}}$

(2) 求める接線上の点を P($\vec{p}$) とする。
点 B は接点であるから

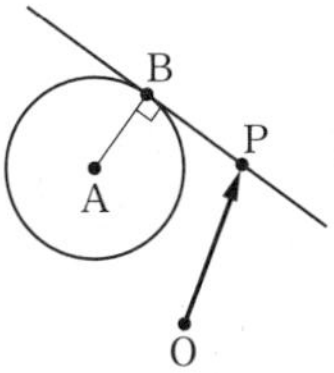

$\overrightarrow{BP}\perp\overrightarrow{AB}$ または $\overrightarrow{BP}=\vec{0}$

◀$\overrightarrow{AB}$ は求める接線の法線ベクトルの 1 つである。

よって $\overrightarrow{BP}\cdot\overrightarrow{AB}=0$ …②

ここで $\overrightarrow{BP}=\overrightarrow{OP}-\overrightarrow{OB}=\vec{p}-\vec{b}$

$\overrightarrow{AB}=\overrightarrow{OB}-\overrightarrow{OA}=\vec{b}-\vec{a}$

② に代入すると

$\boldsymbol{(\vec{p}-\vec{b})\cdot(\vec{b}-\vec{a})=0}$

問題 **34** 点 A(x_1, y_1) を通り，$\vec{d}=(1,\ m)$ に平行な直線 l について
(1) 直線 l の方程式を媒介変数 t を用いて表せ。
(2) 直線 l の方程式が $y-y_1=m(x-x_1)$ で表されることを確かめよ。

(1) 求める直線 l 上の点を P($\vec{p}$) とし，$\vec{p}=(x,\ y)$ とする。
点 A の位置ベクトル $\vec{a}$ は $\vec{a}=(x_1,\ y_1)$ であり，方向ベクトルは $\vec{d}=(1,\ m)$ であるから，直線 l のベクトル方程式は $\vec{p}=\vec{a}+t\vec{d}$

◀方向ベクトルが $(1, m)$ であるから傾き m の直線を表している。

すなわち $(x,\ y)=(x_1,\ y_1)+t(1,\ m)=(t+x_1,\ mt+y_1)$
よって，直線 l を媒介変数表示すると

$$\begin{cases}\boldsymbol{x=t+x_1} & \cdots ① \\ \boldsymbol{y=mt+y_1} & \cdots ②\end{cases}$$

(2) ① より $t=x-x_1$
② に代入すると $y=m(x-x_1)+y_1$
したがって $y-y_1=m(x-x_1)$

問題 35 平面上に異なる2つの定点A，Bと，中心O，半径 r の定円上を動く点Pがある。$\overrightarrow{OQ}=3\overrightarrow{PA}+2\overrightarrow{PB}$ によって点Qを定めるとき

(1) 線分ABを2:3に内分する点をCとするとき，$\overrightarrow{OC}$ を $\overrightarrow{OA}$ と $\overrightarrow{OB}$ を用いて表せ。

(2) 点Qはどのような図形をえがくか。　(鳴門教育大)

(1) $\overrightarrow{OC}=\dfrac{3\overrightarrow{OA}+2\overrightarrow{OB}}{2+3}=\boldsymbol{\dfrac{3\overrightarrow{OA}+2\overrightarrow{OB}}{5}}$

(2) $\overrightarrow{OQ}=3\overrightarrow{PA}+2\overrightarrow{PB}=3(\overrightarrow{OA}-\overrightarrow{OP})+2(\overrightarrow{OB}-\overrightarrow{OP})$

$=3\overrightarrow{OA}+2\overrightarrow{OB}-5\overrightarrow{OP}$

(1)より　$3\overrightarrow{OA}+2\overrightarrow{OB}=5\overrightarrow{OC}$

であるから

$\overrightarrow{OQ}=5\overrightarrow{OC}-5\overrightarrow{OP}$

$\overrightarrow{OQ}-5\overrightarrow{OC}=-5\overrightarrow{OP}$

$|\overrightarrow{OP}|=r$ から

$|\overrightarrow{OQ}-5\overrightarrow{OC}|=5r$

したがって，点Qは，**線分OCを5:4に外分する点を中心とする半径 $5r$ の円**をえがく。

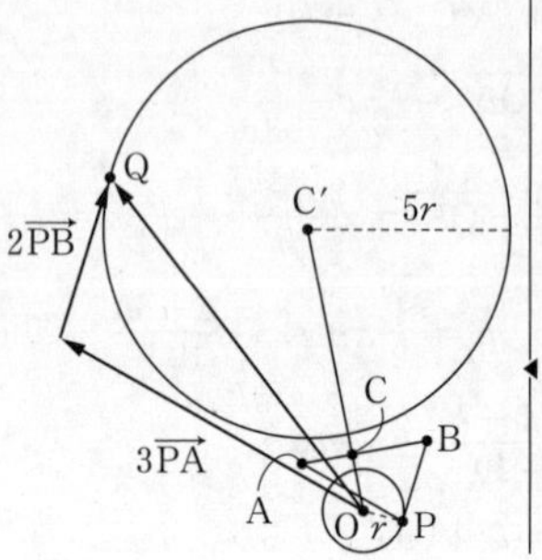

◀ $5\overrightarrow{OC}=\overrightarrow{OC'}$ とすると，C′はOCを5:4に外分する点である。

問題 36 座標平面上に4点 $A(\vec{a})$, $B(\vec{b})$, $C(\vec{c})$, $D(\vec{d})$ があり，$|\vec{a}|=2$, $|\vec{b}|=1$, $|\vec{a}-\vec{b}|=\sqrt{3}$, $\vec{d}=4\vec{b}$ を満たす。点Cを中心とする円 C があり，円 C は実数 k に対してベクトル方程式 $(\vec{p}-k\vec{a}-\vec{b})\cdot(\vec{p}+3\vec{b})=0$ で表される。また，点Dを通り $\vec{a}$ に平行な直線を l とする。

(1) $\vec{c}$ を $\vec{a}$, $\vec{b}$, k で表せ。

(2) 点Cから直線 l に垂線CHを下ろす。Hの位置ベクトル $\vec{h}$ を $\vec{a}$, $\vec{b}$, k で表せ。

(3) 直線 l が円 C に接するとき，k の値を求めよ。　(京都府立大　改)

(1) $(\vec{p}-k\vec{a}-\vec{b})\cdot(\vec{p}+3\vec{b})=0$ より

円 C は位置ベクトルが $k\vec{a}+\vec{b}$, $-3\vec{b}$ である2点を直径の両端とする円を表すから，中心の位置ベクトル $\vec{c}$ は

$$\vec{c}=\frac{(k\vec{a}+\vec{b})+(-3\vec{b})}{2}=\boldsymbol{\frac{k}{2}\vec{a}-\vec{b}}$$

〔別解〕

$(\vec{p}-k\vec{a}-\vec{b})\cdot(\vec{p}+3\vec{b})=0$ より

$$|\vec{p}|^2+(2\vec{b}-k\vec{a})\cdot\vec{p}=(k\vec{a}+\vec{b})\cdot3\vec{b}$$

$$\left|\vec{p}-\frac{k\vec{a}-2\vec{b}}{2}\right|^2=\left|\frac{k}{2}\vec{a}+2\vec{b}\right|^2$$

したがって，中心の位置ベクトルは

$$\vec{c}=\frac{k\vec{a}-2\vec{b}}{2}=\frac{k}{2}\vec{a}-\vec{b}$$

(2) Hは l 上の点であるから，t を実数として，次のように表される。

$\vec{h}=\vec{d}+t\vec{a}=t\vec{a}+4\vec{b}$

◀ $\vec{d}=4\vec{b}$

$\overrightarrow{CH}=\vec{h}-\vec{c}=t\vec{a}+4\vec{b}-\vec{c}=t\vec{a}+4\vec{b}-\dfrac{k}{2}\vec{a}+\vec{b}$

$$= \left(t - \frac{k}{2}\right)\vec{a} + 5\vec{b}$$

$l \perp \mathrm{CH}$ より，$\vec{a} \perp \overrightarrow{\mathrm{CH}}$ であるから

$$\vec{a} \cdot \overrightarrow{\mathrm{CH}} = \vec{a} \cdot \left\{\left(t - \frac{k}{2}\right)\vec{a} + 5\vec{b}\right\} = 0$$

よって　$\left(t - \frac{k}{2}\right)|\vec{a}|^2 + 5\vec{a} \cdot \vec{b} = 0$

$|\vec{a} - \vec{b}|^2 = |\vec{a}|^2 - 2\vec{a} \cdot \vec{b} + |\vec{b}|^2 = 3$ より　$\vec{a} \cdot \vec{b} = 1$

◀ $|\vec{a}| = 2$，$|\vec{b}| = 1$，$|\vec{a} - \vec{b}| = \sqrt{3}$

ゆえに　$\left(t - \frac{k}{2}\right) \times 4 + 5 \times 1 = 0$

$$4t - 2k + 5 = 0$$

よって　$t = \frac{2k - 5}{4}$

したがって　$\boldsymbol{\vec{h} = \frac{2k - 5}{4}\vec{a} + 4\vec{b}}$

(3)　$|\overrightarrow{\mathrm{CH}}| = \left|\left(\frac{2k-5}{4} - \frac{k}{2}\right)\vec{a} + 5\vec{b}\right| = \left|-\frac{5}{4}\vec{a} + 5\vec{b}\right| = \frac{5}{4}|\vec{a} - 4\vec{b}|$

◀ (2) より $\overrightarrow{\mathrm{CH}} = \left(t - \frac{k}{2}\right)\vec{a} + 5\vec{b}$

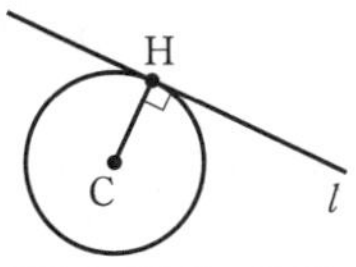

$\mathrm{CH} =$ (円 C の半径)

円 C の半径は

$$\left|\left(\frac{k}{2}\vec{a} - \vec{b}\right) - (-3\vec{b})\right| = \left|\frac{k}{2}\vec{a} + 2\vec{b}\right|$$

直線 l が円 C に接するとき

$$\frac{5}{4}|\vec{a} - 4\vec{b}| = \left|\frac{k}{2}\vec{a} + 2\vec{b}\right|$$

よって，両辺を 2 乗して

$$\frac{25}{16}|\vec{a} - 4\vec{b}|^2 = \left|\frac{k}{2}\vec{a} + 2\vec{b}\right|^2$$

$$\frac{25}{16}(|\vec{a}|^2 - 8\vec{a} \cdot \vec{b} + 16|\vec{b}|^2) = \frac{k^2}{4}|\vec{a}|^2 + 2k\vec{a} \cdot \vec{b} + 4|\vec{b}|^2$$

$|\vec{a}| = 2$，$|\vec{b}| = 1$，$\vec{a} \cdot \vec{b} = 1$ であるから

$$\frac{25}{16}(2^2 - 8 \cdot 1 + 16 \cdot 1^2) = \frac{k^2}{4} \cdot 2^2 + 2k \cdot 1 + 4 \cdot 1^2$$

整理すると　$4k^2 + 8k - 59 = 0$

これを解くと　$\boldsymbol{k = \frac{-2 \pm 3\sqrt{7}}{2}}$

問題 **37**　平面上の異なる 3 点 O，A，B は一直線上にないものとする。
この平面上の点 P が $2|\overrightarrow{\mathrm{OP}}|^2 - \overrightarrow{\mathrm{OA}} \cdot \overrightarrow{\mathrm{OP}} + 2\overrightarrow{\mathrm{OB}} \cdot \overrightarrow{\mathrm{OP}} - \overrightarrow{\mathrm{OA}} \cdot \overrightarrow{\mathrm{OB}} = 0$ を満たすとき，P の軌跡が円となることを示し，この円の中心を C とするとき，$\overrightarrow{\mathrm{OC}}$ を $\overrightarrow{\mathrm{OA}}$ と $\overrightarrow{\mathrm{OB}}$ で表せ。

$\overrightarrow{\mathrm{OP}} = \vec{p}$，$\overrightarrow{\mathrm{OA}} = \vec{a}$，$\overrightarrow{\mathrm{OB}} = \vec{b}$ とすると

$$2|\vec{p}|^2 - \vec{a} \cdot \vec{p} + 2\vec{b} \cdot \vec{p} - \vec{a} \cdot \vec{b} = 0$$

$$2|\vec{p}|^2 - (\vec{a} - 2\vec{b}) \cdot \vec{p} = \vec{a} \cdot \vec{b}$$

$$|\vec{p}|^2 - \frac{\vec{a} - 2\vec{b}}{2} \cdot \vec{p} = \frac{\vec{a} \cdot \vec{b}}{2}$$

$$\left|\vec{p} - \frac{\vec{a} - 2\vec{b}}{4}\right|^2 = \frac{|\vec{a} - 2\vec{b}|^2}{16} + \frac{8\vec{a} \cdot \vec{b}}{16}$$

◀ 2 次式の平方完成のように考える。

$$\left|\vec{p}-\frac{\vec{a}-2\vec{b}}{4}\right|^2=\frac{|\vec{a}+2\vec{b}|^2}{4^2}$$

よって，点Pの軌跡は，中心の位置ベクトル $\dfrac{\vec{a}-2\vec{b}}{4}$，半径 $\dfrac{|\vec{a}+2\vec{b}|}{4}$ の円である。

したがって　$\overrightarrow{\mathrm{OC}}=\dfrac{\overrightarrow{\mathrm{OA}}-2\overrightarrow{\mathrm{OB}}}{4}$

問題 38 平面上の2つのベクトル $\vec{a}$，$\vec{b}$ が $|\vec{a}|=3$，$|\vec{b}|=4$，$\vec{a}\cdot\vec{b}=8$ を満たし，$\vec{p}=s\vec{a}+t\vec{b}$（$s$，$t$ は実数），A($\vec{a}$)，B($\vec{b}$)，P($\vec{p}$) とする。s，t が次の条件を満たすとき，点Pがえがく図形の面積を求めよ。

(1) $s+t\leqq 1$，$s\geqq 0$，$t\geqq 0$　　(2) $0\leqq s\leqq 2$，$1\leqq t\leqq 2$

原点をOとする。

$\vec{a}$ と $\vec{b}$ のなす角を θ とすると

$$\cos\theta=\frac{\vec{a}\cdot\vec{b}}{|\vec{a}||\vec{b}|}=\frac{2}{3}$$

◀ $|\vec{a}|=3$, $|\vec{b}|=4$, $\vec{a}\cdot\vec{b}=8$

◀ $0<\cos\theta<1$ より $0°<\theta<90°$ であることが分かる。

よって，△OAB は右の図のようになる。

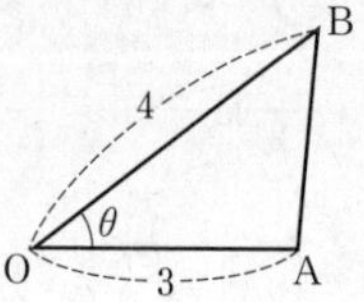

(1) $\vec{p}=s\vec{a}+t\vec{b}$，$s\geqq 0$，$t\geqq 0$，$s+t\leqq 1$ より，

点Pは△OABの周および内部をえがく。

ここで　$\sin\theta=\sqrt{1-\left(\dfrac{2}{3}\right)^2}=\dfrac{\sqrt{5}}{3}$

よって，求める面積を S_1 とすると

$$S_1=\frac{1}{2}|\vec{a}||\vec{b}|\sin\theta=\mathbf{2\sqrt{5}}$$

◀ $S_1=\dfrac{1}{2}\sqrt{|\vec{a}|^2|\vec{b}|^2-(\vec{a}\cdot\vec{b})^2}=2\sqrt{5}$ としてもよい。

(2) $\vec{p}=s\vec{a}+t\vec{b}$，$0\leqq s\leqq 2$，$1\leqq t\leqq 2$ より，

$\overrightarrow{\mathrm{OA'}}=2\overrightarrow{\mathrm{OA}}$，$\overrightarrow{\mathrm{OB'}}=2\overrightarrow{\mathrm{OB}}$，

$\overrightarrow{\mathrm{OC}}=\overrightarrow{\mathrm{OA'}}+\overrightarrow{\mathrm{OB}}$，$\overrightarrow{\mathrm{OC'}}=\overrightarrow{\mathrm{OA'}}+\overrightarrow{\mathrm{OB'}}$

としたとき，点Pは平行四辺形B′BCC′の周および内部をえがく。

その面積を S_2 とすると

$$S_2=4S_1=\mathbf{8\sqrt{5}}$$

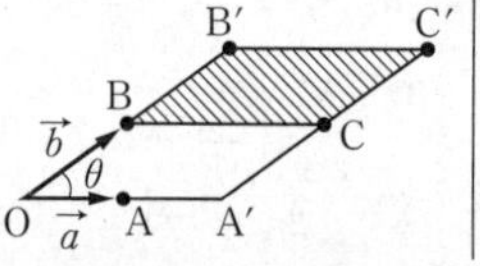

問題 39 点A(1, 2)を通り，直線 $x-y+1=0$ となす角が60°である直線の方程式を求めよ。

直線 $x-y+1=0$ の法線ベクトルの1つは　$\overrightarrow{n_1}=(1,\ -1)$ ◀

求める直線の方程式は，傾きを a とすると

$$y-2=a(x-1)\quad すなわち\quad ax-y-a+2=0\quad\cdots ①$$

直線①の法線ベクトルの1つは　$\overrightarrow{n_2}=(a,\ -1)$

直線 $x-y+1=0$ と①のなす角が60°であるとき，$\overrightarrow{n_1}$，$\overrightarrow{n_2}$ のなす角は60°または120°であるから

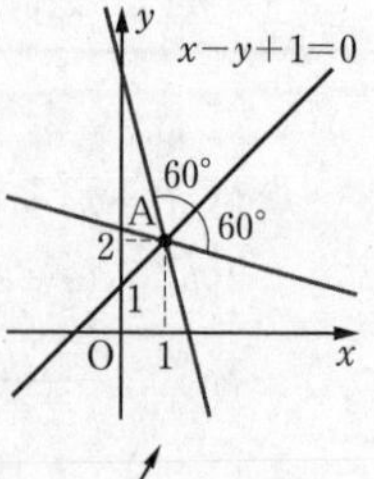

$$\cos 60°=\frac{\overrightarrow{n_1}\cdot\overrightarrow{n_2}}{|\overrightarrow{n_1}||\overrightarrow{n_2}|}\quad または\quad \cos 120°=\frac{\overrightarrow{n_1}\cdot\overrightarrow{n_2}}{|\overrightarrow{n_1}||\overrightarrow{n_2}|}$$

◀

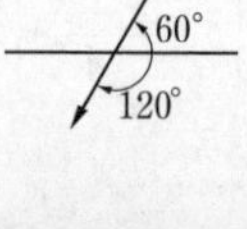

よって　$\dfrac{a+1}{\sqrt{2}\sqrt{a^2+1}}=\pm\dfrac{1}{2}$　すなわち　$2(a+1)=\pm\sqrt{2}\sqrt{a^2+1}$ …②

② の両辺を 2 乗すると

$$4(a^2+2a+1)=2(a^2+1)$$

整理すると　$a^2+4a+1=0$

これを解くと　$a=-2\pm\sqrt{3}$

これらは ② を満たす。

◀ これらの値が ② を満たすか確認する。
$a=-2+\sqrt{3}$ のとき
$2(a+1)=2(-1+\sqrt{3})$
$\sqrt{2}\sqrt{a^2+1}=\sqrt{2}\sqrt{8-4\sqrt{3}}$
$=2\sqrt{4-2\sqrt{3}}$
$=2(-1+\sqrt{3})$

これらを ① に代入すると

$$(-2+\sqrt{3})x-y-(-2+\sqrt{3})+2=0$$
$$(-2-\sqrt{3})x-y-(-2-\sqrt{3})+2=0$$

これらを整理して，求める直線の方程式は

$$\boldsymbol{(2+\sqrt{3})x+y-4-\sqrt{3}=0,}$$
$$\boldsymbol{(2-\sqrt{3})x+y-4+\sqrt{3}=0}$$

p.85

本質を問う 3

1　3 点 $A(\vec{a})$，$B(\vec{b})$，$P(\vec{p})$ がある。ただし，2 点 A，B は異なる。
(1)　3 点 A，B，P が一直線上にあるならば，$\overrightarrow{AP}=k\overrightarrow{AB}$ となる実数 k が存在することを証明せよ。
(2)　点 P が線分 AB 上にあるとき，k の値の範囲を求めよ。

(1)　(ア)　点 P が点 A と一致するとき
$\overrightarrow{AP}=\vec{0}$ であるから，$k=0$ として $\overrightarrow{AP}=k\overrightarrow{AB}$ と表すことができる。

◀ 点 P が点 A と一致する場合を分けて考える。

(イ)　点 P が点 A と異なるとき

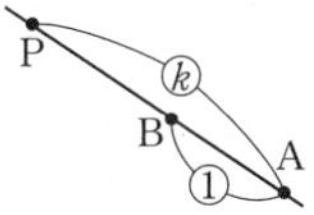

3 点 A，B，P が一直線上にあるから，$\overrightarrow{AB}\neq\vec{0}$，$\overrightarrow{AP}\neq\vec{0}$ であり，$\overrightarrow{AB}$ と $\overrightarrow{AP}$ は平行である。

よって，$\overrightarrow{AP}=k\overrightarrow{AB}$ となる実数 k が存在する。

(ア)，(イ) より，3 点 A，B，P が一直線上にあるならば，$\overrightarrow{AP}=k\overrightarrow{AB}$ となる実数 k が存在する。

(2)　3 点 A，B，P が一直線上にあるとき，実数 k を用いて $\overrightarrow{AP}=k\overrightarrow{AB}$ と表すことができる。

点 P が線分 AB 上にあるとき　$\boldsymbol{0\leqq k\leqq 1}$

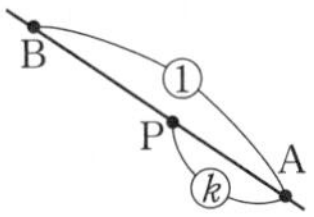

◀ $k=0$ のとき，点 P は点 A と一致する。
$k=1$ のとき，点 P は点 B と一致する。

2　(1)　位置ベクトルとはどのようなベクトルのことか述べよ。
(2)　2 つの点が一致することをベクトルを用いて証明する方法を説明せよ。

(1)　平面上にある点 O を定めると，任意の点 P の位置は $\overrightarrow{OP}=\vec{p}$ で定まる。この $\vec{p}$ を点 O を基準とする点 P の位置ベクトルという。

(2)　位置ベクトルでは，基準となる点 O を定め，点 O を始点とするベクトルを考えているため，位置ベクトルが座標の代わりとなり点の位置を表すことができる。

◀ $\overrightarrow{OA}=\overrightarrow{OB}$ であるとき，点 A と点 B が一致することを意味する。

よって，2点の位置ベクトルが等しいことを示せば，2点が一致することを示すことができる。

3 一直線上にない3点 O，A，B と点 P に対して
「$\overrightarrow{OP}=s\overrightarrow{OA}+t\overrightarrow{OB}$，$s+t\leqq 1$，$s\geqq 0$，$t\geqq 0$ ならば点 P は △OAB の内部および周上を動く」
が成り立つことを説明せよ。

$s+t=k$ とおくと，$0\leqq k\leqq 1$ である。

◀ $s\geqq 0$，$t\geqq 0$ より $0\leqq s+t$

$k\neq 0$ のとき

$$\overrightarrow{OP}=\frac{s}{k}(k\overrightarrow{OA})+\frac{t}{k}(k\overrightarrow{OB}),\quad \frac{s}{k}\geqq 0,\quad \frac{t}{k}\geqq 0,\quad \frac{s}{k}+\frac{t}{k}=1$$

◀ $\overrightarrow{OP}=s\overrightarrow{OA}+t\overrightarrow{OB}$，$s+t=1$，$s\geqq 0$，$t\geqq 0 \iff$ 点 P は線分 AB 上を動く。

$k\overrightarrow{OA}=\overrightarrow{OA_k}$，$k\overrightarrow{OB}=\overrightarrow{OB_k}$ とおくと，点 P は線分 A_kB_k 上にある。

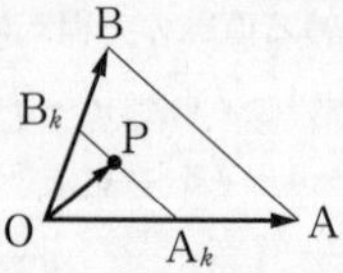

ここで，k は $0<k\leqq 1$ の範囲で変化するから，点 A_k は点 O を除く線分 OA 上を，点 B_k は点 O を除く線分 OB 上を動く。

◀ A_k，B_k は $A_kB_k \parallel AB$ を保ちながら移動する。

$k=0$ のとき　点 P は点 O と一致する。
したがって，点 P は △OAB の内部および周上を動く。

p.86 Let's Try! 3

① △ABC があり，$AB=3$，$BC=4$，$\angle ABC=60^\circ$ である。線分 AC を 2:1 に内分した点を E とし，A から線分 BC に垂線 AH を下ろすとする。また，線分 BE と線分 AH の交点を P とする。
$\overrightarrow{BC}=\vec{a}$，$\overrightarrow{BA}=\vec{b}$ とおく。
(1) △ABC の面積を求めよ。
(2) $\overrightarrow{BE}$ を $\vec{a}$ と $\vec{b}$ を用いて表せ。
(3) $\overrightarrow{HA}$ を $\vec{a}$ と $\vec{b}$ を用いて表せ。
(4) $\overrightarrow{BP}$ を $\vec{a}$ と $\vec{b}$ を用いて表せ。
(5) △BPC の面積を求めよ。
(北里大　改)

(1) △ABC の面積は　$\frac{1}{2}\cdot 3\cdot 4\cdot \sin 60^\circ = \mathbf{3\sqrt{3}}$

◀

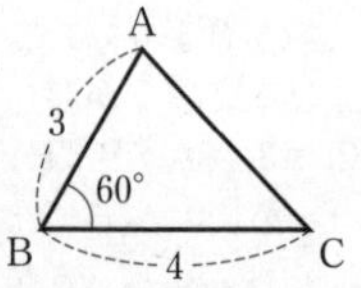

(2) 点 E は線分 AC を 2:1 に内分した点であるから

$$\overrightarrow{BE}=\frac{2\vec{a}+\vec{b}}{3}=\frac{2}{3}\vec{a}+\frac{1}{3}\vec{b}$$

◀ 内分点の公式

(3) 点 H は線分 BC 上の点であるから，
$\overrightarrow{BH}=k\overrightarrow{BC}=k\vec{a}$ (k は実数) とおける。

◀ 点 B, H, C は一直線上にある。

このとき　$\overrightarrow{AH}=\overrightarrow{BH}-\overrightarrow{BA}=k\vec{a}-\vec{b}$
ここで，$\overrightarrow{AH}\perp\overrightarrow{BC}$ より　$\overrightarrow{AH}\cdot\overrightarrow{BC}=0$
よって　$(k\vec{a}-\vec{b})\cdot\vec{a}=0$
ゆえに　$k|\vec{a}|^2-\vec{a}\cdot\vec{b}=0$　…①

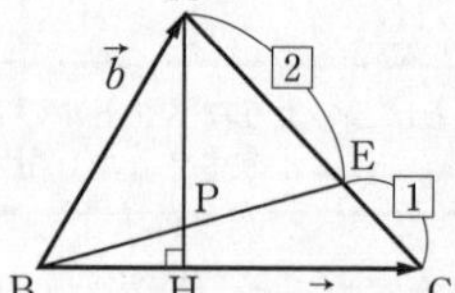

$BC=4$ より $|\vec{a}|=4$，$AB=3$ より $|\vec{b}|=3$ であるから

$$\vec{a}\cdot\vec{b}=|\vec{a}||\vec{b}|\cos 60^\circ=4\cdot 3\cdot\frac{1}{2}=6$$

$BH=BA\cos 60^\circ = 3\cdot\frac{1}{2}=\frac{3}{2}$
より
$\overrightarrow{BH}=\frac{3}{8}\overrightarrow{BC}=\frac{3}{8}\vec{a}$

◀ $\overrightarrow{HA}=\overrightarrow{BA}-\overrightarrow{BH}=\vec{b}-\frac{3}{8}\vec{a}$
としてもよい。

① に代入すると　$16k-6=0$

よって　$k=\dfrac{3}{8}$

したがって　$\overrightarrow{\mathrm{HA}}=-\overrightarrow{\mathrm{AH}}=-k\vec{a}+\vec{b}=-\dfrac{3}{8}\vec{a}+\vec{b}$

(4) 点Pは線分BE上の点であるから

$$\overrightarrow{\mathrm{BP}}=s\overrightarrow{\mathrm{BE}}=\frac{2}{3}s\vec{a}+\frac{1}{3}s\vec{b} \quad \cdots ②$$

Pは線分AH上の点であるから，AP：PH＝t：$(1-t)$ とおくと

$$\overrightarrow{\mathrm{BP}}=t\overrightarrow{\mathrm{BH}}+(1-t)\overrightarrow{\mathrm{BA}}=\frac{3}{8}t\vec{a}+(1-t)\vec{b} \quad \cdots ③$$

$\vec{a}\neq\vec{0}$，$\vec{b}\neq\vec{0}$ であり，$\vec{a}$ と $\vec{b}$ は平行でないから，②，③ より

◀係数を比較するときには必ず1次独立であることを述べる。

$$\frac{2}{3}s=\frac{3}{8}t, \quad \frac{1}{3}s=1-t$$

これを解くと　$s=\dfrac{9}{19}$，　$t=\dfrac{16}{19}$

よって　$\overrightarrow{\mathrm{BP}}=\dfrac{6}{19}\vec{a}+\dfrac{3}{19}\vec{b}$

(5) $t=\dfrac{16}{19}$ より　AH：PH＝19：3

ゆえに　△ABC：△PBC＝19：3

◀面積の比は高さの比と等しい。

したがって　$\triangle\mathrm{BPC}=\dfrac{3}{19}\triangle\mathrm{ABC}=\dfrac{9\sqrt{3}}{19}$

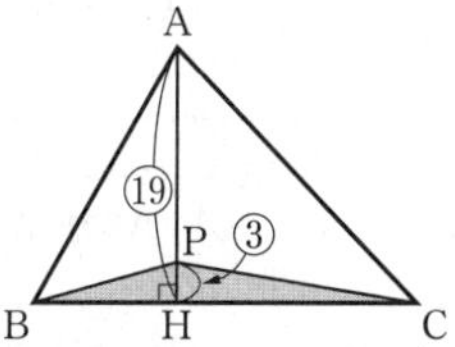

② 一直線上にない3点O，A，Bがあり，$\overrightarrow{\mathrm{OA}}=\vec{a}$，$\overrightarrow{\mathrm{OB}}=\vec{b}$ とする。

(1) OAを2：1に内分する点をQ，OBを1：3に内分する点をR，ARとBQの交点をSとするとき，$\overrightarrow{\mathrm{OS}}$ を $\vec{a}$，$\vec{b}$ で表せ。

(2) 点Cを $\overrightarrow{\mathrm{OC}}=10\overrightarrow{\mathrm{OS}}$ となるようにとる。このとき，四角形OACBは台形になることを示せ。

（県立広島大）

(1) 点QはOAを2：1に内分する点であるから　$\overrightarrow{\mathrm{OQ}}=\dfrac{2}{3}\overrightarrow{\mathrm{OA}}$

点RはOBを1：3に内分する点であるから　$\overrightarrow{\mathrm{OR}}=\dfrac{1}{4}\overrightarrow{\mathrm{OB}}$

AS：SR＝s：$(1-s)$ とおくと

◀点Sを△OARの辺ARの内分点と考える。

$$\begin{aligned}\overrightarrow{\mathrm{OS}}&=s\overrightarrow{\mathrm{OR}}+(1-s)\overrightarrow{\mathrm{OA}}\\&=\frac{1}{4}s\overrightarrow{\mathrm{OB}}+(1-s)\overrightarrow{\mathrm{OA}}\\&=(1-s)\vec{a}+\frac{1}{4}s\vec{b} \quad \cdots ①\end{aligned}$$

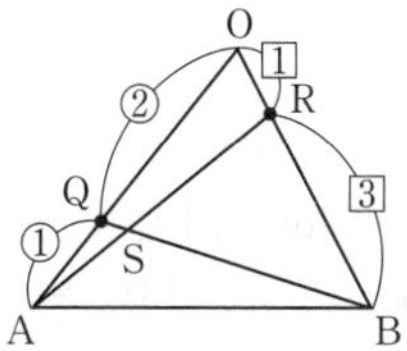

BS：SQ＝t：$(1-t)$ とおくと

◀点Sを△OBQの辺BQの内分点と考える。

$$\begin{aligned}\overrightarrow{\mathrm{OS}}&=t\overrightarrow{\mathrm{OQ}}+(1-t)\overrightarrow{\mathrm{OB}}\\&=\frac{2}{3}t\overrightarrow{\mathrm{OA}}+(1-t)\overrightarrow{\mathrm{OB}}=\frac{2}{3}t\vec{a}+(1-t)\vec{b} \quad \cdots ②\end{aligned}$$

$\vec{a}\neq\vec{0}$，$\vec{b}\neq\vec{0}$ であり，$\vec{a}$ と $\vec{b}$ は平行でないから，①，② より

◀係数を比較するときには必ず1次独立であることを述べる。

$$1-s=\frac{2}{3}t,\ \frac{1}{4}s=1-t$$

これを解くと　　$s=\frac{2}{5},\ t=\frac{9}{10}$

よって　　$\overrightarrow{\mathrm{OS}}=\boldsymbol{\frac{3}{5}\vec{a}+\frac{1}{10}\vec{b}}$

〔別解〕　△OQB と直線 AR について，メネラウスの定理により

$$\frac{\mathrm{OA}}{\mathrm{AQ}}\cdot\frac{\mathrm{QS}}{\mathrm{SB}}\cdot\frac{\mathrm{BR}}{\mathrm{RO}}=1\quad すなわち\quad \frac{3}{1}\cdot\frac{\mathrm{QS}}{\mathrm{SB}}\cdot\frac{3}{1}=1$$

$\frac{\mathrm{QS}}{\mathrm{SB}}=\frac{1}{9}$ より　　QS : SB = 1 : 9

ゆえに　　$\overrightarrow{\mathrm{OS}}=\frac{9\overrightarrow{\mathrm{OQ}}+\overrightarrow{\mathrm{OB}}}{1+9}=\frac{9\cdot\frac{2}{3}\vec{a}+\vec{b}}{10}=\frac{3}{5}\vec{a}+\frac{1}{10}\vec{b}$

(2)　$\overrightarrow{\mathrm{OC}}=10\overrightarrow{\mathrm{OS}}=10\left(\frac{3}{5}\vec{a}+\frac{1}{10}\vec{b}\right)=6\vec{a}+\vec{b}$ より

$$\overrightarrow{\mathrm{BC}}=\overrightarrow{\mathrm{OC}}-\overrightarrow{\mathrm{OB}}=(6\vec{a}+\vec{b})-\vec{b}=6\vec{a}=6\overrightarrow{\mathrm{OA}}$$

よって，$\overrightarrow{\mathrm{OA}}\neq\vec{0}$，$\overrightarrow{\mathrm{BC}}\neq\vec{0}$，$\overrightarrow{\mathrm{BC}}\,/\!/\,\overrightarrow{\mathrm{OA}}$ であるから　　BC // OA

ゆえに，四角形 OACB は OA // BC の台形である。

◀ $\vec{a}\neq\vec{0}$，$\vec{b}\neq\vec{0}$ のとき $\vec{a}\,/\!/\,\vec{b}\iff\vec{a}=k\vec{b}$ （k は実数）

---

③　△ABC の内部に点 P を，$2\overrightarrow{\mathrm{PA}}+\overrightarrow{\mathrm{PB}}+2\overrightarrow{\mathrm{PC}}=\vec{0}$ を満たすようにとる。直線 AP と辺 BC の交点を D とし，△PAB，△PBC，△PCA の重心をそれぞれ E，F，G とする。

(1)　$\overrightarrow{\mathrm{PD}}$ を $\overrightarrow{\mathrm{PB}}$ および $\overrightarrow{\mathrm{PC}}$ を用いて表せ。

(2)　ある実数 k に対して $\overrightarrow{\mathrm{EF}}=k\overrightarrow{\mathrm{AC}}$ と書けることを示せ。

(3)　△EFG と △PDC の面積の比を求めよ。　　（秋田大）

---

(1)　$2\overrightarrow{\mathrm{PA}}+\overrightarrow{\mathrm{PB}}+2\overrightarrow{\mathrm{PC}}=\vec{0}$ より　　$\overrightarrow{\mathrm{PA}}=-\frac{\overrightarrow{\mathrm{PB}}+2\overrightarrow{\mathrm{PC}}}{2}$

3 点 A，P，D は一直線上にあるから，$\overrightarrow{\mathrm{PD}}=k\overrightarrow{\mathrm{PA}}$ とおくと

◀ 共線条件

$$\overrightarrow{\mathrm{PD}}=-k\frac{\overrightarrow{\mathrm{PB}}+2\overrightarrow{\mathrm{PC}}}{2}=-\frac{1}{2}k\overrightarrow{\mathrm{PB}}-k\overrightarrow{\mathrm{PC}}$$

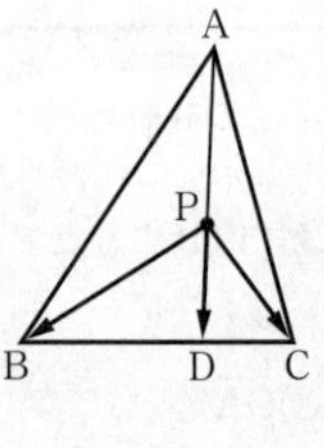

D は直線 BC 上にあるから

$$-\frac{1}{2}k+(-k)=1$$

よって　　$k=-\frac{2}{3}$

ゆえに　　$\boldsymbol{\overrightarrow{\mathrm{PD}}=\frac{1}{3}\overrightarrow{\mathrm{PB}}+\frac{2}{3}\overrightarrow{\mathrm{PC}}}$

(2)　E，F はそれぞれ △PAB，△PBC の重心であるから

$$\overrightarrow{\mathrm{PE}}=\frac{\overrightarrow{\mathrm{PA}}+\overrightarrow{\mathrm{PB}}}{3},\ \overrightarrow{\mathrm{PF}}=\frac{\overrightarrow{\mathrm{PB}}+\overrightarrow{\mathrm{PC}}}{3}$$

◀ △ABC の重心 G について $\overrightarrow{\mathrm{OG}}=\frac{\overrightarrow{\mathrm{OA}}+\overrightarrow{\mathrm{OB}}+\overrightarrow{\mathrm{OC}}}{3}$

よって　　$\overrightarrow{\mathrm{EF}}=\overrightarrow{\mathrm{PF}}-\overrightarrow{\mathrm{PE}}$

$$=\frac{\overrightarrow{\mathrm{PB}}+\overrightarrow{\mathrm{PC}}}{3}-\frac{\overrightarrow{\mathrm{PA}}+\overrightarrow{\mathrm{PB}}}{3}=\frac{\overrightarrow{\mathrm{PC}}-\overrightarrow{\mathrm{PA}}}{3}=\frac{1}{3}\overrightarrow{\mathrm{AC}}$$

したがって，$\overrightarrow{EF}=\frac{1}{3}\overrightarrow{AC}$ と表すことができる。

◀ $\overrightarrow{EF}\,/\!/\,\overrightarrow{AC}$ である。

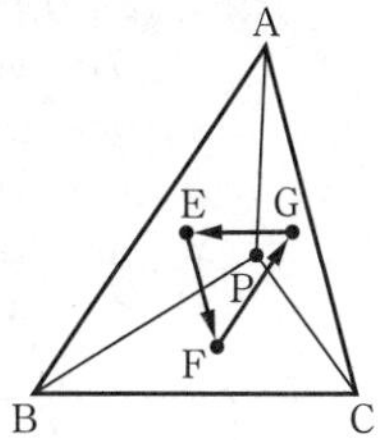

(3) G は △PCA の重心であるから　$\overrightarrow{PG}=\frac{\overrightarrow{PC}+\overrightarrow{PA}}{3}$

よって　$\overrightarrow{FG}=\overrightarrow{PG}-\overrightarrow{PF}$

$$=\frac{\overrightarrow{PC}+\overrightarrow{PA}}{3}-\frac{\overrightarrow{PB}+\overrightarrow{PC}}{3}=\frac{\overrightarrow{PA}-\overrightarrow{PB}}{3}=\frac{1}{3}\overrightarrow{BA}$$

$\overrightarrow{GE}=\overrightarrow{PE}-\overrightarrow{PG}$

$$=\frac{\overrightarrow{PA}+\overrightarrow{PB}}{3}-\frac{\overrightarrow{PC}+\overrightarrow{PA}}{3}=\frac{\overrightarrow{PB}-\overrightarrow{PC}}{3}=\frac{1}{3}\overrightarrow{CB}$$

以上より　$\overrightarrow{EF}=\frac{1}{3}\overrightarrow{AC},\ \overrightarrow{FG}=\frac{1}{3}\overrightarrow{BA},\ \overrightarrow{GE}=\frac{1}{3}\overrightarrow{CB}$

よって　$EF:FG:GE=|\overrightarrow{EF}|:|\overrightarrow{FG}|:|\overrightarrow{GE}|$

$$=\left|\frac{1}{3}\overrightarrow{AC}\right|:\left|\frac{1}{3}\overrightarrow{BA}\right|:\left|\frac{1}{3}\overrightarrow{CB}\right|$$

$$=CA:AB:BC$$

ゆえに，$\triangle EFG\backsim\triangle CAB$ であり，その相似比は　$1:3$

よって　$\triangle EFG=\frac{1}{9}\triangle ABC$

◀ $\triangle A_1B_1C_1\backsim\triangle A_2B_2C_2$ で　$A_1B_1:A_2B_2=1:k$ のとき，2つの三角形の面積比は $\triangle A_1B_1C_1:\triangle A_2B_2C_2=1:k^2$

ここで，(1) より $\overrightarrow{PD}=-\frac{2}{3}\overrightarrow{PA}$ であるから　$AP:PD=3:2$

また，$\overrightarrow{PD}=\frac{1}{3}\overrightarrow{PB}+\frac{2}{3}\overrightarrow{PC}$ より　$BD:DC=2:1$

よって　$\triangle PDC=\frac{1}{3}\triangle PBC=\frac{1}{3}\times\frac{2}{5}\triangle ABC=\frac{2}{15}\triangle ABC$

したがって，△EFG と △PDC の面積の比は

$$\triangle EFG:\triangle PDC=\frac{1}{9}\triangle ABC:\frac{2}{15}\triangle ABC=\mathbf{5:6}$$

---

④ 座標平面上に点 P と Q があり，原点 O に対して $\overrightarrow{OQ}=2\overrightarrow{OP}$ という関係が成り立っている。点 P が，点 (1, 1) を中心とする半径 1 の円 C 上を動くとき

(1) 点 Q のえがく図形 D を図示せよ。

(2) C と D の交点の x 座標をすべて求めよ。　(東京女子大)

---

(1) A(1, 1) とおくと，P が C 上を動くとき

$|\overrightarrow{AP}|=1$　すなわち　$|\overrightarrow{OP}-\overrightarrow{OA}|=1$

$\overrightarrow{OQ}=2\overrightarrow{OP}$ であるから

$$\left|\frac{1}{2}\overrightarrow{OQ}-\overrightarrow{OA}\right|=1$$

$$|\overrightarrow{OQ}-2\overrightarrow{OA}|=2$$

よって，点 Q のえがく図形 D は，中心 $2\overrightarrow{OA}$ すなわち (2, 2)，半径 2 の円である。

図形 D は **右の図** である。

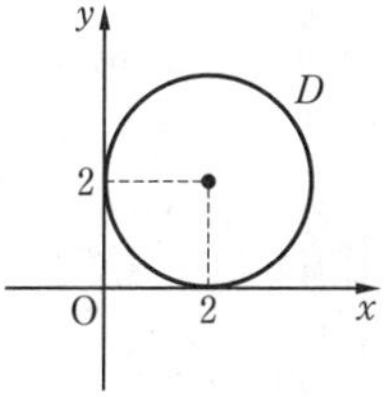

(2) C と D を方程式で表すと

C は中心 (1, 1)，半径 1 の円であるから

$$(x-1)^2+(y-1)^2=1$$

◀ ベクトルでなく，座標を利用すればよい。

$$x^2+y^2-2x-2y+1=0 \quad \cdots ①$$

D は中心 $(2,\ 2)$，半径 2 の円であるから

$$(x-2)^2+(y-2)^2=4$$

$$x^2+y^2-4x-4y+4=0 \quad \cdots ②$$

C，D の交点を通る直線は，①－② より

$$x^2+y^2-2x-2y+1-(x^2+y^2-4x-4y+4)=0$$

$$2x+2y-3=0$$

$$y=-x+\frac{3}{2} \quad \cdots ③$$

③ を ① に代入すると

$$x^2+\left(-x+\frac{3}{2}\right)^2-2x-2\left(-x+\frac{3}{2}\right)+1=0$$

◀連立して求めた x が，交点の x 座標である。

$$2x^2-3x+\frac{1}{4}=0$$

よって　$\boldsymbol{x=\dfrac{3\pm\sqrt{7}}{4}}$

---

⑤ 平面上に △OAB があり，OA = 5，OB = 6，AB = 7 を満たしている。s，t を実数とし，点 P を $\overrightarrow{\mathrm{OP}}=s\overrightarrow{\mathrm{OA}}+t\overrightarrow{\mathrm{OB}}$ によって定めるとき

(1) △OAB の面積を求めよ。

(2) s，t が，$s\geqq 0$，$t\geqq 0$，$1\leqq s+t\leqq 2$ を満たすとき，点 P が存在しうる部分の面積を求めよ。

（横浜国立大　改）

---

(1) $\angle\mathrm{AOB}=\theta$ とすると，余弦定理により

$$\cos\theta=\frac{\mathrm{OA}^2+\mathrm{OB}^2-\mathrm{AB}^2}{2\cdot\mathrm{OA}\cdot\mathrm{OB}}=\frac{5^2+6^2-7^2}{2\cdot5\cdot6}=\frac{1}{5}$$

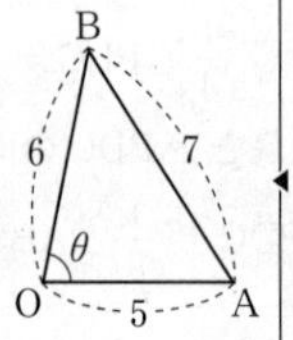

$\sin\theta>0$ より

$$\sin\theta=\sqrt{1-\left(\frac{1}{5}\right)^2}=\frac{2\sqrt{6}}{5}$$

◀ヘロンの公式
$S=\sqrt{s(s-a)(s-b)(s-c)}$
$\left(s=\dfrac{a+b+c}{2}\right)$
を用いてもよい。

よって，△OAB の面積を S とすると

$$S=\frac{1}{2}\cdot\mathrm{OA}\cdot\mathrm{OB}\cdot\sin\theta=\frac{1}{2}\cdot5\cdot6\cdot\frac{2\sqrt{6}}{5}=\boldsymbol{6\sqrt{6}}$$

(2) 線分 AB を $t:s$ に内分する点を Q とすると

◀線分 AB を $m:n$ に内分する点 T の位置ベクトル $\overrightarrow{\mathrm{OT}}$ は
$\overrightarrow{\mathrm{OT}}=\dfrac{n\overrightarrow{\mathrm{OA}}+m\overrightarrow{\mathrm{OB}}}{m+n}$

$$\overrightarrow{\mathrm{OQ}}=\frac{s}{s+t}\overrightarrow{\mathrm{OA}}+\frac{t}{s+t}\overrightarrow{\mathrm{OB}}$$

よって

$$\overrightarrow{\mathrm{OP}}=s\overrightarrow{\mathrm{OA}}+t\overrightarrow{\mathrm{OB}}=(s+t)\overrightarrow{\mathrm{OQ}}$$

$$(s\geqq 0,\ t\geqq 0,\ 1\leqq s+t\leqq 2)$$

◀$\overrightarrow{\mathrm{OP}}=(s+t)\left(\dfrac{s}{s+t}\overrightarrow{\mathrm{OA}}+\dfrac{t}{s+t}\overrightarrow{\mathrm{OB}}\right)$

ゆえに，点 P の存在範囲は，右の図の斜線部分で境界線も含む。

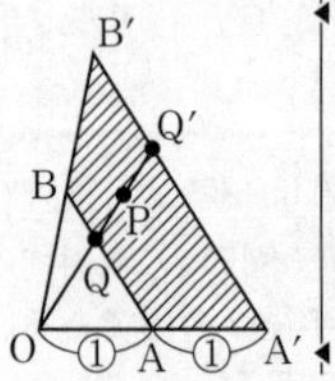

ただし，$\overrightarrow{\mathrm{OA'}}=2\overrightarrow{\mathrm{OA}}$，$\overrightarrow{\mathrm{OB'}}=2\overrightarrow{\mathrm{OB}}$

したがって，求める面積を S_1 とすると

$$S_1=3S=\boldsymbol{18\sqrt{6}}$$

◀△OAB ∽ △OA′B′ で相似比 1:2 であるから面積比は 1:4

4 空間におけるベクトル

練習 40 次の平面，直線，点に関して，点 A(4, −2, 3) と対称な点の座標を求めよ。

(1) xy 平面　(2) yz 平面　(3) x 軸
(4) z 軸　(5) 原点　(6) 平面 $z=1$

(1) 求める点を B, 点 A から xy 平面に垂線 AP を下ろすとすると

P(4, −2, 0)

であるから，求める点 B の座標は

(4, −2, −3)

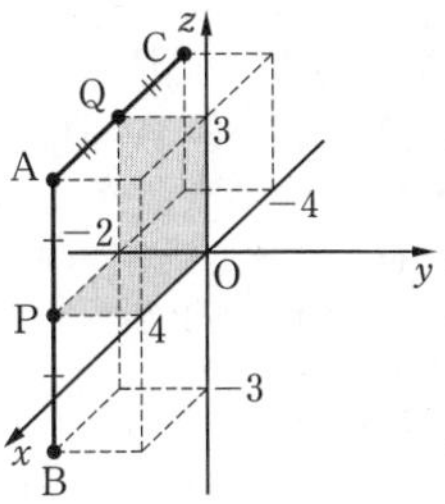

◀ xy 平面 ⟺ 平面 $z=0$

◀ xy 平面に関して対称な点
⇨ z 座標の符号が変わる。

(2) 求める点を C, 点 A から yz 平面に垂線 AQ を下ろすとすると

Q(0, −2, 3)

であるから，求める点 C の座標は

(−4, −2, 3)

◀ yz 平面 ⟺ 平面 $x=0$

◀ yz 平面に関して対称な点
⇨ x 座標の符号が変わる。

(3) 求める点を D, 点 A から x 軸に垂線 AR を下ろすとすると

R(4, 0, 0)

であるから，求める点 D の座標は

(4, 2, −3)

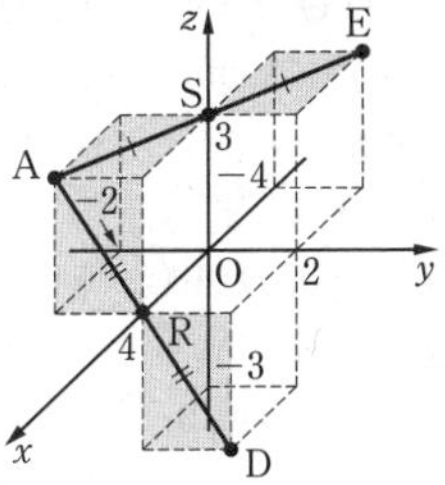

◀ x 軸 ⟺ $y=0$, $z=0$

◀ x 軸に関して対称な点
⇨ y, z 座標の符号が変わる。

(4) 求める点を E, 点 A から z 軸に垂線 AS を下ろすとすると

S(0, 0, 3)

であるから，求める点 E の座標は

(−4, 2, 3)

◀ z 軸 ⟺ $x=0$, $y=0$

◀ z 軸に関して対称な点
⇨ x, y 座標の符号が変わる。

(5) 求める点を F とすると　AO = FO

であるから，求める点 F の座標は

(−4, 2, −3)

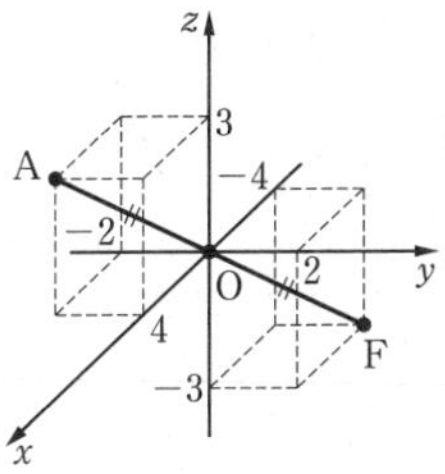

◀ 原点に関して対称な点
⇨ x, y, z 座標すべての符号が変わる。

(6) 求める点を G, 点 A から平面 $z=1$ に垂線 AT を下ろすとすると

T(4, −2, 1)

であるから，求める点 G の座標は

(4, −2, −1)

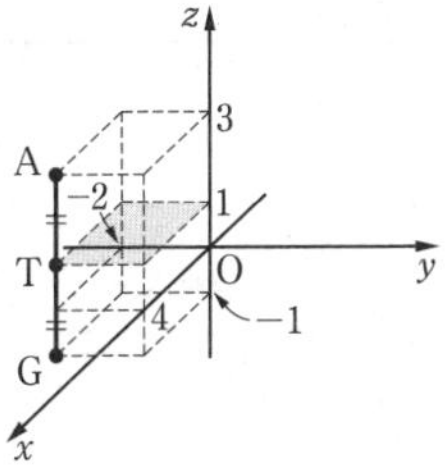

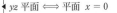

練習 41 (1) yz 平面上にあって，3 点 O(0, 0, 0)，A(1, −1, 1)，B(1, 2, 1) から等距離にある点 P の座標を求めよ。
(2) 4 点 O(0, 0, 0)，C(0, 2, 0)，D(−1, 1, 2)，E(0, 1, 3) から等距離にある点 Q の座標を求めよ。 (関西学院大)

(1) 点 P は yz 平面上にあるから，$P(0,\ y,\ z)$ とおく。
P は 3 点 O，A，B から等距離にあるから
$OP=AP=BP$ より　$OP^2=AP^2=BP^2$
$OP^2=AP^2$ より　$y^2+z^2=(-1)^2+(y+1)^2+(z-1)^2$
よって　$2y-2z+3=0$　…①
$OP^2=BP^2$ より　$y^2+z^2=(-1)^2+(y-2)^2+(z-1)^2$
よって　$-2y-z+3=0$　…②
①，② より　$y=\frac{1}{2},\ z=2$

◀ ①+② より $-3z+6=0$
よって　$z=2$

したがって　$\mathbf{P\left(0,\ \frac{1}{2},\ 2\right)}$

(2) $Q(x,\ y,\ z)$ とおく。点 Q は 4 点 O，C，D，E から等距離にあるから　$OQ^2=CQ^2=DQ^2=EQ^2$
$OQ^2=x^2+y^2+z^2$
$CQ^2=x^2+(y-2)^2+z^2$
$DQ^2=(x+1)^2+(y-1)^2+(z-2)^2$
$EQ^2=x^2+(y-1)^2+(z-3)^2$
$OQ^2=CQ^2$ より　$-4y+4=0$　…③
$OQ^2=DQ^2$ より　$x-y-2z+3=0$　…④
$OQ^2=EQ^2$ より　$-y-3z+5=0$　…⑤

◀ 3 文字の連立方程式であるから，異なる方程式を 3 つつくる。

③～⑤ より　$x=\frac{2}{3},\ y=1,\ z=\frac{4}{3}$

◀ ③ より　$y=1$
⑤ に代入すると　$z=\frac{4}{3}$

したがって　$\mathbf{Q\left(\frac{2}{3},\ 1,\ \frac{4}{3}\right)}$

練習 42 平行六面体 ABCD−EFGH において，$\overrightarrow{AB}=\vec{a}$，$\overrightarrow{AD}=\vec{b}$，$\overrightarrow{AE}=\vec{c}$ とする。このとき，次のベクトルを $\vec{a}$，$\vec{b}$，$\vec{c}$ で表せ。
(1) $\overrightarrow{CF}$　(2) $\overrightarrow{HB}$　(3) $\overrightarrow{EC}+\overrightarrow{AG}$

(1) $\overrightarrow{CF}=\overrightarrow{CB}+\overrightarrow{BF}$
$=(-\overrightarrow{AD})+\overrightarrow{AE}$
$=\boldsymbol{-\vec{b}+\vec{c}}$

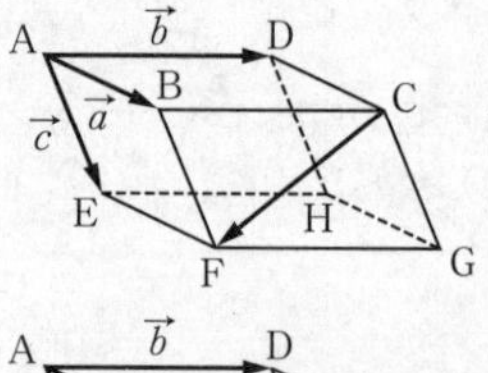

◀ $\overrightarrow{CB}=\overrightarrow{DA}=-\overrightarrow{AD}$

(2) $\overrightarrow{HB}=\overrightarrow{HG}+\overrightarrow{GF}+\overrightarrow{FB}$
$=\overrightarrow{AB}+(-\overrightarrow{AD})+(-\overrightarrow{AE})$
$=\boldsymbol{\vec{a}-\vec{b}-\vec{c}}$

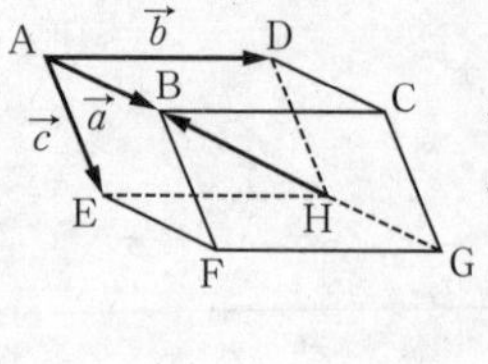

◀ $\overrightarrow{GF}=\overrightarrow{DA}=-\overrightarrow{AD}$
◀ $\overrightarrow{FB}=\overrightarrow{EA}=-\overrightarrow{AE}$

(3) $\overrightarrow{EC}=\overrightarrow{EF}+\overrightarrow{FG}+\overrightarrow{GC}$

$=\overrightarrow{AB}+\overrightarrow{AD}+(-\overrightarrow{AE})$

$=\vec{a}+\vec{b}-\vec{c}$ $\cdots$①

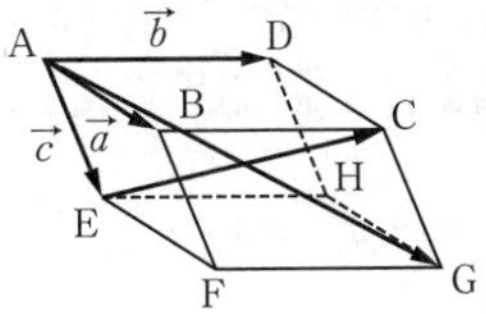

◀まず $\overrightarrow{EC}$ を考える。

また

$\overrightarrow{AG}=\overrightarrow{AB}+\overrightarrow{BC}+\overrightarrow{CG}$

$=\overrightarrow{AB}+\overrightarrow{AD}+\overrightarrow{AE}$

$=\vec{a}+\vec{b}+\vec{c}$ $\cdots$②

◀次に $\overrightarrow{AG}$ を考える。

①, ② より

$\overrightarrow{EC}+\overrightarrow{AG}=(\vec{a}+\vec{b}-\vec{c})+(\vec{a}+\vec{b}+\vec{c})$

$=\mathbf{2\vec{a}+2\vec{b}}$

練習 43 $\vec{a}=(0,\ 1,\ 2)$, $\vec{b}=(-1,\ 1,\ 3)$, $\vec{c}=(3,\ -1,\ 2)$ のとき

(1) $|5\vec{a}-2\vec{b}-3\vec{c}|$ を求めよ。

(2) $\vec{p}=(-5,\ 5,\ 8)$ を $k\vec{a}+l\vec{b}+m\vec{c}$ (k, l, m は実数) の形に表せ。

(1) $5\vec{a}-2\vec{b}-3\vec{c}$

$=5(0,\ 1,\ 2)-2(-1,\ 1,\ 3)-3(3,\ -1,\ 2)$

$=(-7,\ 6,\ -2)$

よって $|5\vec{a}-2\vec{b}-3\vec{c}|=\sqrt{(-7)^2+6^2+(-2)^2}$

$=\sqrt{89}$

(2) $k\vec{a}+l\vec{b}+m\vec{c}=k(0,\ 1,\ 2)+l(-1,\ 1,\ 3)+m(3,\ -1,\ 2)$

$=(-l+3m,\ k+l-m,\ 2k+3l+2m)$

◀1つのベクトルを2通りに成分表示して，ベクトルの相等条件より，各成分が等しいことを利用する。

これが $\vec{p}=(-5,\ 5,\ 8)$ に等しいから

$$\begin{cases}-l+3m=-5 & \cdots① \\ k+l-m=5 & \cdots② \\ 2k+3l+2m=8 & \cdots③\end{cases}$$

②×2−③ より $-l-4m=2$ $\cdots$④

◀②, ③ から k を消去した式をつくる。

①−④ より $7m=-7$ すなわち $m=-1$

$m=-1$ を ① に代入すると

$-l-3=-5$ すなわち $l=2$

$l=2$, $m=-1$ を ② に代入すると $k=2$

したがって $\vec{\boldsymbol{p}}=\mathbf{2\vec{a}+2\vec{b}-\vec{c}}$

練習 44 空間に3点 A(2, 3, 5), B(0, −1, 1), C(1, 0, 2) がある。実数 s, t に対して

$\overrightarrow{OP}=\overrightarrow{OA}+s\overrightarrow{OB}+t\overrightarrow{OC}$ とおくとき

(1) $|\overrightarrow{OP}|$ の最小値と，そのときの s, t の値を求めよ。

(2) $\overrightarrow{OP}$ が $\vec{d}=(1,\ 1,\ 2)$ と平行となるとき，s, t の値を求めよ。

$\overrightarrow{OP}=\overrightarrow{OA}+s\overrightarrow{OB}+t\overrightarrow{OC}=(2,\ 3,\ 5)+s(0,\ -1,\ 1)+t(1,\ 0,\ 2)$

$=(2+t,\ 3-s,\ 5+s+2t)$ $\cdots$①

(1) $|\overrightarrow{OP}|^2=(2+t)^2+(3-s)^2+(5+s+2t)^2$

$=2s^2+4(t+1)s+5t^2+24t+38$

$$= 2\{s+(t+1)\}^2 + 3t^2 + 20t + 36$$

$$= 2(s+t+1)^2 + 3\left(t+\frac{10}{3}\right)^2 + \frac{8}{3}$$

ゆえに，$|\overrightarrow{\mathrm{OP}}|^2$ は $s+t+1=0$ かつ $t+\dfrac{10}{3}=0$ のとき，

すなわち $s=\dfrac{7}{3}$，$t=-\dfrac{10}{3}$ のとき，最小値 $\dfrac{8}{3}$ をとる。

このとき $|\overrightarrow{\mathrm{OP}}|$ も最小となるから，$|\overrightarrow{\mathrm{OP}}|$ は

$$\boldsymbol{s=\frac{7}{3},\ t=-\frac{10}{3}}\ \textbf{のとき　最小値}\ \boldsymbol{\frac{2\sqrt{6}}{3}}$$

◀まず s の2次式と考えて平方完成する。引き続き定数項 $3t^2+20t+36$ を t について平方完成する。

◀$|\overrightarrow{\mathrm{OP}}| \geqq 0$ であるから，$|\overrightarrow{\mathrm{OP}}|^2$ が最小のとき，$|\overrightarrow{\mathrm{OP}}|$ も最小となる。

(2) $\overrightarrow{\mathrm{OP}} /\!/ \vec{d}$ のとき，k を実数として $\overrightarrow{\mathrm{OP}} = k\vec{d}$ と表される。

① より　$(2+t,\ 3-s,\ 5+s+2t) = (k,\ k,\ 2k)$

◀各成分を比較する。

よって　$\begin{cases} 2+t=k & \cdots ② \\ 3-s=k & \cdots ③ \\ 5+s+2t=2k & \cdots ④ \end{cases}$

② より　$t=k-2$

③ より　$s=3-k$

これらを ④ に代入すると　$5+(3-k)+2(k-2)=2k$

これを解くと　$k=4$

したがって　$\boldsymbol{s=-1,\ t=2}$

練習 45　$\mathrm{AB}=\sqrt{3}$，$\mathrm{AE}=1$，$\mathrm{AD}=1$ の直方体 ABCD−EFGH において，次の内積を求めよ。

(1) $\overrightarrow{\mathrm{AB}}\cdot\overrightarrow{\mathrm{AF}}$　(2) $\overrightarrow{\mathrm{AD}}\cdot\overrightarrow{\mathrm{HG}}$　(3) $\overrightarrow{\mathrm{ED}}\cdot\overrightarrow{\mathrm{GF}}$

(4) $\overrightarrow{\mathrm{EB}}\cdot\overrightarrow{\mathrm{DG}}$　(5) $\overrightarrow{\mathrm{AC}}\cdot\overrightarrow{\mathrm{AF}}$

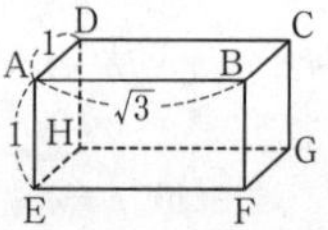

---

(1) $|\overrightarrow{\mathrm{AB}}|=\sqrt{3}$，$|\overrightarrow{\mathrm{AF}}|=2$，

$\angle\mathrm{BAF}=30°$ であるから

$\overrightarrow{\mathrm{AB}}\cdot\overrightarrow{\mathrm{AF}} = \sqrt{3}\times 2\times\cos 30° = \boldsymbol{3}$

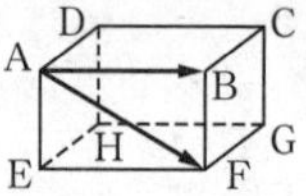

◀
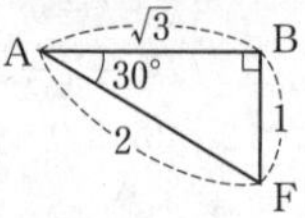

(2) $|\overrightarrow{\mathrm{AD}}|=1$，$|\overrightarrow{\mathrm{HG}}|=\sqrt{3}$，

$\overrightarrow{\mathrm{AD}}$ と $\overrightarrow{\mathrm{HG}}$ のなす角は $90°$ であるから

$\overrightarrow{\mathrm{AD}}\cdot\overrightarrow{\mathrm{HG}} = 1\times\sqrt{3}\times\cos 90° = \boldsymbol{0}$

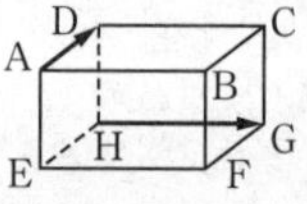

◀$\overrightarrow{\mathrm{AD}}$ と $\overrightarrow{\mathrm{HG}}$ のなす角は，$\overrightarrow{\mathrm{AD}}$ と $\overrightarrow{\mathrm{AB}}$ のなす角と等しい。

(3) $|\overrightarrow{\mathrm{ED}}|=\sqrt{2}$，$|\overrightarrow{\mathrm{GF}}|=1$，

$\overrightarrow{\mathrm{ED}}$ と $\overrightarrow{\mathrm{GF}}$ のなす角は $135°$ であるから

$\overrightarrow{\mathrm{ED}}\cdot\overrightarrow{\mathrm{GF}} = \sqrt{2}\times 1\times\cos 135° = \boldsymbol{-1}$

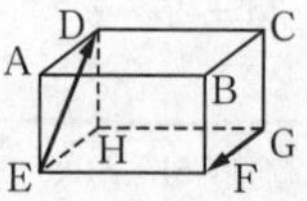

◀
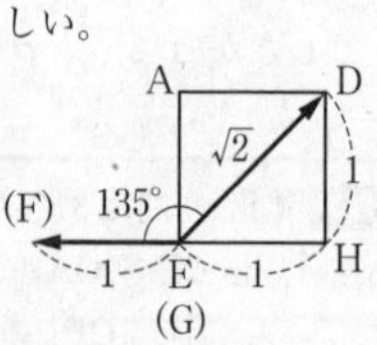

(4) $|\overrightarrow{\mathrm{EB}}|=2$，$|\overrightarrow{\mathrm{DG}}|=2$

$\overrightarrow{\mathrm{EB}}$ と $\overrightarrow{\mathrm{DG}}$ のなす角は $60°$ であるから

$\overrightarrow{\mathrm{EB}}\cdot\overrightarrow{\mathrm{DG}} = 2\times 2\times\cos 60° = \boldsymbol{2}$

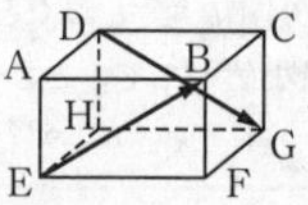

◀
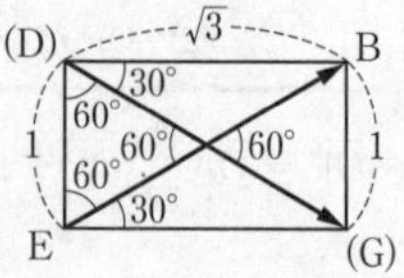

(5) $|\overrightarrow{AC}|=2$, $|\overrightarrow{AF}|=2$

△ACF において，余弦定理により

$$\cos\angle CAF=\frac{2^2+2^2-(\sqrt{2})^2}{2\cdot2\cdot2}=\frac{3}{4}$$

よって

$$\overrightarrow{AC}\cdot\overrightarrow{AF}=2\times2\times\cos\angle CAF=\mathbf{3}$$

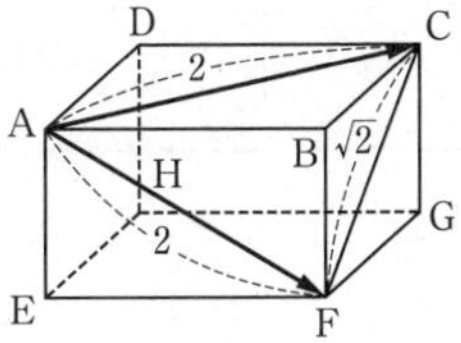

◀ △CAB, △AFB は直角三角形であるから，三平方の定理により $\overrightarrow{AC}$, $\overrightarrow{AF}$ の大きさを求める。

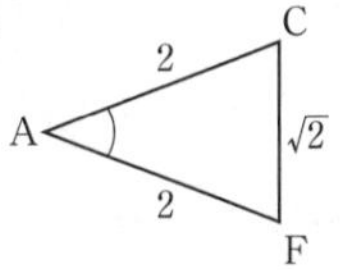

チャレンジ〈4〉 例題 45 (4) を，正射影ベクトルを用いて解け。

$$\overrightarrow{EC}\cdot\overrightarrow{EG}=|\overrightarrow{EC}||\overrightarrow{EG}|\cos\angle CEG$$
$$=|\overrightarrow{EG}||\overrightarrow{EC}|\cos\angle CEG$$
$$=|\overrightarrow{EG}||\overrightarrow{EG}|=(\sqrt{2}a)^2=\mathbf{2a^2}$$

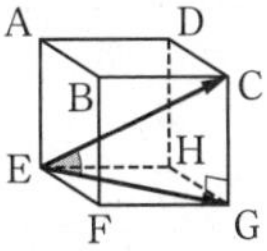

◀ $\overrightarrow{EG}$ は $\overrightarrow{EC}$ の直線 EG への正射影ベクトル

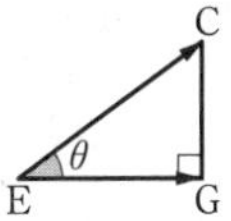

練習 46 〔1〕 次の 2 つのベクトルのなす角 θ ($0°\leqq\theta\leqq180°$) を求めよ。

(1) $\vec{a}=(-3,\ 1,\ 2)$, $\vec{b}=(2,\ -3,\ 1)$

(2) $\vec{a}=(1,\ -1,\ 2)$, $\vec{b}=(2,\ 0,\ -1)$

〔2〕 3 点 A(2, 3, 1), B(4, 5, 5), C(4, 3, 3) について，△ABC の面積 S を求めよ。

〔1〕 (1) $\vec{a}\cdot\vec{b}=-3\times2+1\times(-3)+2\times1=-7$

$|\vec{a}|=\sqrt{(-3)^2+1^2+2^2}=\sqrt{14}$

$|\vec{b}|=\sqrt{2^2+(-3)^2+1^2}=\sqrt{14}$

よって　$\cos\theta=\dfrac{-7}{\sqrt{14}\sqrt{14}}=-\dfrac{1}{2}$

◀ $\cos\theta=\dfrac{\vec{a}\cdot\vec{b}}{|\vec{a}||\vec{b}|}$

$0°\leqq\theta\leqq180°$ より　$\boldsymbol{\theta=120°}$

(2) $\vec{a}\cdot\vec{b}=1\times2+(-1)\times0+2\times(-1)=0$

よって　$\boldsymbol{\theta=90°}$

◀ $\vec{a}\neq\vec{0}$, $\vec{b}\neq\vec{0}$ のとき $\vec{a}\cdot\vec{b}=0\Longleftrightarrow\vec{a}\perp\vec{b}$

〔2〕 $\overrightarrow{AB}=(4-2,\ 5-3,\ 5-1)=(2,\ 2,\ 4)$

$\overrightarrow{AC}=(4-2,\ 3-3,\ 3-1)=(2,\ 0,\ 2)$ より

◀ ∠BAC は $\overrightarrow{AB}$ と $\overrightarrow{AC}$ のなす角であるから，まず $\overrightarrow{AB}$, $\overrightarrow{AC}$ を求める。

$\overrightarrow{AB}\cdot\overrightarrow{AC}=2\times2+2\times0+4\times2=12$

$|\overrightarrow{AB}|=\sqrt{2^2+2^2+4^2}=2\sqrt{6}$

$|\overrightarrow{AC}|=\sqrt{2^2+0^2+2^2}=2\sqrt{2}$

よって　$\cos\angle BAC=\dfrac{\overrightarrow{AB}\cdot\overrightarrow{AC}}{|\overrightarrow{AB}||\overrightarrow{AC}|}=\dfrac{12}{2\sqrt{6}\times2\sqrt{2}}=\dfrac{\sqrt{3}}{2}$

$0°\leqq\angle BAC\leqq180°$ より　$\angle BAC=30°$

したがって　$S=\dfrac{1}{2}\cdot2\sqrt{6}\cdot2\sqrt{2}\sin30°=\mathbf{2\sqrt{3}}$

〔別解〕

$$S=\frac{1}{2}\sqrt{(2\sqrt{6})^2(2\sqrt{2})^2-12^2}=2\sqrt{3}$$

練習 47　2つのベクトル $\vec{a}=(1,\ 2,\ 4)$，$\vec{b}=(2,\ 1,\ -1)$ の両方に垂直で，大きさが $2\sqrt{7}$ のベクトルを求めよ。

求めるベクトルを $\vec{p}=(x,\ y,\ z)$ とおく。

$\vec{a}\perp\vec{p}$ より　$\vec{a}\cdot\vec{p}=x+2y+4z=0$　…①

$\vec{b}\perp\vec{p}$ より　$\vec{b}\cdot\vec{p}=2x+y-z=0$　…②

$|\vec{p}|=2\sqrt{7}$ より　$|\vec{p}|^2=x^2+y^2+z^2=28$　…③

①×2−② より　$3y+9z=0$

よって　$y=-3z$　…④

$y=-3z$ を ① に代入すると　$x-6z+4z=0$

よって　$x=2z$　…⑤

$x=2z$，$y=-3z$ を ③ に代入すると

$(2z)^2+(-3z)^2+z^2=28$

$14z^2=28$ より　$z=\pm\sqrt{2}$

④，⑤ より

$z=\sqrt{2}$ のとき　$x=2\sqrt{2}$，　$y=-3\sqrt{2}$

$z=-\sqrt{2}$ のとき　$x=-2\sqrt{2}$，$y=3\sqrt{2}$

したがって，求めるベクトルは

$(2\sqrt{2},\ -3\sqrt{2},\ \sqrt{2})$，$(-2\sqrt{2},\ 3\sqrt{2},\ -\sqrt{2})$

◀ $\vec{a}\neq\vec{0}$，$\vec{p}\neq\vec{0}$ のとき $\vec{a}\perp\vec{p}\iff\vec{a}\cdot\vec{p}=0$

◀ $|\vec{p}|=\sqrt{x^2+y^2+z^2}$

◀ x, y, z のいずれか1文字で残りの2文字を表す。ここでは，x と y をそれぞれ z の式で表した。

◀ 2つのベクトルは互いに逆ベクトルである。

チャレンジ 〈5〉　Point 2 を用いて，例題 47 を解け。

$\vec{a}=(2,\ -1,\ 4)$，$\vec{b}=(1,\ 0,\ 1)$ より

$\vec{n}=((-1)\cdot1-4\cdot0,\ 4\cdot1-2\cdot1,\ 2\cdot0-(-1)\cdot1)$

$=(-1,\ 2,\ 1)$

とすると，$\vec{n}$ は $\vec{a}$，$\vec{b}$ の両方に垂直なベクトルである。

$|\vec{n}|=\sqrt{(-1)^2+2^2+1^2}=\sqrt{6}$

よって，求める大きさ6のベクトルは

$$\pm6\times\frac{\vec{n}}{|\vec{n}|}=\pm\sqrt{6}(-1,\ 2,\ 1)$$

すなわち　$(\sqrt{6},\ -2\sqrt{6},\ -\sqrt{6})$，$(-\sqrt{6},\ 2\sqrt{6},\ \sqrt{6})$

練習 48　$\vec{p}=(1,\ \sqrt{2},\ -1)$ と x 軸，y 軸，z 軸の正の向きとのなす角をそれぞれ α，β，γ とするとき，α，β，γ の値を求めよ。

$\overrightarrow{e_1}=(1,\ 0,\ 0)$，$\overrightarrow{e_2}=(0,\ 1,\ 0)$，$\overrightarrow{e_3}=(0,\ 0,\ 1)$ とすると

$$\cos\alpha=\frac{\vec{p}\cdot\overrightarrow{e_1}}{|\vec{p}||\overrightarrow{e_1}|}=\frac{1}{2}$$

$0^\circ\leqq\alpha\leqq180^\circ$ であるから　$\boldsymbol{\alpha=60^\circ}$

$$\cos\beta=\frac{\vec{p}\cdot\overrightarrow{e_2}}{|\vec{p}||\overrightarrow{e_2}|}=\frac{\sqrt{2}}{2}$$

◀ $\vec{p}\cdot\overrightarrow{e_1}$
$=1\times1+\sqrt{2}\times0+(-1)\times0$
$=1$
$|\vec{p}|=\sqrt{1^2+(\sqrt{2})^2+(-1)^2}$
$=2$

$0^\circ \leqq \beta \leqq 180^\circ$ であるから　　$\boldsymbol{\beta = 45^\circ}$

$$\cos\gamma = \frac{\vec{p}\cdot\vec{e_3}}{|\vec{p}||\vec{e_3}|} = \frac{-1}{2} = -\frac{1}{2}$$

$0^\circ \leqq \gamma \leqq 180^\circ$ であるから　　$\boldsymbol{\gamma = 120^\circ}$

練習 49　3点 A(1, −1, 3), B(−2, 3, 1), C(4, 0, −2) に対して，線分 AB, BC, CA を 3:2 に外分する点をそれぞれ P, Q, R とする。
(1) 点 P, Q, R の座標を求めよ。　　(2) △PQR の重心 G の座標を求めよ。

(1) $$\overrightarrow{OP} = \frac{-2\overrightarrow{OA}+3\overrightarrow{OB}}{3-2} = -2(1,\ -1,\ 3)+3(-2,\ 3,\ 1) = (-8,\ 11,\ -3)$$

$$\overrightarrow{OQ} = \frac{-2\overrightarrow{OB}+3\overrightarrow{OC}}{3-2} = -2(-2,\ 3,\ 1)+3(4,\ 0,\ -2) = (16,\ -6,\ -8)$$

$$\overrightarrow{OR} = \frac{-2\overrightarrow{OC}+3\overrightarrow{OA}}{3-2} = -2(4,\ 0,\ -2)+3(1,\ -1,\ 3) = (-5,\ -3,\ 13)$$

よって　　**P(−8, 11, −3), Q(16, −6, −8), R(−5, −3, 13)**

◀ P が線分 AB を $m:n$ に外分するとき $\overrightarrow{OP} = \dfrac{-n\overrightarrow{OA}+m\overrightarrow{OB}}{m-n}$

(2) $$\overrightarrow{OG} = \frac{\overrightarrow{OP}+\overrightarrow{OQ}+\overrightarrow{OR}}{3}$$

$$= \frac{1}{3}\{(-8,\ 11,\ -3)+(16,\ -6,\ -8)+(-5,\ -3,\ 13)\}$$

$$= \frac{1}{3}(3,\ 2,\ 2) = \left(1,\ \frac{2}{3},\ \frac{2}{3}\right)$$

よって　　$\mathbf{G}\left(\mathbf{1},\ \dfrac{\mathbf{2}}{\mathbf{3}},\ \dfrac{\mathbf{2}}{\mathbf{3}}\right)$

◀ △ABC の重心 $\left(\dfrac{1+(-2)+4}{3},\ \dfrac{-1+3+0}{3},\ \dfrac{3+1+(-2)}{3}\right)$ すなわち $\left(1,\ \dfrac{2}{3},\ \dfrac{2}{3}\right)$ と一致する。

練習 50　直方体 OADB−CEFG において，△ABC, △EDG の重心をそれぞれ S, T とする。このとき，点 S, T は対角線 OF 上にあり，OF を 3 等分することを示せ。

$\overrightarrow{OA}=\vec{a}$, $\overrightarrow{OB}=\vec{b}$, $\overrightarrow{OC}=\vec{c}$ とおく。

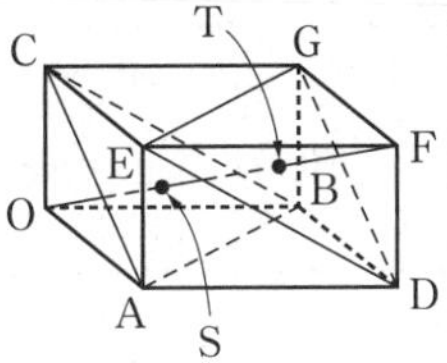

◀ 始点を O としたベクトルで表すことを考える。

点 S は △ABC の重心であるから

$$\overrightarrow{OS} = \frac{\overrightarrow{OA}+\overrightarrow{OB}+\overrightarrow{OC}}{3} = \frac{1}{3}(\vec{a}+\vec{b}+\vec{c}) \quad \cdots ①$$

点 T は △EDG の重心であるから

$$\overrightarrow{OT} = \frac{\overrightarrow{OE}+\overrightarrow{OD}+\overrightarrow{OG}}{3}$$

ここで　$\overrightarrow{OE} = \overrightarrow{OA}+\overrightarrow{AE} = \vec{a}+\vec{c}$　　◀ $\overrightarrow{AE}=\overrightarrow{OC}$

$\overrightarrow{OD} = \overrightarrow{OA}+\overrightarrow{AD} = \vec{a}+\vec{b}$　　◀ $\overrightarrow{AD}=\overrightarrow{OB}$

$\overrightarrow{OG} = \overrightarrow{OB}+\overrightarrow{BG} = \vec{b}+\vec{c}$　　◀ $\overrightarrow{BG}=\overrightarrow{OC}$

であるから

$$\overrightarrow{OT}=\frac{(\vec{a}+\vec{c})+(\vec{a}+\vec{b})+(\vec{b}+\vec{c})}{3}=\frac{2}{3}(\vec{a}+\vec{b}+\vec{c}) \quad \cdots ②$$

また　$\overrightarrow{OF}=\overrightarrow{OA}+\overrightarrow{AD}+\overrightarrow{DF}=\vec{a}+\vec{b}+\vec{c}$　$\cdots ③$

◀ $\overrightarrow{DF}=\overrightarrow{OC}$

①〜③より　$\overrightarrow{OS}=\frac{1}{3}\overrightarrow{OF}$, $\overrightarrow{OT}=\frac{2}{3}\overrightarrow{OF}$

よって，点 S, T は対角線 OF 上にある。
また，OS：OF＝1：3，OT：OF＝2：3 であるから，点 S, T は対角線 OF を 3 等分する。

◀ 3 点 O, S, F が一直線上にあり，3 点 O, T, F も一直線上にあることから，S, T は直線 OF 上にある。

練習 51　四面体 OABC の辺 AB, OC の中点をそれぞれ M, N, △ABC の重心を G とし，線分 OG, MN の交点を P とする。$\overrightarrow{OA}=\vec{a}$, $\overrightarrow{OB}=\vec{b}$, $\overrightarrow{OC}=\vec{c}$ とするとき，$\overrightarrow{OP}$ を $\vec{a}$, $\vec{b}$, $\vec{c}$ で表せ。

$$\overrightarrow{OM}=\frac{\vec{a}+\vec{b}}{2},\ \overrightarrow{ON}=\frac{1}{2}\vec{c},\ \overrightarrow{OG}=\frac{\vec{a}+\vec{b}+\vec{c}}{3}$$

◀ 点 M, N はそれぞれ辺 AB, OC の中点である。

点 P は線分 OG 上にあるから，
$\overrightarrow{OP}=k\overrightarrow{OG}$（$k$ は実数）とおくと

◀ 点 G は △ABC の重心であるから，中線 CM 上にある。よって，G, N はそれぞれ △OMC の辺 CM, OC 上にあるから，線分 OG と MN は 1 点で交わる。

$$\overrightarrow{OP}=\frac{1}{3}k\vec{a}+\frac{1}{3}k\vec{b}+\frac{1}{3}k\vec{c} \quad \cdots ①$$

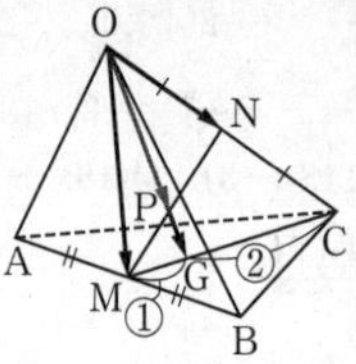

点 P は線分 MN 上にあるから，
MP：PN＝t：$(1-t)$ とおくと

◀ 点 P を △OMN の辺 MN の内分点と考える。

$$\overrightarrow{OP}=(1-t)\overrightarrow{OM}+t\overrightarrow{ON}$$
$$=\frac{1}{2}(1-t)\vec{a}+\frac{1}{2}(1-t)\vec{b}+\frac{1}{2}t\vec{c} \quad \cdots ②$$

$\vec{a}$, $\vec{b}$, $\vec{c}$ はいずれも $\vec{0}$ でなく，また同一平面上にないから，①，② より

◀ 係数を比較するときには必ず 1 次独立であることを述べる。

$$\frac{1}{3}k=\frac{1}{2}(1-t) \cdots ③,\quad \frac{1}{3}k=\frac{1}{2}t \cdots ④$$

③，④ より　$k=\frac{3}{4}$, $t=\frac{1}{2}$

したがって　$\boldsymbol{\overrightarrow{OP}=\frac{1}{4}\vec{a}+\frac{1}{4}\vec{b}+\frac{1}{4}\vec{c}}$

◀ ① に $k=\frac{3}{4}$ または ② に $t=\frac{1}{2}$ を代入する。

練習 52　3 点 A(−2, 1, 3), B(−1, 3, 4), C(1, 4, 5) があり，yz 平面上に点 P を，x 軸上に点 Q をとる。
(1)　3 点 A, B, P が一直線上にあるとき，点 P の座標を求めよ。
(2)　4 点 A, B, C, Q が同一平面上にあるとき，点 Q の座標を求めよ。

$\overrightarrow{AB}=(-1-(-2),\ 3-1,\ 4-3)=(1,\ 2,\ 1)$,
$\overrightarrow{AC}=(1-(-2),\ 4-1,\ 5-3)=(3,\ 3,\ 2)$

(1)　点 P は yz 平面上にあるから，P$(0,\ y,\ z)$ とおける。
このとき　$\overrightarrow{AP}=(2,\ y-1,\ z-3)$
3 点 A, B, P が一直線上にあるとき，$\overrightarrow{AP}=k\overrightarrow{AB}$ となる実数 k が存在するから　$(2,\ y-1,\ z-3)=(k,\ 2k,\ k)$

◀ 共線条件
$k\overrightarrow{AB}=k(1,\ 2,\ 1)$
$=(k,\ 2k,\ k)$

成分を比較すると $\begin{cases} 2 = k \\ y-1 = 2k \\ z-3 = k \end{cases}$

$k=2$ より　　$y=5,\ z=5$

したがって　　**P(0, 5, 5)**

> $\overrightarrow{\mathrm{OP}} = s\overrightarrow{\mathrm{OA}} + t\overrightarrow{\mathrm{OB}}$ $(s+t=1)$ を用いて解いてもよい。

(2)　点 Q は x 軸上にあるから，$\mathrm{Q}(x,\ 0,\ 0)$ とおける。

$\overrightarrow{\mathrm{AB}} \neq \vec{0}$，$\overrightarrow{\mathrm{AC}} \neq \vec{0}$ であり，$\overrightarrow{\mathrm{AB}}$ と $\overrightarrow{\mathrm{AC}}$ は平行でない。

> $\overrightarrow{\mathrm{AB}}$ と $\overrightarrow{\mathrm{AC}}$ は1次独立であるから，この平面上の任意のベクトルを1次結合 $s\overrightarrow{\mathrm{AB}} + t\overrightarrow{\mathrm{AC}}$ で表すことができる。

よって，4点 A, B, C, Q が同一平面上にあるとき，$\overrightarrow{\mathrm{AQ}} = s\overrightarrow{\mathrm{AB}} + t\overrightarrow{\mathrm{AC}}$ となる実数 s，t が存在するから

$$(x+2,\ -1,\ -3) = s(1,\ 2,\ 1) + t(3,\ 3,\ 2)$$
$$= (s+3t,\ 2s+3t,\ s+2t)$$

> $\overrightarrow{\mathrm{AQ}} = (x+2,\ -1,\ -3)$

成分を比較すると $\begin{cases} x+2 = s+3t \\ -1 = 2s+3t \\ -3 = s+2t \end{cases}$

これを解くと　　$s=7,\ t=-5,\ x=-10$

したがって　　**Q(−10, 0, 0)**

> $\overrightarrow{\mathrm{OQ}} = s\overrightarrow{\mathrm{OA}} + t\overrightarrow{\mathrm{OB}} + u\overrightarrow{\mathrm{OC}}$ $(s+t+u=1)$ を用いて解いてもよい。例題 53 参照。

練習 53　四面体 OABC において，辺 AC の中点を M，辺 OB を 1:2 に内分する点を Q，線分 MQ を 3:2 に内分する点を R とし，直線 OR と平面 ABC との交点を P とする。$\overrightarrow{\mathrm{OA}} = \vec{a}$，$\overrightarrow{\mathrm{OB}} = \vec{b}$，$\overrightarrow{\mathrm{OC}} = \vec{c}$ とするとき

(1)　$\overrightarrow{\mathrm{OR}}$ を $\vec{a}$，$\vec{b}$，$\vec{c}$ で表せ。　　　(2)　OR : RP を求めよ。

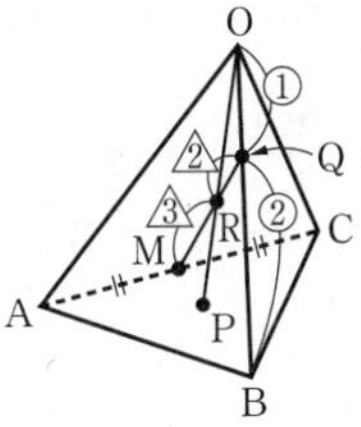

(1)　点 M は辺 AC の中点であるから

$$\overrightarrow{\mathrm{OM}} = \frac{\overrightarrow{\mathrm{OA}} + \overrightarrow{\mathrm{OC}}}{2} = \frac{\vec{a}+\vec{c}}{2}$$

点 Q は辺 OB を 1:2 に内分する点であるから

$$\overrightarrow{\mathrm{OQ}} = \frac{1}{3}\overrightarrow{\mathrm{OB}} = \frac{\vec{b}}{3}$$

点 R は線分 MQ を 3:2 に内分する点であるから

$$\overrightarrow{\mathrm{OR}} = \frac{2\overrightarrow{\mathrm{OM}} + 3\overrightarrow{\mathrm{OQ}}}{3+2}$$
$$= \frac{1}{5}\left(2 \times \frac{\vec{a}+\vec{c}}{2} + 3 \times \frac{\vec{b}}{3}\right) = \boldsymbol{\frac{1}{5}(\vec{a}+\vec{b}+\vec{c})}$$

> 分点公式 $\dfrac{n\vec{a}+m\vec{b}}{m+n}$ を用いる。

(2)　点 P は直線 OR 上にあるから，$\overrightarrow{\mathrm{OP}} = k\overrightarrow{\mathrm{OR}}$（$k$ は実数）とおくと

(1) より　　$\overrightarrow{\mathrm{OP}} = \frac{1}{5}k\vec{a} + \frac{1}{5}k\vec{b} + \frac{1}{5}k\vec{c}$

点 P は平面 ABC 上にあるから

$$\frac{1}{5}k + \frac{1}{5}k + \frac{1}{5}k = 1$$

> $\vec{p} = l\vec{a} + m\vec{b} + n\vec{c}$ と表されるとき
> 点 P が平面 ABC 上にある
> $\iff l+m+n=1$

よって　　$k = \frac{5}{3}$

ゆえに　　$\mathrm{OR} : \mathrm{OP} = 1 : \frac{5}{3} = 3 : 5$

したがって　　**OR : RP = 3 : 2**

練習 54 正四面体OABCにおいて，$\overrightarrow{OA}=\vec{a}$，$\overrightarrow{OB}=\vec{b}$，$\overrightarrow{OC}=\vec{c}$ とする。△OABの重心をGとするとき，次の問に答えよ。

(1) $\overrightarrow{OG}$ をベクトル $\vec{a}$，$\vec{b}$ を用いて表せ。

(2) OG ⊥ GC であることを示せ。

(宮崎大)

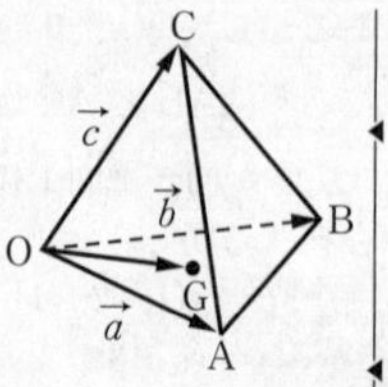

(1) Gは△OAB の重心であるから

$$\overrightarrow{OG}=\frac{\vec{a}+\vec{b}}{3}$$

(2) OABCは正四面体であるから

$$|\vec{a}|=|\vec{b}|=|\vec{c}|$$

また，$\vec{a}$，$\vec{b}$，$\vec{c}$ のどの2つのベクトルのなす角も60°であるから

$$\vec{a}\cdot\vec{c}=|\vec{a}||\vec{c}|\cos 60^\circ=\frac{1}{2}|\vec{a}|^2$$

同様に　$\vec{b}\cdot\vec{c}=\vec{a}\cdot\vec{b}=\frac{1}{2}|\vec{a}|^2$

よって

$$\begin{aligned}\overrightarrow{OG}\cdot\overrightarrow{GC}&=\overrightarrow{OG}\cdot(\overrightarrow{OC}-\overrightarrow{OG})\\&=\frac{\vec{a}+\vec{b}}{3}\cdot\left(\vec{c}-\frac{\vec{a}+\vec{b}}{3}\right)\\&=\frac{1}{9}(\vec{a}+\vec{b})\cdot(3\vec{c}-\vec{a}-\vec{b})\\&=\frac{1}{9}(3\vec{a}\cdot\vec{c}+3\vec{b}\cdot\vec{c}-|\vec{a}|^2-2\vec{a}\cdot\vec{b}-|\vec{b}|^2)\\&=\frac{1}{9}\left(\frac{3}{2}|\vec{a}|^2+\frac{3}{2}|\vec{a}|^2-|\vec{a}|^2-|\vec{a}|^2-|\vec{a}|^2\right)=0\end{aligned}$$

$\overrightarrow{OG}\neq\vec{0}$，$\overrightarrow{GC}\neq\vec{0}$ であるから　$\overrightarrow{OG}\perp\overrightarrow{GC}$

すなわち　OG ⊥ GC

◀ $\overrightarrow{OG}=\dfrac{\overrightarrow{OO}+\overrightarrow{OA}+\overrightarrow{OB}}{3}=\dfrac{\vec{a}+\vec{b}}{3}$

◀ OABCは正四面体であるから△OAB, △OBC, △OCAはいずれも正三角形である。

◀ $|\vec{a}|=|\vec{b}|=|\vec{c}|$

◀ (1)より　$\overrightarrow{OG}=\dfrac{\vec{a}+\vec{b}}{3}$

練習 55 四面体OABCにおいて，辺OA，AB，BCを1:1，2:1，1:2に内分する点をそれぞれP，Q，Rとし，線分CQを3:1に内分する点をSとする。このとき，線分PRと線分OSは1点で交わることを証明せよ。

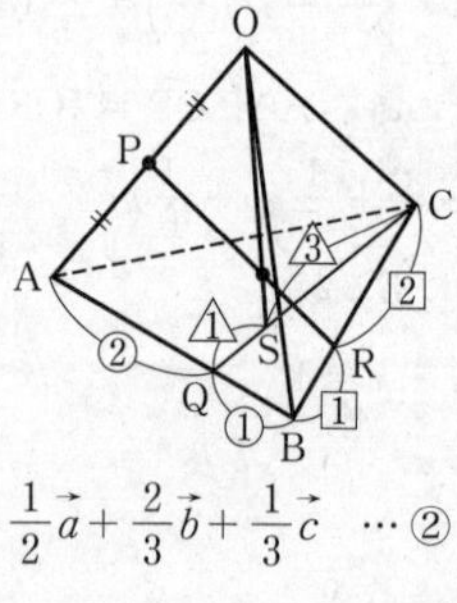

$\overrightarrow{OA}=\vec{a}$，$\overrightarrow{OB}=\vec{b}$，$\overrightarrow{OC}=\vec{c}$ とする。

$\overrightarrow{OQ}=\dfrac{\vec{a}+2\vec{b}}{3}$ より

$$\overrightarrow{OS}=\frac{3\overrightarrow{OQ}+\overrightarrow{OC}}{4}=\frac{1}{4}(\vec{a}+2\vec{b}+\vec{c})\quad\cdots①$$

また

$$\overrightarrow{PR}=\overrightarrow{OR}-\overrightarrow{OP}=\frac{2}{3}\vec{b}+\frac{1}{3}\vec{c}-\frac{1}{2}\vec{a}=-\frac{1}{2}\vec{a}+\frac{2}{3}\vec{b}+\frac{1}{3}\vec{c}\quad\cdots②$$

$$\overrightarrow{PC}=\overrightarrow{OC}-\overrightarrow{OP}=\vec{c}-\frac{1}{2}\vec{a}=-\frac{1}{2}\vec{a}+\vec{c}\quad\cdots③$$

平面CPRと直線OSは平行でないから，これらの交点をMとすると，点MはOS上にある。

◀ 線分PRを含む平面を考える。

したがって，① より，$\overrightarrow{OM}$ は k を実数として，次のように表される。

$$\overrightarrow{OM} = \frac{k}{4}(\vec{a}+2\vec{b}+\vec{c}) \quad \cdots ④$$

◀ $\overrightarrow{OM} = k\overrightarrow{OS}$

また，点 M は平面 CPR 上にあるから，$\overrightarrow{PM}$ は m，n を実数として，次のように表される。

$$\overrightarrow{PM} = m\overrightarrow{PR}+n\overrightarrow{PC}$$

②，③ より

$$\overrightarrow{PM} = m\left(-\frac{1}{2}\vec{a}+\frac{2}{3}\vec{b}+\frac{1}{3}\vec{c}\right)+n\left(-\frac{1}{2}\vec{a}+\vec{c}\right)$$

$$= \left(-\frac{m}{2}-\frac{n}{2}\right)\vec{a}+\frac{2}{3}m\vec{b}+\left(\frac{1}{3}m+n\right)\vec{c}$$

よって

$$\overrightarrow{OM} = \overrightarrow{OP}+\overrightarrow{PM} = \left(-\frac{m}{2}-\frac{n}{2}+\frac{1}{2}\right)\vec{a}+\frac{2}{3}m\vec{b}+\left(\frac{1}{3}m+n\right)\vec{c} \quad \cdots ⑤$$

$\vec{a}$，$\vec{b}$，$\vec{c}$ はいずれも $\vec{0}$ でなく，同一平面上にないから，④，⑤ より

$$\frac{k}{4} = -\frac{m}{2}-\frac{n}{2}+\frac{1}{2},\quad \frac{k}{2} = \frac{2}{3}m,\quad \frac{k}{4} = \frac{1}{3}m+n$$

これを解くと

$$k = \frac{4}{5},\quad m = \frac{3}{5},\quad n = 0$$

よって　$\overrightarrow{PM} = \frac{3}{5}\overrightarrow{PR}+0\cdot\overrightarrow{PC} = \frac{3}{5}\overrightarrow{PR}$

◀ 点 M は OS 上かつ PR 上の点であるから，OS と PR の交点である。

すなわち，点 M は PR 上にある。
したがって，線分 PR と線分 OS は 1 点で交わる。

練習 56　4 点 A(3, −3, 4)，B(1, −1, 3)，C(−1, −3, 3)，D(−2, −2, 7) がある。
(1) △BCD の面積を求めよ。
(2) 直線 AB は平面 BCD に垂直であることを示せ。
(3) 四面体 ABCD の体積 V を求めよ。

(1) $\overrightarrow{BC} = (-2,\ -2,\ 0)$，$\overrightarrow{BD} = (-3,\ -1,\ 4)$ より

$$|\overrightarrow{BC}|^2 = (-2)^2+(-2)^2+0^2 = 8$$

$$|\overrightarrow{BD}|^2 = (-3)^2+(-1)^2+4^2 = 26$$

$$\overrightarrow{BC}\cdot\overrightarrow{BD} = (-2)\times(-3)+(-2)\times(-1)+0\times 4 = 8$$

よって　$\triangle BCD = \frac{1}{2}\sqrt{|\overrightarrow{BC}|^2|\overrightarrow{BD}|^2-(\overrightarrow{BC}\cdot\overrightarrow{BD})^2}$

$$= \frac{1}{2}\sqrt{8\times 26-8^2} = 6$$

◀ 例題 46 **Point** 参照。
平面における三角形の面積公式は，空間における三角形にも適用できる。

(2) $\overrightarrow{AB} = (-2,\ 2,\ -1)$

$\overrightarrow{AB}$ と平面 BCD 上の平行でない 2 つのベクトル $\overrightarrow{BC}$，$\overrightarrow{BD}$ について

$$\overrightarrow{AB}\cdot\overrightarrow{BC} = -2\times(-2)+2\times(-2)+(-1)\times 0 = 0$$

$$\overrightarrow{AB}\cdot\overrightarrow{BD} = -2\times(-3)+2\times(-1)+(-1)\times 4 = 0$$

$\overrightarrow{AB} \neq \vec{0}$，$\overrightarrow{BC} \neq \vec{0}$，$\overrightarrow{BD} \neq \vec{0}$ より

$$\overrightarrow{AB} \perp \overrightarrow{BC},\quad \overrightarrow{AB} \perp \overrightarrow{BD}$$

ゆえに，直線 AB は平面 BCD に垂直である。

◀ 直線 l ⊥ 平面 $\alpha \iff$
平面 α 上の平行でない 2 つの直線 m，n に対して
$l \perp m$，$l \perp n$
例題 47 **Point** 参照。

(3) (2) より，線分 AB は △BCD を底面としたときの四面体 ABCD の高さである。

$$AB=|\overrightarrow{AB}|=\sqrt{(-2)^2+2^2+(-1)^2}=3$$

よって　$V=\dfrac{1}{3}\times\triangle BCD\times AB=\dfrac{1}{3}\times 6\times 3=6$

練習 57　1辺の長さが1の正四面体 OABC において，頂点 A から △OBC に垂線 AH を下ろしたとき，$\overrightarrow{AH}$ を $\overrightarrow{OA}$, $\overrightarrow{OB}$, $\overrightarrow{OC}$ を用いて表せ。

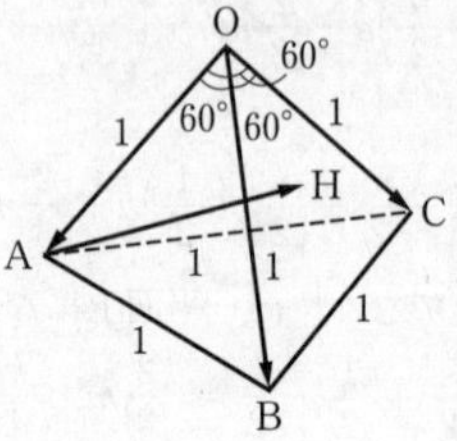

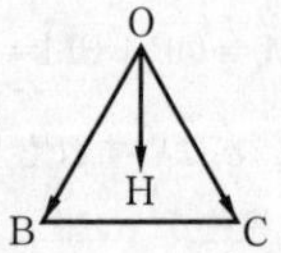

$\overrightarrow{OA}\cdot\overrightarrow{OB}=\overrightarrow{OB}\cdot\overrightarrow{OC}=\overrightarrow{OC}\cdot\overrightarrow{OA}$

$\qquad=1\times1\times\cos60^\circ=\dfrac{1}{2}$

点 H は平面 OBC 上にあるから

$\qquad\overrightarrow{OH}=s\overrightarrow{OB}+t\overrightarrow{OC}$　(s, t は実数)

とおける。

AH は平面 OBC に垂直であるから

$\qquad\overrightarrow{AH}\perp\overrightarrow{OB}$　かつ　$\overrightarrow{AH}\perp\overrightarrow{OC}$

すなわち　$\overrightarrow{AH}\cdot\overrightarrow{OB}=0$ …①，$\overrightarrow{AH}\cdot\overrightarrow{OC}=0$ …②

ここで　$\overrightarrow{AH}=\overrightarrow{OH}-\overrightarrow{OA}$

$\qquad=-\overrightarrow{OA}+s\overrightarrow{OB}+t\overrightarrow{OC}$

◀ $\overrightarrow{AH}$ を $\overrightarrow{OA}$, $\overrightarrow{OB}$, $\overrightarrow{OC}$ で表す。

① より　$\overrightarrow{AH}\cdot\overrightarrow{OB}=(-\overrightarrow{OA}+s\overrightarrow{OB}+t\overrightarrow{OC})\cdot\overrightarrow{OB}$

$\qquad=-\overrightarrow{OA}\cdot\overrightarrow{OB}+s|\overrightarrow{OB}|^2+t\overrightarrow{OC}\cdot\overrightarrow{OB}$

$\qquad=-\dfrac{1}{2}+s+\dfrac{1}{2}t=0$　…③

② より　$\overrightarrow{AH}\cdot\overrightarrow{OC}=(-\overrightarrow{OA}+s\overrightarrow{OB}+t\overrightarrow{OC})\cdot\overrightarrow{OC}$

$\qquad=-\overrightarrow{OA}\cdot\overrightarrow{OC}+s\overrightarrow{OB}\cdot\overrightarrow{OC}+t|\overrightarrow{OC}|^2$

$\qquad=-\dfrac{1}{2}+\dfrac{1}{2}s+t=0$　…④

③, ④ より　$s=t=\dfrac{1}{3}$

したがって　$\boldsymbol{\overrightarrow{AH}=-\overrightarrow{OA}+\dfrac{1}{3}\overrightarrow{OB}+\dfrac{1}{3}\overrightarrow{OC}}$

〔別解〕
H は △OBC の重心であるから

$\overrightarrow{AH}=\overrightarrow{OH}-\overrightarrow{OA}$

$\quad=\dfrac{\overrightarrow{OB}+\overrightarrow{OC}}{3}-\overrightarrow{OA}$

$\quad=-\overrightarrow{OA}+\dfrac{1}{3}\overrightarrow{OB}+\dfrac{1}{3}\overrightarrow{OC}$

練習 58　4点 A(1, 2, 0), B(1, 4, 2), C(2, 2, 2), D(4, 4, 1) において，点 D から平面 ABC に垂線 DH を下ろしたとき，点 H の座標を求めよ。

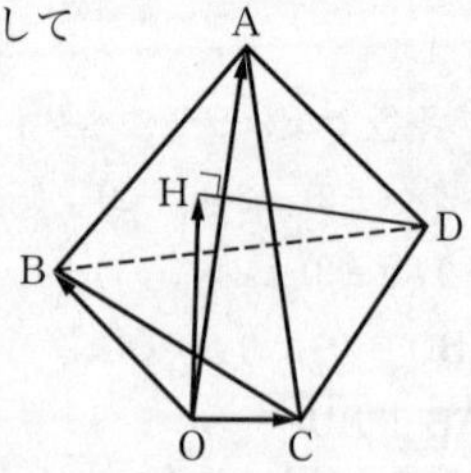

点 H は平面 ABC 上にあるから，O を原点として

$\overrightarrow{OH}=s\overrightarrow{OA}+t\overrightarrow{OB}+u\overrightarrow{OC}$ …① とおける。

◀ 原点 O を始点に考える。

ただし，s, t, u は実数で

$\qquad s+t+u=1$　…②

① より

$\overrightarrow{OH}=s(1,\ 2,\ 0)+t(1,\ 4,\ 2)+u(2,\ 2,\ 2)$

$\qquad=(s+t+2u,\ 2s+4t+2u,\ 2t+2u)$

…③

DH は平面 ABC に垂直であるから

$\overrightarrow{DH} \perp \overrightarrow{AB}$　かつ　$\overrightarrow{DH} \perp \overrightarrow{AC}$

すなわち　$\overrightarrow{DH} \cdot \overrightarrow{AB} = 0$ … ④，$\overrightarrow{DH} \cdot \overrightarrow{AC} = 0$ … ⑤

ここで

$\overrightarrow{DH} = \overrightarrow{OH} - \overrightarrow{OD}$

$= (s+t+2u-4,\ 2s+4t+2u-4,\ 2t+2u-1)$

$\overrightarrow{AB} = (0,\ 2,\ 2)$，$\overrightarrow{AC} = (1,\ 0,\ 2)$ であるから

◀ $\overrightarrow{AB} = (1-1,\ 4-2,\ 2-0) = (0,\ 2,\ 2)$
$\overrightarrow{AC} = (2-1,\ 2-2,\ 2-0) = (1,\ 0,\ 2)$

④ より　$2(2s+4t+2u-4) + 2(2t+2u-1) = 0$

よって　$s+3t+2u = \dfrac{5}{2}$　… ⑥

⑤ より　$(s+t+2u-4) + 2(2t+2u-1) = 0$

よって　$s+5t+6u = 6$　… ⑦

② − ⑥ より　$-2t-u = -\dfrac{3}{2}$　… ⑧

⑥ − ⑦ より　$-2t-4u = -\dfrac{7}{2}$　… ⑨

⑧，⑨ より　$u = \dfrac{2}{3}$，$t = \dfrac{5}{12}$

② に代入すると　$s = -\dfrac{1}{12}$

③ に代入すると　$\overrightarrow{OH} = \left(\dfrac{5}{3},\ \dfrac{17}{6},\ \dfrac{13}{6}\right)$

したがって，点 H の座標は　$\left(\dfrac{5}{3},\ \dfrac{17}{6},\ \dfrac{13}{6}\right)$

練習 59　OA = 2，OB = 3，OC = 4，∠AOB = ∠BOC = ∠COA = 60° である四面体 OABC の内部に点 P があり，等式 $3\overrightarrow{PO} + 3\overrightarrow{PA} + 2\overrightarrow{PB} + \overrightarrow{PC} = \vec{0}$ が成り立っている。

(1) 直線 OP と底面 ABC の交点を Q，直線 AQ と辺 BC の交点を R とするとき，BR：RC，AQ：QR，OP：PQ を求めよ。

(2) 4 つの四面体 PABC，POBC，POCA，POAB の体積比を求めよ。

(3) 線分 OQ の長さを求めよ。

(1) $3\overrightarrow{PO} + 3\overrightarrow{PA} + 2\overrightarrow{PB} + \overrightarrow{PC} = \vec{0}$ より

◀ 始点を O とするベクトルに直し，$\overrightarrow{OP}$ を表す。

$-3\overrightarrow{OP} + 3(\overrightarrow{OA} - \overrightarrow{OP}) + 2(\overrightarrow{OB} - \overrightarrow{OP}) + (\overrightarrow{OC} - \overrightarrow{OP}) = \vec{0}$

$9\overrightarrow{OP} = 3\overrightarrow{OA} + 2\overrightarrow{OB} + \overrightarrow{OC}$

よって　$\overrightarrow{OP} = \dfrac{3\overrightarrow{OA} + 2\overrightarrow{OB} + \overrightarrow{OC}}{9}$

$= \dfrac{1}{9}\left(3\overrightarrow{OA} + 3 \times \dfrac{2\overrightarrow{OB} + \overrightarrow{OC}}{3}\right)$

$= \dfrac{1}{3}\left(\overrightarrow{OA} + \dfrac{2\overrightarrow{OB} + \overrightarrow{OC}}{3}\right)$

$= \dfrac{2}{3} \times \dfrac{\overrightarrow{OA} + \dfrac{2\overrightarrow{OB} + \overrightarrow{OC}}{3}}{2}$

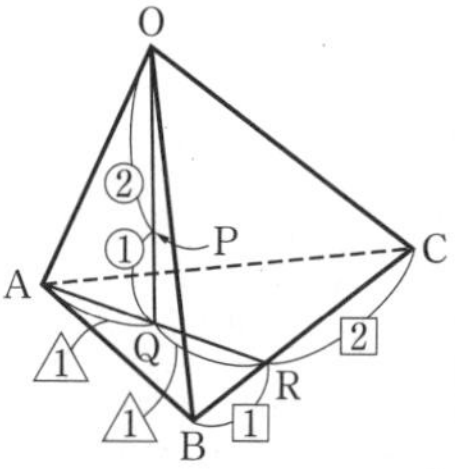

3 点 O，P，Q は一直線上にあり，点 Q は AR 上，点 R は BC 上の点であるから

$$\overrightarrow{OR} = \frac{2\overrightarrow{OB}+\overrightarrow{OC}}{3},\ \overrightarrow{OQ} = \frac{\overrightarrow{OA}+\overrightarrow{OR}}{2},\ \overrightarrow{OP} = \frac{2}{3}\overrightarrow{OQ}$$

したがって

$$\mathbf{BR:RC = 1:2,\ AQ:QR = 1:1,\ OP:PQ = 2:1}$$

(2) 四面体 OABC の体積を V とすると

$$(\text{四面体 PABC}) = \frac{1}{3}(\text{四面体 OABC}) = \frac{V}{3}$$

$$(\text{四面体 POBC}) = \frac{2}{3}(\text{四面体 QOBC})$$
$$= \frac{2}{3}\times\frac{1}{2}(\text{四面体 OABC}) = \frac{V}{3}$$

$$(\text{四面体 POCA}) = \frac{2}{3}(\text{四面体 QOCA})$$
$$= \frac{2}{3}\times\frac{1}{2}(\text{四面体 ROCA})$$
$$= \frac{2}{3}\times\frac{1}{2}\times\frac{2}{3}(\text{四面体 OABC}) = \frac{2}{9}V$$

$$(\text{四面体 POAB}) = \frac{2}{3}(\text{四面体 QOAB})$$
$$= \frac{2}{3}\times\frac{1}{2}(\text{四面体 ROAB})$$
$$= \frac{2}{3}\times\frac{1}{2}\times\frac{1}{3}(\text{四面体 OABC}) = \frac{V}{9}$$

◀ (四面体 POAB)
$= V-\left(\frac{V}{3}+\frac{V}{3}+\frac{2}{9}V\right)$
$= \frac{V}{9}$
としてもよい。

したがって，求める体積比は

$$\frac{V}{3}:\frac{V}{3}:\frac{2}{9}V:\frac{V}{9} = \mathbf{3:3:2:1}$$

(3) $|\overrightarrow{OA}| = 2,\ |\overrightarrow{OB}| = 3,\ |\overrightarrow{OC}| = 4$ より

$$\overrightarrow{OA}\cdot\overrightarrow{OB} = 2\times 3\cos 60^\circ = 3$$
$$\overrightarrow{OB}\cdot\overrightarrow{OC} = 3\times 4\cos 60^\circ = 6$$
$$\overrightarrow{OC}\cdot\overrightarrow{OA} = 4\times 2\cos 60^\circ = 4$$

よって　$|\overrightarrow{OQ}|^2 = \left|\frac{3}{2}\overrightarrow{OP}\right|^2 = \left|\frac{3\overrightarrow{OA}+2\overrightarrow{OB}+\overrightarrow{OC}}{6}\right|^2$

$$= \frac{1}{36}(9|\overrightarrow{OA}|^2+4|\overrightarrow{OB}|^2+|\overrightarrow{OC}|^2$$
$$+12\overrightarrow{OA}\cdot\overrightarrow{OB}+4\overrightarrow{OB}\cdot\overrightarrow{OC}+6\overrightarrow{OC}\cdot\overrightarrow{OA})$$
$$= \frac{1}{36}(9\times 2^2+4\times 3^2+4^2+12\times 3+4\times 6+6\times 4)$$
$$= \frac{43}{9}$$

◀ $(a+b+c)^2$
$= a^2+b^2+c^2$
$+2ab+2bc+2ca$

$|\overrightarrow{OQ}| > 0$ より，$|\overrightarrow{OQ}| = \frac{\sqrt{43}}{3}$ であるから　$\mathbf{OQ} = \frac{\sqrt{43}}{3}$

Plus One

四面体 ABCD の内部に点 P があり，$a\overrightarrow{PA}+b\overrightarrow{PB}+c\overrightarrow{PC}+d\overrightarrow{PD}=\vec{0}$ を満たしているとき，4 つの四面体 PBCD, PCDA, PDAB, PABC の体積比は $a:b:c:d$ になる。(⇨ **Play Back**

5参照。)

練習 60 空間内に一直線上にない異なる3点 $A(\vec{a})$，$B(\vec{b})$，$C(\vec{c})$ がある。次の図形を表すベクトル方程式を求めよ。
(1) △ABCの重心Gを通り，BCに平行な直線
(2) 線分ABの中点Mを通り，ABに垂直な平面
(3) 線分ABの中点Mを中心とし，点Cを通る球

(1) $\overrightarrow{BC}$ が求める直線の方向ベクトルとなるから，求める直線上の点を $P(\vec{p})$ とすると，t を媒介変数として

$$\overrightarrow{OP}=\overrightarrow{OG}+t\overrightarrow{BC}$$
$$=\frac{\vec{a}+\vec{b}+\vec{c}}{3}+t(\vec{c}-\vec{b})$$

よって　$\boldsymbol{\vec{p}=\frac{1}{3}\vec{a}+\left(\frac{1}{3}-t\right)\vec{b}+\left(\frac{1}{3}+t\right)\vec{c}}$

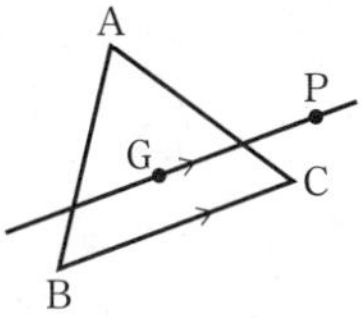

(2) $\overrightarrow{AB}$ が求める平面の法線ベクトルとなるから，求める平面上の点を $P(\vec{p})$ とすると

$\overrightarrow{MP}\perp\overrightarrow{AB}$　または　$\overrightarrow{MP}=\vec{0}$

よって　$\overrightarrow{MP}\cdot\overrightarrow{AB}=0$

$$\boldsymbol{\left(\vec{p}-\frac{\vec{a}+\vec{b}}{2}\right)\cdot(\vec{b}-\vec{a})=0}$$

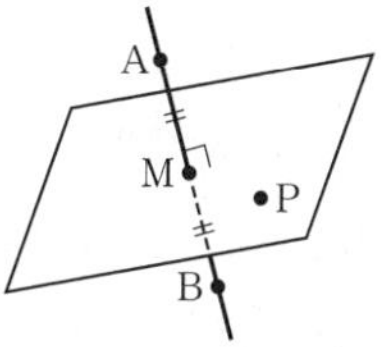

(3) 中心の位置ベクトルは　$\dfrac{\vec{a}+\vec{b}}{2}$

半径は　$|\overrightarrow{MC}|=\left|\vec{c}-\dfrac{\vec{a}+\vec{b}}{2}\right|$

よって，求める球上の点を $P(\vec{p})$ とすると

$$\boldsymbol{\left|\vec{p}-\frac{\vec{a}+\vec{b}}{2}\right|=\left|\vec{c}-\frac{\vec{a}+\vec{b}}{2}\right|}$$

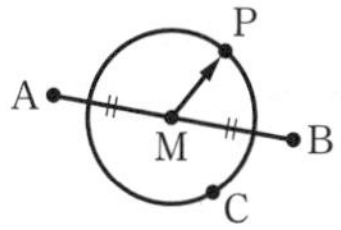

練習 61 O(0, 0, 0)，A(2, 0, 0)，C(0, 3, 0)，$D(-1,\ 0,\ \sqrt{6})$ であるような平行六面体 OABC－DEFG において，辺ABの中点をMとし，辺DG上の点Nを $MN=4$ かつ $DN<GN$ を満たすように定める。
(1) Nの座標を求めよ。
(2) 3点E，M，Nを通る平面と y 軸との交点Pの座標を求めよ。
(3) 3点E，M，Nを通る平面による平行六面体 OABC－DEFG の切り口の面積を求めよ。
(東北大)

(1) $\overrightarrow{OA}=(2,\ 0,\ 0)$，$\overrightarrow{OC}=(0,\ 3,\ 0)$，$\overrightarrow{OD}=(-1,\ 0,\ \sqrt{6})$ より

$$\overrightarrow{OM}=\overrightarrow{OA}+\frac{1}{2}\overrightarrow{OC}=(2,\ 0,\ 0)+\frac{1}{2}(0,\ 3,\ 0)=\left(2,\ \frac{3}{2},\ 0\right)$$

$\overrightarrow{ON}$ は，実数 t を用いて

$$\overrightarrow{ON}=\overrightarrow{OD}+t\overrightarrow{OC}=(-1,\ 0,\ \sqrt{6})+t(0,\ 3,\ 0)$$
$$=(-1,\ 3t,\ \sqrt{6})\quad\cdots①$$

よって　$\overrightarrow{MN}=\overrightarrow{ON}-\overrightarrow{OM}=(-1,\ 3t,\ \sqrt{6})-\left(2,\ \frac{3}{2},\ 0\right)$

$$=\left(-3,\ 3t-\frac{3}{2},\ \sqrt{6}\right)$$

ゆえに　$|\overrightarrow{MN}|=\sqrt{(-3)^2+\left(3t-\frac{3}{2}\right)^2+(\sqrt{6})^2}=4$

すなわち

$$9+9t^2-9t+\frac{9}{4}+6=16$$

$$9t^2-9t+\frac{5}{4}=0$$

よって　$t=\frac{1}{6},\ \frac{5}{6}$

◀ $36t^2-36t+5=0$
$(6t-5)(6t-1)=0$

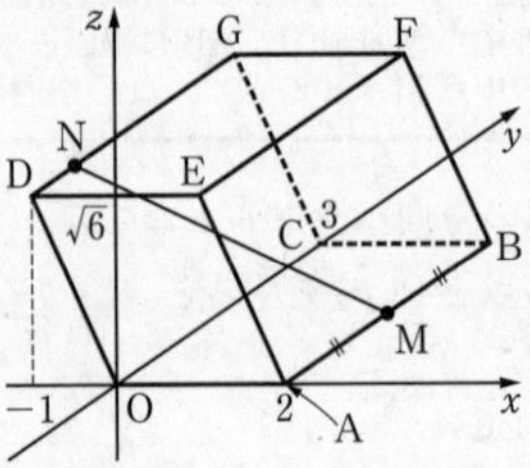

ここで，DN＜GN より

$t<\frac{1}{2}$ であるから　$t=\frac{1}{6}$

① に代入すると，点 N の座標は　$\left(\boldsymbol{-1},\ \boldsymbol{\frac{1}{2}},\ \boldsymbol{\sqrt{6}}\right)$

(2)　$\overrightarrow{EM}=\overrightarrow{OM}-\overrightarrow{OE}=\left(1,\ \frac{3}{2},\ -\sqrt{6}\right)$

◀ $\overrightarrow{OE}=\overrightarrow{OA}+\overrightarrow{OD}$
$=(1,\ 0,\ \sqrt{6})$

$\overrightarrow{EN}=\overrightarrow{ON}-\overrightarrow{OE}=\left(-2,\ \frac{1}{2},\ 0\right)$

◀ (1) より
$\overrightarrow{ON}=\left(-1,\ \frac{1}{2},\ \sqrt{6}\right)$

P は平面 EMN 上にあるから，$\overrightarrow{EP}$ は実数 m，n を用いて
$\overrightarrow{EP}=m\overrightarrow{EM}+n\overrightarrow{EN}$ と表すことができる。

よって　$\overrightarrow{EP}=m\left(1,\ \frac{3}{2},\ -\sqrt{6}\right)+n\left(-2,\ \frac{1}{2},\ 0\right)$

$$=\left(m-2n,\ \frac{3}{2}m+\frac{1}{2}n,\ -\sqrt{6}\,m\right)$$

よって

$\overrightarrow{OP}=\overrightarrow{OE}+\overrightarrow{EP}$

$$=\left(m-2n+1,\ \frac{3}{2}m+\frac{1}{2}n,\ -\sqrt{6}\,m+\sqrt{6}\right)\quad\cdots ②$$

ここで，点 P は y 軸上の点より，$\overrightarrow{OP}$ の x 成分と z 成分は 0 であるから

$$m-2n+1=0\quad かつ\quad -\sqrt{6}\,m+\sqrt{6}=0$$

これを解くと　$m=1,\ n=1$　…③

③ を ② に代入すると　$\overrightarrow{OP}=(0,\ 2,\ 0)$

したがって，点 P の座標は　**(0, 2, 0)**

(3)　(2) より，点 P は辺 OC 上の点であるから，平面 EMN による平行六面体の切り口は，四角形 EMPN と一致する。

◀ 線分 EM, MP, PN, NE をつなぐと，平行六面体 OABC−DEFG の周囲を 1 周する。

ここで，③ より　$\overrightarrow{EP}=\overrightarrow{EM}+\overrightarrow{EN}$

ゆえに，四角形 EMPN は平行四辺形であり，その面積 S は △EMN の 2 倍に等しいから

$S=2\times\frac{1}{2}\sqrt{|\overrightarrow{EM}|^2|\overrightarrow{EN}|^2-(\overrightarrow{EM}\cdot\overrightarrow{EN})^2}$

$$=\sqrt{\left\{1^2+\left(\frac{3}{2}\right)^2+(-\sqrt{6})^2\right\}\left\{(-2)^2+\left(\frac{1}{2}\right)^2+0^2\right\}-\left\{1\cdot(-2)+\frac{3}{2}\cdot\frac{1}{2}+(-\sqrt{6})\cdot 0\right\}^2}$$

$$= \sqrt{\frac{37}{4}\cdot\frac{17}{4}-\left(-\frac{5}{4}\right)^2} = \sqrt{\frac{604}{4^2}} = \boldsymbol{\frac{\sqrt{151}}{2}}$$

練習 62 2点 A$(-1,\ 2,\ 1)$, B$(2,\ 1,\ 3)$ を通る直線 AB 上の点のうち，原点 O に最も近い点 P の座標を求めよ。また，そのときの線分 OP の長さを求めよ。

点 P は直線 AB 上にあるから，$\overrightarrow{\mathrm{OP}} = \overrightarrow{\mathrm{OA}} + t\overrightarrow{\mathrm{AB}}$ （t は実数）とおける。

◀直線 AB は点 A を通り，$\overrightarrow{\mathrm{AB}}$ は方向ベクトルである。

$\overrightarrow{\mathrm{OA}} = (-1,\ 2,\ 1)$，$\overrightarrow{\mathrm{AB}} = (3,\ -1,\ 2)$ であるから

$$\overrightarrow{\mathrm{OP}} = (-1,\ 2,\ 1) + t(3,\ -1,\ 2)$$
$$= (-1+3t,\ 2-t,\ 1+2t) \quad \cdots ①$$

よって

$$|\overrightarrow{\mathrm{OP}}|^2 = (-1+3t)^2 + (2-t)^2 + (1+2t)^2$$
$$= 14t^2 - 6t + 6$$
$$= 14\left(t-\frac{3}{14}\right)^2 + \frac{75}{14}$$

◀$|\overrightarrow{\mathrm{OP}}|$ の最小値は $|\overrightarrow{\mathrm{OP}}|^2$ の最小値から考える。

$|\overrightarrow{\mathrm{OP}}|^2$ は $t = \frac{3}{14}$ のとき最小値 $\frac{75}{14}$ をとる。

このとき $|\overrightarrow{\mathrm{OP}}|$ も最小となり，OP の最小値は

$$\sqrt{\frac{75}{14}} = \frac{5\sqrt{3}}{\sqrt{14}} = \boldsymbol{\frac{5\sqrt{42}}{14}}$$

また，$t = \frac{3}{14}$ のとき，① より　$\mathbf{P}\left(-\frac{5}{14},\ \frac{25}{14},\ \frac{10}{7}\right)$

〔別解〕（解答 4 行目まで同じ）

直線 AB 上の点で原点 O に最も近い点 P は $\overrightarrow{\mathrm{OP}} \perp \overrightarrow{\mathrm{AB}}$ を満たすから

$$\overrightarrow{\mathrm{OP}}\cdot\overrightarrow{\mathrm{AB}} = 0$$

よって　$(-1+3t)\times 3 + (2-t)\times(-1) + (1+2t)\times 2 = 0$

◀整理すると　$14t-3=0$

これを解くと　$t = \frac{3}{14}$

したがって　$\mathrm{P}\left(-\frac{5}{14},\ \frac{25}{14},\ \frac{10}{7}\right)$

◀P$(-1+3t,\ 2-t,\ 1+2t)$ において，$t = \frac{3}{14}$ を代入する。

このとき

$$\mathrm{OP} = \sqrt{\left(-\frac{5}{14}\right)^2 + \left(\frac{25}{14}\right)^2 + \left(\frac{10}{7}\right)^2} = \frac{5\sqrt{42}}{14}$$

練習 63 空間において，2点 A$(2,\ 1,\ 0)$, B$(1,\ -2,\ 1)$ を通る直線上に点 P をとる。また，y 軸上に点 Q をとるとき，2点 P, Q 間の距離の最小値と，そのときの 2 点 P, Q の座標を求めよ。

$\overrightarrow{\mathrm{AB}} = (-1,\ -3,\ 1)$ であり，点 P は直線 AB 上にあるから

$$\overrightarrow{\mathrm{OP}} = \overrightarrow{\mathrm{OA}} + s\overrightarrow{\mathrm{AB}} = (2-s,\ 1-3s,\ s) \quad \cdots ①$$

◀空間における直線のベクトル方程式

とおける。

点 Q は y 軸上にあるから $\overrightarrow{\mathrm{OQ}} = (0,\ t,\ 0)$ $\cdots$ ② とおける。

よって　$\overrightarrow{\mathrm{PQ}} = \overrightarrow{\mathrm{OQ}} - \overrightarrow{\mathrm{OP}} = (s-2,\ 3s+t-1,\ -s)$

$$|\overrightarrow{\mathrm{PQ}}|^2 = (s-2)^2 + (3s+t-1)^2 + (-s)^2$$

$= (t+3s-1)^2+2s^2-4s+4$
$= (t+3s-1)^2+2(s-1)^2+2 \quad \cdots ③$

ゆえに，PQ は　$t+3s-1=0$，$s-1=0$
すなわち $s=1$，$t=-2$ のとき，最小となる。

①，② より　$\overrightarrow{\mathrm{OP}}=(1,\ -2,\ 1)$，$\overrightarrow{\mathrm{OQ}}=(0,\ -2,\ 0)$
したがって　**P(1, −2, 1)，Q(0, −2, 0)**
③ より　$|\overrightarrow{\mathrm{PQ}}|^2=2$
求める距離の最小値は　$\mathrm{PQ}=|\overrightarrow{\mathrm{PQ}}|=\boldsymbol{\sqrt{2}}$

◀ $|\overrightarrow{\mathrm{PQ}}| \geqq 0$

〔別解〕（解答5行目まで同じ）
線分 PQ の長さが最小となるとき
$\mathrm{AB} \perp \mathrm{PQ}$ かつ y 軸 $\perp \mathrm{PQ}$
$\mathrm{AB} \perp \mathrm{PQ}$ より，$\overrightarrow{\mathrm{AB}}\cdot\overrightarrow{\mathrm{PQ}}=0$ であるから
$(-1)\times(s-2)+(-3)\times(3s+t-1)+1\times(-s)=0$
整理すると　$-11s-3t+5=0 \quad \cdots ③$
y 軸 $\perp \mathrm{PQ}$ より，y 軸の正の向きの単位ベクトルを $\vec{e}=(0,\ 1,\ 0)$
とおくと，$\vec{e}\cdot\overrightarrow{\mathrm{PQ}}=0$ であるから
$0\times(s-2)+1\times(3s+t-1)+0\times(-s)=0$
整理すると　$3s+t-1=0 \quad \cdots ④$
③，④ を解くと　$s=1$，$t=-2$
①，② より　$\overrightarrow{\mathrm{OP}}=(1,\ -2,\ 1)$，$\overrightarrow{\mathrm{OQ}}=(0,\ -2,\ 0)$
したがって　P(1, −2, 1)，Q(0, −2, 0)
このとき $\overrightarrow{\mathrm{PQ}}=(-1,\ 0,\ -1)$ であるから
求める距離の最小値は　$\mathrm{PQ}=|\overrightarrow{\mathrm{PQ}}|=\sqrt{2}$

練習 64　2点 A(1, 2, −2)，B(−2, 3, 2) がある。zx 平面上に点 P をとるとき，AP＋BP の最小値およびそのときの点 P の座標を求めよ。

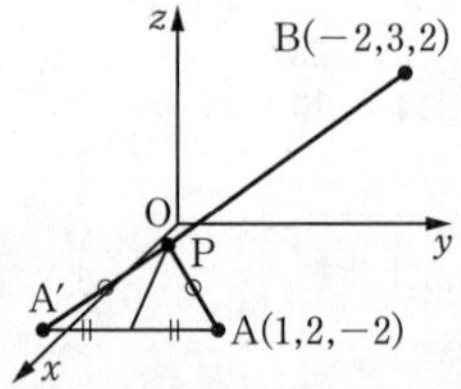

2点 A，B は zx 平面に関して同じ側にあるから，点 A の zx 平面に関する対称点 A′ をとると　A′(1, −2, −2)
AP＝A′P より
$\mathrm{AP}+\mathrm{PB}=\mathrm{A'P}+\mathrm{PB} \geqq \mathrm{A'B}$
よって，AP＋PB の最小値は線分 A′B の長さに等しいから
$\mathrm{A'B}=\sqrt{(-2-1)^2+(3+2)^2+(2+2)^2}=\boldsymbol{5\sqrt{2}}$

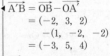

◀ 点 B と zx 平面に関して対称な点 B′ をとり
$\mathrm{AP}+\mathrm{PB}=\mathrm{AP}+\mathrm{PB'}$
$\geqq \mathrm{AB'}$
としてもよい。

このとき，点 P は直線 A′B と zx 平面の交点であるから，
$\overrightarrow{\mathrm{OP}}=\overrightarrow{\mathrm{OA'}}+t\overrightarrow{\mathrm{A'B}}$（$t$ は実数）とおける。
$\overrightarrow{\mathrm{OP}}=(1,\ -2,\ -2)+t(-3,\ 5,\ 4)$
$=(1-3t,\ -2+5t,\ -2+4t)$

◀ $\overrightarrow{\mathrm{A'B}}=\overrightarrow{\mathrm{OB}}-\overrightarrow{\mathrm{OA'}}$
$=(-2,\ 3,\ 2)$
$-(1,\ -2,\ -2)$
$=(-3,\ 5,\ 4)$

点 P は zx 平面上の点であるから　$-2+5t=0$
よって　$t=\dfrac{2}{5}$
したがって　$\mathbf{P}\left(-\dfrac{1}{5},\ 0,\ -\dfrac{2}{5}\right)$

◀ $\overrightarrow{\mathrm{OP}}$ の y の成分が 0 である。

練習 65 次の球の方程式を求めよ。

(1) 点 $(-3,\ -2,\ 1)$ を中心とし，半径 4 の球
(2) 点 $C(-3,\ 1,\ 2)$ を中心とし，点 $P(-2,\ 5,\ 4)$ を通る球
(3) 2 点 $A(2,\ -3,\ 1)$，$B(-2,\ 3,\ -1)$ を直径の両端とする球
(4) 点 $(5,\ 5,\ -2)$ を通り，3 つの座標平面に接する球

(1) 求める球の方程式は

$$(x+3)^2+(y+2)^2+(z-1)^2=16$$

(2) 半径を r とすると

$$r=CP=\sqrt{(-2+3)^2+(5-1)^2+(4-2)^2}=\sqrt{21}$$

よって，求める球の方程式は

$$(x+3)^2+(y-1)^2+(z-2)^2=21$$

◀半径 r は，2 点 C, P 間の距離である。

(3) 球の中心 C は線分 AB の中点であるから

$$C\left(\frac{2-2}{2},\ \frac{-3+3}{2},\ \frac{1-1}{2}\right) \quad \text{すなわち} \quad C(0,\ 0,\ 0)$$

また，半径は CA であり　$CA=\sqrt{2^2+(-3)^2+1^2}=\sqrt{14}$

よって，求める球の方程式は

$$x^2+y^2+z^2=14$$

◀線分 AB が直径であり，線分 CA が半径である。

(4) 点 $(5,\ 5,\ -2)$ を通り 3 つの座標平面に接するから，球の半径を r とおくと，中心は $(r,\ r,\ -r)$ と表すことができる。

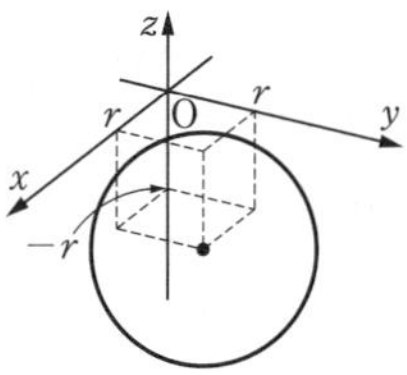

◀通る点の座標の正負から中心の座標の正負を考える。

よって，求める球の方程式は

$$(x-r)^2+(y-r)^2+(z+r)^2=r^2$$

これが点 $(5,\ 5,\ -2)$ を通るから

$$(5-r)^2+(5-r)^2+(-2+r)^2=r^2$$

ゆえに　$2r^2-24r+54=0$

$(r-3)(r-9)=0$ より　$r=3,\ 9$

したがって，求める球の方程式は

$$(x-3)^2+(y-3)^2+(z+3)^2=9$$
$$(x-9)^2+(y-9)^2+(z+9)^2=81$$

◀条件を満たす球は 2 つある。

練習 66 4 点 $(0,\ 0,\ 0)$，$(1,\ -1,\ 0)$，$(0,\ 1,\ 1)$，$(6,\ -1,\ 1)$ を通る球の方程式を求めよ。また，この球の中心の座標と半径を求めよ。

求める球の方程式を $x^2+y^2+z^2+kx+ly+mz+n=0$ とおく。

◀与えられた条件が，通る点の座標だけであるから，一般形を用いる。

点 $(0,\ 0,\ 0)$ を通るから　$n=0$　…①
点 $(1,\ -1,\ 0)$ を通るから　$k-l+n+2=0$　…②
点 $(0,\ 1,\ 1)$ を通るから　$l+m+n+2=0$　…③
点 $(6,\ -1,\ 1)$ を通るから　$6k-l+m+n+38=0$　…④

① を ②，③，④ に代入すると，それぞれ

$$k-l+2=0$$
$$l+m+2=0$$
$$6k-l+m+38=0$$

これを解くと　$k=-8$，$l=-6$，$m=4$

したがって，求める球の方程式は

$$x^2+y^2+z^2-8x-6y+4z=0$$

これより　$(x^2-8x)+(y^2-6y)+(z^2+4z)=0$

◀左辺を x，y，z それぞれについて平方完成する。

よって　$(x-4)^2+(y-3)^2+(z+2)^2=29$

したがって　**中心 (4, 3, −2)**,　**半径 $\sqrt{29}$**

練習 67 点 $\mathrm{A}(0,\ -2,\ k)$ を通り，$\vec{d}=(1,\ -1,\ 2)$ に平行な直線 l と球 $\omega: x^2+y^2+z^2=3$ がある。
(1) $k=1$ のとき，球 ω と直線 l の共有点の座標を求めよ。
(2) 球 ω と直線 l が共有点をもつような定数 k の値の範囲を求めよ。

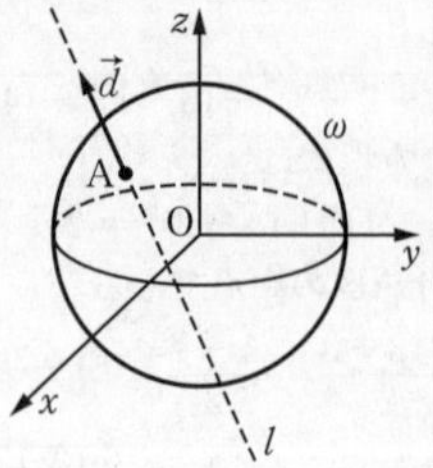

球 ω と直線 l の共有点を P とする。
点 P は直線 l 上にあるから，
$\overrightarrow{\mathrm{OP}}=\overrightarrow{\mathrm{OA}}+t\vec{d}$ (t は実数) とおける。

$$\overrightarrow{\mathrm{OP}}=(0,\ -2,\ k)+t(1,\ -1,\ 2)$$
$$=(t,\ -t-2,\ 2t+k)$$

よって　$\mathrm{P}(t,\ -t-2,\ 2t+k)$

(1) $k=1$ のとき

$$\mathrm{P}(t,\ -t-2,\ 2t+1)$$

これが球 ω 上の点であるから

$$t^2+(-t-2)^2+(2t+1)^2=3$$
$$3t^2+4t+1=0$$

◀ $x^2+y^2+z^2=3$ に $x=t$, $y=-t-2$, $z=2t+1$ を代入する。

$(t+1)(3t+1)=0$ より　$t=-1,\ -\dfrac{1}{3}$

よって，求める共有点の座標は

$$\mathbf{(-1,\ -1,\ -1),\ \left(-\frac{1}{3},\ -\frac{5}{3},\ \frac{1}{3}\right)}$$

(2) 球 ω と直線 l が共有点をもつとき

$$t^2+(-t-2)^2+(2t+k)^2=3$$

◀ $x^2+y^2+z^2=3$ に $x=t$, $y=-t-2$, $z=2t+k$ を代入する。

すなわち，$6t^2+4(k+1)t+k^2+1=0$ が実数解をもつから，判別式を D とすると　$D\geqq 0$

◀ 球と直線が共有点をもつとき，この t についての2次方程式は実数解をもつ。

$$\frac{D}{4}=4(k+1)^2-6(k^2+1)=-2(k^2-4k+1)$$

$-2(k^2-4k+1)\geqq 0$ より　$k^2-4k+1\leqq 0$

よって　$\boldsymbol{2-\sqrt{3}\leqq k\leqq 2+\sqrt{3}}$

練習 68 中心 $\mathrm{A}(3,\ 4,\ -2a)$，半径 a の球が，平面 $y=3$ と交わってできる円 C の半径が $\sqrt{3}$ であるとき，次の問に答えよ。
(1) 定数 a の値とそのときの球の方程式を求めよ。
(2) 円 C の方程式を求めよ。

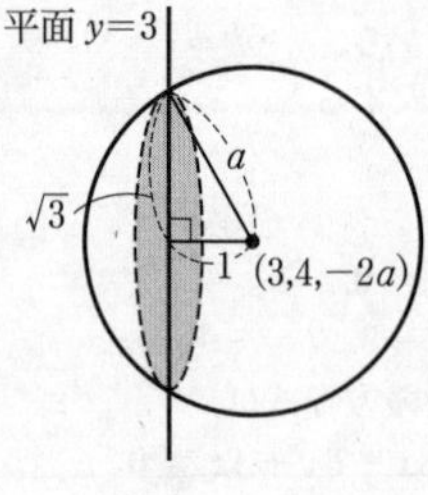

(1) 球の中心が $\mathrm{A}(3,\ 4,\ -2a)$ であるから，円 C の中心は $\mathrm{C}(3,\ 3,\ -2a)$ である。

◀ 球の中心 A と平面 $y=3$ の距離は y 座標の差 $4-3=1$ である。

よって　$a^2=(\sqrt{3})^2+1^2=4$

$a>0$ より　$\boldsymbol{a=2}$

このとき，球の中心が $\mathrm{A}(3,\ 4,\ -4)$，半径が2であるから，球の方程式は

$$\boldsymbol{(x-3)^2+(y-4)^2+(z+4)^2=4}$$

(2) 円の中心が $\mathrm{C}(3,\ 3,\ -4)$，半径が $\sqrt{3}$ で

あるから，円 C の方程式は

$$(x-3)^2+(z+4)^2=3,\ \ y=3$$

〔別解〕 球の方程式は，$(x-3)^2+(y-4)^2+(z+2a)^2=a^2$ とおける。

円 C の方程式は，これと $y=3$ を連立して

$$(x-3)^2+(z+2a)^2=a^2-1,\ \ y=3$$

この半径が $\sqrt{3}$ であるから，$a^2-1=3$ より　　$a^2=4$

$a>0$ より　　$a=2$

よって，球の方程式は　　$(x-3)^2+(y-4)^2+(z+4)^2=4$

また，円 C の方程式は　　$(x-3)^2+(z+4)^2=3,\ \ y=3$

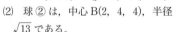

練習 69 2つの球 $(x-4)^2+(y+2)^2+(z-1)^2=20$ …①，
$(x-2)^2+(y-4)^2+(z-4)^2=13$ …② がある。
(1) 点 P$(-1,\ 6,\ 7)$ を中心とし，球①に接する球の方程式を求めよ。
(2) 2つの球①，②が交わってできる円 C の中心の座標と半径を求めよ。

(1) 球①は，中心 A$(4,\ -2,\ 1)$，半径 $2\sqrt{5}$

よって，中心間の距離 AP は

$$\mathrm{AP}=\sqrt{(-1-4)^2+(6+2)^2+(7-1)^2}=5\sqrt{5}$$

ゆえに，求める球の半径は2つの球が外接するとき $3\sqrt{5}$，内接するとき $7\sqrt{5}$ であるから，求める球の方程式は

$$\boldsymbol{(x+1)^2+(y-6)^2+(z-7)^2=45}$$
$$\boldsymbol{(x+1)^2+(y-6)^2+(z-7)^2=245}$$

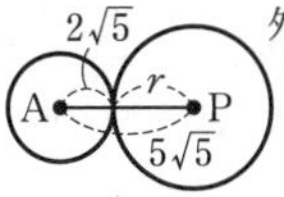

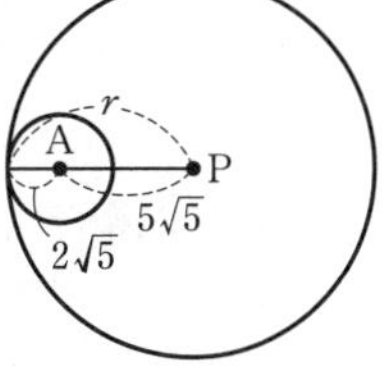

(2) 球②は，中心 B$(2,\ 4,\ 4)$，半径 $\sqrt{13}$ である。

よって，球①，②の中心間の距離 AB は

$$\mathrm{AB}=\sqrt{(2-4)^2+(4+2)^2+(4-1)^2}=7$$

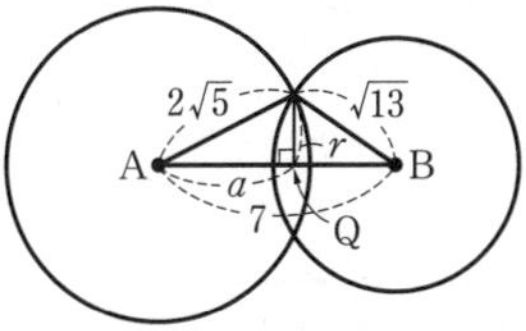

円 C の中心を Q，半径を r とする。

AQ $=x$ とおくと，三平方の定理により

$$\begin{cases} r^2=20-x^2 \\ r^2=13-(7-x)^2 \end{cases}$$

$20-x^2=13-(7-x)^2$ より　　$x=4$

よって，AQ $=4$，QB $=3$ より　　AQ：QB $=4：3$

ゆえに，円 C の中心 Q の座標は

$$\left(\frac{3\cdot4+4\cdot2}{4+3},\ \frac{3\cdot(-2)+4\cdot4}{4+3},\ \frac{3\cdot1+4\cdot4}{4+3}\right)$$

すなわち　$\boldsymbol{\left(\frac{20}{7},\ \frac{10}{7},\ \frac{19}{7}\right)}$

また，円 C の半径 r は　　$r=\sqrt{20-4^2}=\boldsymbol{2}$

練習 70 空間に $\vec{n}=(1,\ 2,\ -2)$ を法線ベクトルとし，点 A$(-8,\ -3,\ 2)$ を通る平面 α がある。
(1) 平面 α の方程式を求めよ。
(2) 原点 O から平面 α に下ろした垂線を OH とする。点 H の座標を求めよ。また，原点 O と平面 α の距離を求めよ。

(1)　$1(x+8)+2(y+3)-2(z-2)=0$ より

$$\boldsymbol{x+2y-2z+18=0}$$

(2)　直線 OH は $\vec{n}$ に平行であるから $\overrightarrow{\mathrm{OH}}=t\vec{n}$ （t は実数）とおける。

◀ $\vec{a} /\!/ \vec{b} \iff \vec{a}=t\vec{b}$ （t は実数）

$$\overrightarrow{\mathrm{OH}}=t(1,\ 2,\ -2)=(t,\ 2t,\ -2t)$$

よって　　$\mathrm{H}(t,\ 2t,\ -2t)$

点 H は平面 α 上にあるから　　$t+2\cdot 2t-2\cdot(-2t)+18=0$

◀ (1) の方程式に $x=t,\ y=2t,\ z=-2t$ を代入する。

$9t+18=0$ より　　$t=-2$

したがって　　$\boldsymbol{\mathrm{H}(-2,\ -4,\ 4)}$

◀ $\mathrm{H}(t,\ 2t,\ -2t)$ に $t=-2$ を代入する。

また，原点 O と平面 α の距離は，線分 OH の長さであるから

$$\mathrm{OH}=\sqrt{(-2)^2+(-4)^2+4^2}=\boldsymbol{6}$$

練習 71　空間に平面 $\alpha: x+2y+2z=a$ と球 $\omega: x^2+y^2+z^2=25$ がある。
(1)　平面 α と球 ω が共有点をもつとき，a の値の範囲を求めよ。
(2)　球 ω と平面 α が交わってできる円の半径が 4 のとき，定数 a の値を求めよ。

---

(1)　球 ω の中心の座標は $\mathrm{O}(0,\ 0,\ 0)$，半径 $r=5$

平面 $\alpha: x+2y+2z-a=0$ と $\mathrm{O}(0,\ 0,\ 0)$ の距離を d とおくと

$$d=\frac{|-a|}{\sqrt{1^2+2^2+2^2}}=\frac{|a|}{3}$$

◀ 点と平面の距離の公式

平面 α と球 ω が共有点をもつから

$\dfrac{|a|}{3}\leqq 5$ より　　$\boldsymbol{-15\leqq a\leqq 15}$

(2)　球 ω と平面 α が交わってできる円の半径が 4 であるとき，
$4^2+d^2=5^2$ が成り立つことから

◀

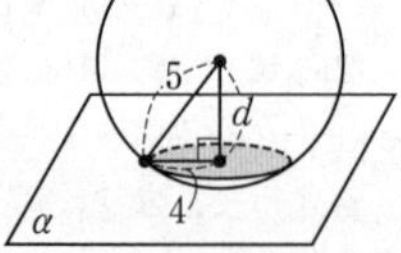

$16+\dfrac{a^2}{9}=25$ より　　$\boldsymbol{a=\pm 9}$

練習 72　空間内に 3 点 $\mathrm{A}(5,\ 0,\ 0)$，$\mathrm{B}(0,\ 3,\ 0)$，$\mathrm{C}(3,\ 6,\ 0)$ がある。点 $\mathrm{P}(x,\ y,\ z)$ が $\overrightarrow{\mathrm{PA}}\cdot(2\overrightarrow{\mathrm{PB}}+\overrightarrow{\mathrm{PC}})=0$ を満たすように動くとき，点 P はどのような図形上を動くか。また，その図形の方程式を求めよ。

与式より　　$(\overrightarrow{\mathrm{OA}}-\overrightarrow{\mathrm{OP}})\cdot(2\overrightarrow{\mathrm{OB}}+\overrightarrow{\mathrm{OC}}-3\overrightarrow{\mathrm{OP}})=0$

$$(\overrightarrow{\mathrm{OP}}-\overrightarrow{\mathrm{OA}})\cdot\left(\overrightarrow{\mathrm{OP}}-\frac{2\overrightarrow{\mathrm{OB}}+\overrightarrow{\mathrm{OC}}}{3}\right)=0$$

よって，点 P は点 A と線分 BC を 1:2 に内分する点 D を直径の両端とする球上を動く。

◀ 2 点 A，B を直径の両端とする球のベクトル方程式は，AP ⊥ BP より $(\vec{p}-\vec{a})\cdot(\vec{p}-\vec{b})=0$

点 D の座標は $(1,\ 4,\ 0)$ であるから，球の中心と半径は

中心 $(3,\ 2,\ 0)$，半径 $2\sqrt{2}$

◀ 中心は線分 AD の中点

ゆえに，点 P は **中心 $(3,\ 2,\ 0)$，半径 $2\sqrt{2}$ の球上を動く**。

したがって，この図形の方程式は

$$\boldsymbol{(x-3)^2+(y-2)^2+z^2=8}$$

〔別解〕　$\overrightarrow{\mathrm{PA}}=(5-x,\ -y,\ -z)$

$$2\overrightarrow{\mathrm{PB}}+\overrightarrow{\mathrm{PC}}=2(-x,\ 3-y,\ -z)+(3-x,\ 6-y,\ -z)$$
$$=(3-3x,\ 12-3y,\ -3z)$$

$\overrightarrow{\mathrm{PA}}\cdot(2\overrightarrow{\mathrm{PB}}+\overrightarrow{\mathrm{PC}})=0$ より

$(5-x)(3-3x)+(-y)(12-3y)+(-z)(-3z)=0$

$3x^2+3y^2+3z^2-18x-12y+15=0$

$x^2+y^2+z^2-6x-4y+5=0$

よって　$(x-3)^2+(y-2)^2+z^2=8$

ゆえに，点Pは中心 $(3,\ 2,\ 0)$，半径 $2\sqrt{2}$ の球上を動く。

したがって，求める図形の方程式は　$(x-3)^2+(y-2)^2+z^2=8$

練習 73　空間に平面 $\alpha: 2x+y-3z=3$ と平面 $\beta: x-3y+2z=5$ がある。
(1) 平面 α と平面 β のなす角 θ $(0° \leqq \theta \leqq 90°)$ を求めよ。
(2) 平面 α と平面 β の交線 l の方程式を求めよ。

(1) 平面 α と平面 β の法線ベクトルの1つをそれぞれ $\overrightarrow{n_1}$，$\overrightarrow{n_2}$ とすると

$\overrightarrow{n_1}=(2,\ 1,\ -3)$，$\overrightarrow{n_2}=(1,\ -3,\ 2)$

$\overrightarrow{n_1}$ と $\overrightarrow{n_2}$ のなす角 θ' $(0° \leqq \theta' \leqq 180°)$ は

$$\cos\theta'=\frac{\overrightarrow{n_1}\cdot\overrightarrow{n_2}}{|\overrightarrow{n_1}||\overrightarrow{n_2}|}=\frac{2-3-6}{\sqrt{14}\sqrt{14}}=-\frac{1}{2}$$

よって　$\theta'=120°$

ゆえに，平面 α と平面 β のなす角 θ は　$\boldsymbol{\theta=60°}$

(2) $2x+y-3z=3$ …①，$x-3y+2z=5$ …② とおく。

①，②より，x を y または z で表すと

①×3+②より　$7x-7z=14$

ゆえに　$x=z+2$

①×2+②×3より　$7x-7y=21$

ゆえに　$x=y+3$

よって，交線 l の方程式は　$\boldsymbol{x=y+3=z+2}$

◀平面 $ax+by+cz+d=0$ の法線ベクトル $\vec{n}$ の1つは　$\vec{n}=(a,\ b,\ c)$

◀まず，法線ベクトルのなす角 θ' を求める。

◀$0° \leqq \theta \leqq 90°$ であるから $90° < \theta' \leqq 180°$ のとき　$\theta=180°-\theta'$

◀y を消去し x を z で表す。

◀z を消去し x を y で表す。

練習 74　空間に平面 $\alpha: 3x-5y-4z=9$ と直線 $l: x=\dfrac{y-6}{10}=\dfrac{z-9}{7}$ がある。平面 α と直線 l のなす角 θ $(0° \leqq \theta \leqq 90°)$ と，交点Pの座標を求めよ。

平面 α の法線ベクトル $\vec{n}=(3,\ -5,\ -4)$ と直線 l の方向ベクトル $\vec{u}=(1,\ 10,\ 7)$ のなす角 θ' $(0° \leqq \theta' \leqq 180°)$ は

$$\cos\theta'=\frac{\vec{n}\cdot\vec{u}}{|\vec{n}||\vec{u}|}=\frac{-75}{\sqrt{50}\sqrt{150}}=-\frac{\sqrt{3}}{2}$$

$0° \leqq \theta' \leqq 180°$ より　$\theta'=150°$

よって，平面 α と直線 l のなす角 θ は

$\theta=150°-90°=\boldsymbol{60°}$

次に，$x=\dfrac{y-6}{10}=\dfrac{z-9}{7}=t$ とおくと

$x=t,\ y=10t+6,\ z=7t+9$　…①

①を平面 α の方程式に代入すると

$3t-5(10t+6)-4(7t+9)=9$ より　$t=-1$

$t=-1$ を①に代入すると $x=-1$，$y=-4$，$z=2$ であるから，

求める交点Pの座標は　$\boldsymbol{P(-1,\ -4,\ 2)}$

◀まず平面 α の法線ベクトルと直線 l の方向ベクトルのなす角を求める。

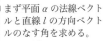

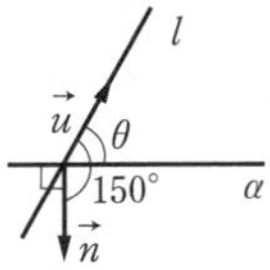

◀平面 α と $\vec{n}$ のなす角は 90°

◀直線 l を媒介変数表示する。

問題 40 点 $A(x,\ y,\ -4)$ を y 軸に関して対称移動し，さらに，zx 平面に関して対称移動すると，点 $B(2,\ -1,\ z)$ となる。このとき，$x,\ y,\ z$ の値を求めよ。

点 A を y 軸に関して対称移動した点を C とすると　$C(-x,\ y,\ 4)$
点 C を zx 平面に関して対称移動した点は $(-x,\ -y,\ 4)$ と表すことができ，それが点 $B(2,\ -1,\ z)$ であるから

$$-x=2,\ -y=-1,\ 4=z$$

よって　$\boldsymbol{x=-2,\ y=1,\ z=4}$

◀ y 軸に関して対称移動
⇨ x, z 座標の符号が変わる。

◀ zx 平面に関して対称移動
⇨ y 座標の符号が変わる。

問題 41 3 点 $A(2,\ 2,\ 0)$, $B(2,\ 0,\ -2)$, $C(0,\ 2,\ -2)$ に対して，四面体 ABCD が正四面体となるような点 D の座標を求めよ。

求める点を $D(x,\ y,\ z)$ とする。
$AB^2=BC^2=CA^2=8$ であるから

$$AD^2=BD^2=CD^2=8$$

◀ AD = BD = CD だけでは点 D が決定しないことに注意する。

よって

$$\begin{cases}(x-2)^2+(y-2)^2+z^2=8 & \cdots ①\\(x-2)^2+y^2+(z+2)^2=8 & \cdots ②\\x^2+(y-2)^2+(z+2)^2=8 & \cdots ③\end{cases}$$

① − ② より　$-4y-4z=0$　よって　$y=-z$
① − ③ より　$-4x-4z=0$　よって　$x=-z$
これらを ③ に代入すると

$$(-z)^2+(-z-2)^2+(z+2)^2=8$$
$$3z^2+8z=0$$

$z(3z+8)=0$ より　$z=0,\ -\dfrac{8}{3}$

$z=0$ のとき　$x=y=0$

$z=-\dfrac{8}{3}$ のとき　$x=y=\dfrac{8}{3}$

したがって，求める点 D の座標は

$$\mathbf{D(0,\ 0,\ 0)}\ \ \text{または}\ \ \mathbf{D}\left(\frac{8}{3},\ \frac{8}{3},\ -\frac{8}{3}\right)$$

問題 42 平行六面体 ABCD−EFGH において，次の等式が成り立つことを証明せよ。
(1) $\overrightarrow{AC}+\overrightarrow{AH}+\overrightarrow{AF}=2\overrightarrow{AG}$　　(2) $\overrightarrow{AG}+\overrightarrow{BH}+\overrightarrow{CE}+\overrightarrow{DF}=4\overrightarrow{AE}$

$\overrightarrow{AB}=\vec{a}$, $\overrightarrow{AD}=\vec{b}$, $\overrightarrow{AE}=\vec{c}$ とおく。

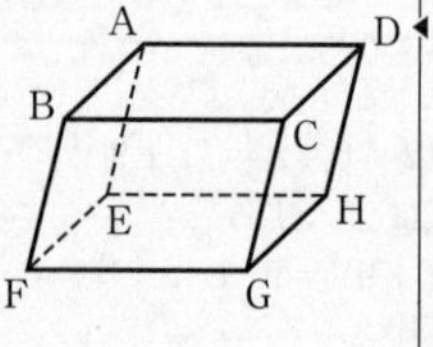

◀ $\overrightarrow{AB}$, $\overrightarrow{AD}$, $\overrightarrow{AE}$ はどの 2 つも平行ではないから，(1), (2) で出てくるベクトルは，$\vec{a}$, $\vec{b}$, $\vec{c}$ で表すことができる。

(1) $\overrightarrow{AC}=\overrightarrow{AB}+\overrightarrow{BC}=\overrightarrow{AB}+\overrightarrow{AD}=\vec{a}+\vec{b}$
$\overrightarrow{AH}=\overrightarrow{AD}+\overrightarrow{DH}=\overrightarrow{AD}+\overrightarrow{AE}=\vec{b}+\vec{c}$
$\overrightarrow{AF}=\overrightarrow{AB}+\overrightarrow{BF}=\overrightarrow{AB}+\overrightarrow{AE}=\vec{a}+\vec{c}$
よって

$$(\text{左辺})=\overrightarrow{AC}+\overrightarrow{AH}+\overrightarrow{AF}$$
$$=(\vec{a}+\vec{b})+(\vec{b}+\vec{c})+(\vec{a}+\vec{c})$$

◀ **Re Action** II B 例題 63
「等式の証明は，左辺，右辺を別々に整理せよ」

$= 2(\vec{a}+\vec{b}+\vec{c})$

また　$\overrightarrow{AG} = \overrightarrow{AB}+\overrightarrow{BC}+\overrightarrow{CG}$

$= \overrightarrow{AB}+\overrightarrow{AD}+\overrightarrow{AE}$

$= \vec{a}+\vec{b}+\vec{c}$

よって　(右辺) $= 2\overrightarrow{AG} = 2(\vec{a}+\vec{b}+\vec{c})$

したがって　$\overrightarrow{AC}+\overrightarrow{AH}+\overrightarrow{AF} = 2\overrightarrow{AG}$

◀(左辺) = (右辺)

(2) (1) より　$\overrightarrow{AG} = \vec{a}+\vec{b}+\vec{c}$

また　$\overrightarrow{BH} = \overrightarrow{BC}+\overrightarrow{CG}+\overrightarrow{GH} = -\vec{a}+\vec{b}+\vec{c}$

$\overrightarrow{CE} = \overrightarrow{CD}+\overrightarrow{DA}+\overrightarrow{AE} = -\vec{a}-\vec{b}+\vec{c}$

$\overrightarrow{DF} = \overrightarrow{DA}+\overrightarrow{AB}+\overrightarrow{BF} = \vec{a}-\vec{b}+\vec{c}$

◀$\overrightarrow{BC} = \overrightarrow{AD} = \vec{b}$
$\overrightarrow{CG} = \overrightarrow{AE} = \vec{c}$
$\overrightarrow{GH} = \overrightarrow{BA} = -\vec{a}$

よって

$\overrightarrow{AG}+\overrightarrow{BH}+\overrightarrow{CE}+\overrightarrow{DF}$

$= (\vec{a}+\vec{b}+\vec{c})+(-\vec{a}+\vec{b}+\vec{c})+(-\vec{a}-\vec{b}+\vec{c})+(\vec{a}-\vec{b}+\vec{c})$

$= 4\vec{c}$

$= 4\overrightarrow{AE}$

したがって　$\overrightarrow{AG}+\overrightarrow{BH}+\overrightarrow{CE}+\overrightarrow{DF} = 4\overrightarrow{AE}$

問題 43　$\overrightarrow{e_1} = (1,\ 0,\ 0)$, $\overrightarrow{e_2} = (0,\ 1,\ 0)$, $\overrightarrow{e_3} = (0,\ 0,\ 1)$ とし, $\vec{a} = (1,\ 2,\ 1)$, $\vec{b} = (-1,\ 0,\ 1)$, $\vec{c} = (0,\ 1,\ 2)$ とするとき

(1) $\overrightarrow{e_1}$, $\overrightarrow{e_2}$, $\overrightarrow{e_3}$ をそれぞれ $\vec{a}$, $\vec{b}$, $\vec{c}$ で表せ。

(2) $\vec{d} = (s,\ t,\ u)$ のとき, $\vec{d}$ を $\vec{a}$, $\vec{b}$, $\vec{c}$ で表せ。

(1)
$$\begin{cases} \vec{a} = \overrightarrow{e_1}+2\overrightarrow{e_2}+\overrightarrow{e_3} & \cdots ① \\ \vec{b} = -\overrightarrow{e_1}+\overrightarrow{e_3} & \cdots ② \\ \vec{c} = \overrightarrow{e_2}+2\overrightarrow{e_3} & \cdots ③ \end{cases}$$

◀$\vec{a}$, $\vec{b}$, $\vec{c}$ を定数, $\overrightarrow{e_1}$, $\overrightarrow{e_2}$, $\overrightarrow{e_3}$ を未知数と見なして, 3元連立方程式を解く。

①＋② より　$\vec{a}+\vec{b} = 2\overrightarrow{e_2}+2\overrightarrow{e_3}$　$\cdots ④$

④－③ より　$\vec{a}+\vec{b}-\vec{c} = \overrightarrow{e_2}$　$\cdots ⑤$

⑤ を ③ に代入すると　$\vec{c} = \vec{a}+\vec{b}-\vec{c}+2\overrightarrow{e_3}$

よって　$\overrightarrow{e_3} = -\frac{1}{2}\vec{a}-\frac{1}{2}\vec{b}+\vec{c}$　$\cdots ⑥$

⑥ を ② に代入すると

$\vec{b} = -\overrightarrow{e_1}-\frac{1}{2}\vec{a}-\frac{1}{2}\vec{b}+\vec{c}$

よって　$\overrightarrow{e_1} = -\frac{1}{2}\vec{a}-\frac{3}{2}\vec{b}+\vec{c}$

ゆえに

$$\boldsymbol{\overrightarrow{e_1} = -\frac{1}{2}\vec{a}-\frac{3}{2}\vec{b}+\vec{c},\ \ \overrightarrow{e_2} = \vec{a}+\vec{b}-\vec{c},\ \ \overrightarrow{e_3} = -\frac{1}{2}\vec{a}-\frac{1}{2}\vec{b}+\vec{c}}$$

(2) $\vec{d} = s\overrightarrow{e_1}+t\overrightarrow{e_2}+u\overrightarrow{e_3}$ であるから

$\vec{d} = s\left(-\frac{1}{2}\vec{a}-\frac{3}{2}\vec{b}+\vec{c}\right)+t(\vec{a}+\vec{b}-\vec{c})+u\left(-\frac{1}{2}\vec{a}-\frac{1}{2}\vec{b}+\vec{c}\right)$

◀(1) の結果を代入する。

$$= \frac{-s+2t-u}{2}\vec{a} + \frac{-3s+2t-u}{2}\vec{b} + (s-t+u)\vec{c}$$

問題 44 空間の3つのベクトル $\vec{a}=(1,\ -3,\ -3)$, $\vec{b}=(1,\ -1,\ -2)$, $\vec{c}=(-2,\ 3,\ 4)$ に対して，次の2つの条件を満たすベクトル $\vec{e}$ を $s\vec{a}+t\vec{b}+u\vec{c}$ の形で表せ。

(ア) $\vec{e}$ は単位ベクトル　　(イ) $\vec{e}$ は $\vec{d}=(-5,\ 6,\ 8)$ と平行

$\vec{d}=s'\vec{a}+t'\vec{b}+u'\vec{c}$ とおくと

◀ $\vec{a}$, $\vec{b}$, $\vec{c}$ は1次独立である。

$$(-5,\ 6,\ 8)=s'(1,\ -3,\ -3)+t'(1,\ -1,\ -2)+u'(-2,\ 3,\ 4)$$
$$=(s'+t'-2u',\ -3s'-t'+3u',\ -3s'-2t'+4u')$$

よって $\begin{cases} -5=s'+t'-2u' & \cdots ① \\ 6=-3s'-t'+3u' & \cdots ② \\ 8=-3s'-2t'+4u' & \cdots ③ \end{cases}$

◀ 各成分を比較する。

①×3＋② より　　$-9=2t'-3u'$　　…④

②－③ より　　$-2=t'-u'$　　…⑤

⑤×2－④ より　　$u'=5$

これを ⑤ に代入すると　　$t'=3$

① より　　$s'=2$

よって　　$\vec{d}=2\vec{a}+3\vec{b}+5\vec{c}$　　…⑥

次に，$\vec{d}=(-5,\ 6,\ 8)$ であるから

$$|\vec{d}|=\sqrt{(-5)^2+6^2+8^2}=\sqrt{125}=5\sqrt{5}$$

$\vec{e}$ は $\vec{d}$ と平行な単位ベクトルであるから

◀ $\vec{d}$ と平行な単位ベクトルは　$\pm\dfrac{\vec{d}}{|\vec{d}|}$

$$\vec{e}=\pm\frac{\vec{d}}{5\sqrt{5}}=\pm\frac{\sqrt{5}}{25}\vec{d}$$

したがって，⑥ より

$$\boldsymbol{\vec{e}=\frac{2\sqrt{5}}{25}\vec{a}+\frac{3\sqrt{5}}{25}\vec{b}+\frac{\sqrt{5}}{5}\vec{c}}$$

または　$$\boldsymbol{\vec{e}=-\frac{2\sqrt{5}}{25}\vec{a}-\frac{3\sqrt{5}}{25}\vec{b}-\frac{\sqrt{5}}{5}\vec{c}}$$

問題 45 1辺の長さが2の正四面体 ABCD で，CD の中点を M とする。次の内積を求めよ。

(1) $\overrightarrow{AB}\cdot\overrightarrow{AC}$　　(2) $\overrightarrow{BC}\cdot\overrightarrow{CD}$

(3) $\overrightarrow{AB}\cdot\overrightarrow{CD}$　　(4) $\overrightarrow{MA}\cdot\overrightarrow{MB}$

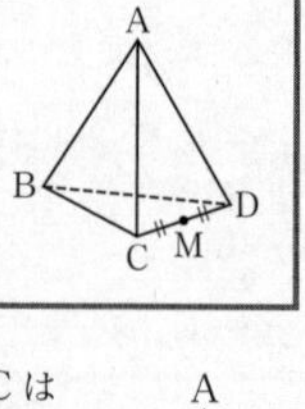

---

(1) $|\overrightarrow{AB}|=|\overrightarrow{AC}|=2$, $\angle BAC=60^\circ$ であるから

$$\overrightarrow{AB}\cdot\overrightarrow{AC}=2\times2\times\cos60^\circ=\mathbf{2}$$

◀ △ABC は正三角形

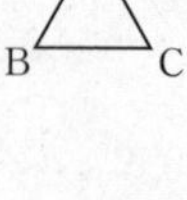

(2) $|\overrightarrow{BC}|=|\overrightarrow{CD}|=2$, $\overrightarrow{BC}$ と $\overrightarrow{CD}$ のなす角は 120° であるから

$$\overrightarrow{BC}\cdot\overrightarrow{CD}=2\times2\times\cos120^\circ=\mathbf{-2}$$

◀

(3) $\overrightarrow{CD}=\overrightarrow{AD}-\overrightarrow{AC}$ より

$$\overrightarrow{AB}\cdot\overrightarrow{CD}=\overrightarrow{AB}\cdot(\overrightarrow{AD}-\overrightarrow{AC})=\overrightarrow{AB}\cdot\overrightarrow{AD}-\overrightarrow{AB}\cdot\overrightarrow{AC}$$

ここで，$\overrightarrow{AB}\cdot\overrightarrow{AD}=2\times2\times\cos60^\circ=2$，$\overrightarrow{AB}\cdot\overrightarrow{AC}=2$ であるから

$$\overrightarrow{\mathbf{AB}}\cdot\overrightarrow{\mathbf{CD}}=\mathbf{0}$$

◀正四面体の性質より，AB ⊥ CD であるから，$\overrightarrow{AB}\cdot\overrightarrow{CD}=0$ と考えてもよい。

(4) $|\overrightarrow{MA}|=\sqrt{AC^2-CM^2}=\sqrt{3}$，

$|\overrightarrow{MB}|=\sqrt{BC^2-CM^2}=\sqrt{3}$

◀△AMC，△BMC は直角三角形であるから，三平方の定理により $\overrightarrow{MA}$, $\overrightarrow{MB}$ の大きさを求める。

△ABM において，余弦定理により

$$\cos\angle AMB=\frac{(\sqrt{3})^2+(\sqrt{3})^2-2^2}{2\times\sqrt{3}\times\sqrt{3}}=\frac{1}{3}$$

よって　$\overrightarrow{MA}\cdot\overrightarrow{MB}=\sqrt{3}\times\sqrt{3}\times\cos\angle AMB=\mathbf{1}$

問題 46　3 点 A(0, 5, 5)，B(2, 3, 4)，C(6, −2, 7) について，△ABC の面積を求めよ。

$\overrightarrow{AB}=(2-0,\ 3-5,\ 4-5)=(2,\ -2,\ -1)$

$\overrightarrow{AC}=(6-0,\ -2-5,\ 7-5)=(6,\ -7,\ 2)$ より

$$|\overrightarrow{AB}|=\sqrt{2^2+(-2)^2+(-1)^2}=3$$

$$|\overrightarrow{AC}|=\sqrt{6^2+(-7)^2+2^2}=\sqrt{89}$$

$$\overrightarrow{AB}\cdot\overrightarrow{AC}=2\times6+(-2)\times(-7)+(-1)\times2=24$$

◀△ABC の面積を求めるために，2 辺 AB，AC の長さと sin∠BAC の値を求め，

$\triangle ABC=\frac{1}{2}AB\cdot AC\sin\angle BAC$

を用いる。

よって　$\cos\angle BAC=\dfrac{\overrightarrow{AB}\cdot\overrightarrow{AC}}{|\overrightarrow{AB}||\overrightarrow{AC}|}=\dfrac{24}{3\sqrt{89}}=\dfrac{8}{\sqrt{89}}$

◀sin∠BAC を求めるために，まず cos∠BAC を求める。

$0^\circ<\angle BAC<180^\circ$ より，$\sin\angle BAC>0$ であるから

$$\sin\angle BAC=\sqrt{1-\left(\frac{8}{\sqrt{89}}\right)^2}=\sqrt{\frac{25}{89}}=\frac{5}{\sqrt{89}}$$

◀$\sin^2\theta+\cos^2\theta=1$ より
$\sin^2\theta=1-\cos^2\theta$
$\sin\theta\geqq0$ のとき
$\sin\theta=\sqrt{1-\cos^2\theta}$

したがって

$$\triangle ABC=\frac{1}{2}|\overrightarrow{AB}||\overrightarrow{AC}|\sin\angle BAC$$

$$=\frac{1}{2}\cdot3\cdot\sqrt{89}\cdot\frac{5}{\sqrt{89}}=\mathbf{\frac{15}{2}}$$

問題 47　$\vec{a}=(1,\ 3,\ -2)$ となす角が 60°，$\vec{b}=(1,\ -1,\ -1)$ と垂直で，大きさが $\sqrt{14}$ であるベクトル $\vec{p}$ を求めよ。

求めるベクトルを $\vec{p}=(x,\ y,\ z)$ とおく。

$\vec{a}$ と $\vec{p}$ のなす角は 60° であるから　$\vec{a}\cdot\vec{p}=|\vec{a}||\vec{p}|\cos60^\circ$　…①

ここで　$|\vec{a}|=\sqrt{1^2+3^2+(-2)^2}=\sqrt{14}$，$|\vec{p}|=\sqrt{14}$

◀問題の条件より，求めるベクトル $\vec{p}$ の大きさは $\sqrt{14}$ である。

$\vec{a}\cdot\vec{p}=x+3y-2z$

① に代入すると

$$x+3y-2z=\sqrt{14}\cdot\sqrt{14}\cdot\cos60^\circ$$

よって　$x+3y-2z=7$　…②

次に，$\vec{b}\perp\vec{p}$ であるから　$\vec{b}\cdot\vec{p}=0$

よって　$x-y-z=0$　…③

また，$|\vec{p}|=\sqrt{14}$ より

◀$\sqrt{x^2+y^2+z^2}=\sqrt{14}$

$$x^2+y^2+z^2=14 \quad \cdots ④$$

②−③×2 より

$$-x+5y=7 \quad すなわち \quad x=5y-7 \quad \cdots ⑤$$

⑤ を ③ に代入すると

$$(5y-7)-y-z=0 \quad すなわち \quad z=4y-7 \quad \cdots ⑥$$

④ に ⑤, ⑥ を代入すると

$$(5y-7)^2+y^2+(4y-7)^2=14$$
$$42y^2-126y+84=0$$
$$y^2-3y+2=0$$
$$(y-1)(y-2)=0$$

よって　$y=1,\ 2$

⑤, ⑥ より

$y=1$ のとき　$x=-2,\ z=-3$

$y=2$ のとき　$x=3,\ z=1$

したがって，求めるベクトル $\vec{p}$ は

$$\vec{p}=(-2,\ 1,\ -3),\ (3,\ 2,\ 1)$$

◀ ②, ③, ④ を連立して解く。

問題 48 $\vec{p}$ が y 軸，z 軸の正の向きとのなす角がそれぞれ 45°，120° であり，$|\vec{p}|=4$ のとき
(1) $\vec{p}$ の x 軸の正の向きとのなす角を求めよ。　(2) $\vec{p}$ の成分を求めよ。

(1) $\vec{e_1}=(1,\ 0,\ 0)$，$\vec{e_2}=(0,\ 1,\ 0)$，$\vec{e_3}=(0,\ 0,\ 1)$，$\vec{p}=(a,\ b,\ c)$ とし，$\vec{p}$ と x 軸の正の向きとのなす角を α とする。

◀ x 軸，y 軸，z 軸の正方向の単位ベクトルをそれぞれ $\vec{e_1}$，$\vec{e_2}$，$\vec{e_3}$ とする。

$\vec{p}\cdot\vec{e_2}=|\vec{p}||\vec{e_2}|\cos 45°$ より　$b=4\cdot 1\cdot\dfrac{\sqrt{2}}{2}=2\sqrt{2}$　$\cdots ①$

$\vec{p}\cdot\vec{e_3}=|\vec{p}||\vec{e_3}|\cos 120°$ より　$c=4\cdot 1\cdot\left(-\dfrac{1}{2}\right)=-2$　$\cdots ②$

また，$|\vec{p}|=4$ より $|\vec{p}|^2=16$ であるから

$$a^2+b^2+c^2=16$$

①, ② を代入すると　$a^2=4$

よって　$a=\pm 2$

ゆえに

$a=2$ のとき　$\cos\alpha=\dfrac{\vec{p}\cdot\vec{e_1}}{|\vec{p}||\vec{e_1}|}=\dfrac{2}{4}=\dfrac{1}{2}$

$0°\leqq\alpha\leqq 180°$ であるから　$\boldsymbol{\alpha=60°}$

$a=-2$ のとき　$\cos\alpha=\dfrac{\vec{p}\cdot\vec{e_1}}{|\vec{p}||\vec{e_1}|}=-\dfrac{2}{4}=-\dfrac{1}{2}$

$0°\leqq\alpha\leqq 180°$ であるから　$\boldsymbol{\alpha=120°}$

(2) (1) より

なす角が 60° のとき　$\vec{p}=(2,\ 2\sqrt{2},\ -2)$

なす角が 120° のとき　$\vec{p}=(-2,\ 2\sqrt{2},\ -2)$

問題 49 △ABC の辺 AB，BC，CA の中点を P(−1, 5, 2)，Q(−2, 2, −2)，R(1, 1, −1) とする。
(1) 頂点 A，B，C の座標を求めよ。　(2) △ABC の重心の座標を求めよ。

(1) 頂点A, B, Cの座標を，それぞれ$(x_1,\ y_1,\ z_1)$, $(x_2,\ y_2,\ z_2)$, $(x_3,\ y_3,\ z_3)$とすると，辺AB, BC, CAの中点は，それぞれ

$\left(\dfrac{x_1+x_2}{2},\ \dfrac{y_1+y_2}{2},\ \dfrac{z_1+z_2}{2}\right)$, $\left(\dfrac{x_2+x_3}{2},\ \dfrac{y_2+y_3}{2},\ \dfrac{z_2+z_3}{2}\right)$,

$\left(\dfrac{x_3+x_1}{2},\ \dfrac{y_3+y_1}{2},\ \dfrac{z_3+z_1}{2}\right)$と表されるから

$$\frac{x_1+x_2}{2}=-1,\quad \frac{y_1+y_2}{2}=5,\quad \frac{z_1+z_2}{2}=2$$

◀P(−1, 5, 2)

$$\frac{x_2+x_3}{2}=-2,\quad \frac{y_2+y_3}{2}=2,\quad \frac{z_2+z_3}{2}=-2$$

◀Q(−2, 2, −2)

$$\frac{x_3+x_1}{2}=1,\quad \frac{y_3+y_1}{2}=1,\quad \frac{z_3+z_1}{2}=-1$$

◀R(1, 1, −1)

整理して

$$\begin{cases}x_1+x_2=-2\\x_2+x_3=-4\\x_3+x_1=2\end{cases}\quad \begin{cases}y_1+y_2=10\\y_2+y_3=4\\y_3+y_1=2\end{cases}\quad \begin{cases}z_1+z_2=4\\z_2+z_3=-4\\z_3+z_1=-2\end{cases}$$

よって　$x_1=2,\ y_1=4,\ z_1=3$

$x_2=-4,\ y_2=6,\ z_2=1$

$x_3=0,\ y_3=-2,\ z_3=-5$

◀$\begin{cases}x_1+x_2=-2 & \cdots ①\\x_2+x_3=-4 & \cdots ②\\x_3+x_1=2 & \cdots ③\end{cases}$

①＋②＋③より

$2(x_1+x_2+x_3)=-4$

$x_1+x_2+x_3=-2$ …④

①と④より　$x_3=0$

②と④より　$x_1=2$

③と④より　$x_2=-4$

ゆえに　**A(2, 4, 3), B(−4, 6, 1), C(0, −2, −5)**

〔別解〕 点P, Q, Rはそれぞれ辺AB, BC, CAの中点であるから，中点連結定理により

$$PR \parallel BC \quad かつ \quad PR=\frac{1}{2}BC$$

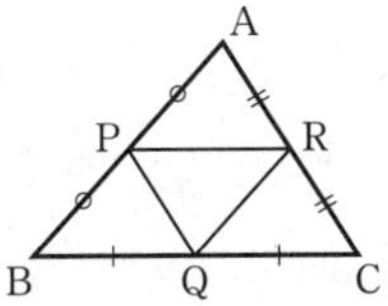

よって　$\overrightarrow{QC}=\overrightarrow{PR}=(2,\ -4,\ -3)$

ゆえに　$\overrightarrow{OC}=\overrightarrow{OQ}+\overrightarrow{QC}$

$=(-2,\ 2,\ -2)+(2,\ -4,\ -3)$

$=(0,\ -2,\ -5)$

よって　C(0, −2, −5)

また　$\overrightarrow{OB}=\overrightarrow{OQ}+\overrightarrow{QB}=\overrightarrow{OQ}+(-\overrightarrow{QC})$

$=(-2,\ 2,\ -2)+(-2,\ 4,\ 3)$

$=(-4,\ 6,\ 1)$

よって　B(−4, 6, 1)

同様に考えると

$\overrightarrow{OA}=\overrightarrow{OP}+\overrightarrow{PA}=\overrightarrow{OP}+\overrightarrow{QR}$

$=(-1,\ 5,\ 2)+(3,\ -1,\ 1)$

$=(2,\ 4,\ 3)$

◀中点連結定理により

QR // BA

$QR=\dfrac{1}{2}BA$

よって　A(2, 4, 3)

(2) △ABCの重心の座標は

$$\left(\frac{2+(-4)+0}{3},\ \frac{4+6+(-2)}{3},\ \frac{3+1+(-5)}{3}\right)$$

すなわち　$\left(-\dfrac{2}{3},\ \dfrac{8}{3},\ -\dfrac{1}{3}\right)$

問題 **50** 四面体ABCDにおいて，辺ABを2:3に内分する点をL，辺CDの中点をM，線分LMを4:5に内分する点をN，△BCDの重心をGとするとき，線分AGはNを通ることを示せ。また，AN:NGを求めよ。

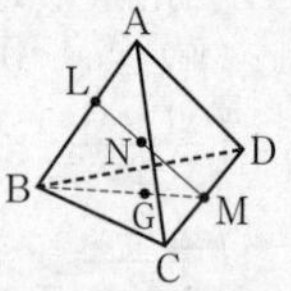

$\overrightarrow{AB}=\vec{b}$，$\overrightarrow{AC}=\vec{c}$，$\overrightarrow{AD}=\vec{d}$ とおく。

点Lは辺ABを2:3に内分するから

$$\overrightarrow{AL}=\frac{2}{5}\overrightarrow{AB}=\frac{2}{5}\vec{b}$$

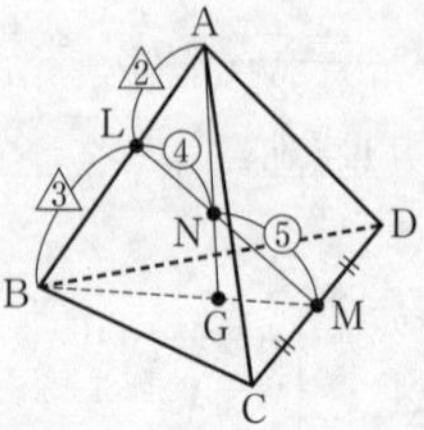

点Mは辺CDの中点であるから

$$\overrightarrow{AM}=\frac{\overrightarrow{AC}+\overrightarrow{AD}}{2}=\frac{\vec{c}+\vec{d}}{2}$$

点Nは線分LMを4:5に内分するから

$$\overrightarrow{AN}=\frac{5\overrightarrow{AL}+4\overrightarrow{AM}}{4+5}=\frac{5}{9}\left(\frac{2}{5}\vec{b}\right)+\frac{4}{9}\left(\frac{\vec{c}+\vec{d}}{2}\right)$$

$$=\frac{2}{9}(\vec{b}+\vec{c}+\vec{d}) \quad \cdots①$$

また，点Gは△BCDの重心であるから

$$\overrightarrow{AG}=\frac{\overrightarrow{AB}+\overrightarrow{AC}+\overrightarrow{AD}}{3}=\frac{1}{3}(\vec{b}+\vec{c}+\vec{d}) \quad \cdots②$$

①，②より　$\overrightarrow{AN}=\frac{2}{3}\overrightarrow{AG} \quad \cdots③$

よって，A，N，Gは一直線上にある。

すなわち，線分AGは点Nを通る。

また，③から　**AN:NG = 2:1**

◀すべて始点をAとするベクトルで考え，$\vec{b}$，$\vec{c}$，$\vec{d}$ で表す。

◀②より $\vec{b}+\vec{c}+\vec{d}=3\overrightarrow{AG}$
①に代入すると
$\overrightarrow{AN}=\frac{2}{9}\times 3\overrightarrow{AG}=\frac{2}{3}\overrightarrow{AG}$

問題 **51** 正四面体OABCにおいて，$\overrightarrow{OA}=\vec{a}$，$\overrightarrow{OB}=\vec{b}$，$\overrightarrow{OC}=\vec{c}$ とする。線分ABを1:2に内分する点をL，線分BCの中点をM，線分OCを $t:(1-t)$ に内分する点をNとする。さらに，線分AMとCLの交点をPとし，線分OPとLNの交点をQとする。ただし，$0<t<1$ である。このとき，$\overrightarrow{OP}$，$\overrightarrow{OQ}$ を t，$\vec{a}$，$\vec{b}$，$\vec{c}$ を用いて表せ。

点Lは線分ABを1:2に内分する点であるから

$$\overrightarrow{OL}=\frac{2\overrightarrow{OA}+\overrightarrow{OB}}{1+2}=\frac{2}{3}\vec{a}+\frac{1}{3}\vec{b}$$

点Mは線分BCの中点であるから

$$\overrightarrow{OM}=\frac{\overrightarrow{OB}+\overrightarrow{OC}}{2}=\frac{1}{2}\vec{b}+\frac{1}{2}\vec{c}$$

点Nは線分OCを $t:(1-t)$ に内分する点であるから

$$\overrightarrow{ON}=t\overrightarrow{OC}=t\vec{c}$$

点Pは線分AM上にあるから，AP:PM $= m:(1-m)$ とおくと

$$\overrightarrow{OP}=(1-m)\overrightarrow{OA}+m\overrightarrow{OM}$$

$$=(1-m)\vec{a}+\frac{1}{2}m\vec{b}+\frac{1}{2}m\vec{c} \quad \cdots①$$

点Pは線分CL上にあるから，CP:PL $= n:(1-n)$ とおくと

◀
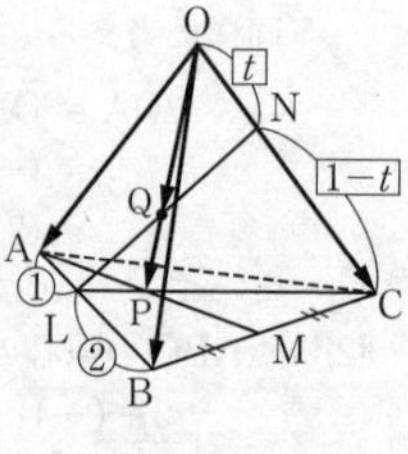

$$\overrightarrow{OP} = (1-n)\overrightarrow{OC} + n\overrightarrow{OL}$$
$$= (1-n)\vec{c} + \frac{2}{3}n\vec{a} + \frac{1}{3}n\vec{b} \quad \cdots ②$$

$\vec{a}$, $\vec{b}$, $\vec{c}$ はいずれも $\vec{0}$ でなく，また同一平面上にないから，①，② より

$1-m = \frac{2}{3}n \cdots ③$，　$\frac{1}{2}m = \frac{1}{3}n \cdots ④$，　$\frac{1}{2}m = 1-n \cdots ⑤$

◀係数を比較するときには必ず 1 次独立であることを述べる。

④，⑤ より　$m = \frac{1}{2}$，$n = \frac{3}{4}$

これは ③ を満たすから

$$\boldsymbol{\overrightarrow{OP} = \frac{1}{2}\vec{a} + \frac{1}{4}\vec{b} + \frac{1}{4}\vec{c}}$$

◀① に $m = \frac{1}{2}$ または ② に $n = \frac{3}{4}$ を代入する。

次に，点 Q は線分 OP 上にあるから，$\overrightarrow{OQ} = p\overrightarrow{OP}$ とおくと

$$\overrightarrow{OQ} = p\left(\frac{1}{2}\vec{a} + \frac{1}{4}\vec{b} + \frac{1}{4}\vec{c}\right)$$
$$= \frac{1}{2}p\vec{a} + \frac{1}{4}p\vec{b} + \frac{1}{4}p\vec{c} \quad \cdots ⑥$$

また，点 Q は線分 LN 上にあるから，LQ：QN $= q:(1-q)$ とおくと

$$\overrightarrow{OQ} = (1-q)\overrightarrow{OL} + q\overrightarrow{ON}$$
$$= (1-q)\left(\frac{2}{3}\vec{a} + \frac{1}{3}\vec{b}\right) + qt\vec{c}$$
$$= \frac{2}{3}(1-q)\vec{a} + \frac{1}{3}(1-q)\vec{b} + qt\vec{c} \quad \cdots ⑦$$

$\vec{a}$, $\vec{b}$, $\vec{c}$ はいずれも $\vec{0}$ でなく，また同一平面上にないから，⑥，⑦ より

$\frac{1}{2}p = \frac{2}{3}(1-q) \cdots ⑧$，　$\frac{1}{4}p = \frac{1}{3}(1-q) \cdots ⑨$，

$\frac{1}{4}p = qt \cdots ⑩$

◀⑧ より $\frac{1}{4}p = \frac{1}{3}(1-q)$ となり，⑧，⑨ は同じ式である。

⑨，⑩ より　$1-q = 3qt$
$(1+3t)q = 1$

よって　$q = \frac{1}{1+3t}$

◀$0 < t < 1$ より $1 < 1+3t < 4$

⑩ に代入して　$p = \frac{4t}{1+3t}$

これは ⑧ を満たすから　$\boldsymbol{\overrightarrow{OQ} = \frac{t}{1+3t}(2\vec{a} + \vec{b} + \vec{c})}$

◀⑥ に $p = \frac{4t}{1+3t}$ または ◀⑦ に $q = \frac{1}{1+3t}$ を代入する。

問題 52　4 点 A(1，1，1)，B(2，3，2)，C(−1，−2，−3)，D($m+6$，1，$m+10$) が同一平面上にあるとき，m の値を求めよ。

$\overrightarrow{AB} = (1,\ 2,\ 1)$，$\overrightarrow{AC} = (-2,\ -3,\ -4)$，$\overrightarrow{AD} = (m+5,\ 0,\ m+9)$

$\overrightarrow{AB} \neq \vec{0}$，$\overrightarrow{AC} \neq \vec{0}$ であり，$\overrightarrow{AB}$ と $\overrightarrow{AC}$ は平行でない。

◀$\overrightarrow{OD} = s\overrightarrow{OA} + t\overrightarrow{OB} + u\overrightarrow{OC}$ $(s+t+u=1)$ を用いて考えてもよい。

よって，4 点 A，B，C，D が同一平面上にあるとき，$\overrightarrow{AD} = s\overrightarrow{AB} + t\overrightarrow{AC}$ となる実数 s，t が存在するから

$$(m+5,\ 0,\ m+9) = s(1,\ 2,\ 1) + t(-2,\ -3,\ -4)$$
$$= (s-2t,\ 2s-3t,\ s-4t)$$

◀$\overrightarrow{AB}$ と $\overrightarrow{AC}$ は 1 次独立であるから，平面 ABC 上の任意のベクトルを 1 次結合 $s\overrightarrow{AB} + t\overrightarrow{AC}$ で表すことができる。

成分を比較すると　$\begin{cases} m+5=s-2t & \cdots ① \\ 0=2s-3t & \cdots ② \\ m+9=s-4t & \cdots ③ \end{cases}$

①～③を解くと　$s=-3,\ t=-2,\ m=-4$

したがって　$\boldsymbol{m=-4}$

◀③−①より　$4=-2t$
$t=-2$ を②に代入して
$s=-3$

問題 53　平行六面体 ABCD−EFGH において，辺 CD を 2:1 に内分する点を P，辺 FG を 1:2 に内分する点を Q とし，平面 APQ と直線 CE との交点を R とする。$\overrightarrow{AB}=\vec{a}$, $\overrightarrow{AD}=\vec{b}$, $\overrightarrow{AE}=\vec{c}$ として，$\overrightarrow{AR}$ を $\vec{a}$, $\vec{b}$, $\vec{c}$ で表せ。

点 P は辺 CD を 2:1 に内分する点であるから

$$\overrightarrow{AP}=\frac{\overrightarrow{AC}+2\overrightarrow{AD}}{2+1}$$

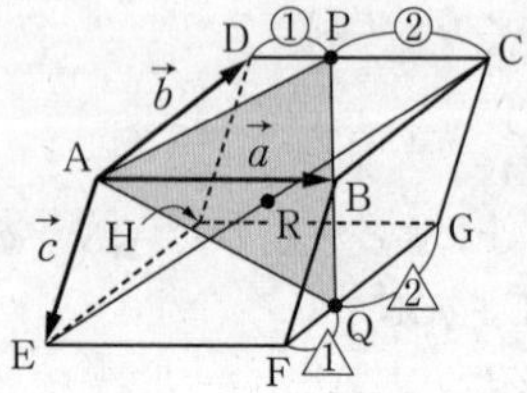

$\overrightarrow{AC}=\overrightarrow{AB}+\overrightarrow{BC}=\vec{a}+\vec{b}$ より

$$\overrightarrow{AP}=\frac{(\vec{a}+\vec{b})+2\vec{b}}{3}$$

$$=\frac{1}{3}\vec{a}+\vec{b}$$

◀$\overrightarrow{AP}=\overrightarrow{AD}+\overrightarrow{DP}$
$=\vec{b}+\frac{1}{3}\overrightarrow{AB}$
$=\vec{b}+\frac{1}{3}\vec{a}$
としてもよい。

点 Q は辺 FG を 1:2 に内分する点であるから

$$\overrightarrow{AQ}=\frac{2\overrightarrow{AF}+\overrightarrow{AG}}{1+2}$$

$$=\frac{2(\overrightarrow{AB}+\overrightarrow{BF})+(\overrightarrow{AB}+\overrightarrow{BC}+\overrightarrow{CG})}{3}$$

$$=\frac{2(\vec{a}+\vec{c})+(\vec{a}+\vec{b}+\vec{c})}{3}=\vec{a}+\frac{1}{3}\vec{b}+\vec{c}$$

◀$\overrightarrow{AQ}=\overrightarrow{AB}+\overrightarrow{BF}+\overrightarrow{FQ}$
$=\vec{a}+\vec{c}+\frac{1}{3}\overrightarrow{FG}$
$=\vec{a}+\vec{c}+\frac{1}{3}\vec{b}$
としてもよい。

点 R は平面 APQ 上にあるから，$\overrightarrow{AR}=s\overrightarrow{AP}+t\overrightarrow{AQ}$ となる実数 s, t が存在する。よって

◀$\overrightarrow{AP}$ と $\overrightarrow{AQ}$ は 1 次独立である。

$$\overrightarrow{AR}=s\left(\frac{1}{3}\vec{a}+\vec{b}\right)+t\left(\vec{a}+\frac{1}{3}\vec{b}+\vec{c}\right)$$

$$=\left(\frac{1}{3}s+t\right)\vec{a}+\left(s+\frac{1}{3}t\right)\vec{b}+t\vec{c}\quad\cdots ①$$

また，点 R は直線 CE 上にあるから，$\overrightarrow{CR}=k\overrightarrow{CE}$ となる実数 k が存在する。

よって　$\overrightarrow{AR}-\overrightarrow{AC}=k(\overrightarrow{AE}-\overrightarrow{AC})$

$\overrightarrow{AR}=(1-k)\overrightarrow{AC}+k\overrightarrow{AE}$

$=(1-k)(\vec{a}+\vec{b})+k\vec{c}$

$=(1-k)\vec{a}+(1-k)\vec{b}+k\vec{c}\quad\cdots ②$

$\vec{a}$, $\vec{b}$, $\vec{c}$ はいずれも $\vec{0}$ でなく，同一平面上にないから，①，②より

◀$\overrightarrow{AB}$, $\overrightarrow{AD}$, $\overrightarrow{AE}$ はいずれも $\vec{0}$ でなく，同一平面上にない。

$$\frac{1}{3}s+t=1-k\ \cdots ③,\quad s+\frac{1}{3}t=1-k\ \cdots ④,\quad t=k\ \cdots ⑤$$

◀$\vec{a}$, $\vec{b}$, $\vec{c}$ が 1 次独立のとき
$l\vec{a}+m\vec{b}+n\vec{c}$
$=l'\vec{a}+m'\vec{b}+n'\vec{c}$
$\Longleftrightarrow$
$l=l',\ m=m',\ n=n'$

これを解くと　$s=\frac{3}{7},\ t=\frac{3}{7},\ k=\frac{3}{7}$

したがって　$\boldsymbol{\overrightarrow{AR}=\frac{4}{7}\vec{a}+\frac{4}{7}\vec{b}+\frac{3}{7}\vec{c}}$

問題 54 四面体ABCDの頂点A，Bから対面へそれぞれ垂線AA′，BB′を下ろすとき，次を証明せよ。
(1) $AB \perp CD$ であれば，直線AA′と直線BB′は交わる。
(2) $AB \perp CD$，$AC \perp BD$ であれば，$AD \perp BC$ である。

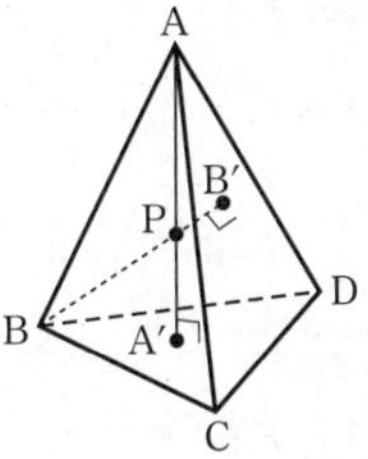

(1) AA′上に1点Pをとり，$\overrightarrow{AP} = k\overrightarrow{AA'}$ とする。

$AB \perp CD$ より　$\overrightarrow{AB} \cdot \overrightarrow{CD} = 0$

$AA' \perp$ 平面BCD より　$\overrightarrow{AA'} \cdot \overrightarrow{CD} = 0$

$\overrightarrow{BP} = \overrightarrow{BA} + \overrightarrow{AP} = -\overrightarrow{AB} + k\overrightarrow{AA'}$ より

$$\overrightarrow{BP} \cdot \overrightarrow{CD} = (-\overrightarrow{AB} + k\overrightarrow{AA'}) \cdot \overrightarrow{CD}$$
$$= -\overrightarrow{AB} \cdot \overrightarrow{CD} + k(\overrightarrow{AA'} \cdot \overrightarrow{CD}) = 0$$

◀ $\overrightarrow{AB} \cdot \overrightarrow{CD} = 0$，$\overrightarrow{AA'} \cdot \overrightarrow{CD} = 0$

よって　$BP \perp CD$

また　$\overrightarrow{BP} \cdot \overrightarrow{AC} = (-\overrightarrow{AB} + k\overrightarrow{AA'}) \cdot \overrightarrow{AC} = -\overrightarrow{AB} \cdot \overrightarrow{AC} + k\overrightarrow{AA'} \cdot \overrightarrow{AC}$

$\overrightarrow{AA'}$ と $\overrightarrow{AC}$ は垂直ではなく，ともに $\vec{0}$ ではないから　$\overrightarrow{AA'} \cdot \overrightarrow{AC} \neq 0$

よって，$k = \dfrac{\overrightarrow{AB} \cdot \overrightarrow{AC}}{\overrightarrow{AA'} \cdot \overrightarrow{AC}}$ とすると

$\overrightarrow{AP} = k\overrightarrow{AA'}$ となるPについて　$\overrightarrow{BP} \cdot \overrightarrow{AC} = 0$

すなわち，$BP \perp AC$ であるから　$BP \perp$ 平面ACD

◀ $BP \perp CD$，$BP \perp AC$ である。平面ACD上の任意のベクトル $\vec{v}$ は
$\vec{v} = s\overrightarrow{CD} + t\overrightarrow{AC}$
となるから　$\overrightarrow{BP} \cdot \vec{v} = 0$
すなわち $\overrightarrow{BP} \perp \vec{v}$ である。

したがって，BPと平面ACDの交点がB′であり，AA′とBB′は1点Pで交わる。

(2) $AB \perp CD$ より　$\overrightarrow{AB} \cdot \overrightarrow{CD} = \overrightarrow{AB} \cdot (\overrightarrow{AD} - \overrightarrow{AC}) = 0$

よって　$\overrightarrow{AB} \cdot \overrightarrow{AD} - \overrightarrow{AB} \cdot \overrightarrow{AC} = 0$　…①

同様に，$AC \perp BD$ より　$\overrightarrow{AC} \cdot \overrightarrow{AD} - \overrightarrow{AC} \cdot \overrightarrow{AB} = 0$　…②

②−① より　$\overrightarrow{AC} \cdot \overrightarrow{AD} - \overrightarrow{AB} \cdot \overrightarrow{AD} = 0$

$(\overrightarrow{AC} - \overrightarrow{AB}) \cdot \overrightarrow{AD} = 0$ であるから　$\overrightarrow{BC} \cdot \overrightarrow{AD} = 0$

$\overrightarrow{BC} \neq \vec{0}$，$\overrightarrow{AD} \neq \vec{0}$ より　$AD \perp BC$

問題 55 四面体OABCにおいて，OA，AB，BC，OC，OB，ACの中点をそれぞれP，Q，R，S，T，Uとすると，PR，QS，TUは1点で交わることを示せ。

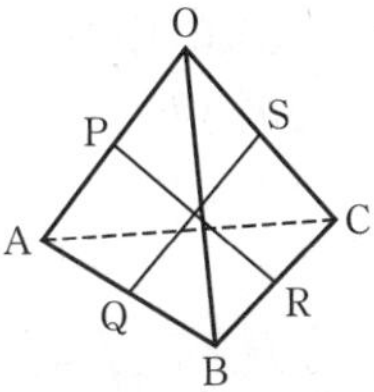

◀ まず，PRとQSが1点で交わることを示す。

$\overrightarrow{OP} = \dfrac{1}{2}\overrightarrow{OA}$，$\overrightarrow{OR} = \dfrac{1}{2}\overrightarrow{OB} + \dfrac{1}{2}\overrightarrow{OC}$ であり，点Eが線分PR上にあるとき，$PE : ER = t : (1-t)$ とすると

$$\overrightarrow{OE} = (1-t)\overrightarrow{OP} + t\overrightarrow{OR}$$
$$= \frac{1-t}{2}\overrightarrow{OA} + \frac{t}{2}\overrightarrow{OB} + \frac{t}{2}\overrightarrow{OC} \quad \cdots①$$

また，$\overrightarrow{OQ} = \dfrac{1}{2}\overrightarrow{OA} + \dfrac{1}{2}\overrightarrow{OB}$，$\overrightarrow{OS} = \dfrac{1}{2}\overrightarrow{OC}$ であり，

点Fが線分QS上にあるとき，$QF : FS = s : (1-s)$ とすると

$$\overrightarrow{OF} = (1-s)\overrightarrow{OQ} + s\overrightarrow{OS}$$
$$= \frac{1-s}{2}\overrightarrow{OA} + \frac{1-s}{2}\overrightarrow{OB} + \frac{s}{2}\overrightarrow{OC} \quad \cdots②$$

点EとFが一致するとき，$\overrightarrow{OA}$，$\overrightarrow{OB}$，$\overrightarrow{OC}$ はいずれも $\vec{0}$ でなく，同一平面上にないから，①，② より

$$\frac{1-t}{2}=\frac{1-s}{2} \quad かつ \quad \frac{t}{2}=\frac{1-s}{2} \quad かつ \quad \frac{t}{2}=\frac{s}{2}$$

を満たす実数 s，t が存在する。

これを解くと　$t=s=\frac{1}{2}$

このとき　$\overrightarrow{OE}=\frac{1}{4}\overrightarrow{OA}+\frac{1}{4}\overrightarrow{OB}+\frac{1}{4}\overrightarrow{OC}$

$$=\frac{1}{2}\times\frac{\overrightarrow{OA}+\overrightarrow{OC}}{2}+\frac{1}{2}\times\frac{1}{2}\overrightarrow{OB}$$

$$=\frac{\overrightarrow{OU}+\overrightarrow{OT}}{2}$$

◀点Eが線分TU上にもあることを示す。

ゆえに，点Eは線分TU上の点である。
したがって，PR，QS，TUは1点で交わる。

〔別解〕

$\overrightarrow{OP}=\frac{1}{2}\overrightarrow{OA}$，$\overrightarrow{OS}=\frac{1}{2}\overrightarrow{OC}$ より

$$\overrightarrow{PS}=\frac{1}{2}(\overrightarrow{OC}-\overrightarrow{OA})$$

また，$\overrightarrow{OQ}=\frac{1}{2}(\overrightarrow{OA}+\overrightarrow{OB})$，$\overrightarrow{OR}=\frac{1}{2}(\overrightarrow{OB}+\overrightarrow{OC})$ より

$$\overrightarrow{QR}=\frac{1}{2}(\overrightarrow{OC}-\overrightarrow{OA})$$

よって，$\overrightarrow{PS}=\overrightarrow{QR}$ であるから，四角形PQRSは平行四辺形である。
ゆえに，2つの対角線PRとQSは互いの中点で交わる。
同様にして，四角形PTRUは平行四辺形であり，2つの対角線PRとTUは互いの中点で交わる。
したがって，PR，QS，TUは1点で交わる。

問題 56　4点O(0, 0, 0)，A(−1, −1, 3)，B(1, 0, 4)，C(0, 1, 4)がある。
(1)　△ABCの面積を求めよ。　(2)　四面体OABCの体積を求めよ。

(1)　$\overrightarrow{AB}=(2,\ 1,\ 1)$，$\overrightarrow{AC}=(1,\ 2,\ 1)$ より

$$|\overrightarrow{AB}|^2=2^2+1^2+1^2=6$$
$$|\overrightarrow{AC}|^2=1^2+2^2+1^2=6$$
$$\overrightarrow{AB}\cdot\overrightarrow{AC}=2\times1+1\times2+1\times1=5$$

よって　$\triangle ABC=\frac{1}{2}\sqrt{6\times6-5^2}=\frac{\sqrt{11}}{2}$

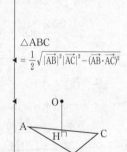

◀ $\triangle ABC=\frac{1}{2}\sqrt{|\overrightarrow{AB}|^2|\overrightarrow{AC}|^2-(\overrightarrow{AB}\cdot\overrightarrow{AC})^2}$

(2)　点Oから平面ABCに垂線OHを下ろすとすると

$$\overrightarrow{OH}=\overrightarrow{OA}+\overrightarrow{AH} \quad \cdots①$$

$\overrightarrow{AH}$ は平面ABC上のベクトルであるから，
$\overrightarrow{AH}=s\overrightarrow{AB}+t\overrightarrow{AC}$（$s$，$t$ は実数）とおける。
①より　$\overrightarrow{OH}=\overrightarrow{OA}+s\overrightarrow{AB}+t\overrightarrow{AC}$　$\cdots$②

◀
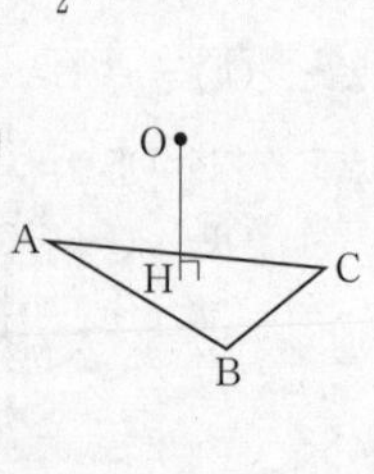

ここで，$\overrightarrow{OH} \perp$ 平面 ABC より，$\overrightarrow{OH} \perp \overrightarrow{AB}$，$\overrightarrow{OH} \perp \overrightarrow{AC}$ すなわち
$\overrightarrow{OH}\cdot\overrightarrow{AB} = 0$，$\overrightarrow{OH}\cdot\overrightarrow{AC} = 0$ となる。

◀ $\overrightarrow{AB} \neq \vec{0}$，$\overrightarrow{AC} \neq \vec{0}$ で，$\overrightarrow{AB} \not\parallel \overrightarrow{AC}$ のとき $\begin{cases}\overrightarrow{OH} \perp \overrightarrow{AB}\\ \overrightarrow{OH} \perp \overrightarrow{AC}\end{cases}$ $\Longleftrightarrow \overrightarrow{OH} \perp$ 平面 ABC

② より

$$\overrightarrow{OH}\cdot\overrightarrow{AB} = (\overrightarrow{OA} + s\overrightarrow{AB} + t\overrightarrow{AC})\cdot\overrightarrow{AB}$$
$$= \overrightarrow{OA}\cdot\overrightarrow{AB} + s|\overrightarrow{AB}|^2 + t\overrightarrow{AC}\cdot\overrightarrow{AB}$$

$\overrightarrow{OA}\cdot\overrightarrow{AB} = -1\times2+(-1)\times1+3\times1 = 0$ であるから

◀ A$(-1,\ -1,\ 3)$ より $\overrightarrow{OA} = (-1,\ -1,\ 3)$

◀ $|\overrightarrow{AB}|^2 = (\sqrt{6})^2 = 6$
$\overrightarrow{AB}\cdot\overrightarrow{AC} = 5$

$$\overrightarrow{OH}\cdot\overrightarrow{AB} = 6s + 5t = 0 \quad \cdots ③$$
$$\overrightarrow{OH}\cdot\overrightarrow{AC} = (\overrightarrow{OA} + s\overrightarrow{AB} + t\overrightarrow{AC})\cdot\overrightarrow{AC}$$
$$= \overrightarrow{OA}\cdot\overrightarrow{AC} + s\overrightarrow{AB}\cdot\overrightarrow{AC} + t|\overrightarrow{AC}|^2$$

$\overrightarrow{OA}\cdot\overrightarrow{AC} = -1\times1+(-1)\times2+3\times1 = 0$ であるから

$$\overrightarrow{OH}\cdot\overrightarrow{AC} = 5s + 6t = 0 \quad \cdots ④$$

③，④ より　$s = t = 0$

よって

$$\overrightarrow{OH} = \overrightarrow{OA} = (-1,\ -1,\ 3)$$
$$OH = |\overrightarrow{OH}| = \sqrt{(-1)^2+(-1)^2+3^2} = \sqrt{11}$$

ゆえに，四面体 OABC の体積は

$$\frac{1}{3}\times\triangle ABC\times OH = \frac{1}{3}\times\frac{\sqrt{11}}{2}\times\sqrt{11} = \mathbf{\frac{11}{6}}$$

$|\overrightarrow{OA}|$ は，四面体 OABC の △ABC を底面としたときの高さになる。

◀ 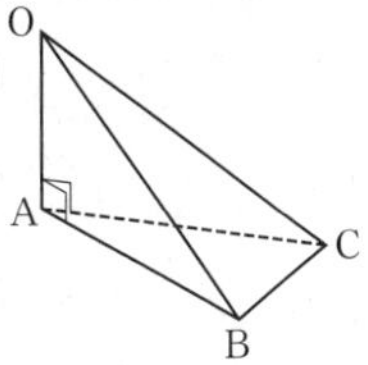

問題 **57** 四面体 OABC において OA $= 2$，OB $=$ OC $= 1$，BC $= \dfrac{\sqrt{10}}{2}$，$\angle$AOB $= \angle$AOC $= 60°$ とする。点 O から平面 ABC に下ろした垂線を OH とする。$\overrightarrow{OA} = \vec{a}$，$\overrightarrow{OB} = \vec{b}$，$\overrightarrow{OC} = \vec{c}$ として次の問に答えよ。

(1) 内積 $\vec{a}\cdot\vec{b}$，$\vec{b}\cdot\vec{c}$，$\vec{c}\cdot\vec{a}$ の値を求めよ。
(2) $\overrightarrow{OH}$ を $\vec{a}$，$\vec{b}$，$\vec{c}$ を用いて表せ。
(3) 四面体 OABC の体積を求めよ。　(徳島大)

(1) $\vec{a}\cdot\vec{b} = 2\times1\times\cos60° = \mathbf{1}$
$\vec{c}\cdot\vec{a} = 1\times2\times\cos60° = \mathbf{1}$

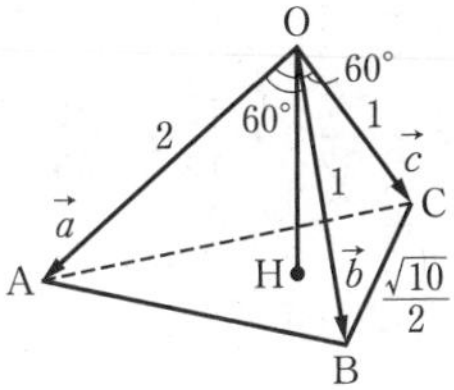

また，BC $= \dfrac{\sqrt{10}}{2}$ より

$$|\vec{c} - \vec{b}| = \frac{\sqrt{10}}{2}$$

両辺を 2 乗して

$$|\vec{c}|^2 - 2\vec{b}\cdot\vec{c} + |\vec{b}|^2 = \frac{5}{2}$$

$|\vec{b}| = |\vec{c}| = 1$ であるから　$2 - 2\vec{b}\cdot\vec{c} = \dfrac{5}{2}$

よって　$\boldsymbol{\vec{b}\cdot\vec{c} = -\dfrac{1}{4}}$

〔別解〕

△BOC において，余弦定理により

$$BC^2 = OB^2 + OC^2 - 2OB \times OC \times \cos\angle BOC$$

よって　$\frac{5}{2} = 1 + 1 - 2\vec{b}\cdot\vec{c}$

したがって　$\vec{b}\cdot\vec{c} = -\frac{1}{4}$

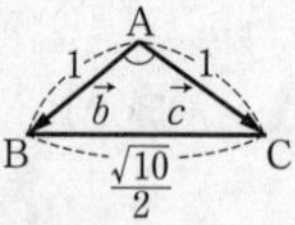

◀ $OB \times OC \times \cos\angle BOC = \vec{b}\cdot\vec{c}$

(2) 点 H は平面 ABC 上にあるから，$\overrightarrow{AH} = s\overrightarrow{AB} + t\overrightarrow{AC}$（$s$，$t$ は実数）とおける。

OH は平面 ABC に垂直であるから　$\overrightarrow{OH} \perp \overrightarrow{AB}$，$\overrightarrow{OH} \perp \overrightarrow{AC}$

すなわち　$\overrightarrow{OH}\cdot\overrightarrow{AB} = 0$ …①，$\overrightarrow{OH}\cdot\overrightarrow{AC} = 0$ …②

ここで

$$\begin{aligned}\overrightarrow{OH} &= \overrightarrow{OA} + \overrightarrow{AH} = \overrightarrow{OA} + s\overrightarrow{AB} + t\overrightarrow{AC}\\ &= \vec{a} + s(\vec{b} - \vec{a}) + t(\vec{c} - \vec{a})\\ &= (1 - s - t)\vec{a} + s\vec{b} + t\vec{c}\end{aligned}$$

① より

$$\begin{aligned}\overrightarrow{OH}\cdot\overrightarrow{AB} &= \{(1 - s - t)\vec{a} + s\vec{b} + t\vec{c}\}\cdot(\vec{b} - \vec{a})\\ &= (s + t - 1)|\vec{a}|^2 + s|\vec{b}|^2 + (1 - 2s - t)\vec{a}\cdot\vec{b} + t\vec{b}\cdot\vec{c} - t\vec{c}\cdot\vec{a}\\ &= 4(s + t - 1) + s + (1 - 2s - t) - \frac{1}{4}t - t\\ &= 3s + \frac{7}{4}t - 3 = 0 \quad \cdots③\end{aligned}$$

◀ $|\vec{a}| = 2$，$|\vec{b}| = 1$，$\vec{a}\cdot\vec{b} = \vec{c}\cdot\vec{a} = 1$，$\vec{b}\cdot\vec{c} = -\frac{1}{4}$

② より

$$\begin{aligned}\overrightarrow{OH}\cdot\overrightarrow{AC} &= \{(1 - s - t)\vec{a} + s\vec{b} + t\vec{c}\}\cdot(\vec{c} - \vec{a})\\ &= (s + t - 1)|\vec{a}|^2 + t|\vec{c}|^2 - s\vec{a}\cdot\vec{b} + s\vec{b}\cdot\vec{c} + (1 - s - 2t)\vec{c}\cdot\vec{a}\\ &= 4(s + t - 1) + t - s - \frac{1}{4}s + (1 - s - 2t)\\ &= \frac{7}{4}s + 3t - 3 = 0 \quad \cdots④\end{aligned}$$

◀ $|\vec{a}| = 2$，$|\vec{c}| = 1$，$\vec{a}\cdot\vec{b} = \vec{c}\cdot\vec{a} = 1$，$\vec{b}\cdot\vec{c} = -\frac{1}{4}$

③，④ より　$s = t = \frac{12}{19}$

したがって　$\boldsymbol{\overrightarrow{OH} = -\frac{5}{19}\vec{a} + \frac{12}{19}\vec{b} + \frac{12}{19}\vec{c}}$

(3) (2) より

$$\begin{aligned}|\overrightarrow{OH}|^2 &= \frac{1}{19^2}|-5\vec{a} + 12\vec{b} + 12\vec{c}|^2\\ &= \frac{1}{19^2}(25|\vec{a}|^2 + 144|\vec{b}|^2 + 144|\vec{c}|^2 - 120\vec{a}\cdot\vec{b} + 288\vec{b}\cdot\vec{c} - 120\vec{c}\cdot\vec{a})\\ &= \frac{1}{19^2}(100 + 144 + 144 - 120 - 72 - 120) = \frac{4}{19}\end{aligned}$$

◀ $|\vec{a} + \vec{b} + \vec{c}|^2 = |\vec{a}|^2 + |\vec{b}|^2 + |\vec{c}|^2 + 2\vec{a}\cdot\vec{b} + 2\vec{b}\cdot\vec{c} + 2\vec{c}\cdot\vec{a}$

よって　$|\overrightarrow{OH}| = \frac{2\sqrt{19}}{19}$

また　$|\overrightarrow{AB}|^2 = |\vec{b} - \vec{a}|^2 = |\vec{a}|^2 - 2\vec{a}\cdot\vec{b} + |\vec{b}|^2 = 3$

$|\overrightarrow{AC}|^2 = |\vec{c} - \vec{a}|^2 = |\vec{a}|^2 - 2\vec{c}\cdot\vec{a} + |\vec{c}|^2 = 3$

$\overrightarrow{AB}\cdot\overrightarrow{AC} = (\vec{b} - \vec{a})\cdot(\vec{c} - \vec{a})$

$$= |\vec{a}|^2 - \vec{a}\cdot\vec{b} + \vec{b}\cdot\vec{c} - \vec{c}\cdot\vec{a} = \frac{7}{4}$$

であるから

$$\triangle ABC = \frac{1}{2}\sqrt{|\overrightarrow{AB}|^2|\overrightarrow{AC}|^2 - (\overrightarrow{AB}\cdot\overrightarrow{AC})^2}$$

$$= \frac{1}{2}\sqrt{3\times 3 - \left(\frac{7}{4}\right)^2} = \frac{\sqrt{19\times 5}}{8}$$

したがって，四面体 OABC の体積 V は

$$V = \frac{1}{3}\times\triangle ABC\times OH$$

$$= \frac{1}{3}\times\frac{\sqrt{19\times 5}}{8}\times\frac{2\sqrt{19}}{19} = \boldsymbol{\frac{\sqrt{5}}{12}}$$

問題 58 4点 O(0, 0, 0), A(1, 2, 1), B(2, 0, 0), C(−2, 1, 3) を頂点とする四面体において，点 C から平面 OAB に下ろした垂線を CH とする。
(1) △OAB の面積を求めよ。　　(2) 点 H の座標を求めよ。
(3) 四面体 OABC の体積を求めよ。

(1) $\overrightarrow{OA} = (1,\ 2,\ 1)$, $\overrightarrow{OB} = (2,\ 0,\ 0)$ より

$$|\overrightarrow{OA}|^2 = 1^2+2^2+1^2 = 6,\quad |\overrightarrow{OB}|^2 = 2^2+0^2+0^2 = 4$$

$$\overrightarrow{OA}\cdot\overrightarrow{OB} = 1\times 2 + 2\times 0 + 1\times 0 = 2$$

よって　$\triangle OAB = \frac{1}{2}\sqrt{6\times 4 - 2^2} = \boldsymbol{\sqrt{5}}$

◀ $\triangle OAB = \frac{1}{2}\sqrt{|\overrightarrow{OA}|^2|\overrightarrow{OB}|^2 - (\overrightarrow{OA}\cdot\overrightarrow{OB})^2}$

(2) 点 H は平面 OAB 上にあるから，

$\overrightarrow{OH} = s\overrightarrow{OA} + t\overrightarrow{OB}$ …①（s, t は実数）

とおける。

① より　$\overrightarrow{OH} = s(1,\ 2,\ 1) + t(2,\ 0,\ 0)$
$= (s+2t,\ 2s,\ s)$　…②

CH は平面 OAB に垂直であるから

$\overrightarrow{CH} \perp \overrightarrow{OA}$　かつ　$\overrightarrow{CH} \perp \overrightarrow{OB}$

すなわち　$\overrightarrow{CH}\cdot\overrightarrow{OA} = 0$　…③，　$\overrightarrow{CH}\cdot\overrightarrow{OB} = 0$　…④

ここで　$\overrightarrow{CH} = \overrightarrow{OH} - \overrightarrow{OC}$
$= (s+2t+2,\ 2s-1,\ s-3)$

◀ 始点を O にそろえる。

$\overrightarrow{OA} = (1,\ 2,\ 1)$, $\overrightarrow{OB} = (2,\ 0,\ 0)$ であるから

③ より　$(s+2t+2) + 2(2s-1) + (s-3) = 0$

よって　$6s+2t-3 = 0$　…⑤

④ より　$2(s+2t+2) = 0$

よって　$s+2t+2 = 0$　…⑥

⑤，⑥ より　$s = 1$, $t = -\frac{3}{2}$

◀ ⑤−⑥ より　$5s-5 = 0$
よって　$s = 1$
⑥ に代入すると
$2t+3 = 0$
よって　$t = -\frac{3}{2}$

② に代入すると　$\overrightarrow{OH} = (-2,\ 2,\ 1)$

したがって，点 H の座標は　**H(−2, 2, 1)**

◀ 点 H の座標は，$\overrightarrow{OH}$ の成分を求めればよい。

(3) (2) より，$\overrightarrow{CH}$ は平面 OAB に垂直であるから，CH は △OAB を底面としたときの四面体 OABC の高さになる。

$\overrightarrow{CH}=\overrightarrow{OH}-\overrightarrow{OC}=(0,\ 1,\ -2)$ より

$$CH=|\overrightarrow{CH}|=\sqrt{0^2+1^2+(-2)^2}=\sqrt{5}$$

よって，四面体 OABC の体積は

$$\frac{1}{3}\times\triangle OAB\times CH=\frac{1}{3}\times\sqrt{5}\times\sqrt{5}=\frac{5}{3}$$

問題 59 右の図のような平行六面体 OADB－CEFG がある。
辺 OC，DF の中点をそれぞれ M，N とし，辺 OA，CG を 3：1 に内分する点をそれぞれ P，Q とする。
$\overrightarrow{OA}=\vec{a}$，$\overrightarrow{OB}=\vec{b}$，$\overrightarrow{OC}=\vec{c}$ とするとき

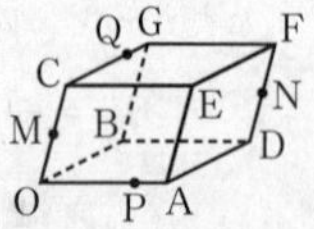

(1) ベクトル $\overrightarrow{MP}$，$\overrightarrow{MQ}$ を $\vec{a}$，$\vec{b}$，$\vec{c}$ を用いて表せ。
(2) 点 M，N，P，Q は，同一平面上にあることを示せ。
(3) $\vec{a}\perp\vec{b}$，$\vec{b}\perp\vec{c}$，$\vec{a}$ と $\vec{c}$ のなす角が 60°，$|\vec{a}|:|\vec{b}|:|\vec{c}|=2:2:1$ のとき，$\overrightarrow{MP}$ と $\overrightarrow{MQ}$ のなす角 θ に対して，$\cos\theta$ の値を求めよ。

(1) $\overrightarrow{MP}=\overrightarrow{OP}-\overrightarrow{OM}=\boldsymbol{\frac{3}{4}\vec{a}-\frac{1}{2}\vec{c}}$

$\overrightarrow{MQ}=\overrightarrow{MC}+\overrightarrow{CQ}=\boldsymbol{\frac{3}{4}\vec{b}+\frac{1}{2}\vec{c}}$

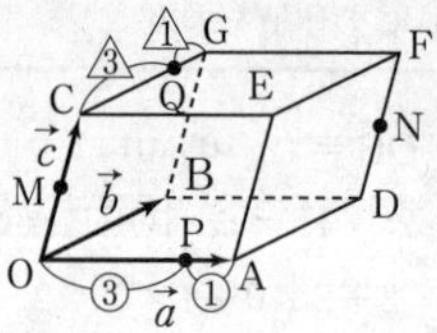

(2) $\overrightarrow{MP}+\overrightarrow{MQ}=\frac{3}{4}\vec{a}+\frac{3}{4}\vec{b}$

$\overrightarrow{MN}=\vec{a}+\vec{b}$

◀ $\overrightarrow{MN}=\overrightarrow{OD}$

よって　$\overrightarrow{MN}=\frac{4}{3}(\overrightarrow{MP}+\overrightarrow{MQ})=\frac{4}{3}\overrightarrow{MP}+\frac{4}{3}\overrightarrow{MQ}$

◀ $\overrightarrow{OP}=s\overrightarrow{OA}+t\overrightarrow{OB}$ となる実数 s，t があるとき，4 点 O，A，B，P は同一平面上にある。

したがって，4 点 M，N，P，Q は同一平面上にある。

(3) $\vec{a}\perp\vec{b}$，$\vec{b}\perp\vec{c}$ より　$\vec{a}\cdot\vec{b}=0$，$\vec{b}\cdot\vec{c}=0$

$|\vec{a}|:|\vec{b}|:|\vec{c}|=2:2:1$ より

$$|\vec{a}|=2k,\ |\vec{b}|=2k,\ |\vec{c}|=k\ (k>0)$$

とおける。

よって　$\vec{a}\cdot\vec{c}=|\vec{a}||\vec{c}|\cos 60°=k^2$

$$|\overrightarrow{MP}|^2=\left|\frac{3}{4}\vec{a}-\frac{1}{2}\vec{c}\right|^2$$

$$=\frac{9}{16}|\vec{a}|^2-\frac{3}{4}\vec{a}\cdot\vec{c}+\frac{1}{4}|\vec{c}|^2=\frac{7}{4}k^2$$

◀ $|\vec{a}+\vec{b}|^2$
$=|\vec{a}|^2+2\vec{a}\cdot\vec{b}+|\vec{b}|^2$

$$|\overrightarrow{MQ}|^2=\left|\frac{3}{4}\vec{b}+\frac{1}{2}\vec{c}\right|^2$$

$$=\frac{9}{16}|\vec{b}|^2+\frac{3}{4}\vec{b}\cdot\vec{c}+\frac{1}{4}|\vec{c}|^2=\frac{5}{2}k^2$$

$$\overrightarrow{MP}\cdot\overrightarrow{MQ}=\left(\frac{3}{4}\vec{a}-\frac{1}{2}\vec{c}\right)\cdot\left(\frac{3}{4}\vec{b}+\frac{1}{2}\vec{c}\right)$$

$$=\frac{9}{16}\vec{a}\cdot\vec{b}+\frac{3}{8}\vec{a}\cdot\vec{c}-\frac{3}{8}\vec{b}\cdot\vec{c}-\frac{1}{4}|\vec{c}|^2=\frac{1}{8}k^2$$

よって

$$\cos\theta = \frac{\overrightarrow{MP}\cdot\overrightarrow{MQ}}{|\overrightarrow{MP}||\overrightarrow{MQ}|} = \frac{\frac{1}{8}k^2}{\sqrt{\frac{7}{4}k^2}\sqrt{\frac{5}{2}k^2}} = \frac{\sqrt{70}}{140}$$

◀ $k>0$ より $\sqrt{k^2}=k$

問題 60 次の平面におけるベクトル方程式は，どのような図形を表すか。また，空間におけるベクトル方程式の場合には，どのような図形を表すか。
ただし，$A(\vec{a})$，$B(\vec{b})$ は定点であるとする。
(1) $3\vec{p}-(3t+2)\vec{a}-(3t+1)\vec{b}=\vec{0}$　(2) $(\vec{p}-\vec{a})\cdot(\vec{p}-\vec{b})=0$

(1) $3\vec{p}-(3t+2)\vec{a}-(3t+1)\vec{b}=\vec{0}$ より　$3\vec{p}=(2\vec{a}+\vec{b})+3t(\vec{a}+\vec{b})$

よって　$\vec{p}=\dfrac{2\vec{a}+\vec{b}}{3}+t(\vec{a}+\vec{b})$

◀ ベクトル方程式 $\vec{p}=\vec{a}+t\vec{u}$ は平面においても空間においても，点 $A(\vec{a})$ を通り $\vec{u}$ に平行な直線を表す。

ここで，点 $C\left(\dfrac{2\vec{a}+\vec{b}}{3}\right)$ は線分 AB を 1:2 に内分する点であるから，このベクトル方程式は，平面においても空間においても **線分 AB を 1:2 に内分する点を通り，$\vec{a}+\vec{b}$ に平行な直線** を表す。

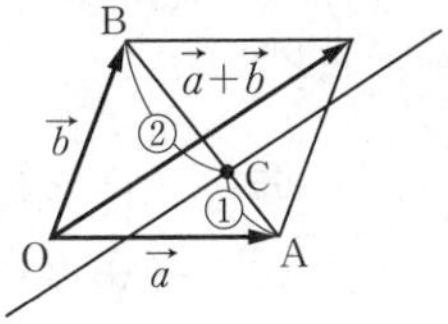

(2) $P(\vec{p})$ とおくと，$(\vec{p}-\vec{a})\cdot(\vec{p}-\vec{b})=0$ より　$\overrightarrow{AP}\cdot\overrightarrow{BP}=0$
ゆえに
$\overrightarrow{AP}=\vec{0}$ または $\overrightarrow{BP}=\vec{0}$ または $\overrightarrow{AP}\perp\overrightarrow{BP}$

◀ 点 P は $\overrightarrow{AP}=\vec{0}$ のとき点 A と一致し，$\overrightarrow{BP}=\vec{0}$ のとき点 B と一致する。

(ア) 平面におけるベクトル方程式の場合
点 P は線分 AB を直径とする円上にある。
すなわち，このベクトル方程式は，
線分 AB を直径とする円 を表す。

◀ P が 2 点 A，B と異なるとき ∠APB が常に 90° であるから，線分 AB は直径になる。

(イ) 空間におけるベクトル方程式の場合
点 P は線分 AB を直径とする球面上にある。
すなわち，このベクトル方程式は，
線分 AB を直径とする球 を表す。

◀ 球においても，直径 AB と球面上の点 P について ∠APB = 90° であり，その逆も成り立つ。

問題 61 1 辺の長さが 2 の正方形を底面とし，高さが 1 の直方体を K とする。2 点 A，B を直方体 K の同じ面に属さない 2 つの頂点とする。直線 AB を含む平面で直方体 K を切ったときの断面積の最大値と最小値を求めよ。（一橋大）

点 A を原点とし，A を含む 3 辺が x 軸，y 軸，z 軸の正の部分と重なるように座標軸をとる。
このとき　A(0, 0, 0)，B(2, 2, 1)
立体 K を直線 AB を含む平面で切ったとき，断面の現れ方は次の 2 通りである。

(ア)

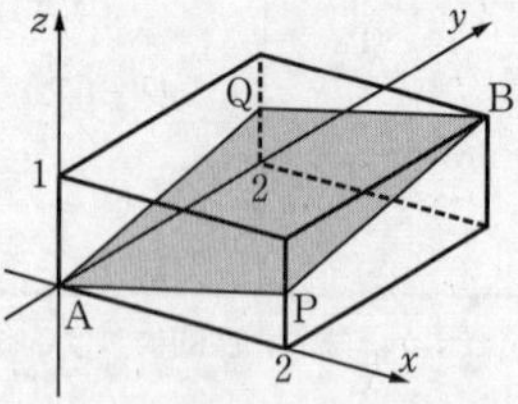

(イ)

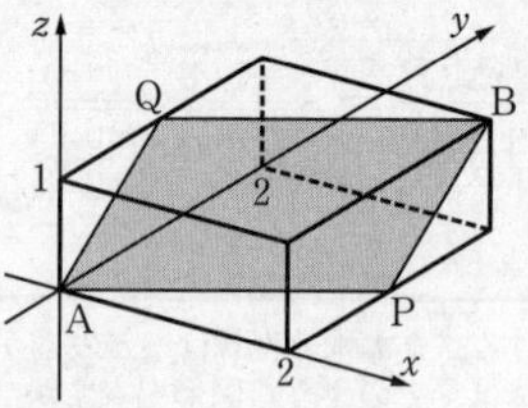

ここで，断面の四角形を上の図のように APBQ とおく。
K は直方体であるから，直線 AP，QB をそれぞれ含む K の面は平行である。よって，直線 AP と QB が交わることはない。
また，4 点 A，P，B，Q は同一平面上にあるから，直線 AP と QB はねじれの位置にはない。
以上より，直線 AP と QB は平行である。

◀ 2 直線の位置関係は
(ア) 交わる
(イ) 平行である
(ウ) ねじれの位置にある
のいずれかである。

直線 AQ と PB についても同様であるから，四角形 APBQ は向かい合う辺がそれぞれ平行，すなわち平行四辺形である。
ゆえに，四角形 APBQ の面積を S とおくと，S は △APB の面積の 2 倍に等しい。

(ア) 点 P の座標を $(2,\ 0,\ t)$ $(0 \leqq t \leqq 1)$ とおくと

$$S = 2\times\frac{1}{2}\sqrt{|\overrightarrow{\mathrm{AB}}|^2|\overrightarrow{\mathrm{AP}}|^2-(\overrightarrow{\mathrm{AB}}\cdot\overrightarrow{\mathrm{AP}})^2}$$
$$= \sqrt{(2^2+2^2+1^2)(2^2+0^2+t^2)-(2\times2+2\times0+1\times t)^2}$$
$$= \sqrt{9(t^2+4)-(t+4)^2}$$
$$= \sqrt{8t^2-8t+20}$$
$$= \sqrt{8\left(t-\frac{1}{2}\right)^2+18}$$

◀ $S = 2\times\triangle\mathrm{APB}$

◀ $\overrightarrow{\mathrm{AB}} = (2,\ 2,\ 1)$，$\overrightarrow{\mathrm{AP}} = (2,\ 0,\ t)$

よって，S が最大となるのは $t=0,\ 1$ のとき $S=\sqrt{20}=2\sqrt{5}$

最小となるのは $t=\dfrac{1}{2}$ のとき $S=\sqrt{18}=3\sqrt{2}$

(イ) 点 P の座標を $(2,\ u,\ 0)$ $(0 \leqq u \leqq 2)$ とおくと

$$S = 2\times\frac{1}{2}\sqrt{|\overrightarrow{\mathrm{AB}}|^2|\overrightarrow{\mathrm{AP}}|^2-(\overrightarrow{\mathrm{AB}}\cdot\overrightarrow{\mathrm{AP}})^2}$$
$$= \sqrt{(2^2+2^2+1^2)(2^2+u^2+0^2)-(2\times2+2\times u+1\times0)^2}$$
$$= \sqrt{9(u^2+4)-(2u+4)^2}$$
$$= \sqrt{5u^2-16u+20}$$
$$= \sqrt{5\left(u-\frac{8}{5}\right)^2+\frac{36}{5}}$$

◀ $\overrightarrow{\mathrm{AP}} = (2,\ u,\ 0)$

◀

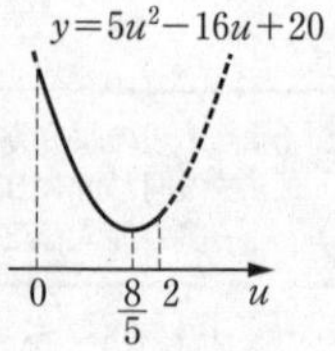

よって，S が

最大となるのは $u=0$ のとき $S=\sqrt{20}=2\sqrt{5}$

最小となるのは $u=\dfrac{8}{5}$ のとき $S=\sqrt{\dfrac{36}{5}}=\dfrac{6\sqrt{5}}{5}$

(ア)，(イ) より，$3\sqrt{2}>\dfrac{6\sqrt{5}}{5}$ であるから

◀ $3\sqrt{2}>0$，$\dfrac{6\sqrt{5}}{5}>0$ より
それぞれ 2 乗すると
$18>\dfrac{36}{5}$

S の **最大値** $2\sqrt{5}$，**最小値** $\dfrac{6\sqrt{5}}{5}$

問題 62　3点 A(2, 0, 0), B(1, 1, 0), C(1, −1, 1) を通る平面 ABC 上の点のうち，原点 O に最も近い点 P の座標を求めよ。

点 P は平面 ABC 上にあるから，$\overrightarrow{AP}=s\overrightarrow{AB}+t\overrightarrow{AC}$ （s, t は実数）とおける。このとき

$$\overrightarrow{OP}-\overrightarrow{OA}=s(\overrightarrow{OB}-\overrightarrow{OA})+t(\overrightarrow{OC}-\overrightarrow{OA})$$

$$\overrightarrow{OP}=(1-s-t)\overrightarrow{OA}+s\overrightarrow{OB}+t\overrightarrow{OC}$$

◀始点を O とするベクトルに変える。

$\overrightarrow{OA}=(2,\ 0,\ 0)$, $\overrightarrow{OB}=(1,\ 1,\ 0)$, $\overrightarrow{OC}=(1,\ -1,\ 1)$ より

$$\overrightarrow{OP}=(1-s-t)(2,\ 0,\ 0)+s(1,\ 1,\ 0)+t(1,\ -1,\ 1)$$
$$=(2-s-t,\ s-t,\ t)\quad\cdots①$$

よって

$$|\overrightarrow{OP}|^2=(2-s-t)^2+(s-t)^2+t^2$$
$$=2s^2+3t^2-4s-4t+4$$
$$=2(s-1)^2+3\left(t-\frac{2}{3}\right)^2+\frac{2}{3}$$

◀2変数関数の最小値
$2s^2-4s+3t^2-4t+4$
$=2(s-1)^2-2+3\left(t-\frac{2}{3}\right)^2-\frac{4}{3}+4$
$=2(s-1)^2+3\left(t-\frac{2}{3}\right)^2+\frac{2}{3}$

$|\overrightarrow{OP}|^2$ は $s=1$ かつ $t=\frac{2}{3}$ のとき最小となり，このとき $|\overrightarrow{OP}|$ も最小となるから ① より　**$P\left(\frac{1}{3},\ \frac{1}{3},\ \frac{2}{3}\right)$**

〔別解〕（解答7行目まで同じ）

OP は原点 O から平面 ABC に下ろした垂線であるから

$$\overrightarrow{OP}\perp 平面\mathrm{ABC}$$

よって　$\overrightarrow{OP}\perp\overrightarrow{AB}$ かつ $\overrightarrow{OP}\perp\overrightarrow{AC}$

すなわち　$\overrightarrow{OP}\cdot\overrightarrow{AB}=0\ \cdots②$, $\overrightarrow{OP}\cdot\overrightarrow{AC}=0\ \cdots③$

◀$\overrightarrow{OP}\perp$ 平面 ABC
⇔ OP と平面 ABC 上の交わる2直線が垂直

$\overrightarrow{AB}=(-1,\ 1,\ 0)$, $\overrightarrow{AC}=(-1,\ -1,\ 1)$ であるから

② より　$\overrightarrow{OP}\cdot\overrightarrow{AB}=(2-s-t)(-1)+(s-t)\times1=0$

◀整理すると　$2s=2$

よって　$s=1$

③ より　$\overrightarrow{OP}\cdot\overrightarrow{AC}=(2-s-t)(-1)+(s-t)(-1)+t\times1=0$

◀整理すると　$3t=2$

よって　$t=\frac{2}{3}$

したがって，求める点 P の座標は　$P\left(\frac{1}{3},\ \frac{1}{3},\ \frac{2}{3}\right)$

◀$P(2-s-t,\ s-t,\ t)$ において，$s=1$, $t=\frac{2}{3}$ を代入する。

問題 63　空間において，4点 A(3, 4, 2), B(4, 3, 2), C(2, −3, 4), D(1, −2, 3) がある。2直線 AB, CD の距離を求めよ。

$\overrightarrow{AB}=(1,\ -1,\ 0)$, $\overrightarrow{CD}=(-1,\ 1,\ -1)$

直線 AB, CD 上にそれぞれ点 P, Q をとる。

点 P は直線 AB 上にあるから

$$\overrightarrow{OP}=\overrightarrow{OA}+s\overrightarrow{AB}=(3+s,\ 4-s,\ 2)$$

点 Q は直線 CD 上にあるから

$$\overrightarrow{OQ}=\overrightarrow{OC}+t\overrightarrow{CD}=(2-t,\ -3+t,\ 4-t)$$

とおける。よって

$$\overrightarrow{PQ}=\overrightarrow{OQ}-\overrightarrow{OP}=(-s-t-1,\ s+t-7,\ -t+2) \quad \cdots ①$$

$$\begin{aligned}|\overrightarrow{PQ}|^2 &= (-s-t-1)^2+(s+t-7)^2+(-t+2)^2\\ &= 2s^2+3t^2+4st-12s-16t+54\\ &= 2s^2+4(t-3)s+3t^2-16t+54\\ &= 2\{s+(t-3)\}^2-2(t-3)^2+3t^2-16t+54\\ &= 2(s+t-3)^2+t^2-4t+36\\ &= 2(s+t-3)^2+(t-2)^2+32\end{aligned}$$

◀ 2次の文字の係数が小さい文字について先に平方完成を行うとよい。

ゆえに，PQ は $s+t-3=0$，$t-2=0$

◀ $|\overrightarrow{PQ}| \geqq 0$

すなわち $s=1$，$t=2$ のとき最小となる。

① より　$\overrightarrow{PQ}=(-4,\ -4,\ 0)$

よって　$|\overrightarrow{PQ}|=\sqrt{(-4)^2+(-4)^2+0^2}=4\sqrt{2}$

したがって，2 直線 AB，CD の距離は　$\boldsymbol{4\sqrt{2}}$

〔別解〕（解答 8 行目まで同じ）

PQ の長さが最小となるとき　$AB \perp PQ$ かつ $CD \perp PQ$

すなわち　$\overrightarrow{AB}\cdot\overrightarrow{PQ}=0 \cdots ②$，$\overrightarrow{CD}\cdot\overrightarrow{PQ}=0 \cdots ③$

② より　$1\cdot(-s-t-1)+(-1)\cdot(s+t-7)+0\cdot(-t+2)=0$

整理すると　$s+t-3=0 \quad \cdots ④$

③ より　$(-1)\cdot(-s-t-1)+1\cdot(s+t-7)+(-1)\cdot(-t+2)=0$

整理すると　$2s+3t-8=0 \quad \cdots ⑤$

④，⑤ を解くと　$s=1$，$t=2$

① より　$\overrightarrow{PQ}=(-4,\ -4,\ 0)$

よって　$|\overrightarrow{PQ}|=\sqrt{(-4)^2+(-4)^2+0^2}=4\sqrt{2}$

したがって，2 直線 AB，CD の距離は　$4\sqrt{2}$

問題 64　2 点 A(2, 1, 3)，B(1, 3, 4) と xy 平面上に動点 P，yz 平面上に動点 Q がある。このとき 3 つの線分の長さの和 AP＋PQ＋QB の最小値を求めよ。

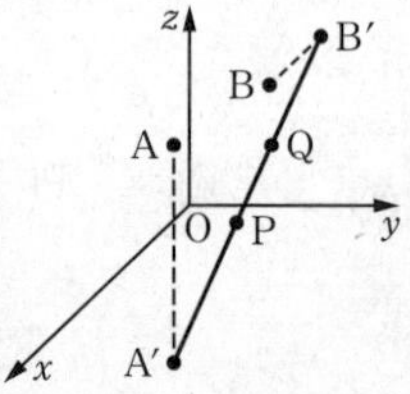

2 点 A，B は xy 平面および yz 平面に関して同じ側にあるから，点 A の xy 平面に関する対称点 A′，点 B の yz 平面に関する対称点 B′ をとると

$$A'(2,\ 1,\ -3),\ B'(-1,\ 3,\ 4)$$

2 点 A′，B′ は xy 平面および yz 平面に関して反対側にあり，AP＝A′P，BQ＝B′Q であるから

$$AP+PQ+QB=A'P+PQ+QB' \geqq A'B'$$

よって，AP＋PQ＋QB の最小値は線分 A′B′ の長さに等しい。

$$A'B'=\sqrt{(-1-2)^2+(3-1)^2+(4+3)^2}=\sqrt{62}$$

したがって，AP＋PQ＋QB の最小値は　$\boldsymbol{\sqrt{62}}$

問題 65　次の球の方程式を求めよ。

(1)　点 (3, 1, −4) を中心とし，xy 平面に接する球

(2)　点 (−3, 1, 4) を通り，3 つの平面 $x=2$，$y=0$，$z=0$ に接する球

(1) 中心の z 座標が -4 であり，xy 平面に接することから，球の半径は4である。

よって，求める球の方程式は

$$(x-3)^2+(y-1)^2+(z+4)^2=16$$

(2) 点 $(-3,\ 1,\ 4)$ を通り3つの平面 $x=2$，$y=0$，$z=0$ に接するから，球の半径を r とおくと，中心は $(2-r,\ r,\ r)$ と表すことができる。

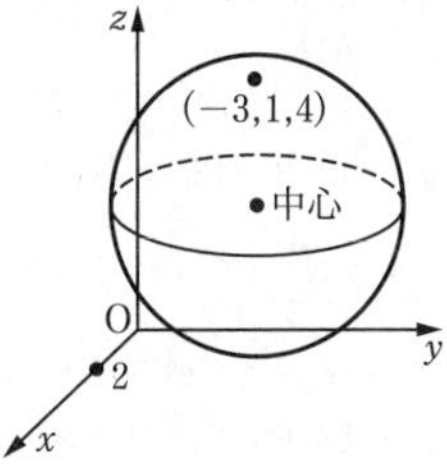

◀平面 $x=2$ は点 $(2,\ 0,\ 0)$ を通り yz 平面に平行，平面 $y=0$ は zx 平面，平面 $z=0$ は xy 平面であることに着目する。

よって，求める球の方程式は

$$\{x-(2-r)\}^2+(y-r)^2+(z-r)^2=r^2$$

これが点 $(-3,\ 1,\ 4)$ を通るから

$$(r-5)^2+(1-r)^2+(4-r)^2=r^2$$

ゆえに　$r^2-10r+21=0$

$(r-3)(r-7)=0$ より　$r=3,\ 7$

よって，求める球の方程式は

$$(x+1)^2+(y-3)^2+(z-3)^2=9$$
$$(x+5)^2+(y-7)^2+(z-7)^2=49$$

◀条件を満たす球は2つある。

問題 66　4点 A(1, 1, 1)，B(−1, 1, −1)，C(−1, −1, 0)，D(2, 1, 0) を頂点とする四面体 ABCD の外接球の方程式を求めよ。

求める外接球の方程式を，$x^2+y^2+z^2+kx+ly+mz+n=0$ とおく。

◀与えられた条件が，通る点の座標だけであるから，一般形を用いる。

点 A(1, 1, 1) を通るから　$k+l+m+n=-3$　…①

点 B(−1, 1, −1) を通るから　$-k+l-m+n=-3$　…②

点 C(−1, −1, 0) を通るから　$-k-l+n=-2$　…③

点 D(2, 1, 0) を通るから　$2k+l+n=-5$　…④

①−② より　$k+m=0$　…⑤

①−④ より　$-k+m=2$　…⑥

⑤+⑥ より　$m=1$

これを⑤に代入すると　$k=-1$

③+④ より　$k+2n=-7$

$k=-1$ を代入すると　$n=-3$

これらを③に代入すると　$l=0$

したがって，求める外接球の方程式は

$$x^2+y^2+z^2-x+z-3=0$$

問題 67　空間に3点 A(−1, 0, 1)，B(1, 2, 3)，C(3, 4, 2) がある。点 C を中心とし，直線 AB に接する球 ω を考える。

(1) 球 ω の半径 r を求めよ。また球 ω の方程式を求めよ。

(2) 点 P$(k+2,\ 2k+1,\ 3k-2)$ が球 ω の内部の点であるとき，定数 k の値の範囲を求めよ。

(1) $\overrightarrow{AB}=(2,\ 2,\ 2)$ である。

直線 AB と球 ω の接点を T とする。点 T は直線 AB 上にあるから，

$\overrightarrow{OT}=\overrightarrow{OA}+t\overrightarrow{AB}$ （t は実数） とおける。

このとき

$$\overrightarrow{OT}=\overrightarrow{OA}+t\overrightarrow{AB}=(-1,\ 0,\ 1)+t(2,\ 2,\ 2)$$

$= (-1+2t,\ 2t,\ 1+2t)$

$\overrightarrow{CT} = \overrightarrow{OT} - \overrightarrow{OC}$

$= (2t-4,\ 2t-4,\ 2t-1)$ …①

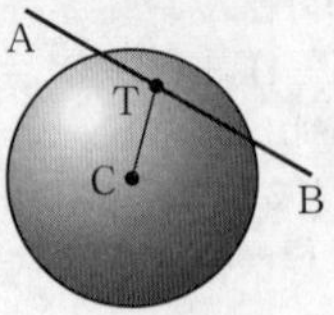

球 ω は直線ABとTで接するから

$\overrightarrow{CT} \perp \overrightarrow{AB}$ より　$\overrightarrow{CT} \cdot \overrightarrow{AB} = 0$

よって

$(2t-4)\times 2 + (2t-4)\times 2 + (2t-1)\times 2 = 0$

$12t - 18 = 0$ より　$t = \dfrac{3}{2}$

① より，$\overrightarrow{CT} = (-1,\ -1,\ 2)$ であるから

$r = |\overrightarrow{CT}| = \sqrt{(-1)^2+(-1)^2+2^2} = \sqrt{6}$

したがって，球 ω の方程式は

$$\boldsymbol{(x-3)^2+(y-4)^2+(z-2)^2=6}$$

◀球の半径 r は，$|\overrightarrow{CT}|$ の最小値を考え

$|\overrightarrow{CT}|^2 = 12\left(t-\dfrac{3}{2}\right)^2+6$

より，$|\overrightarrow{CT}|$ は $t=\dfrac{3}{2}$ のとき最小値 $\sqrt{6}$ としてもよい。

(2)　点Pが球 ω の内部の点であるとき　$CP < r$

両辺ともに正であるから，両辺を2乗すると　$CP^2 < r^2$

ゆえに　$(k-1)^2+(2k-3)^2+(3k-4)^2 < 6$

$14k^2 - 38k + 20 < 0$

$2(k-2)(7k-5) < 0$

よって，求める k の値の範囲は　$\boldsymbol{\dfrac{5}{7} < k < 2}$

◀$|\overrightarrow{CP}| < r$ としてもよい。

◀$\overrightarrow{CP} = (k-1,\ 2k-3,\ 3k-4)$

$CP^2 = |\overrightarrow{CP}|^2$

$= (k-1)^2+(2k-3)^2+(3k-4)^2$

問題 68　球 $x^2+y^2+(z-2)^2=9$ と平面 $x=a\ (a>0)$ が交わってできる円 C の半径が $\dfrac{\sqrt{35}}{2}$ であるとき，次の問に答えよ。

(1)　a の値を求めよ。

(2)　点 $P(0,\ 0,\ 5)$ があり，点Qが円 C 上を動くとき，直線PQと xy 平面の交点Rの軌跡を求めよ。

(1)　球の中心をAとすると $A(0,\ 0,\ 2)$ であり，円 C の中心Cは $C(a,\ 0,\ 2)$ であるから

$AC = a$

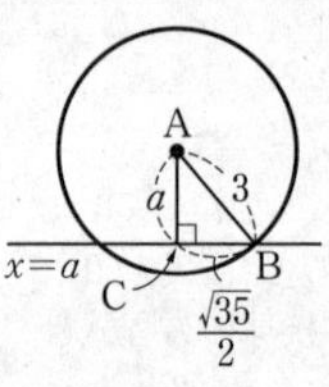

◀$a>0$ に注意する。

円 C 上に点Bをとると，△ABCは $\angle C = 90°$ の直角三角形であるから，三平方の定理により

$a^2 + \left(\dfrac{\sqrt{35}}{2}\right)^2 = 3^2$

よって　$a^2 = \dfrac{1}{4}$

$a>0$ であるから　$\boldsymbol{a = \dfrac{1}{2}}$

(2)　点 $R(X,\ Y,\ 0)$，点 $Q\left(\dfrac{1}{2},\ s,\ t\right)$ とおく。

◀軌跡を求める点Rの座標を $(X,\ Y,\ 0)$ とおく。

(1)より，円 C の方程式は $y^2+(z-2)^2 = \dfrac{35}{4}$，$x = \dfrac{1}{2}$ であり，

点Qは円 C 上を動くから　$s^2+(t-2)^2 = \dfrac{35}{4}$ …①

点Rは直線PQ上にあるから，$\overrightarrow{OR} = \overrightarrow{OP} + k\overrightarrow{PQ}$ とおける。

よって　$(X,\ Y,\ 0)=\left(\dfrac{k}{2},\ ks,\ k(t-5)+5\right)$

ゆえに

$$X=\frac{k}{2}\ \cdots②,\quad Y=ks\ \cdots③,\quad 0=k(t-5)+5\ \cdots④$$

$t \neq 5$ であるから，④ より　$k=\dfrac{5}{5-t}$

②，③ に代入すると　$X=\dfrac{5}{2(5-t)}$，　$Y=\dfrac{5s}{5-t}$

これらより　$t=5-\dfrac{5}{2X}$，　$s=\dfrac{Y}{2X}$

① に代入すると　$\left(\dfrac{Y}{2X}\right)^2+\left(3-\dfrac{5}{2X}\right)^2=\dfrac{35}{4}$

$$Y^2+(6X-5)^2=35X^2$$
$$X^2-60X+25+Y^2=0$$

よって　$(X-30)^2+Y^2=875$

したがって，求める軌跡は

$$\boldsymbol{(x-30)^2+y^2=875,\ z=0}$$

◀ $z=0$ を忘れないように注意する。

問題 69　球 $x^2+y^2+z^2=r^2$ $(r>1)$ と球 $x^2+y^2+(z-2)^2=1$ が交わってできる円の面積が $\dfrac{3}{4}\pi$ となるときの r の値を求めよ。

球 $x^2+y^2+z^2=r^2$ の中心 O(0, 0, 0) と，球 $x^2+y^2+(z-2)^2=1$ の中心 C(0, 0, 2) は z 軸上にあるから，z 軸を含む yz 平面による切り口を考える。

◀ 中心を通る直線（中心線）を含む断面を考えると分かりやすい。

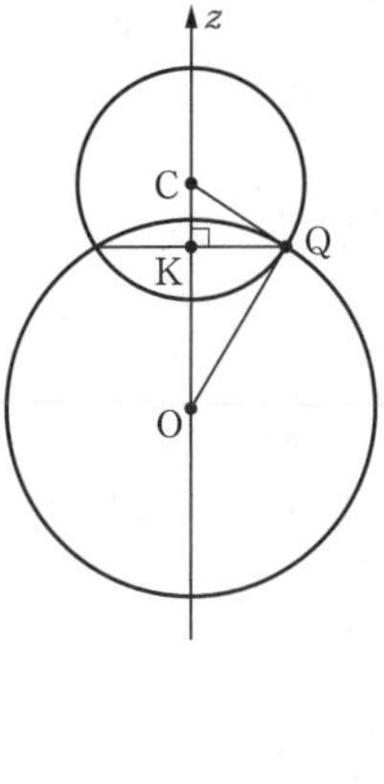

2つの球が交わってできる円の中心をKとし，円上の1点をQとする。

Kの z 座標を k とすると，円の面積より

$$\pi \mathrm{KQ}^2=\frac{3}{4}\pi \quad \text{すなわち} \quad \mathrm{KQ}^2=\frac{3}{4}$$

◀ KQ は円の半径になっている。

$\mathrm{CQ}^2=\mathrm{CK}^2+\mathrm{KQ}^2$ より

◀ △CKQ，△KOQ は直角三角形であるから，それぞれ三平方の定理が利用できる。

$$1=|2-k|^2+\frac{3}{4}$$

したがって　$k=\dfrac{3}{2},\ \dfrac{5}{2}$

さらに，$\mathrm{OQ}^2=\mathrm{OK}^2+\mathrm{KQ}^2$ より

$$r^2=k^2+\frac{3}{4}$$

$k=\dfrac{3}{2}$ のとき　$r^2=3$

$k=\dfrac{5}{2}$ のとき　$r^2=7$

$1<r<3$ より　$\boldsymbol{r=\sqrt{3},\ \sqrt{7}}$

2円の中心間距離が d で半径が r_1，r_2 のとき

2円が交わる $\Longleftrightarrow$ $|r_1-r_2|<d<r_1+r_2$

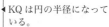

◀ よって　$r-1<2<1+r$

問題 70 空間に4点 O(0, 0, 0), A(1, 0, 0), B(0, 1, 0), C(0, 0, −1) がある。
(1) 3点A, B, Cを通る平面 α の方程式を求めよ。
(2) 平面 α に垂直になるように原点Oから直線を引いたとき，平面 α との交点Tの座標を求めよ。
(3) △ABCの面積を求めよ。
(4) 四面体OABCの体積を求めよ。 (福島大)

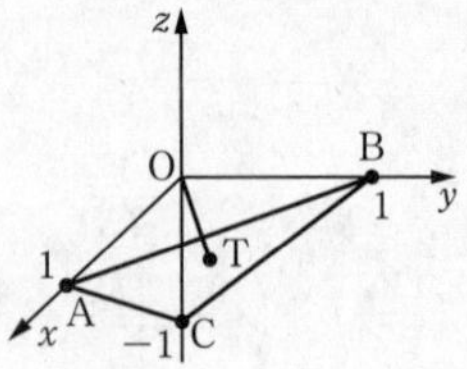

(1) 平面 α の法線ベクトルを $\vec{n}=(x,\ y,\ z)$ とすると，$\vec{n}\perp\overrightarrow{AB}$, $\vec{n}\perp\overrightarrow{AC}$ であるから

$$\vec{n}\cdot\overrightarrow{AB}=0,\ \vec{n}\cdot\overrightarrow{AC}=0$$

$\overrightarrow{AB}=(-1,\ 1,\ 0)$,
$\overrightarrow{AC}=(-1,\ 0,\ -1)$ より

$$-x+y=0,\ -x-z=0$$

よって　$\vec{n}=k(1,\ 1,\ -1)$　(k は0でない定数)
したがって，求める平面の方程式は

$$1\cdot(x-1)+1\cdot(y-0)+(-1)(z-0)=0$$

$$\boldsymbol{x+y-z-1=0}$$

〔別解〕 求める方程式を $ax+by+cz+d=0$ とおく。
ただし，$a,\ b,\ c$ の少なくとも1つは0ではない。
点A(1, 0, 0)を通るから　$a+d=0$　…①
点B(0, 1, 0)を通るから　$b+d=0$　…②
点C(0, 0, −1)を通るから　$-c+d=0$　…③
①〜③より　$a=-d,\ b=-d,\ c=d$
このとき　$-dx-dy+dz+d=0$
$d\neq0$ より　$x+y-z-1=0$

(2) $\overrightarrow{OT}\parallel\vec{n}$ より，$\overrightarrow{OT}=(t,\ t,\ -t)$ とおくと，点 $T(t,\ t,\ -t)$ は平面 α 上にあるから

$$t+t-(-t)-1=0$$

よって　$t=\dfrac{1}{3}$

したがって　$\mathbf{T}\left(\dfrac{\mathbf{1}}{\mathbf{3}},\ \dfrac{\mathbf{1}}{\mathbf{3}},\ -\dfrac{\mathbf{1}}{\mathbf{3}}\right)$

(3) △ABCは1辺の長さ $\sqrt{2}$ の正三角形であるから，求める面積 S は

$$S=\frac{1}{2}\cdot\sqrt{2}\cdot\sqrt{2}\sin\frac{\pi}{3}=\boldsymbol{\frac{\sqrt{3}}{2}}$$

(4) (2)より，$\overrightarrow{OT}=\left(\dfrac{1}{3},\ \dfrac{1}{3},\ -\dfrac{1}{3}\right)$ であるから

$$|\overrightarrow{OT}|=\frac{1}{3}\sqrt{1^2+1^2+(-1)^2}=\frac{\sqrt{3}}{3}$$

よって，求める体積 V は

$$V=\frac{1}{3}\cdot S\cdot|\overrightarrow{OT}|=\frac{1}{3}\cdot\frac{\sqrt{3}}{2}\cdot\frac{\sqrt{3}}{3}=\boldsymbol{\frac{1}{6}}$$

◀ $x,\ y,\ z$ 軸上の切片がそれぞれ $a,\ b,\ c$ の平面の方程式は
$$\frac{x}{a}+\frac{y}{b}+\frac{z}{c}=1$$

◀ $y=x,\ z=-x$ であるから，$\vec{n}=(k,\ k,\ -k)$

◀ 平面 α は点A(1, 0, 0)を通り，$\vec{n}=k(1,\ 1,\ -1)$ に垂直な平面である。

◀ $d=0$ とすると，$a=b=c=0$ となり，平面を表さない。

◀ $\overrightarrow{OT}\parallel\vec{n}$ より
$\overrightarrow{OT}=t(1,\ 1,\ -1)$

◀ $|\overrightarrow{AB}|=|\overrightarrow{BC}|=|\overrightarrow{CA}|=\sqrt{2}$

◀ $\triangle OAB=\dfrac{1}{2}\cdot1\cdot1=\dfrac{1}{2}$,
OC = 1 より
$V=\dfrac{1}{3}\cdot\triangle OAB\cdot OC=\dfrac{1}{3}\cdot\dfrac{1}{2}\cdot1=\dfrac{1}{6}$
としてもよい。

問題 **71** 2つの球 $\omega_1 : x^2+y^2+z^2=2$ と $\omega_2 : (x-k)^2+(y+2k)^2+(z-2k)^2=8$ が共有点をもっている。

(1) 定数 k の値の範囲を求めよ。

(2) ω_1 と ω_2 が交わってできる円の半径が1であるとき，この円を含む平面 α の方程式を求めよ。

(1) ω_1 は中心 $\mathrm{O}(0,\ 0,\ 0)$，半径 $\sqrt{2}$ の球，ω_2 は中心 $\mathrm{A}(k,\ -2k,\ 2k)$，半径 $2\sqrt{2}$ の球である。

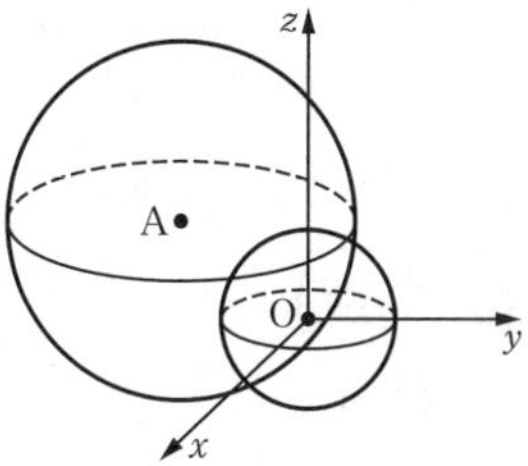

中心間の距離 OA は

$\mathrm{OA}=\sqrt{k^2+(-2k)^2+(2k)^2}=3|k|$

◀ $\sqrt{k^2}=|k|$

ω_1 と ω_2 が交わるとき

$$\sqrt{2} \leqq \mathrm{OA} \leqq 3\sqrt{2}$$

◀ 2つの球の半径を r_1，r_2 とするとき，2つの球が交わるのは，中心間の距離 d が $|r_1-r_2| \leqq d \leqq r_1+r_2$ のときである。

よって $\sqrt{2} \leqq 3|k| \leqq 3\sqrt{2}$

$$\frac{\sqrt{2}}{3} \leqq |k| \leqq \sqrt{2}$$

したがって $\boldsymbol{-\sqrt{2} \leqq k \leqq -\frac{\sqrt{2}}{3},\ \frac{\sqrt{2}}{3} \leqq k \leqq \sqrt{2}}$

(2) $\overrightarrow{\mathrm{OA}} \perp \alpha$ より，平面 α の法線ベクトルの1つは

$$\vec{n}=(1,\ -2,\ 2)$$

◀ $\overrightarrow{\mathrm{OA}}=(k,\ -2k,\ 2k)=k(1,\ -2,\ 2)$

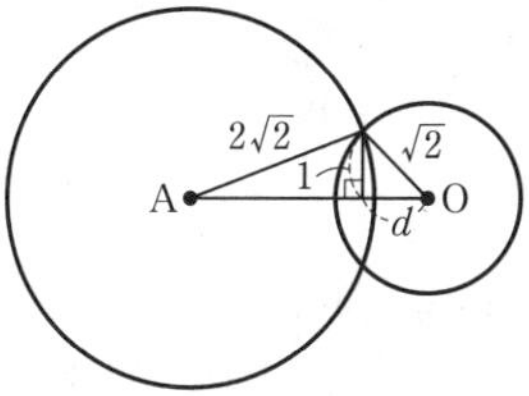

よって，平面 α の方程式は

$$x-2y+2z+p=0 \quad \cdots ①$$

と表される。

ω_1 の中心 O と平面 α の距離を d $(d>0)$ とすると

$$\left(\sqrt{2}\right)^2=1^2+d^2$$

$d>0$ より $d=1$

また，① より $d=\dfrac{|p|}{\sqrt{1^2+(-2)^2+2^2}}=\dfrac{|p|}{3}$ であるから

$\dfrac{|p|}{3}=1$ より $|p|=3$

ゆえに $p=\pm 3$

したがって，求める平面の方程式は

$$\boldsymbol{x-2y+2z+3=0,\ x-2y+2z-3=0}$$

問題 **72** a，b，c を実数とし，座標空間内の点を $\mathrm{O}(0,\ 0,\ 0)$，$\mathrm{A}(2,\ 1,\ 1)$，$\mathrm{B}(1,\ 2,\ 3)$，$\mathrm{C}(a,\ b,\ c)$，$\mathrm{M}\left(1,\ \frac{1}{2},\ 1\right)$ と定める。空間内の点 P で $4|\overrightarrow{\mathrm{OP}}|^2+|\overrightarrow{\mathrm{AP}}|^2+2|\overrightarrow{\mathrm{BP}}|^2+3|\overrightarrow{\mathrm{CP}}|^2=30$ を満たすもの全体が M を中心とする球面をなすとき，この球面の半径と a，b，c の値を求めよ。

(東北大)

与式より

$$4|\overrightarrow{\mathrm{OP}}|^2+|\overrightarrow{\mathrm{OP}}-\overrightarrow{\mathrm{OA}}|^2+2|\overrightarrow{\mathrm{OP}}-\overrightarrow{\mathrm{OB}}|^2+3|\overrightarrow{\mathrm{OP}}-\overrightarrow{\mathrm{OC}}|^2=30$$

◀ 原点 O を始点とするベクトルで表す。

$$4|\overrightarrow{\mathrm{OP}}|^2+(\overrightarrow{\mathrm{OP}}-\overrightarrow{\mathrm{OA}})\cdot(\overrightarrow{\mathrm{OP}}-\overrightarrow{\mathrm{OA}})+2(\overrightarrow{\mathrm{OP}}-\overrightarrow{\mathrm{OB}})\cdot(\overrightarrow{\mathrm{OP}}-\overrightarrow{\mathrm{OB}})$$
$$+3(\overrightarrow{\mathrm{OP}}-\overrightarrow{\mathrm{OC}})\cdot(\overrightarrow{\mathrm{OP}}-\overrightarrow{\mathrm{OC}})=30$$

$$10|\overrightarrow{OP}|^2-2(\overrightarrow{OA}+2\overrightarrow{OB}+3\overrightarrow{OC})\cdot\overrightarrow{OP}$$
$$=30-(|\overrightarrow{OA}|^2+2|\overrightarrow{OB}|^2+3|\overrightarrow{OC}|^2)$$

よって

$$\left|\overrightarrow{OP}-\frac{1}{10}(\overrightarrow{OA}+2\overrightarrow{OB}+3\overrightarrow{OC})\right|^2$$
$$=3-\frac{1}{10}(|\overrightarrow{OA}|^2+2|\overrightarrow{OB}|^2+3|\overrightarrow{OC}|^2)+\left(\frac{1}{10}|\overrightarrow{OA}+2\overrightarrow{OB}+3\overrightarrow{OC}|\right)^2$$

ゆえに，点Pは中心を $\frac{1}{10}(\overrightarrow{OA}+2\overrightarrow{OB}+3\overrightarrow{OC})$ とする球上にあるから

$$\left(\frac{4+3a}{10},\ \frac{5+3b}{10},\ \frac{7+3c}{10}\right)=\left(1,\ \frac{1}{2},\ 1\right)$$

◀ $\overrightarrow{OA}+2\overrightarrow{OB}+3\overrightarrow{OC}=(4+3a, 5+3b, 7+3c)$

よって　　$\boldsymbol{a=2,\ b=0,\ c=1}$

このとき　　$|\overrightarrow{OA}|^2=6,\ |\overrightarrow{OB}|^2=14,\ |\overrightarrow{OC}|^2=5,$

$$\left(\frac{1}{10}|\overrightarrow{OA}+2\overrightarrow{OB}+3\overrightarrow{OC}|\right)^2=|\overrightarrow{OM}|^2=\frac{9}{4}$$

であるから

$$|\overrightarrow{OP}-\overrightarrow{OM}|^2=3-\frac{1}{10}(6+28+15)+\frac{9}{4}=\frac{7}{20}$$

したがって，球面の半径は　$\boldsymbol{\frac{\sqrt{35}}{10}}$

〔別解〕

点 $P(x,\ y,\ z)$ とおく。

$$4|\overrightarrow{OP}|^2+|\overrightarrow{AP}|^2+2|\overrightarrow{BP}|^2+3|\overrightarrow{CP}|^2$$
$$=4(x^2+y^2+z^2)+\{(x-2)^2+(y-1)^2+(z-1)^2\}$$
$$+2\{(x-1)^2+(y-2)^2+(z-3)^2\}+3\{(x-a)^2+(y-b)^2+(z-c)^2\}$$
$$=10x^2+10y^2+10z^2-2(3a+4)x-2(3b+5)y-2(3c+7)z$$
$$+3(a^2+b^2+c^2)+34$$

よって

$$x^2+y^2+z^2-\frac{3a+4}{5}x-\frac{3b+5}{5}y-\frac{3c+7}{5}z+\frac{3(a^2+b^2+c^2)}{10}+\frac{2}{5}=0$$

◀ $x^2+y^2+z^2-2ax-2by-2cz+a^2+b^2+c^2=(x-a)^2+(y-b)^2+(z-c)^2$ より，中心 $(a,\ b,\ c)$

これが，点 $M\left(1,\ \frac{1}{2},\ 1\right)$ を中心とする球を表すから

$$\frac{3a+4}{10}=1,\ \frac{3b+5}{10}=\frac{1}{2},\ \frac{3c+7}{10}=1$$

よって　　$a=2,\ b=0,\ c=1$

このとき　　$x^2+y^2+z^2-2x-y-2z+\frac{19}{10}=0$

$$(x-1)^2+\left(y-\frac{1}{2}\right)^2+(z-1)^2=\frac{7}{20}$$

したがって，球面の半径は　$\frac{\sqrt{35}}{10}$

問題 **73**　空間に2つの平面 $\alpha : x=y,\ \beta : 2x=y+z$ がある。平面 α 上に $A(3,\ 3,\ 0)$，平面 β 上に $B(2,\ 5,\ -1)$ をとる。

(1)　2平面 $\alpha,\ \beta$ のなす角 θ $(0^\circ \leqq \theta \leqq 90^\circ)$ と2平面の交線 m の方程式を求めよ。

(2)　(1)の直線 m 上に $\angle APB=\theta$ となる点Pが存在することを示し，Pの座標を求めよ。

(1)　平面 α の方程式は　　$x-y=0$　　$\cdots$ ①

よって，平面 α の法線ベクトルの 1 つは

$$\overrightarrow{n_1}=(1,\ -1,\ 0)$$

平面 β の方程式は　　$2x-y-z=0$　　$\cdots$ ②

よって，平面 β の法線ベクトルの 1 つは

$$\overrightarrow{n_2}=(2,\ -1,\ -1)$$

$\overrightarrow{n_1}$ と $\overrightarrow{n_2}$ のなす角 θ' $(0^\circ \leqq \theta' \leqq 180^\circ)$ は

$$\cos\theta'=\frac{\overrightarrow{n_1}\cdot\overrightarrow{n_2}}{|\overrightarrow{n_1}||\overrightarrow{n_2}|}=\frac{2+1+0}{\sqrt{2}\sqrt{6}}=\frac{\sqrt{3}}{2}$$

よって　　$\theta'=30^\circ$

ゆえに，平面 α と平面 β のなす角 θ は　　$\boldsymbol{\theta=30^\circ}$

次に，① より　　$x=y$

①－② より　　$x=z$

よって，交線 m の方程式は　　$\boldsymbol{x=y=z}$

(2)　$x=y=z=s$ とおくと，直線 m 上の点 P は $\mathrm{P}(s,\ s,\ s)$ とおける。

$$\overrightarrow{\mathrm{PA}}=(3-s,\ 3-s,\ -s),\ \overrightarrow{\mathrm{PB}}=(2-s,\ 5-s,\ -1-s)$$

ゆえに

$$|\overrightarrow{\mathrm{PA}}|=\sqrt{(3-s)^2+(3-s)^2+(-s)^2}$$
$$=\sqrt{3(s^2-4s+6)}\quad\cdots ③$$
$$|\overrightarrow{\mathrm{PB}}|=\sqrt{(2-s)^2+(5-s)^2+(-1-s)^2}$$
$$=\sqrt{3(s^2-4s+10)}\quad\cdots ④$$
$$\overrightarrow{\mathrm{PA}}\cdot\overrightarrow{\mathrm{PB}}=(3-s)(2-s)+(3-s)(5-s)+(-s)(-1-s)$$
$$=3(s^2-4s+7)\quad\cdots ⑤$$

ここで，$\angle\mathrm{APB}=30^\circ$ とすると

$$\cos 30^\circ=\frac{\overrightarrow{\mathrm{PA}}\cdot\overrightarrow{\mathrm{PB}}}{|\overrightarrow{\mathrm{PA}}||\overrightarrow{\mathrm{PB}}|}$$

③～⑤ を代入すると

$$\frac{\sqrt{3}}{2}=\frac{3(s^2-4s+7)}{\sqrt{3(s^2-4s+6)}\sqrt{3(s^2-4s+10)}}\quad\cdots ⑥$$

分母をはらって両辺を 2 乗すると

$$27(s^2-4s+6)(s^2-4s+10)=36(s^2-4s+7)^2$$

ここで，$S=s^2-4s$ とおくと

$$27(S+6)(S+10)=36(S+7)^2$$
$$S^2+8S+16=0$$

$(S+4)^2=0$ より　　$S=-4$

ゆえに，$s^2-4s=-4$ より　　$(s-2)^2=0$

よって　　$s=2$　　これは ⑥ を満たす。

すなわち，$\mathbf{P(2,\ 2,\ 2)}$ のとき $\angle\mathrm{APB}=30^\circ$ となる。

◀ 平面 $ax+by+cz+d=0$ の法線ベクトル $\vec{n}$ の 1 つは　$\vec{n}=(a,\ b,\ c)$

◀ まず，法線ベクトルのなす角を求める。

◀ $0^\circ \leqq \theta' \leqq 90^\circ$ のときは $\theta=\theta'$

◀ そのまま展開すると s の 4 次式となり計算が大変であるから，$S=s^2-4s$ とおいて次数を下げるとよい。

問題 74　空間に 2 直線 $l: x-3=-\dfrac{y}{2}=\dfrac{z}{3}$，$m: x-1=\dfrac{y+8}{2}=z$ がある。

(1)　2 直線 l，m は交わることを示し，その交点 P の座標を求めよ。

(2)　2 直線 l，m のなす角 θ $(0^\circ \leqq \theta \leqq 90^\circ)$ を求めよ。

(3)　2 直線 l，m を含む平面 α の方程式を求めよ。

(1) $x-3=-\dfrac{y}{2}=\dfrac{z}{3}=s$, $x-1=\dfrac{y+8}{2}=z=t$ とおくと

$$\begin{cases} x=s+3 \\ y=-2s \\ z=3s \end{cases} \cdots ①,\quad \begin{cases} x=t+1 \\ y=2t-8 \\ z=t \end{cases} \cdots ②$$

◀ 2 直線 l, m を媒介変数表示する。

①, ② を連立すると $\begin{cases} s+3=t+1 & \cdots ③ \\ -2s=2t-8 & \cdots ④ \\ 3s=t & \cdots ⑤ \end{cases}$

◀ 未知数の数よりも式の数の方が多いから，解をもつかどうか分からない。

③, ④ より　　$s=1$, $t=3$

$s=1$, $t=3$ は ⑤ を満たす。

ゆえに，連立方程式 ①, ② は解をもち，その解は

　　$s=1$, $t=3$

① に代入すると　　$x=4$, $y=-2$, $z=3$

◀ ① と ② から同じ値が得られる。

よって，2 直線 l, m は交わりその交点 P の座標は

　　P(4, −2, 3)

(2) 直線 l と直線 m の方向ベクトルの 1 つをそれぞれ $\overrightarrow{u_1}$, $\overrightarrow{u_2}$ とすると

　　$\overrightarrow{u_1}=(1,\ -2,\ 3)$, $\overrightarrow{u_2}=(1,\ 2,\ 1)$

$\overrightarrow{u_1}$ と $\overrightarrow{u_2}$ のなす角 θ' ($0^\circ \leqq \theta' \leqq 180^\circ$) は

$$\cos\theta'=\frac{\overrightarrow{u_1}\cdot\overrightarrow{u_2}}{|\overrightarrow{u_1}||\overrightarrow{u_2}|}=\frac{1-4+3}{\sqrt{14}\sqrt{6}}=0$$

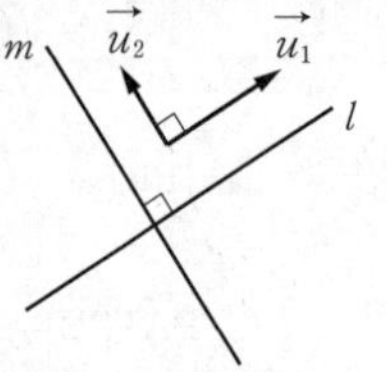

よって　　$\theta'=90^\circ$

ゆえに，直線 l と直線 m のなす角 θ は　　$\boldsymbol{\theta=90^\circ}$

(3) 平面 α の法線ベクトルを $\vec{n}=(a,\ b,\ c)$ ($\vec{n}\neq\vec{0}$) とおくと

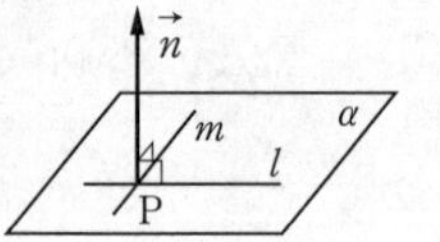

$\vec{n}\perp\overrightarrow{u_1}$ より　　$a-2b+3c=0$

$\vec{n}\perp\overrightarrow{u_2}$ より　　$a+2b+c=0$

これらより　　$a=-2c$, $b=\dfrac{1}{2}c$

よって　　$\vec{n}=\left(-2c,\ \dfrac{1}{2}c,\ c\right)=\dfrac{1}{2}c(-4,\ 1,\ 2)$

◀ $\vec{n}\neq\vec{0}$ より　$c\neq 0$

ゆえに，平面 α の法線ベクトルの 1 つは　　$(-4,\ 1,\ 2)$

また，平面 α は点 P(4, −2, 3) を通るから，求める平面 α の方程式は

　　$-4(x-4)+1(y+2)+2(z-3)=0$

すなわち　　$\boldsymbol{4x-y-2z-12=0}$

〔別解〕

平面 α 上の点を T$(x,\ y,\ z)$ とすると

$$\begin{aligned}\overrightarrow{\mathrm{OT}}&=\overrightarrow{\mathrm{OP}}+s\overrightarrow{u_1}+t\overrightarrow{u_2}\\&=(4,\ -2,\ 3)+s(1,\ -2,\ 3)+t(1,\ 2,\ 1)\\&=(4+s+t,\ -2-2s+2t,\ 3+3s+t)\end{aligned}$$

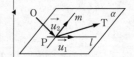

よって　　$\begin{cases} x=4+s+t & \cdots ⑥ \\ y=-2-2s+2t & \cdots ⑦ \\ z=3+3s+t & \cdots ⑧ \end{cases}$

⑥, ⑦ より，s, t について解くと

$$s=\frac{2x-y-10}{4},\quad t=\frac{2x+y-6}{4}$$

これを ⑧ に代入して整理すると　　$4x-y-2z-12=0$

p.142 本質を問う 4

1 (1) ある4点O, A, B, Cについて，$\overrightarrow{OA}$, $\overrightarrow{OB}$, $\overrightarrow{OC}$ が1次独立であるとはどういうことか述べよ。
(2) $\vec{a}=(2,\ 3,\ 0)$, $\vec{b}=(4,\ 0,\ 0)$, $\vec{c}=(0,\ 5,\ 0)$ において，$\vec{a}$, $\vec{b}$, $\vec{c}$ は1次独立であるといえるか。

(1) 異なる4点O, A, B, Cが同一平面上にないこと。
(2) Oを原点とする座標空間においてA(2, 3, 0), B(4, 0, 0), C(0, 5, 0)とすると，4点O, A, B, Cは平面 $z=0$ 上にあるから，異なる4点O, A, B, Cは同一平面上にある。
よって，$\vec{a}$, $\vec{b}$, $\vec{c}$ は**1次独立であるといえない**。

◀どの1つのベクトルも，ほかの2つのベクトルを用いて表すことができない。

2 空間において，同一直線上にない3点 $A(\vec{a})$, $B(\vec{b})$, $C(\vec{c})$ がある。A, B, Cを含む平面上の任意の点を $P(\vec{p})$ とするとき
$$\vec{p}=s\vec{a}+t\vec{b}+u\vec{c},\quad s+t+u=1$$
であることを示せ。

4点A, B, C, Pが同一平面上にある。
$\Longleftrightarrow \overrightarrow{AP}=k\overrightarrow{AB}+l\overrightarrow{AC}$ …① となる実数 k, l が存在する。
①を位置ベクトルで表すと
$$\vec{p}-\vec{a}=k(\vec{b}-\vec{a})+l(\vec{c}-\vec{a})$$
よって　$\vec{p}=(1-k-l)\vec{a}+k\vec{b}+l\vec{c}$
ここで，$1-k-l=s$, $k=t$, $l=u$ とおくと
$$\vec{p}=s\vec{a}+t\vec{b}+u\vec{c},\quad s+t+u=1$$

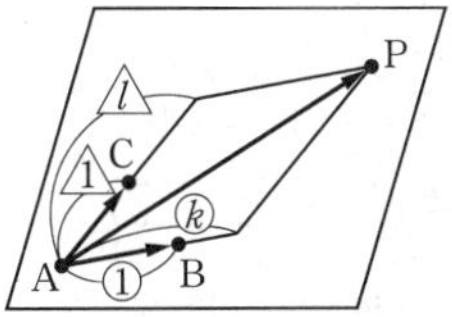

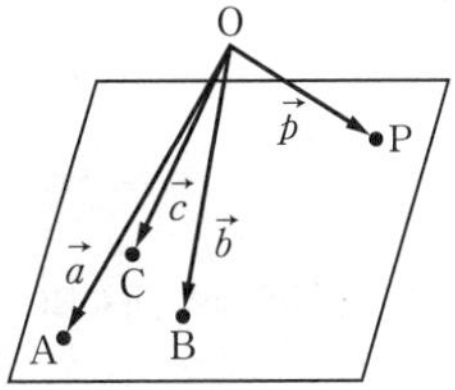

3 直線 l が，点Oで交わる2直線OA, OBのそれぞれに垂直であるとき，直線 l は，直線OA, OBで定まる平面 α に垂直であることをベクトルを用いて示せ。

右の図のように，平面 α 上の点Oで交わる2直線 m, n 上に，交点O以外の点A, Bをそれぞれとる。
平面 α 上の任意の直線の方向ベクトルを $\vec{p}$ $(\vec{p}\neq\vec{0})$ とすると
$$\vec{p}=s\overrightarrow{OA}+t\overrightarrow{OB}\ \ (s,\ t\ は実数)$$
とおける。
また，直線 l の方向ベクトルを $\vec{u}$ $(\vec{u}\neq\vec{0})$ とすると
$$\vec{u}\perp\overrightarrow{OA},\quad \vec{u}\perp\overrightarrow{OB}$$
このとき　$\vec{p}\cdot\vec{u}=(s\overrightarrow{OA}+t\overrightarrow{OB})\cdot\vec{u}$
$$=s\overrightarrow{OA}\cdot\vec{u}+t\overrightarrow{OB}\cdot\vec{u}=0$$
よって　$\vec{p}\perp\vec{u}$
すなわち，直線 l は平面 α 上の任意のベクトル $\vec{p}$ に垂直である。

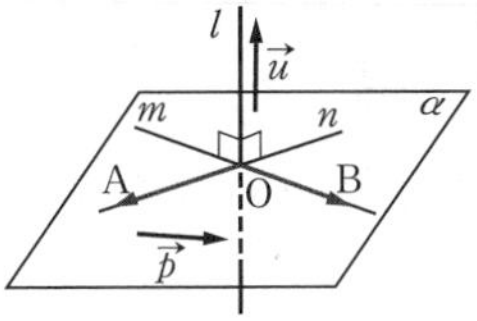

◀$l\perp\alpha$
$\Longleftrightarrow l\perp$(平面 α 上の任意の直線)
$\Longleftrightarrow$ (l の方向ベクトル) $\perp$(平面 α 上の任意の方向ベクトル)

◀$\vec{p}$ は方向ベクトルであるから　$\vec{p}\neq\vec{0}$

◀$\vec{u}$ は方向ベクトルであるから　$\vec{u}\neq\vec{0}$

◀$l\perp OA$, $l\perp OB$

◀$\overrightarrow{OA}\cdot\vec{u}=\overrightarrow{OB}\cdot\vec{u}=0$

◀$\vec{p}\neq\vec{0}$, $\vec{u}\neq\vec{0}$

したがって，直線 l は平面 α 上のすべての直線と垂直であるから

$l \perp \alpha$

p.143 Let's Try! 4

① 四面体OABCにおいて，辺ABの中点をP，線分PCの中点をQとする。また，$0<m<1$ に対し，線分OQを $m:(1-m)$ に内分する点をR，直線ARと平面OBCの交点をSとする。さらに，$\overrightarrow{OA}=\vec{a}$, $\overrightarrow{OB}=\vec{b}$, $\overrightarrow{OC}=\vec{c}$ とする。

(1) $\overrightarrow{OP}$, $\overrightarrow{OQ}$, $\overrightarrow{OR}$ を $\vec{a}$, $\vec{b}$, $\vec{c}$ と m で表せ。

(2) AR:RS を m で表せ。

(3) 辺OAと線分SQが平行となるとき，m の値を求めよ。（南山大）

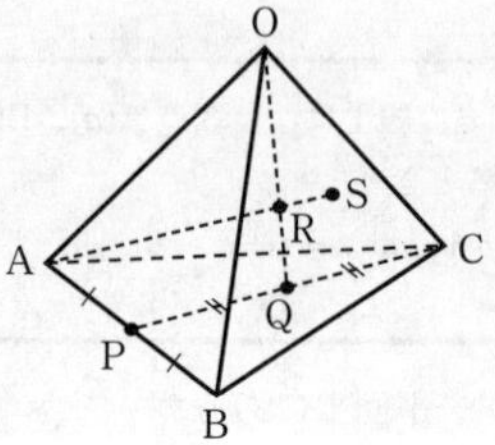

(1) $\overrightarrow{OP}=\boldsymbol{\frac{1}{2}(\vec{a}+\vec{b})}$

$\overrightarrow{OQ}=\frac{1}{2}(\overrightarrow{OP}+\overrightarrow{OC})=\boldsymbol{\frac{1}{4}(\vec{a}+\vec{b}+2\vec{c})}$

$\overrightarrow{OR}=m\overrightarrow{OQ}=\boldsymbol{\frac{m}{4}(\vec{a}+\vec{b}+2\vec{c})}$

(2) 3点A, R, Sは一直線上にあるから，$\overrightarrow{AS}=k\overrightarrow{AR}$ とおくと

$$\begin{aligned}\overrightarrow{OS}&=\overrightarrow{OA}+\overrightarrow{AS}=\overrightarrow{OA}+k(\overrightarrow{OR}-\overrightarrow{OA})\\&=\vec{a}+k\left\{\frac{m}{4}(\vec{a}+\vec{b}+2\vec{c})-\vec{a}\right\}\\&=\left(1-k+\frac{km}{4}\right)\vec{a}+\frac{km}{4}\vec{b}+\frac{km}{2}\vec{c}\end{aligned}$$

点Sは平面OBC上にあるから　$1-k+\frac{km}{4}=0$

◀ $\overrightarrow{OS}=s\vec{b}+t\vec{c}$ の形で表されるから，$\vec{a}$ の係数は0である。

よって　$k=\frac{4}{4-m}$

ゆえに　$AR:RS=1:(k-1)=1:\left(\frac{4}{4-m}-1\right)=\boldsymbol{(4-m):m}$

(3) (2)より　$\overrightarrow{OS}=\frac{km}{4}\vec{b}+\frac{km}{2}\vec{c}=\frac{m}{4-m}\vec{b}+\frac{2m}{4-m}\vec{c}$

◀ $k=\frac{4}{4-m}$

よって

$$\begin{aligned}\overrightarrow{SQ}&=\overrightarrow{OQ}-\overrightarrow{OS}\\&=\frac{1}{4}(\vec{a}+\vec{b}+2\vec{c})-\frac{m}{4-m}\vec{b}-\frac{2m}{4-m}\vec{c}\\&=\frac{1}{4}\vec{a}+\left(\frac{1}{4}-\frac{m}{4-m}\right)\vec{b}+2\left(\frac{1}{4}-\frac{m}{4-m}\right)\vec{c}\end{aligned}$$

OA // SQ であるから　$\frac{1}{4}-\frac{m}{4-m}=0$

◀ $\overrightarrow{SQ}=u\vec{a}$ の形で表されるから，$\vec{b}$, $\vec{c}$ の係数は0である。

したがって　$\boldsymbol{m=\frac{4}{5}}$

> **②** 四面体ABCDにおいて，△BCDの重心をGとする。このとき，次の問に答えよ。
> (1) ベクトル$\overrightarrow{AG}$をベクトル$\overrightarrow{AB}$，$\overrightarrow{AC}$，$\overrightarrow{AD}$で表せ。
> (2) 線分AGを3:1に内分する点をE，△ACDの重心をFとする。このとき，3点B，E，Fは一直線上にあり，EはBFを3:1に内分する点であることを示せ。
> (3) BA＝BD，CA＝CDであるとき，2つのベクトル$\overrightarrow{BF}$と$\overrightarrow{AD}$は垂直であることを示せ。
> (静岡大)

(1) 点Gは△BCDの重心であるから

$$\boldsymbol{\overrightarrow{AG}=\frac{\overrightarrow{AB}+\overrightarrow{AC}+\overrightarrow{AD}}{3}}$$

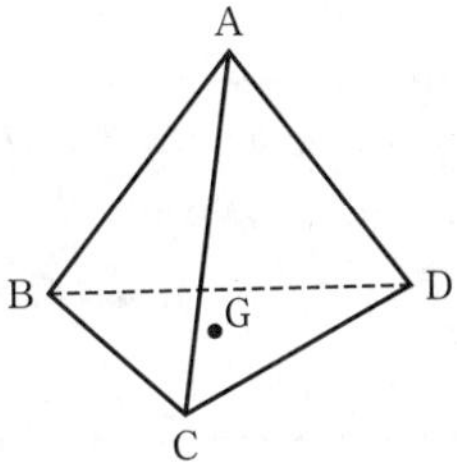

(2) $\overrightarrow{AE}=\frac{3}{4}\overrightarrow{AG}=\frac{\overrightarrow{AB}+\overrightarrow{AC}+\overrightarrow{AD}}{4}$

$\overrightarrow{AF}=\frac{1}{3}\overrightarrow{AC}+\frac{1}{3}\overrightarrow{AD}$

◀ $\overrightarrow{AF}=\frac{\overrightarrow{AA}+\overrightarrow{AC}+\overrightarrow{AD}}{3}$

ここで

$$\begin{aligned}\overrightarrow{BE}&=\overrightarrow{AE}-\overrightarrow{AB}\\&=-\frac{3}{4}\overrightarrow{AB}+\frac{1}{4}\overrightarrow{AC}+\frac{1}{4}\overrightarrow{AD}\\&=\frac{1}{4}(-3\overrightarrow{AB}+\overrightarrow{AC}+\overrightarrow{AD})\end{aligned}$$

$$\begin{aligned}\overrightarrow{BF}&=\overrightarrow{AF}-\overrightarrow{AB}\\&=-\overrightarrow{AB}+\frac{1}{3}\overrightarrow{AC}+\frac{1}{3}\overrightarrow{AD}\\&=\frac{1}{3}(-3\overrightarrow{AB}+\overrightarrow{AC}+\overrightarrow{AD})\end{aligned}$$

よって　$\overrightarrow{BF}=\frac{4}{3}\overrightarrow{BE}$

◀

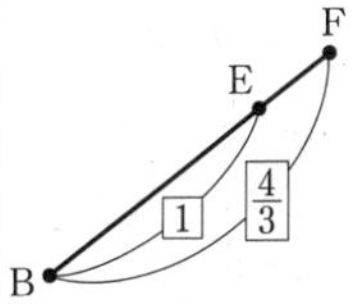

ゆえに，3点B，E，Fは一直線上にある。

また，BE:EF＝1:$\frac{1}{3}$＝3:1 より，EはBFを3:1に内分する点である。

(3) BA＝BD より　$|\overrightarrow{AB}|=|\overrightarrow{BD}|$

両辺を2乗すると　$|\overrightarrow{AB}|^2=|\overrightarrow{BD}|^2$

$|\overrightarrow{AB}|^2=|\overrightarrow{AD}-\overrightarrow{AB}|^2$

$|\overrightarrow{AB}|^2=|\overrightarrow{AD}|^2-2\overrightarrow{AD}\cdot\overrightarrow{AB}+|\overrightarrow{AB}|^2$

◀始点をAにそろえる。

よって　$\overrightarrow{AB}\cdot\overrightarrow{AD}=\frac{1}{2}|\overrightarrow{AD}|^2$　…①

同様に，CA＝CD より　$|\overrightarrow{AC}|=|\overrightarrow{CD}|$

両辺を2乗すると　$|\overrightarrow{AC}|^2=|\overrightarrow{CD}|^2$

$|\overrightarrow{AC}|^2=|\overrightarrow{AD}-\overrightarrow{AC}|^2$

$|\overrightarrow{AC}|^2=|\overrightarrow{AD}|^2-2\overrightarrow{AD}\cdot\overrightarrow{AC}+|\overrightarrow{AC}|^2$

よって　$\overrightarrow{AD}\cdot\overrightarrow{AC}=\frac{1}{2}|\overrightarrow{AD}|^2$　…②

①，②より

$$\overrightarrow{BF}\cdot\overrightarrow{AD}=\frac{1}{3}(-3\overrightarrow{AB}+\overrightarrow{AC}+\overrightarrow{AD})\cdot\overrightarrow{AD}$$

$$=\frac{1}{3}(-3\overrightarrow{AB}\cdot\overrightarrow{AD}+\overrightarrow{AC}\cdot\overrightarrow{AD}+|\overrightarrow{AD}|^2)$$

$$=\frac{1}{3}\left(-\frac{3}{2}|\overrightarrow{AD}|^2+\frac{1}{2}|\overrightarrow{AD}|^2+|\overrightarrow{AD}|^2\right)=0$$

したがって，$\overrightarrow{BF}\neq\vec{0}$，$\overrightarrow{AD}\neq\vec{0}$ であるから $\overrightarrow{BF}\perp\overrightarrow{AD}$ である。

③ 空間ベクトル $\overrightarrow{OA}=(1,\ 0,\ 0)$，$\overrightarrow{OB}=(a,\ b,\ 0)$，$\overrightarrow{OC}$ が，条件

$$|\overrightarrow{OB}|=|\overrightarrow{OC}|=1,\quad \overrightarrow{OA}\cdot\overrightarrow{OB}=\frac{1}{3},\quad \overrightarrow{OA}\cdot\overrightarrow{OC}=\frac{1}{2},\quad \overrightarrow{OB}\cdot\overrightarrow{OC}=\frac{5}{6}$$

を満たしているとする。ただし，a，b は正の数とする。

(1) a，b の値を求めよ。　　(2) △OAB の面積 S を求めよ。

(3) 四面体 OABC の体積 V を求めよ。

(名古屋大)

(1) $\overrightarrow{OA}\cdot\overrightarrow{OB}=1\times a+0\times b+0\times 0=a$ より　　$\boldsymbol{a=\frac{1}{3}}$

$|\overrightarrow{OB}|=\sqrt{a^2+b^2}=1$ より　　$\frac{1}{9}+b^2=1$

よって　　$b^2=\frac{8}{9}$

$b>0$ より　　$\boldsymbol{b=\frac{2\sqrt{2}}{3}}$

(2) $\overrightarrow{OA}$，$\overrightarrow{OB}$ はともに z 成分が 0 であるから，点 O，A，B は xy 平面上の点である。

よって，$\overrightarrow{OA}=(1,\ 0)$，$\overrightarrow{OB}=\left(\frac{1}{3},\ \frac{2\sqrt{2}}{3}\right)$ で考える。

ゆえに　　$S=\frac{1}{2}\left|1\cdot\frac{2\sqrt{2}}{3}-0\cdot\frac{1}{3}\right|=\boldsymbol{\frac{\sqrt{2}}{3}}$

◀ $\overrightarrow{OA}=(a_1,\ a_2)$
$\overrightarrow{OB}=(b_1,\ b_2)$ とすると
△OAB の面積は
$\frac{1}{2}|a_1b_2-a_2b_1|$

(3) $\overrightarrow{OC}=(x,\ y,\ z)$ とおく。

$$\overrightarrow{OA}\cdot\overrightarrow{OC}=x=\frac{1}{2}\quad\cdots①$$

$$\overrightarrow{OB}\cdot\overrightarrow{OC}=\frac{1}{3}x+\frac{2\sqrt{2}}{3}y=\frac{1}{6}+\frac{2\sqrt{2}}{3}y=\frac{5}{6}$$

よって　　$y=\frac{\sqrt{2}}{2}$　　$\cdots②$

$|\overrightarrow{OC}|=1$ より　　$|\overrightarrow{OC}|^2=1$

よって　　$x^2+y^2+z^2=1$

①，② を代入すると　　$\frac{1}{4}+\frac{1}{2}+z^2=1$

◀ $z^2=\frac{1}{4}$

ゆえに　　$z=\pm\frac{1}{2}$

△OAB は，xy 平面上にあるから，点 C の z 座標の絶対値が四面体 OABC の高さとなる。

ゆえに　　$V=\frac{1}{3}S\cdot|z|=\frac{1}{3}\cdot\frac{\sqrt{2}}{3}\cdot\frac{1}{2}=\boldsymbol{\frac{\sqrt{2}}{18}}$

④ 座標空間の4点 A(1, 1, 2), B(2, 1, 4), C(3, 2, 2), D(2, 7, 1) を考える。
(1) 線分 AB と線分 AC のなす角を θ とするとき，$\sin\theta$ の値を求めよ。
ただし，$0° \leqq \theta \leqq 180°$ とする。
(2) 点 D から △ABC を含む平面へ垂線 DH を下ろすとする。H の座標を求めよ。（岐阜大 改）

(1) $\overrightarrow{AB} = (2-1,\ 1-1,\ 4-2) = (1,\ 0,\ 2)$,
$\overrightarrow{AC} = (3-1,\ 2-1,\ 2-2) = (2,\ 1,\ 0)$ より

$$\overrightarrow{AB}\cdot\overrightarrow{AC} = 1\times2+0\times1+2\times0 = 2$$

また $|\overrightarrow{AB}| = \sqrt{1^2+0^2+2^2} = \sqrt{5}$, $|\overrightarrow{AC}| = \sqrt{2^2+1^2+0^2} = \sqrt{5}$

よって $\cos\theta = \dfrac{\overrightarrow{AB}\cdot\overrightarrow{AC}}{|\overrightarrow{AB}||\overrightarrow{AC}|} = \dfrac{2}{5}$

$0° \leqq \theta \leqq 180°$ より，$\sin\theta \geqq 0$ であるから

$$\sin\theta = \sqrt{1-\cos^2\theta} = \boldsymbol{\frac{\sqrt{21}}{5}}$$

(2) 点 H は平面 ABC 上にあるから

$$\overrightarrow{AH} = s\overrightarrow{AB}+t\overrightarrow{AC} = (s,\ 0,\ 2s)+(2t,\ t,\ 0)$$
$$= (s+2t,\ t,\ 2s) \quad (s,\ t\ \text{は実数})$$

とおける。

DH は平面 ABC に垂直であるから $\overrightarrow{DH} \perp \overrightarrow{AB}$, $\overrightarrow{DH} \perp \overrightarrow{AC}$

すなわち $\overrightarrow{DH}\cdot\overrightarrow{AB} = 0$, $\overrightarrow{DH}\cdot\overrightarrow{AC} = 0$

ここで $\overrightarrow{DH} = \overrightarrow{AH}-\overrightarrow{AD} = (s+2t,\ t,\ 2s)-(1,\ 6,\ -1)$
$= (s+2t-1,\ t-6,\ 2s+1)$

◀ $\overrightarrow{AD} = (2-1,\ 7-1,\ 1-2) = (1,\ 6,\ -1)$

よって

$$\overrightarrow{AB}\cdot\overrightarrow{DH} = 1\times(s+2t-1)+0\times(t-6)+2\times(2s+1)$$
$$= 5s+2t+1 = 0 \quad \cdots ①$$
$$\overrightarrow{AC}\cdot\overrightarrow{DH} = 2\times(s+2t-1)+1\times(t-6)+0\times(2s+1)$$
$$= 2s+5t-8 = 0 \quad \cdots ②$$

①, ② を解くと $s = -1$, $t = 2$

よって $\overrightarrow{AH} = (3,\ 2,\ -2)$

ゆえに $\overrightarrow{OH} = \overrightarrow{OA}+\overrightarrow{AH} = (4,\ 3,\ 0)$

したがって **H(4, 3, 0)**

◀ 点 H の座標は $\overrightarrow{OH}$ の成分を求めればよい。

⑤ xyz 空間内に xy 平面と交わる半径5の球がある。その球の中心の z 座標が正であり，その球と xy 平面の交わりがつくる円の方程式が $x^2+y^2-4x+6y+4=0$ であるとき，その球の中心の座標を求めよ。（早稲田大）

球の中心の座標を C$(a,\ b,\ c)$，ただし，$c>0$ とすると，球の方程式は，半径が5であるから

◀ 条件より，球の中心の z 座標は正である。

$$(x-a)^2+(y-b)^2+(z-c)^2 = 25 \quad \cdots ①$$

xy 平面の方程式は $z=0$ であるから，① に代入すると

$$(x-a)^2+(y-b)^2+(0-c)^2 = 25$$

よって $(x-a)^2+(y-b)^2 = 25-c^2 \quad \cdots ②$

これが，円 $x^2+y^2-4x+6y+4=0$

すなわち $(x-2)^2+(y+3)^2 = 9 \quad \cdots ③$

と一致するから，②，③ より

$a=2,\ b=-3,\ 25-c^2=9$

$25-c^2=9$ より　　$c^2=16$

$c>0$ であるから　　$c=4$

したがって，求める球の中心の座標は　　**(2,　−3,　4)**

◀ $c=\pm4$ となり，$c>0$ であるから，$c=4$

2章 平面上の曲線

5 2次曲線

練習 75 x 軸上の点 F$(-2,\ 0)$ からの距離と直線 $x=2$ からの距離が等しい点 P の軌跡を求めよ。

点 P の座標を $(x,\ y)$ とおくと

$\mathrm{PF}=\sqrt{(x+2)^2+y^2}$

点 P から直線 $x=2$ へ垂線 PH を下ろすと，H$(2,\ y)$ であるから

$\mathrm{PH}=|x-2|$

$\mathrm{PF}=\mathrm{PH}$ より　$\mathrm{PF}^2=\mathrm{PH}^2$

よって　$(x+2)^2+y^2=(x-2)^2$

これを整理すると，求める軌跡は

放物線 $y^2=-8x$

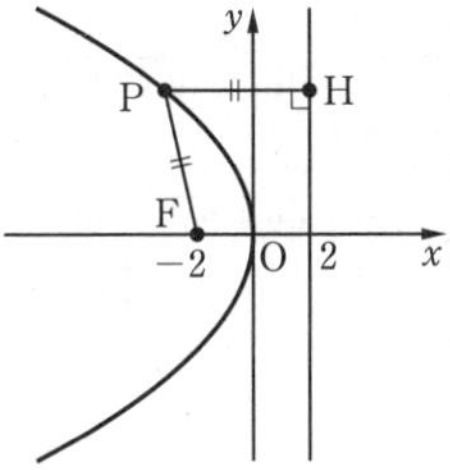

◀ 2 点間の距離の公式

◀ 点と直線の距離とは，点から直線に下ろした垂線の長さである。

◀ $\mathrm{PH}^2=|x-2|^2$
$=(x-2)^2$

◀ $x^2+4x+4+y^2$
$=x^2-4x+4$

〔別解〕 定直線と直線上にない定点からの距離が等しいから，点 P の軌跡は放物線であり，焦点は F$(-2,\ 0)$，準線は直線 $x=2$ である。

頂点は原点 O，軸は x 軸であるから，この放物線の方程式は

$y^2=4\cdot(-2)\cdot x$

すなわち，求める軌跡は　放物線 $y^2=-8x$

◀ 放物線の頂点は，焦点 F から準線に下ろした垂線 FG の中点，軸は直線 FG である。

練習 76 〔1〕 次の放物線の焦点の座標，準線の方程式を求め，その概形をかけ。

(1) $y^2=-x$　　(2) $x^2=\dfrac{1}{2}y$

〔2〕 次の条件を満たす放物線の方程式を求めよ。

(1) 焦点 $(0,\ \sqrt{2})$，準線 $y=-\sqrt{2}$　　(2) 焦点 $\left(-\dfrac{1}{2},\ 0\right)$，準線 $x=\dfrac{1}{2}$

〔1〕 (1) $y^2=4\cdot\left(-\dfrac{1}{4}\right)x$ より

焦点　$\left(-\dfrac{1}{4},\ 0\right)$

準線　$x=\dfrac{1}{4}$

概形は **右の図**。

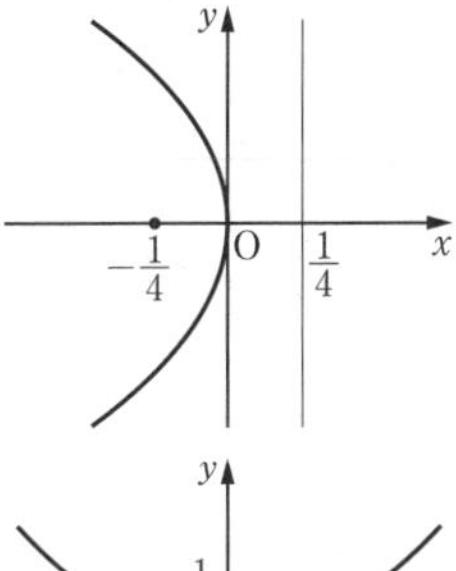

◀ $y^2=4px$ の形に変形する。このとき
焦点　$(p,\ 0)$
準線　$x=-p$

(2) $x^2=4\cdot\dfrac{1}{8}y$ より

焦点　$\left(0,\ \dfrac{1}{8}\right)$

準線　$y=-\dfrac{1}{8}$

概形は **右の図**。

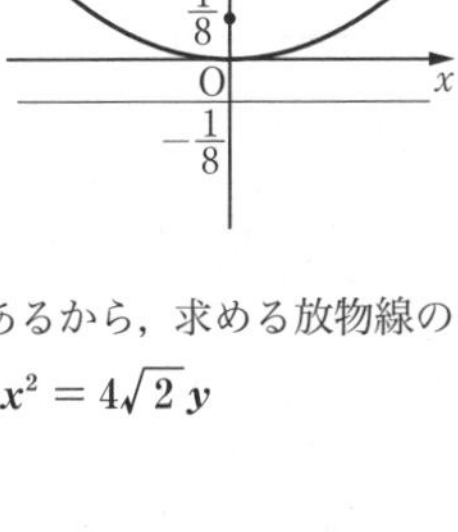

◀ $x^2=4py$ の形に変形する。このとき
焦点　$(0,\ p)$
準線　$y=-p$

〔2〕 (1) 焦点 $(0,\ \sqrt{2})$，準線 $y=-\sqrt{2}$ であるから，求める放物線の方程式は　$x^2=4\cdot\sqrt{2}\,y$　すなわち　$\boldsymbol{x^2=4\sqrt{2}\,y}$

◀ 頂点が原点で，焦点が y 軸上にあるから
$x^2=4py$

(2) 焦点 $\left(-\frac{1}{2},\ 0\right)$，準線 $x=\frac{1}{2}$ であるから，求める放物線の方程式は　$y^2=4\cdot\left(-\frac{1}{2}\right)x$　すなわち　$\boldsymbol{y^2=-2x}$

◀頂点が原点で，焦点が x 軸上にあるから
$y^2=4px$

練習 77　2点 $\mathrm{F}(0,\ 2)$，$\mathrm{F'}(0,\ -2)$ からの距離の和が8である点Pの軌跡を求めよ。

点Pの座標を $(x,\ y)$ とおくと

$$\mathrm{PF}=\sqrt{x^2+(y-2)^2},\ \mathrm{PF'}=\sqrt{x^2+(y+2)^2}$$

◀2点間の距離の公式

$\mathrm{PF}+\mathrm{PF'}=8$ より

$$\sqrt{x^2+(y-2)^2}+\sqrt{x^2+(y+2)^2}=8$$

これより　$\sqrt{x^2+(y+2)^2}=8-\sqrt{x^2+(y-2)^2}$

◀$\sqrt{A}+\sqrt{B}=k$ の形のまま両辺を2乗すると計算がとても大変になる。
$\sqrt{A}=k-\sqrt{B}$
としてから両辺を2乗する方が簡単である。

両辺を2乗すると

$$x^2+(y+2)^2=64-16\sqrt{x^2+(y-2)^2}+x^2+(y-2)^2$$

$$y-8=-2\sqrt{x^2+(y-2)^2}$$

さらに，両辺を2乗して整理すると　$4x^2+3y^2=48$

よって　$\frac{x^2}{12}+\frac{y^2}{16}=1$

◀$y-8\leqq 0$ すなわち $y\leqq 8$ を満たす。

したがって，求める軌跡は　**楕円** $\boldsymbol{\frac{x^2}{12}+\frac{y^2}{16}=1}$

〔別解〕

2定点F，F′からの距離の和が一定であるから，点Pの軌跡は2点F，F′を焦点とする楕円である。

◀楕円の定義

楕円の中心が原点で，焦点が y 軸上にあるから，求める楕円の方程式を $\frac{x^2}{a^2}+\frac{y^2}{b^2}=1$ $(b>a>0)$ とおく。

◀中心は原点，焦点は y 軸上にあるから，$b>a$ である。

$\mathrm{PF}+\mathrm{PF'}=8$ であるから　$2b=8$

よって　$b=4$　…①

◀$\mathrm{PF}+\mathrm{PF'}=2b$

焦点が $\mathrm{F}(0,\ 2)$，$\mathrm{F'}(0,\ -2)$ であるから

$$\sqrt{b^2-a^2}=2\quad すなわち\quad b^2-a^2=4$$

◀焦点が y 軸上にある楕円 $\frac{x^2}{a^2}+\frac{y^2}{b^2}=1$ の焦点の座標は $\left(0,\ \pm\sqrt{b^2-a^2}\right)$

①を代入すると，$4^2-a^2=4$ より　$a=2\sqrt{3}$

これは，$b>a>0$ を満たす。

◀$a>0$

よって，求める軌跡は　楕円 $\frac{x^2}{12}+\frac{y^2}{16}=1$

練習 78　次の楕円の頂点と焦点の座標，長軸と短軸の長さを求め，その概形をかけ。
(1) $\frac{x^2}{5}+y^2=1$　　(2) $3x^2+2y^2=6$

(1) 楕円 $\frac{x^2}{5}+y^2=1$ の頂点は

$$(\sqrt{5},\ 0),\ (-\sqrt{5},\ 0),\ (0,\ 1),\ (0,\ -1)$$

また，$\sqrt{5-1}=2$ より

焦点　$(2,\ 0)$，$(-2,\ 0)$

長軸の長さは　$2\times\sqrt{5}=2\sqrt{5}$

◀$a^2=5$ より　$a=\sqrt{5}$
$b^2=1$ より　$b=1$
$a>b$ であるから
焦点　$\left(\pm\sqrt{a^2-b^2},\ 0\right)$
長軸の長さ　$2a$
短軸の長さ　$2b$

短軸の長さは　$2\times 1=2$

概形は **右の図**。

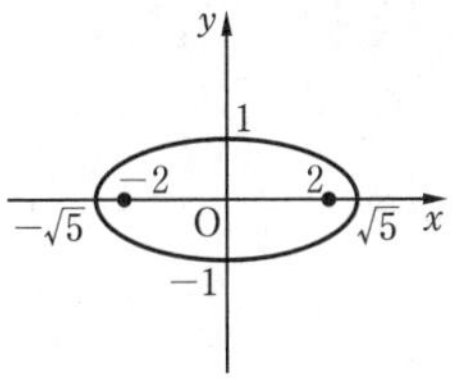

(2) 与式の両辺を 6 で割ると，$\dfrac{x^2}{2}+\dfrac{y^2}{3}=1$ であるから

◀右辺を 1 にする。

この楕円の頂点　$(\sqrt{2},\ 0)$，$(-\sqrt{2},\ 0)$，$(0,\ \sqrt{3})$，$(0,\ -\sqrt{3})$

また，$\sqrt{3-2}=1$ より

焦点　$(0,\ 1)$，$(0,\ -1)$

長軸の長さは　$2\times\sqrt{3}=2\sqrt{3}$

短軸の長さは　$2\times\sqrt{2}=2\sqrt{2}$

概形は **右の図**。

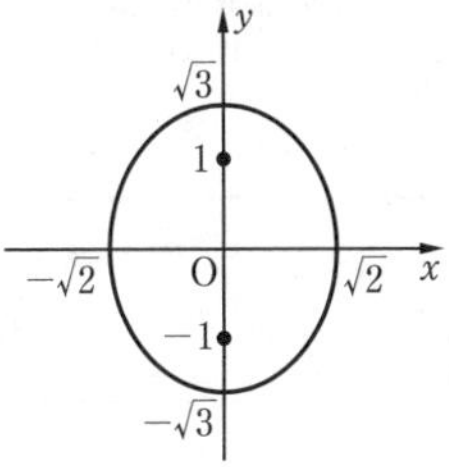

◀$a^2=2$ より　$a=\sqrt{2}$
$b^2=3$ より　$b=\sqrt{3}$
$a<b$ であるから
焦点　$(0,\ \pm\sqrt{b^2-a^2})$
長軸の長さ　$2b$
短軸の長さ　$2a$

練習 79　次の条件を満たす楕円の方程式を求めよ。

(1)　2 点 $(0,\ \sqrt{2})$，$(0,\ -\sqrt{2})$ を焦点とし，長軸の長さが $2\sqrt{3}$ である。

(2)　焦点が $(\sqrt{6},\ 0)$，$(-\sqrt{6},\ 0)$ で，長軸の長さが短軸の長さの 2 倍である。

(3)　焦点の座標が $(0,\ 3)$，$(0,\ -3)$ で，点 $(1,\ 2\sqrt{2})$ を通る。

(1) 求める楕円の中心は原点で，焦点が y 軸上にあるから，方程式を

$\dfrac{x^2}{a^2}+\dfrac{y^2}{b^2}=1$ $(b>a>0)$ とおく。

◀中心は原点である。
また，焦点が y 軸上にあるから，$b>a$ である。

焦点が点 $(0,\ \pm\sqrt{2})$ であるから

$\sqrt{b^2-a^2}=\sqrt{2}$　すなわち　$b^2-a^2=(\sqrt{2})^2$　…①

長軸の長さが $2\sqrt{3}$ であるから，$2b=2\sqrt{3}$ より　$b=\sqrt{3}$　…②

◀$\mathrm{PF}+\mathrm{PF}'=2b$

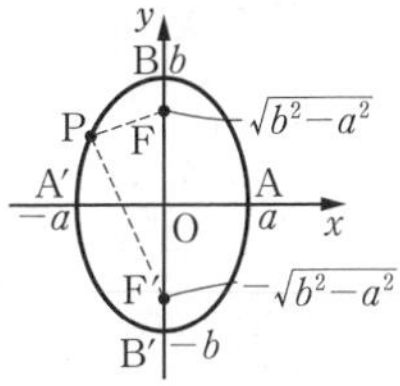

①，② より　$a=1$

よって，求める方程式は　$\boldsymbol{x^2+\dfrac{y^2}{3}=1}$

(2) 求める楕円の中心は原点で，焦点が x 軸上にあるから，方程式を

$\dfrac{x^2}{a^2}+\dfrac{y^2}{b^2}=1$ $(a>b>0)$ とおく。

◀中心は原点である。焦点が x 軸上にあるから，$a>b$ である。

焦点が点 $(\pm\sqrt{6},\ 0)$ であるから

◀焦点の座標は
$(\pm\sqrt{a^2-b^2},\ 0)$

$\sqrt{a^2-b^2}=\sqrt{6}$　すなわち　$a^2-b^2=(\sqrt{6})^2$　…①

長軸の長さが短軸の長さの 2 倍であるから　$a=2b$　…②

①，② より　$a=2\sqrt{2}$，$b=\sqrt{2}$

よって，求める方程式は　$\boldsymbol{\dfrac{x^2}{8}+\dfrac{y^2}{2}=1}$

(3) 求める楕円の中心は原点で，焦点が y 軸上にあるから，方程式を

$\dfrac{x^2}{a^2}+\dfrac{y^2}{b^2}=1$ $(b>a>0)$ とおく。

◀中心は原点である。焦点が y 軸上にあるから，$b>a$ である。

2章 5 2次曲線

焦点が点 $(0,\ \pm 3)$ であるから

$$\sqrt{b^2-a^2}=3 \quad \text{すなわち} \quad b^2-a^2=3^2 \quad \cdots ①$$

点 $(1,\ 2\sqrt{2})$ を通るから $\quad \dfrac{1^2}{a^2}+\dfrac{(2\sqrt{2})^2}{b^2}=1 \quad \cdots ②$

①，② より $\quad a=\sqrt{3},\ b=2\sqrt{3}$

◀ a，b の値を求めずに，$a^2=3$，$b^2=12$ から方程式を求めてもよい。

よって，求める方程式は $\quad \boldsymbol{\dfrac{x^2}{3}+\dfrac{y^2}{12}=1}$

練習 80 円 $C: x^2+y^2=16$ 上の点 P の座標を次のように拡大または縮小した点を Q とする。点 P が円 C 上を動くとき，点 Q の軌跡を求めよ。

(1) y 座標を 2 倍に拡大　　(2) x 座標を $\dfrac{1}{3}$ 倍に縮小

点 P の座標を $(s,\ t)$，点 Q の座標を $(X,\ Y)$ とおく。

点 P$(s,\ t)$ は円 C 上にあるから $\quad s^2+t^2=16 \quad \cdots ①$

◀ 軌跡を求める点は Q ⇨ Q$(X,\ Y)$ とおく。図形上を動く点 P ⇨ P$(s,\ t)$ とおく。

(1) 点 Q は点 P の y 座標を 2 倍した点であるから

$$X=s,\ Y=2t$$

よって $\quad s=X,\ t=\dfrac{Y}{2}$

これらを ① に代入すると

◀ s，t を消去する。

$$X^2+\left(\frac{Y}{2}\right)^2=16$$

◀ $X^2+\dfrac{Y^2}{4}=16$ の両辺を 16 で割る。

したがって，求める軌跡は

楕円 $\boldsymbol{\dfrac{x^2}{16}+\dfrac{y^2}{64}=1}$

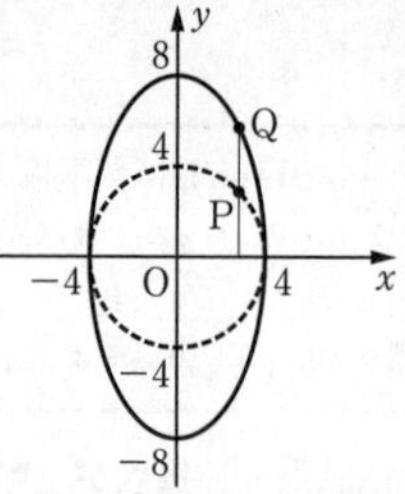

(2) 点 Q は点 P の x 座標を $\dfrac{1}{3}$ 倍した点であるから

$$X=\frac{1}{3}s,\ Y=t$$

よって $\quad s=3X,\ t=Y$

これらを ① に代入すると

◀ s，t を消去する。

$$9X^2+Y^2=16$$

◀ $9X^2+Y^2=16$ の両辺を 16 で割る。

したがって，求める軌跡は $\quad$ **楕円** $\boldsymbol{\dfrac{9x^2}{16}+\dfrac{y^2}{16}=1}$

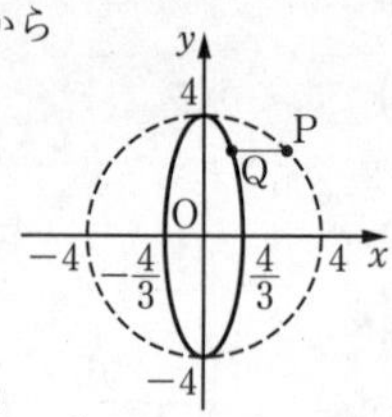

練習 81 2 点 F$(\sqrt{5},\ 0)$，F$'(-\sqrt{5},\ 0)$ からの距離の差が 4 である点 P の軌跡を求めよ。

点 P の座標を $(x,\ y)$ とおくと

$$\mathrm{PF}=\sqrt{(x-\sqrt{5})^2+y^2},\ \mathrm{PF'}=\sqrt{(x+\sqrt{5})^2+y^2}$$

2 定点からの距離の差は $|\mathrm{PF}-\mathrm{PF'}|$

$|\mathrm{PF}-\mathrm{PF'}|=4$ より，$\mathrm{PF}-\mathrm{PF'}=\pm 4$ であるから

◀ 絶対値に注意する。

$$\sqrt{(x-\sqrt{5})^2+y^2}-\sqrt{(x+\sqrt{5})^2+y^2}=\pm 4$$

◀ $\sqrt{A}-\sqrt{B}=k$ の形のままで両辺を 2 乗すると計算がとても大変になる。
$\sqrt{A}=k+\sqrt{B}$
としてから両辺を 2 乗する方が簡単である。

これより $\quad \sqrt{(x-\sqrt{5})^2+y^2}=\pm 4+\sqrt{(x+\sqrt{5})^2+y^2}$

両辺を 2 乗すると

$$(x-\sqrt{5})^2+y^2=16\pm 8\sqrt{(x+\sqrt{5})^2+y^2}+(x+\sqrt{5})^2+y^2$$

$$-\sqrt{5}x-4=\pm 2\sqrt{(x+\sqrt{5})^2+y^2}$$

さらに，両辺を 2 乗して整理すると

$$x^2-4y^2=4 \quad よって \quad \frac{x^2}{4}-y^2=1$$

したがって，求める軌跡は　**双曲線** $\boldsymbol{\frac{x^2}{4}-y^2=1}$

〔別解〕 2 定点 F，F′ からの距離の差が一定であるから，点 P の軌跡は 2 点 F，F′ を焦点とする双曲線である。

◀ 双曲線の定義

双曲線の中心が原点で，焦点が x 軸上にあるから，求める双曲線の方程式を $\frac{x^2}{a^2}-\frac{y^2}{b^2}=1$ $(a>0,\ b>0)$ とおく。

$|\mathrm{PF}-\mathrm{PF'}|=4$ であるから　$2a=4$

◀ $|\mathrm{PF}-\mathrm{PF'}|=2a$

よって　$a=2$　…①

焦点が $\mathrm{F}(\sqrt{5},\ 0)$，$\mathrm{F'}(-\sqrt{5},\ 0)$ であるから

$$\sqrt{a^2+b^2}=\sqrt{5} \quad すなわち \quad a^2+b^2=(\sqrt{5})^2$$

◀ 焦点が x 軸上にある双曲線 $\frac{x^2}{a^2}-\frac{y^2}{b^2}=1$ の焦点の座標は $(\pm\sqrt{a^2+b^2},\ 0)$

① を代入すると，$4+b^2=5$ より　$b=1$

◀ $b>0$

よって，求める軌跡は　双曲線 $\frac{x^2}{4}-y^2=1$

練習 82 次の双曲線の頂点と焦点の座標，漸近線の方程式を求め，その概形をかけ。

(1) $5x^2-3y^2=15$　　(2) $3x^2-4y^2=-12$

---

(1) 与式の両辺を 15 で割ると，

◀ 右辺を 1 にする。

$\frac{x^2}{3}-\frac{y^2}{5}=1$ であるから

◀ $a^2=3$ より　$a=\sqrt{3}$
$b^2=5$ より　$b=\sqrt{5}$

頂点　$(\sqrt{3},\ 0)$，$(-\sqrt{3},\ 0)$

◀ 双曲線 $\frac{x^2}{a^2}-\frac{y^2}{b^2}=1$ は
頂点　$(\pm a,\ 0)$
焦点　$(\pm\sqrt{a^2+b^2},\ 0)$

また，$\sqrt{3+5}=2\sqrt{2}$ より

焦点　$(2\sqrt{2},\ 0)$，$(-2\sqrt{2},\ 0)$

漸近線　$\boldsymbol{y=\pm\frac{\sqrt{15}}{3}x}$

◀ 漸近線 $y=\pm\frac{b}{a}x$

概形は **右の図**。

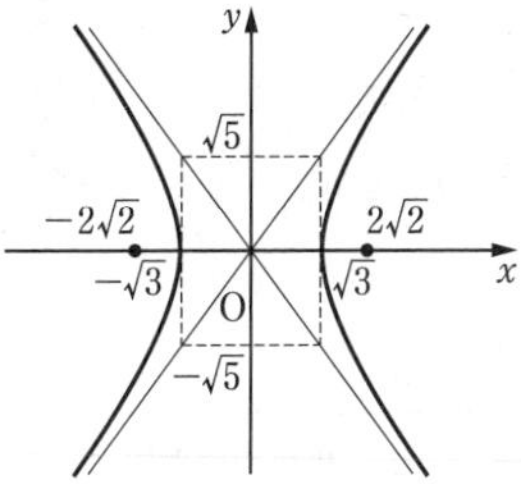

(2) 与式の両辺を 12 で割ると，

◀ 右辺を −1 にする。

$\frac{x^2}{4}-\frac{y^2}{3}=-1$ であるから

◀ $a^2=4$ より　$a=2$
$b^2=3$ より　$b=\sqrt{3}$

頂点は　$(0,\ \sqrt{3})$，$(0,\ -\sqrt{3})$

◀ 双曲線 $\frac{x^2}{a^2}-\frac{y^2}{b^2}=-1$ は
頂点　$(0,\ \pm b)$
焦点　$(0,\ \pm\sqrt{a^2+b^2})$

また，$\sqrt{4+3}=\sqrt{7}$ より

焦点は　$(0,\ \sqrt{7})$，$(0,\ -\sqrt{7})$

漸近線は　$\boldsymbol{y=\pm\frac{\sqrt{3}}{2}x}$

◀ 漸近線 $y=\pm\frac{b}{a}x$

概形は **右の図**。

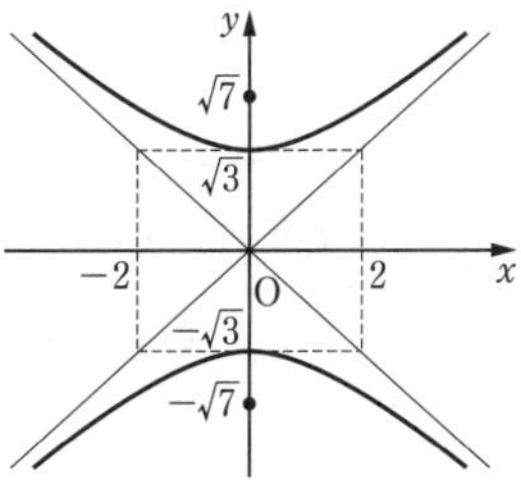

練習 83 次の条件を満たす双曲線の方程式を求めよ。

(1) 2点 $(0,\ 3)$，$(0,\ -3)$ を頂点とし，点 $(4\sqrt{3},\ 6)$ を通る。

(2) 2点 $(\sqrt{10},\ 0)$，$(-\sqrt{10},\ 0)$ を焦点とし，2本の漸近線の傾きがそれぞれ $\frac{1}{2}$，$-\frac{1}{2}$ である。

(1) 求める双曲線の中心は原点で，頂点が y 軸上にあるから，方程式を

$\frac{x^2}{a^2}-\frac{y^2}{b^2}=-1$ $(a>0,\ b>0)$ とおく。

頂点の座標が $(0,\ 3)$，$(0,\ -3)$ であるから　$b=3$

点 $(4\sqrt{3},\ 6)$ を通るから

$\frac{48}{a^2}-4=-1$ より　$a=4$

よって，求める双曲線の方程式は

$$\boldsymbol{\frac{x^2}{16}-\frac{y^2}{9}=-1}$$

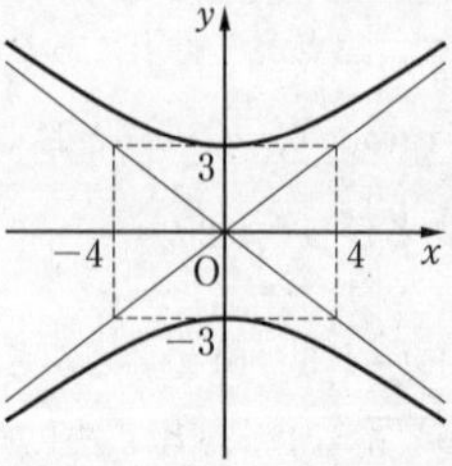

◀頂点が y 軸上にあるから，焦点も y 軸上にあり，右辺は -1 である。

◀a の値を求めずに，$a^2=16$ から方程式を求めてもよい。

◀漸近線の方程式は $y=\pm\frac{3}{4}x$

(2) 求める双曲線の中心は原点で，焦点が x 軸上にあるから，方程式を

$\frac{x^2}{a^2}-\frac{y^2}{b^2}=1$ $(a>0,\ b>0)$ とおく。

焦点が $(\pm\sqrt{10},\ 0)$ であるから

$\sqrt{a^2+b^2}=\sqrt{10}$　すなわち　$a^2+b^2=10$　…①

漸近線の傾きが $\pm\frac{1}{2}$ であるから

$\frac{b}{a}=\frac{1}{2}$　…②

①，② より

$a=2\sqrt{2}$，$b=\sqrt{2}$

よって，求める双曲線の方程式は

$$\boldsymbol{\frac{x^2}{8}-\frac{y^2}{2}=1}$$

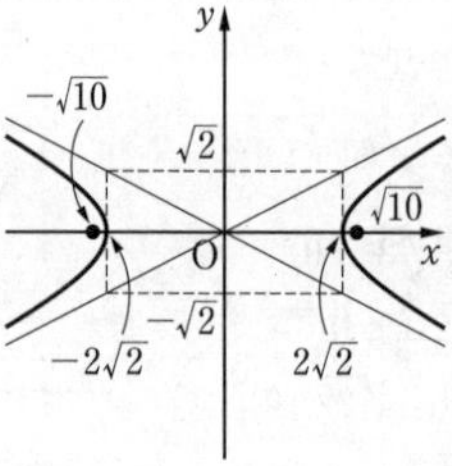

◀焦点がx 軸上にあるから，右辺は1である。

◀焦点は $(\pm\sqrt{a^2+b^2},\ 0)$ より $\sqrt{a^2+b^2}=\sqrt{10}$

◀漸近線は $y=\pm\frac{b}{a}x$ より $\frac{b}{a}=\frac{1}{2}$

◀a，b の値を求めずに，$a^2=8$，$b^2=2$ から方程式を求めてもよい。

練習 84 〔1〕 次の放物線の頂点，焦点の座標および準線の方程式を求め，その概形をかけ。

(1) $y^2+2x-4=0$　　(2) $y^2=6y+2x-7$

〔2〕 次の楕円の中心，焦点の座標を求め，その概形をかけ。

(1) $x^2+5y^2-10y=0$　　(2) $9x^2+4y^2+18x-24y+9=0$

〔3〕 次の双曲線の中心，焦点の座標および漸近線の方程式を求め，その概形をかけ。

(1) $9x^2-4y^2+16y-52=0$　　(2) $4x^2-y^2-8x-4y+4=0$

〔1〕 (1) $y^2+2x-4=0$ …① を変形すると

$y^2=-2(x-2)$

これは，放物線 $y^2=-2x$ …② を x 軸方向に2だけ平行移動したものである。

ここで，② は　$y^2=-2x=4\cdot\left(-\frac{1}{2}\right)x$

よって，放物線 ② の頂点は点 $(0,\ 0)$

焦点は点 $\left(-\frac{1}{2},\ 0\right)$，準線は直線 $x=\frac{1}{2}$

◀放物線 $y^2=4px$ の焦点 $(p,\ 0)$ 準線 $x=-p$

であるから，求める放物線 ① の

頂点　(2, 0)，**焦点**　$\left(\dfrac{3}{2},\ 0\right)$，

準線　$x=\dfrac{5}{2}$

概形は **右の図**。

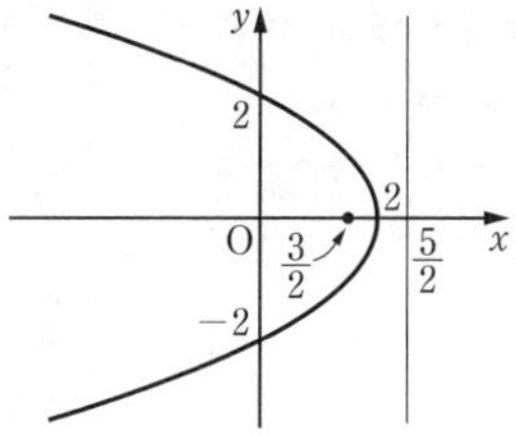

◀ ① の
頂点 $(0+2,\ 0)$
焦点 $\left(-\dfrac{1}{2}+2,\ 0\right)$
準線　$x=\dfrac{1}{2}+2$

(2)　$y^2=6y+2x-7$ … ③ を変形すると

$$(y-3)^2=2(x+1)$$

これは，放物線 $y^2=2x$ … ④ を x 軸方向に -1，y 軸方向に 3 だけ平行移動したものである。

ここで，④ は　　$y^2=2x=4\cdot\dfrac{1}{2}x$

よって，放物線 ④ の頂点は点 (0, 0)

焦点は点 $\left(\dfrac{1}{2},\ 0\right)$，準線は直線

$x=-\dfrac{1}{2}$ であるから，求める放物線 ③ の

頂点　$(-1,\ 3)$，**焦点**　$\left(-\dfrac{1}{2},\ 3\right)$，

準線　$x=-\dfrac{3}{2}$

概形は **右の図**。

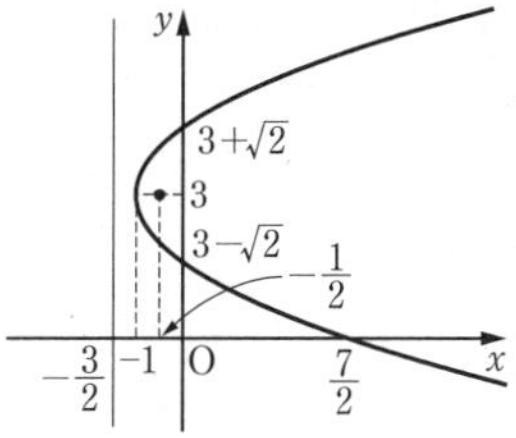

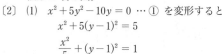

◀ ③ の
頂点 $(0-1,\ 0+3)$
焦点 $\left(\dfrac{1}{2}-1,\ 0+3\right)$
準線　$x=-\dfrac{1}{2}-1$

〔2〕 (1)　$x^2+5y^2-10y=0$ … ① を変形すると

$$x^2+5(y-1)^2=5$$

$$\frac{x^2}{5}+(y-1)^2=1$$

◀ $x^2+5(y^2-2y)=0$
$x^2+5\{(y-1)^2-1^2\}=0$
$x^2+5(y-1)^2-5=0$

これは，楕円 $\dfrac{x^2}{5}+y^2=1$ … ② を y 軸方向に 1 だけ平行移動したものである。

ここで，楕円 ② の中心は点 (0, 0)，
焦点は点 (2, 0)，点 $(-2,\ 0)$
であるから，求める楕円 ① の

中心　(0, 1)，

焦点　(2, 1)，$(-2,\ 1)$

概形は **右の図**。

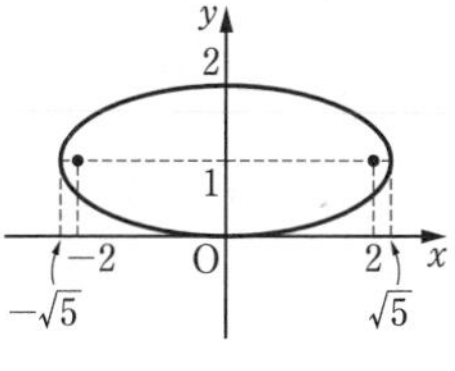

楕円
$\dfrac{x^2}{a^2}+\dfrac{y^2}{b^2}=1\ (a>b>0)$
◀ の焦点 $(\pm\sqrt{a^2-b^2},\ 0)$

◀ 頂点 $(\sqrt{5},\ 0)$，$(-\sqrt{5},\ 0)$，(0, 1)，$(0,\ -1)$ はそれぞれ $(\sqrt{5},\ 1)$，$(-\sqrt{5},\ 1)$，(0, 2)，(0, 0) に移動する。

(2)　$9x^2+4y^2+18x-24y+9=0$ … ③ を変形すると

$$9(x+1)^2+4(y-3)^2=36$$

$$\frac{(x+1)^2}{4}+\frac{(y-3)^2}{9}=1$$

◀ $9(x^2+2x)+4(y^2-6y)=-9$
$9\{(x+1)^2-1^2\}$
$+4\{(y-3)^2-3^2\}=-9$
$9(x+1)^2+4(y-3)^2$
$-9-36=-9$

これは楕円 $\dfrac{x^2}{4}+\dfrac{y^2}{9}=1$ … ④ を x 軸方向に -1，y 軸方向に 3 だけ平行移動したものである。

楕円 ④ の中心は点 (0, 0)，焦点は点 $(0,\ \sqrt{5})$，点 $(0,\ -\sqrt{5})$

◀ 頂点 (2, 0)，$(-2,\ 0)$，(0, 3)，$(0,\ -3)$ はそれぞれ (1, 3)，$(-3,\ 3)$，$(-1,\ 6)$，$(-1,\ 0)$ に移動する。

であるから，求める楕円 ③ の

中心　$(-1,\ 3)$，**焦点**

$(-1,\ \sqrt{5}+3)$，$(-1,\ -\sqrt{5}+3)$

概形は **右の図**。

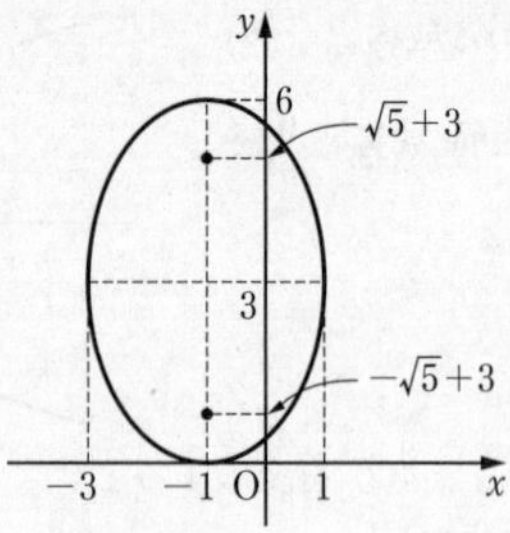

〔3〕 (1)　$9x^2-4y^2+16y-52=0$ … ① を変形すると

$$9x^2-4(y-2)^2=36$$

$$\frac{x^2}{4}-\frac{(y-2)^2}{9}=1$$

◀ $9x^2-4(y^2-4y)=52$
$9x^2-4\{(y-2)^2-2^2\}=52$
$9x^2-4(y-2)^2+16=52$

これは，双曲線 $\frac{x^2}{4}-\frac{y^2}{9}=1$ … ② を y 軸方向に 2 だけ平行移動したものである。

双曲線 ② の中心は点 $(0,\ 0)$，焦点は点 $(\sqrt{13},\ 0)$，点 $(-\sqrt{13},\ 0)$，

漸近線は　　直線 $y=\pm\frac{3}{2}x$

◀ 双曲線 $\frac{x^2}{a^2}-\frac{y^2}{b^2}=1$ $(a>0,\ b>0)$ の焦点 $(\pm\sqrt{a^2+b^2},\ 0)$
漸近線の方程式は
$y=\pm\frac{b}{a}x$

であるから，求める双曲線 ① の

中心　$(0,\ 2)$，

焦点　$(\sqrt{13},\ 2)$，$(-\sqrt{13},\ 2)$

漸近線　$y-2=\pm\frac{3}{2}x$

すなわち　　$\boldsymbol{y=\frac{3}{2}x+2}$，

$\boldsymbol{y=-\frac{3}{2}x+2}$

◀ 直線 $y=\pm\frac{3}{2}x$ を y 軸方向に 2 だけ平行移動する。

概形は **右の図**。

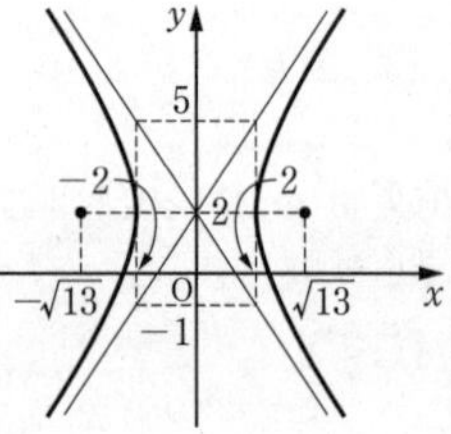

(2)　$4x^2-y^2-8x-4y+4=0$ … ③ を変形すると

$$4(x-1)^2-(y+2)^2=-4$$

$$(x-1)^2-\frac{(y+2)^2}{4}=-1$$

◀ $4(x^2-2x)-(y^2+4y)=-4$
$4\{(x-1)^2-1^2\}-\{(y+2)^2-2^2\}=-4$
$4(x-1)^2-(y+2)^2-4+4=-4$

これは双曲線 $x^2-\frac{y^2}{4}=-1$ … ④ を x 軸方向に 1，y 軸方向に -2 だけ平行移動したものである。

双曲線 ④ の中心は点 $(0,\ 0)$，焦点は点 $(0,\ \sqrt{5})$，点 $(0,\ -\sqrt{5})$，

漸近線　$y=\pm 2x$

であるから，求める双曲線 ③ の

中心　$(1,\ -2)$，

焦点　$(1,\ \sqrt{5}-2)$，$(1,\ -\sqrt{5}-2)$

漸近線　$y+2=\pm 2(x-1)$

すなわち

$\boldsymbol{y=2x-4}$，$\boldsymbol{y=-2x}$

◀ 直線 $y=\pm 2x$ を x 軸方向に 1，y 軸方向に -2 だけ平行移動する。

概形は **右の図**。

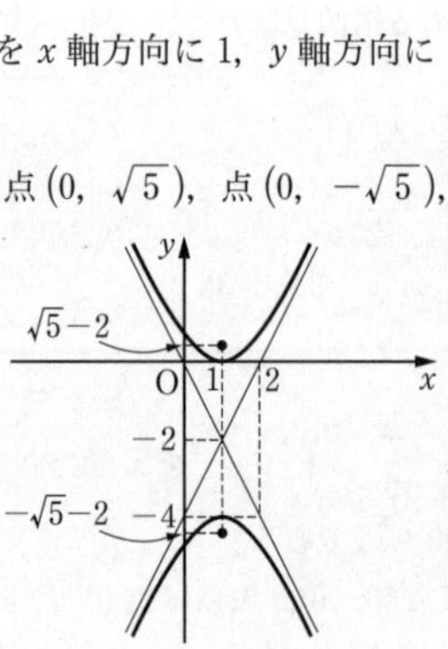

練習 85 次の 2 次曲線の方程式を求めよ。

(1) 頂点 (1, 3), 準線 $y=2$ の放物線

(2) 2 点 (1, 4), (1, 0) を焦点とし, 点 (3, 2) を通る楕円

(3) 2 点 (5, 2), (−5, 2) を焦点とし, 頂点の 1 つが (3, 2) である双曲線

(1) 求める放物線の頂点 (1, 3) が原点と一致するように x 軸方向に -1, y 軸方向に -3 だけ平行移動した放物線の方程式を $x^2=4py$ とおくと, 準線は直線 $y=-1$ であるから　$p=1$

◀ 準線が y 軸に垂直であるから, "$x^2=$" の形でおく。

よって, 求める放物線は $x^2=4y$ を x 軸方向に 1, y 軸方向に 3 だけ平行移動したものであるから

$$(x-1)^2=4(y-3)$$

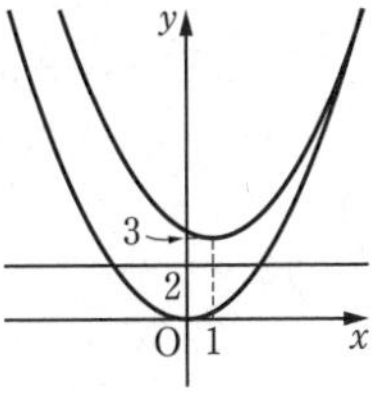

(2) 求める楕円の中心 (1, 2) が原点と一致するように x 軸方向に -1, y 軸方向に -2 だけ平行移動した楕円の方程式を

$\dfrac{x^2}{a^2}+\dfrac{y^2}{b^2}=1$ $(b>a>0)$ とおくと

◀ 焦点を結ぶ線分の中点が, 楕円の中心である。

曲線上の点 (3, 2) は点 (2, 0) となるから

◀ 中心は原点, 焦点は y 軸上にある。

$\dfrac{4}{a^2}=1$ より　$a^2=4$　…①

焦点は点 (0, 2), 点 (0, −2) となるから

◀ 焦点は点 (0, 2), 点 (0, −2) に移る。

$\sqrt{b^2-a^2}=2$　すなわち　$b^2-a^2=4$　…②

①, ② より　$a=2$, $b=2\sqrt{2}$

よって, 求める楕円は $\dfrac{x^2}{4}+\dfrac{y^2}{8}=1$ を x 軸方向に 1, y 軸方向に 2 だけ平行移動したものであるから

$$\frac{(x-1)^2}{4}+\frac{(y-2)^2}{8}=1$$

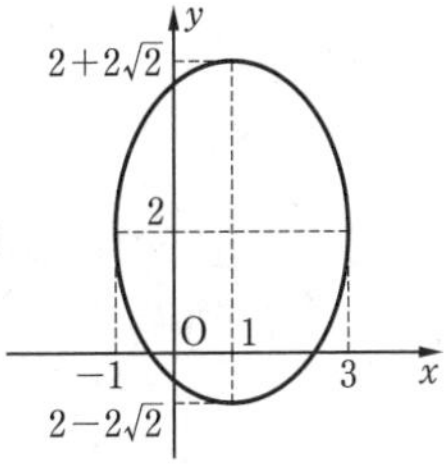

(3) 求める双曲線の中心 (0, 2) が原点と一致するように y 軸方向に -2 だけ平行移動した双曲線の方程式を $\dfrac{x^2}{a^2}-\dfrac{y^2}{b^2}=1$ $(a>0,\ b>0)$ とおくと

◀ 焦点を結ぶ線分の中点が, 双曲線の中心である。

◀ 中心は原点であり, 焦点が x 軸上にあるから, 右辺は 1 である。

頂点の 1 つが点 (3, 0) となるから　$a=3$　…①

焦点は点 (5, 0), 点 (−5, 0) となるから

◀ 焦点は点 (5, 0), 点 (−5, 0) に移り, 頂点の 1 つは点 (3, 0) に移る。

$\sqrt{a^2+b^2}=5$　すなわち　$a^2+b^2=25$　…②

①, ② より　$b=4$

よって, 求める双曲線は $\dfrac{x^2}{9}-\dfrac{y^2}{16}=1$ を y 軸方向に 2 だけ平行移動したものであるから

$$\frac{x^2}{9}-\frac{(y-2)^2}{16}=1$$

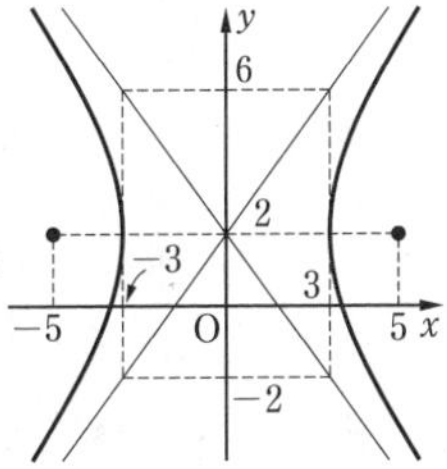

2章 5 2次曲線

練習 86 直線 $l: y=2$ に接し，円 $C_1: x^2+(y+1)^2=1$ に外接する円 C_2 の中心Pの軌跡を求めよ。

中心Pの座標を $(X,\ Y)$ とおく。
円 C_2 の半径を r とすると，r は点Pと直線 l との距離に等しいから

$$r=|Y-2|$$

図より，$Y \leqq 2$ であるから

$$r=2-Y \quad \cdots ①$$

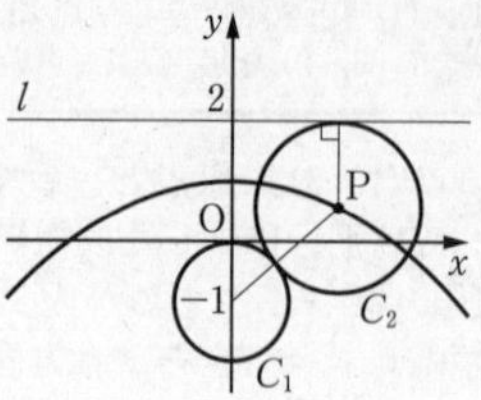

◀軌跡を求める点はP ⇨ $P(X,\ Y)$ とおく。

◀図より，中心Pは直線 $y=2$ より下側にある。

2円 C_1，C_2 の中心間の距離は

$$\sqrt{X^2+(Y+1)^2}$$

2円 C_1，C_2 は外接するから　$\sqrt{X^2+(Y+1)^2}=1+r$

◀2円が外接するとき，2つの円の半径を r_1，r_2，中心間の距離を d とすると $d=r_1+r_2$

① を代入すると　$\sqrt{X^2+(Y+1)^2}=3-Y$

両辺を2乗すると　$X^2+(Y+1)^2=(3-Y)^2$

ゆえに　$X^2=-8(Y-1)$

したがって，求める軌跡は　**放物線 $x^2=-8(y-1)$**

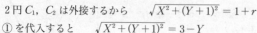

〔別解〕

円 C_2 の半径を r とすると，点Pと直線 $y=2$ との距離は r であり，点Pと円 C_1 の中心 $(0,\ -1)$ との距離は $r+1$ である。

よって，点Pは直線 $y=3$ と点 $(0,\ -1)$ からの距離が等しいから，点Pの軌跡は放物線であり，焦点は点 $(0,\ -1)$，準線は直線 $y=3$ である。

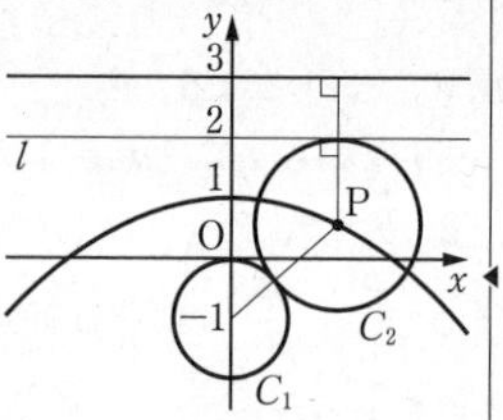

◀点Pと直線 $y=3$ との距離が $r+1$

この放物線を y 軸方向に -1 だけ平行移動すると，焦点は点 $(0,\ -2)$，準線は直線 $y=2$ である。

◀平行移動より，頂点を $(0,\ 0)$ にして方程式を求める。

よって，この放物線の方程式は

$$x^2=4\cdot(-2)\cdot y$$
$$x^2=-8y$$

◀頂点が原点で，焦点が y 軸上にあるから $x^2=4py$

この放物線を y 軸方向に1だけ平行移動すると，求める軌跡は

放物線 $x^2=-8(y-1)$

◀再び平行移動して，求める軌跡を得る。

練習 87 x 軸上の点Aと y 軸上の点Bが $AB=7$ を満たしながら動くとき，線分ABを5:2に内分する点Cの軌跡を求めよ。

点A，Bの座標をそれぞれ $A(a,\ 0)$，$B(0,\ b)$，点Cの座標を $(X,\ Y)$ とおく。

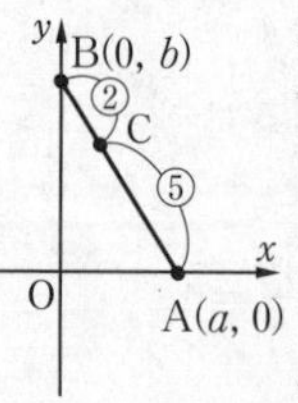

◀軌跡を求める点C ⇨ $C(X,\ Y)$ とおく。
図形上を動く点A，B ⇨ $A(a,\ 0)$，$B(0,\ b)$ とおく。

$AB=7$ より　$\sqrt{a^2+b^2}=7$

よって　$a^2+b^2=49 \quad \cdots ①$

また，Cは線分ABを5:2に内分する点であるから　$X=\dfrac{2}{7}a,\ Y=\dfrac{5}{7}b$

◀$C\left(\dfrac{2\cdot a+5\cdot 0}{5+2},\ \dfrac{2\cdot 0+5\cdot b}{5+2}\right)$ より $C\left(\dfrac{2}{7}a,\ \dfrac{5}{7}b\right)$

a，b について解くと

$$a=\frac{7}{2}X,\ b=\frac{7}{5}Y$$

① に代入すると

$$\left(\frac{7}{2}X\right)^2+\left(\frac{7}{5}Y\right)^2=49$$

$$\frac{X^2}{4}+\frac{Y^2}{25}=1$$

よって，点 C の軌跡は

楕円 $\boldsymbol{\frac{x^2}{4}+\frac{y^2}{25}=1}$

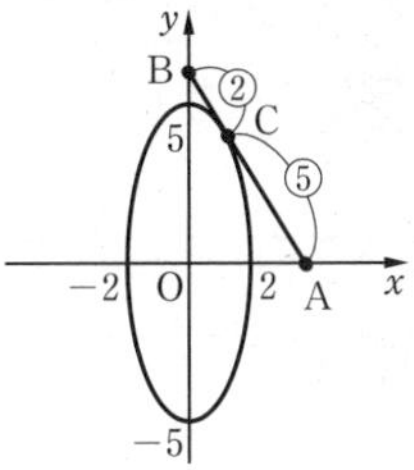

◀式の形から楕円になることを見越して，両辺を 49 で割り，右辺を 1 にする。

p.168 問題編 5　2次曲線

> 問題 **75** 次の点 P の軌跡を求めよ。
>
> (1) 点 $\left(0,\ \frac{1}{2}\right)$ からの距離と直線 $y=-\frac{1}{2}$ からの距離が等しい点 P
>
> (2) 点 $(-2,\ 1)$ からの距離と直線 $x=2$ からの距離が等しい点 P

(1) $P(x,\ y)$，$F\left(0,\ \frac{1}{2}\right)$ とすると　$PF=\sqrt{x^2+\left(y-\frac{1}{2}\right)^2}$

点 P から直線 $y=-\frac{1}{2}$ へ垂線 PH を下ろすと　$PH=\left|y+\frac{1}{2}\right|$

$PF=PH$ より　$PF^2=PH^2$

よって　$x^2+\left(y-\frac{1}{2}\right)^2=\left(y+\frac{1}{2}\right)^2$

これを整理すると，求める軌跡は

放物線 $\boldsymbol{x^2=2y}$

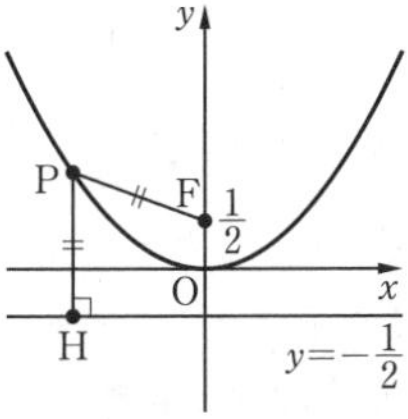

(2) $P(x,\ y)$，$F(-2,\ 1)$ とすると

$PF=\sqrt{(x+2)^2+(y-1)^2}$

点 P から直線 $x=2$ へ垂線 PH を下ろすと　$PH=|x-2|$

$PF=PH$ より　$PF^2=PH^2$

よって　$(x+2)^2+(y-1)^2=(x-2)^2$

これを整理すると，求める軌跡は

放物線 $\boldsymbol{(y-1)^2=-8x}$

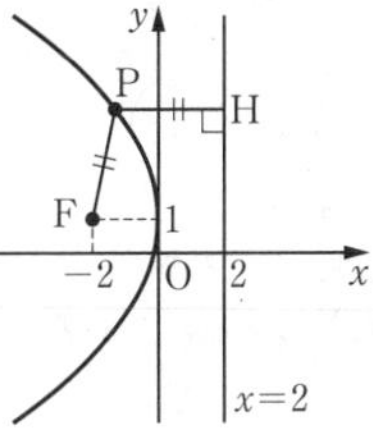

◀これは，放物線 $y^2=-8x$ を y 軸方向に 1 だけ平行移動したものである。

> 問題 **76** p を正の定数とする。放物線 $y^2=4px$ と直線 $x=p$ との交点を A，B，放物線 $y^2=8px$ と直線 $x=2p$ との交点を C，D とする。△OAB と △OCD の面積比を求めよ。

$y^2=4px$ において $x=p$ とすると，

$y^2=4p\cdot p$ より　$y=\pm 2p$

よって　$\triangle OAB=\frac{1}{2}\cdot 4p\cdot p=2p^2$

$y^2=8px$ において $x=2p$ とすると，

$y^2=8p\cdot 2p$ より　$y=\pm 4p$

よって　$\triangle OCD=\frac{1}{2}\cdot 8p\cdot 2p=8p^2$

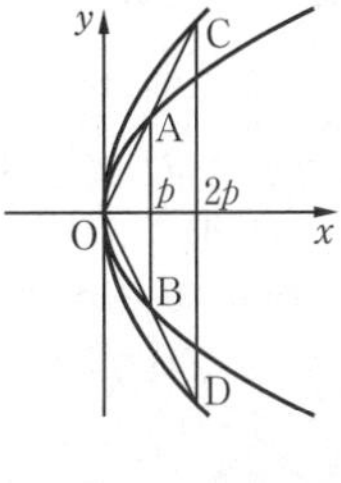

◀O(0, 0)，$A(x_1,\ y_1)$，$B(x_2,\ y_2)$ に対して $\triangle OAB=\frac{1}{2}|x_1y_2-x_2y_1|$ を用いてもよい。

したがって

$\triangle OAB : \triangle OCD = 2p^2 : 8p^2 = \mathbf{1 : 4}$

◀図からも分かるように，$\triangle OAB \backsim \triangle OCD$ で相似比は $1:2$ である。

問題 77 円 $C_1 : (x+3)^2 + y^2 = 64$ に内接し，点 $(3,\ 0)$ を通る円 C_2 の中心 P の軌跡を求めよ。

円 C_1 の中心を $A(-3,\ 0)$，
また，点 $B(3,\ 0)$，$P(x,\ y)$ とおく。

◀軌跡を求める点は P ⇨ $P(x,\ y)$ とおく。

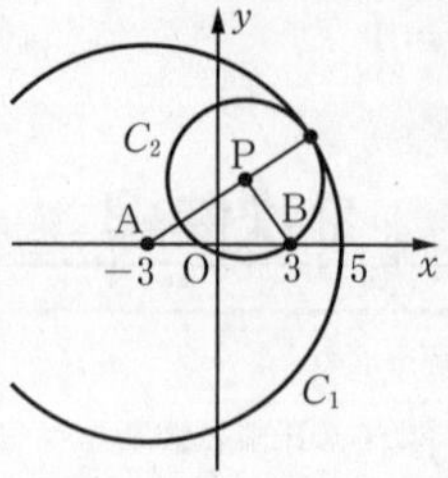

2 円 C_1，C_2 の中心間の距離は

$$AP = \sqrt{(x+3)^2 + y^2}$$

C_1 の半径は　8

C_2 の半径は　$PB = \sqrt{(x-3)^2 + y^2}$

2 円 C_1 と C_2 は内接するから

$$\sqrt{(x+3)^2 + y^2} = 8 - \sqrt{(x-3)^2 + y^2}$$

◀ 2 円が内接するとき，2 つの円の半径を r_1, r_2, 中心間の距離を d とすると $d = |r_1 - r_2|$

両辺を 2 乗して整理すると

$$3x - 16 = -4\sqrt{(x-3)^2 + y^2}$$

さらに，両辺を 2 乗して整理すると

$$7x^2 + 16y^2 = 112$$

よって　$\dfrac{x^2}{16} + \dfrac{y^2}{7} = 1$

◀ $3x - 16 \leqq 0$ すなわち $x \leqq \dfrac{16}{3}$ を満たす。

したがって，求める軌跡は　**楕円** $\boldsymbol{\dfrac{x^2}{16} + \dfrac{y^2}{7} = 1}$

Plus One

求める軌跡は，2 点 A，B からの距離の和が 8 である点の軌跡であるから，A，B を焦点とする楕円である。楕円の定義を利用して問題 77 を解くこともできる。

〔別解〕

円 C_1 の中心を $A(-3,\ 0)$，また，
点 $B(3,\ 0)$，$P(x,\ y)$ とおく。
円 C_2 の半径を r とすると，
点 P と点 B との距離は r であり，
点 P と点 A との距離は $8 - r$ である。

◀ PB は円 C_2 の半径

◀円 C_1 の半径は 8

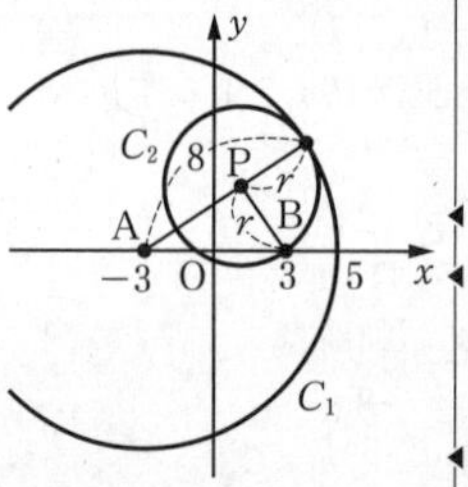

$PB = r$，$PA = 8 - r$ より

$$PA + PB = 8$$

よって，点 P は点 A, B からの距離の和が一定であるから，点 P の軌跡は 2 点 A, B を焦点とする楕円である。

◀楕円の定義

楕円の中心が原点で，焦点が x 軸上にあるから，求める楕円の方程式を $\dfrac{x^2}{a^2} + \dfrac{y^2}{b^2} = 1\ (a > b > 0)$ とおく。

◀焦点が x 軸上にあるから $a > b$

$PA + PB = 8$ であるから　$2a = 8$

◀ $PA + PB = 2a$

よって　$a = 4$　…①

焦点が $A(-3,\ 0)$，$B(3,\ 0)$ であるから

$$\sqrt{a^2 - b^2} = 3 \quad すなわち \quad a^2 - b^2 = 9$$

◀焦点が x 軸上にある楕円 $\dfrac{x^2}{a^2} + \dfrac{y^2}{b^2} = 1$ の焦点の座標は $(\pm\sqrt{a^2 - b^2},\ 0)$

① を代入すると，$16-b^2=9$ より　　$b=\sqrt{7}$
これは，$a>b>0$ を満たす。
よって，求める軌跡は　　楕円 $\dfrac{x^2}{16}+\dfrac{y^2}{7}=1$

問題 78　楕円 $2x^2+y^2=2a^2$ の頂点と焦点の座標，長軸と短軸の長さを求め，その概形をかけ。ただし，$a>0$ とする。

与式の両辺を $2a^2$ で割ると，$\dfrac{x^2}{a^2}+\dfrac{y^2}{2a^2}=1$ であるから，

◀右辺を 1 にする。

この楕円の頂点

$(\boldsymbol{a},\ \mathbf{0})$，$(-\boldsymbol{a},\ \mathbf{0})$，$(\mathbf{0},\ \sqrt{2}\,\boldsymbol{a})$，$(\mathbf{0},\ -\sqrt{2}\,\boldsymbol{a})$

また，$\sqrt{2a^2-a^2}=a$ より

◀$a>0$ のとき　$\sqrt{a^2}=a$

焦点　　$(\mathbf{0},\ \boldsymbol{a})$，$(\mathbf{0},\ -\boldsymbol{a})$
長軸の長さは　　$2\times\sqrt{2}\,a=\boldsymbol{2\sqrt{2}\,a}$
短軸の長さは　　$2\times a=\boldsymbol{2a}$
概形は **右の図**。

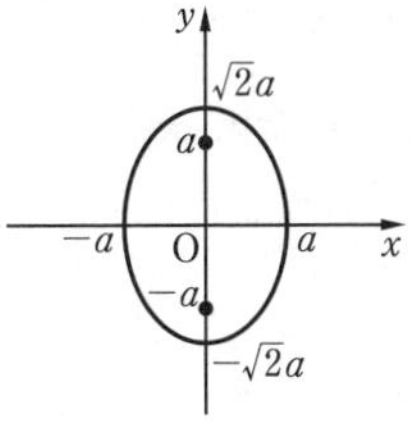

問題 79　楕円 $3x^2+4y^2=12$ 上の点 P から直線 $x=4$ までの距離は，常に P から点 A(1, 0) までの距離の 2 倍であることを示せ。

点 P の座標を $(s,\ t)$ とおくと，点 P は楕円 $3x^2+4y^2=12$ 上にあるから，$3s^2+4t^2=12$ より　　$t^2=3-\dfrac{3}{4}s^2$　　…①

◀$\dfrac{x^2}{4}+\dfrac{y^2}{3}=1$
点 A は焦点である。

点 P から直線 $x=4$ に垂線 PH を下ろすと　　$\mathrm{PH}=|s-4|$
また　　$2\mathrm{AP}=2\sqrt{(s-1)^2+t^2}$
① を代入すると

$$\begin{aligned}2\mathrm{AP}&=2\sqrt{(s-1)^2+\left(3-\frac{3}{4}s^2\right)}\\&=\sqrt{4(s-1)^2+12-3s^2}\\&=\sqrt{s^2-8s+16}\\&=\sqrt{(s-4)^2}\\&=|s-4|\end{aligned}$$

よって，$\mathrm{PH}=2\mathrm{AP}$ である。

問題 80　次の 2 次曲線 C 上の点 P の x 座標を a 倍，y 座標を b 倍した点を Q とする。点 P が曲線 C 上を動くとき，点 Q の軌跡を求めよ。ただし，$a>0$，$b>0$ とする。
(1)　$x^2+y^2=1$　　　　(2)　$y=x^2$

点 P の座標を $(s,\ t)$，点 Q の座標を $(X,\ Y)$ とおく。
点 Q は点 P の x 座標を a 倍，y 座標を b 倍した点であるから
　　$X=as$，$Y=bt$
よって　　$s=\dfrac{X}{a}$，$t=\dfrac{Y}{b}$　　…①

◀軌跡を求める点は Q
⇨ Q$(X,\ Y)$ とおく。
図形上を動く点 P
⇨ P$(s,\ t)$ とおく。

(1) 点 $P(s,\ t)$ は円 $x^2+y^2=1$ 上にあるから　$s^2+t^2=1$ …②

①を②に代入すると　$\left(\dfrac{X}{a}\right)^2+\left(\dfrac{Y}{b}\right)^2=1$

したがって，求める軌跡は　**楕円** $\boldsymbol{\dfrac{x^2}{a^2}+\dfrac{y^2}{b^2}=1}$

(2) 点 $P(s,\ t)$ は放物線 $y=x^2$ 上にあるから　$t=s^2$ …③

①を③に代入すると　$\dfrac{Y}{b}=\left(\dfrac{X}{a}\right)^2$

◀ $\dfrac{Y}{b}=\dfrac{X^2}{a^2}$ の両辺に b を掛ける。

したがって，求める軌跡は　**放物線** $\boldsymbol{y=\dfrac{b}{a^2}x^2}$

Plus One

楕円 $\dfrac{x^2}{a^2}+\dfrac{y^2}{b^2}=1$ …① は円 $x^2+y^2=1$ …② を x 軸方向に a 倍，y 軸方向に b 倍したものである。これと円②の面積が π であることから，楕円①の面積は $\boldsymbol{\pi ab}$ であることが分かる。

問題 81 円 $C_1:(x+2)^2+y^2=12$ に外接し，点 $(2,\ 0)$ を通る円 C_2 の中心 P の軌跡を求めよ。

円 C_1 の中心を $A(-2,\ 0)$,
また，点 $B(2,\ 0)$，$P(x,\ y)$ とおく。

◀ 軌跡を求める点は P ⇨ $P(x,\ y)$ とおく。

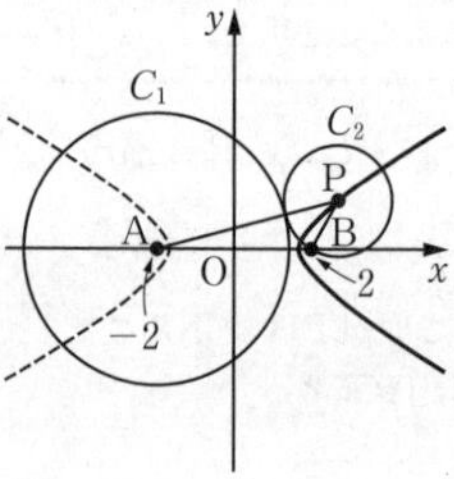

2円 C_1，C_2 の中心間の距離は
$$AP=\sqrt{(x+2)^2+y^2}$$
C_1 の半径は　$2\sqrt{3}$

C_2 の半径は　$BP=\sqrt{(x-2)^2+y^2}$

2円 C_1 と C_2 は外接するから
$$\sqrt{(x+2)^2+y^2}=2\sqrt{3}+\sqrt{(x-2)^2+y^2}$$

◀ 2円が外接するとき，2つの円の半径を r_1，r_2，中心間の距離を d とすると　$d=r_1+r_2$

両辺を2乗すると
$$(x+2)^2+y^2=12+4\sqrt{3}\sqrt{(x-2)^2+y^2}+(x-2)^2+y^2$$
$$2x-3=\sqrt{3}\sqrt{(x-2)^2+y^2}$$

さらに，$2x-3\geqq 0$ すなわち $x\geqq\dfrac{3}{2}$ …① の条件のもとで，両辺を2乗して整理すると　$x^2-3y^2=3$

よって　$\dfrac{x^2}{3}-y^2=1$

$y^2=\dfrac{x^2}{3}-1\geqq 0$ より　$x\leqq-\sqrt{3}$，$\sqrt{3}\leqq x$　…②

◀ x のとり得る値の範囲を確認する。

①，②より　$x\geqq\sqrt{3}$

したがって，求める軌跡は　**双曲線** $\boldsymbol{\dfrac{x^2}{3}-y^2=1\ \left(x\geqq\sqrt{3}\right)}$

Plus One

求める軌跡は，2点A，Bを焦点とし，A，Bからの距離の差が$2\sqrt{3}$である点の軌跡であるから，A，Bを焦点とする双曲線の右半分である。

双曲線の定義を利用して問題81を解くこともできる。

〔別解〕

円C_1の中心をA$(-2,\ 0)$，また，点B$(2,\ 0)$，P$(x,\ y)$とおく。
円C_2の半径をrとすると，
点Pと点Bとの距離はrであり，
点Pと点Aとの距離は$2\sqrt{3}+r$
である。

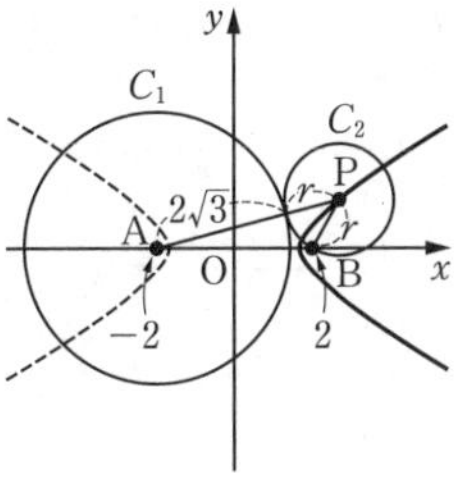

◀PBは円C_2の半径

◀円C_1の半径は$2\sqrt{3}$

よって，$\mathrm{AP}-\mathrm{BP}=2\sqrt{3}$
$(\mathrm{AP}>\mathrm{BP})$で一定であるから，
点Pの軌跡は2点A, Bを焦点とする双曲線の右側部分である。

◀$\mathrm{AP}>\mathrm{BP}$であるから，双曲線の右側の部分である。

双曲線の中心が原点で，焦点がx軸上にあるから，求める双曲線の方程式を$\dfrac{x^2}{a^2}-\dfrac{y^2}{b^2}=1\ (a>0,\ b>0)$とおく。

◀焦点がx軸上にあるから，右辺は1である。

$\mathrm{PA}-\mathrm{PB}=2\sqrt{3}$であるから　$2a=2\sqrt{3}$

◀$\mathrm{PA}-\mathrm{PB}=2a$

よって　$a=\sqrt{3}$　…①

焦点がA$(-2,\ 0)$，B$(2,\ 0)$であるから

$$\sqrt{a^2+b^2}=2\quad すなわち\quad a^2+b^2=4$$

◀焦点がx軸上にある双曲線$\dfrac{x^2}{a^2}-\dfrac{y^2}{b^2}=1$の焦点の座標は$(\pm\sqrt{a^2+b^2},\ 0)$

①を代入すると，$3+b^2=4$より　$b=1$

◀$b>0$

よって，求める双曲線は　$\dfrac{x^2}{3}-y^2=1$

この右側部分であるから，求める軌跡は

$$双曲線\ \frac{x^2}{3}-y^2=1\quad (x\geqq\sqrt{3})$$

問題 82　双曲線$3x^2-y^2=3$上の点Pから直線$x=\dfrac{1}{2}$までの距離は，常にPから点A$(2,\ 0)$までの距離の半分であることを示せ。

点Pの座標を$(s,\ t)$とおくと，点Pは双曲線$3x^2-y^2=3$上にあるから，$3s^2-t^2=3$より　$t^2=3s^2-3$　…①

◀$x^2-\dfrac{y^2}{3}=1$

点Pから直線$x=\dfrac{1}{2}$に垂線PHを下ろすと

$$2\mathrm{PH}=2\left|s-\frac{1}{2}\right|=|2s-1|$$

また　$\mathrm{AP}=\sqrt{(s-2)^2+t^2}$

①を代入すると

$$\mathrm{AP}=\sqrt{(s-2)^2+(3s^2-3)}=\sqrt{4s^2-4s+1}$$
$$=\sqrt{(2s-1)^2}=|2s-1|$$

よって，$2\mathrm{PH}=\mathrm{AP}$すなわち$\mathrm{PH}=\dfrac{1}{2}\mathrm{AP}$である。

問題 83 中心が原点，主軸が x 軸または y 軸であり，2 点 $(2,\ \sqrt{2})$，$(-2\sqrt{3},\ 2)$ を通る双曲線の方程式を求めよ。

(ア) 主軸が x 軸であるとき
双曲線の中心が原点であるから，
方程式を $\dfrac{x^2}{a^2}-\dfrac{y^2}{b^2}=1$ $(a>0,\ b>0)$ とおく。
◀主軸が x 軸であるから，右辺は 1 である。

点 $(2,\ \sqrt{2})$ を通るから $\dfrac{4}{a^2}-\dfrac{2}{b^2}=1$ …①

点 $(-2\sqrt{3},\ 2)$ を通るから $\dfrac{12}{a^2}-\dfrac{4}{b^2}=1$ …②

①×2−② より

$$-\frac{4}{a^2}=1 \quad \text{すなわち} \quad a^2=-4$$

これを満たす実数 a は存在しないから，不適。

(イ) 主軸が y 軸であるとき
双曲線の中心が原点であるから，
方程式を $\dfrac{x^2}{a^2}-\dfrac{y^2}{b^2}=-1$ $(a>0,\ b>0)$ とおく。
◀主軸が y 軸であるから，右辺は −1 である。

点 $(2,\ \sqrt{2})$ を通るから $\dfrac{4}{a^2}-\dfrac{2}{b^2}=-1$ …③

点 $(-2\sqrt{3},\ 2)$ を通るから $\dfrac{12}{a^2}-\dfrac{4}{b^2}=-1$ …④

③×2−④ より

$$-\frac{4}{a^2}=-1 \quad \text{すなわち} \quad a^2=4$$

よって $a=2$
◀a，b の値を求めずに，a^2，b^2 の値から方程式を求めてもよい。

③ に代入すると $b=1$

よって，双曲線の方程式は $\dfrac{x^2}{4}-y^2=-1$

(ア)，(イ) より，求める双曲線の方程式は $\boldsymbol{\dfrac{x^2}{4}-y^2=-1}$

〔別解〕
双曲線の中心が原点であるから，求める方程式を $Ax^2-By^2=1$ とおく。ただし，A，B は同符号である。
◀**Plus One** 参照。

点 $(2,\ \sqrt{2})$ を通るから $4A-2B=1$ …①

点 $(-2\sqrt{3},\ 2)$ を通るから $12A-4B=1$ …②

①，② を連立して解くと $A=-\dfrac{1}{4}$，$B=-1$

A，B は同符号であることを満たす。
よって，求める双曲線の方程式は

$$-\frac{x^2}{4}+y^2=1 \quad \text{すなわち} \quad \frac{x^2}{4}-y^2=-1$$

Plus One

主軸が x 軸である双曲線 $\dfrac{x^2}{a^2}-\dfrac{y^2}{b^2}=1$ について，$\dfrac{1}{a^2}=A$，$\dfrac{1}{b^2}=B$ とおくと

$Ax^2-By^2=1$（ただし，$A>0$，$B>0$）と表すことができる。

また，主軸が y 軸である双曲線 $\dfrac{x^2}{a^2}-\dfrac{y^2}{b^2}=-1$ …① について，

① の両辺に -1 を掛けると　$\dfrac{x^2}{-a^2}-\dfrac{y^2}{-b^2}=1$

ここで，$-\dfrac{1}{a^2}=A$，$-\dfrac{1}{b^2}=B$ とおくと $Ax^2-By^2=1$（ただし，$A<0$，$B<0$）と表すことができる。

したがって，原点が中心であり，主軸が x 軸または y 軸である双曲線の方程式は

$Ax^2-By^2=1$　（ただし，A，B は同符号）

と表すことができる。

問題 84 曲線 $11x^2-24xy+4y^2=20$ を C とする。直線 $y=3x$ に関して，曲線 C と対称な曲線 C' の方程式を求めよ。

C 上の点を $\mathrm{P}(a,\ b)$，直線 $y=3x$ に関して P と対称な点を $\mathrm{Q}(X,\ Y)$ とし，Q の軌跡を求める。

◀ P，Q が直線 $y=3x$ に関して対称

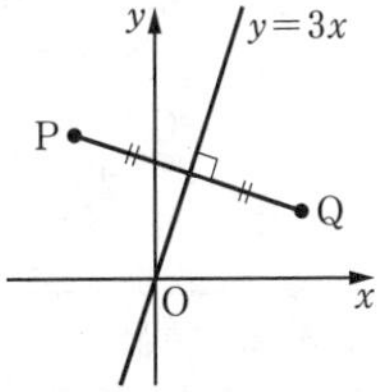

⟺ 直線 $y=3x$ は線分 PQ の垂直二等分線
⟺
(ア) 線分 PQ の中点が $y=3x$ 上
(イ) 直線 PQ ⊥ 直線 $y=3x$

P は C 上にあるから　$11a^2-24ab+4b^2=20$　…①

2 点 P，Q は直線 $y=3x$ に関して対称であることより，

線分 PQ の中点 $\left(\dfrac{a+X}{2},\ \dfrac{b+Y}{2}\right)$ は $y=3x$ 上にあるから

$$\frac{b+Y}{2}=3\cdot\frac{a+X}{2}$$

よって　$3a-b=-3X+Y$　…②

また，直線 PQ と直線 $y=3x$ は直交するから

$$\frac{Y-b}{X-a}\cdot 3=-1$$

よって　$a+3b=X+3Y$　…③

②，③ を連立して，a，b について解くと

$$a=\frac{-4X+3Y}{5},\quad b=\frac{3X+4Y}{5}$$

これらを ① に代入して整理すると　$4X^2-Y^2=4$

したがって，曲線 C' の方程式は　$\boldsymbol{x^2-\dfrac{y^2}{4}=1}$

◀ 双曲線である。

問題 85 次の 2 次曲線の方程式を求めよ。
(1) 直線 $y=1$ を軸とし，2 点 $(-1,\ 3)$，$(2,\ -3)$ を通る放物線
(2) 軸が座標軸と平行で，3 点 $(2,\ 1)$，$(2,\ 5)$，$(5,\ -1)$ を通る放物線
(3) 2 直線 $y=x+3$，$y=-x-1$ を漸近線とし，点 $(1,\ 1+\sqrt{7})$ を通る双曲線

(1) 直線 $y=1$ を軸とするから，求める放物線の方程式を $(y-1)^2=4p(x-a)$ とおくと，これが 2 点 $(-1,\ 3)$，$(2,\ -3)$ を通るから

◀ 放物線 $y^2=4px$ を頂点が $(a,\ 1)$ となるように平行移動する。

$$4p(-1-a)=4,\ 4p(2-a)=16$$

これを解くと　　$p=1,\ a=-2$

よって，求める方程式は

$$(\boldsymbol{y}-\mathbf{1})^2=\mathbf{4}(\boldsymbol{x}+\mathbf{2})$$

(2)　2点 $(2,\ 1)$，$(2,\ 5)$ は y 軸に平行に並ぶから，軸は $y=3$ であり，求める方程式を $(y-3)^2=4p(x-a)$ とおくと，これが2点 $(2,\ 1)$，$(5,\ -1)$ を通るから

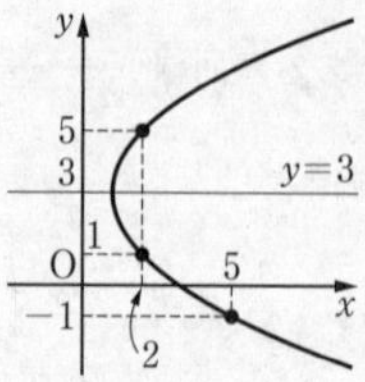

$$4p(2-a)=4,\ 4p(5-a)=16$$

これを解くと　　$p=1,\ a=1$

よって，求める方程式は

$$(\boldsymbol{y}-\mathbf{3})^2=\mathbf{4}(\boldsymbol{x}-\mathbf{1})$$

◀ 放物線の軸が座標軸に平行であるから，軸は直線 $x=k$ または $y=k$ の形で表される。

(3)　双曲線の中心は2本の漸近線の交点 $(-2,\ 1)$ である。

また，2本の漸近線が直交するから，求める方程式を

$$\frac{(x+2)^2}{a^2}-\frac{(y-1)^2}{a^2}=1\quad(a>0)$$

とおくと，これが点 $(1,\ 1+\sqrt{7})$ を通るから

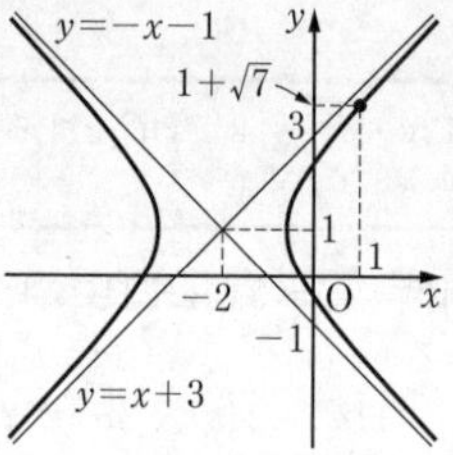

$$\frac{3^2}{a^2}-\frac{(\sqrt{7})^2}{a^2}=1$$

これより　　$a^2=2$

よって，求める方程式は

$$\frac{(\boldsymbol{x}+\mathbf{2})^2}{\mathbf{2}}-\frac{(\boldsymbol{y}-\mathbf{1})^2}{\mathbf{2}}=\mathbf{1}$$

◀ $x+3=-x-1$ より $x=-2,\ y=-2+3=1$

◀ $1+\sqrt{7}<1+3$ より，主軸は x 軸に平行である。
また，
双曲線 $\dfrac{x^2}{a^2}-\dfrac{y^2}{b^2}=1$ $(a>0,\ b>0)$ の漸近線が直線 $y=\pm x$ であるときは $a=b$ と考えればよい。

問題 86　直線 $x=-2$ に接し，円 $C_1:(x-1)^2+y^2=1$ が内接する円 C_2 の中心Pの軌跡を求めよ。

中心Pの座標を $(X,\ Y)$ とおく。

円 C_2 の半径を r とすると，r は点Pと直線 $x=-2$ との距離に等しいから

$$r=|X-(-2)|=|X+2|$$

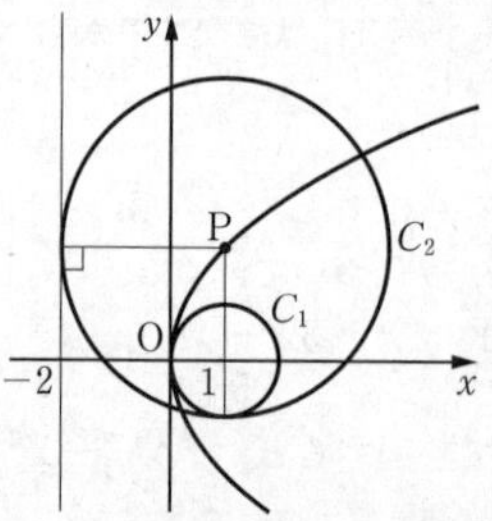

図より，$X\geqq-2$ であるから

$$r=X+2\qquad\cdots①$$

2円 C_1，C_2 の中心間の距離は

$$\sqrt{(X-1)^2+Y^2}$$

2円 C_1，C_2 は内接するから

$$\sqrt{(X-1)^2+Y^2}=|r-1|$$

① を代入すると　　$\sqrt{(X-1)^2+Y^2}=|X+1|$

両辺を2乗すると

$$(X-1)^2+Y^2=(X+1)^2$$

ゆえに　　　　$Y^2=4X$

したがって，求める軌跡は　　**放物線 $\boldsymbol{y^2=4x}$**

◀ 軌跡を求める点はP
⇨ $P(X,\ Y)$ とおく。

◀ 2円が内接するとき，2つの円の半径を r_1，r_2，中心間の距離を d とすると
$d=|r_1-r_2|$

◀ $|X+1|^2=(X+1)^2$

問題 87 x 軸上の点Aと y 軸上の点Bが $AB=2$ を満たしながら動くとき，$\overrightarrow{AC}=2\overrightarrow{AB}$ を満たす点Cの軌跡を求めよ。

点A，Bの座標をそれぞれ $A(a,\ 0)$，$B(0,\ b)$，点Cの座標を $(X,\ Y)$ とおく。

$AB=2$ より　$\sqrt{a^2+b^2}=2$

よって　$a^2+b^2=4$　…①

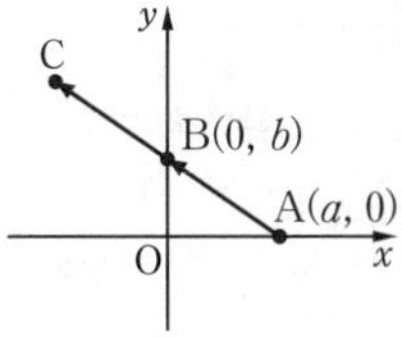

また，点Cは $\overrightarrow{AC}=2\overrightarrow{AB}$ を満たす点であり，

$\overrightarrow{AC}=(X-a, Y)$, $\overrightarrow{AB}=(-a, b)$ であるから

$$(X-a,\ Y)=2(-a,\ b)$$
$$=(-2a,\ 2b)$$

成分を比較すると　$\begin{cases} X-a=-2a \\ Y=2b \end{cases}$

よって　$X=-a,\ Y=2b$

a，b について解くと　$a=-X,\ b=\dfrac{Y}{2}$

①に代入すると　$(-X)^2+\left(\dfrac{Y}{2}\right)^2=4$

$$\frac{X^2}{4}+\frac{Y^2}{16}=1$$

したがって，点Cの軌跡は　**楕円 $\dfrac{x^2}{4}+\dfrac{y^2}{16}=1$**

◀ $\overrightarrow{AC}=2\overrightarrow{AB}$ より，点Cが線分ABを2:1に外分する点であることから，X，Y，a，b の関係式を導いてもよい。

p.169 本質を問う 5

1 次の曲線の定義を述べよ。
(1) 放物線　(2) 楕円　(3) 双曲線

(1) 定点Fと，点Fを通らない定直線 l から等距離にある点の軌跡

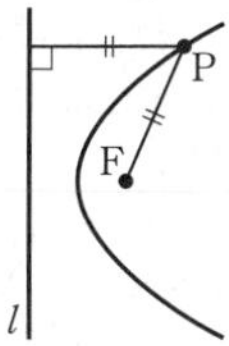

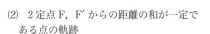

◀ 点Fを放物線の焦点，直線 l を準線という。

(2) 2定点F，F′からの距離の和が一定である点の軌跡

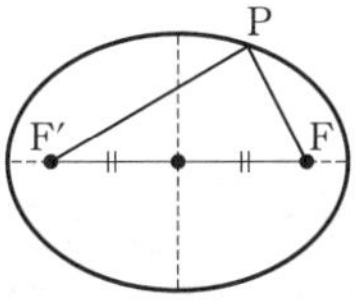

◀ 2点F，F′を楕円の焦点という。

(3) 2定点F，F′からの距離の差が一定である点の軌跡

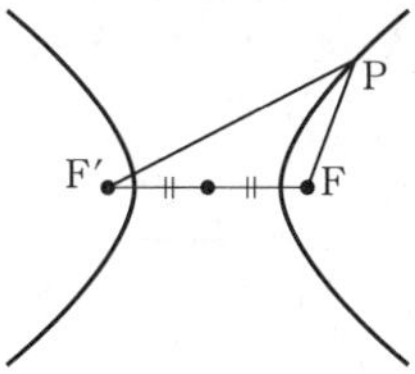

◀ 2点F，F′を双曲線の焦点という。

2章 5 2次曲線

2 円 $x^2+y^2=1$ をどのように変形すると楕円 $\dfrac{x^2}{9}+\dfrac{y^2}{4}=1$ になるか，説明せよ。

方程式 $x^2+y^2=1$ において，x を $\dfrac{x}{3}$，y を $\dfrac{y}{2}$ に置き換えると，

方程式 $\dfrac{x^2}{9}+\dfrac{y^2}{4}=1$ になる。

よって，円 $x^2+y^2=1$ を **x 軸方向に 3 倍，y 軸方向に 2 倍に拡大する**と楕円 $\dfrac{x^2}{9}+\dfrac{y^2}{4}=1$ になる。

◀ LEGEND 数学II＋B **Play Back 15** 参照。

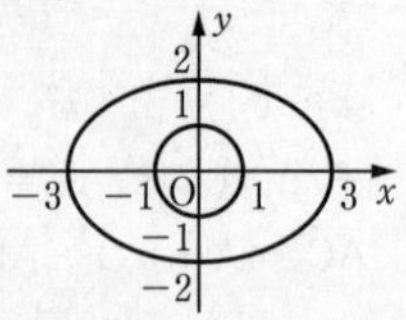

3 x または y についての 2 次方程式 $ax^2+by^2+cx+dy=0$ …① (ただし，$a \fallingdotseq b$，$c \fallingdotseq 0$，$d \fallingdotseq 0$，$bc^2+ad^2 \fallingdotseq 0$) で表される曲線が，次の図形になる条件を述べよ。

(1) 放物線　(2) 楕円　(3) 双曲線

(ア) $a=0$ かつ $b \fallingdotseq 0$ のとき

① は　$by^2+cx+dy=0$

$c \fallingdotseq 0$ であるから　$x=-\dfrac{b}{c}y^2-\dfrac{d}{c}y$

$b \fallingdotseq 0$ であるから，① は放物線を表す。

(イ) $a \fallingdotseq 0$ かつ $b=0$ のとき

① は　$ax^2+cx+dy=0$

$d \fallingdotseq 0$ であるから　$y=-\dfrac{a}{d}x^2-\dfrac{c}{d}x$

$a \fallingdotseq 0$ であるから，① は放物線を表す。

(ウ) $a \fallingdotseq 0$ かつ $b \fallingdotseq 0$ のとき

① は $a\left(x+\dfrac{c}{2a}\right)^2+b\left(y+\dfrac{d}{2b}\right)^2=a\left(\dfrac{c}{2a}\right)^2+b\left(\dfrac{d}{2b}\right)^2$

(i) $a>0$ かつ $b>0$ または $a<0$ かつ $b<0$ のとき

$a \fallingdotseq b$ であるから，① は楕円を表す。

(ii) $a>0$ かつ $b<0$ または $a<0$ かつ $b>0$ のとき

① は双曲線を表す。

(1) 放物線になるのは (ア), (イ) のときであるから，求める条件は　$\boldsymbol{ab=0}$

(2) 楕円になるのは (ウ)(i) のときであるから，求める条件は　$\boldsymbol{ab>0}$

(3) 双曲線になるのは (ウ)(ii) のときであるから，求める条件は　$\boldsymbol{ab<0}$

◀ x または y についての 2 次方程式であるから，a，b の少なくとも一方は 0 ではない。

◀ $-\dfrac{b}{c} \fallingdotseq 0$

◀ $-\dfrac{a}{d} \fallingdotseq 0$

$bc^2+ad^2 \fallingdotseq 0$ より

◀ $a\left(\dfrac{c}{2a}\right)^2+b\left(\dfrac{d}{2b}\right)^2 \fallingdotseq 0$

◀ $\dfrac{x^2}{a^2}+\dfrac{y^2}{b^2}=1$ の形にできる。$a=b$ のときは円を表す。

◀ $\dfrac{x^2}{a^2}-\dfrac{y^2}{b^2}=\pm 1$ の形にできる。

◀ a, b の一方が 0 になるとき

◀ a，b が同符号のとき

◀ a，b が異符号のとき

p.170 Let's Try! 5

① 次の方程式で表される 2 次曲線が，放物線のときは焦点の座標と準線の方程式，楕円や双曲線のときは焦点の座標を求め，その概形をかけ。

(1) $4x^2+9y^2-8x+36y+4=0$

(2) $x^2-6x-4y+1=0$

(3) $5x^2-4y^2+20x-8y-4=0$

(1) $4x^2+9y^2-8x+36y+4=0$ を変形すると

$4(x-1)^2+9(y+2)^2=36$

◀ $4(x^2-2x)+9(y^2+4y)=-4$

$$\frac{(x-1)^2}{9}+\frac{(y+2)^2}{4}=1$$

これは，楕円 $\frac{x^2}{9}+\frac{y^2}{4}=1$ を

x 軸方向に 1，y 軸方向に -2 だけ平行移動したものである。

◀与えられた楕円の中心は $(1,\ -2)$

楕円 $\frac{x^2}{9}+\frac{y^2}{4}=1$ の焦点

$(\sqrt{5},\ 0)$，$(-\sqrt{5},\ 0)$

◀楕円 $\frac{x^2}{a^2}+\frac{y^2}{b^2}=1$ $(a>b>0)$ の焦点 $(\pm\sqrt{a^2-b^2},\ 0)$

よって，求める楕円の **焦点**

$(\sqrt{5}+1,\ -2)$，$(-\sqrt{5}+1,\ -2)$

概形は **右の図**。

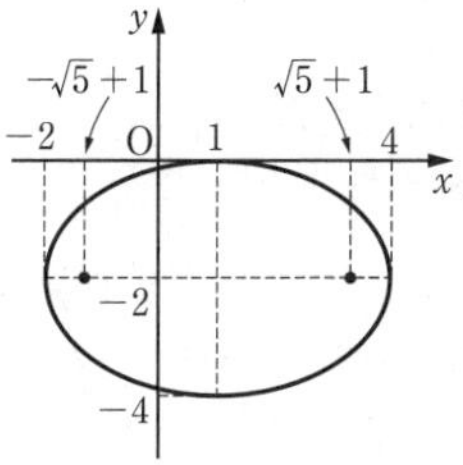

(2)　$x^2-6x-4y+1=0$ を変形すると

$$(x-3)^2-4(y+2)=0$$

$$(x-3)^2=4(y+2)$$

これは，放物線 $x^2=4y$ を

x 軸方向に 3，y 軸方向に -2 だけ平行移動したものである。

放物線 $x^2=4y$ の

焦点 $(0,\ 1)$，準線 $y=-1$

◀放物線 $x^2=4py$ の焦点 $(0,\ p)$，準線 $y=-p$

よって，求める放物線の

焦点 $(3,\ -1)$，準線 $y=-3$

概形は **右の図**。

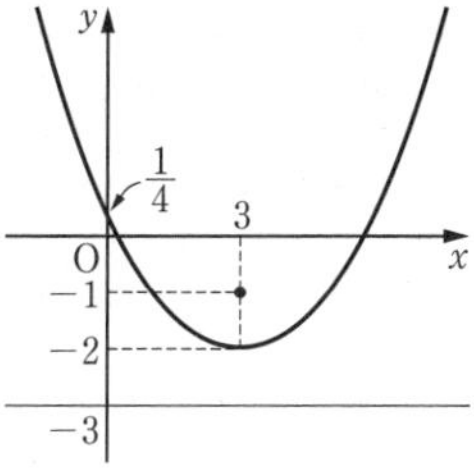

(3)　$5x^2-4y^2+20x-8y-4=0$ を変形すると

◀$5(x^2+4x)-4(y^2+2y)=4$

$$5(x+2)^2-4(y+1)^2=20$$

$$\frac{(x+2)^2}{4}-\frac{(y+1)^2}{5}=1$$

これは，双曲線 $\frac{x^2}{4}-\frac{y^2}{5}=1$ を

x 軸方向に -2，y 軸方向に -1 だけ平行移動したものである。

◀与えられた双曲線の中心 $(-2,\ -1)$

双曲線 $\frac{x^2}{4}-\frac{y^2}{5}=1$ の焦点

$(3,\ 0)$，$(-3,\ 0)$

◀双曲線 $\frac{x^2}{a^2}-\frac{y^2}{b^2}=1$ の焦点 $(\pm\sqrt{a^2+b^2},\ 0)$

よって，求める双曲線の **焦点**

$(1,\ -1)$，$(-5,\ -1)$

概形は **右の図**。

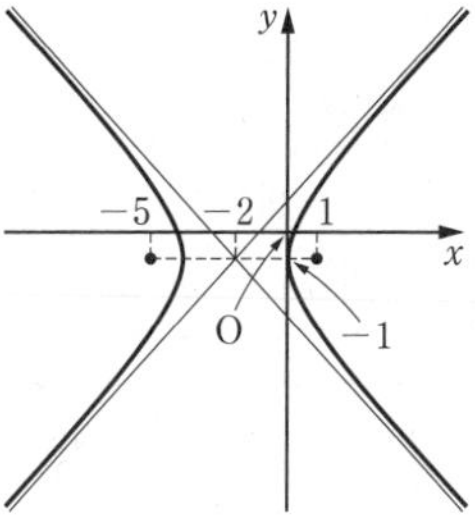

---

②　2 点 A$(0,\ 1)$，B$(3,\ 4)$ と，放物線 $x^2=4y$ 上に点 P がある。AP と BP の長さの和を最小にする点 P の座標を求めよ。

2章 5 2次曲線

放物線 $x^2=4y$ の焦点は A(0, 1)，準線は直線 $y=-1$ である。
点 P から準線 $y=-1$ に垂線 PH を下ろすと，AP = PH であるから

$$AP+BP=PH+BP$$

点 P がこの放物線上を動くとき，
PH + BP を最小にするのは，B，P，H が一直線上にあるときである。

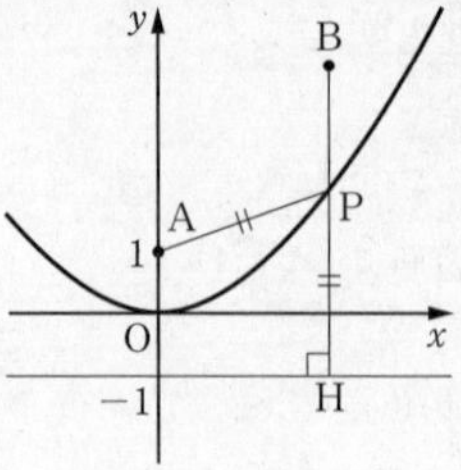

◀放物線の定義から，点 P から焦点までの距離と，点 P から準線までの距離は等しい。

点 B(3, 4) から準線 $y=-1$ に下ろした垂線 $x=3$ と放物線 $x^2=4y$ との交点が，AP + BP を最小にする点 P である。

よって，$9=4y$ より　$y=\dfrac{9}{4}$

したがって，求める点 P の座標は　$\left(3,\ \dfrac{9}{4}\right)$

③ 双曲線 $x^2-y^2=a^2$ の焦点を F，F′ とし，双曲線上の任意の点を P とするとき，$PF\cdot PF'=OP^2$ であることを示せ。

双曲線の方程式 $\dfrac{x^2}{a^2}-\dfrac{y^2}{a^2}=1$ より，$a>0$ とすると，焦点は

$$F(\sqrt{2}a,\ 0),\ F'(-\sqrt{2}a,\ 0)$$

P$(x,\ y)$ とすると

$$PF^2=\left(x-\sqrt{2}a\right)^2+y^2,\ PF'^2=\left(x+\sqrt{2}a\right)^2+y^2$$

ここで，$|PF-PF'|=2a$ より，両辺を 2 乗すると

$$(PF-PF')^2=4a^2$$
$$PF^2-2PF\cdot PF'+PF'^2=4a^2$$

◀双曲線の性質
$\dfrac{x^2}{a^2}-\dfrac{y^2}{b^2}=1$ において
$|PF-PF'|=2a$

よって

$$\begin{aligned}2PF\cdot PF'&=PF^2+PF'^2-4a^2\\&=\left(x-\sqrt{2}a\right)^2+y^2+\left(x+\sqrt{2}a\right)^2+y^2-4a^2\\&=2(x^2+y^2)=2OP^2\end{aligned}$$

したがって　$PF\cdot PF'=OP^2$

④ 2 直線 $l_1: y-kx=0$，$l_2: x+2ky=1$ の交点を P とする。k が $0<k<1$ の範囲で変化するとき，P の軌跡を図示せよ。

l_1 と l_2 の交点 P を $(X,\ Y)$ とおくと

$$Y-kX=0 \quad \cdots ①$$
$$X+2kY=1 \quad \cdots ②$$

①，② より k を消去すると　$X^2+2Y^2=X$　◀①×$2Y$＋②×X

$$\left(X-\frac{1}{2}\right)^2+2Y^2=\frac{1}{4}$$

よって　$4\left(X-\dfrac{1}{2}\right)^2+8Y^2=1$

①，② より Y を消去すると　$(1+2k^2)X=1$　◀②−①×$2k$

よって　　$X=\dfrac{1}{2k^2+1}$　　…③

$0<k<1$ より，$1<2k^2+1<3$ であるから，③ より

$$\frac{1}{3}<X<1$$

また，① より $Y=kX$ であるから

$$0<Y<X$$

したがって，求める軌跡は **右の図の実線部分**。

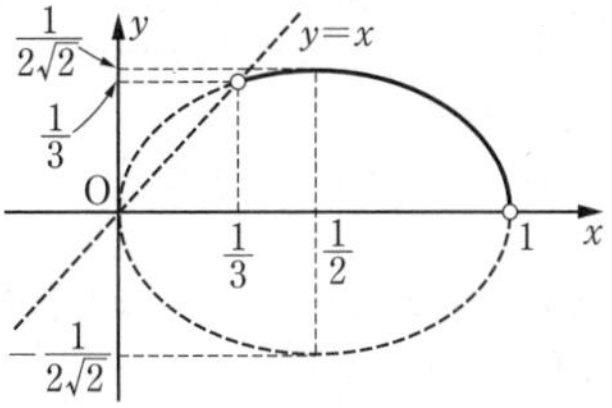

◀ $0<k<1$ のときの X の値の範囲を求める。

◀ 楕円 $\dfrac{\left(x-\frac{1}{2}\right)^2}{\left(\frac{1}{2}\right)^2}+\dfrac{y^2}{\left(\frac{1}{2\sqrt{2}}\right)^2}=1$ の $\frac{1}{3}<x<1$，$y>0$ の部分である。

---

⑤ 座標平面上に，原点 O を中心とする半径 $2a$ の円 C と，定点 $\mathrm{F}(-2b,\ 0)$ $(0<b<a)$ をとる。C 上の点を Q とし，線分 FQ の垂直二等分線と線分 OQ との交点を P とする。
⑴ 線分の長さの和 FP＋PO は，点 Q の位置には無関係に一定であることを示せ。
⑵ 点 Q が C 上を動くとき，点 P の軌跡の方程式を求めよ。　　（愛知教育大）

⑴ 点 P は，線分 FQ の垂直二等分線上にあるから　　FP＝QP

よって

$$\mathrm{FP}+\mathrm{PO}=\mathrm{QP}+\mathrm{PO}=\mathrm{OQ}=2a$$

したがって，FP＋PO は，点 Q の位置には無関係に一定の値 $2a$ である。

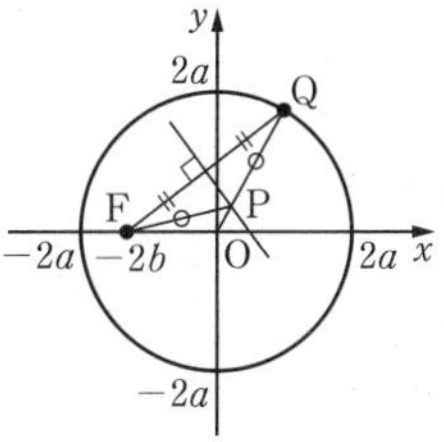

◀ OQ は，円 C の半径である。

⑵ ⑴ より，点 P は，2 点 O，F を焦点とする楕円 C' 上の点である。

C' の中心は，線分 OF の中点 $(-b,\ 0)$ であり，長軸の長さは $2a$ である。

ここで，短軸の長さを $2c$ とすると

$$b=\sqrt{a^2-c^2}$$

よって　　$c^2=a^2-b^2$

したがって，C' は，楕円

$\dfrac{x^2}{a^2}+\dfrac{y^2}{a^2-b^2}=1$ を x 軸方向に $-b$ だけ平行移動したものであるから，求める軌跡の方程式は　　$\boldsymbol{\dfrac{(x+b)^2}{a^2}+\dfrac{y^2}{a^2-b^2}=1}$

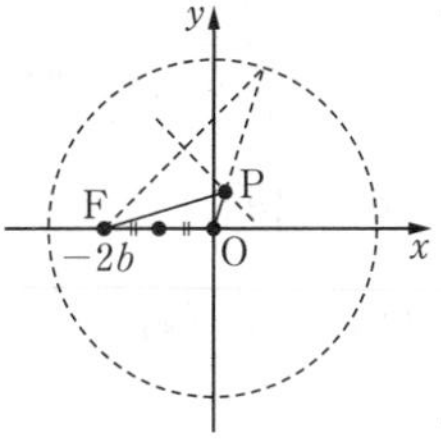

◀ 長軸の長さは，2 焦点からの距離の和 FP＋OP＝$2a$ と等しい。

◀ 原点を中心とする楕円を考える。

6 2次曲線と直線

練習 88 k を定数とするとき，放物線 $y^2=x$ と直線 $y=kx+k$ の共有点の個数を調べよ。

2式を連立して y を消去すると　　$(kx+k)^2=x$

よって　　$k^2x^2+(2k^2-1)x+k^2=0$　　…①

◀ この方程式の実数解の個数が共有点の個数である。

(ア)　$k=0$ のとき

①は1次方程式となり，実数解を1つもつから共有点は　1個

◀ $k=0$ のとき①は2次方程式ではないから，判別式は使えない。$k=0$ のときは，1点で接するのではなく交わることに注意する。

(イ)　$k \neq 0$ のとき

放物線と直線の共有点の個数と2次方程式①の実数解の個数は一致するから，方程式①の判別式を D とすると

$$D=(2k^2-1)^2-4k^4=-4k^2+1=-4\left(k+\frac{1}{2}\right)\left(k-\frac{1}{2}\right)$$

(i)　$D>0$ のとき

$\left(k+\frac{1}{2}\right)\left(k-\frac{1}{2}\right)<0$ より

$-\frac{1}{2}<k<0,\ 0<k<\frac{1}{2}$

このとき，共有点は2個

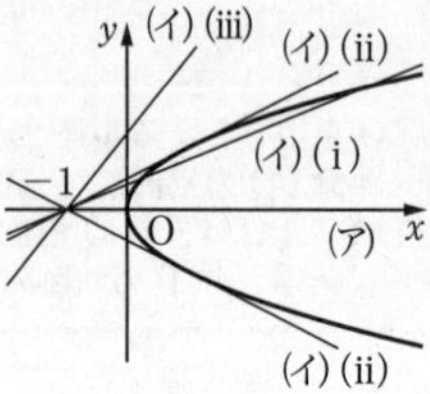

◀ 共有点の個数は
$\begin{cases} D>0 \text{ のとき　2個} \\ D=0 \text{ のとき　1個} \\ D<0 \text{ のとき　0個} \end{cases}$

(ii)　$D=0$ のとき

$\left(k+\frac{1}{2}\right)\left(k-\frac{1}{2}\right)=0$ より　　$k=\pm\frac{1}{2}$

このとき，共有点は1個

(iii)　$D<0$ のとき

$\left(k+\frac{1}{2}\right)\left(k-\frac{1}{2}\right)>0$ より　　$k<-\frac{1}{2},\ \frac{1}{2}<k$

このとき，共有点はなし。

(ア)，(イ)より，共有点の個数は

$$\begin{cases} -\frac{1}{2}<k<0,\ 0<k<\frac{1}{2} \text{ のとき　2個} \\ k=0,\ \pm\frac{1}{2} \text{ のとき　1個} \\ k<-\frac{1}{2},\ \frac{1}{2}<k \text{ のとき　0個} \end{cases}$$

練習 89 直線 $l:2x+y-5=0$ と双曲線 $C:x^2-2y^2=2$ の交点をA，Bとするとき，線分ABの中点の座標および線分ABの長さを求めよ。

2式を連立して y を消去すると

$$x^2-2(-2x+5)^2=2$$

すなわち　　$7x^2-40x+52=0$

この2解は直線 l と双曲線 C の交点の x 座標であり，これらを α，β とおくと，解と係数の関係より

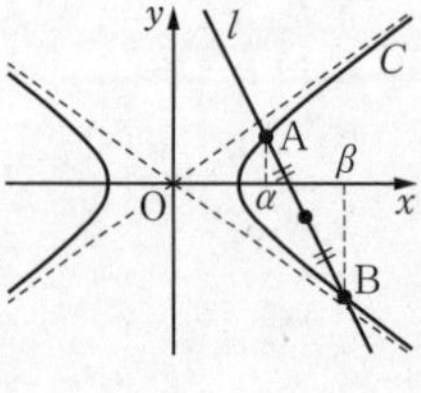

$$\alpha+\beta=\frac{40}{7},\ \alpha\beta=\frac{52}{7}$$

このとき，$A(\alpha,\ -2\alpha+5)$，$B(\beta,\ -2\beta+5)$ であるから，線分 AB の中点の座標は　$\left(\dfrac{\alpha+\beta}{2},\ -(\alpha+\beta)+5\right)$　すなわち　$\left(\dfrac{\mathbf{20}}{\mathbf{7}},\ -\dfrac{\mathbf{5}}{\mathbf{7}}\right)$

◀ 2 点 A，B は直線 l 上にあるから，その y 座標はそれぞれ
$-2\alpha+5,\ -2\beta+5$

また，線分 AB の長さは

$$AB=\sqrt{(\beta-\alpha)^2+\{(-2\beta+5)-(-2\alpha+5)\}^2}$$
$$=\sqrt{5(\alpha-\beta)^2}=\sqrt{5\{(\alpha+\beta)^2-4\alpha\beta\}}$$
$$=\sqrt{5\left\{\left(\frac{40}{7}\right)^2-4\cdot\frac{52}{7}\right\}}=\frac{\mathbf{12\sqrt{5}}}{\mathbf{7}}$$

◀ $(\alpha-\beta)^2=(\alpha+\beta)^2-4\alpha\beta$

〔別解〕

2 式を連立すると　$x^2-2(-2x+5)^2=2$

整理すると　$7x^2-40x+52=0$

$(x-2)(7x-26)=0$ となり　$x=2,\ \dfrac{26}{7}$

◀ $\dfrac{D}{4}=36=6^2$ となるから因数分解できる。

$x=2$ のとき $y=1$，$x=\dfrac{26}{7}$ のとき $y=-\dfrac{17}{7}$

◀ $2x+y-5=0$ に代入する。

ゆえに，2 点 A，B の座標は　$(2,\ 1)$，$\left(\dfrac{26}{7},\ -\dfrac{17}{7}\right)$

したがって，線分 AB の中点は

$$\left(\frac{2+\frac{26}{7}}{2},\ \frac{1-\frac{17}{7}}{2}\right)\ \text{すなわち}\ \left(\frac{20}{7},\ -\frac{5}{7}\right)$$

線分 AB の長さは

$$\sqrt{\left(\frac{26}{7}-2\right)^2+\left(-\frac{17}{7}-1\right)^2}=\frac{12\sqrt{5}}{7}$$

練習 90　放物線 $y^2=2x$ …① と直線 $x-my-3=0$ …② が異なる 2 点 A，B で交わるとき，線分 AB の中点 M の軌跡を求めよ。

①，② を連立すると，$y^2=2(my+3)$ より　$y^2-2my-6=0$ …③

◀ $x=my+3$ として $y^2=2x$ に代入する。

③ の判別式を D とすると，$\dfrac{D}{4}=m^2+6>0$ となり，放物線と直線は異なる 2 点で交わる。

③ の実数解を α，β とおくと，解と係数の関係より

$\alpha+\beta=2m$　…④

◀ α，β は，交点 A，B の y 座標をそれぞれ表す。

このとき，$A(m\alpha+3,\ \alpha)$，$B(m\beta+3,\ \beta)$ であるから，線分 AB の中点 M の座標を $(X,\ Y)$ とおくと

◀ 2 点 A，B が直線 $x-my-3=0$ 上にあることを用いて，x 座標を α，β で表す。

$$X=\frac{(m\alpha+3)+(m\beta+3)}{2}=\frac{m(\alpha+\beta)}{2}+3\quad\cdots⑤$$

$$Y=\frac{\alpha+\beta}{2}\quad\cdots⑥$$

⑤ に ④ を代入すると　$X=m^2+3$

⑥ に ④ を代入すると　$Y=m$

m を消去すると　$X=Y^2+3$

よって　$Y^2=X-3$

したがって，中点 M の軌跡は

放物線 $y^2=x-3$

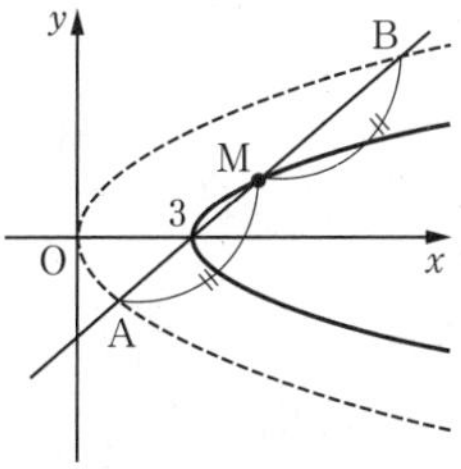

練習 91　3つの不等式 $2x+y \geqq 0$, $x-2y+5 \geqq 0$, $4x-3y \leqq 0$ を満たす x, y に対して，y^2+x の最大値と最小値を求めよ。また，そのときの x, y の値を求めよ。

3つの不等式を満たす領域は，右の図の3点O(0, 0), A(3, 4), B(−1, 2) を頂点とする三角形の周および内部である。

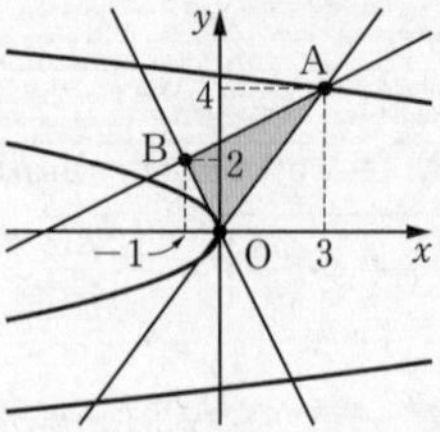

◀ $2x+y \geqq 0$ より $y \geqq -2x$
$x-2y+5 \geqq 0$ より $y \leqq \frac{1}{2}x+\frac{5}{2}$
$4x-3y \leqq 0$ より $y \geqq \frac{4}{3}x$

$y^2+x=k$ …① とおくと

$x=-y^2+k$

より，① は軸が x 軸，頂点の x 座標が k の放物線を表す。

(ア) k が最大となるのは，放物線 ① が点 A(3, 4) を通るとき

よって，k の最大値は　$k=4^2+3=19$

◀ 頂点の x 座標の値が最も大きくなるとき。

(イ) k が最小となるのは，放物線 ① が直線 OB と接するとき

$y=-2x$ を ① に代入すると　$4x^2+x-k=0$　…②

この判別式を D とすると，接するから　$D=0$

$D=1+16k=0$ より　$k=-\frac{1}{16}$

◀ 頂点の x 座標の値が最も小さくなるとき。
線分 OB の方程式は $y=-2x\ (-1 \leqq x \leqq 0)$ である。

このとき，② より $x=-\frac{1}{8}$ となり　$y=\frac{1}{4}$

◀ ② より　重解 $x=-\frac{1}{8}$
このとき $y=-2\cdot\left(-\frac{1}{8}\right)=\frac{1}{4}$

$x=-\frac{1}{8}$ より $-1 \leqq x \leqq 0$ を満たすから，放物線 ① は線分 OB と点 $\left(-\frac{1}{8},\ \frac{1}{4}\right)$ で接している。

◀ 放物線 ① が線分 OB と接していることを確かめる。

よって，k の最小値は　$-\frac{1}{16}$

(ア), (イ) より，y^2+x は

$x=3$, $y=4$ のとき　最大値 19

$x=-\frac{1}{8}$, $y=\frac{1}{4}$ のとき　最小値 $-\frac{1}{16}$

練習 92　楕円 $x^2+2y^2=6$ …① について，次の接線の方程式を求めよ。
(1) ① 上の点 $(\sqrt{2},\ -\sqrt{2})$ における接線　　(2) 点 (4, −1) を通る接線

(1) ① は $\frac{x^2}{6}+\frac{y^2}{3}=1$ より

$\frac{\sqrt{2}\cdot x}{6}+\frac{(-\sqrt{2})\cdot y}{3}=1$　すなわち　**$\sqrt{2}x-2\sqrt{2}y=6$**

(2) 接点を $P(x_1,\ y_1)$ とおくと，接線の方程式は

$x_1x+2y_1y=6$　…②

これが点 (4, −1) を通るから　$y_1=2x_1-3$　…③

◀ $x_1\cdot 4+2y_1\cdot(-1)=6$

点 P は楕円 ① 上にあるから　${x_1}^2+2{y_1}^2=6$　…④

③, ④ を連立すると

$(x_1,\ y_1)=(2,\ 1),\ \left(\frac{2}{3},\ -\frac{5}{3}\right)$

◀ y_1 を消去すると ${x_1}^2+2(2x_1-3)^2=6$

② に代入すると，求める接線の方程式は

$x+y-3=0$, $x-5y-9=0$

チャレンジ〈6〉 双曲線，放物線の接線の方程式について証明せよ。

双曲線の接線

(ア) 双曲線 $\frac{x^2}{a^2}-\frac{y^2}{b^2}=1$ の接線の方程式の証明

2点 $(\pm a,\ 0)$ 以外の点における接線の方程式は

$$y=mx+k \quad \cdots ①$$

とおける。

① を双曲線の方程式 $\frac{x^2}{a^2}-\frac{y^2}{b^2}=1$ に代入して整理すると

$$(a^2m^2-b^2)x^2+2a^2kmx+a^2(k^2+b^2)=0$$

接する条件より，この2次方程式の判別式を D とすると

$$\frac{D}{4}=(a^2km)^2-(a^2m^2-b^2)a^2(k^2+b^2)=0$$

整理すると　$k^2=a^2m^2-b^2 \quad \cdots ②$

点 $\mathrm{P}(x_1,\ y_1)$ が双曲線およびその接線上にあることより

$$\frac{x_1{}^2}{a^2}-\frac{y_1{}^2}{b^2}=1 \cdots ③,\qquad y_1=mx_1+k \cdots ④$$

②，④ より k を消去し，m について整理すると

$$(a^2-x_1{}^2)m^2+2x_1y_1m-(b^2+y_1{}^2)=0 \quad \cdots ⑤$$

③ より　$a^2-x_1{}^2=-\frac{a^2y_1{}^2}{b^2}$，$b^2+y_1{}^2=\frac{b^2x_1{}^2}{a^2}$

⑤ に代入すると　$(a^2y_1m-b^2x_1)^2=0$

$y_1 \neq 0$ であるから　$m=\frac{b^2x_1}{a^2y_1}$

④ より　$k=y_1-mx_1=y_1-\frac{b^2x_1{}^2}{a^2y_1}$

$$=\frac{a^2y_1{}^2-b^2x_1{}^2}{a^2y_1}=-\frac{a^2b^2}{a^2y_1}=-\frac{b^2}{y_1}$$

◀ ③ より $a^2y_1{}^2-b^2x_1{}^2=-a^2b^2$

① に代入して整理すると　$\frac{x_1x}{a^2}-\frac{y_1y}{b^2}=1$

これは，点 $(\pm a,\ 0)$ においても成り立つ。

◀ 点 $(\pm a,\ 0)$ における接線は $x=\pm a$（複号同順）

よって，求める接線の方程式は　$\frac{x_1x}{a^2}-\frac{y_1y}{b^2}=1$

(イ) 双曲線 $\frac{x^2}{a^2}-\frac{y^2}{b^2}=-1$ の接線の方程式の証明

双曲線 $\frac{x^2}{a^2}-\frac{y^2}{b^2}=1$ の証明と同様の式変形を行うことにより，接線の方程式 $\frac{x_1x}{a^2}-\frac{y_1y}{b^2}=-1$ が求まる。

(ア)，(イ) より，双曲線 $\frac{x^2}{a^2}-\frac{y^2}{b^2}=\pm 1$ の接線の方程式は

$$\frac{x_1x}{a^2}-\frac{y_1y}{b^2}=\pm 1 \quad（複号同順）$$

放物線の接線

$y^2=4px$ $(p \neq 0)$ の接線の方程式は

$$x=my+k \quad \cdots ①$$

◀ $(0,\ 0)$ における接線は，$m=k=0$ のとき直線 $x=0$ である。

とおける。
① を放物線の式に代入して整理すると　$y^2-4pmy-4pk=0$
接する条件より，この 2 次方程式の判別式を D とすると

$$\frac{D}{4}=(-2pm)^2-1\cdot(-4pk)=0$$

よって　$4p(pm^2+k)=0$
$p \neq 0$ であるから　$k=-pm^2$　…②
点 $P(x_1,\ y_1)$ が放物線および接線上にあることより

$$y_1{}^2=4px_1 \cdots ③,\quad x_1=my_1+k \cdots ④$$

②, ④ より k を消去し，m について整理すると

$$pm^2-y_1m+x_1=0 \quad \cdots ⑤$$

③ より $x_1=\dfrac{y_1{}^2}{4p}$ であるから，⑤ に代入すると

$$4p^2m^2-4py_1m+y_1{}^2=0$$
$$(2pm-y_1)^2=0$$

ゆえに　$m=\dfrac{y_1}{2p}$

④ に代入すると　$k=x_1-my_1=x_1-\dfrac{y_1{}^2}{2p}=-x_1$

◀ ③ より　$y_1{}^2=4px_1$

① に代入して整理すると　$y_1y=2p(x+x_1)$
よって，求める接線の方程式は　$y_1y=2p(x+x_1)$

Plus One

一般の 2 次曲線の接線の方程式

楕円 $\dfrac{(x-p)^2}{a^2}+\dfrac{(y-q)^2}{b^2}=1$ 上の点 $(x_1,\ y_1)$ における接線の方程式は

$$\boldsymbol{\frac{(x_1-p)(x-p)}{a^2}+\frac{(y_1-q)(y-q)}{b^2}=1}$$

双曲線 $\dfrac{(x-p)^2}{a^2}-\dfrac{(y-q)^2}{b^2}=\pm1$ 上の点 $(x_1,\ y_1)$ における接線の方程式は

$$\boldsymbol{\frac{(x_1-p)(x-p)}{a^2}-\frac{(y_1-q)(y-q)}{b^2}=\pm1} \quad \text{（複号同順）}$$

放物線 $(y-\beta)^2=4p(x-\alpha)$ 上の点 $(x_1,\ y_1)$ における接線の方程式は

$$\boldsymbol{(y_1-\beta)(y-\beta)=2p\{(x-\alpha)+(x_1-\alpha)\}}$$

練習 93　双曲線 $2x^2-3y^2+4x+12y-16=0$ 上の点 $A(2,\ 0)$ における接線の方程式を求めよ。

$2x^2-3y^2+4x+12y-16=0$ を変形すると

◀ $2(x^2+2x)-3(y^2-4y)=16$
$2\{(x+1)^2-1\}$
$-3\{(y-2)^2-4\}=16$
$2(x+1)^2-3(y-2)^2=6$

$2(x+1)^2-3(y-2)^2=6$ より　$\dfrac{(x+1)^2}{3}-\dfrac{(y-2)^2}{2}=1$　…①
双曲線 ①，接点 $A(2,\ 0)$ を x 軸方向に 1，y 軸方向に -2 だけ平行移動すると，それぞれ双曲線 $\dfrac{x^2}{3}-\dfrac{y^2}{2}=1$ …②，点 $A'(3,\ -2)$ となる。
ここで，双曲線 ② 上の点 $A'(3,\ -2)$ における接線の方程式は

◀ 双曲線 $\dfrac{x^2}{a^2}-\dfrac{y^2}{b^2}=1$ 上の点 $(x_1,\ y_1)$ における接線の方程式は
$\dfrac{x_1x}{a^2}-\dfrac{y_1y}{b^2}=1$

$\dfrac{3\cdot x}{3}-\dfrac{(-2)\cdot y}{2}=1$ より　$x+y=1$

求める接線は，これを x 軸方向に -1，y 軸方向に 2 だけ平行移動して

$$(x+1)+(y-2)=1$$

すなわち　　$\boldsymbol{x+y-2=0}$

◀ 双曲線 ② が ① の位置に戻るように平行移動する。

練習 94　点 P(0, 1) から放物線 $y^2-4x+4=0$ に引いた 2 本の接線は直交することを示せ。

点 P(0, 1) を通る直線 $x=0$ は放物線 $y^2=4x-4$ の接線にはならないから，点 P を通る接線の傾きを m とおくと，その方程式は

$$y=mx+1 \quad \cdots ①$$

① と $y^2-4x+4=0$ を連立すると

$$(mx+1)^2-4x+4=0$$

$$m^2x^2+2(m-2)x+5=0 \quad \cdots ②$$

ここで，$m=0$ のとき ① は $y=1$ となり，放物線の接線にはならないから　　$m \neq 0$

よって，放物線と直線 ① が接するとき，2 次方程式 ② の判別式を D とすると　　$D=0$

$$\frac{D}{4}=(m-2)^2-5m^2$$

よって　　$m^2+m-1=0 \quad \cdots ③$

m についての方程式 ③ の 2 つの解を m_1，m_2 とすると，m_1，m_2 は 2 本の接線の傾きを表す。

ここで，解と係数の関係より

$$m_1m_2=-1$$

したがって，2 本の接線は直交する。

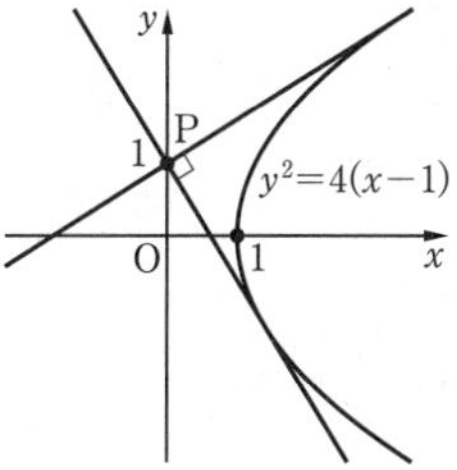

◀ 傾きを m とおくために，接線が y 軸に平行にならないことを確かめる。

◀ P(0, 1) を通り，傾き m の直線である。

◀ y を消去したが，x を消去して考えてもよい。

◀ $m=0$ のとき ① は放物線の接線にはならないから，① より

$$x=\frac{1}{m}y-\frac{1}{m}$$

$y^2-4x+4=0$ に代入すると

$$y^2-4\left(\frac{1}{m}y-\frac{1}{m}\right)+4=0$$

整理すると

$$my^2-4y+4m+4=0$$

この判別式を考えると，③ と同じ式が得られる。

◀ ③ を実際に解くと

$$m=\frac{-1\pm\sqrt{5}}{2}$$

この積を考えてもよい。

練習 95　点 P$(p,\ q)$ から楕円 $2x^2+y^2=2 \cdots ①$ に引いた 2 本の接線が直交するとき，点 P の軌跡を求めよ。

(ア)　点 P を通る直線 $x=p$ が楕円に接するとき

$$p=\pm1$$

よって，4 点 $(1,\ \sqrt{2})$，$(1,\ -\sqrt{2})$，$(-1,\ \sqrt{2})$，$(-1,\ -\sqrt{2})$ から，直交する楕円の接線 $x=\pm1$，$y=\pm\sqrt{2}$（複号任意）を引くことができる。

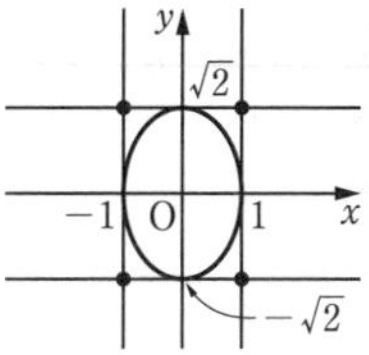

◀ 点 P を通る直線は
$x=p$　または
$y-q=m(x-p)$

◀ 頂点における接線
$x=\pm1$，$y=\pm\sqrt{2}$
（複号任意）
の交点である。

(イ)　$p \neq \pm1$ のとき

接線は y 軸と平行でないから，点 P を通る直線は傾きを m とすると $y=m(x-p)+q \cdots ②$ とおける。

◀ $y-q=m(x-p)$

①，② を連立すると

$$2x^2+\{m(x-p)+q\}^2=2$$

$$(m^2+2)x^2-2m(mp-q)x+(mp-q)^2-2=0 \quad \cdots ③$$

◀ $m^2+2 \neq 0$ より，③ は x の 2 次方程式である。

楕円 ① と直線 ② が接するとき，2 次方程式 ③ の判別式を D_1 とすると　　$D_1=0$

$$\frac{D_1}{4}=\{-m(mp-q)\}^2-(m^2+2)\{(mp-q)^2-2\}$$
$$=-2(mp-q)^2+2(m^2+2)$$
$$=2\{(1-p^2)m^2+2pqm+2-q^2\}$$

よって　$(1-p^2)m^2+2pqm+2-q^2=0$　…④

$1-p^2\neq0$ であるから，④ は m についての 2 次方程式であり，④ の判別式を D_2 とすると

◀ $p\neq\pm1$ より $1-p^2\neq0$

$$\frac{D_2}{4}=(pq)^2-(1-p^2)(2-q^2)=2p^2+q^2-2$$

ここで，点 P は楕円 ① の外部にあるから　$2p^2+q^2>2$

◀ 点 P から楕円に接線を引けるとき，点 P は楕円の外部にある。

よって　$D_2>0$

ゆえに，④ は異なる 2 つの実数解をもつ。

よって，④ は 2 つの実数解 m_1，m_2 をもち，m_1，m_2 は 2 本の接線の傾きを表す。

2 本の接線が直交するとき

$m_1m_2=-1$ であり，

④ について解と係数の関係より

$$m_1m_2=\frac{2-q^2}{1-p^2}$$

よって　$\dfrac{2-q^2}{1-p^2}=-1$

$$p^2+q^2=3\quad(p\neq\pm1)$$

したがって，点 P の軌跡は

$$x^2+y^2=3\quad(x\neq\pm1)$$

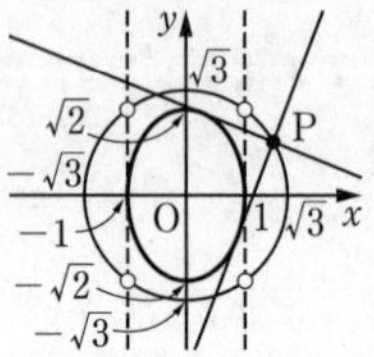

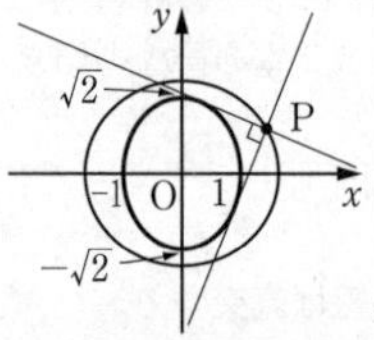

(ア)，(イ) より，求める点 P の軌跡は

円 $x^2+y^2=3$

◀ (イ) で求めた軌跡に (ア) の 4 点を加えると円 $x^2+y^2=3$ 全体となる。

チャレンジ〈7〉 放物線 $x=y^2$ の $y>1$ の部分に点 P をとる。点 P から楕円 $2x^2+y^2=2$ に引いた 2 本の接線が垂直に交わるとき，点 P の x 座標を求めよ。　（和歌山大）

点 P は放物線 $x=y^2$ $(y>1)$ 上の点であるから，$\mathrm{P}(p^2,\ p)$ とおける。

点 P から楕円 $2x^2+y^2=2$ …① に引いた接線は y 軸と平行でないから，点 P を通る直線は，傾きを m とすると

◀ $p>1$ のとき，接線は y 軸に平行でないから，傾きを m とおく。

$$y=m(x-p^2)+p$$

すなわち $mx-y-mp^2+p=0$ …② とおける。

x 軸を基準に y 軸方向に $\dfrac{1}{\sqrt{2}}$ 倍すると，楕円 ① は

◀ 楕円 ① を円に変形して接線の条件を変える。

$$2x^2+2y^2=2\quad すなわち\quad 円\ x^2+y^2=1\qquad\cdots①'$$

◀ y を $\sqrt{2}y$ に置き換える。

点 P は点 $\mathrm{P}'\left(p^2,\ \dfrac{p}{\sqrt{2}}\right)$，直線 ② は直線 $y=\dfrac{1}{\sqrt{2}}m(x-p^2)+\dfrac{1}{\sqrt{2}}p$

すなわち　$mx-\sqrt{2}y-mp^2+p=0$ …②′ となる。

楕円 ① と直線 ② が接するとき，円 ①′ と直線 ②′ も接するから

$$\frac{|-mp^2+p|}{\sqrt{m^2+(-\sqrt{2})^2}}=1$$

◀ 円 ①′ の中心 (0, 0) と接線 ②′ の距離が，半径の 1 に等しい。

$$|-mp^2+p|=\sqrt{m^2+2}\qquad\cdots③$$

③ の両辺は 0 以上であるから，2 乗して

$$(-mp^2+p)^2=m^2+2$$

よって　$(p^4-1)m^2-2p^3m+p^2-2=0$　…④

$p>1$ より $p^4-1\neq 0$ であるから，④ は m についての 2 次方程式であり，④ の判別式を D とすると

$$\frac{D}{4}=p^6-(p^4-1)(p^2-2)=2p^4+p^2-2>0$$

ゆえに，$p>1$ のとき ③ は異なる 2 つの実数解をもつ。

よって，③ は 2 つの実数解 m_1，m_2 をもち，m_1，m_2 は楕円 ① の 2 本の接線の傾きを表す。

2 本の接線が直交するとき $m_1m_2=-1$ であり，④ について解と係数の関係より

$$m_1m_2=\frac{p^2-2}{p^4-1}$$

よって　$\frac{p^2-2}{p^4-1}=-1$

$$p^4+p^2-3=0$$

ゆえに　$p^2=\frac{-1\pm\sqrt{13}}{2}$

$p>1$ より $p^2>1$ であるから　$p^2=\frac{-1+\sqrt{13}}{2}$

したがって，点 P の x 座標は　$\boldsymbol{\frac{-1+\sqrt{13}}{2}}$

◀ $y>1$ より　$p>1$

◀ $2p^4+p^2-2$
$=2(p^4-1)+p^2$

◀ $(p^2)^2+p^2-3=0$ と見なし，p^2 の 2 次方程式として考える。

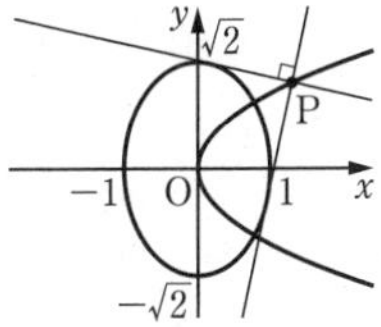

練習 96　a，b は $a>0$，$b\neq 0$ を満たす定数とする。放物線 $C: y=ax^2$ と直線 $m: x=b$ の交点 P における放物線 C の接線を l とし，放物線 C の焦点を F とするとき，接線 l が 2 直線 m，PF となす角は等しいことを示せ。

点 P の座標は $(b,\ ab^2)$ であるから，

接線 l の方程式は　$\frac{ab^2+y}{2}=a\cdot bx$

よって　$2abx-y-ab^2=0$

ゆえに，接線 l の法線ベクトルの 1 つは

$$\vec{n}=(2ab,\ -1)$$

また，放物線 C の焦点 F の座標は $\left(0,\ \frac{1}{4a}\right)$ であるから

$$\overrightarrow{\mathrm{PF}}=\left(-b,\ \frac{1}{4a}-ab^2\right)$$

さらに，直線 m の方向ベクトルの 1 つは　$\vec{m}=(0,\ 1)$

よって，$\overrightarrow{\mathrm{PF}}$，$\vec{m}$ と $\vec{n}$ のなす角をそれぞれ α，β $(0\leqq\alpha\leqq\pi,\ 0\leqq\beta\leqq\pi)$ とおくと

$$\cos\alpha=\frac{\overrightarrow{\mathrm{PF}}\cdot\vec{n}}{|\overrightarrow{\mathrm{PF}}||\vec{n}|}=\frac{-2ab^2-\frac{1}{4a}+ab^2}{\sqrt{b^2+\left(\frac{1}{4a}-ab^2\right)^2}|\vec{n}|}=-\frac{\frac{1}{4a}+ab^2}{\left|\frac{1}{4a}+ab^2\right||\vec{n}|}$$

$a>0$ より $\frac{1}{4a}+ab^2>0$ であるから

◀ 微分を用いてもよい。
$y'=2ax$ であるから，接線 l における傾きは $2ab$ であり，法線の傾きは $-\frac{1}{2ab}$ であるから，法線ベクトルの 1 つは
$(2ab,\ -1)$

◀

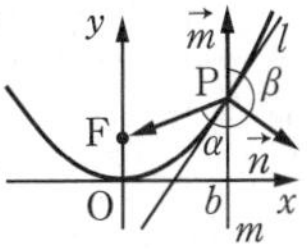

$$\cos\alpha = -\frac{\dfrac{1}{4a}+ab^2}{\left(\dfrac{1}{4a}+ab^2\right)|\vec{n}|} = -\frac{1}{|\vec{n}|}$$

$$\cos\beta = \frac{\vec{m}\cdot\vec{n}}{|\vec{m}||\vec{n}|} = -\frac{1}{|\vec{n}|}$$

ゆえに　$\cos\alpha = \cos\beta$　$0 \leqq \alpha \leqq \pi$, $0 \leqq \beta \leqq \pi$ であるから　$\alpha = \beta$

したがって，接線 l が 2 直線 m, PF となす角は等しい。

練習 97　放物線 $C: y^2 = 4px$ 上の原点 O と異なる 2 点 P, Q が，OP ⊥ OQ を満たしながら動く。このとき，直線 PQ は定点を通ることを示せ。

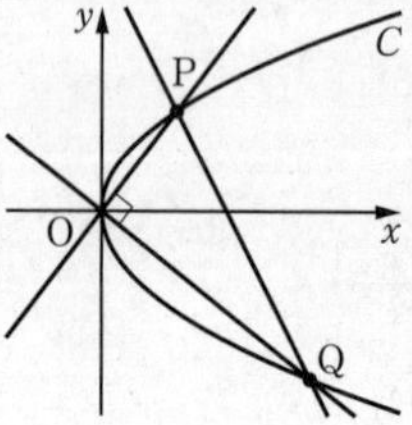

◀ 直線 OP, OQ の方程式を $y = mx$, $y = -\dfrac{1}{m}x$ とおいて, P, Q の座標を m で表し，直線 PQ の方程式が m の値にかかわらず成り立つ (x, y) を求めてもよい。

$\mathrm{P}(x_1,\ y_1)$, $\mathrm{Q}(x_2,\ y_2)$ とおくと

$y_1{}^2 = 4px_1$　…①

$y_2{}^2 = 4px_2$　…②

このとき, 直線 OP, OQ の傾きはそれぞれ $\dfrac{y_1}{x_1}$, $\dfrac{y_2}{x_2}$ であるから,

OP ⊥ OQ のとき

$\dfrac{y_1}{x_1}\cdot\dfrac{y_2}{x_2} = -1$　すなわち　$x_1x_2 + y_1y_2 = 0$

①, ② より　$\dfrac{y_1{}^2y_2{}^2}{16p^2} + y_1y_2 = 0$

$y_1 \neq 0$, $y_2 \neq 0$ より　$y_1y_2 = -16p^2$　…③

◀ 点 P, Q は原点 O と異なるから，y 座標は 0 でない。

また，直線 PQ の方程式は

$(x_2 - x_1)(y - y_1) - (y_2 - y_1)(x - x_1) = 0$　…④

◀ 直線 PQ が x 軸に垂直になる場合も考えて，この形で表した。
$y - y_1 = \dfrac{y_2 - y_1}{x_2 - x_1}(x - x_1)$ の形で表す場合は, $x_1 = x_2$ のときを分けて考える。

ここで，①−② より，$y_1{}^2 - y_2{}^2 = 4p(x_1 - x_2)$ であるから

$$\left(\frac{y_2{}^2}{4p} - \frac{y_1{}^2}{4p}\right)(y - y_1) - (y_2 - y_1)\left(x - \frac{y_1{}^2}{4p}\right) = 0$$

$$(y_2{}^2 - y_1{}^2)(y - y_1) - (y_2 - y_1)(4px - y_1{}^2) = 0$$

$y_1 \neq y_2$ より　$(y_2 + y_1)(y - y_1) - (4px - y_1{}^2) = 0$

◀ $y_2 - y_1 \neq 0$

$$(y_2 + y_1)y - y_2y_1 - y_1{}^2 - 4px + y_1{}^2 = 0$$

③ より　$(y_1 + y_2)y - 4px + 16p^2 = 0$

これは，$x = 4p$, $y = 0$ のとき，y_1, y_2 の値にかかわらず成り立つから，直線 PQ は定点 $(4p,\ 0)$ を通る。

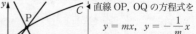

練習 98　点 F(2, 0) からの距離と直線 $l: x = -1$ からの距離の比が次のようになる点 P の軌跡を求めよ。

(1)　1:1　　(2)　1:2　　(3)　2:1

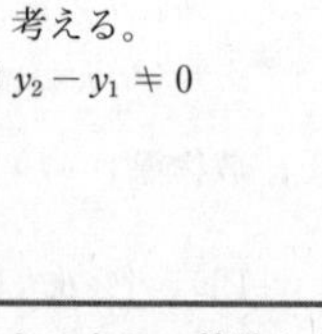

点 P の座標を $(x,\ y)$ とおき，点 P から直線 l へ下ろした垂線を PH とする。

(1)　PF:PH = 1:1 より　PH = PF

$|x + 1| = \sqrt{(x-2)^2 + y^2}$

2 乗して整理すると　$y^2 = 6x - 3$

よって，求める軌跡は　**放物線** $y^2=6\left(x-\frac{1}{2}\right)$

(2) PF：PH＝1：2 より　PH＝2PF

$|x+1|=2\sqrt{(x-2)^2+y^2}$

2 乗して整理すると　$3x^2-18x+15+4y^2=0$

よって，求める軌跡は　**楕円** $\frac{(x-3)^2}{4}+\frac{y^2}{3}=1$

(3) PF：PH＝2：1 より　2PH＝PF

$2|x+1|=\sqrt{(x-2)^2+y^2}$

2 乗して整理すると　$3x^2+12x-y^2=0$

よって，求める軌跡は　**双曲線** $\frac{(x+2)^2}{4}-\frac{y^2}{12}=1$

◀焦点 (2, 0)
準線 $x=-1$
頂点 $\left(\frac{1}{2},\ 0\right)$

◀$3(x-3)^2+4y^2=12$
両辺を 12 で割って標準形に直す。

◀$3(x+2)^2-y^2=12$
両辺を 12 で割って標準形に直す。

p.193 問題編 6　2次曲線と直線

問題 88 k を定数とするとき，双曲線 $(x-1)^2-4(y-2)^2=4$ と直線 $y=kx$ の共有点の個数を調べよ。

2 式を連立して y を消去すると　$(x-1)^2-4(kx-2)^2=4$

よって　$(1-4k^2)x^2+2(8k-1)x-19=0$　…①

(ア) $k=\pm\frac{1}{2}$ のとき

① は 1 次方程式となり，実数解を 1 つもつから共有点は　1 個

(イ) $k \neq \pm\frac{1}{2}$ のとき

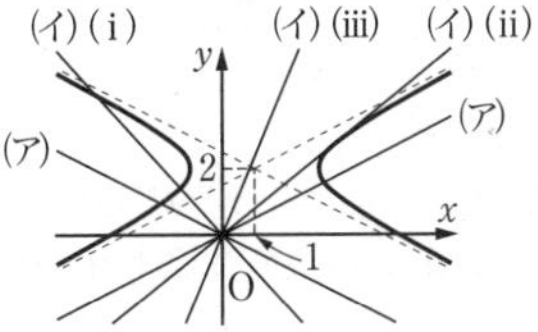

双曲線と直線の共有点の個数と 2 次方程式 ① の実数解の個数は一致するから，2 次方程式 ① の判別式を D とすると

$$\frac{D}{4}=(8k-1)^2+19(1-4k^2)$$
$$=-4(3k^2+4k-5)$$

(i) $\frac{D}{4}>0$ のとき

$3k^2+4k-5<0$ より

$$\frac{-2-\sqrt{19}}{3}<k<\frac{-2+\sqrt{19}}{3}\quad\left(k \neq \pm\frac{1}{2}\right)$$

このとき，共有点は 2 個

(ii) $\frac{D}{4}=0$ のとき

$3k^2+4k-5=0$ より　$k=\frac{-2\pm\sqrt{19}}{3}$

このとき，共有点は 1 個

(iii) $\frac{D}{4}<0$ のとき

$3k^2+4k-5>0$ より　$k<\frac{-2-\sqrt{19}}{3}$，$\frac{-2+\sqrt{19}}{3}<k$

◀この方程式の実数解の個数が共有点の個数である。

◀$1-4k^2=0$ のとき ① は 2 次方程式ではないから，判別式は使えない。

◀直線 $y=\pm\frac{1}{2}x$ は，漸近線と平行である。

◀$y=3k^2+4k-5$ のグラフを利用して

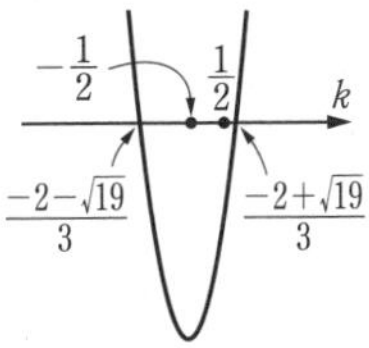

$3k^2+4k-5<0$ の解は

$\frac{-2-\sqrt{19}}{3}<k<\frac{-2+\sqrt{19}}{3}$

このとき，共有点はなし。

(ア)，(イ) より，共有点の個数は

$$\begin{cases} \dfrac{-2-\sqrt{19}}{3}<k<-\dfrac{1}{2},\ -\dfrac{1}{2}<k<\dfrac{1}{2},\ \dfrac{1}{2}<k<\dfrac{-2+\sqrt{19}}{3} \quad \textbf{のとき　2個} \\ k=\pm\dfrac{1}{2},\ \dfrac{-2\pm\sqrt{19}}{3} \quad \textbf{のとき　1個} \\ k<\dfrac{-2-\sqrt{19}}{3},\ \dfrac{-2+\sqrt{19}}{3}<k \quad \textbf{のとき　0個} \end{cases}$$

問題 89　直線 $l: y=x+k$ と楕円 $C: x^2+4y^2=4$ が異なる2点A，Bで交わっている。
(1)　定数 k の値の範囲を求めよ。
(2)　原点をOとするとき，△OABの面積の最大値を求めよ。

(1)　2式を連立して y を消去すると

$$x^2+4(x+k)^2=4$$

$$5x^2+8kx+4(k^2-1)=0 \quad \cdots ①$$

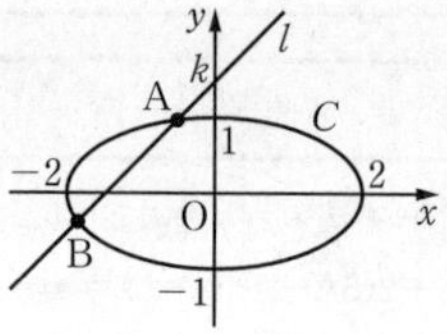

直線 l と楕円 C が異なる2点で交わるから，2次方程式 ① の判別式を D とすると　$D>0$

よって　$\dfrac{D}{4}=(4k)^2-5\cdot4(k^2-1)$

$$=-4(k+\sqrt{5})(k-\sqrt{5})>0$$

ゆえに　$(k+\sqrt{5})(k-\sqrt{5})<0$

したがって　$\boldsymbol{-\sqrt{5}<k<\sqrt{5}}$

(2)　2次方程式 ① の2解は，直線 l と楕円 C の交点の x 座標であり，これらを α，β とおくと，解と係数の関係より

$$\alpha+\beta=-\frac{8k}{5},\ \alpha\beta=\frac{4(k^2-1)}{5}$$

このとき，A$(\alpha,\ \alpha+k)$，B$(\beta,\ \beta+k)$ であるから，△OABの面積は

$$\triangle\mathrm{OAB}=\frac{1}{2}|\alpha(\beta+k)-\beta(\alpha+k)|$$

$$=\frac{1}{2}|k(\alpha-\beta)|=\frac{1}{2}|k|\sqrt{(\alpha+\beta)^2-4\alpha\beta}$$

$$=\frac{1}{2}|k|\sqrt{\left(-\frac{8k}{5}\right)^2-4\cdot\frac{4(k^2-1)}{5}}$$

$$=\frac{1}{2}|k|\sqrt{\frac{16}{25}(-k^2+5)}=\frac{2}{5}\sqrt{-k^4+5k^2}$$

$$=\frac{2}{5}\sqrt{-\left(k^2-\frac{5}{2}\right)^2+\frac{25}{4}}$$

(1) より $-\sqrt{5}<k<\sqrt{5}$ であるから　$0\leqq k^2<5$

△OABの面積を最大にするのは

$k^2=\dfrac{5}{2}$ すなわち $k=\pm\dfrac{\sqrt{10}}{2}$ のときであり，

◀ O(0, 0)，A$(x_1,\ y_1)$，B$(x_2,\ y_2)$ のとき，△OABの面積 S は
$$S=\frac{1}{2}|x_1y_2-x_2y_1|$$

◀ k^2 の2次関数とみる。

◀ △OABの面積を最大にするときの k の値が，$-\sqrt{5}<k<\sqrt{5}$ の範囲に含まれていることを確認する。

最大値は　$\dfrac{2}{5}\cdot\sqrt{\dfrac{25}{4}}=\mathbf{1}$

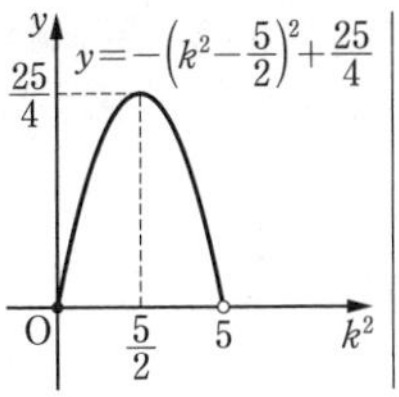

問題 90　楕円 $9x^2+4y^2=36$ …① と直線 $y=2x+k$ …② が異なる2点A，Bで交わるとき，線分ABの中点Mの軌跡を求めよ。

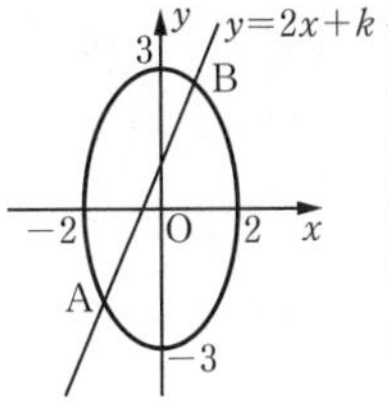

①，② を連立すると

$9x^2+4(2x+k)^2=36$

$25x^2+16kx+4k^2-36=0$　　…③

楕円 ① と直線 ② が異なる2点で交わるとき，③ の判別式を D とすると　$D>0$

◀ $y=2x+k$ を $9x^2+4y^2=36$ に代入する。

◀ ③ は異なる2つの実数解をもつ。

よって　$\dfrac{D}{4}=64k^2-25(4k^2-36)$

$=-36k^2+900$

$=-36(k+5)(k-5)>0$

ゆえに　$-5<k<5$　　…④

このとき，③ の実数解を α，β とおくと，解と係数の関係より

$\alpha+\beta=-\dfrac{16}{25}k$　　…⑤

このとき，$A(\alpha,\ 2\alpha+k)$，$B(\beta,\ 2\beta+k)$ であるから，線分ABの中点Mの座標を $(X,\ Y)$ とおくと

$X=\dfrac{\alpha+\beta}{2}$ …⑥，　$Y=2X+k$ …⑦

◀ 点Mは直線 ② 上にあるから　$Y=2X+k$

⑥ に ⑤ を代入すると　$X=-\dfrac{8}{25}k$　すなわち　$k=-\dfrac{25}{8}X$

⑦ に代入すると　$Y=-\dfrac{9}{8}X$

また，④ より　$-5<-\dfrac{25}{8}X<5$

◀ X のとり得る値の範囲を求める。
$k=-\dfrac{25}{8}X$ を ④ に代入する。

よって　$-\dfrac{8}{5}<X<\dfrac{8}{5}$

したがって，中点Mの軌跡は

直線 $y=-\dfrac{9}{8}x$ の $-\dfrac{8}{5}<x<\dfrac{8}{5}$ の部分

問題 91　3つの不等式 $x>0$，$x^2+8y^2\leqq 8$，$x^2-8y^2\geqq 4$ を満たす x，y に対して，$y+x$ の最大値と最小値を求めよ。また，そのときの x，y の値を求めよ。

3つの不等式を満たす領域は，右の図の斜線部分の周および内部で，その境界線は

$x^2+8y^2=8$　$\cdots$①

$x^2-8y^2=4$　$\cdots$②

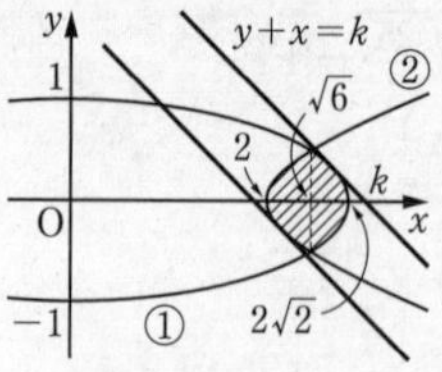

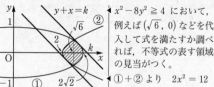

◀ $x^2-8y^2 \geqq 4$ において，例えば $(\sqrt{6},\ 0)$ などを代入して式を満たすか調べれば，不等式の表す領域の見当がつく。

①，② の共有点の x 座標は ①，② を連立させて解くと，$x>0$ より　$x=\sqrt{6}$

◀ ①＋② より　$2x^2=12$
$x>0$ より　$x=\sqrt{6}$

$y+x=k$ $\cdots$③ とおくと $y=-x+k$ となり，傾き -1，y 切片 k の直線を表す。

(ア) k が最大となるのは，③ が ① と接するときであり

◀ y 切片の値が最も大きくなるとき。

$x^2+8(k-x)^2=8$

よって　$9x^2-16kx+8(k^2-1)=0$　$\cdots$④

この判別式を D_1 とすると，接するから　$D_1=0$

$$\frac{D_1}{4}=(-8k)^2-9\cdot 8(k^2-1)=-8(k+3)(k-3)=0$$

より　$k=\pm 3$

$k=3$ のとき，④ より $x=\dfrac{8}{3}$ となり，③ より　$y=\dfrac{1}{3}$

◀ $k=3$ のとき，④ は
$(3x-8)^2=0$

$\sqrt{6}<\dfrac{8}{3}<2\sqrt{2}$ であるから，この接点は題意の領域に存在する。

$k=-3$ のとき，④ より $x=-\dfrac{8}{3}$ となり，不適。

◀ $k=-3$ のとき，④ は
$(3x+8)^2=0$

(イ) k が最小となるのは ③ が ② と接するときであり

◀ y 切片の値が最も小さくなるとき。

$x^2-8(k-x)^2=4$

よって　$7x^2-16kx+4(2k^2+1)=0$　$\cdots$⑤

この判別式を D_2 とすると，接するから　$D_2=0$

$$\frac{D_2}{4}=(-8k)^2-7\cdot 4(2k^2+1)=8\left(k+\frac{\sqrt{14}}{2}\right)\left(k-\frac{\sqrt{14}}{2}\right)=0$$

より　$k=\pm\dfrac{\sqrt{14}}{2}$

$k=\dfrac{\sqrt{14}}{2}$ のとき，⑤ より $x=\dfrac{4\sqrt{14}}{7}$ となり，③ より　$y=-\dfrac{\sqrt{14}}{14}$

◀ $k=\dfrac{\sqrt{14}}{2}$ のとき，⑤ は
$\left(\sqrt{7}\,x-4\sqrt{2}\right)^2=0$

$2<\dfrac{4\sqrt{14}}{7}<\sqrt{6}$ であるから，この接点は題意の領域に存在する。

$k=-\dfrac{\sqrt{14}}{2}$ のとき，⑤ より $x=-\dfrac{4\sqrt{14}}{7}$ となり，不適。

◀ $k=-\dfrac{\sqrt{14}}{2}$ のとき，⑤ は
$\left(\sqrt{7}\,x+4\sqrt{2}\right)^2=0$

(ア)，(イ) より，$y+x$ は

$x=\dfrac{8}{3}$，$y=\dfrac{1}{3}$ のとき　最大値 3

$x=\dfrac{4\sqrt{14}}{7}$，$y=-\dfrac{\sqrt{14}}{14}$ のとき　最小値 $\dfrac{\sqrt{14}}{2}$

問題 **92**　次の曲線の接線のうち，与えられた点を通るものを求めよ。

(1) 曲線 $y^2-4y-2x=0$，点 $(-2,\ -3)$

(2) 曲線 $3x^2+12x+y^2=0$，点 $(6,\ 4)$

(3) 曲線 $2x^2-12x-y^2-8y+9=0$，点 $(-2,\ -3)$

(1) 点 $(-2,\ -3)$ を通り，傾き m の直線の方程式は

$$y+3=m(x+2)$$

$y^2-4y-2x=0$ と連立して y を消去すると

$$m^2x^2+2(2m^2-5m-1)x+(4m^2-20m+21)=0$$

これが重解をもつことより，判別式を D とすると

$$\frac{D}{4}=(2m^2-5m-1)^2-m^2(4m^2-20m+21)=0$$

整理すると $10m+1=0$ となり　$m=-\dfrac{1}{10}$

よって　$x+10y+32=0$

また，点 $(-2,\ -3)$ を通り y 軸に平行な直線は　$x=-2$

$y^2-4y-2x=0$ に代入すると

$y^2-4y+4=0$ となり　$(y-2)^2=0$

重解をもつから，このとき接する。

よって，求める接線は　$\boldsymbol{x+10y+32=0,\ x=-2}$

(2) 点 $(6,\ 4)$ を通り，傾き m の直線の方程式は

$$y-4=m(x-6)$$

$3x^2+12x+y^2=0$ と連立して y を消去すると

$$(m^2+3)x^2-2(6m^2-4m-6)x+(36m^2-48m+16)=0$$

これが重解をもつことより，判別式を D とすると

$$\frac{D}{4}=\{-(6m^2-4m-6)\}^2-(m^2+3)(36m^2-48m+16)=0$$

整理すると $15m^2-16m+1=0$ となり　$m=\dfrac{1}{15},\ 1$

また，点 $(6,\ 4)$ を通り y 軸に平行な直線は　$x=6$

$3x^2+12x+y^2=0$ に代入すると　$y^2=-180$

これを満たす実数 y は存在しない。

よって　$\boldsymbol{x-15y+54=0,\ x-y-2=0}$

(3) 点 $(-2,\ -3)$ を通り，傾き m の直線の方程式は

$$y+3=m(x+2)$$

$2x^2-12x-y^2-8y+9=0$ と連立して y を消去すると

$$(m^2-2)x^2+2(2m^2+m+6)x+4m^2+4m-24=0$$

これが重解をもつことより，判別式を D とすると

$$\frac{D}{4}=(2m^2+m+6)^2-(m^2-2)(4m^2+4m-24)=0$$

整理すると $57m^2+20m-12=0$ となり　$m=-\dfrac{2}{3},\ \dfrac{6}{19}$

また，点 $(-2,\ -3)$ を通り y 軸に平行な直線は　$x=-2$

$2x^2-12x-y^2-8y+9=0$ に代入すると　$y^2+8y-41=0$

判別式 $D>0$ であるから，2 点で交わり接線ではない。

よって　$\boldsymbol{2x+3y+13=0,\ 6x-19y-45=0}$

◀点 $(-2,\ -3)$ は曲線上にない。

◀この式では y 軸に平行な直線は表されないから，y 軸に平行な場合を別に調べる必要がある。

与式を変形すると
$(y-2)^2=2(x+2)$
この放物線上の点 $(x_1,\ y_1)$ における接線の方程式は
$(y_1-2)(y-2)=(x_1+2)+(x+2)$
これが $(-2,\ -3)$ を通ることより求めてもよい。

◀例題 93 **Point** 参照。

◀点 $(6,\ 4)$ は曲線上にない。

◀$(15m-1)(m-1)=0$

◀点 $(-2,\ -3)$ は曲線上にない。

◀$2x^2-12x-y^2-8y+9=0$ より
$2(x-3)^2-(y+4)^2=-7$

◀$(3m+2)(19m-6)=0$

問題 93　放物線 $y^2+2y-2x+5=0$ 上の点 $A(10,\ 3)$ における接線の方程式を求めよ。

$y^2+2y-2x+5=0$ を変形すると

$$(y+1)^2=2(x-2) \quad \cdots ①$$

放物線 ①，接点 $A(10,\ 3)$ を x 軸方向に -2，y 軸方向に 1 だけ平行移

動すると，それぞれ放物線 $y^2=2x$ …② 点 $\mathrm{A}'(8,\ 4)$ となる。

ここで，放物線②上の点 $\mathrm{A}'(8,\ 4)$ における接線の方程式は

$$4y=x+8$$

求める接線は，これを x 軸方向に 2，y 軸方向に -1 だけ平行移動して

$$4(y+1)=(x-2)+8$$

すなわち　　$\boldsymbol{x-4y+2=0}$

◀放物線 $y^2=2x$ 上の点 $(x_1,\ y_1)$ における接線の方程式は
$y_1y=x+x_1$

◀放物線②が①の位置に戻るように平行移動する。

問題 94　放物線 $y^2=4px$ に準線上の1点から2本の接線を引くとき，2つの接点を結んだ直線は，焦点を通ることを示せ。

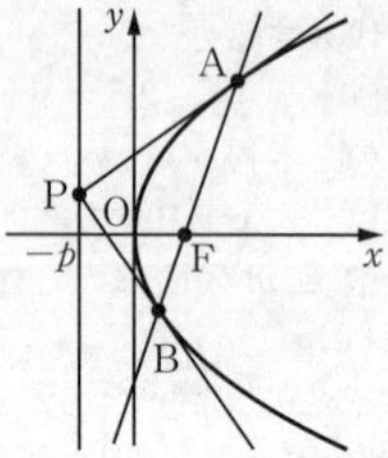

放物線 $y^2=4px$ の焦点は $\mathrm{F}(p,\ 0)$，

準線は $x=-p$ である。

準線上の点を $\mathrm{P}(-p,\ t)$ とおき，点Pから引いた2本の接線の接点を $\mathrm{A}(x_1,\ y_1)$，$\mathrm{B}(x_2,\ y_2)$ とすると，2本の接線の方程式は

$$y_1y=2p(x+x_1),\quad y_2y=2p(x+x_2)$$

これらが，$\mathrm{P}(-p,\ t)$ を通るから

$$y_1t=2p(-p+x_1)\ \cdots①$$

$$y_2t=2p(-p+x_2)\ \cdots②$$

①，②より，$\mathrm{A}(x_1,\ y_1)$，$\mathrm{B}(x_2,\ y_2)$ を通る直線は

$$yt=2p(-p+x)$$

となる。ここで，$x=p$，$y=0$ は，任意の t に対してこの式を満たす。

よって，2つの接点を通る直線は，焦点 $\mathrm{F}(p,\ 0)$ を通る。

◀$\mathrm{A}(x_1,\ y_1)$，$\mathrm{B}(x_2,\ y_2)$ に対して
$y_1=ax_1+b$
$y_2=ax_2+b$
が成り立つとき，A，Bを通る直線は，$y=ax+b$ となる。

問題 95　点 $\mathrm{P}(p,\ q)$ から双曲線 $x^2-2y^2=2$ …① に引いた2本の接線が直交するとき，点Pの軌跡を求めよ。

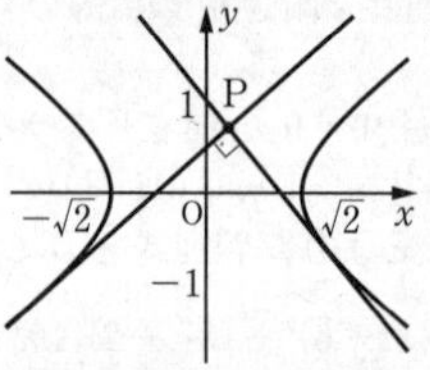

双曲線①には x 軸に平行な接線は引けないから，点Pを通る直交する2本の接線は，ともに y 軸に平行ではなく，傾きを m とすると

$$y-q=m(x-p)\qquad\cdots②$$

とおくことができる。

◀傾きを m とおくために，接線が y 軸に平行にならないことを確かめる。

①，②を連立して y を消去すると

$$x^2-2\{m(x-p)+q\}^2=2$$

$$(1-2m^2)x^2+4m(pm-q)x-2(pm-q)^2-2=0\qquad\cdots③$$

◀$x^2-2\{mx-(pm-q)\}^2=2$

$m=\pm\dfrac{1}{\sqrt{2}}$ とすると，直線②は双曲線①の漸近線と平行となり，

接線にはなり得ないから　　$1-2m^2\neq 0$

◀双曲線において，漸近線と平行な接線は存在しない。

よって，③は x についての2次方程式であり，双曲線①と直線②が接するとき，③の判別式を D_1 とすると　　$D_1=0$．

$1-2m^2\neq 0$ より，③は x の2次方程式である。

$$\frac{D_1}{4}=\{2m(pm-q)\}^2-(1-2m^2)\{-2(pm-q)^2-2\}$$

$$=2(pm-q)^2+2(1-2m^2)$$

$$=2\{(p^2-2)m^2-2pqm+q^2+1\}$$

よって　　$(p^2-2)m^2-2pqm+q^2+1=0\qquad\cdots④$

$p^2-2\neq 0$ であるから，④は m についての2次方程式であり，④の

◀$p=\pm\sqrt{2}$ における接線は直線 $x=\pm\sqrt{2}$ であり，これに直交する直線は x 軸に平行となるが，これは双曲線の接線となり得ない。

判別式を D_2 とすると

$$\frac{D_2}{4}=(pq)^2-(p^2-2)(q^2+1)=-p^2+2q^2+2$$

ここで，点 P は双曲線 ① で分けられた 3 つの部分のうち，原点を含む部分にあるから　　$p^2-2q^2<2$

よって　　$D_2>0$

ゆえに，④ は異なる 2 つの実数解をもつ。

よって，④ は 2 つの実数解 m_1，m_2 をもち，m_1，m_2 は 2 本の接線の傾きを表す。

2 本の接線が直交するとき $m_1m_2=-1$ であり，

④ について解と係数の関係より　　$m_1m_2=\dfrac{q^2+1}{p^2-2}$

よって　　$\dfrac{q^2+1}{p^2-2}=-1$　すなわち　$p^2+q^2=1$

ここで，$1-2m^2\neq 0$，すなわち $m\neq\pm\dfrac{1}{\sqrt{2}}$ であるから，m についての 2 次方程式 ④ が $m=\pm\dfrac{1}{\sqrt{2}}$ を解にもつ場合は除く。

2 次方程式 ④ が $m=\pm\dfrac{1}{\sqrt{2}}$ を解にもつのは

$$(p^2-2)\cdot\left(\pm\frac{1}{\sqrt{2}}\right)^2-2pq\cdot\left(\pm\frac{1}{\sqrt{2}}\right)+q^2+1=0$$

整理すると　　$(p\pm\sqrt{2}q)^2=0$

ゆえに　　$q=\pm\dfrac{1}{\sqrt{2}}p$

よって，直線 $y=\pm\dfrac{1}{\sqrt{2}}x$ 上の点を除く。

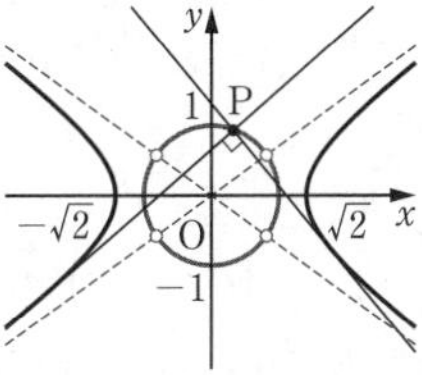

したがって，求める点 P の軌跡は

円 $x^2+y^2=1$

ただし，直線 $y=\pm\dfrac{1}{\sqrt{2}}x$ 上の点を除く。

◀ 解と係数の関係は，解が虚数の場合も成り立つ。

◀ 点 P から双曲線に接線を引けるとき，点 P は双曲線で分けられた 3 つの部分のうち，原点を含む部分にある。

4 点 $\left(\dfrac{\sqrt{6}}{3},\ \dfrac{\sqrt{3}}{3}\right)$，$\left(-\dfrac{\sqrt{6}}{3},\ \dfrac{\sqrt{3}}{3}\right)$，$\left(\dfrac{\sqrt{6}}{3},\ -\dfrac{\sqrt{3}}{3}\right)$，

◀ $\left(-\dfrac{\sqrt{6}}{3},\ -\dfrac{\sqrt{3}}{3}\right)$ を除く。

問題 96　双曲線 $\dfrac{x^2}{a^2}-\dfrac{y^2}{b^2}=1$ 上の任意の点 P における接線を l，2 つの焦点を F，F′ とするとき，接線 l が 2 直線 PF，PF′ となす角は等しいことを示せ。

焦点を F′$(-c,\ 0)$，F$(c,\ 0)$ $(c>0)$

とすると　　$c^2=a^2+b^2$

また，点 P$(x_1,\ y_1)$ $(x_1>0)$ とすると，

接線 l の方程式は

$$\frac{x_1x}{a^2}-\frac{y_1y}{b^2}=1$$

よって，l の法線ベクトルの 1 つは

$$\vec{n}=\left(\frac{x_1}{a^2},\ -\frac{y_1}{b^2}\right)$$

ここで，$\overrightarrow{\mathrm{PF}}=(c-x_1,\ -y_1)$ より

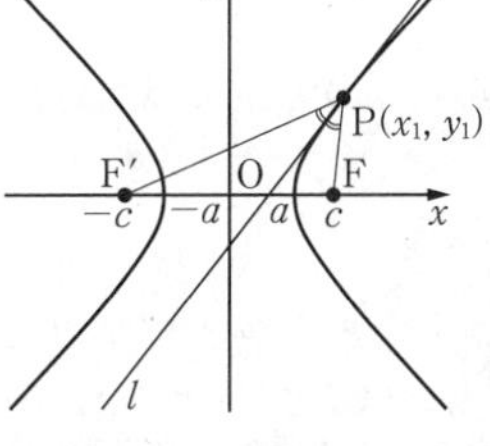

◀ 双曲線 $\dfrac{x^2}{a^2}-\dfrac{y^2}{b^2}=1$ は y 軸に関して対称であるから，$x_1>0$ の場合に成り立てば $x_1<0$ の場合も成り立つ。

◀ 直線 $ax+by+c=0$ の法線ベクトルの 1 つは $\vec{n}=(a,\ b)$

$$\overrightarrow{\mathrm{PF}}\cdot\vec{n}=(c-x_1)\frac{x_1}{a^2}+\frac{{y_1}^2}{b^2}$$
$$=\frac{cx_1}{a^2}-\frac{{x_1}^2}{a^2}+\frac{{y_1}^2}{b^2}$$

P は双曲線上の点であるから　$\dfrac{{x_1}^2}{a^2}-\dfrac{{y_1}^2}{b^2}=1$

よって　$\overrightarrow{\mathrm{PF}}\cdot\vec{n}=\dfrac{cx_1}{a^2}-1$

また　$|\overrightarrow{\mathrm{PF}}|^2=(c-x_1)^2+{y_1}^2$

$$=c^2-2cx_1+{x_1}^2+b^2\left(\frac{{x_1}^2}{a^2}-1\right)$$

◀ ${y_1}^2=b^2\left(\dfrac{{x_1}^2}{a^2}-1\right)$

$$=c^2-b^2-2cx_1+\left(1+\frac{b^2}{a^2}\right){x_1}^2$$

◀ $a^2+b^2=c^2$ より $c^2-b^2=a^2$, $1+\dfrac{b^2}{a^2}=\dfrac{c^2}{a^2}$

$$=a^2-2cx_1+\frac{c^2{x_1}^2}{a^2}=\left(a-\frac{cx_1}{a}\right)^2$$

$a^2<cx_1$ であるから　$|\overrightarrow{\mathrm{PF}}|=-a+\dfrac{cx_1}{a}$

◀ $0<a<c$, $0<a\leqq x_1$ より $a^2<cx_1$

同様に，$\overrightarrow{\mathrm{PF'}}=(-c-x_1,\ -y_1)$ より

$$\overrightarrow{\mathrm{PF'}}\cdot\vec{n}=-\frac{cx_1}{a^2}-1,\quad |\overrightarrow{\mathrm{PF'}}|=a+\frac{cx_1}{a}$$

$\overrightarrow{\mathrm{PF}}$, $\overrightarrow{\mathrm{PF'}}$ と $\vec{n}$ のなす角をそれぞれ α, β $(0\leqq\alpha\leqq\pi,\ 0\leqq\beta\leqq\pi)$ とおくと

$$\cos\alpha=\frac{\overrightarrow{\mathrm{PF}}\cdot\vec{n}}{|\overrightarrow{\mathrm{PF}}||\vec{n}|}=\frac{\dfrac{cx_1}{a^2}-1}{\left(-a+\dfrac{cx_1}{a}\right)|\vec{n}|}=\frac{1}{a|\vec{n}|}$$

$$\cos\beta=\frac{\overrightarrow{\mathrm{PF'}}\cdot\vec{n}}{|\overrightarrow{\mathrm{PF'}}||\vec{n}|}=\frac{-\dfrac{cx_1}{a^2}-1}{\left(a+\dfrac{cx_1}{a}\right)|\vec{n}|}=-\frac{1}{a|\vec{n}|}$$

よって，$\cos\alpha=-\cos\beta$ となり　$\alpha=\pi-\beta$

◀ $0\leqq\alpha\leqq\pi$, $0\leqq\beta\leqq\pi$

したがって，接線 l が 2 直線 PF，PF′ となす角は等しい。

問題 97〔1〕 原点を O とする。双曲線 $C:\dfrac{x^2}{a^2}-\dfrac{y^2}{b^2}=1$ $(a>0,\ b>0)$ 上の点 P における接線 l と双曲線 C の 2 本の漸近線との交点を Q，R とするとき，次を示せ。

(1) 点 P は線分 QR の中点である。
(2) △OQR の面積 S は一定である。

〔2〕 右の図のように，直線 l と双曲線 $C:\dfrac{x^2}{a^2}-\dfrac{y^2}{b^2}=1$ $(a>0,\ b>0)$ の 2 つの交点を P，Q とし，2 つの漸近線との交点を P′，Q′ とするとき，PP′ = QQ′ であることを示せ。

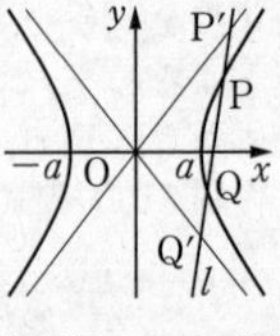

〔3〕 双曲線 $\dfrac{x^2}{a^2}-\dfrac{y^2}{b^2}=1$ $(a>0,\ b>0)$ 上の点 P$(p,\ q)$ $(p>0,\ q>0)$ を通り，2 つの漸近線に平行な直線を引き，それぞれが漸近線と交わる点を Q，R とする。このとき，平行四辺形 OQPR の面積は一定であることを示せ。ただし，O は原点とする。

〔1〕 (1) 右の図のようにQ, Rをおいても一般性を失わない。

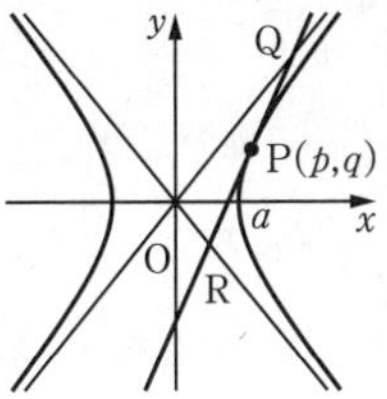

点Pの座標を $(p,\ q)$ とおくと

$$\frac{p^2}{a^2}-\frac{q^2}{b^2}=1 \quad \cdots ①$$

◀点Pは双曲線 C 上の点である。

このとき，接線 l の方程式は

$$\frac{p}{a^2}x-\frac{q}{b^2}y=1 \quad \cdots ②$$

また，双曲線 C の漸近線の方程式は

$$y=\frac{b}{a}x \cdots ③,\quad y=-\frac{b}{a}x$$

点Qの x 座標は，②，③を連立して y を消去すると

$$\frac{p}{a^2}x-\frac{q}{ab}x=1$$

◀ $\frac{p}{a^2}x-\frac{q}{b^2}\cdot\frac{b}{a}x=1$

$\frac{bp-aq}{a^2b}x=1$ より　　$x=\frac{a^2b}{bp-aq}$

同様に点Rの x 座標は　　$x=\frac{a^2b}{bp+aq}$

よって，線分QRの中点の x 座標 m は

$$m=\frac{1}{2}\left(\frac{a^2b}{bp-aq}+\frac{a^2b}{bp+aq}\right)=\frac{1}{2}\cdot\frac{2a^2b^2p}{b^2p^2-a^2q^2}$$

ここで，①より　　$b^2p^2-a^2q^2=a^2b^2$

◀①の両辺に a^2b^2 を掛ける。

ゆえに　　$m=p$

したがって，線分QRの中点の x 座標は点Pの x 座標に一致し，3点P，Q，Rは一直線上にあるから，点Pは線分QRの中点である。

◀P，Q，Rが一直線上にあるから，y 座標について調べる必要はない。

(2) 点Qの座標は　　$\left(\frac{a^2b}{bp-aq},\ \frac{ab^2}{bp-aq}\right)$

点Rの座標は　　$\left(\frac{a^2b}{bp+aq},\ -\frac{ab^2}{bp+aq}\right)$

よって

$$\triangle\mathrm{OQR}=\frac{1}{2}\left|\frac{a^2b}{bp-aq}\cdot\left(-\frac{ab^2}{bp+aq}\right)-\frac{a^2b}{bp+aq}\cdot\frac{ab^2}{bp-aq}\right|$$

$$=\frac{1}{2}\left|-\frac{2a^3b^3}{b^2p^2-a^2q^2}\right|$$

$$=\left|-\frac{a^3b^3}{a^2b^2}\right|=ab$$

点 $\mathrm{A}(x_1,\ y_1)$，$\mathrm{B}(x_2,\ y_2)$ のとき，△OAB の面積 S は

◀ $S=\frac{1}{2}|x_1y_2-x_2y_1|$

◀(1)より
$b^2p^2-a^2q^2=a^2b^2$

したがって，△OQRの面積は一定の値 ab である。

〔2〕 (ア) 直線 l が y 軸に平行でないとき，直線 l の方程式を $y=mx+n \cdots ①$ とおくと，双曲線 C との交点P，Qの x 座標は，$\frac{x^2}{a^2}-\frac{y^2}{b^2}=1$ と連立した，次の方程式の2解である。

◀線分PQの中点の x 座標を求める。

$$\frac{x^2}{a^2}-\frac{(mx+n)^2}{b^2}=1$$

$$(b^2-a^2m^2)x^2-2a^2mnx-a^2(b^2+n^2)=0$$

P，Qの x 座標を x_1，x_2 とすると，線分PQの中点の x 座標は，

解と係数の関係より　$\dfrac{x_1+x_2}{2}=-\dfrac{a^2mn}{a^2m^2-b^2}$

次に，双曲線 C の漸近線の方程式は

$$y=\frac{b}{a}x \ \cdots②,\ y=-\frac{b}{a}x$$

◀線分 P′Q′ の中点の x 座標を求める。

点 P′ の x 座標は，①，② を連立すると　$mx+n=\dfrac{b}{a}x$

$$\left(m-\frac{b}{a}\right)x=-n$$

よって　$x=-\dfrac{n}{m-\dfrac{b}{a}}=-\dfrac{an}{am-b}$

同様に，点 Q′ の x 座標は　$x=-\dfrac{an}{am+b}$

ゆえに，線分 P′Q′ の中点の x 座標は

$$\frac{1}{2}\left(-\frac{an}{am-b}-\frac{an}{am+b}\right)=-\frac{a^2mn}{a^2m^2-b^2}$$

よって，線分 PQ の中点の x 座標と，線分 P′Q′ の中点の x 座標が一致する。

4 点 P′，P，Q，Q′ はこの順に一直線上にあるから

$$PP'=QQ'$$

◀

(イ)　直線 l が y 軸に平行なとき

双曲線，漸近線，直線 l は x 軸に関して対称であるから，

PP′ = QQ′ が成り立つ。

(ア)，(イ) より　PP′ = QQ′

〔3〕 点 P は双曲線上の点であるから

$$\frac{p^2}{a^2}-\frac{q^2}{b^2}=1 \quad \cdots①$$

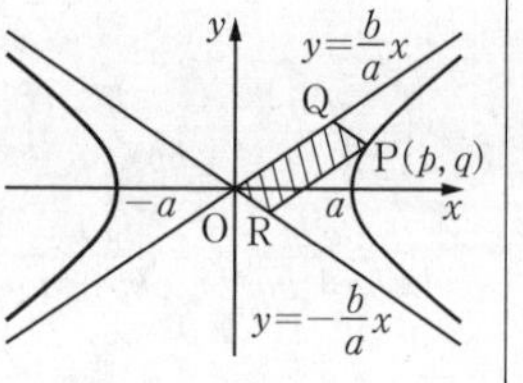

右の図のように交点を Q，R とおくと，直線 PQ の方程式は

$$y-q=-\frac{b}{a}(x-p)$$

直線 OQ の方程式は　$y=\dfrac{b}{a}x$

よって，交点 Q の座標は

$$Q\left(\frac{aq+bp}{2b},\ \frac{aq+bp}{2a}\right)$$

平行四辺形 OQPR の面積 S は

$$S=\triangle OPQ\cdot 2$$

$$=\frac{1}{2}\left|p\cdot\frac{aq+bp}{2a}-\frac{aq+bp}{2b}\cdot q\right|\cdot 2$$

$$=\frac{|b^2p^2-a^2q^2|}{2ab}$$

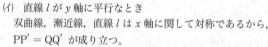

◀P$(x_1,\ y_1)$，Q$(x_2,\ y_2)$ のとき

$\triangle OPQ=\dfrac{1}{2}|x_1y_2-x_2y_1|$

ここで，① より　$b^2p^2-a^2q^2=a^2b^2$

よって　$S=\dfrac{|b^2p^2-a^2q^2|}{2ab}=\dfrac{a^2b^2}{2ab}=\dfrac{ab}{2}$

◀$|b^2p^2-a^2q^2|=|a^2b^2|$

したがって，平行四辺形 OQPR の面積は一定である。

◀S は，p，q に無関係な値である。

問題 **98** 点F(0, −2)からの距離と直線 $l: y=6$ からの距離の比が次のような点Pの軌跡を求めよ。
(1) 1:1　(2) 1:3　(3) 3:1

点Pの座標を $(x,\ y)$ とおき，点Pから直線 l へ下ろした垂線をPHとする。

◀離心率から(1)は放物線，(2)は楕円，(3)は双曲線であることが分かる。

(1) PF:PH = 1:1 より　PH = PF

$$|y-6| = \sqrt{x^2+(y+2)^2}$$

2乗して整理すると　$x^2+16y-32=0$

よって，求める軌跡は

放物線 $\boldsymbol{x^2=-16(y-2)}$

◀焦点 (0, −2)
準線 $y=6$
頂点 (0, 2)

(2) PF:PH = 1:3 より　PH = 3PF

$$|y-6| = 3\sqrt{x^2+(y+2)^2}$$

2乗して整理すると　$9x^2+8y^2+48y=0$

◀$9x^2+8(y+3)^2=72$
両辺を72で割って標準形に直す。

よって，求める軌跡は

楕円 $\boldsymbol{\dfrac{x^2}{8}+\dfrac{(y+3)^2}{9}=1}$

(3) PF:PH = 3:1 より　3PH = PF

$$3|y-6| = \sqrt{x^2+(y+2)^2}$$

2乗して整理すると　$x^2-8y^2+112y=320$

◀$x^2-8(y-7)^2=-72$
両辺を72で割って標準形に直す。

よって，求める軌跡は

双曲線 $\boldsymbol{\dfrac{x^2}{72}-\dfrac{(y-7)^2}{9}=-1}$

p.194 本質を問う 6

1 点 (3, 1) から双曲線 $\dfrac{x^2}{9}-\dfrac{y^2}{4}=1$ に引いた2本の接線の接点をA，Bとする。直線ABの方程式を求めよ。

点 (3, 1) から双曲線 $\dfrac{x^2}{9}-\dfrac{y^2}{4}=1$ に引いた2本の接線の接点の座標を，それぞれ $A(x_1,\ y_1)$，$B(x_2,\ y_2)$ とおく。
A，Bにおける接線の方程式は，それぞれ

$$\frac{x_1x}{9}-\frac{y_1y}{4}=1 \quad \cdots ①$$

$$\frac{x_2x}{9}-\frac{y_2y}{4}=1 \quad \cdots ②$$

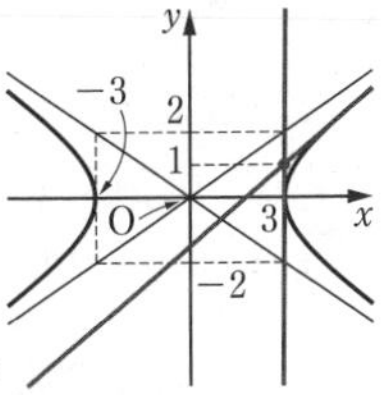

ここで，2直線①，②はともに，点 (3, 1) を通るから

$$\frac{x_1}{3}-\frac{y_1}{4}=1$$

$$\frac{x_2}{3}-\frac{y_2}{4}=1$$

◀$A(x_1,\ y_1)$，$B(x_2,\ y_2)$ はともに $\dfrac{x}{3}-\dfrac{y}{4}=1$ を満たす。

よって，2点A，Bはともに直線 $\dfrac{x}{3}-\dfrac{y}{4}=1$ 上にある。

◀異なる2点A，Bを通る直線は1つしかないから，これが求める直線の方程式である。

したがって，直線ABの方程式は　$\boldsymbol{\dfrac{x}{3}-\dfrac{y}{4}=1}$

2 2次曲線の離心率 e とは何か説明せよ。

2次曲線の焦点をF，定直線を l とする。
2次曲線上の点Pについて，Pから l に垂線PHを下ろすとする。

このとき，離心率 e とは，$e=\dfrac{\mathrm{PF}}{\mathrm{PH}}$ のことであり，2次曲線であるとき，この値が一定となる。

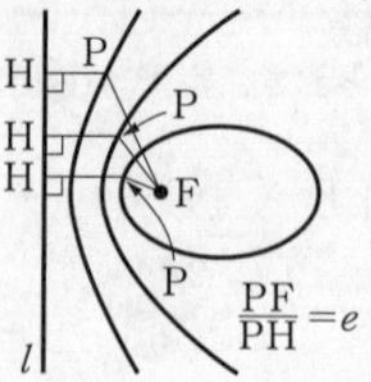

◀ l を準線という。

◀ $\mathrm{PF}:\mathrm{PH}=e:1$

3 楕円 $C_1:\dfrac{x^2}{4}+\dfrac{y^2}{2}=1$ の離心率は $\dfrac{\sqrt{2}}{2}$ である。このことを利用して，2点 $(1,\ 1)$，$(-1,\ -1)$ からの距離の和が4である楕円 C_2 の離心率を求めよ。

楕円 C_1 の焦点は点 $(\sqrt{2},\ 0)$，$(-\sqrt{2},\ 0)$
よって，C_1 は焦点 $(\sqrt{2},\ 0)$，$(-\sqrt{2},\ 0)$ からの距離の和が4である点の軌跡である。
楕円 C_2 は，長軸が $y=x$ 上にあり，焦点 $(1,\ 1)$，$(-1,\ -1)$ からの距離の和が4である点の軌跡であるから，C_1 を原点を中心に $\dfrac{\pi}{4}$ だけ回転した図形である。
したがって，C_2 の離心率は C_1 と等しく

$$\frac{\sqrt{2}}{2}$$

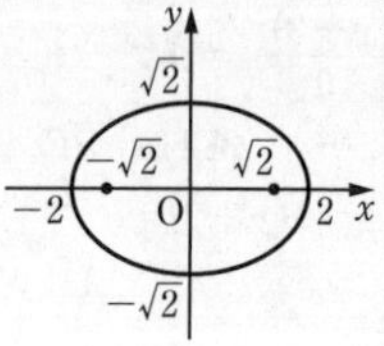

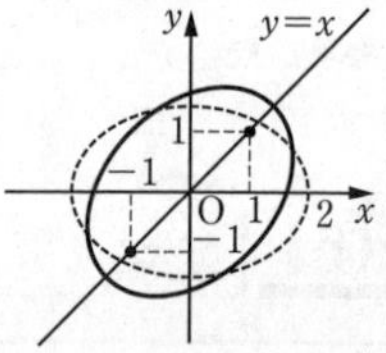

◀ $\dfrac{x^2}{a^2}+\dfrac{y^2}{b^2}=1\ (a>b>0)$ の焦点は $\mathrm{F}(\sqrt{a^2-b^2},\ 0)$，$\mathrm{F}'(-\sqrt{a^2-b^2},\ 0)$，また，楕円上の点をPとすると，$\mathrm{PF}+\mathrm{PF}'=2a$ が成り立つ。

◀ C_1 と C_2 は合同な楕円である。

Plus One

本質を問う6 3 では合同な楕円の離心率を考えたが，一般に，相似な2次曲線の離心率は等しくなる。

例えば，楕円 $C:\dfrac{x^2}{a^2}+\dfrac{y^2}{b^2}=1$ を x 軸方向に k 倍，y 軸方向に k 倍した楕円 $C':\dfrac{x^2}{(ka)^2}+\dfrac{y^2}{(kb)^2}=1$ を考えるとき，楕円 C と C' の離心率は等しい。
また，放物線の離心率はすべて1であるから，すべての放物線は相似であるといえる。
このように，離心率は，2次曲線の形状を表している。

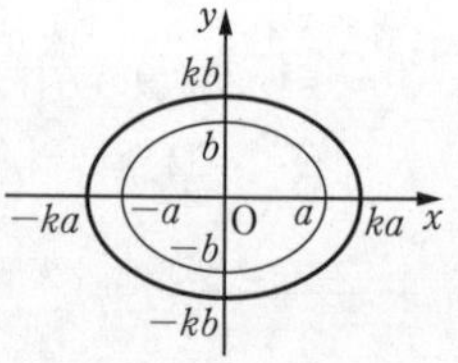

p.195 Let's Try! 6

① 直線 $y=mx+b\ (|m|<1)$ が円 $x^2+y^2=1$ と2点P，Qで交わり，双曲線 $x^2-y^2=1$ と2点R，Sで交わるとする。2点P，Qが線分RSを3等分するような m，b の値を求めよ。
（新潟大）

右の図のように，直線とグラフの交点をそれぞれ

$P(x_1, y_1)$，$Q(x_2, y_2)$ $(x_1 < x_2)$

$R(x_3, y_3)$，$S(x_4, y_4)$ $(x_3 < x_4)$

とする。

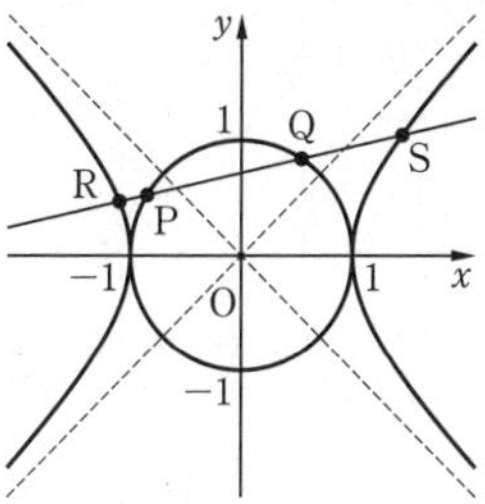

2点 P，Q が線分 RS を3等分するとき，PQ の中点と RS の中点は一致する。

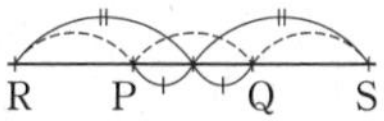

◀ PR = QS
⟹ PQ と RS の中点が一致

ここで　$y = mx + b$　…①

$x^2 + y^2 = 1$　…②

$x^2 - y^2 = 1$　…③

◀ ①と②の交点が (x_1, y_1)，(x_2, y_2)
①と③の交点が (x_3, y_3)，(x_4, y_4)

①，②より y を消去すると　$x^2 + (mx+b)^2 = 1$

整理すると　$(1+m^2)x^2 + 2mbx + b^2 - 1 = 0$　…④

この方程式の2解が x_1，x_2 である。

よって，線分 PQ の中点の x 座標は　$\dfrac{x_1 + x_2}{2} = -\dfrac{mb}{1+m^2}$　…⑤

◀ ④において，解と係数の関係より
$x_1 + x_2 = -\dfrac{2mb}{1+m^2}$

また，同様に①，③より y を消去すると

$(1-m^2)x^2 - 2mbx - (b^2+1) = 0$　…⑥

この方程式の2解が x_3，x_4 である。

よって，線分 RS の中点の x 座標は　$\dfrac{x_3 + x_4}{2} = \dfrac{mb}{1-m^2}$　…⑦

⑤，⑦より　$-\dfrac{mb}{1+m^2} = \dfrac{mb}{1-m^2}$

$-(1-m^2)mb = (1+m^2)mb$ より　$mb = 0$

(ア) $m = 0$ のとき

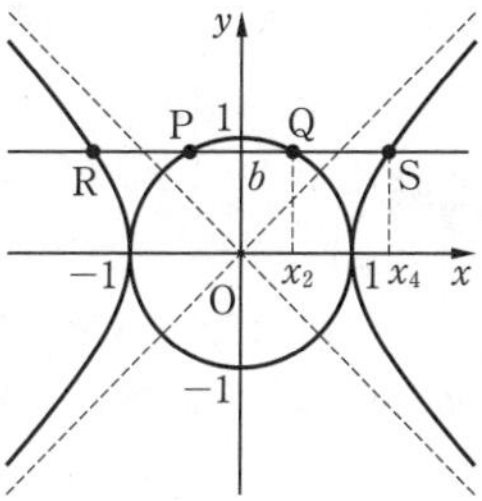

④より　$x^2 = 1 - b^2$

よって　$x_2 = \sqrt{1-b^2}$

◀ $x = \pm\sqrt{1-b^2}$
$x_1 < x_2$ より

ただし，題意より　$|b| < 1$

また，⑥より同様に　$x_4 = \sqrt{1+b^2}$

このとき，RS = 3PQ より　$3x_2 = x_4$

◀ $RS = x_4 - x_3 = 2x_4$
$PQ = x_2 - x_1 = 2x_2$

ゆえに　$3\sqrt{1-b^2} = \sqrt{1+b^2}$

したがって　$b = \pm\dfrac{2}{\sqrt{5}}$

これは，$|b| < 1$ を満たす。

(イ) $b = 0$ のとき

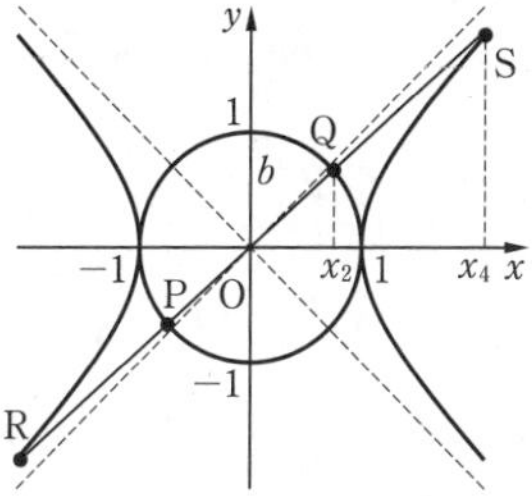

◀ PQ は原点を通る。

④より　$(1+m^2)x^2 - 1 = 0$

◀ 方程式を解くと
$x = \pm\dfrac{1}{\sqrt{1+m^2}}$

よって　$x_2 = \dfrac{1}{\sqrt{1+m^2}}$

また，⑥より同様に

$x_4 = \dfrac{1}{\sqrt{1-m^2}}$

このとき，$3x_2 = x_4$ より　$\dfrac{3}{\sqrt{1+m^2}} = \dfrac{1}{\sqrt{1-m^2}}$

したがって　$m = \pm\dfrac{2}{\sqrt{5}}$

これは，$|m| < 1$ を満たす。

(ア)，(イ)より，求める m，b の値は

$$\begin{cases} m=0 \\ b=\pm\dfrac{2}{\sqrt{5}}, \end{cases} \quad \begin{cases} m=\pm\dfrac{2}{\sqrt{5}} \\ b=0 \end{cases}$$

② (1) 曲線 $x^2-y^2=1$ と直線 $y=kx+2$ が相異なる2点で交わるような実数 k の値の範囲を求めよ。

(2) 曲線 $x^2-y^2=1$ と直線 $y=kx+2$ が相異なる2点P，Qで交わるとき，PとQの中点をRとする。

(i) Rの座標 $(X,\ Y)$ を k の式で表せ。

(ii) k が変化するとき，Rはある2次曲線 C の一部分を動く。C を表す方程式を求めよ。

（山梨大）

(1) $x^2-y^2=1 \cdots ①$，$y=kx+2 \cdots ②$

とおく。①，② を連立すると

$$x^2-(kx+2)^2=1$$

$$(1-k^2)x^2-4kx-5=0 \quad \cdots ③$$

◀ ② を ① に代入する。

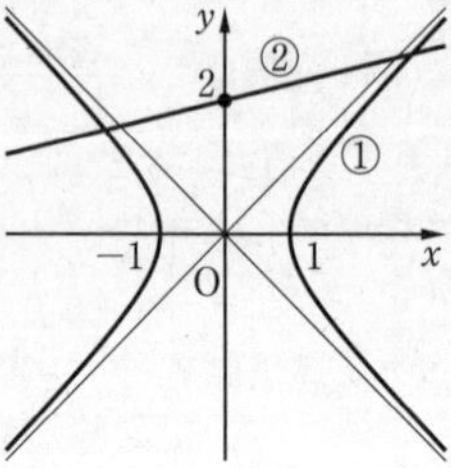

(ア) $1-k^2=0$ すなわち $k=\pm1$ のとき

③ は1次方程式であるから異なる2つの実数解をもつことはない。

よって　$k \neq \pm1$

◀ ③ の最高次数の項の係数が0かどうかで場合分けする。

(イ) $k \neq \pm1$ のとき

双曲線 ① と直線 ② が異なる2点で交わるとき，2次方程式 ③ は異なる2つの実数解をもつから，③ の判別式を D とすると　$D>0$

よって　$\dfrac{D}{4}=(-2k)^2-(1-k^2)(-5)=-k^2+5>0$

$k^2-5<0$ より　$-\sqrt{5}<k<\sqrt{5}$

(ア)，(イ) より，求める k の値の範囲は

$$\boldsymbol{-\sqrt{5}<k<-1,\ -1<k<1,\ 1<k<\sqrt{5}}$$

(2) (i) ③ の実数解を α，β とおくと，解と係数の関係より

$$\alpha+\beta=\frac{4k}{1-k^2} \quad \cdots ④$$

◀ 2次方程式 $ax^2+bx+c=0$ の2つの解を α，β とすると $\alpha+\beta=-\dfrac{b}{a}$

ここで，$P(\alpha,\ k\alpha+2)$，$Q(\beta,\ k\beta+2)$ であるから，線分PQの中点 $R(X,\ Y)$ について

$$X=\frac{\alpha+\beta}{2},\ Y=k\cdot\frac{\alpha+\beta}{2}+2$$

④ を代入すると　$\boldsymbol{X=\dfrac{2k}{1-k^2},\ Y=\dfrac{2}{1-k^2}}$

◀ $Y=\dfrac{2k^2}{1-k^2}+2=\dfrac{2k^2}{1-k^2}+\dfrac{2-2k^2}{1-k^2}=\dfrac{2}{1-k^2}$

(ii) (i) より $X=kY$ であり，$Y \neq 0$ より　$k=\dfrac{X}{Y}$

よって　$Y=\dfrac{2}{1-\left(\dfrac{X}{Y}\right)^2}$　すなわち　$Y\left\{1-\left(\dfrac{X}{Y}\right)^2\right\}=2$

$Y^2-X^2=2Y$ より　$X^2-(Y-1)^2=-1$

したがって，曲線 C の方程式は　$\boldsymbol{x^2-(y-1)^2=-1}$

Plus One

Let's Try! 6 ② (2) (ii) の問題文で「R はある 2 次曲線 C の一部分を動く。C を表す方程式を求めよ」と問われているから，例題 90 のように (1) の k の値の範囲から，x や y のとり得る値の範囲を求める必要はない。

もし，x，y のとり得る値の範囲が必要であれば

$-\sqrt{5}<k<-1$，$-1<k<1$，$1<k<\sqrt{5}$ であり，

$Y=\dfrac{2}{1-k^2}$ より

$Y<-\dfrac{1}{2}$ $(-\sqrt{5}<k<-1,\ 1<k<\sqrt{5})$，

$2\leqq Y$ $(-1<k<1)$

よって，曲線 C は $x^2-(y-1)^2=-1$ $\left(y<-\dfrac{1}{2},\ 2\leqq y\right)$

であり，右の図の実線部分になる。

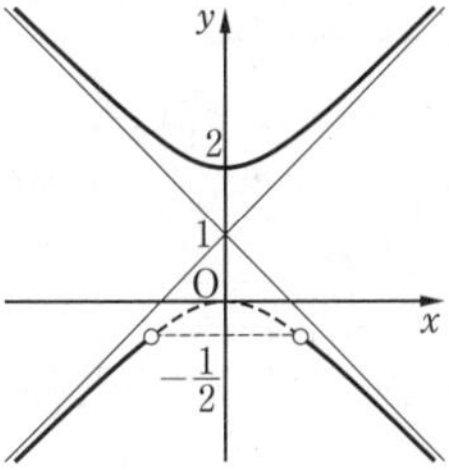

③ (1) 不等式 $(a^2+b^2)(x^2+y^2)\geqq(ax+by)^2$ が成り立つことを証明せよ。また，等号が成り立つのはどのようなときか。

(2) 曲線 $C:\dfrac{x^2}{a^2}+\dfrac{y^2}{b^2}=1$ $(a>0,\ b>0)$ 上の点 P$(p,\ q)$ におけるこの曲線の接線 l と x 軸，y 軸の交点をそれぞれ Q，R とする。点 P が曲線 C の第 1 象限の部分を動くとき，線分 QR の長さの最小値を求めよ。 （香川大　改）

(1) (左辺)−(右辺) $=(a^2+b^2)(x^2+y^2)-(ax+by)^2$

$=(a^2x^2+a^2y^2+b^2x^2+b^2y^2)-(a^2x^2+2abxy+b^2y^2)$

$=a^2y^2-2abxy+b^2x^2$

$=(ay-bx)^2\geqq 0$

よって　$(a^2+b^2)(x^2+y^2)\geqq(ax+by)^2$

等号が成り立つのは，$ay=bx$ のとき である。

◀ この不等式を「コーシー・シュワルツの不等式」という。

(2) 点 P$(p,\ q)$ における C の接線 l の方程式は

$$\frac{px}{a^2}+\frac{qy}{b^2}=1 \quad \cdots ①$$

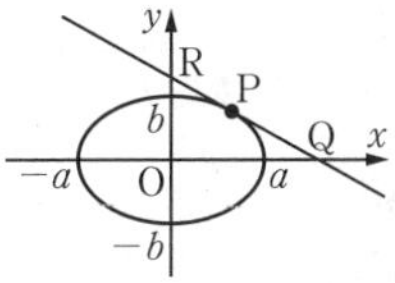

点 P が C の第 1 象限の部分を動くから

$p>0$，$q>0$

このとき，① より　Q$\left(\dfrac{a^2}{p},\ 0\right)$，R$\left(0,\ \dfrac{b^2}{q}\right)$

よって　$\mathrm{QR}^2=\left(\dfrac{a^2}{p}\right)^2+\left(\dfrac{b^2}{q}\right)^2$

また，$\dfrac{p^2}{a^2}+\dfrac{q^2}{b^2}=1$ であることを利用して，(1) の不等式より

$$\mathrm{QR}^2=\left\{\left(\frac{a^2}{p}\right)^2+\left(\frac{b^2}{q}\right)^2\right\}\left\{\left(\frac{p}{a}\right)^2+\left(\frac{q}{b}\right)^2\right\}$$

$$\geqq\left(\frac{a^2}{p}\cdot\frac{p}{a}+\frac{b^2}{q}\cdot\frac{q}{b}\right)^2=(a+b)^2$$

よって　$\mathrm{QR}^2\geqq(a+b)^2$

両辺は正より　$\mathrm{QR}\geqq a+b$

◀ $p=a\cos\theta$，$q=b\sin\theta$ として $\mathrm{QR}^2\geqq(a+b)^2$ を導くこともできる。

これは $\dfrac{a^2}{p}\cdot\dfrac{q}{b}=\dfrac{b^2}{q}\cdot\dfrac{p}{a}$ すなわち $\dfrac{p^2}{a^3}=\dfrac{q^2}{b^3}$ のとき等号成立。

したがって，線分 QR の長さの最小値は $\boldsymbol{a+b}$

④ 楕円 $C_1:\dfrac{x^2}{\alpha^2}+\dfrac{y^2}{\beta^2}=1$ と双曲線 $C_2:\dfrac{x^2}{a^2}-\dfrac{y^2}{b^2}=1$ を考える。C_1 と C_2 の焦点が一致しているならば，C_1 と C_2 の交点でそれぞれの接線は直交することを示せ。（北海道大）

C_2 の焦点の座標は $\left(\pm\sqrt{a^2+b^2},\ 0\right)$ であり，C_1 と C_2 の焦点が一致するから　$\alpha^2>\beta^2$

◀ $\beta^2>\alpha^2$ のとき，焦点は y 軸上にある。

このとき，C_1 の焦点の座標は $\left(\pm\sqrt{\alpha^2-\beta^2},\ 0\right)$ であるから

$$\alpha^2-\beta^2=a^2+b^2 \quad \cdots ①$$

C_1 と C_2 の交点 P の座標を $(p,\ q)$ とすると

$$\frac{p^2}{\alpha^2}+\frac{q^2}{\beta^2}=1 \quad \cdots ②$$

$$\frac{p^2}{a^2}-\frac{q^2}{b^2}=1 \quad \cdots ③$$

また，点 P における C_1，C_2 の接線の方程式は，それぞれ

$$\frac{px}{\alpha^2}+\frac{qy}{\beta^2}=1,\quad \frac{px}{a^2}-\frac{qy}{b^2}=1$$

であるから，それぞれの法線ベクトルは

$$\overrightarrow{n_1}=\left(\frac{p}{\alpha^2},\ \frac{q}{\beta^2}\right),\quad \overrightarrow{n_2}=\left(\frac{p}{a^2},\ -\frac{q}{b^2}\right)$$

◀ 2直線の直交を示すには，2本の直線（法線）の傾きの積が -1 であること，または方向（法線）ベクトルの内積が0であることを示せばよい。

よって　$\overrightarrow{n_1}\cdot\overrightarrow{n_2}=\dfrac{p^2}{\alpha^2a^2}-\dfrac{q^2}{\beta^2b^2}$　$\cdots ④$

②－③ より　$\left(\dfrac{1}{\alpha^2}-\dfrac{1}{a^2}\right)p^2+\left(\dfrac{1}{\beta^2}+\dfrac{1}{b^2}\right)q^2=0$

$$\frac{a^2-\alpha^2}{\alpha^2a^2}p^2+\frac{b^2+\beta^2}{\beta^2b^2}q^2=0$$

① より　$(a^2-\alpha^2)\left(\dfrac{p^2}{\alpha^2a^2}-\dfrac{q^2}{\beta^2b^2}\right)=0$

$a^2-\alpha^2\neq 0$ より　$\dfrac{p^2}{\alpha^2a^2}-\dfrac{q^2}{\beta^2b^2}=0$

◀ ① より $\alpha^2-a^2=\beta^2+b^2\ (>0)$

よって，④ より　$\overrightarrow{n_1}\cdot\overrightarrow{n_2}=0$

$p\neq 0$，$q\neq 0$ より $\overrightarrow{n_1}\neq\vec{0}$，$\overrightarrow{n_2}\neq\vec{0}$ であるから　$\overrightarrow{n_1}\perp\overrightarrow{n_2}$

したがって，接線の法線ベクトルが直交するから，C_1 と C_2 の交点における接線は直交する。

⑤ xy 平面上の楕円 $4x^2+9y^2=36$ を C とする。

(1) 直線 $y=ax+b$ が楕円 C に接するための条件を a と b の式で表せ。

(2) 楕円 C の外部の点 P から C に引いた2本の接線が直交するような点 P の軌跡を求めよ。

（弘前大）

(1) 楕円 $C:4x^2+9y^2=36$ $\cdots ①$，直線 $y=ax+b$ $\cdots ②$ とおく。

① と ② を連立すると　$4x^2+9(ax+b)^2=36$

整理すると　$(9a^2+4)x^2+18abx+9b^2-36=0$

この2次方程式の判別式を D とすると，楕円 C と直線②が接するための条件は　$D=0$

よって　$\frac{D}{4}=(9ab)^2-(9a^2+4)(9b^2-36)$

$=36(9a^2-b^2+4)=0$

◀接する $\Longleftrightarrow \frac{D}{4}=0$

ゆえに　$\boldsymbol{b^2=9a^2+4}$

(2) 点 $\mathrm{P}(X,\ Y)$ とおく。

(ア) $X=\pm3$ のとき

点Pを通る直線 $x=X$ が楕円 C に接する。

このとき，4点 $(3,\ 2)$，$(3,\ -2)$，$(-3,\ 2)$，$(-3,\ -2)$ から $x=X$ に直交する楕円 C の接線 $y=\pm2$ が引ける。

◀ x 軸に垂直な直線は $y=ax+b$ の形で表すことができないから別に考えておく。

(イ) $X\neq\pm3$ のとき

接線の方程式を

$y=m(x-X)+Y$　すなわち　$y=mx-mX+Y$

とおく。

これが楕円 C に接するとき，(1)より

$(-mX+Y)^2=9m^2+4$

整理すると

$(X^2-9)m^2-2XYm+Y^2-4=0$　…③

また，点Pは C の外部の点であるから

$4X^2+9Y^2>36$　…④

◀ $\mathrm{P}(X,\ Y)$ が楕円 $4x^2+9y^2=36$ の
外部の点 $\Longleftrightarrow 4X^2+9Y^2>36$
内部の点 $\Longleftrightarrow 4X^2+9Y^2<36$
楕円上の点 $\Longleftrightarrow 4X^2+9Y^2=36$

$X^2-9\neq0$ であるから，③は m についての2次方程式であり，③の判別式を D とすると，④より

◀ $X\neq\pm3$ より $X^2-9\neq0$

$\frac{D}{4}=(-XY)^2-(X^2-9)(Y^2-4)$

$=4X^2+9Y^2-36>0$

よって，③は異なる2つの実数解 m_1，m_2 をもち，m_1，m_2 は2本の接線の傾きを表す。

2本の接線が直交するとき $m_1m_2=-1$ であり，解と係数の関係より

$m_1m_2=\frac{Y^2-4}{X^2-9}=-1$

よって　$X^2+Y^2=13\ (X\neq\pm3)$

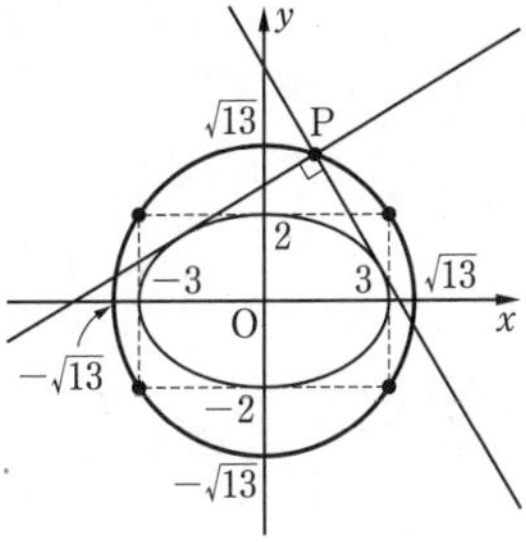

(ア)，(イ)より，求める点Pの軌跡は

円 $\boldsymbol{x^2+y^2=13}$

◀(イ)で求めた軌跡に(ア)の4点を加えると円 $x^2+y^2=13$ 全体になる。

---

⑥ 放物線 $y^2=4x$ 上の点 $\mathrm{P}(a,\ b)\ (a\neq0)$ を通り，焦点Fを中心とする円が x 軸の負の部分と交わる点をQ，正の部分と交わる点をRとする。

(1) PFを a を用いて表せ。

(2) 直線PQはこの放物線に接することを証明せよ。

(3) $\frac{\mathrm{PR}^2}{\mathrm{PF}}$ は一定であることを証明せよ。　（山梨大）

(1)　$y^2=4x$ より焦点は　F(1, 0)

準線は $x=-1$ である。

点 P(a, b) は放物線上の点であるから

$$b^2=4a$$

$$\mathrm{PF}^2=(a-1)^2+b^2$$
$$=(a-1)^2+4a=(a+1)^2$$

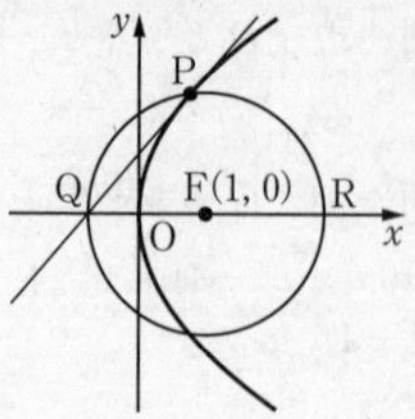

$a>0$ であるから

$$\mathrm{PF}=|a+1|=\boldsymbol{a+1}$$

◀ $a>0$ より　$a+1>0$

(2)　(1)より，点 F を中心とし点 P を通る円の半径は　$a+1$

よって，点 Q の x 座標は　　$1-(a+1)=-a$

◀ $\mathrm{FQ}=a+1$

すなわち，点 Q の座標は　　$(-a,\ 0)$

点 P における接線は $by=2(x+a)$ であり，$x=-a$ のとき $y=0$ であるから，この接線は点 Q を通る。

◀放物線 $y^2=4px$ 上の点 $(x_1,\ y_1)$ における接線は $y_1y=2p(x+x_1)$

したがって，直線 PQ は放物線の接線である。

(3)　$(a+1)+1=a+2$ より，点 R の座標は $(a+2,\ 0)$ であるから

$$\mathrm{PR}^2=\{(a+2)-a\}^2+b^2=b^2+4=4(a+1)$$

◀(1)より　$b^2=4a$

したがって，$\dfrac{\mathrm{PR}^2}{\mathrm{PF}}=\dfrac{4(a+1)}{a+1}=4$ となり一定である。

7 曲線の媒介変数表示

練習 99 次の媒介変数表示が表す曲線の概形をかけ。

(1) $\begin{cases} x = t-1 \\ y = t^2-3t \end{cases}$　　(2) $\begin{cases} x = -\sqrt{t}+2 \\ y = t-3 \end{cases}$

(3) $\begin{cases} x = 2-\cos\theta \\ y = 1+\sin\theta \end{cases}$　　(4) $\begin{cases} x = \dfrac{2}{\cos\theta}-1 \\ y = 3\tan\theta-2 \end{cases}$

(5) $\begin{cases} x = \sin\theta-\cos\theta \\ y = \sin\theta\cos\theta \end{cases}$ $(0 \leqq \theta \leqq \pi)$　　(6) $\begin{cases} x = t+\dfrac{1}{t} \\ y = 2\left(t^2+\dfrac{1}{t^2}\right) \end{cases}$ $(t>0)$

(1) $x = t-1$ より　$t = x+1$

これを $y = t^2-3t$ に代入すると

$y = (x+1)^2-3(x+1)$

よって，この曲線は放物線 $y = x^2-x-2$ であり，概形は **右の図**。

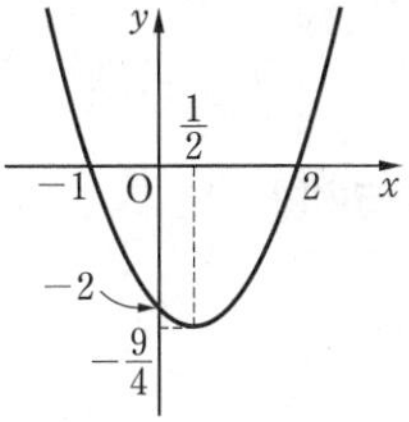

◀ $y = \left(x-\dfrac{1}{2}\right)^2-\dfrac{9}{4}$

(2) $x = -\sqrt{t}+2$ より

$\sqrt{t} = -x+2$　…①

両辺を 2 乗して　$t = (-x+2)^2$

これを $y = t-3$ に代入すると

$y = (-x+2)^2-3$

ここで，$\sqrt{t} \geqq 0$ であるから，① より

$-x+2 \geqq 0$　すなわち　$x \leqq 2$

よって，この曲線は放物線 $y = (x-2)^2-3$ の $x \leqq 2$ の部分であり，概形は **右の図**。

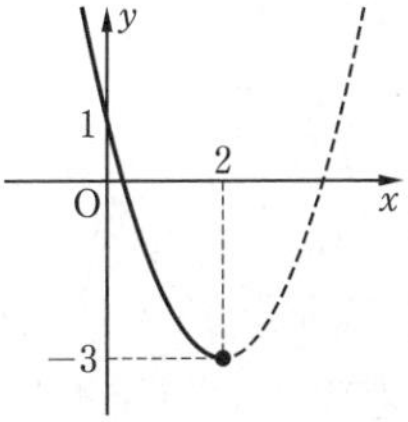

◀ x の値の範囲を考える。

◀ $(-x+2)^2 = (x-2)^2$

(3) $x = 2-\cos\theta$，$y = 1+\sin\theta$ より

$\cos\theta = 2-x$，$\sin\theta = y-1$

これらを $\sin^2\theta+\cos^2\theta = 1$ に代入すると

$(2-x)^2+(y-1)^2 = 1$

よって，この曲線は円 $(x-2)^2+(y-1)^2 = 1$ であり，概形は **右の図**。

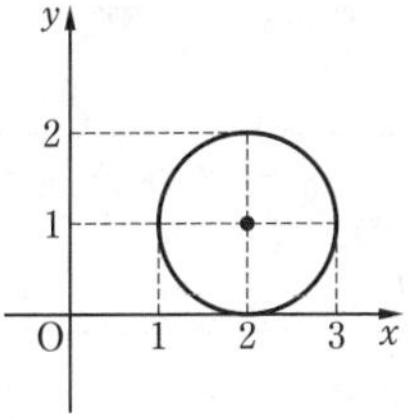

◀ 三角関数の相互関係を利用して，θ を消去する。

◀ $(2-x)^2 = (x-2)^2$

(4) $x = \dfrac{2}{\cos\theta}-1$，$y = 3\tan\theta-2$ より

$\dfrac{1}{\cos\theta} = \dfrac{x+1}{2}$，$\tan\theta = \dfrac{y+2}{3}$

これらを $1+\tan^2\theta = \dfrac{1}{\cos^2\theta}$ に代入すると

$1+\left(\dfrac{y+2}{3}\right)^2 = \left(\dfrac{x+1}{2}\right)^2$

よって，この曲線は双曲線

$\dfrac{(x+1)^2}{4}-\dfrac{(y+2)^2}{9} = 1$ であり，概形は

右の図。

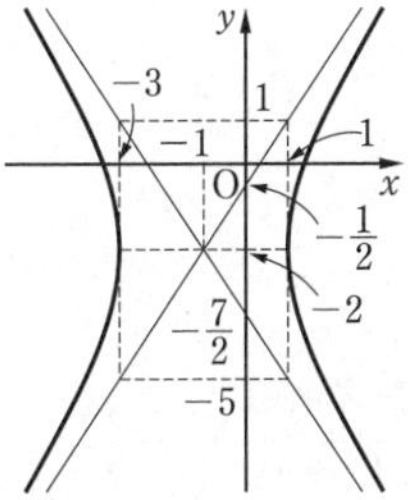

双曲線 $\dfrac{x^2}{4}-\dfrac{y^2}{9} = 1$ を x 軸方向に -1, y 軸方向に -2 だけ平行移動したものである。

漸近線の方程式は

$y+2 = \dfrac{3}{2}(x+1)$

すなわち $y = \dfrac{3}{2}x-\dfrac{1}{2}$

◀ $y+2 = -\dfrac{3}{2}(x+1)$

すなわち $y = -\dfrac{3}{2}x-\dfrac{7}{2}$

(5) $x^2=(\sin\theta-\cos\theta)^2=1-2\sin\theta\cos\theta$ より

$$\sin\theta\cos\theta=-\frac{1}{2}x^2+\frac{1}{2}$$

ゆえに　　$y=-\frac{1}{2}x^2+\frac{1}{2}$

ここで　　$x=\sin\theta-\cos\theta=\sqrt{2}\sin\left(\theta-\frac{\pi}{4}\right)$

$0\leqq\theta\leqq\pi$ より $-\frac{\pi}{4}\leqq\theta-\frac{\pi}{4}\leqq\frac{3}{4}\pi$ であるから

$$-\frac{1}{\sqrt{2}}\leqq\sin\left(\theta-\frac{\pi}{4}\right)\leqq 1$$

よって　　$-1\leqq x\leqq\sqrt{2}$

ゆえに，この曲線は放物線

$y=-\frac{1}{2}x^2+\frac{1}{2}$ の $-1\leqq x\leqq\sqrt{2}$ の

部分であり，概形は **右の図**。

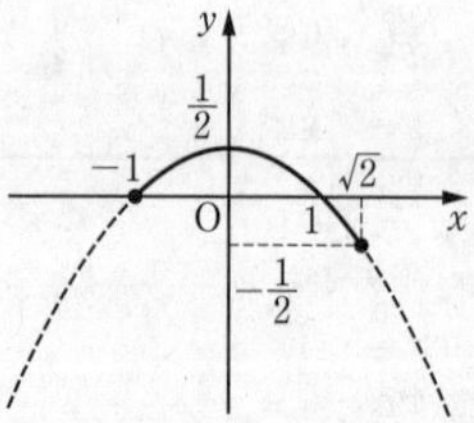

◀ $(\sin\theta\pm\cos\theta)^2$
$=1\pm2\sin\theta\cos\theta$
はよく用いる変形である。

◀ 三角関数の合成

◀ $-\frac{\pi}{4}\leqq\theta-\frac{\pi}{4}\leqq\frac{3}{4}\pi$
より
$-\frac{1}{\sqrt{2}}\leqq\sin\left(\theta-\frac{\pi}{4}\right)\leqq1$
$-1\leqq\sqrt{2}\sin\left(\theta-\frac{\pi}{4}\right)\leqq\sqrt{2}$

(6) $x^2=\left(t+\frac{1}{t}\right)^2=t^2+\frac{1}{t^2}+2$ より　　$t^2+\frac{1}{t^2}=x^2-2$

$y=2\left(t^2+\frac{1}{t^2}\right)$ に代入すると　　$y=2x^2-4$

$t>0$ であるから，相加平均と相乗平均の関係より

$$x=t+\frac{1}{t}\geqq 2\sqrt{t\cdot\frac{1}{t}}=2$$

これは $t=\frac{1}{t}$ すなわち，

$t>0$ より $t=1$ のとき等号成立。

よって，この曲線は放物線 $y=2x^2-4$ の

$x\geqq2$ の部分であり，概形は **右の図**。

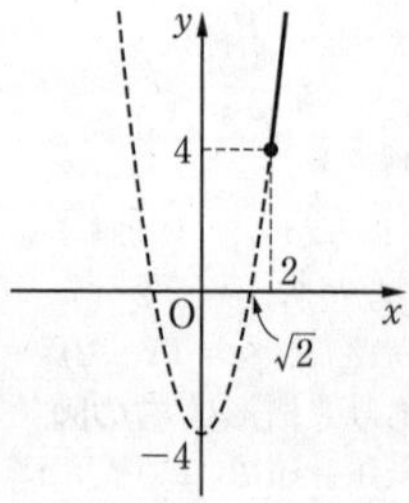

◀ $t>0$ より $\frac{1}{t}>0$

練習 100 t を媒介変数とするとき，次の式が表す図形を求めよ。

(1) $x=\frac{4(1-t^2)}{1+t^2}$，$y=\frac{2t}{1+t^2}$　　(2) $x=\frac{2(1+t^2)}{1-t^2}$，$y=\frac{4t}{1-t^2}$

---

(1) $x=\frac{4(1-t^2)}{1+t^2}$ より　　$(x+4)t^2=-x+4$

$x=-4$ のとき，この式は成り立たないから　　$x\neq-4$

よって　　$t^2=-\frac{x-4}{x+4}$　　…①

$y=\frac{2t}{1+t^2}$ より　　$(1+t^2)y=2t$

① を代入すると　　$\frac{8}{x+4}y=2t$

よって　　$t=\frac{4y}{x+4}$

① に代入すると　　$\frac{16y^2}{(x+4)^2}=-\frac{x-4}{x+4}$

◀ x の値の範囲に注意する。$x=-4$ のとき，この式は $0\cdot t^2=8$ となり，これを満たす t は存在しない。

◀ t はそのままで，まず t^2 を消去する。

◀ 分母をはらって整理する。

ゆえに　$x^2+16y^2=16$

したがって，求める図形は

楕円 $\dfrac{x^2}{16}+y^2=1$　ただし，点 $(-4,\ 0)$ を除く。

◀ $x=-4$ のとき，$\dfrac{(-4)^2}{16}+y^2=1$ より $y=0$

〔別解〕

$\dfrac{x}{4}=\dfrac{1-t^2}{1+t^2}$，$y=\dfrac{2t}{1+t^2}$ であるから，この 2 つの式の両辺を 2 乗して，辺々を加えると

◀ $t=\tan\dfrac{\theta}{2}$ とするとき
$\sin\theta=\dfrac{2t}{1+t^2}$
$\cos\theta=\dfrac{1-t^2}{1+t^2}$
と表すことができる。
ただし　$\theta \neq \pi$

$$\left(\frac{x}{4}\right)^2+y^2=\left(\frac{1-t^2}{1+t^2}\right)^2+\left(\frac{2t}{1+t^2}\right)^2$$
$$=\frac{(1-t^2)^2+4t^2}{(1+t^2)^2}=1$$

ここで　$x=\dfrac{-4(1+t^2)+8}{1+t^2}=-4+\dfrac{8}{1+t^2}\neq -4$

◀ $\dfrac{8}{1+t^2}\neq 0$

よって，楕円 $\dfrac{x^2}{16}+y^2=1$　ただし，点 $(-4,\ 0)$ を除く。

(2) $x=\dfrac{2(1+t^2)}{1-t^2}$ より　$(x+2)t^2=x-2$

$x=-2$ のとき，この式は成り立たないから　$x\neq -2$

よって　$t^2=\dfrac{x-2}{x+2}$　…①

$y=\dfrac{4t}{1-t^2}$ より　$(1-t^2)y=4t$

① を代入すると　$\dfrac{4}{x+2}y=4t$

◀ t はそのままで，まず t^2 を消去する。

よって　$t=\dfrac{y}{x+2}$

① に代入すると　$\dfrac{y^2}{(x+2)^2}=\dfrac{x-2}{x+2}$

ゆえに　$x^2-y^2=4$

◀ 分母をはらって整理する。

したがって，求める図形は

双曲線 $\dfrac{x^2}{4}-\dfrac{y^2}{4}=1$　ただし，点 $(-2,\ 0)$ を除く。

〔別解〕

$\dfrac{x}{2}=\dfrac{1+t^2}{1-t^2}$，$\dfrac{y}{2}=\dfrac{2t}{1-t^2}$ であるから，この 2 つの式の両辺を 2 乗して，辺々を引くと

◀ $t=\tan\dfrac{\theta}{2}$ とおくと
$\dfrac{1}{\cos\theta}=\dfrac{1+t^2}{1-t^2}$
$\tan\theta=\dfrac{2t}{1-t^2}$
と表すことができる。
ただし　$\theta\neq\pi$
よって，
$\dfrac{x}{2}=\dfrac{1}{\cos\theta}$，$\dfrac{y}{2}=\tan\theta$
$1+\tan^2\theta=\dfrac{1}{\cos^2\theta}$ であるから
$1+\left(\dfrac{y}{2}\right)^2=\left(\dfrac{x}{2}\right)^2$
よって　$\dfrac{x^2}{4}-\dfrac{y^2}{4}=1$
ただし $(-2,\ 0)$ を除く，と考えてもよい。

$$\left(\frac{x}{2}\right)^2-\left(\frac{y}{2}\right)^2=\left(\frac{1+t^2}{1-t^2}\right)^2-\left(\frac{2t}{1-t^2}\right)^2$$
$$=\frac{(1+t^2)^2-4t^2}{(1-t^2)^2}=1$$

ここで　$x=\dfrac{-2(1-t^2)+4}{1-t^2}=-2+\dfrac{4}{1-t^2}\neq -2$

よって，双曲線 $\dfrac{x^2}{4}-\dfrac{y^2}{4}=1$　ただし，点 $(-2,\ 0)$ を除く。

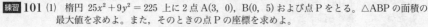

練習 101 (1) 楕円 $25x^2+9y^2=225$ 上に2点 A(3, 0), B(0, 5) および点Pをとる。△ABP の面積の最大値を求めよ。また，そのときの点Pの座標を求めよ。
(2) 楕円 $C: x^2+3y^2=3$ 上で第1象限にある点P，直線 $l: x+y-3=0$ 上に点Qをとる。点P，Qが動くとき，線分PQの長さの最小値を求めよ。また，そのときの点Pの座標を求めよ。

(1) $P(3\cos\theta,\ 5\sin\theta)\ (0 \leqq \theta < 2\pi)$ とおく。
△ABP において，辺 AB を底辺とみると，この三角形の高さは点Pと直線 AB の距離 d に等しい。辺 AB の長さは $\sqrt{34}$ と一定であるから，d が最大となるとき △ABP の面積も最大となる。

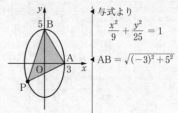

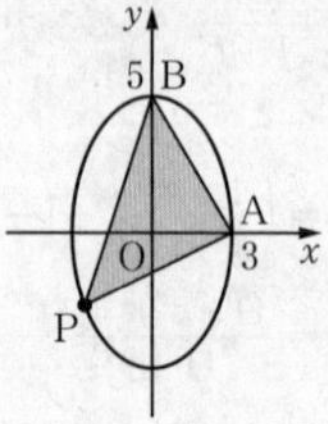

◀与式より $\dfrac{x^2}{9}+\dfrac{y^2}{25}=1$

◀$AB=\sqrt{(-3)^2+5^2}$

直線 AB の方程式は $\dfrac{x}{3}+\dfrac{y}{5}=1$ より

$$5x+3y-15=0$$

よって $d=\dfrac{|5\cdot 3\cos\theta+3\cdot 5\sin\theta-15|}{\sqrt{25+9}}$

$$=\frac{15}{\sqrt{34}}|\cos\theta+\sin\theta-1|$$

$$=\frac{15}{\sqrt{34}}\left|\sqrt{2}\sin\left(\theta+\frac{\pi}{4}\right)-1\right|$$

◀三角関数の合成

ここで，$0 \leqq \theta < 2\pi$ であるから $-1 \leqq \sin\left(\theta+\dfrac{\pi}{4}\right) \leqq 1$

ゆえに $-\sqrt{2}-1 \leqq \sqrt{2}\sin\left(\theta+\dfrac{\pi}{4}\right)-1 \leqq \sqrt{2}-1$

よって，d は $\theta=\dfrac{5}{4}\pi$ のとき最大値 $\dfrac{15(\sqrt{2}+1)}{\sqrt{34}}$ をとる。

◀$\theta+\dfrac{\pi}{4}=\dfrac{3}{2}\pi$ のとき，d が最大。

したがって，△ABP の面積の最大値は

$$\frac{1}{2}\cdot\sqrt{34}\cdot\frac{15(\sqrt{2}+1)}{\sqrt{34}}=\boldsymbol{\frac{15(\sqrt{2}+1)}{2}}$$

このとき，点Pの座標は

$$\mathbf{P}\left(-\boldsymbol{\frac{3\sqrt{2}}{2}},\ -\boldsymbol{\frac{5\sqrt{2}}{2}}\right)$$

(2) $P(\sqrt{3}\cos\theta,\ \sin\theta)\ \left(0<\theta<\dfrac{\pi}{2}\right)$ とおく。

◀与式より $\dfrac{x^2}{3}+y^2=1$

点Pを固定すると，点Pと直線 l の距離 d は

$$d=\frac{|\sqrt{3}\cos\theta+\sin\theta-3|}{\sqrt{2}}=\frac{\left|2\sin\left(\theta+\dfrac{\pi}{3}\right)-3\right|}{\sqrt{2}}$$

$$=\frac{3-2\sin\left(\theta+\dfrac{\pi}{3}\right)}{\sqrt{2}}$$

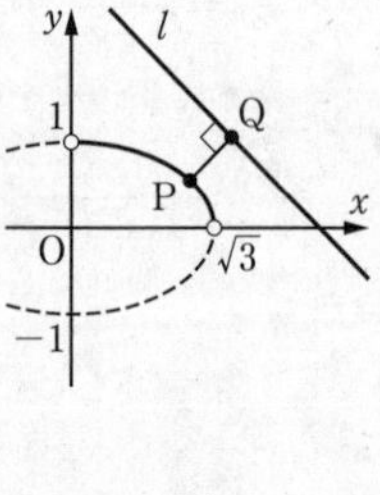

次に，点Pを第1象限内で動かすと，$\dfrac{\pi}{3}<\theta+\dfrac{\pi}{3}<\dfrac{5}{6}\pi$ であるから

$$\frac{1}{2}<\sin\left(\theta+\frac{\pi}{3}\right) \leqq 1$$

$1<2\sin\left(\theta+\dfrac{\pi}{3}\right) \leqq 2$

よって $1 \leqq 3-2\sin\left(\theta+\dfrac{\pi}{3}\right)<2$

◀$-2 \leqq -2\sin\left(\theta+\dfrac{\pi}{3}\right)<-1$

したがって，線分PQの長さは $\sin\left(\theta+\dfrac{\pi}{3}\right)=1$ すなわち $\theta=\dfrac{\pi}{6}$

のとき　**最小値** $\dfrac{1}{\sqrt{2}}=\dfrac{\sqrt{2}}{2}$

このとき，点Pの座標は　$\mathrm{P}\left(\dfrac{3}{2},\ \dfrac{1}{2}\right)$

練習 102 実数 x，y が $9x^2+4y^2=36$ を満たすとき，$3x^2+\sqrt{3}xy+2y^2$ の最大値と最小値を求めよ。

$9x^2+4y^2=36$ より　$\dfrac{x^2}{4}+\dfrac{y^2}{9}=1$

よって，x，y は θ を媒介変数として

$$x=2\cos\theta,\ y=3\sin\theta\quad(0\leqq\theta<2\pi)$$

と表されるから

$$\begin{aligned}3x^2+\sqrt{3}xy+2y^2&=12\cos^2\theta+6\sqrt{3}\sin\theta\cos\theta+18\sin^2\theta\\&=12\cdot\frac{1+\cos2\theta}{2}+3\sqrt{3}\sin2\theta+18\cdot\frac{1-\cos2\theta}{2}\\&=6(1+\cos2\theta)+3\sqrt{3}\sin2\theta+9(1-\cos2\theta)\\&=3\sqrt{3}\sin2\theta-3\cos2\theta+15\\&=6\sin\left(2\theta-\frac{\pi}{6}\right)+15\end{aligned}$$

ここで，$0\leqq\theta<2\pi$ より　$-\dfrac{\pi}{6}\leqq2\theta-\dfrac{\pi}{6}<\dfrac{23}{6}\pi$

よって　$-1\leqq\sin\left(2\theta-\dfrac{\pi}{6}\right)\leqq1$

$$-6\leqq6\sin\left(2\theta-\frac{\pi}{6}\right)\leqq6$$

$$9\leqq6\sin\left(2\theta-\frac{\pi}{6}\right)+15\leqq21$$

したがって　**最大値 21，最小値 9**

◀点 $(x,\ y)$ は楕円 $\dfrac{x^2}{4}+\dfrac{y^2}{9}=1$ 上の点である。

◀$2\sin\theta\cos\theta=\sin2\theta$
$\cos^2\theta=\dfrac{1+\cos2\theta}{2}$
$\sin^2\theta=\dfrac{1-\cos2\theta}{2}$

◀三角関数の合成

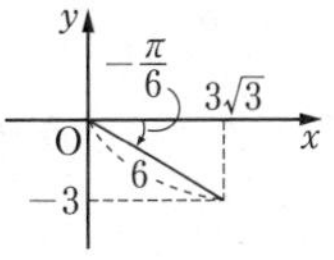

練習 103 例題 103 において，$a=3$，$\theta=\dfrac{\pi}{3}$ のとき，点Pの座標を求めよ。

$\mathrm{OB}=\overset{\frown}{\mathrm{PB}}=3\times\dfrac{\pi}{3}=\pi$　…①

$\mathrm{BA}=3$ であるから　$\mathrm{A}(\pi,\ 3)$

$\mathrm{P}(x,\ y)$ より

$$\mathrm{PD}=3\sin\frac{\pi}{3}=\frac{3\sqrt{3}}{2}$$

$$\mathrm{AD}=3\cos\frac{\pi}{3}=\frac{3}{2}\quad\cdots②$$

①，② より

$$\overrightarrow{\mathrm{OP}}=(x,\ y)=\overrightarrow{\mathrm{OA}}+\overrightarrow{\mathrm{AP}}$$

$$=(\pi,\ 3)+\left(-\frac{3\sqrt{3}}{2},\ -\frac{3}{2}\right)$$

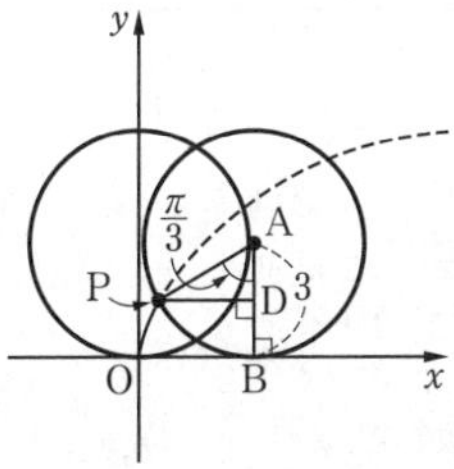

$$=\left(\pi-\frac{3\sqrt{3}}{2},\ \frac{3}{2}\right)$$

よって，点 P の座標は　$\left(\boldsymbol{\pi-\frac{3\sqrt{3}}{2},\ \frac{3}{2}}\right)$

例題 103 (2) の結果 $\begin{cases}x=a(\theta-\sin\theta)\\ y=a(1-\cos\theta)\end{cases}$

◀ に，$a=3$，$\theta=\frac{\pi}{3}$ を代入した値と一致する。

練習 104 例題 104 において，円 C の半径を 4 としたとき，点 P の軌跡を媒介変数 θ を用いて表せ。

P$(x,\ y)$ より　$\overrightarrow{\mathrm{OP}}=(x,\ y)$　… ①

右の図のように，円 C と円 C' の接点を T とする。

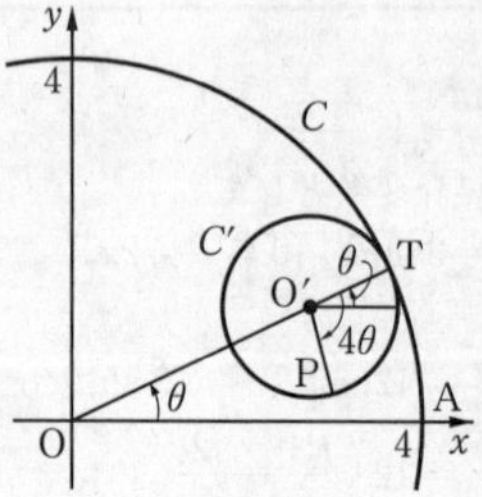

$\widehat{\mathrm{TP}}=\widehat{\mathrm{TA}}$ であるから

$1\cdot\angle\mathrm{PO'T}=4\cdot\theta$

よって　$\angle\mathrm{PO'T}=4\theta$

◀ 半径 r，中心角 θ の扇形の弧の長さを l とすると $l=r\theta$

ゆえに

$\overrightarrow{\mathrm{O'P}}=(1\cdot\cos(\theta-4\theta),\ 1\cdot\sin(\theta-4\theta))$

$=(\cos3\theta,\ -\sin3\theta)$

◀ $\mathrm{O'P}=1$

また　$\overrightarrow{\mathrm{OO'}}=(3\cos\theta,\ 3\sin\theta)$

◀ $\mathrm{OO'}=\mathrm{OT}-\mathrm{O'T}$
$=4-1=3$

よって　$\overrightarrow{\mathrm{OP}}=\overrightarrow{\mathrm{OO'}}+\overrightarrow{\mathrm{O'P}}$

$=(3\cos\theta,\ 3\sin\theta)+(\cos3\theta,\ -\sin3\theta)$

$=(3\cos\theta+\cos3\theta,\ 3\sin\theta-\sin3\theta)$　… ②

①，② より，点 P の軌跡は　$\boldsymbol{\begin{cases}x=3\cos\theta+\cos3\theta\\ y=3\sin\theta-\sin3\theta\end{cases}}$

◀ 点 P の軌跡はアステロイドになる。
Go Ahead 12 参照。

p.209

問題編 7　曲線の媒介変数表示

問題 99 次の媒介変数表示が表す曲線の概形をかけ。

(1) $\begin{cases}x=t^4-2t^2\\ y=-t^2+2\end{cases}$　(2) $\begin{cases}x=\sqrt{t-1}\\ y=\sqrt{t}\end{cases}$

(3) $\begin{cases}x=1-\sin\theta\\ y=-\cos2\theta-2\sin\theta\end{cases}$　(4) $\begin{cases}x=\dfrac{1}{2\sin\theta}\\ y=\dfrac{1}{\tan\theta}\end{cases}$

(1)　$y=-t^2+2$ より　$t^2=-y+2$

これを $x=t^4-2t^2$ に代入すると

$x=(-y+2)^2-2(-y+2)$

$=y^2-2y=(y-1)^2-1$

◀ $t^4=(t^2)^2$
$=(-y+2)^2$

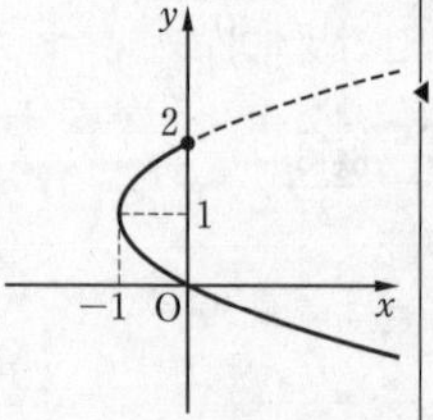

ここで，$t^2\geqq0$ であるから

$-y+2\geqq0$　すなわち　$y\leqq2$

よって，この曲線は放物線 $x=(y-1)^2-1$ の $y\leqq2$ の部分であり，概形は **右の図**。

(2)　$x=\sqrt{t-1}$ … ① より，両辺を 2 乗して　$x^2=t-1$

すなわち　$t=x^2+1$　… ②

$y=\sqrt{t}$ …③ の両辺を2乗して　$y^2=t$

② を代入すると　　$y^2=x^2+1$

① より $\sqrt{t-1}\geqq 0$ であるから　　$x\geqq 0$

③ より $\sqrt{t}\geqq 0$ であるから　　$y\geqq 0$

よって，この曲線は双曲線 $x^2-y^2=-1$ の $x\geqq 0$，$y\geqq 0$ の部分であり，概形は **右の図**。

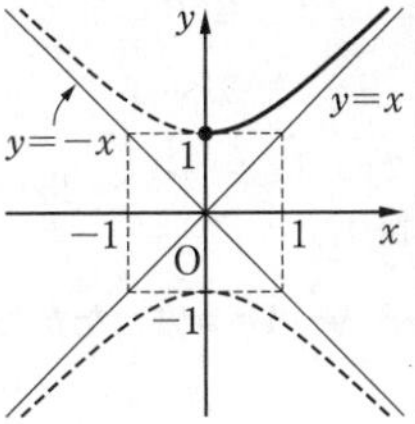

◀ x の値の範囲，y の値の範囲を考える。

(3)　$x=1-\sin\theta$ より　　$\sin\theta=1-x$　…①

また　　$y=-\cos 2\theta-2\sin\theta$

$\qquad=2\sin^2\theta-2\sin\theta-1$

◀ $\cos 2\theta=1-2\sin^2\theta$

① を代入すると

$y=2(1-x)^2-2(1-x)-1$

$\quad=2x^2-2x-1$

◀ $y=2\left(x-\frac{1}{2}\right)^2-\frac{3}{2}$

ここで，$-1\leqq\sin\theta\leqq 1$ であるから

$-1\leqq 1-x\leqq 1$　すなわち　$0\leqq x\leqq 2$

よって，この曲線は放物線 $y=2x^2-2x-1$ の $0\leqq x\leqq 2$ の部分であり，概形は **右の図**。

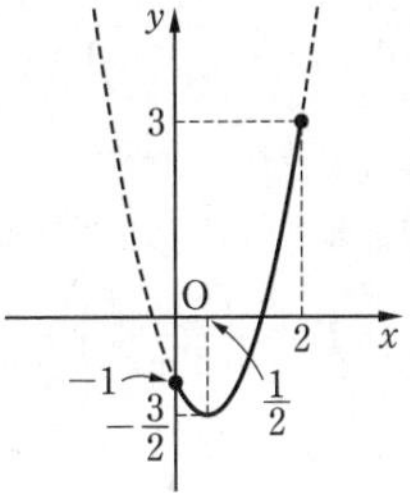

◀ 隠れた条件 $-1\leqq\sin\theta\leqq 1$ から x のとり得る値の範囲を考える。

(4)　$x=\dfrac{1}{2\sin\theta}$，$y=\dfrac{1}{\tan\theta}$ より　　$x\neq 0$，$y\neq 0$

$x=\dfrac{1}{2\sin\theta}$ より　　$\dfrac{1}{\sin\theta}=2x$

また，$1+\tan^2\theta=\dfrac{1}{\cos^2\theta}$ より　　$\dfrac{1}{\tan^2\theta}+1=\dfrac{1}{\sin^2\theta}$　…①

◀ 両辺を $\tan^2\theta$ で割る。

① に，$\dfrac{1}{\sin\theta}=2x$，$\dfrac{1}{\tan\theta}=y$ を代入すると

$y^2+1=4x^2$　すなわち　$4x^2-y^2=1$

◀ $(右辺)=\dfrac{1}{\cos^2\theta}\div\tan^2\theta=\dfrac{1}{\cos^2\theta}\times\dfrac{\cos^2\theta}{\sin^2\theta}=\dfrac{1}{\sin^2\theta}$

よって，この曲線は双曲線 $\dfrac{x^2}{\frac{1}{4}}-y^2=1$ $(y\neq 0)$ であり，概形は **右の図**。

◀ $4x^2=\dfrac{1}{\frac{1}{4}}x^2$

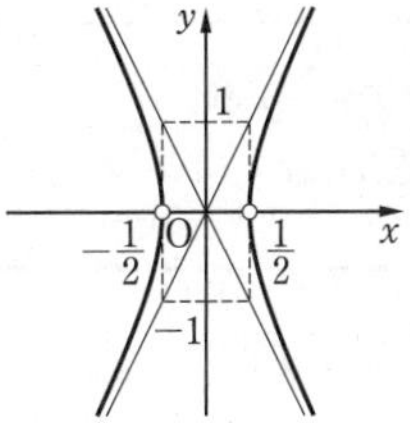

> 問題 **100**　t を媒介変数とするとき，$x=\dfrac{6}{1+t^2}$，$y=\dfrac{(1-t)^2}{1+t^2}$ が表す図形を求めよ。

$x=\dfrac{6}{1+t^2}$ より　　$xt^2=6-x$

$x=0$ のとき，この式は成り立たないから　　$x\neq 0$

よって　　$t^2=\dfrac{6-x}{x}$　　…①

$y=\dfrac{(1-t)^2}{1+t^2}=\dfrac{1-2t+t^2}{1+t^2}=1-\dfrac{2t}{1+t^2}$ より

$(1+t^2)(y-1)=-2t$

① を代入すると　　$\dfrac{6}{x}(y-1)=-2t$

◀ $1+\dfrac{6-x}{x}=1+\left(\dfrac{6}{x}-1\right)=\dfrac{6}{x}$

よって　　$t=-\dfrac{3(y-1)}{x}$

① に代入すると　$\dfrac{9(y-1)^2}{x^2}=\dfrac{6-x}{x}$

$9(y-1)^2=6x-x^2$

ゆえに　$(x-3)^2+9(y-1)^2=9$

したがって，求める図形は

楕円 $\dfrac{(x-3)^2}{9}+(y-1)^2=1$ ただし，点 (0, 1) を除く。

◀ $x=0$ のとき $\dfrac{(-3)^2}{9}+(y-1)^2=1$ よって　$y=1$

〔別解〕

$x-3=\dfrac{6}{1+t^2}-3=\dfrac{6-3(1+t^2)}{1+t^2}=\dfrac{3(1-t^2)}{1+t^2}$

$y-1=\dfrac{(1-t)^2}{1+t^2}-1=\dfrac{(1-t)^2-(1+t^2)}{1+t^2}=\dfrac{-2t}{1+t^2}$

よって　$\dfrac{x-3}{3}=\dfrac{1-t^2}{1+t^2}$, $y-1=\dfrac{-2t}{1+t^2}$

この 2 つの式の両辺を 2 乗して，辺々を加えると

$$\left(\frac{x-3}{3}\right)^2+(y-1)^2=\left(\frac{1-t^2}{1+t^2}\right)^2+\left(\frac{-2t}{1+t^2}\right)^2$$

$$=\frac{(1-t^2)^2+4t^2}{(1+t^2)^2}=1$$

ここで　$x=\dfrac{6}{1+t^2}\neq 0$

よって，楕円 $\dfrac{(x-3)^2}{9}+(y-1)^2=1$　ただし，点 (0, 1) を除く。

◀ $t=\tan\dfrac{\theta}{2}$ とするとき
$\sin\theta=\dfrac{2t}{1+t^2}$
$\cos\theta=\dfrac{1-t^2}{1+t^2}$
と表すことができる。
ただし　$\theta\neq\pi$
よって $\dfrac{x-3}{3}=\cos\theta$
$-(y-1)=\sin\theta$
よって
$\dfrac{(x-3)^2}{9}+(y-1)^2=1$

問題 101 (1)　楕円 $\dfrac{x^2}{a^2}+\dfrac{y^2}{b^2}=1$ $(0<a,\ 0<b)$ 上で第 1 象限にある点 P における法線と x 軸，y 軸との交点をそれぞれ A, B とする。点 P が動くとき △OAB の面積の最大値を求めよ。

(2)　楕円 $9x^2+4y^2-36x-24y+36=0$ と直線 $x+y+5=0$ の最短距離を求めよ。

---

(1)　$\mathrm{P}(a\cos\theta,\ b\sin\theta)$ $\left(0<\theta<\dfrac{\pi}{2}\right)$ とおく。

点 P における接線の方程式は

$\dfrac{a\cos\theta}{a^2}x+\dfrac{b\sin\theta}{b^2}y=1$ より　$\dfrac{\cos\theta}{a}x+\dfrac{\sin\theta}{b}y=1$

よって，点 P における法線の方程式は

$\dfrac{\sin\theta}{b}(x-a\cos\theta)-\dfrac{\cos\theta}{a}(y-b\sin\theta)=0$

$y=0$ とおくと，$\dfrac{\sin\theta}{b}(x-a\cos\theta)+\dfrac{b}{a}\sin\theta\cos\theta=0$ より

$x=\dfrac{a^2-b^2}{a}\cos\theta$

よって　$\mathrm{A}\left(\dfrac{a^2-b^2}{a}\cos\theta,\ 0\right)$

$x=0$ とおくと，$-\dfrac{a}{b}\sin\theta\cos\theta-\dfrac{\cos\theta}{a}(y-b\sin\theta)=0$ より

$y=-\dfrac{a^2-b^2}{b}\sin\theta$

◀ 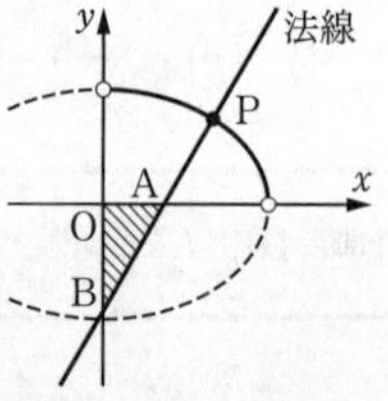

◀ 直線 $ax+by+c=0$ に垂直で点 $(x_1,\ y_1)$ を通る直線の方程式は
$b(x-x_1)-a(y-y_1)=0$
LEGEND 数学Ⅱ＋B 例題 82 **Point** 参照。

よって　$B\left(0,\ -\dfrac{a^2-b^2}{b}\sin\theta\right)$

$\cos\theta>0$, $\sin\theta>0$ より

$$\triangle OAB=\frac{1}{2}\cdot OA\cdot OB=\frac{1}{2}\cdot\frac{|a^2-b^2|}{a}\cos\theta\cdot\frac{|a^2-b^2|}{b}\sin\theta$$

$$=\frac{(a^2-b^2)^2}{4ab}\sin2\theta$$

◀ $2\sin\theta\cos\theta=\sin2\theta$

$0<\theta<\dfrac{\pi}{2}$ より $0<\sin2\theta\leqq1$ であるから，△OAB の面積は $\sin2\theta=1$

すなわち $\theta=\dfrac{\pi}{4}$ のとき　**最大値** $\boldsymbol{\dfrac{(a^2-b^2)^2}{4ab}}$

(2) 楕円の方程式は $\dfrac{(x-2)^2}{4}+\dfrac{(y-3)^2}{9}=1$

と変形できるから，楕円上の点 P は

$P(2\cos\theta+2,\ 3\sin\theta+3)$ $(0\leqq\theta<2\pi)$

とおける。

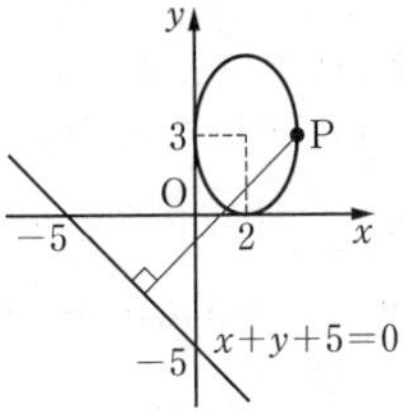

◀ 楕円 $\dfrac{x^2}{4}+\dfrac{y^2}{9}=1$ 上の点を x 軸方向に 2，y 軸方向に 3 だけ平行移動した点と考えるとよい。

点 P と直線 $x+y+5=0$ の距離 d は

$$d=\frac{|2\cos\theta+2+3\sin\theta+3+5|}{\sqrt{2}}$$

$$=\frac{|3\sin\theta+2\cos\theta+10|}{\sqrt{2}}=\frac{|\sqrt{13}\sin(\theta+\alpha)+10|}{\sqrt{2}}$$

$$=\frac{\sqrt{13}\sin(\theta+\alpha)+10}{\sqrt{2}}$$

◀ 三角関数の合成

ただし，α は $\cos\alpha=\dfrac{3}{\sqrt{13}}$，$\sin\alpha=\dfrac{2}{\sqrt{13}}$ を満たす鋭角である。

◀ $\sin\alpha>0$，$\cos\alpha>0$ より $0<\alpha<\dfrac{\pi}{2}$ である。

$0\leqq\theta<2\pi$ より $-1\leqq\sin(\theta+\alpha)\leqq1$ であるから

$$-\sqrt{13}\leqq\sqrt{13}\sin(\theta+\alpha)\leqq\sqrt{13}$$

$\sin(\theta+\alpha)=-1$ のとき，d は最小値 $\dfrac{10-\sqrt{13}}{\sqrt{2}}=\dfrac{10\sqrt{2}-\sqrt{26}}{2}$ をとる。

◀ このとき，点 P の座標は $\left(-\dfrac{4}{\sqrt{13}}+2,\ -\dfrac{9}{\sqrt{13}}+3\right)$

すなわち，求める楕円と直線の最短距離は　$\boldsymbol{\dfrac{10\sqrt{2}-\sqrt{26}}{2}}$

〔別解〕

楕円上の動点を P とし，P から直線に下ろした垂線を PQ とする。題意を満たすとき，その最短距離は PQ であり，点 P における楕円の接線は，与えられた直線と平行になる。

よって，その接線を $y=-x+k$ とおき，楕円の方程式と連立して整理すると

◀ $x+y+5=0$ より $y=-x-5$

$$13x^2-4(2k+3)x+4(k-3)^2=0 \quad \cdots ①$$

接するとき，2 次方程式 ① の判別式を D とすると　$D=0$

$$\frac{D}{4}=4(2k+3)^2-52(k-3)^2$$

$$=-36(k^2-10k+12)$$

よって　$k^2-10k+12=0$

解の公式により　$k=5\pm\sqrt{13}$

2 本の接線のうち，与えられた直線により近いのは

$$y=-x+5-\sqrt{13} \quad \cdots ①$$

直線 ① 上の点 $(0,\ 5-\sqrt{13})$ と直線 $x+y+5=0$ の距離 d は

$$d=\frac{|0+(5-\sqrt{13})+5|}{\sqrt{1^2+1^2}}=\frac{10-\sqrt{13}}{\sqrt{2}}=\frac{10\sqrt{2}-\sqrt{26}}{2}$$

よって，最短距離は　$\dfrac{10\sqrt{2}-\sqrt{26}}{2}$

◀平行な 2 直線であるから，点と直線の距離の計算が簡単な点を選べばよい。

問題 102 実数 x，y が $x^2+4y^2-4x=0$ を満たすとき，$x^2-y^2-xy-4x+2y$ の最大値と最小値を求めよ。

$x^2+4y^2-4x=0$ より　$\dfrac{(x-2)^2}{4}+y^2=1$

よって，x，y は θ を媒介変数として

$x=2\cos\theta+2,\ y=\sin\theta\ \ (0\leqq\theta<2\pi)$

と表されるから

$$\begin{aligned}&x^2-y^2-xy-4x+2y\\&=4(1+\cos\theta)^2-\sin^2\theta-2\sin\theta(1+\cos\theta)-8(1+\cos\theta)+2\sin\theta\\&=4\cos^2\theta-\sin^2\theta-2\sin\theta\cos\theta-4\\&=4\cdot\frac{1+\cos2\theta}{2}-\frac{1-\cos2\theta}{2}-\sin2\theta-4\\&=-\sin2\theta+\frac{5}{2}\cos2\theta-\frac{5}{2}\\&=\sqrt{(-1)^2+\left(\frac{5}{2}\right)^2}\sin(2\theta+\alpha)-\frac{5}{2}\\&=\frac{\sqrt{29}}{2}\sin(2\theta+\alpha)-\frac{5}{2}\end{aligned}$$

◀$2\sin\theta\cos\theta=\sin2\theta$

$\cos^2\theta=\dfrac{1+\cos2\theta}{2}$

$\sin^2\theta=\dfrac{1-\cos2\theta}{2}$

◀三角関数の合成

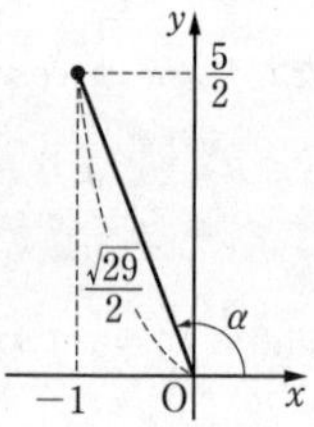

ただし　$\cos\alpha=-\dfrac{2}{\sqrt{29}}$，$\sin\alpha=\dfrac{5}{\sqrt{29}}$　$\left(\dfrac{\pi}{2}<\alpha<\pi\right)$

$0\leqq\theta<2\pi$ より　$\alpha\leqq2\theta+\alpha<4\pi+\alpha$

よって　$-1\leqq\sin(2\theta+\alpha)\leqq1$

$$-\frac{\sqrt{29}}{2}\leqq\frac{\sqrt{29}}{2}\sin(2\theta+\alpha)\leqq\frac{\sqrt{29}}{2}$$

$$-\frac{\sqrt{29}}{2}-\frac{5}{2}\leqq\frac{\sqrt{29}}{2}\sin(2\theta+\alpha)-\frac{5}{2}\leqq\frac{\sqrt{29}}{2}-\frac{5}{2}$$

したがって　**最大値** $\dfrac{\sqrt{29}}{2}-\dfrac{5}{2}$，**最小値** $-\dfrac{\sqrt{29}}{2}-\dfrac{5}{2}$

問題 103 半径が a である円板上に点 P があり，中心が $(0,\ a)$，点 P が $\left(0,\ \dfrac{a}{2}\right)$ の位置にある。この位置から，円板が x 軸に接しながら，滑ることなく x 軸の正の方向に角 θ だけ回転したとき，点 P の座標を θ で表せ。

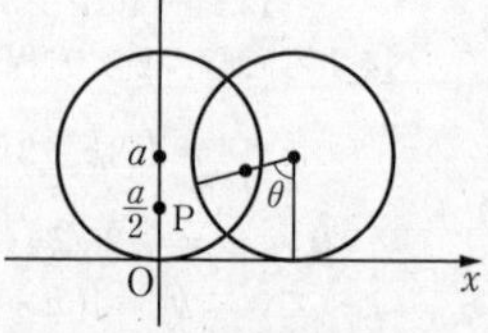

円板が角 θ だけ回転したとき，円板の中心 C から x 軸に垂線 CB，点 P から BC に垂線 PD を下ろす。
また，半直線 CP と円との交点を Q とする。

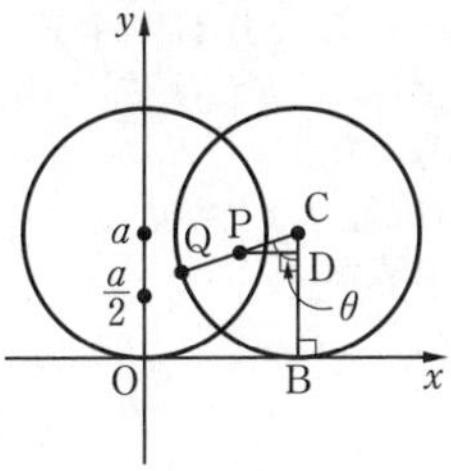

このとき　$\mathrm{OB} = \overset{\frown}{\mathrm{QB}} = a\theta$　…①

BC $= a$ であるから　$\mathrm{C}(a\theta,\ a)$

$\mathrm{P}(x,\ y)$ とおくと

$$\mathrm{PD} = \frac{a}{2}\sin\theta,\ \mathrm{CD} = \frac{a}{2}\cos\theta \quad \cdots ②$$

①，② より　$\overrightarrow{\mathrm{OP}} = (x,\ y) = \overrightarrow{\mathrm{OC}} + \overrightarrow{\mathrm{CP}}$

$$= (a\theta,\ a) + \left(-\frac{a}{2}\sin\theta,\ -\frac{a}{2}\cos\theta\right)$$

$$= \left(a\theta - \frac{a}{2}\sin\theta,\ a - \frac{a}{2}\cos\theta\right)$$

よって，点 P の座標は　$\boldsymbol{\left(a\theta - \frac{a}{2}\sin\theta,\ a - \frac{a}{2}\cos\theta\right)}$

◀ 扇形 CQB の弧 QB の長さは
(半径)×(中心角) $= a\theta$

◀ CB は円の半径 a である。

問題 **104** 原点を中心とする半径 2 の円 C に半径 1 の円 C' が外接し，滑ることなく回転する。円 C' 上の点 P が初め点 A(2, 0) にあったとするとき，点 P の軌跡の媒介変数表示を求めよ。

$\mathrm{P}(x,\ y)$ とすると

$\overrightarrow{\mathrm{OP}} = (x,\ y)$　…①

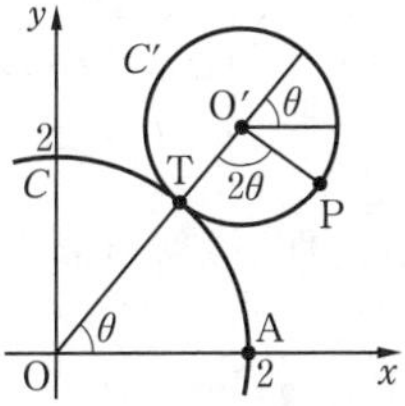

右の図のように，円 C と円 C' の接点を T，円 C' の中心を O′，線分 OO′ が x 軸の正の方向となす角を θ とする。

$\overset{\frown}{\mathrm{TP}} = \overset{\frown}{\mathrm{TA}}$ であるから　$1\cdot\angle\mathrm{TO'P} = 2\cdot\theta$

よって　$\angle\mathrm{TO'P} = 2\theta$

ゆえに　$\overrightarrow{\mathrm{O'P}} = (1\cdot\cos(\theta - \pi + 2\theta),\ 1\cdot\sin(\theta - \pi + 2\theta))$

$= (\cos(3\theta - \pi),\ \sin(3\theta - \pi))$

$= (-\cos3\theta,\ -\sin3\theta)$

また　$\overrightarrow{\mathrm{OO'}} = (3\cos\theta,\ 3\sin\theta)$

よって　$\overrightarrow{\mathrm{OP}} = \overrightarrow{\mathrm{OO'}} + \overrightarrow{\mathrm{O'P}}$

$= (3\cos\theta,\ 3\sin\theta) + (-\cos3\theta,\ -\sin3\theta)$

$= (3\cos\theta - \cos3\theta,\ 3\sin\theta - \sin3\theta)$　…②

①，② より，点 P の軌跡は

$$\begin{cases} \boldsymbol{x = 3\cos\theta - \cos3\theta} \\ \boldsymbol{y = 3\sin\theta - \sin3\theta} \end{cases}$$

◀ 半径 r，中心角 θ の扇形の弧の長さを l とすると
$l = r\theta$

◀

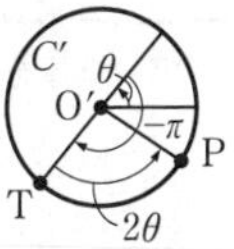

◀ $\mathrm{O'P} = 1$

◀ $\mathrm{OO'} = \mathrm{OT} + \mathrm{O'T}$
$= 2 + 1 = 3$

◀ 点 P の軌跡は，外サイクロイドのうち，ネフロイドになる。
Go Ahead 12 参照。

p.209

本質を問う 7

1　円 $(x-a)^2 + (y-b)^2 = r^2\ (r > 0)$ の媒介変数表示を求めよ。ただし，媒介変数を θ とせよ。

円 $(x-a)^2+(y-b)^2=r^2$ $(r>0)$ は，円 $x^2+y^2=r^2$ $(r>0)$ をそれぞれ x 軸方向に a，y 軸方向に b だけ平行移動した図形である。
円 $x^2+y^2=r^2$ $(r>0)$ 上の点は $(r\cos\theta,\ r\sin\theta)$ と表され，その点は，この平行移動で $(a+r\cos\theta,\ b+r\sin\theta)$ になる。
よって，求める媒介変数表示は

$$\begin{cases} \boldsymbol{x=a+r\cos\theta} \\ \boldsymbol{y=b+r\sin\theta} \end{cases}$$

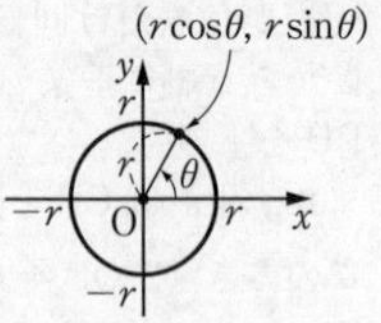

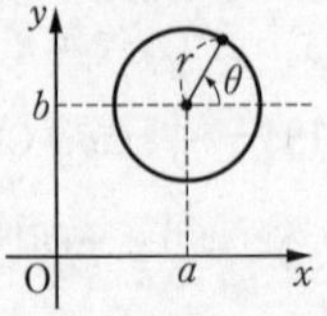

2 t を媒介変数とするとき $\begin{cases} x=\sqrt{t}+1 \\ y=-t+3 \end{cases}$ が表す図形を，太郎さんは次のように答えて，解答が不十分であった。その理由を説明せよ。また，正しい解を述べよ。

> $x=\sqrt{t}+1$ より　$t=(x-1)^2$
> これを $y=-t+3$ に代入すると　$y=-(x-1)^2+3$
> したがって，この図形は　放物線 $y=-(x-1)^2+3$

$\sqrt{t}\geqq 0$ であるから　$x=\sqrt{t}+1\geqq 1$
よって，太郎さんの解答は x のとり得る値の範囲を考えていないから不十分である。
したがって，求める図形は

放物線 $y=-(x-1)^2+3$ の $x\geqq 1$ の部分

◀問題文に t の値の範囲は与えられていないが，$\sqrt{t}$ という式から x のとり得る値の範囲が限られる。

p.210 Let's Try! 7

① t が実数全体を動くとき，次の関係式で定められる点 $(x,\ y)$ の軌跡を求めて図示せよ。

(1) $\begin{cases} x=1+|t| \\ y=3+|t| \end{cases}$　　(2) $\begin{cases} x=\dfrac{t}{1+t^2} \\ 1-y=\dfrac{1+t^4}{1+2t^2+t^4} \end{cases}$　（麻布大）

(1) $x=1+|t|$ より　$|t|=x-1$　…①
$y=3+|t|$ より　$|t|=y-3$　…②
①，② より　$y=x+2$
ここで，$|t|\geqq 0$ より
$x=1+|t|\geqq 1$
よって，求める軌跡は
直線 $y=x+2$ の $x\geqq 1$ の部分。
グラフは **右の図**。

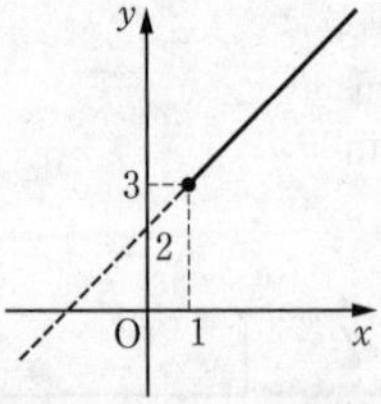

◀x の変域に注意する。

(2) $1-y=\dfrac{1+t^4}{1+2t^2+t^4}$ より

$$y=\frac{(1+2t^2+t^4)-(1+t^4)}{1+2t^2+t^4}$$

$$= \frac{2t^2}{1+2t^2+t^4} = 2\left(\frac{t}{1+t^2}\right)^2 \quad \cdots ①$$

$x = \dfrac{t}{1+t^2}$ を ① に代入すると　　$y = 2x^2$

ここで，$x = \dfrac{t}{1+t^2}$ より　　$xt^2 - t + x = 0$

◀ x の変域に注意する。

$x = 0$ のとき　　$t = 0$　　t は実数であるから，$x = 0$ は適する。

$x \neq 0$ のとき，t は実数であるから，判別式 $D = 1 - 4x^2 \geqq 0$ より

◀ $-\dfrac{1}{2} \leqq x \leqq \dfrac{1}{2}$，$x \neq 0$

$$-\frac{1}{2} \leqq x < 0,\ 0 < x \leqq \frac{1}{2}$$

よって，求める軌跡は

放物線 $y = 2x^2$ の $-\dfrac{1}{2} \leqq x \leqq \dfrac{1}{2}$ の部分。

グラフは **右の図**。

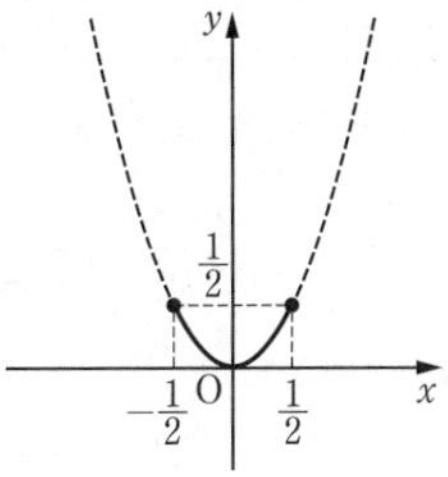

> **②** 次の空欄を埋めよ。
> 媒介変数表示 $x = 3^{t+1} + 3^{-t+1} + 1$，$y = 3^t - 3^{-t}$ で表される図形は，x，y についての方程式 $\boxed{} = 1$ で定まる双曲線 C の $x > 0$ の部分である。また，C の傾きが正の漸近線の方程式は $y = \boxed{}$ である。
> (関西大)

$3^t = a$ とおくと　　$a > 0$

$3^{t+1} = 3^t \cdot 3^1 = 3a$，$3^{-t+1} = 3^{-t} \cdot 3^1 = \dfrac{3}{a}$ であるから

$$x = 3a + \frac{3}{a} + 1 = 3\left(a + \frac{1}{a}\right) + 1 \quad \cdots ①$$

$$y = a - \frac{1}{a} \quad \cdots ②$$

① より　　$a + \dfrac{1}{a} = \dfrac{1}{3}x - \dfrac{1}{3}$　　$\cdots ③$

② + ③ より　　$2a = \dfrac{1}{3}x + y - \dfrac{1}{3}$　　$\cdots ④$

◀ $\left(a+\dfrac{1}{a}\right)^2 - \left(a-\dfrac{1}{a}\right)^2 = 4$
であるから
$\left(\dfrac{x-1}{3}\right)^2 - y^2 = 4$
と考えてもよい。

③ − ② より　　$\dfrac{2}{a} = \dfrac{1}{3}x - y - \dfrac{1}{3}$　　$\cdots ⑤$

④，⑤ の辺々を掛けると　　$4 = \left(\dfrac{1}{3}x - \dfrac{1}{3}\right)^2 - y^2$

$$\frac{(x-1)^2}{9} - y^2 = 4 \quad すなわち \quad \frac{(x-1)^2}{36} - \frac{y^2}{4} = 1$$

ここで $a > 0$ であるから，④ より

$$\frac{1}{3}x + y - \frac{1}{3} > 0 \quad すなわち \quad y > -\frac{1}{3}x + \frac{1}{3}$$

したがって，求める図形は

双曲線 C：$\dfrac{(x-1)^2}{36} - \dfrac{y^2}{4} = 1$ の $x > 0$ の部分

また，双曲線 C の傾きが正の漸近線は，

$y=\frac{1}{3}x$ を x 軸方向に1だけ平行移動したものであるから

$$y=\frac{1}{3}(x-1)$$

すなわち　$y=\frac{1}{3}x-\frac{1}{3}$

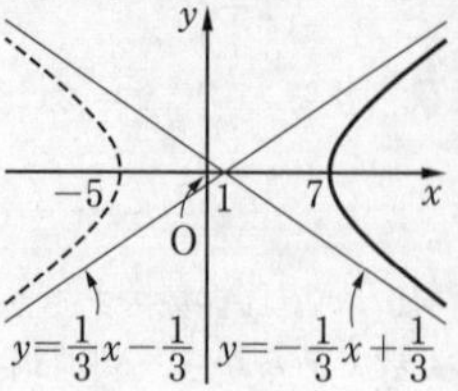

◀ $a \neq 0$ より $\frac{1}{3}x+y-\frac{1}{3}=0$ と $\frac{1}{3}x-y-\frac{1}{3}=0$ が漸近線となると考えてもよい。

③ 楕円 $C:\frac{(x-1)^2}{4}+y^2=1$ 上の点 $P(x,\ y)$ について，$x+2y^2$ の最大値と最小値を求めよ。

楕円 C 上の点 P は，θ を媒介変数として

$$\begin{cases} x=2\cos\theta+1 \\ y=\sin\theta \end{cases} \quad (0 \leqq \theta < 2\pi)$$

と表される。

$$x+2y^2=2\cos\theta+1+2\sin^2\theta$$
$$=-2\cos^2\theta+2\cos\theta+3$$

ここで，$z=x+2y^2$，$\cos\theta=t$ とおくと，$-1 \leqq t \leqq 1$ であり

$$z=x+2y^2$$
$$=-2t^2+2t+3$$
$$=-2\left(t-\frac{1}{2}\right)^2+\frac{7}{2}$$

よって，$x+2y^2$ は右の図より

最大値 $\frac{7}{2}$，最小値 -1

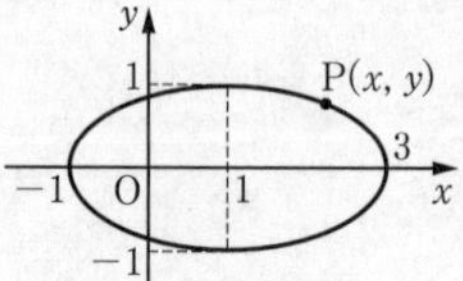

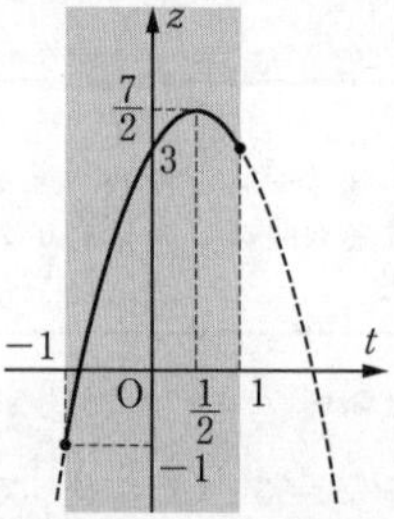

◀ $\frac{(x-p)^2}{a^2}+\frac{(y-q)^2}{b^2}=1$ 上の点 $P(x,\ y)$ は $\begin{cases} x=a\cos\theta+p \\ y=b\sin\theta+q \end{cases}$ とおける。

◀ $\sin^2\theta=1-\cos^2\theta$

④ 媒介変数 t を用いて $x=\sin 2t$，$y=\sin 5t$ と表される座標平面上の曲線を C とする。C と y 軸が交わる座標平面上の点の個数を求めよ。（産業医科大）

$x=0$ とおくと　$\sin 2t=0$

よって　$2t=n\pi$　すなわち　$t=\frac{n\pi}{2}$（n は整数）

このとき　$y=\sin 5t=\sin\frac{5n}{2}\pi$

$$=\sin\left(2n\pi+\frac{n}{2}\pi\right)=\sin\frac{n}{2}\pi$$

k を整数とするとき

(ア)　$n=4k$ のとき　$y=\sin 2k\pi=0$

(イ)　$n=4k+1$ のとき　$y=\sin\left(\frac{\pi}{2}+2k\pi\right)=1$

(ウ)　$n=4k+2$ のとき　$y=\sin(\pi+2k\pi)=\sin\pi=0$

(エ)　$n=4k+3$ のとき　$y=\sin\left(\frac{3}{2}\pi+2k\pi\right)=\sin\frac{3}{2}\pi=-1$

(ア)〜(エ)より，曲線 C と y 軸の交点は

$(0,\ 0)$，$(0,\ \pm 1)$ の　**3個**

〔参考〕

このグラフは次の図のようになる。（リサージュ曲線）

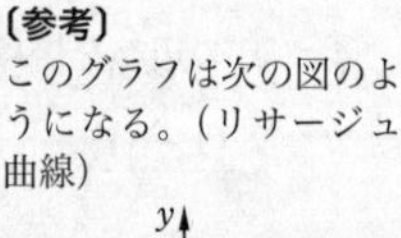

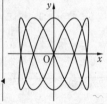

⑤ 半径 a の円 C が，原点 O を中心とする半径 1 の定円 C_0 に図のように接しながら滑らずに回転する。最初 C の中心 Q が点 $Q_0(1+a,\ 0)$ にあり，P が点 A(1, 0) にあるとする。C が動いたときの P の座標を a と $\angle Q_0OQ=\theta$ で表せ。

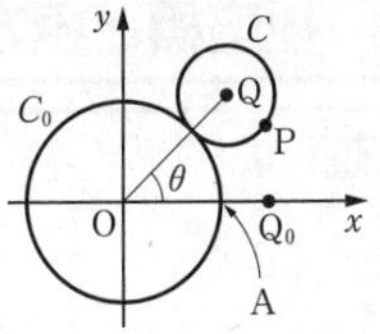

円 C と円 C_0 の接点を R とする。$\overset{\frown}{RP}=\overset{\frown}{RA}$ であるから

$$a\cdot\angle RQP=1\cdot\theta$$

◀ $l=r\theta$

よって　　$\angle RQP=\dfrac{\theta}{a}$

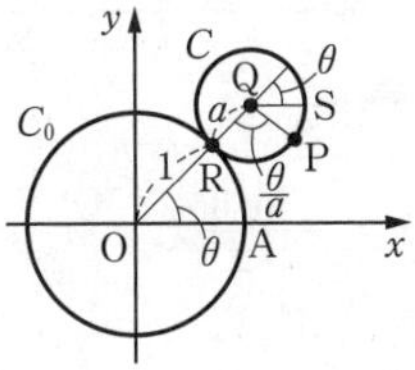

右の図のように，点 Q より x 軸に平行に引いた直線と円 C との交点を S とすると

$$\angle SQP=\theta-\pi+\frac{\theta}{a}=\frac{a+1}{a}\theta-\pi$$

よって　$\overrightarrow{QP}=\left(a\cos\left(\dfrac{a+1}{a}\theta-\pi\right),\ a\sin\left(\dfrac{a+1}{a}\theta-\pi\right)\right)$

$$=\left(-a\cos\frac{a+1}{a}\theta,\ -a\sin\frac{a+1}{a}\theta\right)$$

◀ QP $=a$

$$\overrightarrow{OQ}=((1+a)\cos\theta,\ (1+a)\sin\theta)$$

◀ OQ $=$ OR $+$ RQ $=1+a$

であるから

$$\overrightarrow{OP}=\overrightarrow{OQ}+\overrightarrow{QP}$$

$$=((1+a)\cos\theta,\ (1+a)\sin\theta)+\left(-a\cos\frac{a+1}{a}\theta,\ -a\sin\frac{a+1}{a}\theta\right)$$

$$=\left((1+a)\cos\theta-a\cos\frac{a+1}{a}\theta,\ (1+a)\sin\theta-a\sin\frac{a+1}{a}\theta\right)$$

したがって，点 P の座標は

$$\mathbf{P}\left((1+a)\cos\theta-a\cos\frac{a+1}{a}\theta,\ (1+a)\sin\theta-a\sin\frac{a+1}{a}\theta\right)$$

◀ 外サイクロイド

8 極座標と極方程式

練習 105〔1〕 次の極座標で表された点の直交座標を求めよ。

(1) $\left(3,\ \frac{5}{3}\pi\right)$　　(2) $\left(5,\ \frac{3}{2}\pi\right)$

〔2〕 次の直交座標で表された点の極座標 $(r,\ \theta)$ を求めよ。ただし，$0 \leqq \theta < 2\pi$ とする。

(1) $(-\sqrt{2},\ \sqrt{2})$　　(2) $(0,\ 3)$

〔1〕 (1) $x = 3\cos\frac{5}{3}\pi = \frac{3}{2}$

$y = 3\sin\frac{5}{3}\pi = -\frac{3\sqrt{3}}{2}$

よって，求める直交座標は

$\left(\boldsymbol{\frac{3}{2},\ -\frac{3\sqrt{3}}{2}}\right)$

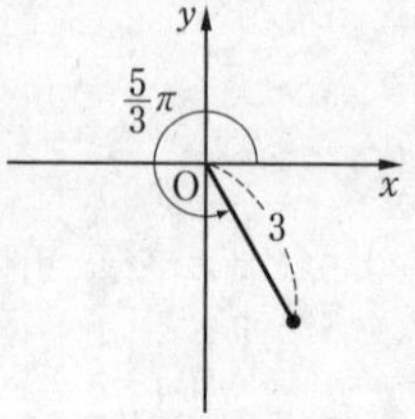

◀ $x = r\cos\theta$
$y = r\sin\theta$

(2) $x = 5\cos\frac{3}{2}\pi = 0$

$y = 5\sin\frac{3}{2}\pi = -5$

よって，求める直交座標は **(0, −5)**

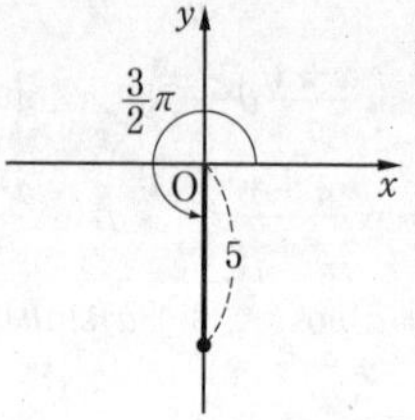

◀ $x = r\cos\theta$
$y = r\sin\theta$

〔2〕 (1) $r = \sqrt{(-\sqrt{2})^2 + (\sqrt{2})^2} = 2$

$\cos\theta = \frac{-\sqrt{2}}{2}$，$\sin\theta = \frac{\sqrt{2}}{2}$ とおくと

$0 \leqq \theta < 2\pi$ の範囲で　$\theta = \frac{3}{4}\pi$

よって，求める極座標は　$\left(\boldsymbol{2,\ \frac{3}{4}\pi}\right)$

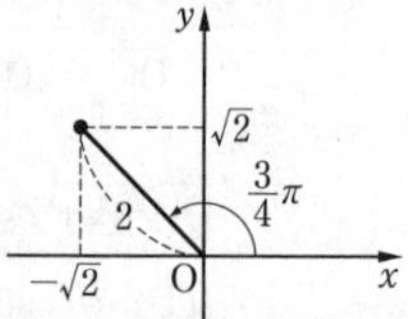

(2) $r = \sqrt{0^2 + 3^2} = 3$

$\cos\theta = \frac{0}{3} = 0$，$\sin\theta = \frac{3}{3} = 1$ とおくと

$0 \leqq \theta < 2\pi$ の範囲で　$\theta = \frac{\pi}{2}$

よって，求める極座標は　$\left(\boldsymbol{3,\ \frac{\pi}{2}}\right)$

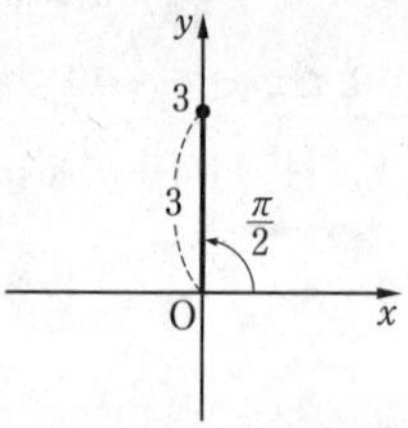

練習 106 極を O，3 点 A，B，C の極座標を $A\left(7,\ \frac{13}{12}\pi\right)$，$B\left(5,\ \frac{5}{12}\pi\right)$，$C\left(12,\ \frac{3}{4}\pi\right)$ とするとき

(1) 線分 AB の長さを求めよ。　(2) △OAB の面積を求めよ。

(3) △ABC の面積を求めよ。

(1) $\angle AOB = \frac{13}{12}\pi - \frac{5}{12}\pi = \frac{2}{3}\pi$

△OAB において，余弦定理により

$AB^2 = 7^2 + 5^2 - 2 \cdot 7 \cdot 5\cos\frac{2}{3}\pi$

$= 109$

$AB > 0$ より　$\boldsymbol{AB = \sqrt{109}}$

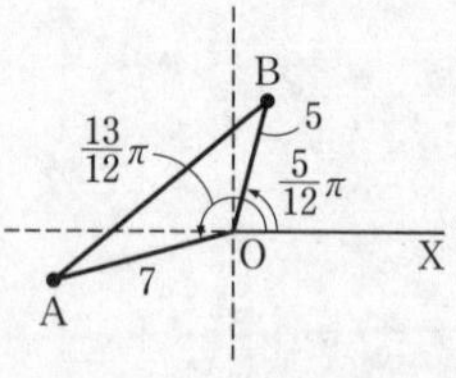

◀ $AB^2 = OA^2 + OB^2$
$-2OA \cdot OB\cos\angle AOB$

(2) (1) より　$\triangle OAB = \frac{1}{2}\cdot 7\cdot 5\sin\frac{2}{3}\pi = \mathbf{\frac{35\sqrt{3}}{4}}$

◀ $\triangle OAB = \frac{1}{2}OA\cdot OB\sin\angle AOB$

(3) $\angle AOC = \frac{13}{12}\pi - \frac{3}{4}\pi = \frac{\pi}{3}$,

$\angle BOC = \frac{3}{4}\pi - \frac{5}{12}\pi = \frac{\pi}{3}$

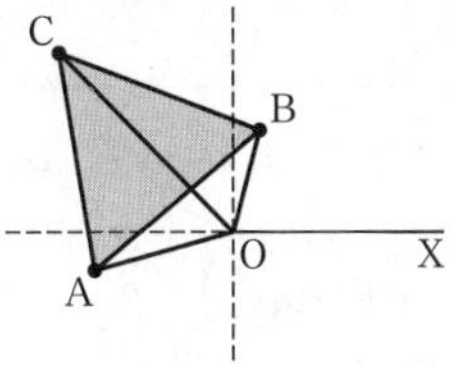

より

$\triangle OAC = \frac{1}{2}\cdot 7\cdot 12\sin\frac{\pi}{3} = 21\sqrt{3}$

$\triangle OBC = \frac{1}{2}\cdot 12\cdot 5\sin\frac{\pi}{3} = 15\sqrt{3}$

よって　$\triangle ABC = \triangle OAC + \triangle OBC - \triangle OAB$

$= 21\sqrt{3} + 15\sqrt{3} - \frac{35\sqrt{3}}{4} = \mathbf{\frac{109\sqrt{3}}{4}}$

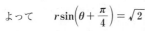

練習 107 次の方程式を極方程式で表せ。
(1) $x + y = 2$　(2) $x^2 = 4y$　(3) $(x-1)^2 + y^2 = 1$

(1) $x = r\cos\theta$, $y = r\sin\theta$ を代入して

$r\cos\theta + r\sin\theta = 2$

$\sqrt{2}\,r\left(\frac{1}{\sqrt{2}}\sin\theta + \frac{1}{\sqrt{2}}\cos\theta\right) = 2$

$\sqrt{2}\,r\sin\left(\theta + \frac{\pi}{4}\right) = 2$

◀ 三角関数の合成

よって　$\boldsymbol{r\sin\left(\theta + \frac{\pi}{4}\right) = \sqrt{2}}$

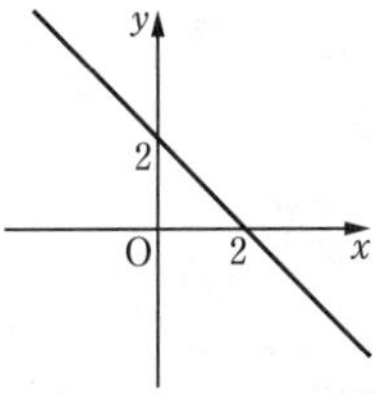

◀ $r = \frac{2}{\cos\theta + \sin\theta}$, $r = \frac{\sqrt{2}}{\sin\left(\theta + \frac{\pi}{4}\right)}$ などと答えてもよい。

(2) $x = r\cos\theta$, $y = r\sin\theta$ を代入して

$(r\cos\theta)^2 = 4r\sin\theta$

$r^2\cos^2\theta = 4r\sin\theta$

$r^2\cos^2\theta - 4r\sin\theta = 0$

$r(r\cos^2\theta - 4\sin\theta) = 0$

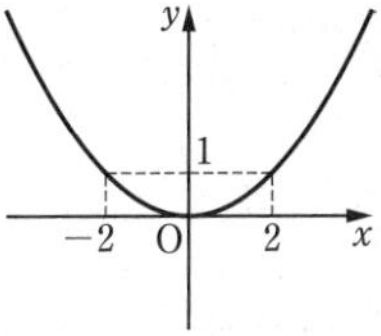

よって　$r = 0$　または　$r\cos^2\theta - 4\sin\theta = 0$

$r = 0$ は $r\cos^2\theta - 4\sin\theta = 0$ に含まれるから

◀ $r\cos^2\theta - 4\sin\theta = 0$ において，$\theta = 0$, π のとき $r = 0$ となる。

$\boldsymbol{r\cos^2\theta - 4\sin\theta = 0}$

◀ $r = \frac{4\sin\theta}{\cos^2\theta}$ と答えてもよい。

(3) $x = r\cos\theta$, $y = r\sin\theta$ を代入して

$(r\cos\theta - 1)^2 + (r\sin\theta)^2 = 1$

$r^2\cos^2\theta - 2r\cos\theta + 1 + r^2\sin^2\theta = 1$

$r^2(\cos^2\theta + \sin^2\theta) - 2r\cos\theta = 0$

◀ $\sin^2\theta + \cos^2\theta = 1$

$r^2 - 2r\cos\theta = 0$

$r(r - 2\cos\theta) = 0$

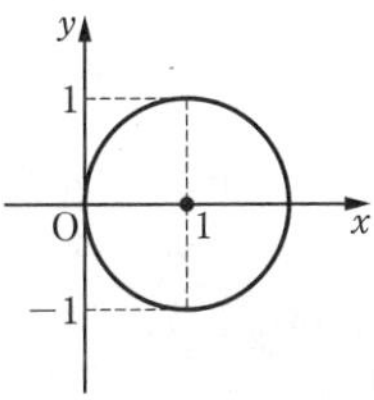

よって　$r = 0$　または　$r - 2\cos\theta = 0$

$r = 0$ は $r - 2\cos\theta = 0$ に含まれるから

◀ $r - 2\cos\theta = 0$ において，$\theta = \frac{\pi}{2}$ のとき $r = 0$ となる。

$r - 2\cos\theta = 0$ より　$\boldsymbol{r = 2\cos\theta}$

◀ 中心 (1, 0) で極 O を通る円である。

練習 108 次の極方程式を直交座標の方程式で表せ。

(1) $r\sin\left(\theta-\dfrac{\pi}{3}\right)=2$　　(2) $r=-\dfrac{1}{3}\sin\theta$　　(3) $r^2\cos 2\theta=1$

(1) $r\sin\left(\theta-\dfrac{\pi}{3}\right)=2$ より

$$r\left(\sin\theta\cos\frac{\pi}{3}-\cos\theta\sin\frac{\pi}{3}\right)=2$$

$$\frac{1}{2}r\sin\theta-\frac{\sqrt{3}}{2}r\cos\theta=2$$

よって　$r\sin\theta-\sqrt{3}\,r\cos\theta=4$

$r\sin\theta=y$, $r\cos\theta=x$ を代入して

$$y-\sqrt{3}\,x=4$$

よって　$\boldsymbol{\sqrt{3}\,x-y+4=0}$

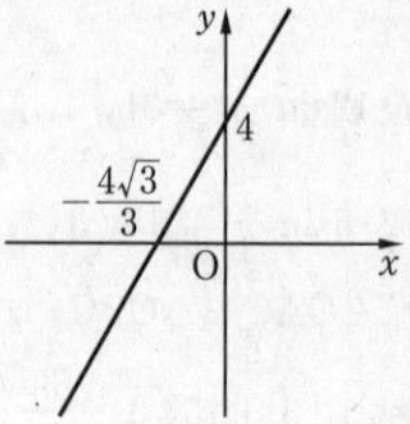

◀加法定理
$\sin(\alpha-\beta)$
$=\sin\alpha\cos\beta-\cos\alpha\sin\beta$
を用いて展開し，整理する。

(2) $r=-\dfrac{1}{3}\sin\theta$ の両辺に r を掛けて

$$r^2=-\frac{1}{3}r\sin\theta$$

$r^2=x^2+y^2$, $r\sin\theta=y$ を代入して

$$x^2+y^2=-\frac{y}{3}$$

よって　$\boldsymbol{x^2+\left(y+\dfrac{1}{6}\right)^2=\dfrac{1}{36}}$

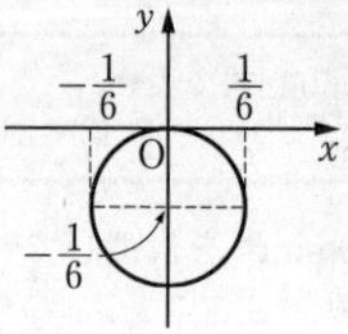

◀r^2, $r\sin\theta$ の形をつくるために，両辺に r を掛ける。

(3) $r^2\cos 2\theta=1$ より

$$r^2(\cos^2\theta-\sin^2\theta)=1$$

$$(r\cos\theta)^2-(r\sin\theta)^2=1$$

$r\cos\theta=x$, $r\sin\theta=y$ を代入して

$$\boldsymbol{x^2-y^2=1}$$

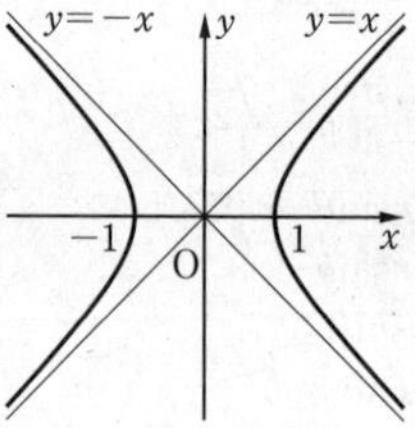

◀$\cos 2\theta=\cos^2\theta-\sin^2\theta$

練習 109 次の直線の極方程式を求めよ。

(1) 極座標が $\left(2,\ \dfrac{\pi}{6}\right)$ である点Hを通り，OHに垂直な直線 l

(2) 極座標が $\left(2,\ \dfrac{3}{2}\pi\right)$ である点Aを通り，始線OXに平行な直線 m

(3) 極座標が $(a,\ 0)$ である点Aを通り，始線OXとのなす角が α $\left(0<\alpha<\dfrac{\pi}{2}\right)$ である直線 n

(1) 直線 l 上の点Pの極座標を $(r,\ \theta)$ とすると，△OPHにおいて

$$\mathrm{OP}\cos\angle\mathrm{POH}=\mathrm{OH}$$

よって　$\boldsymbol{r\cos\left(\theta-\dfrac{\pi}{6}\right)=2}$

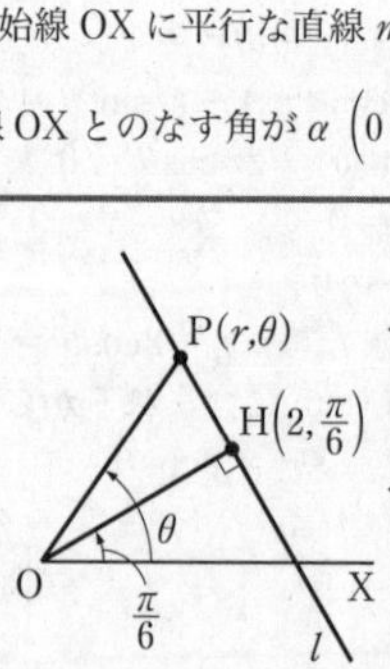

◀△OPHは，$\angle\mathrm{OHP}=\dfrac{\pi}{2}$ の直角三角形である。

◀$\angle\mathrm{POH}=\left|\theta-\dfrac{\pi}{6}\right|$ であり

$\cos\left|\theta-\dfrac{\pi}{6}\right|=\cos\left(\theta-\dfrac{\pi}{6}\right)$

〔別解〕

直交座標で考えると，$x = 2\cos\dfrac{\pi}{6}$, $y = 2\sin\dfrac{\pi}{6}$ より，H$(\sqrt{3},\ 1)$

であり，直線 OH の傾きは $\dfrac{1}{\sqrt{3}}$

直線 l は OH に直交し，点 H を通るから

$$y - 1 = -\sqrt{3}\left(x - \sqrt{3}\right) \quad \text{すなわち} \quad \sqrt{3}\,x + y = 4$$

$x = r\cos\theta$, $y = r\sin\theta$ を代入すると

$$r\left(\sqrt{3}\cos\theta + \sin\theta\right) = 4 \ \text{より} \qquad r\sin\left(\theta + \dfrac{\pi}{3}\right) = 2$$

(2) 直線 m 上の点 P の極座標を $(r,\ \theta)$ とすると，△OPA において

$$\text{OP}\cos\angle\text{POA} = \text{OA}$$

よって $\quad r\cos\left(\dfrac{3}{2}\pi - \theta\right) = 2$

したがって $\quad \boldsymbol{r\sin\theta = -2}$

〔別解〕

直交座標で考えると $\quad y = 2\sin\dfrac{3}{2}\pi = -2$

$y = r\sin\theta$ を代入すると $\quad r\sin\theta = -2$

(3) 極 O から直線 n に垂線 OH を下ろすと，

点 H の偏角は $\quad \alpha - \dfrac{\pi}{2}$

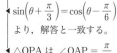

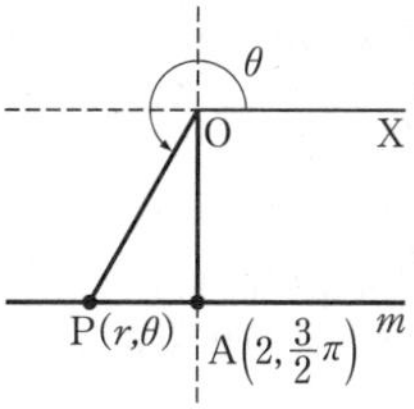

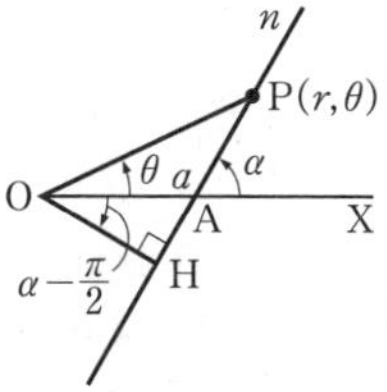

また，直線 n 上の点 P の極座標を $(r,\ \theta)$ とすると，△OPH において

$$\begin{aligned}
\text{OH} &= \text{OP}\cos\angle\text{POH} \\
&= r\cos\left\{\theta + \left(\dfrac{\pi}{2} - \alpha\right)\right\} \\
&= -r\sin(\theta - \alpha) \quad \cdots ①
\end{aligned}$$

ここで，△OAH において

$$\begin{aligned}
\text{OH} &= \text{OA}\cos\angle\text{AOH} \\
&= a\cos\left(\dfrac{\pi}{2} - \alpha\right) \\
&= a\sin\alpha \quad \cdots ②
\end{aligned}$$

①，② より，求める極方程式は

$$\boldsymbol{r\sin(\theta - \alpha) = -a\sin\alpha}$$

〔別解〕

$\angle\text{OAP} = \pi - \alpha$, $\angle\text{APO} = \alpha - \theta$ であるから，△OAP において，正弦定理により

$$\dfrac{r}{\sin(\pi - \alpha)} = \dfrac{a}{\sin(\alpha - \theta)}$$

$$r\sin(\alpha - \theta) = a\sin\alpha$$

よって $\quad r\sin(\theta - \alpha) = -a\sin\alpha$

右側注記：

極 O を原点，始線を x 軸の正の方向にとり，直交座標系を考える。

$\sin\left(\theta + \dfrac{\pi}{3}\right) = \cos\left(\theta - \dfrac{\pi}{6}\right)$
より，解答と一致する。

△OPA は $\angle\text{OAP} = \dfrac{\pi}{2}$ の直角三角形である。

$\angle\text{POA} = \left|\dfrac{3}{2}\pi - \theta\right|$ であり
$\cos\left|\dfrac{3}{2}\pi - \theta\right| = \cos\left(\dfrac{3}{2}\pi - \theta\right)$

$\cos\left(\dfrac{3}{2}\pi - \theta\right) = -\sin\theta$

$0 < \alpha < \dfrac{\pi}{2}$ より，
$\alpha - \dfrac{\pi}{2} < 0$ であるから
$$\begin{aligned}
\angle\text{AOH} &= -\left(\alpha - \dfrac{\pi}{2}\right) \\
&= \dfrac{\pi}{2} - \alpha
\end{aligned}$$

練習 110 (1) 点 $C\left(2,\ \frac{\pi}{6}\right)$ を中心とし，極 O を通る円の極方程式を求めよ。

(2) 点 $C\left(2,\ \frac{\pi}{4}\right)$ を中心とし，半径が 3 の円の極方程式を求めよ。

(1) 円の直径 OA を考えると，点 A の極座標は

$A\left(4,\ \frac{\pi}{6}\right)$

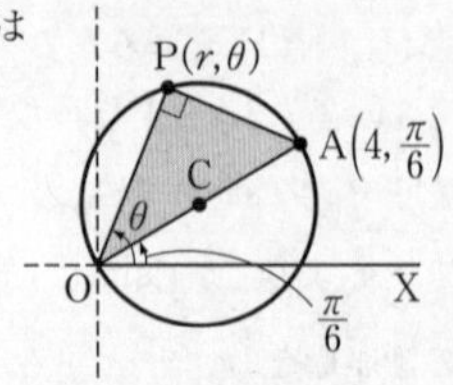

円上の点 P の極座標を $(r,\ \theta)$ とすると

$\angle APO=\frac{\pi}{2}$ より，$\triangle APO$ において

$OP=OA\cos\angle AOP$

$$\boldsymbol{r=4\cos\left(\theta-\frac{\pi}{6}\right)}$$

◀ OA が円の直径であるから，中心角と円周角の関係より　$\angle APO=\frac{\pi}{2}$

◀ $\angle AOP=\left|\theta-\frac{\pi}{6}\right|$ であり $\cos\left|\theta-\frac{\pi}{6}\right|=\cos\left(\theta-\frac{\pi}{6}\right)$

(2) 円上の点 P の極座標を $(r,\ \theta)$ とすると，$\triangle OCP$ において，余弦定理により

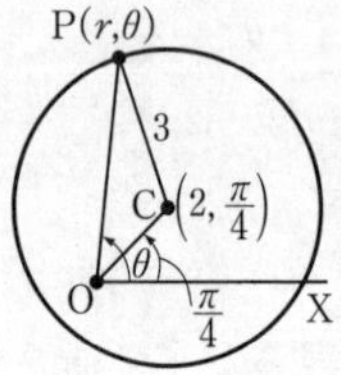

$CP^2=OC^2+OP^2-2OC\cdot OP\cos\angle POC$

$3^2=2^2+r^2-2\cdot 2r\cos\left(\theta-\frac{\pi}{4}\right)$

よって　$\boldsymbol{r^2-4r\cos\left(\theta-\frac{\pi}{4}\right)-5=0}$

◀ $\angle POC=\left|\theta-\frac{\pi}{4}\right|$ であり $\cos\left|\theta-\frac{\pi}{4}\right|=\cos\left(\theta-\frac{\pi}{4}\right)$

〔別解〕

直交座標で考えると，点 $C(\sqrt{2},\ \sqrt{2})$ を中心とする半径 3 の円の方程式は　$(x-\sqrt{2})^2+(y-\sqrt{2})^2=9$

$x^2+y^2-2\sqrt{2}x-2\sqrt{2}y-5=0$

$x=r\cos\theta,\ y=r\sin\theta,\ x^2+y^2=r^2$ を代入すると

$r^2-2\sqrt{2}r\cos\theta-2\sqrt{2}r\sin\theta-5=0$

$r^2-4r\left(\frac{\sqrt{2}}{2}\cos\theta+\frac{\sqrt{2}}{2}\sin\theta\right)-5=0$

よって　$r^2-4r\cos\left(\theta-\frac{\pi}{4}\right)-5=0$

◀ $r^2-4r\sin\left(\theta+\frac{\pi}{4}\right)-5=0$ としてもよい。

練習 111 次の極方程式は，極 O を焦点とする 2 次曲線を表すことを示せ。

(1) $r=\frac{1}{2-2\cos\theta}$　　(2) $r=\frac{1}{2+\sqrt{3}\cos\theta}$

(1) $r=\frac{1}{2-2\cos\theta}$ …① より　$2r-2r\cos\theta=1$

よって　$r=r\cos\theta+\frac{1}{2}$

両辺を 2 乗すると　$r^2=\left(r\cos\theta+\frac{1}{2}\right)^2$

$r^2=x^2+y^2,\ r\cos\theta=x$ を代入すると

$x^2+y^2=\left(x+\frac{1}{2}\right)^2$

◀ 直交座標で考える。

ゆえに　　$y^2 = x + \frac{1}{4}$

これは $\left(-\frac{1}{4},\ 0\right)$ を頂点とする放物線を表す。この放物線の焦点は点 $(0,\ 0)$ であるから，極方程式 ① は極 O を焦点とする放物線を表す。

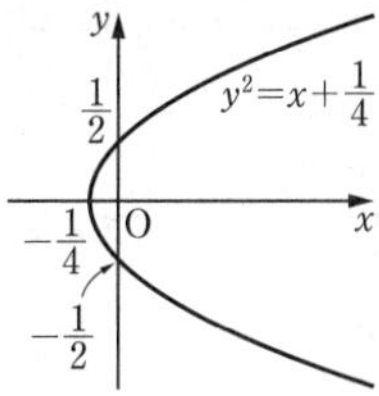

◀ 放物線 $y^2 = x$ の焦点 $\left(\frac{1}{4},\ 0\right)$

◀ 放物線 $y^2 = x + \frac{1}{4}$ の焦点は，これを x 軸方向に $-\frac{1}{4}$ だけ平行移動した点である。

(2)　$r = \dfrac{1}{2+\sqrt{3}\cos\theta}$ …② より　　$2r + \sqrt{3}\,r\cos\theta = 1$

よって　　$2r = -\sqrt{3}\,r\cos\theta + 1$

◀ 直交座標で考える。

両辺を 2 乗すると　　$4r^2 = \left(-\sqrt{3}\,r\cos\theta + 1\right)^2$

$r^2 = x^2 + y^2$，$r\cos\theta = x$ を代入すると

$$4(x^2+y^2) = \left(-\sqrt{3}\,x + 1\right)^2$$

整理すると

$$x^2 + 2\sqrt{3}\,x + 4y^2 = 1$$

$$\frac{\left(x+\sqrt{3}\right)^2}{4} + y^2 = 1$$

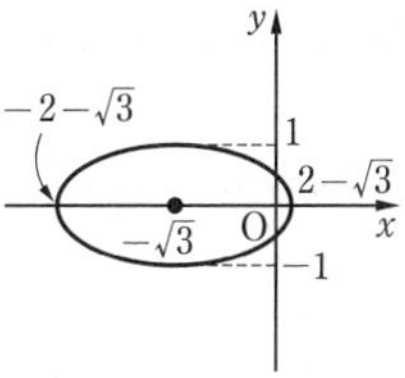

これは点 $\left(-\sqrt{3},\ 0\right)$ を中心とする楕円を表す。

この楕円の焦点の座標は $\left(\pm\sqrt{4-1}-\sqrt{3},\ 0\right)$ より $(0,\ 0)$ と $\left(-2\sqrt{3},\ 0\right)$ となる。

以上より，極方程式 ② は極 O を焦点の 1 つとする楕円を表す。

◀ 楕円 $\frac{x^2}{4} + y^2 = 1$ の焦点　$\left(\pm\sqrt{4-1},\ 0\right)$

◀ 楕円 $\frac{\left(x+\sqrt{3}\right)^2}{4} + y^2 = 1$ の焦点は，これらを x 軸方向に $-\sqrt{3}$ だけ平行移動すればよい。

練習 112　点 $F(1,\ 0)$ からの距離と直線 $l : x = -2$ からの距離の比が次のような点 P の軌跡を，点 F を極，x 軸の正の部分を始線とする極方程式で表せ。

(1)　1 : 2　　　　(2)　2 : 1

点 P から l へ垂線 PH を下ろし，点 P の極座標を $P(r,\ \theta)$ とすると

◀ 例題 112 と同様に考える。

$$PF = r,\ PH = 3 + r\cos\theta$$

(1)　PF : PH = 1 : 2 より　　2PF = PH

$$2r = 3 + r\cos\theta$$
$$r(2-\cos\theta) = 3$$

よって　　$\boldsymbol{r = \dfrac{3}{2-\cos\theta}}$

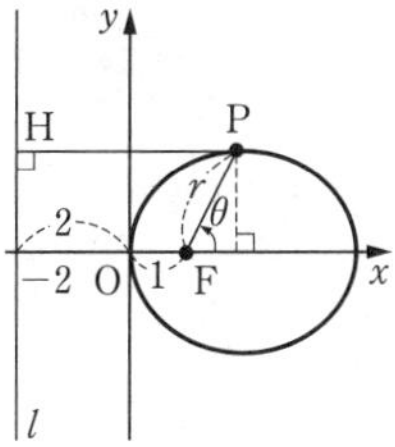

◀ 離心率は $\frac{1}{2}$ であり，楕円となる。

(2)　PF : PH = 2 : 1 より　　PF = 2PH

$$r = 2(3 + r\cos\theta)$$
$$r(1-2\cos\theta) = 6$$

よって　　$\boldsymbol{r = \dfrac{6}{1-2\cos\theta}}$

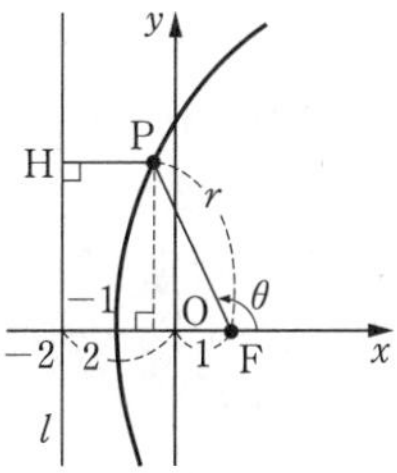

◀ 離心率は 2 であり，双曲線となる。

Plus One

2次曲線と極方程式

Fと直線 l の距離を d とする。

(ア) 準線が焦点(極O)より左側にあるとき

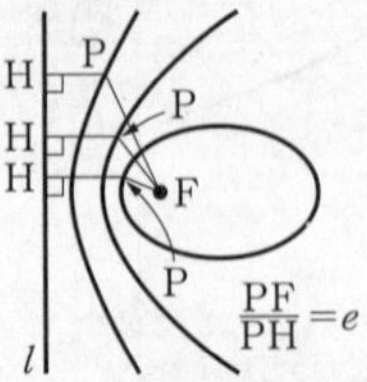

$$r=\frac{ed}{1-e\cos\theta}$$

(イ) 準線が焦点(極O)より右側にあるとき

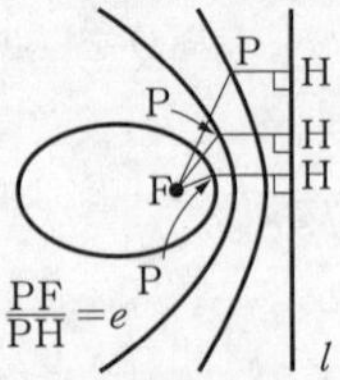

$$r=\frac{ed}{1+e\cos\theta}$$

チャレンジ《8》 次の極方程式で表される2次曲線の離心率を答えよ。

(1) $r=\dfrac{2}{1+\cos\theta}$　　(2) $r=\dfrac{4}{2-3\cos\theta}$

(1) $r=\dfrac{2}{1+\cos\theta}=\dfrac{1\cdot2}{1+1\cdot\cos\theta}$

であるから，この2次曲線の離心率は　**1**

(2) $r=\dfrac{4}{2-3\cos\theta}=\dfrac{2}{1-\dfrac{3}{2}\cos\theta}=\dfrac{\dfrac{3}{2}\cdot\dfrac{4}{3}}{1-\dfrac{3}{2}\cos\theta}$

であるから，この2次曲線の離心率は　$\boldsymbol{\dfrac{3}{2}}$

◀ e を離心率とすると $r=\dfrac{ed}{1\pm e\cos\theta}$

◀ 離心率が1であるから，放物線である。

◀ 離心率が $\dfrac{3}{2}>1$ であるから，双曲線である。

練習 113 (1) 双曲線 $C: x^2-y^2=1$ とする。焦点 $\mathrm{F}(\sqrt{2},\ 0)$ を極，x 軸の正の部分を始線とする極座標において，双曲線 C の極方程式を求めよ。

(2) (1)の双曲線 C，点Fに対して，Fを通る直線と C の $x\geqq1$ の部分との2つの交点をA，Bとするとき，$\dfrac{1}{\mathrm{FA}}+\dfrac{1}{\mathrm{FB}}$ は一定の値をとることを証明せよ。

(1) 双曲線 C 上の点 $\mathrm{P}(x,\ y)$ の極座標を $(r,\ \theta)$ $(r\geqq0)$ とおくと

$$\begin{cases}x=\sqrt{2}+r\cos\theta\\ y=r\sin\theta\end{cases}$$

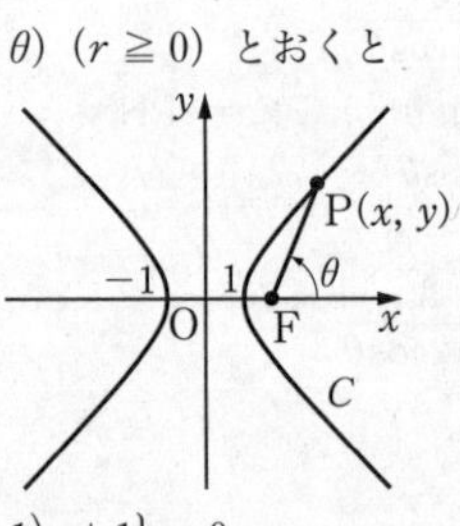

$x^2-y^2=1$ に代入すると

$$(\sqrt{2}+r\cos\theta)^2-(r\sin\theta)^2=1$$

$$2+2\sqrt{2}\,r\cos\theta+r^2\cos^2\theta-r^2\sin^2\theta=1$$

$$(2\cos^2\theta-1)r^2+2\sqrt{2}\,r\cos\theta+1=0$$

よって　$\{(\sqrt{2}\cos\theta+1)r+1\}\{(\sqrt{2}\cos\theta-1)r+1\}=0$

したがって，求める極方程式は

$$\boldsymbol{r=\frac{1}{1-\sqrt{2}\cos\theta}}\quad\textbf{または}\quad\boldsymbol{r=-\frac{1}{1+\sqrt{2}\cos\theta}}$$

◀ どちらも同じ双曲線を表す。

(2) A, B の極座標をそれぞれ $(r_1,\ \theta_1)$, $(r_2,\ \theta_2)$ とおくと

$$r_1 = \frac{1}{1-\sqrt{2}\cos\theta_1},\quad r_2 = \frac{1}{1-\sqrt{2}\cos\theta_2}$$

ここで, $\theta_2 = \theta_1 + \pi$ であるから

$$\frac{1}{\mathrm{FA}} + \frac{1}{\mathrm{FB}} = \frac{1}{r_1} + \frac{1}{r_2} = 1-\sqrt{2}\cos\theta_1 + 1-\sqrt{2}\cos\theta_2$$
$$= 2-\sqrt{2}\cos\theta_1 - \sqrt{2}\cos(\theta_1+\pi)$$
$$= 2$$

したがって, $\dfrac{1}{\mathrm{FA}} + \dfrac{1}{\mathrm{FB}}$ は一定である。

$r = -\dfrac{1}{1+\sqrt{2}\cos\theta}$ のときも, 同様にして示すことができる。

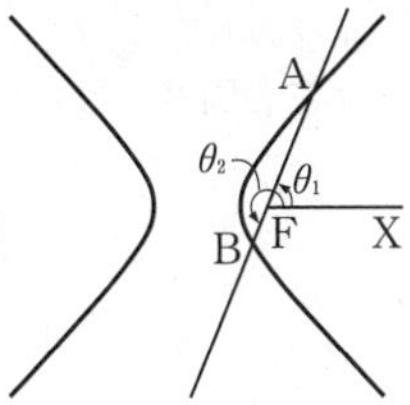

◀ $\cos(\theta_1+\pi) = -\cos\theta_1$ である。

練習 **114** 長さ $2a$ $(a>0)$ の線分 AB の中点を O とする。線分 AB 外の動点 P が $\mathrm{AP}\cdot\mathrm{BP} = a^2$ となるように動くとき, 点 P の軌跡を図示せよ。

直線 AB を x 軸, O を原点とする直交座標を考え, $\mathrm{P}(x,\ y)$, $\mathrm{A}(-a,\ 0)$, $\mathrm{B}(a,\ 0)$ とすると, $\mathrm{AP}\cdot\mathrm{BP} = a^2$ より　$\mathrm{AP}^2\cdot\mathrm{BP}^2 = a^4$

$$\{(x+a)^2+y^2\}\{(x-a)^2+y^2\} = a^4$$
$$(x^2-a^2)^2 + y^2\{(x+a)^2+(x-a)^2\} + y^4 = a^4$$
$$(x^2+a^2)^2 - 4a^2x^2 + 2y^2(x^2+a^2) + y^4 = a^4$$
$$(x^2+y^2+a^2)^2 - 4a^2x^2 = a^4$$
$$(x^2+y^2)^2 + 2a^2(x^2+y^2) + a^4 - 4a^2x^2 = a^4$$

よって　$(x^2+y^2)^2 = 2a^2(x^2-y^2)$ …①

◀ (左辺) $\geqq 0$ より (右辺) $\geqq 0$ すなわち　$x^2-y^2 \geqq 0$

ここで, 原点を極とし, x 軸の正の部分を始線とする極座標で軌跡を表す。

$x = r\cos\theta$, $y = r\sin\theta$ を ① に代入すると

$$r^4 = 2a^2r^2(\cos^2\theta - \sin^2\theta) = 2a^2r^2\cos 2\theta$$
$$r^2(r^2 - 2a^2\cos 2\theta) = 0$$

よって　$r^2 = 0$　または　$r^2 = 2a^2\cos 2\theta$

$r^2 = 0$ は $r^2 = 2a^2\cos 2\theta$ に含まれる。

よって　$r^2 = 2a^2\cos 2\theta$

◀ ① から判断するより, 極方程式から判断する方が, 曲線がレムニスケートであることがよく分かる。

偏角が θ, $-\theta$, $\theta+\pi$ となる曲線上の点を P, P_1, P_2 とする。

このとき　$\mathrm{OP}^2 = 2a^2\cos 2\theta$

$$\mathrm{OP_1}^2 = 2a^2\cos 2(-\theta) = 2a^2\cos 2\theta$$
$$\mathrm{OP_2}^2 = 2a^2\cos 2(\theta+\pi) = 2a^2\cos 2\theta$$

となるから　$\mathrm{OP} = \mathrm{OP_1} = \mathrm{OP_2}$

$\mathrm{OP} = \mathrm{OP_1}$ より, 点 P と点 P_1 は始線に関して対称。

$\mathrm{OP} = \mathrm{OP_2}$ より, 点 P と点 P_2 は極に関して対称。

よって, この曲線は始線および極に関して対称である。

$0 \leqq \theta \leqq \dfrac{\pi}{4}$ の範囲で, θ にいくつかの値を代入して対応する r^2 の値を求めると, 次の表のようになる。

◀ $0 \leqq \theta \leqq \dfrac{\pi}{2}$ の範囲での概形をかけばよいが, $\dfrac{\pi}{4} < \theta \leqq \dfrac{\pi}{2}$ のとき $\cos 2\theta < 0$ より r は存在しない。

θ	0	$\dfrac{\pi}{12}$	$\dfrac{\pi}{8}$	$\dfrac{\pi}{6}$	$\dfrac{\pi}{4}$
r^2	$2a^2$	$\sqrt{3}a^2$	$\sqrt{2}a^2$	a^2	0

曲線の対称性から，点Pの軌跡は**右の図**のようになる。

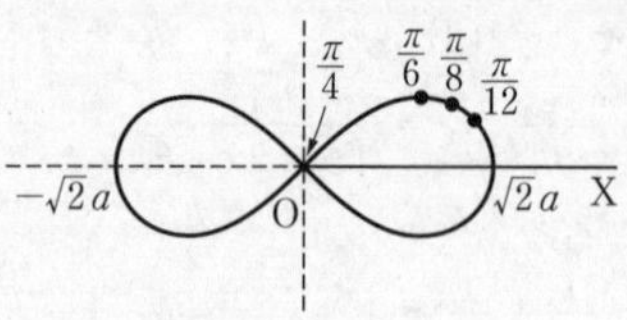

p.227 問題編 8 極座標と極方程式

> 問題 **105** 極座標 $\left(-2,\ \frac{\pi}{6}\right)$ で表された点を図示せよ。また，その直交座標を求めよ。

$r=-2<0$ より $(-r,\ \theta)$ は $(r,\ \theta+\pi)$ と同じ点を表すから

$r=2,\ \theta=\frac{\pi}{6}+\pi=\frac{7}{6}\pi$ として考える。

$$x=2\cos\frac{7}{6}\pi=-\sqrt{3}$$

$$y=2\sin\frac{7}{6}\pi=-1$$

よって，求める直交座標は　$\boldsymbol{(-\sqrt{3},\ -1)}$

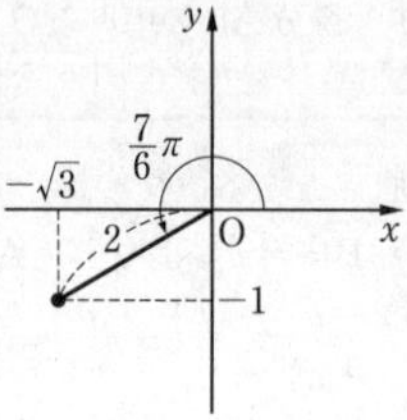

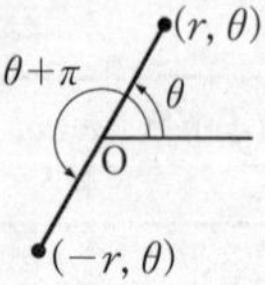

> 問題 **106** 極をO，2点A，Bの極座標を $\mathrm{A}(r_1,\ \theta_1)$，$\mathrm{B}(r_2,\ \theta_2)$ とするとき，次の等式を示せ。ただし，$r_1>0,\ r_2>0,\ 0\leqq\theta_1\leqq 2\pi,\ 0\leqq\theta_2\leqq 2\pi$ とする。
>
> (1) $\mathrm{AB}=\sqrt{r_1{}^2+r_2{}^2-2r_1r_2\cos(\theta_2-\theta_1)}$
>
> (2) $\triangle\mathrm{OAB}=\frac{1}{2}r_1r_2|\sin(\theta_2-\theta_1)|$

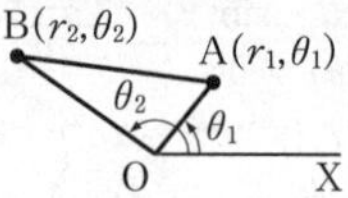

(1) $\triangle\mathrm{OAB}$ において，$\angle\mathrm{AOB}$ は $|\theta_2-\theta_1|$ または $2\pi-|\theta_2-\theta_1|$ と表される。

$\angle\mathrm{AOB}=|\theta_2-\theta_1|$ のとき，余弦定理により

$$\mathrm{AB}^2=\mathrm{OA}^2+\mathrm{OB}^2-2\cdot\mathrm{OA}\cdot\mathrm{OB}\cos\angle\mathrm{AOB}$$
$$=r_1{}^2+r_2{}^2-2r_1r_2\cos|\theta_2-\theta_1|$$

ここで，$\cos|\theta_2-\theta_1|=\cos(\theta_2-\theta_1)$ となるから

$$\mathrm{AB}^2=r_1{}^2+r_2{}^2-2r_1r_2\cos(\theta_2-\theta_1)$$

よって，$\mathrm{AB}>0$ より

$$\mathrm{AB}=\sqrt{r_1{}^2+r_2{}^2-2r_1r_2\cos(\theta_2-\theta_1)}$$

また，$\angle\mathrm{AOB}=2\pi-|\theta_2-\theta_1|$ のとき

$$\cos(2\pi-|\theta_2-\theta_1|)=\cos|\theta_2-\theta_1|=\cos(\theta_2-\theta_1)$$

であるから，同様に成り立つ。

(2) (1)より，$\angle\mathrm{AOB}=|\theta_2-\theta_1|$ のとき

$$\triangle\mathrm{OAB}=\frac{1}{2}\cdot\mathrm{OA}\cdot\mathrm{OB}\cdot\sin\angle\mathrm{AOB}=\frac{1}{2}r_1r_2\sin|\theta_2-\theta_1|$$

ここで，$\sin|\theta_2-\theta_1|=|\sin(\theta_2-\theta_1)|$ となるから

$$\triangle\mathrm{OAB}=\frac{1}{2}r_1r_2|\sin(\theta_2-\theta_1)|$$

◀ $|\theta_2-\theta_1|>\pi$ のとき，$\angle\mathrm{AOB}$ は $2\pi-|\theta_2-\theta_1|$ となる。

◀ 偏角 θ_1，θ_2 は，$|\theta_2-\theta_1|$ が $\triangle\mathrm{OAB}$ の内角となるようにとって考えるとよい。

◀ $\cos(-\theta)=\cos\theta$

◀ $\cos(2\pi-\theta)=\cos\theta$
$\cos(-\theta)=\cos\theta$

◀ $0\leqq|\theta_2-\theta_1|\leqq\pi$ のとき

◀ $\sin(-\theta)=-\sin\theta$

また，$\angle AOB = 2\pi - |\theta_2 - \theta_1|$ のとき

$\sin(2\pi - |\theta_2 - \theta_1|) = -\sin|\theta_2 - \theta_1| = |\sin(\theta_2 - \theta_1)|$

であるから，同様に成り立つ。

◀ $|\theta_2 - \theta_1| > \pi$ のとき $\sin|\theta_2 - \theta_1| < 0$

問題 **107** 次の方程式を極方程式で表せ。

(1) $2x - y = k$　　(2) $y^2 = 4px$　　(3) $(x-a)^2 + (y-a)^2 = 2a^2$

---

(1) $x = r\cos\theta$, $y = r\sin\theta$ を代入して　$2r\cos\theta - r\sin\theta = k$

$$\sqrt{5}\,r\left(-\frac{1}{\sqrt{5}}\sin\theta + \frac{2}{\sqrt{5}}\cos\theta\right) = k$$

$$\sqrt{5}\,r\sin(\theta + \alpha) = k \quad ただし\ \cos\alpha = -\frac{1}{\sqrt{5}},\ \sin\alpha = \frac{2}{\sqrt{5}}$$

よって

$$\boldsymbol{r\sin(\theta+\alpha) = \frac{k}{\sqrt{5}}}\quad \textbf{ただし}\ \boldsymbol{\cos\alpha = -\frac{1}{\sqrt{5}},\ \sin\alpha = \frac{2}{\sqrt{5}}}$$

◀ $r(2\cos\theta - \sin\theta) = k$ と答えてもよい。

(2) $x = r\cos\theta$, $y = r\sin\theta$ を代入して　$(r\sin\theta)^2 = 4pr\cos\theta$

$r(r\sin^2\theta - 4p\cos\theta) = 0$

よって　$r = 0$　または　$r\sin^2\theta - 4p\cos\theta = 0$

$r = 0$ は $r\sin^2\theta - 4p\cos\theta = 0$ に含まれるから

$\boldsymbol{r\sin^2\theta - 4p\cos\theta = 0}$

◀ $r\sin^2\theta - 4p\cos\theta = 0$ において，$\theta = \frac{\pi}{2}$ のとき $r = 0$ となる。

◀ $r = \frac{4p\cos\theta}{\sin^2\theta}$ と答えてもよい。

(3) $x = r\cos\theta$, $y = r\sin\theta$ を代入して

$(r\cos\theta - a)^2 + (r\sin\theta - a)^2 = 2a^2$

$r^2\cos^2\theta - 2ra\cos\theta + r^2\sin^2\theta - 2ra\sin\theta = 0$

$r^2(\cos^2\theta + \sin^2\theta) - 2ra(\cos\theta + \sin\theta) = 0$

$r^2 - 2ra(\cos\theta + \sin\theta) = 0$

$r\{r - 2a(\sin\theta + \cos\theta)\} = 0$

$$r\left\{r - 2\sqrt{2}\,a\sin\left(\theta + \frac{\pi}{4}\right)\right\} = 0$$

◀ $\cos^2\theta + \sin^2\theta = 1$

よって　$r = 0$　または　$r - 2\sqrt{2}\,a\sin\left(\theta + \frac{\pi}{4}\right) = 0$

$r = 0$ は $r - 2\sqrt{2}\,a\sin\left(\theta + \frac{\pi}{4}\right) = 0$ に含まれるから，

$r - 2\sqrt{2}\,a\sin\left(\theta + \frac{\pi}{4}\right) = 0$ より　$\boldsymbol{r = 2\sqrt{2}\,a\sin\left(\theta + \frac{\pi}{4}\right)}$

◀ $r - 2\sqrt{2}\,a\sin\left(\theta + \frac{\pi}{4}\right) = 0$ において，$\theta = \frac{3}{4}\pi$ のとき $r = 0$ となる。

問題 **108** 次の極方程式を直交座標の方程式で表せ。

(1) $r = \dfrac{\cos\theta}{\sin^2\theta}$　　(2) $r = \dfrac{\sqrt{2}}{1 - \sqrt{2}\cos\theta}$

---

(1) $r = \dfrac{\cos\theta}{\sin^2\theta}$ の両辺に $r\sin^2\theta$ を掛けて

$r^2\sin^2\theta = r\cos\theta$

$(r\sin\theta)^2 = r\cos\theta$

$r\cos\theta = x$, $r\sin\theta = y$ を代入して

$\boldsymbol{y^2 = x}$

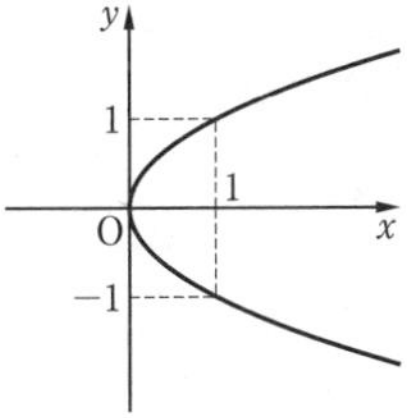

◀ $r\sin\theta$, $r\cos\theta$ の形をつくるために両辺に $r\sin^2\theta$ を掛ける。

2章 8 極座標と極方程式

(2) $r=\dfrac{\sqrt{2}}{1-\sqrt{2}\cos\theta}$ より

$r(1-\sqrt{2}\cos\theta)=\sqrt{2}$

$r-\sqrt{2}\,r\cos\theta=\sqrt{2}$

$r\cos\theta=x$ を代入して　　$r=\sqrt{2}(x+1)$

両辺を 2 乗して　　$r^2=2(x+1)^2$

$r^2=x^2+y^2$ に代入して

$2(x+1)^2=x^2+y^2$

$x^2+4x+2-y^2=0$

$(x+2)^2-y^2=2$

よって　　$\boldsymbol{\dfrac{(x+2)^2}{2}-\dfrac{y^2}{2}=1}$

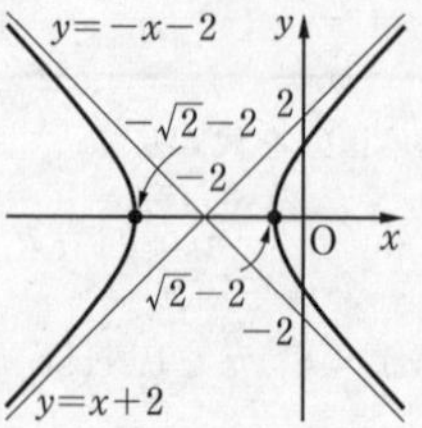

問題 **109** 極座標で表された 2 点 $\mathrm{A}\left(2,\ \dfrac{\pi}{3}\right)$, $\mathrm{B}\left(4,\ \dfrac{2}{3}\pi\right)$ を通る直線の極方程式を求めよ。

直線 AB 上の点 P の極座標を $(r,\ \theta)$ とする。

$\mathrm{OA}=2,\ \mathrm{OB}=4,$

$\angle\mathrm{AOB}=\dfrac{2}{3}\pi-\dfrac{\pi}{3}=\dfrac{\pi}{3}$ より,

$\triangle\mathrm{OAB}$ は $\angle\mathrm{OAB}=\dfrac{\pi}{2}$ の直角三角形である。

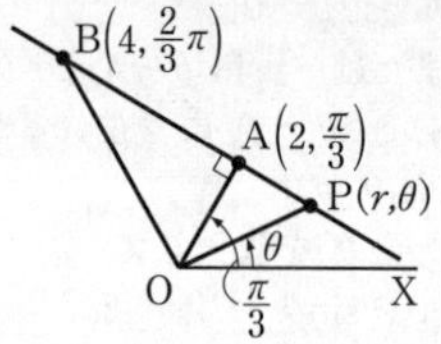

$\mathrm{OA}\perp\mathrm{AB}$ であるから, $\triangle\mathrm{OAP}$ は $\angle\mathrm{OAP}=\dfrac{\pi}{2}$ の直角三角形

よって　　$\mathrm{OP}\cos\angle\mathrm{POA}=\mathrm{OA}$

◀ $\angle\mathrm{POA}=\left|\theta-\dfrac{\pi}{3}\right|$ であり $\cos\left|\dfrac{\pi}{3}-\theta\right|=\cos\left(\theta-\dfrac{\pi}{3}\right)$

したがって　　$\boldsymbol{r\cos\left(\theta-\dfrac{\pi}{3}\right)=2}$

〔別解〕

直交座標で考えると, $\mathrm{A}(1,\ \sqrt{3})$, $\mathrm{B}(-2,\ 2\sqrt{3})$ となる。

◀ $\mathrm{A}\left(2\cos\dfrac{\pi}{3},\ 2\sin\dfrac{\pi}{3}\right)$, $\mathrm{B}\left(4\cos\dfrac{2}{3}\pi,\ 4\sin\dfrac{2}{3}\pi\right)$

この 2 点を通る直線の方程式は

$$y-\sqrt{3}=\frac{2\sqrt{3}-\sqrt{3}}{-2-1}(x-1)$$

すなわち　　$x+\sqrt{3}\,y-4=0$

$x=r\cos\theta,\ y=r\sin\theta$ を代入すると

$r\cos\theta+\sqrt{3}\,r\sin\theta-4=0$

$2r\left(\dfrac{1}{2}\cos\theta+\dfrac{\sqrt{3}}{2}\sin\theta\right)=4$

◀ $\sqrt{3}\sin\theta+\cos\theta=2\sin\left(\theta+\dfrac{\pi}{6}\right)$

$2r\sin\left(\theta+\dfrac{\pi}{6}\right)=4$

よって　　$r\sin\left(\theta+\dfrac{\pi}{6}\right)=2$

◀ $r=\dfrac{4}{\cos\theta+\sqrt{3}\sin\theta}$, $r=\dfrac{2}{\sin\left(\theta+\dfrac{\pi}{6}\right)}$ と答えてもよい。

問題 110 次の円の極方程式を求めよ。
(1) 極座標で，中心が $C(c,\ \alpha)$，半径が a である円
(2) 半径 a で始線上に中心をもち，極を通る円

(1) 円上の点 P の極座標を $(r,\ \theta)$ とすると，
△OCP において，余弦定理により
$CP^2 = OP^2 + OC^2 - 2OP\cdot OC\cos\angle COP$
$a^2 = r^2 + c^2 - 2\cdot r\cdot c\cos(\theta-\alpha)$
よって
$$\boldsymbol{r^2 - 2cr\cos(\theta-\alpha) + c^2 - a^2 = 0}$$

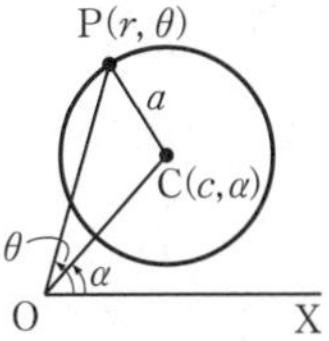

(2) 極を O，円上の点 P の極座標を $(r,\ \theta)$ とする。
また，円の直径 OA を考えると，点 A の
極座標は　$A(2a,\ 0)$

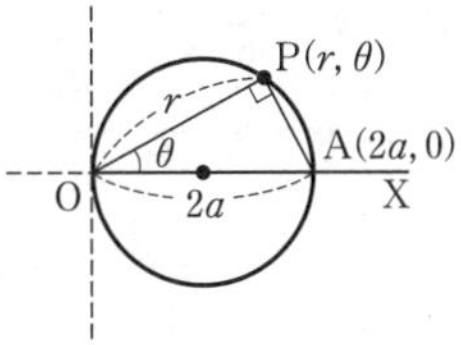

(ア) 点 P が O，A 以外にあるとき
$\angle OPA = \dfrac{\pi}{2}$ より，△OAP において
$OP = OA\cos\angle POA$
よって　$r = 2a\cos\theta$

◀ OA が直径であるから，中心角と円周角の関係より
$\angle OPA = \dfrac{\pi}{2}$

(イ) 点 P が O，A にあるとき
$r=0$，$r=2a$ であるから，$r = 2a\cos\theta$ で表される。
(ア)，(イ) より　$\boldsymbol{r = 2a\cos\theta}$

◀ $\theta = \dfrac{\pi}{2}$ のとき　$r=0$
$\theta = 0$ のとき　$r = 2a$

問題 111 e を $0<e<1$ を満たす定数，a を正の定数とする。極方程式 $r = \dfrac{a(1-e^2)}{1+e\cos\theta}$ はどのような図形を表すか。

$r = \dfrac{a(1-e^2)}{1+e\cos\theta}$ …① より　$r + er\cos\theta = a(1-e^2)$
$r = -er\cos\theta + a(1-e^2)$ であり，両辺を 2 乗すると
$r^2 = \{-er\cos\theta + a(1-e^2)\}^2$
$r^2 = x^2+y^2$，$r\cos\theta = x$ を代入すると
$x^2 + y^2 = \{a(1-e^2) - ex\}^2$
$(1-e^2)x^2 + 2ae(1-e^2)x - a^2(1-e^2)^2 + y^2 = 0$
$(1-e^2)(x+ae)^2 + y^2 = a^2(1-e^2)$
$0<e<1$ より，$a^2(1-e^2) > 0$ であるから
$$\frac{(x+ae)^2}{a^2} + \frac{y^2}{a^2(1-e^2)} = 1$$
よって，極方程式 ① は
楕円 $\boldsymbol{\dfrac{(x+ae)^2}{a^2} + \dfrac{y^2}{a^2(1-e^2)} = 1}$ を表す。

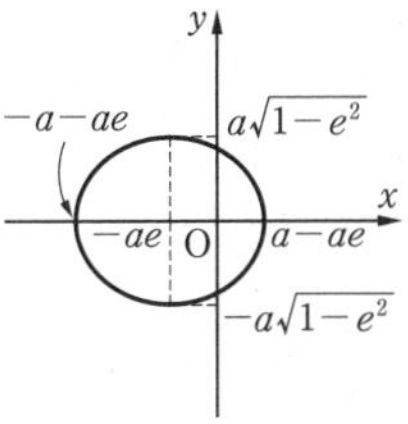

例題 111 (2) は $a=2$，$e = \dfrac{1}{2}$ の場合であり，
練習 111 (2) は $a=2$，$e = \dfrac{\sqrt{3}}{2}$ の場合である。

問題 112 直線 $r\cos\left(\theta - \dfrac{\pi}{4}\right) = 2$ 上を動く点 P と極 O を結ぶ線分 OP を 1 辺とする正三角形 OPQ をつくるとき，点 Q の軌跡の極方程式を求めよ。

点Pの極座標を $(r_1,\ \theta_1)$，点Qの極座標を $(r_2,\ \theta_2)$ とする。

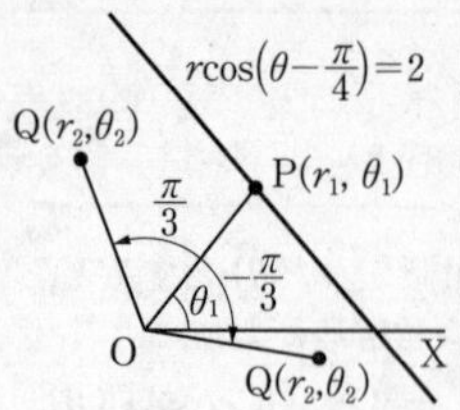

◀ r_2 と θ_2 の関係式が，点Qの軌跡の方程式となる。

点Pは直線 $r\cos\left(\theta-\frac{\pi}{4}\right)=2$ 上にあるから

$$r_1\cos\left(\theta_1-\frac{\pi}{4}\right)=2 \quad \cdots ①$$

△OPQは正三角形であるから

$$\mathrm{OP}=\mathrm{OQ},\ \angle\mathrm{POQ}=\frac{\pi}{3}$$

よって　　$r_2=r_1,\ \theta_2=\theta_1\pm\frac{\pi}{3}$

◀ 図のように，△OPQは2通り考えられるから，θ_2 は2つ存在する。

すなわち　　$r_1=r_2,\ \theta_1=\theta_2\mp\frac{\pi}{3}$

$r_1=r_2,\ \theta_1=\theta_2-\frac{\pi}{3}$ を①に代入すると，

◀ 求めるものは点Qの軌跡であるから，r_2，θ_2 のみの式にする。

$r_2\cos\left(\theta_2-\frac{\pi}{3}-\frac{\pi}{4}\right)=2$ より　　$r_2\cos\left(\theta_2-\frac{7}{12}\pi\right)=2$

$r_1=r_2,\ \theta_1=\theta_2+\frac{\pi}{3}$ を①に代入すると，

$r_2\cos\left(\theta_2+\frac{\pi}{3}-\frac{\pi}{4}\right)=2$ より　　$r_2\cos\left(\theta_2+\frac{\pi}{12}\right)=2$

したがって，求める軌跡の極方程式は

$$\boldsymbol{r\cos\left(\theta-\frac{7}{12}\pi\right)=2,\ r\cos\left(\theta+\frac{\pi}{12}\right)=2}$$

〔別解〕

直線 $l:r\cos\left(\theta-\frac{\pi}{4}\right)=2$ とする。

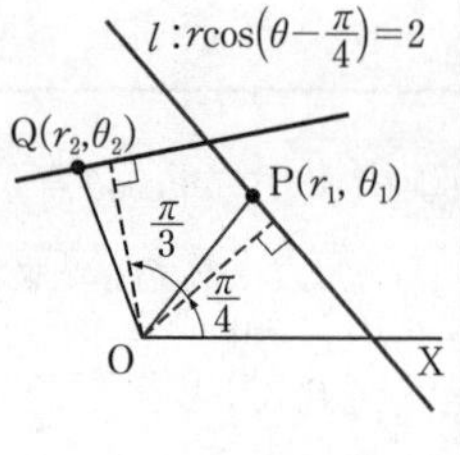

l は，点 $\mathrm{A}\left(2,\ \frac{\pi}{4}\right)$ を通り，OAに垂直な直線である。

直線 l を極Oを中心に $\frac{\pi}{3}$ だけ回転すると，l 上の点PもOを中心に $\frac{\pi}{3}$ だけ回転し，点Qとなる。

点Qは $\frac{\pi}{4}+\frac{\pi}{3}=\frac{7}{12}\pi$ より，点 $\mathrm{B}\left(2,\ \frac{7}{12}\pi\right)$ を通り，OBに垂直な直線上にある。

よって，求める点Qの軌跡の1つは　　$r\cos\left(\theta-\frac{7}{12}\pi\right)=2$

◀

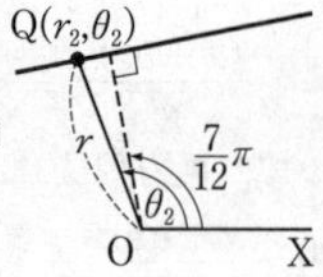

同様に，$-\frac{\pi}{3}$ だけ回転したと考えて　　$r\cos\left(\theta+\frac{\pi}{12}\right)=2$

問題 113 楕円 $\frac{x^2}{a^2}+\frac{y^2}{b^2}=1\ (a>b>0)$ の焦点を $\mathrm{F}(ae,\ 0)$ とする。Fを通る2つの弦PQ，RSが直交するとき，$\frac{1}{\mathrm{PF}\cdot\mathrm{QF}}+\frac{1}{\mathrm{RF}\cdot\mathrm{SF}}$ の値を求めよ。ただし，e は離心率とする。

焦点 F$(ae,\ 0)$ を極，x 軸の正の方向を始線とする極座標を考えて，この楕円上の点 $(x,\ y)$ の極座標を $(r,\ \theta)$ $(r \geqq 0)$ とおくと

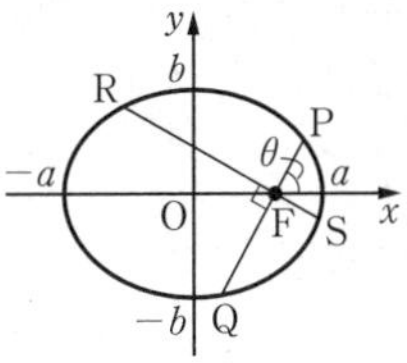

$$\begin{cases} x = ae + r\cos\theta \\ y = r\sin\theta \end{cases} \quad \cdots ①$$

また，$a^2 - b^2 = a^2e^2$ より

$$b^2 = a^2(1-e^2) \quad \cdots ②$$

①，② を楕円の式に代入すると

$$\frac{(ae + r\cos\theta)^2}{a^2} + \frac{(r\sin\theta)^2}{a^2(1-e^2)} = 1$$

これを整理すると

$$(1 - e^2\cos^2\theta)r^2 + 2ae(1-e^2)r\cos\theta - a^2(1-e^2)^2 = 0$$

$$\{(1+e\cos\theta)r - a(1-e^2)\}\{(1-e\cos\theta)r + a(1-e^2)\} = 0$$

$0 < e < 1$，$-1 \leqq \cos\theta \leqq 1$ より，$1 - e^2\cos^2\theta \neq 0$ であり，

$r \geqq 0$ より　$r = \dfrac{a(1-e^2)}{1+e\cos\theta}$

2 点 P，Q の極座標を P$(r_1,\ \theta_1)$，Q$(r_2,\ \theta_2)$ とすると，F が極であるから

$$\mathrm{PF} = r_1,\ \mathrm{QF} = r_2$$

P，Q，F が一直線上にあることから　$\theta_2 = \theta_1 + \pi$

さらに，P，Q が楕円上にあることから

$$r_1 = \frac{a(1-e^2)}{1+e\cos\theta_1},\ r_2 = \frac{a(1-e^2)}{1+e\cos\theta_2} = \frac{a(1-e^2)}{1-e\cos\theta_1}$$

2 点 R，S の極座標を R$(r_3,\ \theta_3)$，S$(r_4,\ \theta_4)$ とすると

$$\mathrm{RF} = r_3,\ \mathrm{SF} = r_4$$

また，直線 PQ と直線 RS は垂直であるから

$$\theta_3 = \theta_1 + \frac{\pi}{2},\ \theta_4 = \theta_3 + \pi = \theta_1 + \frac{3}{2}\pi$$

よって　$r_3 = \dfrac{a(1-e^2)}{1+e\cos\theta_3} = \dfrac{a(1-e^2)}{1-e\sin\theta_1}$

$$r_4 = \frac{a(1-e^2)}{1+e\cos\theta_4} = \frac{a(1-e^2)}{1+e\sin\theta_1}$$

このとき

$$\mathrm{PF}\cdot\mathrm{QF} = r_1 \cdot r_2 = \frac{a(1-e^2)}{1+e\cos\theta_1}\cdot\frac{a(1-e^2)}{1-e\cos\theta_1} = \frac{a^2(1-e^2)^2}{1-e^2\cos^2\theta_1}$$

同様にして　$\mathrm{RF}\cdot\mathrm{SF} = r_3 \cdot r_4 = \dfrac{a^2(1-e^2)^2}{1-e^2\sin^2\theta_1}$

したがって

$$\frac{1}{\mathrm{PF}\cdot\mathrm{QF}} + \frac{1}{\mathrm{RF}\cdot\mathrm{SF}} = \frac{1-e^2\cos^2\theta_1}{a^2(1-e^2)^2} + \frac{1-e^2\sin^2\theta_1}{a^2(1-e^2)^2} = \boldsymbol{\frac{2-e^2}{a^2(1-e^2)^2}}$$

◀ 焦点を $(\pm c,\ 0)$ とすると，$e = \dfrac{\sqrt{a^2-b^2}}{a}$ より $ae = \sqrt{a^2-b^2} = c$

◀ 楕円の離心率は $0 < e < 1$
焦点の x 座標が ae であることからも $0 < e < 1$ が分かる。

◀ $a > 0$，$1 - e^2 > 0$

◀ $-\dfrac{a(1-e^2)}{1-e\cos\theta} < 0$ である。

◀ $\cos\theta_2 = \cos(\theta_1 + \pi) = -\cos\theta_1$

◀ $\cos\theta_3 = \cos\left(\theta_1 + \dfrac{\pi}{2}\right) = -\sin\theta_1$
$\cos\theta_4 = \cos\left(\theta_1 + \dfrac{3}{2}\pi\right) = \sin\theta_1$

◀ $\dfrac{a(1-e^2)}{1-e\sin\theta_1}\cdot\dfrac{a(1-e^2)}{1+e\sin\theta_1} = \dfrac{a^2(1-e^2)^2}{1-e^2\sin^2\theta_1}$

2章 8 極座標と極方程式

問題 114 双曲線 $xy = 1$ 上の動点を P とする。P におけるこの双曲線の接線に関して，原点 O の対称点を Q とする。$\mathrm{OQ} = r$，OQ と x 軸の正の方向のなす角を θ とするとき，r を θ の関数として表し，点 Q の軌跡を図示せよ。

接線の方程式を $y=mx+n$ $(m \neq 0)$ とおくと，曲線 $xy=1$ と接することより

$$x(mx+n)=1$$
$$mx^2+nx-1=0$$

◀接線は x 軸，y 軸に平行になることはない。よって　$m \neq 0$

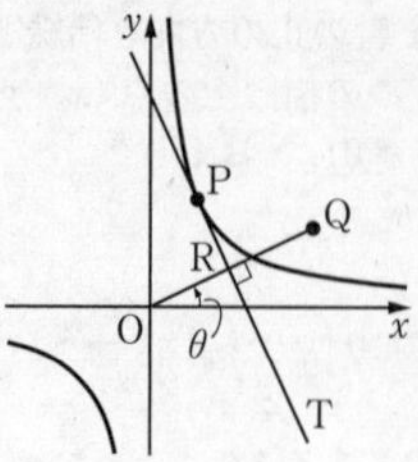

$m \neq 0$ より，この 2 次方程式の判別式を D とすると　　$D=n^2+4m$

接することから $D=0$ であるから

$$n^2+4m=0 \quad \text{すなわち} \quad m=-\frac{n^2}{4}$$

よって，接線の方程式は　　$y=-\dfrac{n^2}{4}x+n$　　…①

直線 OQ の傾きは $\tan\theta$ で，$\mathrm{OQ} \perp \mathrm{PT}$ より

◀グラフの概形より $0<\theta<\dfrac{\pi}{2}$，$\pi<\theta<\dfrac{3}{2}\pi$

$$\tan\theta \cdot \left(-\frac{n^2}{4}\right)=-1 \quad \text{すなわち} \quad n^2=\frac{4}{\tan\theta} \quad \cdots ②$$

また，線分 OQ の中点を R とし，点 Q の座標を $(r\cos\theta,\ r\sin\theta)$ とおくと，点 R の座標は　$\left(\dfrac{r\cos\theta}{2},\ \dfrac{r\sin\theta}{2}\right)$

これを ① に代入して，$\dfrac{r\sin\theta}{2}=-\dfrac{n^2 r\cos\theta}{8}+n$ が成り立つ。

◀R は接線 ① 上の点である。

ここで，② より　　$\dfrac{r\sin\theta}{2}=-\dfrac{r\cos\theta}{2\tan\theta}+n$

$\dfrac{r}{2}\left(\sin\theta+\dfrac{\cos^2\theta}{\sin\theta}\right)=n$ となり　　$n=\dfrac{r}{2}\cdot\dfrac{1}{\sin\theta}$

◀$\dfrac{\sin^2\theta}{\sin\theta}+\dfrac{\cos^2\theta}{\sin\theta}=\dfrac{1}{\sin\theta}$

両辺を 2 乗すると　　$n^2=\dfrac{r^2}{4}\cdot\dfrac{1}{\sin^2\theta}$　　…③

②，③ より，$\dfrac{4}{\tan\theta}=\dfrac{r^2}{4\sin^2\theta}$

よって　　$r^2=\dfrac{16\sin^2\theta}{\tan\theta}=16\sin\theta\cos\theta=8\sin2\theta$

$0<\theta<\dfrac{\pi}{2}$，$\pi<\theta<\dfrac{3}{2}\pi$ より　　$\sin2\theta>0$

$r>0$ であるから　　$\boldsymbol{r=2\sqrt{2\sin2\theta}}$

◀$r^2>0$ より $r>0$

θ に $\theta+\pi$ を代入すると

$$r=2\sqrt{2\sin2(\theta+\pi)}=2\sqrt{2\sin2\theta}$$

◀原点は除く。

よって，極に関して対称である。

$0<\theta<\dfrac{\pi}{2}$ の範囲で，θ にいくつかの値を代入して対応する r の値を求めると，次の表のようになる。

θ	0	$\dfrac{\pi}{12}$	$\dfrac{\pi}{6}$	$\dfrac{\pi}{4}$	$\dfrac{\pi}{3}$	$\dfrac{5}{12}\pi$	$\dfrac{\pi}{2}$
r	／	2	$2\sqrt[4]{3}$	$2\sqrt{2}$	$2\sqrt[4]{3}$	2	／

◀$r=2\sqrt{2\sin2\theta}$ の θ に $\dfrac{\pi}{4}+\theta$ と $\dfrac{\pi}{4}-\theta$ を代入すると r の値が一致することから，極方程式 $\theta=\dfrac{\pi}{4}$ が表す直線 $y=x$ に関して対称であることを確かめることができる。

曲線の対称性から，点 Q の軌跡は **右の図** のようになる。

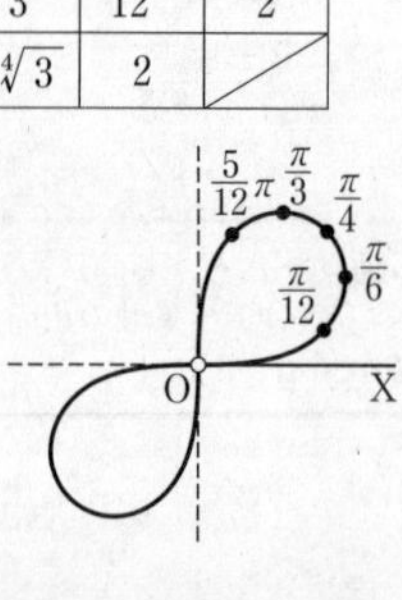

p.228 本質を問う 8

1 右の図のように，定点Oからの距離と定直線 $l: x=-d$ からの距離の比の値 $e=\dfrac{\text{PO}}{\text{PH}}$ が一定である点Pの軌跡の極方程式を求めよ。

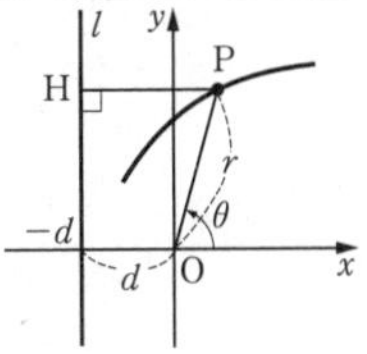

離心率が e であるから　$\dfrac{\text{PO}}{\text{PH}}=e$

よって　$\text{PO}=e\text{PH}$

ここで，$\text{PO}=r$，$\text{PH}=d+r\cos\theta$ より

$$r=e(d+r\cos\theta)$$

これを r について解くと　$\boldsymbol{r=\dfrac{ed}{1-e\cos\theta}}$

◀2次曲線の種類に関係なく，1つの方程式で表すことができる。

2 極方程式 $r=1+\cos\theta$ の概形を考えるとき，$0\leqq\theta\leqq2\pi$ の範囲を考えずとも，例えば $0\leqq\theta\leqq\pi$ の範囲を考えれば，全体の概形を求めることができる。その理由を説明せよ。

$\cos(\pi-\alpha)=\cos(\pi+\alpha)$ であるから

$$1+\cos(\pi-\alpha)=1+\cos(\pi+\alpha)$$

よって，極方程式 $r=1+\cos\theta$ $(\pi\leqq\theta\leqq2\pi)$ で表される曲線と，$r=1+\cos\theta$ $(0\leqq\theta\leqq\pi)$ で表される曲線は，始線に関して対称である。

したがって，$r=1+\cos\theta$ の全体の概形は，$0\leqq\theta\leqq\pi$ の範囲でかいた曲線と，始線に関して折り返した曲線を合わせることで，$0\leqq\theta\leqq2\pi$ の範囲で考えた曲線をかくことができる。

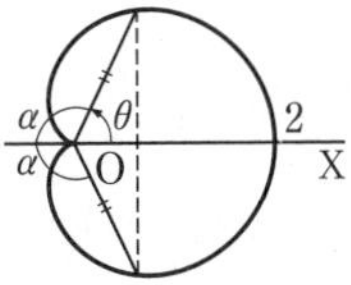

◀

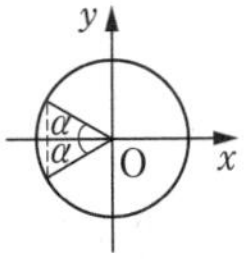

p.229 Let's Try! 8

① 座標平面上で媒介変数表示された曲線 $\begin{cases}x=2\sin t-\sin2t\\y=2\cos t-\cos2t-1\end{cases}$ について，次の問に答えよ。

(1) 曲線上の点 $(x,\ y)$ について，$\sqrt{x^2+y^2}$ を $\cos t$ を用いて表せ。

(2) 曲線を極方程式で表せ。（愛知教育大）

(1) $x^2+y^2=(2\sin t-\sin2t)^2+(2\cos t-\cos2t-1)^2$

$$\begin{aligned}&=4\sin^2t-4\sin t\sin2t+\sin^22t\\&\qquad+4\cos^2t+\cos^22t+1-4\cos t\cos2t+2\cos2t-4\cos t\\&=-4\sin t\cdot2\sin t\cos t-4\cos t(2\cos^2t-1)+2(2\cos^2t-1)\\&\qquad-4\cos t+6\\&=-8(1-\cos^2t)\cos t-8\cos^3t+4\cos t+4\cos^2t-4\cos t+4\\&=4\cos^2t-8\cos t+4\\&=4(\cos t-1)^2\end{aligned}$$

◀$(a+b+c)^2=a^2+b^2+c^2+2ab+2bc+2ca$

◀$\sin^2t+\cos^2t=1$
$\sin^22t+\cos^22t=1$

◀$-4\sin t\sin2t-4\cos t\cos2t=-4\cos(2t-t)=-4\cos t$ と考えてもよい。

ここで，$-1\leqq\cos t\leqq1$ より $\cos t-1\leqq0$ であるから

$$\sqrt{x^2+y^2}=\sqrt{4(\cos t-1)^2}=\boldsymbol{2(1-\cos t)}$$

◀$\sqrt{a^2}=\begin{cases}a & a\geqq0 \text{ のとき}\\-a & a\leqq0 \text{ のとき}\end{cases}$

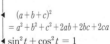

(2) 曲線上の点 $(x,\ y)$ の極座標を $(r,\ \theta)$ とおくと

$$r=\sqrt{x^2+y^2}=2(1-\cos t)$$
$$x=2\sin t-\sin 2t=2\sin t-2\sin t\cos t$$
$$=2\sin t(1-\cos t)=r\sin t$$
$$y=2\cos t-\cos 2t-1$$
$$=2\cos t-(2\cos^2 t-1)-1$$
$$=2\cos t-2\cos^2 t$$
$$=2\cos t(1-\cos t)=r\cos t$$

ここで，$t=\dfrac{\pi}{2}-\theta$ とおくと

$$x=r\sin\left(\frac{\pi}{2}-\theta\right)=r\cos\theta,\quad y=r\cos\left(\frac{\pi}{2}-\theta\right)=r\sin\theta$$

◀ $\begin{cases}x=r\cos\theta\\y=r\sin\theta\end{cases}$ の形になる。

よって，曲線の極方程式は　$r=2\left\{1-\cos\left(\dfrac{\pi}{2}-\theta\right)\right\}$

すなわち　$\boldsymbol{r=2(1-\sin\theta)}$

② 次の極方程式を直交座標の方程式で表せ。

(1) $r\cos\left(\theta+\dfrac{\pi}{3}\right)=2$

(2) $r\cos 2\theta=\cos\theta$

(1) $r\left(\cos\theta\cos\dfrac{\pi}{3}-\sin\theta\sin\dfrac{\pi}{3}\right)=2$ より　$\dfrac{1}{2}r\cos\theta-\dfrac{\sqrt{3}}{2}r\sin\theta=2$

◀ 加法定理
$\cos(\alpha+\beta)$
$=\cos\alpha\cos\beta-\sin\alpha\sin\beta$

$r\cos\theta=x,\ r\sin\theta=y$ を代入して　$\dfrac{1}{2}x-\dfrac{\sqrt{3}}{2}y=2$

よって　$\boldsymbol{x-\sqrt{3}\,y=4}$

(2) 両辺に r を掛けて　$r^2\cos 2\theta=r\cos\theta$

$$r^2(\cos^2\theta-\sin^2\theta)=r\cos\theta$$
$$r^2\cos^2\theta-r^2\sin^2\theta=r\cos\theta$$

◀ 2倍角の公式
$\cos 2\alpha=\cos^2\alpha-\sin^2\alpha$

$r\cos\theta=x,\ r\sin\theta=y$ を代入して　$x^2-y^2=x$

$\left(x-\dfrac{1}{2}\right)^2-y^2=\dfrac{1}{4}$ より　$\boldsymbol{4\left(x-\dfrac{1}{2}\right)^2-4y^2=1}$

③ 極方程式で表された楕円 $C:r=\dfrac{3}{2+\cos\theta}$ と直線 $l:r\cos\theta=k$ が，共有点をもつとき，定数 k の値の範囲を求めよ。

$r=\dfrac{3}{2+\cos\theta}$ より　$2r+r\cos\theta=3$

$r\cos\theta=x$ を代入して　$2r=3-x$

両辺を2乗して　$4r^2=(3-x)^2$

$r^2=x^2+y^2$ より

$$4(x^2+y^2)=x^2-6x+9$$
$$\frac{(x+1)^2}{4}+\frac{y^2}{3}=1 \quad\cdots①$$

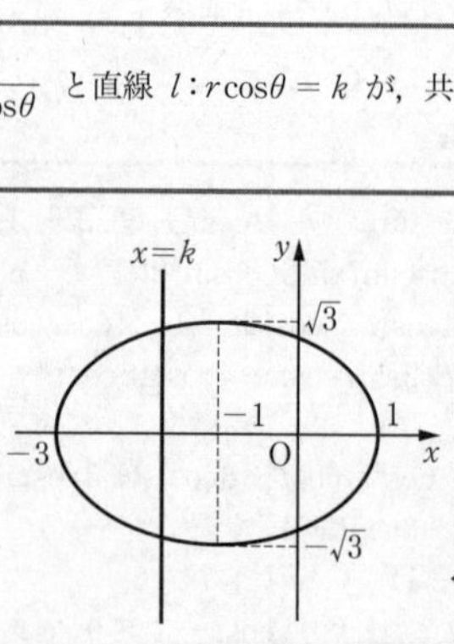

◀ 楕円 $\dfrac{x^2}{4}+\dfrac{y^2}{3}=1$ を x 軸方向に -1 だけ平行移動したものである。

$r\cos\theta=k$ より　$x=k\quad\cdots②$

楕円①と直線②が共有点をもつときは，グラフより　$\boldsymbol{-3\leqq k\leqq 1}$

④ (1) 極座標に関して，点 $\mathrm{A}\left(2a,\ \frac{5}{12}\pi\right)$ を通り，始線 OX と $\frac{3}{4}\pi$ の角をなす直線の方程式を求めよ。ただし，$a>0$ とする。

(2) (1)で求めた直線と OX との交点を B とする。さらに，極 O を通り OX となす角が $\frac{7}{12}\pi$ である直線と直線 BA の交点を C とするとき，△OBC の面積を求めよ。

(3) OB を直径とする円の任意の接線に，O から下ろした垂線の足 $\mathrm{P}(r,\ \theta)$ の軌跡の方程式を極座標を用いて表せ。ただし，直線上にない点からその直線に下ろした垂線とその直線の交点を，この垂線の足という。

(北海道大)

(1) 極 O から直線に垂線 OH を下ろすと，

点 H の偏角は $\frac{\pi}{4}$ であるから

$$\mathrm{OH}=2a\cos\frac{\pi}{6}=\sqrt{3}\,a$$

よって，点 H の極座標は $\left(\sqrt{3}\,a,\ \frac{\pi}{4}\right)$

求める直線上の点を $\mathrm{Q}(r,\ \theta)$ とすると，△OQH において

$$\mathrm{OQ}\cos\angle\mathrm{QOH}=\mathrm{OH}=\sqrt{3}\,a$$

ゆえに　$\boldsymbol{r\cos\left(\theta-\frac{\pi}{4}\right)=\sqrt{3}\,a}$

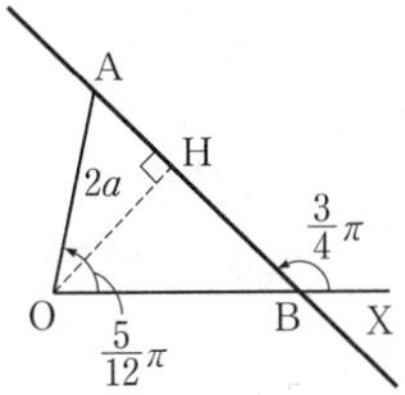

◀△OHB で
$\angle\mathrm{HOB}=\frac{3}{4}\pi-\frac{\pi}{2}=\frac{\pi}{4}$
△OHA で
$\angle\mathrm{HOA}=\frac{5}{12}\pi-\frac{\pi}{4}=\frac{\pi}{6}$

$\angle\mathrm{QOH}=\left|\theta-\frac{\pi}{4}\right|$
◀であり
$\cos\left|\theta-\frac{\pi}{4}\right|=\cos\left(\theta-\frac{\pi}{4}\right)$

(2) (1)より $\theta=0$ とすると　$r\cos\left(-\frac{\pi}{4}\right)=\sqrt{3}\,a$

よって，$r=\sqrt{6}\,a$ より　$\mathrm{OB}=\sqrt{6}\,a$

また，$\theta=\frac{7}{12}\pi$ とすると

$$r\cos\left(\frac{7}{12}\pi-\frac{\pi}{4}\right)=\sqrt{3}\,a$$

$$r\cos\frac{\pi}{3}=\sqrt{3}\,a$$

$r=2\sqrt{3}\,a$ より　$\mathrm{OC}=2\sqrt{3}\,a$

したがって

$$\triangle\mathrm{OBC}=\frac{1}{2}\cdot\mathrm{OB}\cdot\mathrm{OC}\sin\angle\mathrm{BOC}$$

$$=\frac{1}{2}\cdot\sqrt{6}\,a\cdot2\sqrt{3}\,a\sin\frac{7}{12}\pi=\boldsymbol{\frac{3(\sqrt{3}+1)}{2}a^2}$$

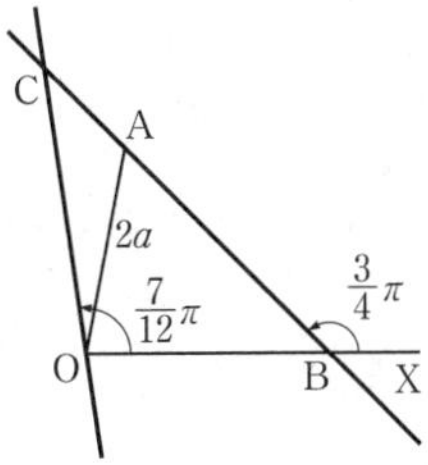

◀点 C は直線 BA 上の $\theta=\frac{7}{12}\pi$ のときの点である。

◀$\sin\frac{7}{12}\pi=\sin\left(\frac{\pi}{4}+\frac{\pi}{3}\right)$
$=\sin\frac{\pi}{4}\cos\frac{\pi}{3}+\cos\frac{\pi}{4}\sin\frac{\pi}{3}$
$=\frac{\sqrt{2}}{2}\cdot\frac{1}{2}+\frac{\sqrt{2}}{2}\cdot\frac{\sqrt{3}}{2}$

(3) 円の中心を R，接点を T とすると，

RT // OP より，$\angle\mathrm{BRT}=\theta$ であるから

$$\angle\mathrm{TOR}=\frac{\theta}{2}$$

よって，$\mathrm{OT}=\mathrm{OB}\cos\frac{\theta}{2}=\sqrt{6}\,a\cos\frac{\theta}{2}$ であるから

$$r=\mathrm{OP}=\mathrm{OT}\cos\frac{\theta}{2}=\sqrt{6}\,a\cos^2\frac{\theta}{2}$$

ゆえに　$\boldsymbol{r=\frac{\sqrt{6}}{2}a(1+\cos\theta)}$

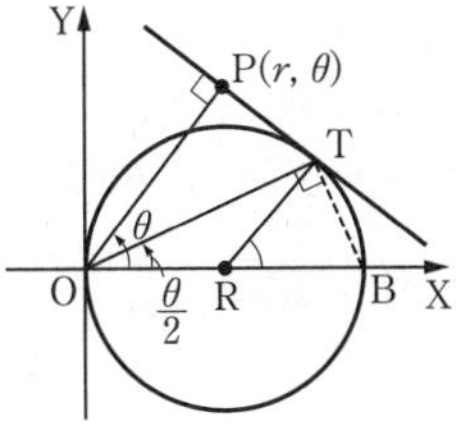

◀円周角の定理
◀OB は直径，T は円上の点であるから
$\angle\mathrm{BTO}=\frac{\pi}{2}$
◀半角の公式
$\cos^2\frac{\theta}{2}=\frac{1}{2}(1+\cos\theta)$

⑤ 座標平面上に定点 F$(-4,\ 0)$ および定直線 $l: x=-\dfrac{25}{4}$ が与えられている。

(1) 動点 P$(x,\ y)$ から l へ垂線 PH を引くとき，$\dfrac{\mathrm{PF}}{\mathrm{PH}}=\dfrac{4}{5}$ となるように P が動くものとする。このとき，P の軌跡の方程式を求めよ。

(2) F を極，F から x 軸の正の方向に向かう半直線を始線（基線）とする極座標を考える。このとき，(1) で得られた図形を極方程式で表せ。

(3) 原点 O を極，O から x 軸の正の方向に向かう半直線を始線（基線）とする極座標を考える。このとき，(1) で得られた図形を極方程式で表せ。（山梨大）

(1) $\mathrm{PH}=\left|x+\dfrac{25}{4}\right|$，$\mathrm{PF}=\sqrt{(x+4)^2+y^2}$

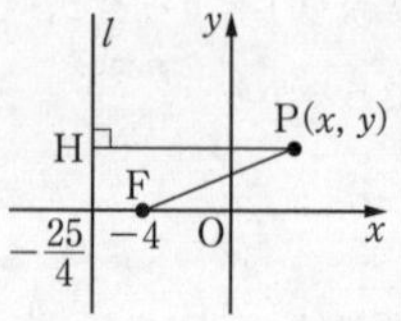

$\dfrac{\mathrm{PF}}{\mathrm{PH}}=\dfrac{4}{5}$ より $25\mathrm{PF}^2=16\mathrm{PH}^2$ であるから

$$25\{(x+4)^2+y^2\}=16\left(x+\frac{25}{4}\right)^2$$

整理すると，求める軌跡の方程式は

$$\boldsymbol{\frac{x^2}{25}+\frac{y^2}{9}=1}$$

(2) (1) より　$\dfrac{x^2}{25}+\dfrac{y^2}{9}=1$　…①

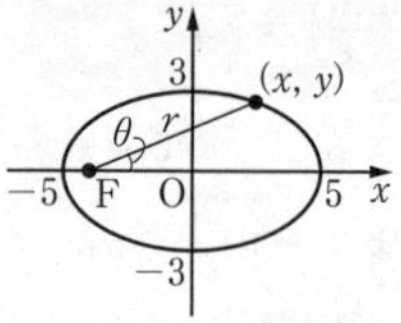

① 上の点 $(x,\ y)$ の極座標を $(r,\ \theta)$ とすると

$$\begin{cases} x=-4+r\cos\theta \\ y=r\sin\theta \end{cases}\quad\cdots②$$

◀点 F が極であるから，極からの距離と偏角に注意する。

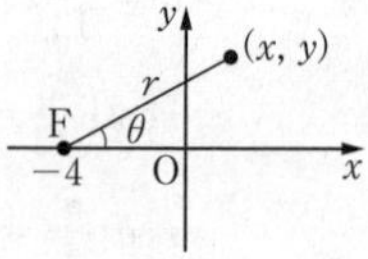

② を ① に代入すると

$$\frac{(-4+r\cos\theta)^2}{25}+\frac{(r\sin\theta)^2}{9}=1$$

整理すると　$(25-16\cos^2\theta)r^2-72r\cos\theta-81=0$

$0\leqq\cos^2\theta\leqq1$ より，$25-16\cos^2\theta\neq0$ であるから，

r の 2 次方程式として解くと　$r=\dfrac{36\cos\theta\pm45}{25-16\cos^2\theta}$

$r>0$ であるから

$$r=\frac{36\cos\theta+45}{25-16\cos^2\theta}=\frac{9(4\cos\theta+5)}{(5+4\cos\theta)(5-4\cos\theta)}$$

◀$|\cos\theta|\leqq1$ より $5+4\cos\theta>0$

したがって　$\boldsymbol{r=\dfrac{9}{5-4\cos\theta}}$

◀離心率 $\dfrac{4}{5}$，準線と焦点との距離 $\dfrac{9}{4}$

(3) ① 上の点 $(x,\ y)$ の極座標を $(r,\ \theta)$ とすると

◀原点 O が極である。

$$\begin{cases} x=r\cos\theta \\ y=r\sin\theta \end{cases}\quad\cdots③$$

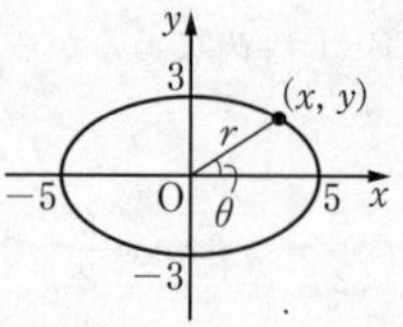

③ を ① に代入すると

$$\frac{(r\cos\theta)^2}{25}+\frac{(r\sin\theta)^2}{9}=1$$

整理すると　$(25-16\cos^2\theta)r^2=225$

$r>0$ より　$\boldsymbol{r=\dfrac{15}{\sqrt{25-16\cos^2\theta}}}$

3章 複素数平面

9 複素数平面

練習 115 $\alpha=3-i,\ \beta=-2+3i,\ \gamma=a+i$ について

(1) 複素数平面上に，点 A(α)，B(β)，P$(\alpha+\beta)$，Q$(2\alpha-\beta)$ を図示せよ。

(2) 2点 α，β 間の距離を求めよ。

(3) 3点 0，β，γ が一直線上にあるとき，実数 a の値を求めよ。

(1) 点 A(α) は点 $(3,\ -1)$ に，点 B(β) は点 $(-2,\ 3)$ に対応する。

次に $\alpha+\beta=(3-i)+(-2+3i)$

$=1+2i$

よって，点 P$(\alpha+\beta)$ は点 $(1,\ 2)$ に対応する。

また $2\alpha-\beta=2(3-i)-(-2+3i)$

$=8-5i$

よって，点 Q$(2\alpha-\beta)$ は点 $(8,\ -5)$ に対応する。

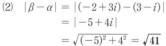

したがって，4点 A，B，P，Q は，**右の図**。

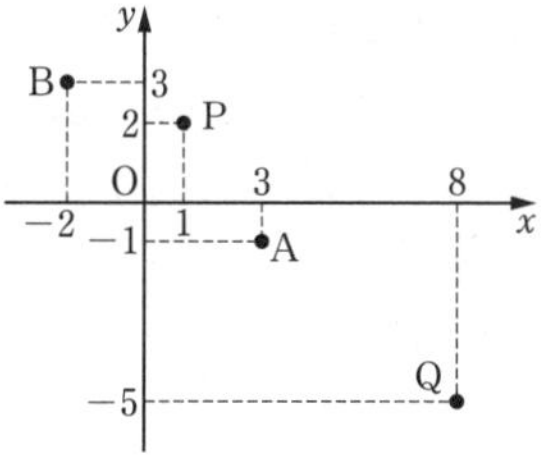

◀ 点 A(α)，B(β) に対して，線分 OA, OB を2辺とする平行四辺形の残りの頂点が $\alpha+\beta$ の表す点である。

(2) $|\beta-\alpha|=|(-2+3i)-(3-i)|$

$=|-5+4i|$

$=\sqrt{(-5)^2+4^2}=\boldsymbol{\sqrt{41}}$

◀ 2点 α，β 間の距離は $|\beta-\alpha|$

(3) $\gamma=k\beta$ となる実数 k が存在するから

$a+i=k(-2+3i)=-2k+3ki$

a，k は実数より $a=-2k,\ 1=3k$

したがって $\boldsymbol{a=-\dfrac{2}{3}}$

◀ a，b，c，d が実数のとき $a+bi=c+di \iff a=c,\ b=d$

練習 116 (1) $z=1+2i$ のとき，$\left|\dfrac{5}{z}+3\overline{z}\right|$ の値を求めよ。

(2) $|z|=\sqrt{2}$ のとき，$\left|3\overline{z}-\dfrac{1}{z}\right|$ の値を求めよ。

(1) $z=1+2i$ のとき

$$\frac{5}{z}+3\overline{z}=\frac{5}{1+2i}+3(1-2i)=\frac{5(1-2i)}{(1+2i)(1-2i)}+3(1-2i)$$

$$=(1-2i)+(3-6i)=4-8i$$

◀ $z=1+2i$ のとき $\overline{z}=1-2i$

よって $\left|\dfrac{5}{z}+3\overline{z}\right|=\sqrt{4^2+(-8)^2}=\boldsymbol{4\sqrt{5}}$

(2) $$\left|3\overline{z}-\frac{1}{z}\right|^2=\left(3\overline{z}-\frac{1}{z}\right)\overline{\left(3\overline{z}-\frac{1}{z}\right)}=\left(3\overline{z}-\frac{1}{z}\right)\left(3z-\frac{1}{\overline{z}}\right)$$

$$=9z\overline{z}+\frac{1}{z\overline{z}}-6=9|z|^2+\frac{1}{|z|^2}-6$$

$$=9(\sqrt{2})^2+\frac{1}{(\sqrt{2})^2}-6=\frac{25}{2}$$

◀ 複素数 z が具体的に与えられていないから $|z|^2=z\overline{z}$ を利用する。

3章 9 複素数平面

$\left|3\overline{z}-\dfrac{1}{z}\right| \geqq 0$ であるから　$\left|3\overline{z}-\dfrac{1}{z}\right| = \dfrac{5\sqrt{2}}{2}$

練習 117 α, β を複素数とするとき，次を証明せよ。

(1) $|\alpha+\beta|^2-|\alpha-\beta|^2=2(\alpha\overline{\beta}+\overline{\alpha}\beta)$

(2) $|\alpha|=1$ ならば　$|1-\overline{\alpha}\beta|=|\alpha-\beta|$

---

(1) $(\text{左辺})=(\alpha+\beta)(\overline{\alpha+\beta})-(\alpha-\beta)(\overline{\alpha-\beta})$

$=(\alpha+\beta)(\overline{\alpha}+\overline{\beta})-(\alpha-\beta)(\overline{\alpha}-\overline{\beta})$

$=(\alpha\overline{\alpha}+\alpha\overline{\beta}+\overline{\alpha}\beta+\beta\overline{\beta})-(\alpha\overline{\alpha}-\alpha\overline{\beta}-\overline{\alpha}\beta+\beta\overline{\beta})$

$=2(\alpha\overline{\beta}+\overline{\alpha}\beta)=(\text{右辺})$

よって　$|\alpha+\beta|^2-|\alpha-\beta|^2=2(\alpha\overline{\beta}+\overline{\alpha}\beta)$

◀ $|z|^2=z\overline{z}$

◀ 共役な複素数の性質

$\overline{\alpha+\beta}=\overline{\alpha}+\overline{\beta}$

$\overline{\alpha-\beta}=\overline{\alpha}-\overline{\beta}$

(2) $|1-\overline{\alpha}\beta|=|\alpha-\beta|$ の両辺を 2 乗して差をとると

$|1-\overline{\alpha}\beta|^2-|\alpha-\beta|^2$

$=(1-\overline{\alpha}\beta)(\overline{1-\overline{\alpha}\beta})-(\alpha-\beta)(\overline{\alpha-\beta})$

$=(1-\overline{\alpha}\beta)(1-\alpha\overline{\beta})-(\alpha-\beta)(\overline{\alpha}-\overline{\beta})$

$=1-\alpha\overline{\beta}-\overline{\alpha}\beta+\alpha\overline{\alpha}\beta\overline{\beta}-(\alpha\overline{\alpha}-\alpha\overline{\beta}-\overline{\alpha}\beta+\beta\overline{\beta})$

$=1+\alpha\overline{\alpha}\beta\overline{\beta}-\alpha\overline{\alpha}-\beta\overline{\beta}$

$=1+|\alpha|^2|\beta|^2-|\alpha|^2-|\beta|^2$

$|\alpha|=1$ であるから

$|1-\overline{\alpha}\beta|^2-|\alpha-\beta|^2=1+|\beta|^2-1-|\beta|^2=0$

よって　$|1-\overline{\alpha}\beta|^2=|\alpha-\beta|^2$

$|1-\overline{\alpha}\beta| \geqq 0$, $|\alpha-\beta| \geqq 0$ であるから

$|\alpha|=1$ ならば　$|1-\overline{\alpha}\beta|=|\alpha-\beta|$

◀ $|z|^2=z\overline{z}$ を用いるため，2 乗して差をとる。

◀ $\overline{(\overline{z})}=z$

◀ $z\overline{z}=|z|^2$

練習 118 $z \neq \pm i$ を満たす複素数 z に対して，$w=\dfrac{z}{1+z^2}$ とおく。次のことを示せ。

(1) $|z|=1$ ならば，w は実数である。

(2) z が純虚数ならば，w も純虚数である。

---

(1) $\overline{w}=\overline{\left(\dfrac{z}{1+z^2}\right)}=\dfrac{\overline{z}}{1+\overline{z^2}}=\dfrac{\overline{z}}{1+(\overline{z})^2}$

$|z|=1$ より $|z|^2=1$ であるから　$\overline{z}=\dfrac{1}{z}$

よって　$\overline{w}=\dfrac{\dfrac{1}{z}}{1+\left(\dfrac{1}{z}\right)^2}=\dfrac{z}{z^2+1}$

ゆえに　$\overline{w}=w$

したがって，w は実数である。

(2) z が純虚数のとき，$\overline{z}=-z$ であるから

$\overline{w}=\dfrac{\overline{z}}{1+(\overline{z})^2}=\dfrac{-z}{1+(-z)^2}=-\dfrac{z}{1+z^2}$

◀ $\overline{\left(\dfrac{\alpha}{\beta}\right)}=\dfrac{\overline{\alpha}}{\overline{\beta}}$

◀ $|z|^2=1$ より　$z\overline{z}=1$

$|z| \neq 0$ より　$z \neq 0$

◀ $z=a+bi$ について

z が実数 $\iff \overline{z}=z$

$\iff b=0$

◀ $z=a+bi$ について

z が純虚数

$\iff a=0$, $b \neq 0$

$\iff \overline{z}=-z$, $z \neq 0$

ゆえに　$\overline{w}=-w$

また，$z \neq 0$ より　$w=\dfrac{z}{1+z^2}\neq 0$

したがって，w は純虚数である。

練習 119 次の複素数を極形式で表せ。ただし，(1), (2)における偏角 θ は $0\leqq\theta<2\pi$ とする。
(1) $1+i$　(2) -3　(3) $-\sin\alpha+i\cos\alpha$　(4) $3\sin\alpha-3i\cos\alpha$

(1) $|1+i|=\sqrt{1^2+1^2}=\sqrt{2}$

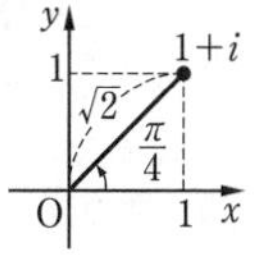

偏角 θ は $\cos\theta=\dfrac{1}{\sqrt{2}}=\dfrac{\sqrt{2}}{2}$，$\sin\theta=\dfrac{1}{\sqrt{2}}=\dfrac{\sqrt{2}}{2}$ を満たすから，

$0\leqq\theta<2\pi$ の範囲で　$\theta=\dfrac{\pi}{4}$

よって　$\boldsymbol{1+i=\sqrt{2}\left(\cos\dfrac{\pi}{4}+i\sin\dfrac{\pi}{4}\right)}$

(2) $|-3|=3$

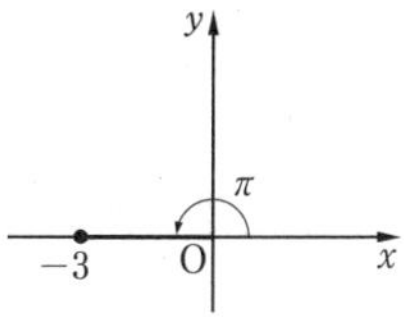

偏角 θ は $\cos\theta=\dfrac{-3}{3}=-1$，$\sin\theta=0$ を満たすから，$0\leqq\theta<2\pi$ の範囲で　$\theta=\pi$

よって　$\boldsymbol{-3=3(\cos\pi+i\sin\pi)}$

(3) $|-\sin\alpha+i\cos\alpha|=\sqrt{(-\sin\alpha)^2+\cos^2\alpha}=1$

$-\sin\alpha=\cos\left(\dfrac{\pi}{2}+\alpha\right)$，$\cos\alpha=\sin\left(\dfrac{\pi}{2}+\alpha\right)$ であるから

$$\boldsymbol{-\sin\alpha+i\cos\alpha=\cos\left(\frac{\pi}{2}+\alpha\right)+i\sin\left(\frac{\pi}{2}+\alpha\right)}$$

(4) $|3\sin\alpha-3i\cos\alpha|=3|\sin\alpha-i\cos\alpha|=3\sqrt{\sin^2\alpha+\cos^2\alpha}=3$

$\sin\alpha=\cos\left(\alpha-\dfrac{\pi}{2}\right)$，$-\cos\alpha=\sin\left(\alpha-\dfrac{\pi}{2}\right)$ であるから

$$3\sin\alpha-3i\cos\alpha=3\{\sin\alpha+i(-\cos\alpha)\}$$
$$=\boldsymbol{3\left\{\cos\left(\alpha-\frac{\pi}{2}\right)+i\sin\left(\alpha-\frac{\pi}{2}\right)\right\}}$$

練習 120 $z_1=1-i$，$z_2=3+\sqrt{3}i$ のとき，次の複素数を極形式で表せ。ただし，偏角 θ は $0\leqq\theta<2\pi$ とする。
(1) z_1z_2　(2) $\dfrac{z_1}{z_2}$　(3) $z_1\overline{z_2}$

$$z_1=1-i=\sqrt{2}\left(\cos\frac{7}{4}\pi+i\sin\frac{7}{4}\pi\right)$$

$$z_2=3+\sqrt{3}i=2\sqrt{3}\left(\cos\frac{\pi}{6}+i\sin\frac{\pi}{6}\right)$$

(1) $z_1z_2=\sqrt{2}\cdot2\sqrt{3}\left\{\cos\left(\dfrac{7}{4}\pi+\dfrac{\pi}{6}\right)+i\sin\left(\dfrac{7}{4}\pi+\dfrac{\pi}{6}\right)\right\}$

◀ $|z_1z_2|=|z_1||z_2|$
$\arg(z_1+z_2)=\arg z_1+\arg z_2$

$$=\boldsymbol{2\sqrt{6}\left(\cos\frac{23}{12}\pi+i\sin\frac{23}{12}\pi\right)}$$

3章 9 複素数平面

(2) $\dfrac{z_1}{z_2}=\dfrac{\sqrt{2}}{2\sqrt{3}}\left\{\cos\left(\dfrac{7}{4}\pi-\dfrac{\pi}{6}\right)+i\sin\left(\dfrac{7}{4}\pi-\dfrac{\pi}{6}\right)\right\}$

$\quad=\boldsymbol{\dfrac{\sqrt{6}}{6}\left(\cos\dfrac{19}{12}\pi+i\sin\dfrac{19}{12}\pi\right)}$

(3) $\overline{z_2}=2\sqrt{3}\left\{\cos\left(-\dfrac{\pi}{6}\right)+i\sin\left(-\dfrac{\pi}{6}\right)\right\}$ であるから

$z_1\overline{z_2}=\sqrt{2}\cdot2\sqrt{3}\left\{\cos\left(\dfrac{7}{4}\pi-\dfrac{\pi}{6}\right)+i\sin\left(\dfrac{7}{4}\pi-\dfrac{\pi}{6}\right)\right\}$

$\quad=\boldsymbol{2\sqrt{6}\left(\cos\dfrac{19}{12}\pi+i\sin\dfrac{19}{12}\pi\right)}$

◀ $\arg\overline{z_2}=-\arg z_2=-\dfrac{\pi}{6}$

チャレンジ〈9〉 複素数の積の性質を利用して，次の角の正弦，余弦の値を求めよ。

(1) 105°　　(2) 165°

(1) $\cos60^\circ+i\sin60^\circ=\dfrac{1}{2}(1+\sqrt{3}i)$　…①

$\cos45^\circ+i\sin45^\circ=\dfrac{\sqrt{2}}{2}(1+i)$　…②

◀ $105^\circ=60^\circ+45^\circ$ として考える。

①と②の辺々を掛けると

$(\cos60^\circ+i\sin60^\circ)(\cos45^\circ+i\sin45^\circ)=\dfrac{1}{2}(1+\sqrt{3}i)\cdot\dfrac{\sqrt{2}}{2}(1+i)$

ここで

(左辺) $=\cos(60^\circ+45^\circ)+i\sin(60^\circ+45^\circ)=\cos105^\circ+i\sin105^\circ$

(右辺) $=\dfrac{\sqrt{2}}{4}(1+\sqrt{3}i)(1+i)=\dfrac{\sqrt{2}-\sqrt{6}}{4}+\dfrac{\sqrt{2}+\sqrt{6}}{4}i$

よって　$\cos105^\circ+i\sin105^\circ=\dfrac{\sqrt{2}-\sqrt{6}}{4}+\dfrac{\sqrt{2}+\sqrt{6}}{4}i$

両辺の実部と虚部を比較すると

$\boldsymbol{\cos105^\circ=\dfrac{\sqrt{2}-\sqrt{6}}{4},\ \sin105^\circ=\dfrac{\sqrt{2}+\sqrt{6}}{4}}$

(2) $\cos120^\circ+i\sin120^\circ=\dfrac{1}{2}(-1+\sqrt{3}i)$　…③

◀ $165^\circ=45^\circ+120^\circ$ として考える。

②と③の辺々を掛けると

$(\cos45^\circ+i\sin45^\circ)(\cos120^\circ+i\sin120^\circ)=\dfrac{\sqrt{2}}{2}(1+i)\cdot\dfrac{1}{2}(-1+\sqrt{3}i)$

ここで

(左辺) $=\cos(45^\circ+120^\circ)+i\sin(45^\circ+120^\circ)=\cos165^\circ+i\sin165^\circ$

(右辺) $=\dfrac{\sqrt{2}}{4}(1+i)(-1+\sqrt{3}i)=-\dfrac{\sqrt{6}+\sqrt{2}}{4}+\dfrac{\sqrt{6}-\sqrt{2}}{4}i$

よって　$\cos165^\circ+i\sin165^\circ=-\dfrac{\sqrt{6}+\sqrt{2}}{4}+\dfrac{\sqrt{6}-\sqrt{2}}{4}i$

両辺の実部と虚部を比較すると

$\boldsymbol{\cos165^\circ=-\dfrac{\sqrt{6}+\sqrt{2}}{4},\ \sin165^\circ=\dfrac{\sqrt{6}-\sqrt{2}}{4}}$

練習 121 絶対値が1で偏角がθである複素数zについて，$w=z+1$ とおく。ただし，$0\leqq\theta<\pi$ とする。

(1) wを極形式で表せ。　(2) $|w|=1$ となるようなθの値を求めよ。

(1) $z=\cos\theta+i\sin\theta$ であるから

$$w=z+1=(1+\cos\theta)+i\sin\theta$$

よって　$|w|=\sqrt{(1+\cos\theta)^2+\sin^2\theta}$

$=\sqrt{1+2\cos\theta+\cos^2\theta+\sin^2\theta}$

$=\sqrt{2(1+\cos\theta)}=\sqrt{4\cos^2\dfrac{\theta}{2}}=2\left|\cos\dfrac{\theta}{2}\right|$

◀半角の公式
$1+\cos\theta=2\cos^2\dfrac{\theta}{2}$

ここで，$0\leqq\theta<\pi$ すなわち $0\leqq\dfrac{\theta}{2}<\dfrac{\pi}{2}$ より，$\cos\dfrac{\theta}{2}>0$ であるから　$|w|=2\cos\dfrac{\theta}{2}$

よって　$w=2\cos^2\dfrac{\theta}{2}+2i\sin\dfrac{\theta}{2}\cos\dfrac{\theta}{2}$

$=\boldsymbol{2\cos\dfrac{\theta}{2}\left(\cos\dfrac{\theta}{2}+i\sin\dfrac{\theta}{2}\right)}$　$\cdots$①

◀$|w|=2\cos\dfrac{\theta}{2}$ が現れるように，実部・虚部を変形する。
$\sin\theta=2\sin\dfrac{\theta}{2}\cos\dfrac{\theta}{2}$

(2) ①と $|w|=1$ より　$2\cos\dfrac{\theta}{2}=1$

よって　$\cos\dfrac{\theta}{2}=\dfrac{1}{2}$

$0\leqq\dfrac{\theta}{2}<\dfrac{\pi}{2}$ であるから　$\dfrac{\theta}{2}=\dfrac{\pi}{3}$

したがって　$\boldsymbol{\theta=\dfrac{2}{3}\pi}$

練習 122 複素数平面上に点P$(2-4i)$がある。次の点を表す複素数を求めよ。

(1) 点Pを原点を中心に$\dfrac{\pi}{3}$だけ回転した点Q

(2) 点Pを原点を中心に$-\dfrac{\pi}{4}$だけ回転し，原点からの距離を$\dfrac{1}{2}$倍に縮小した点R

(1) 絶対値1，偏角$\dfrac{\pi}{3}$の複素数w_1は

$$w_1=\cos\frac{\pi}{3}+i\sin\frac{\pi}{3}=\frac{1}{2}+\frac{\sqrt{3}}{2}i$$

点Qを表す複素数は，点Pを表す複素数 $2-4i$ にw_1を掛けて

$(2-4i)w_1=(2-4i)\left(\dfrac{1}{2}+\dfrac{\sqrt{3}}{2}i\right)$

$=\boldsymbol{(1+2\sqrt{3})+(-2+\sqrt{3})i}$

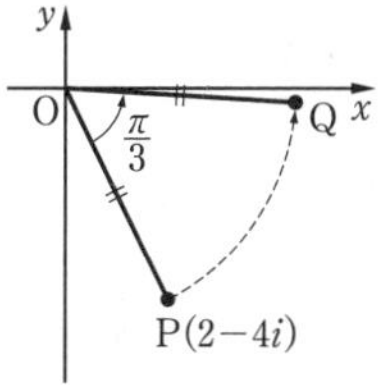

◀複素数 $\cos\theta+i\sin\theta$ との積は，原点を中心にθだけ回転移動することを表す。

(2) 絶対値 $\dfrac{1}{2}$，偏角 $-\dfrac{\pi}{4}$ の複素数 w_2 は

$$w_2=\frac{1}{2}\left\{\cos\left(-\frac{\pi}{4}\right)+i\sin\left(-\frac{\pi}{4}\right)\right\}$$
$$=\frac{\sqrt{2}}{4}-\frac{\sqrt{2}}{4}i$$

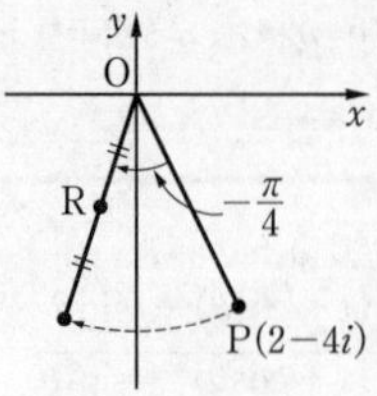

点Rを表す複素数は，点Pを表す複素数 $2-4i$ に w_2 を掛けて

$$(2-4i)w_2=(2-4i)\left(\frac{\sqrt{2}}{4}-\frac{\sqrt{2}}{4}i\right)$$
$$=-\frac{\sqrt{2}}{2}-\frac{3\sqrt{2}}{2}i$$

◀複素数 $r(\cos\theta+i\sin\theta)$ との積は，原点を中心に θ だけ回転し，原点からの距離を r 倍に拡大（縮小）することを表す。

練習 123 複素数平面上に，点 $\mathrm{A}(3+2i)$ がある。四角形 OABC が正方形となるような，点 B，C を表す複素数を求めよ。

(ア) 頂点 O，A，B，C がこの順に時計回りになっているとき

点 C は，点 A を原点を中心に $-\dfrac{\pi}{2}$ だけ回転した点である。

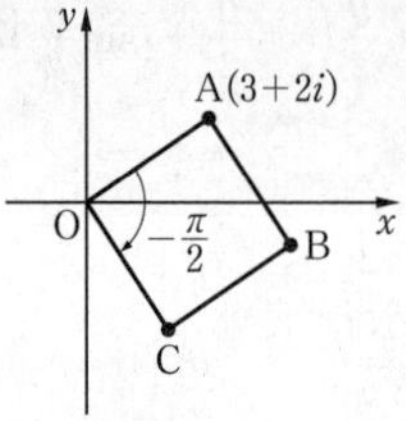

◀条件を満たす四角形は 2 種類ある。

絶対値 1，偏角 $-\dfrac{\pi}{2}$ の複素数は

$$\cos\left(-\frac{\pi}{2}\right)+i\sin\left(-\frac{\pi}{2}\right)=-i$$

よって，点 C を表す複素数は　$(3+2i)(-i)=2-3i$

四角形 OABC は正方形であるから，点 B を表す複素数は

$$(3+2i)+(2-3i)=5-i$$

◀点 B を表す複素数は，点 A を原点を中心に $-\dfrac{\pi}{4}$ だけ回転し，$\sqrt{2}$ 倍に拡大すると考えてもよい。

(イ) 頂点 O，A，B，C がこの順に反時計回りになっているとき

点 C は，点 A を原点を中心に $\dfrac{\pi}{2}$ だけ回転した点である。

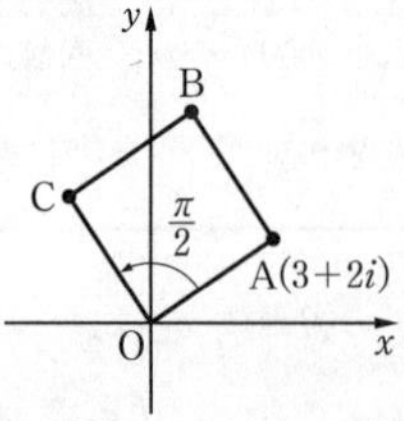

絶対値 1，偏角 $\dfrac{\pi}{2}$ の複素数は

$$\cos\frac{\pi}{2}+i\sin\frac{\pi}{2}=i$$

よって，点 C を表す複素数は　$(3+2i)i=-2+3i$

四角形 OABC は正方形であるから，点 B を表す複素数は

$$(3+2i)+(-2+3i)=1+5i$$

したがって，(ア)，(イ) より

$\mathrm{B}(5-i)$，$\mathrm{C}(2-3i)$　または　$\mathrm{B}(1+5i)$，$\mathrm{C}(-2+3i)$

練習 124 複素数 $\alpha=2-3i$, $\beta=1-2i$ について，点 β を点 α を中心に $\dfrac{3}{4}\pi$ だけ回転した点を表す複素数 γ を求めよ。

点 β を $-\alpha$ だけ平行移動した点を β_1 とすると

$$\beta_1=\beta-\alpha=-1+i$$

点 β_1 を原点Oを中心に $\dfrac{3}{4}\pi$ だけ回転した点を β_2 とすると

$$\beta_2=\beta_1\left(\cos\frac{3}{4}\pi+i\sin\frac{3}{4}\pi\right)$$

$$=(-1+i)\left(-\frac{1}{\sqrt{2}}+\frac{1}{\sqrt{2}}i\right)=-\sqrt{2}\,i$$

点 β_2 を α だけ平行移動した点が，求める点 γ であるから

$$\gamma=\beta_2+\alpha=-\sqrt{2}\,i+2-3i=\mathbf{2-(3+\sqrt{2})i}$$

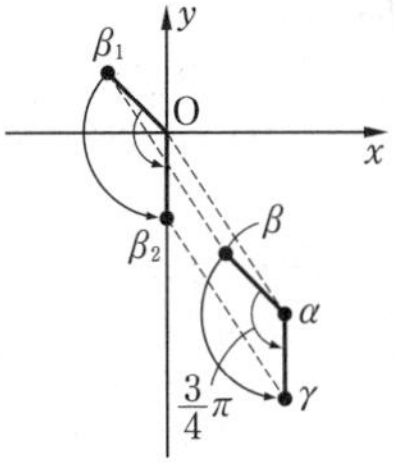

◀ 点 α が原点と重なるように点 β を平行移動する。

◀ 点 β_1 を原点Oのまわりに $\dfrac{3}{4}\pi$ 回転する。

◀ 原点が点 α と重なるように点 β_2 を平行移動する。

練習 125 2点 A$(1+3i)$, B$(-3-5i)$ について，線分ABを1辺とする正三角形の他の頂点をCとするとき，辺BCの中点を表す複素数を求めよ。

求める点は，点Aを点Bを中心に $\pm\dfrac{\pi}{3}$ だけ回転し，$\dfrac{1}{2}$ 倍した点である。求める点を表す複素数を z とすると

$$z=\{(1+3i)-(-3-5i)\}\cdot\frac{1}{2}\left\{\cos\left(\pm\frac{\pi}{3}\right)+i\sin\left(\pm\frac{\pi}{3}\right)\right\}+(-3-5i)$$

(複号同順)

よって　$z=(4+8i)\cdot\dfrac{1}{2}\left(\dfrac{1}{2}+\dfrac{\sqrt{3}}{2}i\right)+(-3-5i)$

$$=-2(\sqrt{3}+1)+(\sqrt{3}-3)i$$

または　$z=(4+8i)\cdot\dfrac{1}{2}\left(\dfrac{1}{2}-\dfrac{\sqrt{3}}{2}i\right)+(-3-5i)$

$$=2(\sqrt{3}-1)-(\sqrt{3}+3)i$$

したがって，求める複素数は

$$\mathbf{-2(\sqrt{3}+1)+(\sqrt{3}-3)i,\ \ 2(\sqrt{3}-1)-(\sqrt{3}+3)i}$$

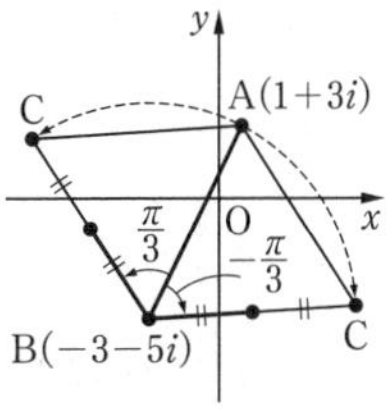

◀ $\dfrac{\pi}{3}$ 回転のとき

◀ $-\dfrac{\pi}{3}$ 回転のとき

◀ 点Bを中心として，線分ABの中点Mを $\pm\dfrac{\pi}{3}$ だけ回転した点と考えてもよい。

練習 126 曲線 $C:7x^2+2\sqrt{3}\,xy+5y^2=2$ を，原点のまわりに $\dfrac{\pi}{3}$ だけ回転してできる曲線の方程式を求めよ。

曲線 C 上の点 $(x,\ y)$ を原点のまわりに $\dfrac{\pi}{3}$ だけ回転した点を (X, Y) とすると，点 (x, y) は点 $(X,\ Y)$ を原点のまわりに $-\dfrac{\pi}{3}$ だけ回転した点であるから

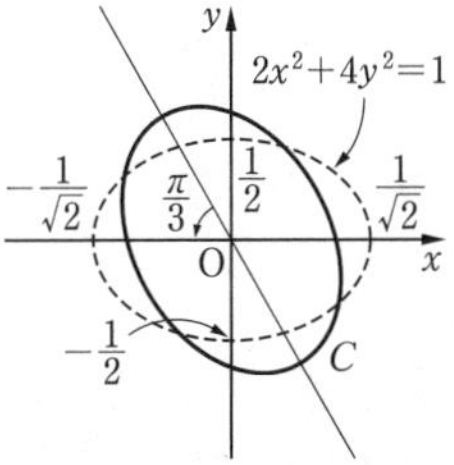

$$x+yi=(X+Yi)\left\{\cos\left(-\frac{\pi}{3}\right)+i\sin\left(-\frac{\pi}{3}\right)\right\}$$

$$=(X+Yi)\left(\frac{1}{2}-\frac{\sqrt{3}}{2}i\right)=\frac{1}{2}(X+\sqrt{3}Y)-\frac{1}{2}(\sqrt{3}X-Y)i$$

x, y, X, Y は実数であるから

$$x=\frac{1}{2}(X+\sqrt{3}Y),\ \ y=-\frac{1}{2}(\sqrt{3}X-Y)$$

曲線 C の方程式に代入すると

$$7\left\{\frac{1}{2}(X+\sqrt{3}Y)\right\}^2+2\sqrt{3}\left\{\frac{1}{2}(X+\sqrt{3}Y)\right\}\left\{-\frac{1}{2}(\sqrt{3}X-Y)\right\}$$
$$+5\left\{-\frac{1}{2}(\sqrt{3}X-Y)\right\}^2=2$$

これを整理して　　$2X^2+4Y^2=1$

したがって，求める曲線の方程式は　　$\boldsymbol{2x^2+4y^2=1}$

◀楕円の方程式である。

〔別解〕

曲線 C の式に $x=r\cos\theta$, $y=r\sin\theta$ を代入して極方程式に直すと

$$7r^2\cos^2\theta+2\sqrt{3}\,r^2\sin\theta\cos\theta+5r^2\sin^2\theta=2$$

$$r^2\{2\cos^2\theta+2\sqrt{3}\sin\theta\cos\theta+5(\sin^2\theta+\cos^2\theta)\}=2$$

◀$\sin^2\theta+\cos^2\theta=1$ を利用する。

$$r^2\{2\cos\theta(\cos\theta+\sqrt{3}\sin\theta)+5\}=2$$

◀コサインへの合成
$$\cos\theta\cdot\frac{1}{2}+\sin\theta\cdot\frac{\sqrt{3}}{2}$$
$$=\cos\theta\cos\frac{\pi}{3}+\sin\theta\sin\frac{\pi}{3}$$
$$=\cos\left(\theta-\frac{\pi}{3}\right)$$

$$r^2\left\{4\cos\theta\cos\left(\theta-\frac{\pi}{3}\right)+5\right\}=2$$

求める曲線は曲線 C を $\frac{\pi}{3}$ だけ回転したものであるから

$$r^2\left\{4\cos\left(\theta-\frac{\pi}{3}\right)\cos\left(\theta-\frac{2}{3}\pi\right)+5\right\}=2$$

$$r^2\left\{4\left(\cos\theta\cos\frac{\pi}{3}+\sin\theta\sin\frac{\pi}{3}\right)\right.$$
$$\left.\times\left(\cos\theta\cos\frac{2}{3}\pi+\sin\theta\sin\frac{2}{3}\pi\right)+5\right\}=2$$

◀加法定理

$$r^2\{(\cos\theta+\sqrt{3}\sin\theta)(-\cos\theta+\sqrt{3}\sin\theta)+5\}=2$$

$$r^2(3\sin^2\theta-\cos^2\theta+5)=2$$

$$3(r\sin\theta)^2-(r\cos\theta)^2+5r^2=2$$

$r\cos\theta=x$, $r\sin\theta=y$, $r^2=x^2+y^2$ より

$$3y^2-x^2+5x^2+5y^2=2$$

$$2x^2+4y^2=1$$

よって，求める曲線の方程式は　　$2x^2+4y^2=1$

練習 127 $\alpha=3+i$, $\beta=2+4i$ とするとき，原点 O と点 A(α) を通る直線 l に関して点 B(β) と対称な点 C を表す複素数 γ を求めよ。

α の偏角を θ とすると　$\alpha=|\alpha|(\cos\theta+i\sin\theta)$

$\overline{\alpha}$ の偏角は $-\theta$ であるから

$$\overline{\alpha}=|\alpha|\{\cos(-\theta)+i\sin(-\theta)\}$$

よって，点 B を原点を中心に $-\theta$ だけ回転した点を B$'(\beta')$ とすると

$$\beta'=\beta\{\cos(-\theta)+i\sin(-\theta)\}$$

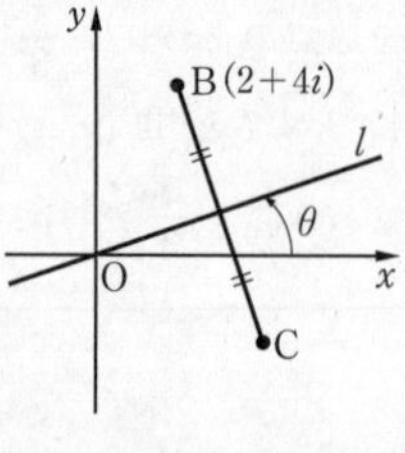

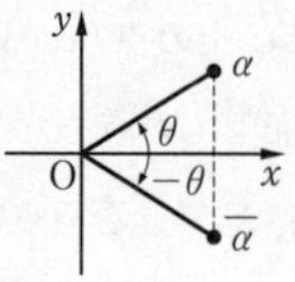

$$= \beta \cdot \frac{1}{|\alpha|}\overline{\alpha}$$

点 B′ を実軸に関して対称移動した点を C′(γ′) とすると

$$\gamma' = \overline{\beta'} = \frac{1}{|\alpha|}\alpha\overline{\beta}$$

◀ 点 z を実軸に関して対称移動した点は $\overline{z}$ である。

点 C(γ) は点 C′ を原点を中心に θ だけ回転した点であるから

$$\gamma = \gamma'(\cos\theta + i\sin\theta) = \gamma' \cdot \frac{1}{|\alpha|}\alpha = \frac{1}{|\alpha|^2}\alpha^2\overline{\beta} = \frac{\alpha}{\overline{\alpha}}\overline{\beta}$$

◀ $|\alpha|^2 = \alpha\overline{\alpha}$

$$= \frac{3+i}{3-i}\cdot(2-4i) = \mathbf{4-2i}$$

練習 128 次の値を計算せよ。

(1) $(\sqrt{2}+\sqrt{6}i)^3$　　(2) $\dfrac{1}{(1-\sqrt{3}i)^4}$　　(3) $(\sqrt{2}+\sqrt{2}i)^6(1+i)^3$

(1) $\sqrt{2}+\sqrt{6}i = 2\sqrt{2}\left(\cos\frac{\pi}{3}+i\sin\frac{\pi}{3}\right)$ より

$$(\sqrt{2}+\sqrt{6}i)^3 = \left\{2\sqrt{2}\left(\cos\frac{\pi}{3}+i\sin\frac{\pi}{3}\right)\right\}^3$$
$$= (2\sqrt{2})^3(\cos\pi + i\sin\pi)$$
$$= 16\sqrt{2}(-1+i\cdot 0)$$
$$= \mathbf{-16\sqrt{2}}$$

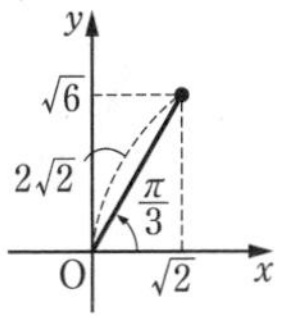

(2) $1-\sqrt{3}i = 2\left\{\cos\left(-\frac{\pi}{3}\right)+i\sin\left(-\frac{\pi}{3}\right)\right\}$ より

$$\frac{1}{(1-\sqrt{3}i)^4} = (1-\sqrt{3}i)^{-4}$$
$$= \left[2\left\{\cos\left(-\frac{\pi}{3}\right)+i\sin\left(-\frac{\pi}{3}\right)\right\}\right]^{-4}$$
$$= 2^{-4}\left(\cos\frac{4}{3}\pi + i\sin\frac{4}{3}\pi\right)$$
$$= \frac{1}{16}\left(-\frac{1}{2}-\frac{\sqrt{3}}{2}i\right)$$
$$= \mathbf{-\frac{1}{32}-\frac{\sqrt{3}}{32}i}$$

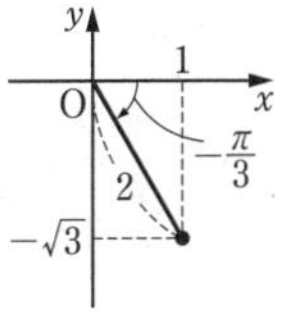

◀ $-\frac{\pi}{3}\times(-4) = \frac{4}{3}\pi$

(3) $\sqrt{2}+\sqrt{2}i = 2\left(\cos\frac{\pi}{4}+i\sin\frac{\pi}{4}\right)$ より

$$(\sqrt{2}+\sqrt{2}i)^6 = 2^6\left(\cos\frac{\pi}{4}+i\sin\frac{\pi}{4}\right)^6$$

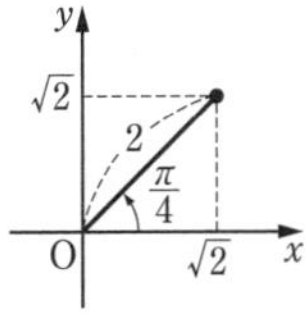

また，$1+i = \sqrt{2}\left(\cos\frac{\pi}{4}+i\sin\frac{\pi}{4}\right)$ より

$$(1+i)^3 = (\sqrt{2})^3\left(\cos\frac{\pi}{4}+i\sin\frac{\pi}{4}\right)^3$$

よって

$$(\sqrt{2}+\sqrt{2}i)^6(1+i)^3 = 2^6\cdot(\sqrt{2})^3\left(\cos\frac{\pi}{4}+i\sin\frac{\pi}{4}\right)^9$$

$$= 128\sqrt{2}\left(\cos\frac{9}{4}\pi + i\sin\frac{9}{4}\pi\right)$$

◀ $\frac{9}{4}\pi = \frac{\pi}{4} + 2\pi$

$$= 128\sqrt{2}\left(\frac{1}{\sqrt{2}} + \frac{1}{\sqrt{2}}i\right)$$

$$= \mathbf{128 + 128}\boldsymbol{i}$$

練習 129 次の値を計算せよ。

(1) $\left(\frac{1+\sqrt{3}i}{1+i}\right)^8$ (2) $\left(\frac{1+\sqrt{3}i}{\sqrt{3}-3i}\right)^{10}$ (3) $\left(\frac{-3+i}{2+i}\right)^7$

(1) $\frac{1+\sqrt{3}i}{1+i} = \frac{2\left(\cos\frac{\pi}{3} + i\sin\frac{\pi}{3}\right)}{\sqrt{2}\left(\cos\frac{\pi}{4} + i\sin\frac{\pi}{4}\right)} = \sqrt{2}\left(\cos\frac{\pi}{12} + i\sin\frac{\pi}{12}\right)$

◀ 分母・分子とも偏角を求めることができるから，それぞれ極形式で表す。

◀ $\frac{\pi}{3} - \frac{\pi}{4} = \frac{\pi}{12}$

よって $\left(\frac{1+\sqrt{3}i}{1+i}\right)^8 = \left\{\sqrt{2}\left(\cos\frac{\pi}{12} + i\sin\frac{\pi}{12}\right)\right\}^8$

$$= (\sqrt{2})^8\left(\cos\frac{2}{3}\pi + i\sin\frac{2}{3}\pi\right)$$

◀ $\frac{\pi}{12} \times 8 = \frac{2}{3}\pi$

$$= 16\left(-\frac{1}{2} + \frac{\sqrt{3}}{2}i\right)$$

$$= \mathbf{-8 + 8\sqrt{3}}\boldsymbol{i}$$

(2) $\frac{1+\sqrt{3}i}{\sqrt{3}-3i} = \frac{2\left(\cos\frac{\pi}{3} + i\sin\frac{\pi}{3}\right)}{2\sqrt{3}\left\{\cos\left(-\frac{\pi}{3}\right) + i\sin\left(-\frac{\pi}{3}\right)\right\}}$

$$= \frac{1}{\sqrt{3}}\left(\cos\frac{2}{3}\pi + i\sin\frac{2}{3}\pi\right)$$

◀ $\frac{\pi}{3} - \left(-\frac{\pi}{3}\right) = \frac{2}{3}\pi$

よって

$$\left(\frac{1+\sqrt{3}i}{\sqrt{3}-3i}\right)^{10} = \left\{\frac{1}{\sqrt{3}}\left(\cos\frac{2}{3}\pi + i\sin\frac{2}{3}\pi\right)\right\}^{10}$$

$$= \left(\frac{1}{\sqrt{3}}\right)^{10}\left(\cos\frac{20}{3}\pi + i\sin\frac{20}{3}\pi\right)$$

$$= \frac{1}{243}\left(\cos\frac{2}{3}\pi + i\sin\frac{2}{3}\pi\right)$$

◀ $\frac{20}{3}\pi = \frac{2}{3}\pi + 6\pi$

$$= \frac{1}{243}\left(-\frac{1}{2} + \frac{\sqrt{3}}{2}i\right) = \mathbf{-\frac{1}{486} + \frac{\sqrt{3}}{486}}\boldsymbol{i}$$

(3) $\frac{-3+i}{2+i} = \frac{(-3+i)(2-i)}{(2+i)(2-i)} = \frac{-5+5i}{5} = -1+i$

◀ 分母・分子の複素数の偏角を求めることができないから，$\frac{-3+i}{2+i}$ を $a+bi$ の形に直してから極形式に表す。

$$= \sqrt{2}\left(\cos\frac{3}{4}\pi + i\sin\frac{3}{4}\pi\right)$$

よって

$$\left(\frac{-3+i}{2+i}\right)^7 = \left\{\sqrt{2}\left(\cos\frac{3}{4}\pi + i\sin\frac{3}{4}\pi\right)\right\}^7$$

$$= (\sqrt{2})^7\left(\cos\frac{21}{4}\pi + i\sin\frac{21}{4}\pi\right)$$

$$= 8\sqrt{2}\left(\cos\frac{5}{4}\pi + i\sin\frac{5}{4}\pi\right)$$

◀ $\frac{21}{4}\pi = \frac{5}{4}\pi + 4\pi$

$$= 8\sqrt{2}\left(-\frac{1}{\sqrt{2}} - \frac{1}{\sqrt{2}}i\right) = -8-8i$$

練習 130 (1) 複素数 z が $z+\dfrac{1}{z}=-\sqrt{2}$ を満たすとき，$z^{12}+\dfrac{1}{z^{12}}$ の値を求めよ。

(2) 複素数 z が $z+\dfrac{1}{z}=\sqrt{2}$ を満たすとき，$w=z^n+\dfrac{1}{z^n}$ の値を求めよ。ただし，n は整数とする。

(1) $z+\dfrac{1}{z}=-\sqrt{2}$ より　$z^2+\sqrt{2}z+1=0$

よって　$z=\dfrac{-\sqrt{2}\pm\sqrt{(\sqrt{2})^2-4\cdot1\cdot1}}{2}=\dfrac{-\sqrt{2}\pm\sqrt{2}i}{2}$

◀ 解の公式

$=\cos\left(\pm\dfrac{3}{4}\pi\right)+i\sin\left(\pm\dfrac{3}{4}\pi\right)$ （複号同順）

このとき，ド・モアブルの定理により

$$z^{12}=\left\{\cos\left(\pm\frac{3}{4}\pi\right)+i\sin\left(\pm\frac{3}{4}\pi\right)\right\}^{12}$$

$=\cos(\pm9\pi)+i\sin(\pm9\pi)$ （複号同順）

$=-1$

◀ $9\pi=\pi+4\cdot2\pi$

$\begin{cases}\cos(-\theta)=\cos\theta\\ \sin(-\theta)=-\sin\theta\end{cases}$

ゆえに　$\dfrac{1}{z^{12}}=\dfrac{1}{-1}=-1$

したがって　$z^{12}+\dfrac{1}{z^{12}}=-1-1=\mathbf{-2}$

(2) $z+\dfrac{1}{z}=\sqrt{2}$ より　$z^2-\sqrt{2}z+1=0$

よって　$z=\dfrac{\sqrt{2}\pm\sqrt{2}i}{2}=\cos\left(\pm\dfrac{\pi}{4}\right)+i\sin\left(\pm\dfrac{\pi}{4}\right)$ （複号同順）

このとき，ド・モアブルの定理により

$$w=z^n+\frac{1}{z^n}=z^n+z^{-n}$$

$$=\left\{\cos\left(\pm\frac{\pi}{4}\right)+i\sin\left(\pm\frac{\pi}{4}\right)\right\}^n+\left\{\cos\left(\pm\frac{\pi}{4}\right)+i\sin\left(\pm\frac{\pi}{4}\right)\right\}^{-n}$$

$=\cos\dfrac{n}{4}\pi\pm i\sin\dfrac{n}{4}\pi+\cos\dfrac{n}{4}\pi\mp i\sin\dfrac{n}{4}\pi$ （複号同順）

$$=2\cos\frac{n}{4}\pi$$

ここで，整数 n を 8 で割った余りで場合分けをすると

◀ $\dfrac{n}{4}\pi$ の動径

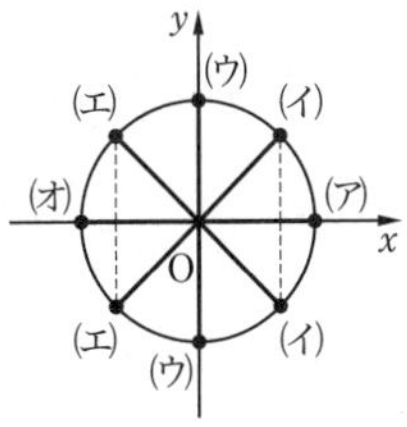

(ア) $n=8k$ （k は整数）のとき

$w=2\cos2k\pi=2$

(イ) $n=8k\pm1$ （k は整数）のとき

$w=2\cos\left(2k\pi\pm\dfrac{\pi}{4}\right)=2\cos\left(\pm\dfrac{\pi}{4}\right)=2\cdot\dfrac{\sqrt{2}}{2}=\sqrt{2}$

(ウ) $n=8k\pm2$ （k は整数）のとき

$w=2\cos\left(2k\pi\pm\dfrac{\pi}{2}\right)=2\cos\left(\pm\dfrac{\pi}{2}\right)=2\cdot0=0$

(エ) $n=8k\pm3$ （k は整数）のとき

$$w=2\cos\left(2k\pi\pm\frac{3}{4}\pi\right)=2\cos\left(\pm\frac{3}{4}\pi\right)=2\cdot\left(-\frac{\sqrt{2}}{2}\right)=-\sqrt{2}$$

(オ) $n=8k+4$ (k は整数) のとき

$$w=2\cos(2k\pi+\pi)=2\cos\pi=2\cdot(-1)=-2$$

(ア)〜(オ) より，k を整数とすると

$$\boldsymbol{w=\begin{cases}2 & (n=8k\ \text{のとき})\\ \sqrt{2} & (n=8k\pm1\ \text{のとき})\\ 0 & (n=8k\pm2\ \text{のとき})\\ -\sqrt{2} & (n=8k\pm3\ \text{のとき})\\ -2 & (n=8k+4\ \text{のとき})\end{cases}}$$

練習 131 次の方程式を解け。

(1) $z^8=1$　　(2) $z^2=i$

(3) $z^3=-8$　　(4) $z^4=8(-1+\sqrt{3}i)$

$z=r(\cos\theta+i\sin\theta)$ $(r>0,\ 0\leqq\theta<2\pi)$ とおく。

(1) ド・モアブルの定理により，方程式 $z^8=1$ は

$$r^8(\cos8\theta+i\sin8\theta)=\cos0+i\sin0$$

◀ $|1|=1,\ \arg1=0$

両辺の絶対値と偏角を比較すると

$$r^8=1\ \cdots①,\quad 8\theta=0+2k\pi\ (k\ \text{は整数})\ \cdots②$$

◀ $\alpha=\beta \iff \begin{cases}|\alpha|=|\beta|\\ \arg\alpha=\arg\beta+2k\pi\end{cases}$ (k は整数)

$r>0$ であるから，① より　$r=1$

② より　$\theta=\dfrac{k}{4}\pi$

$0\leqq\theta<2\pi$ の範囲で考えると　$k=0,\ 1,\ 2,\ 3,\ 4,\ 5,\ 6,\ 7$

このとき，それぞれ

$$\theta=0,\ \frac{\pi}{4},\ \frac{\pi}{2},\ \frac{3}{4}\pi,\ \pi,\ \frac{5}{4}\pi,\ \frac{3}{2}\pi,\ \frac{7}{4}\pi$$

◀ θ の値は 8 個あり，この方程式は 8 個の解をもつ。

(ア) $\theta=0$ のとき　$z=\cos0+i\sin0=1$

(イ) $\theta=\dfrac{\pi}{4}$ のとき　$z=\cos\dfrac{\pi}{4}+i\sin\dfrac{\pi}{4}=\dfrac{\sqrt{2}}{2}+\dfrac{\sqrt{2}}{2}i$

(ウ) $\theta=\dfrac{\pi}{2}$ のとき　$z=\cos\dfrac{\pi}{2}+i\sin\dfrac{\pi}{2}=i$

(エ) $\theta=\dfrac{3}{4}\pi$ のとき　$z=\cos\dfrac{3}{4}\pi+i\sin\dfrac{3}{4}\pi=-\dfrac{\sqrt{2}}{2}+\dfrac{\sqrt{2}}{2}i$

(オ) $\theta=\pi$ のとき　$z=\cos\pi+i\sin\pi=-1$

(カ) $\theta=\dfrac{5}{4}\pi$ のとき　$z=\cos\dfrac{5}{4}\pi+i\sin\dfrac{5}{4}\pi=-\dfrac{\sqrt{2}}{2}-\dfrac{\sqrt{2}}{2}i$

(キ) $\theta=\dfrac{3}{2}\pi$ のとき　$z=\cos\dfrac{3}{2}\pi+i\sin\dfrac{3}{2}\pi=-i$

(ク) $\theta=\dfrac{7}{4}\pi$ のとき　$z=\cos\dfrac{7}{4}\pi+i\sin\dfrac{7}{4}\pi=\dfrac{\sqrt{2}}{2}-\dfrac{\sqrt{2}}{2}i$

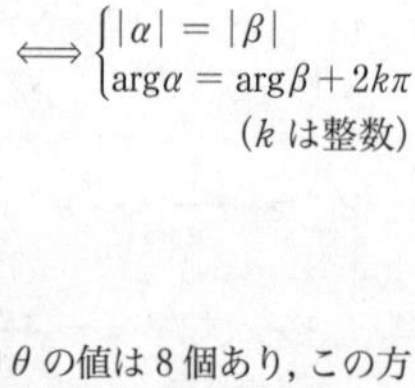

(ア)〜(ク) より　$\boldsymbol{z=\pm1,\ \pm i,\ \dfrac{\sqrt{2}}{2}\pm\dfrac{\sqrt{2}}{2}i,\ -\dfrac{\sqrt{2}}{2}\pm\dfrac{\sqrt{2}}{2}i}$

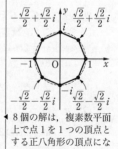

◀ 8 個の解は，複素数平面上で点 1 を 1 つの頂点とする正八角形の頂点になっている。

(2) $i=\cos\dfrac{\pi}{2}+i\sin\dfrac{\pi}{2}$ であるから，ド・モアブルの定理により，

方程式 $z^2=i$ は

$$r^2(\cos 2\theta + i\sin 2\theta) = \cos\frac{\pi}{2} + i\sin\frac{\pi}{2}$$

両辺の絶対値と偏角を比較すると

$$r^2 = 1 \ \cdots ①, \quad 2\theta = \frac{\pi}{2} + 2k\pi \ (k\text{ は整数}) \ \cdots ②$$

◀ $\alpha = \beta \iff \begin{cases} |\alpha| = |\beta| \\ \arg\alpha = \arg\beta + 2k\pi \end{cases}$ (k は整数)

$r > 0$ であるから，① より　　$r = 1$

② より　　$\theta = \frac{\pi}{4} + k\pi$

$0 \leqq \theta < 2\pi$ の範囲で考えると　　$k = 0,\ 1$

◀ $0 \leqq \theta < 2\pi$ の範囲で考えると，k の値は 2 つあり，方程式の解は 2 個ある。

(ア)　$k = 0$ のとき，$\theta = \frac{\pi}{4}$ となり

$$z = \cos\frac{\pi}{4} + i\sin\frac{\pi}{4} = \frac{\sqrt{2}}{2} + \frac{\sqrt{2}}{2}i$$

(イ)　$k = 1$ のとき，$\theta = \frac{5}{4}\pi$ となり

$$z = \cos\frac{5}{4}\pi + i\sin\frac{5}{4}\pi = -\frac{\sqrt{2}}{2} - \frac{\sqrt{2}}{2}i$$

(ア)，(イ) より　　$\boldsymbol{z = \pm\left(\frac{\sqrt{2}}{2} + \frac{\sqrt{2}}{2}i\right)}$

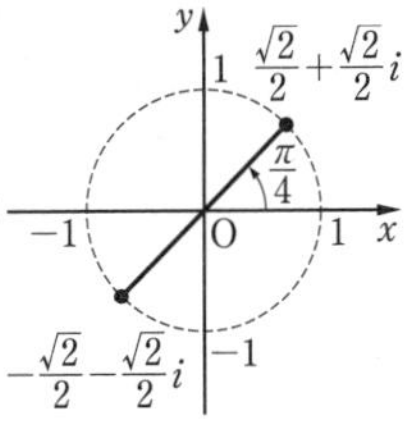

(3)　$-8 = 8(-1 + 0 \cdot i) = 8(\cos\pi + i\sin\pi)$ であるから，ド・モアブルの定理により，方程式 $z^3 = -8$ は

$$r^3(\cos 3\theta + i\sin 3\theta) = 8(\cos\pi + i\sin\pi)$$

両辺の絶対値と偏角を比較すると

$$r^3 = 8 \ \cdots ①, \quad 3\theta = \pi + 2k\pi \ (k\text{ は整数}) \ \cdots ②$$

$r > 0$ であるから，① より　　$r = 2$

② より　　$\theta = \frac{\pi}{3} + \frac{2}{3}k\pi$

$0 \leqq \theta < 2\pi$ の範囲で考えると　　$k = 0,\ 1,\ 2$

◀ 解は 3 個ある。

(ア)　$k = 0$ のとき，$\theta = \frac{\pi}{3}$ となり

$$z = 2\left(\cos\frac{\pi}{3} + i\sin\frac{\pi}{3}\right) = 1 + \sqrt{3}i$$

(イ)　$k = 1$ のとき，$\theta = \pi$ となり

$$z = 2(\cos\pi + i\sin\pi) = -2$$

(ウ)　$k = 2$ のとき，$\theta = \frac{5}{3}\pi$ となり

$$z = 2\left(\cos\frac{5}{3}\pi + i\sin\frac{5}{3}\pi\right) = 1 - \sqrt{3}i$$

(ア)〜(ウ) より　　$\boldsymbol{z = -2,\ 1 \pm \sqrt{3}i}$

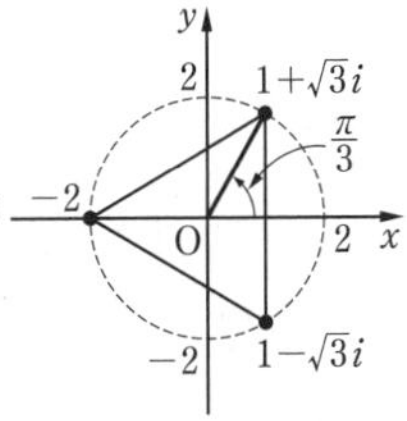

(4)　$8(-1 + \sqrt{3}i) = 16\left(-\frac{1}{2} + \frac{\sqrt{3}}{2}i\right) = 16\left(\cos\frac{2}{3}\pi + i\sin\frac{2}{3}\pi\right)$

であるから，ド・モアブルの定理により，方程式 $z^4 = 8(-1 + \sqrt{3}i)$ は

$$r^4(\cos 4\theta + i\sin 4\theta) = 16\left(\cos\frac{2}{3}\pi + i\sin\frac{2}{3}\pi\right)$$

両辺の絶対値と偏角を比較すると

$$r^4 = 16 \ \cdots ①, \quad 4\theta = \frac{2}{3}\pi + 2k\pi \ (k\text{ は整数}) \ \cdots ②$$

$r>0$ であるから，① より　　$r=2$

② より　　$\theta=\dfrac{\pi}{6}+\dfrac{k}{2}\pi$

$0 \leqq \theta < 2\pi$ の範囲で考えると　　$k=0,\ 1,\ 2,\ 3$

◀解は4個ある。

(ア)　$k=0$ のとき，$\theta=\dfrac{\pi}{6}$ となり

$$z=2\left(\cos\frac{\pi}{6}+i\sin\frac{\pi}{6}\right)=\sqrt{3}+i$$

(イ)　$k=1$ のとき，$\theta=\dfrac{2}{3}\pi$ となり

$$z=2\left(\cos\frac{2}{3}\pi+i\sin\frac{2}{3}\pi\right)=-1+\sqrt{3}\,i$$

(ウ)　$k=2$ のとき，$\theta=\dfrac{7}{6}\pi$ となり

$$z=2\left(\cos\frac{7}{6}\pi+i\sin\frac{7}{6}\pi\right)=-\sqrt{3}-i$$

(エ)　$k=3$ のとき，$\theta=\dfrac{5}{3}\pi$ となり

$$z=2\left(\cos\frac{5}{3}\pi+i\sin\frac{5}{3}\pi\right)=1-\sqrt{3}\,i$$

(ア)〜(エ) より　　$\boldsymbol{z=\pm(\sqrt{3}+i),\ \pm(1-\sqrt{3}\,i)}$

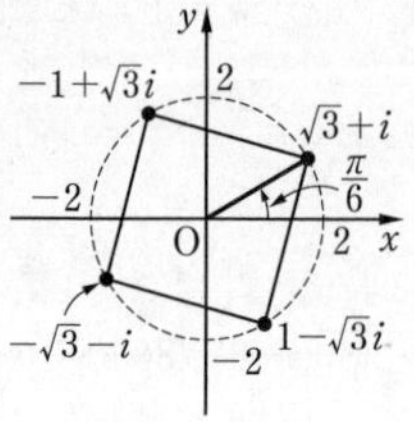

◀

練習 132　複素数 $\alpha=\dfrac{1}{2}+\dfrac{\sqrt{3}}{2}i,\ \beta=i$ が与えられている。

(1)　$\alpha^n(1+\sqrt{3}\,i)=2$ となるような自然数 n のうちで，最小のものを求めよ。

(2)　$\alpha^n(1+\sqrt{3}\,i)=2\beta^m$ となるような自然数の組 $(n,\ m)$ のうちで，$n+m$ が最小となるものを求めよ。

---

(1)　$\alpha^n=\left(\cos\dfrac{\pi}{3}+i\sin\dfrac{\pi}{3}\right)^n=\cos\dfrac{n}{3}\pi+i\sin\dfrac{n}{3}\pi$

◀$\alpha=\dfrac{1}{2}+\dfrac{\sqrt{3}}{2}i$
$\quad=\cos\dfrac{\pi}{3}+i\sin\dfrac{\pi}{3}$

また，$\alpha^n(1+\sqrt{3}\,i)=2$ より

$$\alpha^n=\frac{2(\cos 2\pi+i\sin 2\pi)}{2\left(\cos\frac{\pi}{3}+i\sin\frac{\pi}{3}\right)}=\cos\frac{5}{3}\pi+i\sin\frac{5}{3}\pi$$

◀$\alpha^n=\dfrac{2}{1+\sqrt{3}\,i}$

よって　　$\cos\dfrac{n}{3}\pi+i\sin\dfrac{n}{3}\pi=\cos\dfrac{5}{3}\pi+i\sin\dfrac{5}{3}\pi$

ゆえに　　$\dfrac{n}{3}\pi=\dfrac{5}{3}\pi+2k\pi$（$k$ は整数）

$n=5+6k$ より，求める最小の自然数 n は　　$\boldsymbol{n=5}$

◀$k=0$ のとき，n が最小となる。

(2)　$\dfrac{\alpha^n}{\beta^m}=\dfrac{\left(\cos\frac{\pi}{3}+i\sin\frac{\pi}{3}\right)^n}{\left(\cos\frac{\pi}{2}+i\sin\frac{\pi}{2}\right)^m}=\dfrac{\cos\frac{n}{3}\pi+i\sin\frac{n}{3}\pi}{\cos\frac{m}{2}\pi+i\sin\frac{m}{2}\pi}$

$$=\cos\left(\frac{n}{3}-\frac{m}{2}\right)\pi+i\sin\left(\frac{n}{3}-\frac{m}{2}\right)\pi$$

◀$\beta=0+i$
$\quad=\cos\dfrac{\pi}{2}+i\sin\dfrac{\pi}{2}$

また，$\alpha^n(1+\sqrt{3}\,i)=2\beta^m$ より

$$\frac{\alpha^n}{\beta^m}=\frac{2}{1+\sqrt{3}\,i}=\cos\frac{5}{3}\pi+i\sin\frac{5}{3}\pi$$

◀(1) と同様に考える。

$$\cos\left(\frac{n}{3}-\frac{m}{2}\right)\pi+i\sin\left(\frac{n}{3}-\frac{m}{2}\right)\pi=\cos\frac{5}{3}\pi+i\sin\frac{5}{3}\pi$$

よって　$\left(\frac{n}{3}-\frac{m}{2}\right)\pi=\frac{5}{3}\pi+2k\pi$（$k$ は整数）

ゆえに　$2n-3m=10+12k$　…①

① より　$2(n-5)=3(m+4k)$

2 と 3 は互いに素であるから，$n-5$ は 3 の倍数である。

また，① より　$2(n-5-6k)=3m$

ゆえに，m は 2 の倍数である。

したがって，$n=2$，$m=2$ のとき，$n+m$ は最小となり

$(n,\ m)=(2,\ 2)$

◀ $n-5=-3, 0, 3, \cdots$ より $n=2,\ 5,\ 8,\ \cdots$ また　$m=2,\ 4,\ 6,\ \cdots$

練習 133　$\alpha=\cos\frac{2\pi}{n}+i\sin\frac{2\pi}{n}$（$n$ は 2 以上の整数）とするとき，

$$(1-\alpha)(1-\alpha^2)(1-\alpha^3)\cdots(1-\alpha^{n-1})=n$$

であることを示せ。

$\alpha=\cos\frac{2\pi}{n}+i\sin\frac{2\pi}{n}$ の両辺を n 乗すると

$$\alpha^n=\left(\cos\frac{2}{n}\pi+i\sin\frac{2}{n}\pi\right)^n=\cos2\pi+i\sin2\pi=1$$

◀ ド・モアブルの定理を用いる。

よって　$\alpha^n-1=0$

ここで，方程式 $z^n-1=0$ …① を考えると，$\alpha\neq1$ より，α は方程式 ① を満たす 1 以外の複素数の 1 つである。

◀ $n\geqq2$ であるから $\alpha\neq1$

このとき　$(\alpha^2)^n-1=(\alpha^n)^2-1=1^2-1=0$

$(\alpha^3)^n-1=(\alpha^n)^3-1=1^3-1=0$

$\cdots$

$(\alpha^{n-1})^n-1=(\alpha^n)^{n-1}-1=1^{n-1}-1=0$

よって，$z=\alpha^2,\ \alpha^3,\ \cdots,\ \alpha^{n-1}$ はいずれも方程式 ① を満たす。

① を変形すると　$(z-1)(z^{n-1}+z^{n-2}+\cdots+z^2+z+1)=0$

ここで，方程式 ① は n 次方程式であるから n 個の複素数解をもち，1，α，α^2，$\cdots$，α^{n-1} はすべて異なるから，方程式 ① の解は

$z=1,\ \alpha,\ \alpha^2,\ \cdots,\ \alpha^{n-1}$

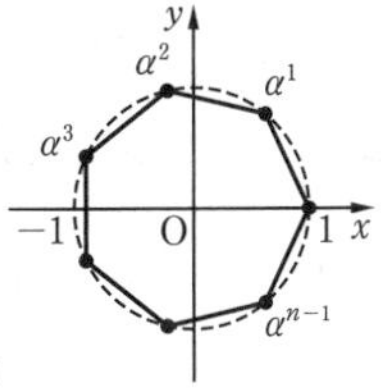

◀ 点 1，α，$\cdots$，α^{n-1} は正 n 角形の異なる頂点である。

よって，方程式 $z^{n-1}+z^{n-2}+\cdots+z^2+z+1=0$ の解は

$z=\alpha,\ \alpha^2,\ \cdots,\ \alpha^{n-1}$ であるから

$$z^{n-1}+z^{n-2}+\cdots+z^2+z+1=(z-\alpha)(z-\alpha^2)\cdots(z-\alpha^{n-1})$$

◀ この式は z についての恒等式である。

両辺に $z=1$ を代入すると

$(1-\alpha)(1-\alpha^2)(1-\alpha^3)\cdots(1-\alpha^{n-1})$

$=1^{n-1}+1^{n-2}+\cdots+1^2+1+1$

$=n$

練習 134　$\alpha=\cos\frac{2}{7}\pi+i\sin\frac{2}{7}\pi$ とする。

(1)　$\alpha^6+\alpha^5+\alpha^4+\alpha^3+\alpha^2+\alpha+1$ の値を求めよ。

(2)　$\alpha^3+(\overline{\alpha})^3+\alpha^2+(\overline{\alpha})^2+\alpha+\overline{\alpha}+1$ の値を求めよ。

(3)　$\cos\frac{2}{7}\pi=x$ とすると，$8x^3+4x^2-4x=1$ であることを示せ。

(1) $\alpha^7 = \left(\cos\dfrac{2}{7}\pi + i\sin\dfrac{2}{7}\pi\right)^7 = \cos2\pi + i\sin2\pi = 1$　　　◀ ド・モアブルの定理

これより　$\alpha^7 = 1$

よって　$(\alpha-1)(\alpha^6+\alpha^5+\alpha^4+\alpha^3+\alpha^2+\alpha+1) = 0$

$\alpha \neq 1$ であるから　$\alpha^6+\alpha^5+\alpha^4+\alpha^3+\alpha^2+\alpha+1 = 0$

◀ 一般に
$x^n - 1$
$= (x-1)(x^{n-1}+\cdots+1)$
が成り立つ。

(2) $|\alpha| = 1$ より $|\alpha|^2 = 1$ であるから　$\alpha\overline{\alpha} = 1$

よって，$\overline{\alpha} = \dfrac{1}{\alpha}$ であるから

$\alpha^3 + (\overline{\alpha})^3 + \alpha^2 + (\overline{\alpha})^2 + \alpha + \overline{\alpha} + 1$

$= \alpha^3 + \dfrac{1}{\alpha^3} + \alpha^2 + \dfrac{1}{\alpha^2} + \alpha + \dfrac{1}{\alpha} + 1$

$= \dfrac{\alpha^6+\alpha^5+\alpha^4+\alpha^3+\alpha^2+\alpha+1}{\alpha^3} = 0$

◀ (1)で求めた
$\alpha^6+\alpha^5+\cdots+1 = 0$
を代入する。

(3) $\alpha + \overline{\alpha} = \left(\cos\dfrac{2}{7}\pi + i\sin\dfrac{2}{7}\pi\right) + \left(\cos\dfrac{2}{7}\pi - i\sin\dfrac{2}{7}\pi\right)$

$= 2\cos\dfrac{2}{7}\pi$

$\cos\dfrac{2}{7}\pi = \dfrac{1}{2}(\alpha + \overline{\alpha})$ であるから　$\alpha + \overline{\alpha} = 2x$　　\cdots①

また　$\alpha^3 + (\overline{\alpha})^3 = (\alpha+\overline{\alpha})^3 - 3\alpha\overline{\alpha}(\alpha+\overline{\alpha}) = 8x^3 - 6x$　　\cdots②　　◀ $\alpha\overline{\alpha} = |\alpha|^2 = 1$

$\alpha^2 + (\overline{\alpha})^2 = (\alpha+\overline{\alpha})^2 - 2\alpha\overline{\alpha} = 4x^2 - 2$　　\cdots③

(2) より $\alpha^3 + (\overline{\alpha})^3 + \alpha^2 + (\overline{\alpha})^2 + \alpha + \overline{\alpha} + 1 = 0$ であるから，①，②，③ を代入すると

$(8x^3 - 6x) + (4x^2 - 2) + 2x + 1 = 0$

$8x^3 + 4x^2 - 4x - 1 = 0$

ゆえに　$8x^3 + 4x^2 - 4x = 1$

練習 135 等式 $\sin\theta + \sin2\theta + \cdots + \sin n\theta = \dfrac{\sin\dfrac{n+1}{2}\theta\sin\dfrac{n}{2}\theta}{\sin\dfrac{\theta}{2}}$ $(0 < \theta < \pi,\ n は自然数)$ を示せ。

$z = \cos\theta + i\sin\theta$ のとき，$z^n = \cos n\theta + i\sin n\theta$ であるから，
(左辺) $= \sin\theta + \sin2\theta + \cdots + \sin n\theta$ は，複素数 $1 + z + z^2 + \cdots + z^n$
の虚部である。

$z \neq 1$ より $1 + z + z^2 + \cdots + z^n = \dfrac{1 - z^{n+1}}{1 - z}$ \cdots① であり　　◀ $0 < \theta < \pi$ より　$z \neq 1$

$1 - z = 1 - (\cos\theta + i\sin\theta)$

$= (1 - \cos\theta) - i\sin\theta$

$= 2\sin^2\dfrac{\theta}{2} - i\cdot2\sin\dfrac{\theta}{2}\cos\dfrac{\theta}{2}$

$= 2\sin\dfrac{\theta}{2}\left\{\cos\left(\dfrac{\theta}{2} - \dfrac{\pi}{2}\right) + i\sin\left(\dfrac{\theta}{2} - \dfrac{\pi}{2}\right)\right\}$

$1 - z^{n+1} = \{1 - \cos(n+1)\theta\} - i\sin(n+1)\theta$

$= 2\sin^2\dfrac{n+1}{2}\theta - i\cdot2\sin\dfrac{n+1}{2}\theta\cos\dfrac{n+1}{2}\theta$

◀ ① の右辺の分母・分子をそれぞれ極形式で表す。

$1 - \cos\theta = 2\sin^2\dfrac{\theta}{2}$

$\sin\theta = 2\sin\dfrac{\theta}{2}\cos\dfrac{\theta}{2}$

$$= 2\sin\frac{n+1}{2}\theta\left\{\cos\left(\frac{n+1}{2}\theta-\frac{\pi}{2}\right)+i\sin\left(\frac{n+1}{2}\theta-\frac{\pi}{2}\right)\right\}$$

よって，① の右辺の虚部は

$$\frac{2\sin\frac{n+1}{2}\theta}{2\sin\frac{\theta}{2}}\cdot\sin\left\{\left(\frac{n+1}{2}\theta-\frac{\pi}{2}\right)-\left(\frac{\theta}{2}-\frac{\pi}{2}\right)\right\}=\frac{\sin\frac{n+1}{2}\theta}{\sin\frac{\theta}{2}}\cdot\sin\frac{n}{2}\theta$$

より　$\sin\theta+\sin 2\theta+\cdots+\sin n\theta=\dfrac{\sin\frac{n+1}{2}\theta\sin\frac{n}{2}\theta}{\sin\frac{\theta}{2}}$

p.265 問題編 9 複素数平面

> 問題 **115** 複素数平面上の原点 O，A$(5+2i)$，B$(1-i)$ について
> (1) 2 つの線分 OA，OB を 2 辺とする平行四辺形において，残りの頂点 C を表す複素数を求めよ。
> (2) 線分 OA を 1 辺とし，線分 OB が対角線となるような平行四辺形において，残りの頂点 D を表す複素数を求めよ。また，このとき線分 AD の長さを求めよ。

(1) 線分 OA，OB が隣り合う 2 辺であるから，四角形 OBCA が平行四辺形である。
OB // AC，OB = AC であるから，点 C は点 A を複素数 $1-i$ だけ平行移動した点である。
よって，頂点 C を表す複素数は
$(5+2i)+(1-i)=\boldsymbol{6+i}$

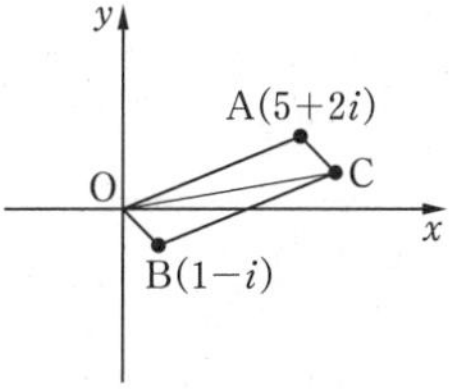

◀ 与えられた点を複素数平面上に図示する。
◀ 平行四辺形となるときの 4 点の順に注意する。

(2) 点 D を表す複素数を z とすると，(1) と同様にして
$(5+2i)+z=1-i$
よって
$z=(1-i)-(5+2i)$
$=\boldsymbol{-4-3i}$
また　AD $=|(-4-3i)-(5+2i)|$
$=|-9-5i|$
$=\sqrt{(-9)^2+(-5)^2}=\boldsymbol{\sqrt{106}}$

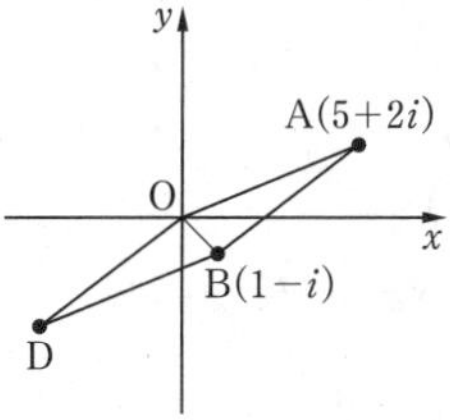

◀ 四角形 ODBA（OABD）が平行四辺形になる。

> 問題 **116** $|z|=\sqrt{3}$ のとき，$\left|tz+\dfrac{1}{z}\right|$ の値を最小にする実数 t の値を求めよ。

$$\left|tz+\frac{1}{z}\right|^2=\left(tz+\frac{1}{z}\right)\overline{\left(tz+\frac{1}{z}\right)}=\left(tz+\frac{1}{z}\right)\left(t\overline{z}+\frac{1}{\overline{z}}\right)$$

$$=t^2z\overline{z}+2t+\frac{1}{z\overline{z}}=t^2|z|^2+2t+\frac{1}{|z|^2}$$

$$=(\sqrt{3})^2t^2+2t+\frac{1}{(\sqrt{3})^2}$$

◀ t が実数であることに注意して
$\overline{\left(tz+\dfrac{1}{z}\right)}=t\overline{z}+\dfrac{1}{\overline{(z)}}$
$=t\overline{z}+\dfrac{1}{\overline{z}}$

$$=3t^2+2t+\frac{1}{3}=3\left(t+\frac{1}{3}\right)^2$$

◀ t についての2次式となる。

よって，$\left|tz+\frac{1}{\overline{z}}\right|^2$ は $t=-\frac{1}{3}$ のとき最小となる。

◀ $t=-\frac{1}{3}$ のとき，$\left|tz+\frac{1}{\overline{z}}\right|=0$ となる。

$\left|tz+\frac{1}{\overline{z}}\right| \geqq 0$ より，$\left|tz+\frac{1}{\overline{z}}\right|$ も $\boldsymbol{t=-\frac{1}{3}}$ のとき最小となる。

問題 117 複素数 α, β, γ が $\alpha+\beta+\gamma=0$, $|\alpha|=|\beta|=|\gamma|=1$ を満たすとき，$|\alpha-\beta|^2+|\beta-\gamma|^2+|\gamma-\alpha|^2$ を求めよ。

$$|\alpha-\beta|^2+|\beta-\gamma|^2+|\gamma-\alpha|^2$$
$$=(\alpha-\beta)\overline{(\alpha-\beta)}+(\beta-\gamma)\overline{(\beta-\gamma)}+(\gamma-\alpha)\overline{(\gamma-\alpha)}$$
$$=(\alpha-\beta)(\overline{\alpha}-\overline{\beta})+(\beta-\gamma)(\overline{\beta}-\overline{\gamma})+(\gamma-\alpha)(\overline{\gamma}-\overline{\alpha})$$
$$=\alpha\overline{\alpha}-\alpha\overline{\beta}-\overline{\alpha}\beta+\beta\overline{\beta}+\beta\overline{\beta}-\beta\overline{\gamma}-\overline{\beta}\gamma+\gamma\overline{\gamma}+\gamma\overline{\gamma}-\gamma\overline{\alpha}-\overline{\gamma}\alpha+\alpha\overline{\alpha}$$
$$=2|\alpha|^2+2|\beta|^2+2|\gamma|^2-\overline{\alpha}(\beta+\gamma)-\overline{\beta}(\gamma+\alpha)-\overline{\gamma}(\alpha+\beta)$$
$$=6-\overline{\alpha}\cdot(-\alpha)-\overline{\beta}\cdot(-\beta)-\overline{\gamma}\cdot(-\gamma)$$
$$=6+|\alpha|^2+|\beta|^2+|\gamma|^2=6+1+1+1=\boldsymbol{9}$$

◀ $|z|^2=z\overline{z}$

◀ $\alpha+\beta=-\gamma$, $\beta+\gamma=-\alpha$, $\gamma+\alpha=-\beta$

問題 118 絶対値が1である複素数 z について，$z^2-z+\frac{2}{z^2}$ が実数となる z をすべて求めよ。

$|z|=1$ であるから　$\overline{z}=\frac{1}{z}$　…①

◀ $|z|=1$ より $|z|^2=1$
$|z|^2=z\overline{z}$ より $z\overline{z}=1$

$z^2-z+\frac{2}{z^2}$ が実数であるから

$$\overline{z^2-z+\frac{2}{z^2}}=z^2-z+\frac{2}{z^2}$$
$$(\overline{z})^2-\overline{z}+\frac{2}{(\overline{z})^2}=z^2-z+\frac{2}{z^2}$$

◀ $\overline{z^2}=(\overline{z})^2$

①より　$\frac{1}{z^2}-\frac{1}{z}+2z^2=z^2-z+\frac{2}{z^2}$

$$z^2+z-\frac{1}{z}-\frac{1}{z^2}=0$$

両辺に z^2 を掛けると

$$z^4+z^3-z-1=0$$
$$z^3(z+1)-(z+1)=0$$
$$(z+1)(z^3-1)=0$$
$$(z+1)(z-1)(z^2+z+1)=0$$

よって　$\boldsymbol{z=\pm1,\ \frac{-1\pm\sqrt{3}i}{2}}$

問題 119 複素数 $\tan\alpha+i$ $\left(0\leqq\alpha<\frac{\pi}{2}\right)$ を極形式で表せ。

$|\tan\alpha+i|=\sqrt{\tan^2\alpha+1}=\sqrt{\dfrac{1}{\cos^2\alpha}}$

◀ $1+\tan^2\alpha=\dfrac{1}{\cos^2\alpha}$

$0 \leqq \alpha < \dfrac{\pi}{2}$ より $\cos\alpha>0$ であるから　$|\tan\alpha+i|=\dfrac{1}{\cos\alpha}$

◀ $\tan\alpha+i$ の絶対値は $\dfrac{1}{\cos\alpha}$ である。

よって，偏角を θ とおくと

$$\cos\theta=\frac{\tan\alpha}{\frac{1}{\cos\alpha}}=\tan\alpha\cos\alpha=\sin\alpha=\cos\left(\frac{\pi}{2}-\alpha\right)$$

$$\sin\theta=\frac{1}{\frac{1}{\cos\alpha}}=\cos\alpha=\sin\left(\frac{\pi}{2}-\alpha\right)$$

◀ $a+bi$（a，b は実数）の偏角 θ は，絶対値を r とすると $\cos\theta=\dfrac{a}{r}$, $\sin\theta=\dfrac{b}{r}$ を満たす。

ゆえに　$\theta=\dfrac{\pi}{2}-\alpha$

したがって　$\boldsymbol{\tan\alpha+i=\dfrac{1}{\cos\alpha}\left\{\cos\left(\dfrac{\pi}{2}-\alpha\right)+i\sin\left(\dfrac{\pi}{2}-\alpha\right)\right\}}$

問題 120 $z=r(\cos\alpha+i\sin\alpha)$ $\left(r>0,\ 0<\alpha<\dfrac{\pi}{2}\right)$ とする。次の複素数の絶対値と偏角を r，α で表せ。

(1) $(z+\overline{z})z$　　(2) $\dfrac{z}{z-\overline{z}}$

$0<\alpha<\dfrac{\pi}{2}$ より　$\sin\alpha>0$，$\cos\alpha>0$

(1) $z+\overline{z}=2r\cos\alpha$ であるから

◀ $\overline{z}=r(\cos\alpha-i\sin\alpha)$

$|z+\overline{z}|=2r\cos\alpha$

◀ $\cos\alpha>0$

また　$\arg(z+\overline{z})=0$

よって　$|(z+\overline{z})z|=|z+\overline{z}||z|=2r\cos\alpha\cdot r=\boldsymbol{2r^2\cos\alpha}$

◀ $|z|=r$

$\arg(z+\overline{z})z=\arg(z+\overline{z})+\arg z=0+\alpha=\boldsymbol{\alpha}$

(2) $z-\overline{z}=2ri\sin\alpha$ であるから

◀ $\overline{z}=r(\cos\alpha-i\sin\alpha)$

$|z-\overline{z}|=2r\sin\alpha$

◀ $\sin\alpha>0$

また　$\arg(z-\overline{z})=\dfrac{\pi}{2}$

よって　$\left|\dfrac{z}{z-\overline{z}}\right|=\dfrac{|z|}{|z-\overline{z}|}=\dfrac{r}{2r\sin\alpha}=\boldsymbol{\dfrac{1}{2\sin\alpha}}$

$\arg\dfrac{z}{z-\overline{z}}=\arg z-\arg(z-\overline{z})=\boldsymbol{\alpha-\dfrac{\pi}{2}}$

$\alpha-\dfrac{\pi}{2}<0$ であるから偏角を 0 以上 2π 以下として

◀ $\alpha-\dfrac{\pi}{2}+2\pi=\dfrac{3}{2}\pi+\alpha$ としてもよい。

問題 121 $z=\cos\theta+i\sin\theta$ $(0<\theta<\pi)$，$w=\dfrac{1-z^3}{1-z}$ とするとき，$|w|$ は $a+b\cos\theta$ の形で表される。定数 a，b の値を求めよ。

$w=\dfrac{1-z^3}{1-z}=\dfrac{(1-z)(1+z+z^2)}{1-z}=1+z+z^2$

◀ wを式変形してから，z を代入する。

$=1+\cos\theta+i\sin\theta+(\cos\theta+i\sin\theta)^2$

$= 1+\cos\theta+i\sin\theta+\cos^2\theta+2i\cos\theta\sin\theta-\sin^2\theta$

$= 1+\cos\theta+\cos^2\theta-\sin^2\theta+i\sin\theta(1+2\cos\theta)$

$= \cos\theta+2\cos^2\theta+i\sin\theta(1+2\cos\theta)$

$= \cos\theta(1+2\cos\theta)+i\sin\theta(1+2\cos\theta)$

$= (1+2\cos\theta)(\cos\theta+i\sin\theta)$

よって　$|w| = |(1+2\cos\theta)(\cos\theta+i\sin\theta)|$

$= |1+2\cos\theta||\cos\theta+i\sin\theta|$

$= |1+2\cos\theta|$

◀ $|\cos\theta+i\sin\theta| = \sqrt{\cos^2\theta+\sin^2\theta} = 1$

ゆえに

$$|w| = |1+2\cos\theta| = \begin{cases} 1+2\cos\theta & \left(0<\theta\leqq\frac{2}{3}\pi\right) \\ -1-2\cos\theta & \left(\frac{2}{3}\pi<\theta<\pi\right) \end{cases}$$

◀ $1+2\cos\theta$ の符号について場合分けする。

したがって

$$\begin{cases} \boldsymbol{0<\theta\leqq\frac{2}{3}\pi} \text{ **のとき** } \boldsymbol{a=1,\ b=2} \\ \boldsymbol{\frac{2}{3}\pi<\theta<\pi} \text{ **のとき** } \boldsymbol{a=-1,\ b=-2} \end{cases}$$

問題 **122** 点 $\mathrm{P}(1+i)$ を原点を中心に θ だけ回転し，原点からの距離を r 倍に拡大した点が $\mathrm{Q}((\sqrt{3}-1)+(\sqrt{3}+1)i)$ となるような θ，r を求めよ。ただし，$0\leqq\theta<2\pi$，$r>0$ とする。

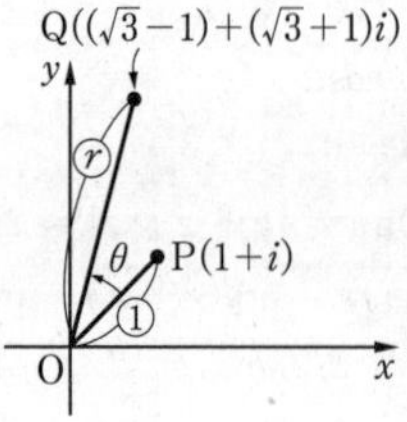

絶対値が r，偏角が θ である複素数 w は

$w = r(\cos\theta+i\sin\theta)$　…①

点 P を表す複素数 $1+i$ と w の積 $(1+i)w$ が，点 Q を表す複素数 $(\sqrt{3}-1)+(\sqrt{3}+1)i$ と等しいから

$(1+i)w = (\sqrt{3}-1)+(\sqrt{3}+1)i$

◀ ① を直接代入して，両辺の実部と虚部を比較してもよい。

よって

$$w = \frac{(\sqrt{3}-1)+(\sqrt{3}+1)i}{1+i}$$

$$= \sqrt{3}+i = 2\left(\cos\frac{\pi}{6}+i\sin\frac{\pi}{6}\right) \quad \cdots ②$$

◀ 分母・分子に $1-i$ を掛けて整理する。

①，② より，$0\leqq\theta<2\pi$，$r>0$ であるから

$\boldsymbol{r=2,\ \theta=\frac{\pi}{6}}$

問題 **123** 複素数平面上に，点 $\mathrm{A}(1+2i)$ がある。△OAB が，∠OAB の大きさが $\frac{\pi}{2}$，3 辺の比が $1:2:\sqrt{3}$ であるとき，点 B を表す複素数を求めよ。

△OAB は ∠OAB の大きさが $\frac{\pi}{2}$ であり，3 辺の比が $1:2:\sqrt{3}$ であるから，∠AOB の大きさは，$\frac{\pi}{6}$，$\frac{\pi}{3}$ のいずれかである。

◀ 条件より三角形は (ア)，(イ) の 2 種類あり，求める点 B はそれぞれの場合で 2 つずつ存在する。

(ア) $\angle$AOB の大きさが $\dfrac{\pi}{6}$ のとき

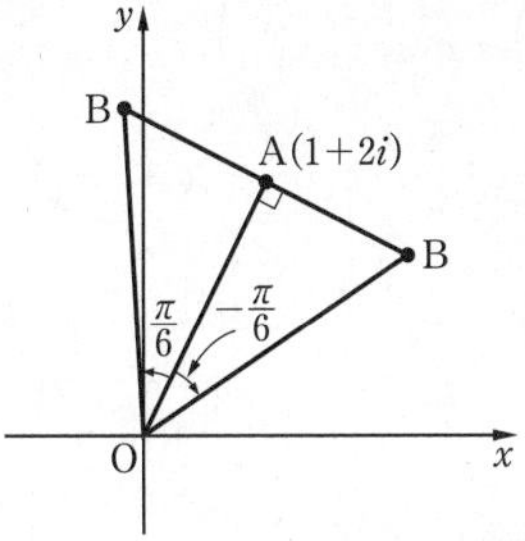

$\mathrm{OA} : \mathrm{OB} = \sqrt{3} : 2 = 1 : \dfrac{2}{\sqrt{3}}$ より

絶対値 $\dfrac{2}{\sqrt{3}}$，偏角 $\pm\dfrac{\pi}{6}$ の複素数を w_1 とすると

$$w_1 = \frac{2}{\sqrt{3}}\left\{\cos\left(\pm\frac{\pi}{6}\right) + i\sin\left(\pm\frac{\pi}{6}\right)\right\}$$

$$= 1 \pm \frac{1}{\sqrt{3}}i \quad \text{(複号同順)}$$

よって，点 B を表す複素数は

$$(1+2i)w_1 = (1+2i)\left(1 \pm \frac{1}{\sqrt{3}}i\right) = \frac{3 \mp 2\sqrt{3}}{3} + \frac{6 \pm \sqrt{3}}{3}i$$

(複号同順)

◀ 点 B は，点 A を原点を中心に $\pm\dfrac{\pi}{6}$ だけ回転し，原点からの距離を $\dfrac{2}{\sqrt{3}}$ 倍に拡大した点である。

(イ) $\angle$AOB の大きさが $\dfrac{\pi}{3}$ のとき

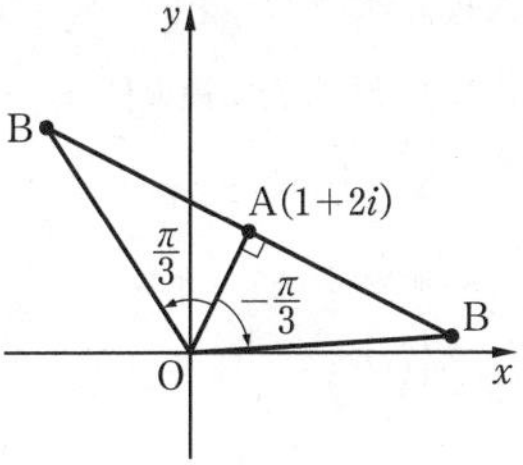

$\mathrm{OA} : \mathrm{OB} = 1 : 2$ より

絶対値 2，偏角 $\pm\dfrac{\pi}{3}$ の複素数を w_2 とすると

$$w_2 = 2\left\{\cos\left(\pm\frac{\pi}{3}\right) + i\sin\left(\pm\frac{\pi}{3}\right)\right\}$$

$$= 1 \pm \sqrt{3}i \quad \text{(複号同順)}$$

よって，点 B を表す複素数は

$$(1+2i)w_2 = (1+2i)(1 \pm \sqrt{3}i)$$

$$= (1 \mp 2\sqrt{3}) + (2 \pm \sqrt{3})i \quad \text{(複号同順)}$$

◀ 点 B は，点 A を原点を中心に $\pm\dfrac{\pi}{3}$ だけ回転して，原点からの距離を 2 倍に拡大した点である。

(ア)，(イ) より，点 B を表す複素数は

$$\boldsymbol{\frac{3 \mp 2\sqrt{3}}{3} + \frac{6 \pm \sqrt{3}}{3}i,\ (1 \mp 2\sqrt{3}) + (2 \pm \sqrt{3})i} \quad \textbf{(複号同順)}$$

◀ 解は 4 つある。

問題 124 点 A(2, 1) を点 P を中心に $\dfrac{\pi}{3}$ だけ回転した点の座標は $\left(\dfrac{3}{2} - \dfrac{3\sqrt{3}}{2},\ -\dfrac{1}{2} + \dfrac{\sqrt{3}}{2}\right)$ であった。複素数平面を利用して，点 P の座標を求めよ。

複素数平面で考える。点 P を表す複素数を α とすると

$$\{(2+i) - \alpha\}\left(\cos\frac{\pi}{3} + i\sin\frac{\pi}{3}\right) + \alpha = \left(\frac{3}{2} - \frac{3\sqrt{3}}{2}\right) + \left(-\frac{1}{2} + \frac{\sqrt{3}}{2}\right)i$$

◀ 点 β を点 α を中心に θ だけ回転した点は $(\beta - \alpha)(\cos\theta + i\sin\theta) + \alpha$

$$(\text{左辺}) = (2+i)\left(\frac{1}{2} + \frac{\sqrt{3}}{2}i\right) - \alpha\left(\frac{1}{2} + \frac{\sqrt{3}}{2}i\right) + \alpha$$

$$= 1 - \frac{\sqrt{3}}{2} + \left(\frac{1}{2} + \sqrt{3}\right)i + \alpha\left(\frac{1}{2} - \frac{\sqrt{3}}{2}i\right)$$

◀ $\cos\dfrac{\pi}{3} + i\sin\dfrac{\pi}{3} = \dfrac{1}{2} + \dfrac{\sqrt{3}}{2}i$

これより

$$1-\frac{\sqrt{3}}{2}+\left(\frac{1}{2}+\sqrt{3}\right)i+\alpha\left(\frac{1}{2}-\frac{\sqrt{3}}{2}i\right)=\left(\frac{3}{2}-\frac{3\sqrt{3}}{2}\right)+\left(-\frac{1}{2}+\frac{\sqrt{3}}{2}\right)i$$

整理すると　$\alpha\left(\frac{1}{2}-\frac{\sqrt{3}}{2}i\right)=\left(\frac{1}{2}-\sqrt{3}\right)-\left(1+\frac{\sqrt{3}}{2}\right)i$

ここで，$w=\frac{1}{2}-\frac{\sqrt{3}}{2}i$ とすると，$|w|=1$ より　$\frac{1}{w}=\overline{w}$

よって　$\alpha=\left\{\left(\frac{1}{2}-\sqrt{3}\right)-\left(1+\frac{\sqrt{3}}{2}\right)i\right\}\left(\frac{1}{2}+\frac{\sqrt{3}}{2}i\right)=1-2i$

◀両辺に $\frac{1}{w}=\overline{w}=\frac{1}{2}+\frac{\sqrt{3}}{2}i$ を掛ける。

したがって，点 P の座標は　**(1, −2)**

問題 125 2 点 A$(2-i)$，B$(3+2i)$ について，線分 AB を最も長い対角線とする正六角形の他の頂点を表す複素数を求めよ。

残りの 4 つの頂点は，点 A を線分 AB の中点 M を中心に $\pm\frac{\pi}{3}$，$\pm\frac{2}{3}\pi$ だけ回転した点である。中点 M を表す複素数は

$$\frac{(2-i)+(3+2i)}{2}=\frac{5+i}{2}$$

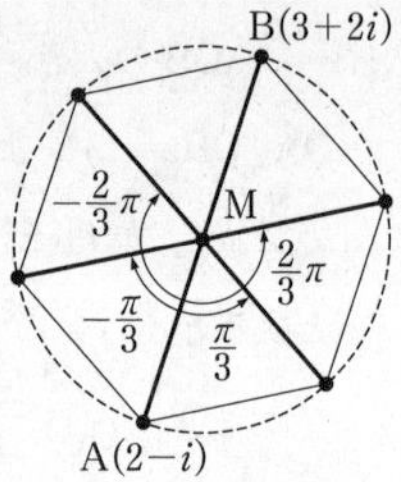

よって，求める点を表す複素数 z は

$$z=\left\{(2-i)-\frac{5+i}{2}\right\}\left\{\cos\left(\pm\frac{\pi}{3}\right)+i\sin\left(\pm\frac{\pi}{3}\right)\right\}+\frac{5+i}{2}$$

(複号同順)

◀ $\pm\frac{\pi}{3}$ だけ回転した点。

または

$$z=\left\{(2-i)-\frac{5+i}{2}\right\}\left\{\cos\left(\pm\frac{2}{3}\pi\right)+i\sin\left(\pm\frac{2}{3}\pi\right)\right\}+\frac{5+i}{2}$$

(複号同順)

◀ $\pm\frac{2}{3}\pi$ だけ回転した点。

よって　$z=\left(\frac{-1-3i}{2}\right)\left(\frac{1}{2}\pm\frac{\sqrt{3}}{2}i\right)+\frac{5+i}{2}$

または　$z=\left(\frac{-1-3i}{2}\right)\left(-\frac{1}{2}\pm\frac{\sqrt{3}}{2}i\right)+\frac{5+i}{2}$

したがって，求める点を表す複素数は

$$\frac{1}{4}\{9\pm3\sqrt{3}+(-1\mp\sqrt{3})i\},\quad \frac{1}{4}\{11\pm3\sqrt{3}+(5\mp\sqrt{3})i\}$$ **(複号同順)**

問題 126 曲線 $C: x^2+2\sqrt{3}\,xy+3y^2-8\sqrt{3}\,x+8y=0$ について

(1) 原点のまわりに $\frac{\pi}{6}$ だけ回転することによって，曲線 C が放物線であることを示せ。

(2) 曲線 C の焦点の座標，および準線の方程式を求めよ。

(1) 曲線 C 上の点 (x, y) を原点のまわりに $\frac{\pi}{6}$ だけ回転した点を (X, Y) とすると，点 $(x,\ y)$ は点 $(X,\ Y)$ を原点のまわりに $-\frac{\pi}{6}$ だけ回転した点であるから

$$x+yi=(X+Yi)\left\{\cos\left(-\frac{\pi}{6}\right)+i\sin\left(-\frac{\pi}{6}\right)\right\}$$
$$=(X+Yi)\left(\frac{\sqrt{3}}{2}-\frac{1}{2}i\right)$$
$$=\frac{1}{2}(\sqrt{3}X+Y)-\frac{1}{2}(X-\sqrt{3}Y)i$$

x, y, X, Y は実数であるから

$$x=\frac{1}{2}(\sqrt{3}X+Y),\ y=-\frac{1}{2}(X-\sqrt{3}Y) \quad \cdots ①$$

ここで，曲線 C の方程式を変形すると

$$(x+\sqrt{3}y)^2-8(\sqrt{3}x-y)=0$$

これに ① を代入すると

$$\left\{\frac{1}{2}(\sqrt{3}X+Y)+\left(-\frac{\sqrt{3}}{2}\right)(X-\sqrt{3}Y)\right\}^2$$
$$-8\left\{\frac{\sqrt{3}}{2}(\sqrt{3}X+Y)-\left(-\frac{1}{2}\right)(X-\sqrt{3}Y)\right\}=0$$

これを整理して　　$Y^2=4X$

したがって，放物線 $y^2=4x$ を原点のまわりに $-\frac{\pi}{6}$ だけ回転させると曲線 C となるから，曲線 C は放物線である。

(2)　$y^2=4x$ の焦点は $(1,\ 0)$ であり，これを極座標で表すと　$(1,\ 0)$

原点のまわりに $-\frac{\pi}{6}$ だけ回転させると　$\left(1,\ -\frac{\pi}{6}\right)$

$$1\times\cos\left(-\frac{\pi}{6}\right)=\frac{\sqrt{3}}{2},\ 1\times\sin\left(-\frac{\pi}{6}\right)=-\frac{1}{2}$$

よって，曲線 C の焦点の座標は直交座標で　$\boldsymbol{\left(\frac{\sqrt{3}}{2},\ -\frac{1}{2}\right)}$

◀ $1\times\left\{\cos\left(-\frac{\pi}{6}\right)+i\sin\left(-\frac{\pi}{6}\right)\right\}=\frac{\sqrt{3}}{2}-\frac{1}{2}i$ より $\left(\frac{\sqrt{3}}{2},\ -\frac{1}{2}\right)$ としてもよい。

放物線 $y^2=4x$ の準線の方程式は　　$x=-1$

これを極方程式で表すと　　$r\cos\theta=-1$　　$\cdots ②$

極座標表示を用いて，この直線上の点 $(r,\ \theta)$ を原点のまわりに $-\frac{\pi}{6}$ だけ回転させた点を $(r,\ \theta')$ とすると

$$\theta'=\theta-\frac{\pi}{6} \quad すなわち \quad \theta=\theta'+\frac{\pi}{6}$$

② に代入すると　　$r\cos\left(\theta'+\frac{\pi}{6}\right)=-1$

$$r\cos\theta'\cos\frac{\pi}{6}-r\sin\theta'\sin\frac{\pi}{6}=-1$$
$$\frac{\sqrt{3}}{2}r\cos\theta'-\frac{1}{2}r\sin\theta'=-1$$
$$\sqrt{3}r\cos\theta'-r\sin\theta'=-2$$

直交座標で表すと　　$\sqrt{3}x-y=-2$

したがって，曲線 C の準線の方程式は　　$\boldsymbol{y=\sqrt{3}x+2}$

問題 127 $\arg\alpha=\theta$ $(0 \leqq \theta < 2\pi)$ とするとき，原点 O と点 A(α) を通る直線 l に関して，点 B(β) と対称な点を C(γ) とする。$\gamma=\dfrac{\alpha}{\overline{\alpha}}\overline{\beta}=(\cos2\theta+i\sin2\theta)\overline{\beta}$ が成り立つことを示せ。

$\arg\alpha=\theta$ のとき　$\alpha=|\alpha|(\cos\theta+i\sin\theta)$

$\overline{\alpha}$ の偏角は $-\theta$ であるから　$\overline{\alpha}=|\alpha|\{\cos(-\theta)+i\sin(-\theta)\}$

よって，点 B を原点を中心に $-\theta$ だけ回転した点を B$'(\beta')$ とすると

$$\beta'=\beta\{\cos(-\theta)+i\sin(-\theta)\}=\beta\cdot\frac{1}{|\alpha|}\overline{\alpha}=\frac{1}{|\alpha|}\overline{\alpha}\beta$$

点 B$'$ を実軸に関して対称移動した点を C$'(\gamma')$ とすると

$$\gamma'=\overline{\beta'}=\overline{\frac{1}{|\alpha|}\overline{\alpha}\beta}=\frac{1}{|\alpha|}\alpha\overline{\beta}$$

◀ $\overline{\overline{\alpha}\beta}=\overline{(\overline{\alpha})}\,\overline{\beta}=\alpha\overline{\beta}$

点 C(γ) は点 C$'$ を原点を中心に θ だけ回転した点であるから

$$\gamma=\gamma'(\cos\theta+i\sin\theta)=\gamma'\cdot\frac{1}{|\alpha|}\alpha=\frac{1}{|\alpha|}\alpha\overline{\beta}\cdot\frac{1}{|\alpha|}\alpha$$

$$=\frac{1}{|\alpha|^2}\alpha^2\overline{\beta}=\frac{1}{\alpha\overline{\alpha}}\alpha^2\overline{\beta}=\frac{\alpha}{\overline{\alpha}}\overline{\beta}$$

◀ $|z|^2=z\overline{z}$

また　$\dfrac{\alpha}{\overline{\alpha}}=\dfrac{|\alpha|(\cos\theta+i\sin\theta)}{|\alpha|\{\cos(-\theta)+i\sin(-\theta)\}}$

$\qquad=\cos2\theta+i\sin2\theta$

◀ $\cos\{\theta-(-\theta)\}$
$+i\sin\{\theta-(-\theta)\}$

したがって　$\gamma=(\cos2\theta+i\sin2\theta)\overline{\beta}$

〔別解〕　($\gamma=(\cos2\theta+i\sin2\theta)\overline{\beta}$ の別解)

$\arg\beta=\theta_1$，$\arg\gamma=\theta_2$ $(0 \leqq \theta_1 < 2\pi$，$0 \leqq \theta_2 < 2\pi)$ とする。

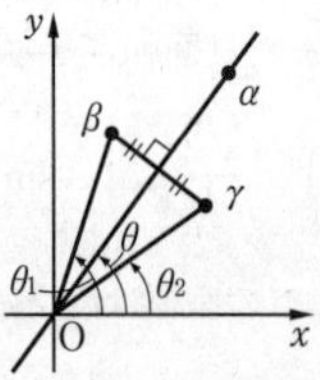

$\theta=\dfrac{\theta_1+\theta_2}{2}$ より　$\theta_2=2\theta-\theta_1$

よって　$\gamma=|\beta|\{\cos(2\theta-\theta_1)+i\sin(2\theta-\theta_1)\}$

◀ $|\gamma|=|\beta|$

$=|\beta|\{\cos2\theta\cos(-\theta_1)$
$-\sin2\theta\sin(-\theta_1)+i\sin2\theta\cos(-\theta_1)+i\cos2\theta\sin(-\theta_1)\}$

$=(\cos2\theta+i\sin2\theta)$
$\times|\beta|\{\cos(-\theta_1)+i\sin(-\theta_1)\}$

$=(\cos2\theta+i\sin2\theta)\overline{\beta}$

問題 128 $\left\{\left(\dfrac{1+\sqrt{3}i}{2}\right)^{2003}\right\}^n=1$ を満たす最小の自然数 n を求めよ。（北見工業大）

$\dfrac{1+\sqrt{3}i}{2}=\cos\dfrac{\pi}{3}+i\sin\dfrac{\pi}{3}$ より

$$\left(\frac{1+\sqrt{3}i}{2}\right)^{2003}=\left(\cos\frac{\pi}{3}+i\sin\frac{\pi}{3}\right)^{2003}$$

$$=\cos\frac{2003}{3}\pi+i\sin\frac{2003}{3}\pi$$

$$=\cos\frac{5}{3}\pi+i\sin\frac{5}{3}\pi$$

◀ $\dfrac{2003}{3}\pi=\dfrac{5}{3}\pi+333\cdot2\pi$

ゆえに　$\left\{\left(\dfrac{1+\sqrt{3}i}{2}\right)^{2003}\right\}^n=\left(\cos\dfrac{5}{3}\pi+i\sin\dfrac{5}{3}\pi\right)^n$

$=\cos\dfrac{5}{3}n\pi+i\sin\dfrac{5}{3}n\pi$

与式は $\cos\dfrac{5}{3}n\pi+i\sin\dfrac{5}{3}n\pi=1$ となるから

$\cos\dfrac{5}{3}n\pi=1,\ \sin\dfrac{5}{3}n\pi=0$

これを満たす最小の自然数 n は　**6**

◀ $\dfrac{5}{3}n\pi=2k\pi$（k は1以上の整数）となればよい。

問題 129 $\theta=\dfrac{\pi}{18}$ のとき，$\left\{\dfrac{(\cos 8\theta+i\sin 8\theta)(\cos 3\theta-i\sin 3\theta)}{\cos 2\theta+i\sin 2\theta}\right\}^{10}$ の値を求めよ。

$\dfrac{(\cos 8\theta+i\sin 8\theta)(\cos 3\theta-i\sin 3\theta)}{\cos 2\theta+i\sin 2\theta}$

$=\dfrac{(\cos 8\theta+i\sin 8\theta)\{\cos(-3\theta)+i\sin(-3\theta)\}}{\cos 2\theta+i\sin 2\theta}$

$=\cos(8\theta-3\theta-2\theta)+i\sin(8\theta-3\theta-2\theta)$

$=\cos 3\theta+i\sin 3\theta$

$=\cos\dfrac{\pi}{6}+i\sin\dfrac{\pi}{6}$

◀ $\cos(-\alpha)=\cos\alpha$
$\sin(-\alpha)=-\sin\alpha$

◀ $3\theta=3\times\dfrac{\pi}{18}=\dfrac{\pi}{6}$

よって

$\left\{\dfrac{(\cos 8\theta+i\sin 8\theta)(\cos 3\theta-i\sin 3\theta)}{\cos 2\theta+i\sin 2\theta}\right\}^{10}=\left(\cos\dfrac{\pi}{6}+i\sin\dfrac{\pi}{6}\right)^{10}$

$=\cos\dfrac{5}{3}\pi+i\sin\dfrac{5}{3}\pi$

$=\boldsymbol{\dfrac{1}{2}-\dfrac{\sqrt{3}}{2}i}$

◀{　}内を極形式に直してからド・モアブルの定理を用いる。

◀ $\dfrac{\pi}{6}\times 10=\dfrac{5}{3}\pi$

問題 130 複素数 z は $z+\dfrac{1}{z}=2\cos\theta$ $(0\leqq\theta\leqq\pi)$ を満たすとする。

(1) 自然数 n に対して，$z^n+\dfrac{1}{z^n}$ を $\cos n\theta$ を用いて表せ。

(2) $\theta=\dfrac{\pi}{20}$ のとき，$\left(z^5+\dfrac{1}{z^5}\right)^3$ の値を求めよ。　（九州工業大　改）

(1) $z+\dfrac{1}{z}=2\cos\theta$ より　$z^2-2\cos\theta\cdot z+1=0$

よって　$z=\cos\theta\pm\sqrt{\cos^2\theta-1}=\cos\theta\pm\sqrt{-\sin^2\theta}$

ここで，$0\leqq\theta\leqq\pi$ より $\sin\theta\geqq 0$ であるから

$z=\cos\theta\pm i\sin\theta=\cos(\pm\theta)+i\sin(\pm\theta)$　（複号同順）

ド・モアブルの定理により

$z^n+\dfrac{1}{z^n}=\{\cos(\pm\theta)+i\sin(\pm\theta)\}^n+\{\cos(\pm\theta)+i\sin(\pm\theta)\}^{-n}$

$=\cos(\pm n\theta)+i\sin(\pm n\theta)+\cos(\mp n\theta)+i\sin(\mp n\theta)$

$=\cos n\theta\pm i\sin n\theta+\cos n\theta\mp i\sin n\theta$（複号同順）

$=2\cos n\theta$

◀ z の2次方程式を解く。

◀ $\sqrt{-\sin^2\theta}$
$=\sqrt{\sin^2\theta}\,i$
$=|\sin\theta|i$
$=i\sin\theta$

◀ $\cos(-\alpha)=\cos\alpha$
$\sin(-\alpha)=-\sin\alpha$

3章 9 複素数平面

よって　$z^n+\dfrac{1}{z^n}=2\cos n\theta$

(2) $\theta=\dfrac{\pi}{20}$ のとき，(1)より $z^5+\dfrac{1}{z^5}=2\cos\dfrac{\pi}{4}=\sqrt{2}$ であるから

$$\left(z^5+\frac{1}{z^5}\right)^3=(\sqrt{2})^3=2\sqrt{2}$$

◀ $n\theta=5\times\dfrac{\pi}{20}=\dfrac{\pi}{4}$

問題 131 方程式 $z^5=1$ について

(1) $z^5-1=(z-1)(z^4+z^3+z^2+z+1)$ を用いて解け。

(2) $z=r(\cos\theta+i\sin\theta)$ $(r>0,\ 0\leqq\theta<2\pi)$ とおくことによって解け。

(1) $z^5-1=0$ より　$(z-1)(z^4+z^3+z^2+z+1)=0$

よって　$z-1=0$　または　$z^4+z^3+z^2+z+1=0$ …①

◀①は相反方程式である。

①の両辺を $z^2\ (\neq 0)$ で割ると

◀ $z=0$ のとき　$0^5=1$ となり不適。よって　$z\neq 0$

$$z^2+z+1+\frac{1}{z}+\frac{1}{z^2}=0$$

$$\left(z+\frac{1}{z}\right)^2+\left(z+\frac{1}{z}\right)-1=0$$

◀ $z^2+\dfrac{1}{z^2}=\left(z+\dfrac{1}{z}\right)^2-2$

$z+\dfrac{1}{z}=t$ とおくと　$t^2+t-1=0$

ゆえに　$t=\dfrac{-1\pm\sqrt{5}}{2}$

(ア) $t=\dfrac{-1+\sqrt{5}}{2}$ のとき

$z+\dfrac{1}{z}=\dfrac{-1+\sqrt{5}}{2}$ より　$z^2+\dfrac{1-\sqrt{5}}{2}z+1=0$

よって　$$z=\frac{-\dfrac{1-\sqrt{5}}{2}\pm\sqrt{\left(\dfrac{1-\sqrt{5}}{2}\right)^2-4}}{2}$$

$$=\frac{\sqrt{5}-1}{4}\pm\frac{\sqrt{10+2\sqrt{5}}}{4}i$$

◀ $\sqrt{\left(\dfrac{1-\sqrt{5}}{2}\right)^2-4}=\sqrt{\dfrac{-10-2\sqrt{5}}{4}}=\dfrac{\sqrt{10+2\sqrt{5}}}{2}i$

(イ) $t=\dfrac{-1-\sqrt{5}}{2}$ のとき

$z+\dfrac{1}{z}=\dfrac{-1-\sqrt{5}}{2}$ より　$z^2+\dfrac{1+\sqrt{5}}{2}z+1=0$

よって　$$z=\frac{-\dfrac{1+\sqrt{5}}{2}\pm\sqrt{\left(\dfrac{1+\sqrt{5}}{2}\right)^2-4}}{2}$$

$$=-\frac{\sqrt{5}+1}{4}\pm\frac{\sqrt{10-2\sqrt{5}}}{4}i$$

(ア)，(イ)より

$$\boldsymbol{z=1,\ \frac{\sqrt{5}-1}{4}\pm\frac{\sqrt{10+2\sqrt{5}}}{4}i,\ -\frac{\sqrt{5}+1}{4}\pm\frac{\sqrt{10-2\sqrt{5}}}{4}i}$$

◀解は5個ある。

(2) $z=r(\cos\theta+i\sin\theta)$ を代入すると，ド・モアブルの定理により

$r^5(\cos5\theta+i\sin5\theta)=\cos0+i\sin0$

絶対値と偏角を比較すると

$$r^5 = 1 \cdots ②, \quad 5\theta = 0 + 2k\pi \ (k \text{ は整数}) \cdots ③$$

$r > 0$ であるから，② より　$r = 1$

③ より　$\theta = \dfrac{2k}{5}\pi$

$0 \leqq \theta < 2\pi$ の範囲で考えると　$k = 0,\ 1,\ 2,\ 3,\ 4$

よって

$$\boldsymbol{z = 1,\ \cos\frac{2}{5}\pi + i\sin\frac{2}{5}\pi,\ \cos\frac{4}{5}\pi + i\sin\frac{4}{5}\pi,}$$

$$\boldsymbol{\cos\frac{6}{5}\pi + i\sin\frac{6}{5}\pi,\ \cos\frac{8}{5}\pi + i\sin\frac{8}{5}\pi}$$

◀ $\cos\dfrac{2}{5}\pi$，$\sin\dfrac{2}{5}\pi$ 等の値は簡単に求まらない。

Plus One

問題 131 は方程式 $z^5 = 1$ を (1)，(2) の異なる 2 つの方法で解く問題である。

問題 131 (1) の結果において

$$\frac{\sqrt{5}-1}{4} > 0,\quad \frac{\sqrt{10+2\sqrt{5}}}{4} > 0,\quad -\frac{\sqrt{5}+1}{4} < 0,\quad \frac{\sqrt{10-2\sqrt{5}}}{4} > 0$$

また，(2) の結果を図示すると，右のようになるから，(1)，(2) の結果より

$$\cos\frac{2}{5}\pi + i\sin\frac{2}{5}\pi = \frac{\sqrt{5}-1}{4} + \frac{\sqrt{10+2\sqrt{5}}}{4}i$$

$$\cos\frac{4}{5}\pi + i\sin\frac{4}{5}\pi = -\frac{\sqrt{5}+1}{4} + \frac{\sqrt{10-2\sqrt{5}}}{4}i$$

$$\cos\frac{6}{5}\pi + i\sin\frac{6}{5}\pi = -\frac{\sqrt{5}+1}{4} - \frac{\sqrt{10-2\sqrt{5}}}{4}i$$

$$\cos\frac{8}{5}\pi + i\sin\frac{8}{5}\pi = \frac{\sqrt{5}-1}{4} - \frac{\sqrt{10+2\sqrt{5}}}{4}i$$

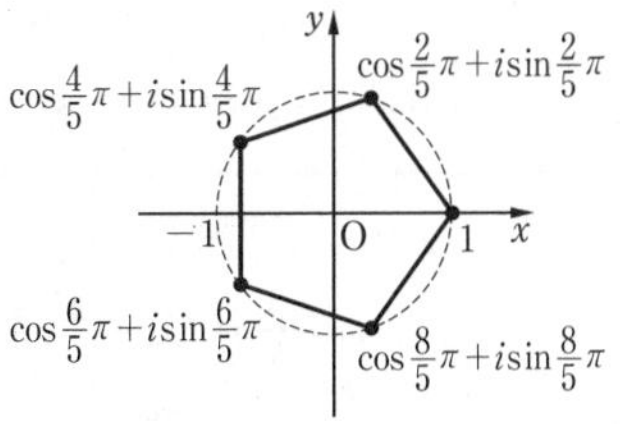

また，これらの両辺の実部，虚部のそれぞれを比較することにより

$$\cos\frac{2}{5}\pi = \frac{\sqrt{5}-1}{4},\ \cos\frac{4}{5}\pi = -\frac{\sqrt{5}+1}{4},\ \cos\frac{6}{5}\pi = -\frac{\sqrt{5}+1}{4},\ \cos\frac{8}{5}\pi = \frac{\sqrt{5}-1}{4}$$

$$\sin\frac{2}{5}\pi = \frac{\sqrt{10+2\sqrt{5}}}{4},\ \sin\frac{4}{5}\pi = \frac{\sqrt{10-2\sqrt{5}}}{4},\ \sin\frac{6}{5}\pi = -\frac{\sqrt{10-2\sqrt{5}}}{4},\ \sin\frac{8}{5}\pi = -\frac{\sqrt{10+2\sqrt{5}}}{4}$$

問題 **132** $(1+i)^n = (1+\sqrt{3}i)^m$ を満たす自然数の組 $(n,\ m)$ のうち，$n+m$ が最小となるものを求めよ。

$1 + i = \sqrt{2}\left(\cos\dfrac{\pi}{4} + i\sin\dfrac{\pi}{4}\right)$ であるから

$$(1+i)^n = 2^{\frac{n}{2}}\left(\cos\frac{n}{4}\pi + i\sin\frac{n}{4}\pi\right)$$

◀ $(\sqrt{2})^n = 2^{\frac{n}{2}}$

$1 + \sqrt{3}i = 2\left(\cos\dfrac{\pi}{3} + i\sin\dfrac{\pi}{3}\right)$ であるから

$$(1+\sqrt{3}i)^m = 2^m\left(\cos\frac{m}{3}\pi + i\sin\frac{m}{3}\pi\right)$$

$(1+i)^n = (1+\sqrt{3}i)^m$ より

$$2^{\frac{n}{2}}\left(\cos\frac{n}{4}\pi + i\sin\frac{n}{4}\pi\right) = 2^m\left(\cos\frac{m}{3}\pi + i\sin\frac{m}{3}\pi\right)$$

両辺の絶対値と偏角を比べると，

$2^{\frac{n}{2}} = 2^m$ より　$\dfrac{n}{2} = m$　…①

また　$\dfrac{n}{4}\pi = \dfrac{m}{3}\pi + 2k\pi$ （k は整数）

① を代入すると　$\dfrac{m}{2}\pi = \dfrac{m}{3}\pi + 2k\pi$

よって　$m = 12k$

ゆえに m は 12 の倍数である。

また，① より　$n = 2m = 24k$

ゆえに n は 24 の倍数である。

したがって，$n = 24$，$m = 12$ のとき，$n + m$ は最小となり

　　$\boldsymbol{(n,\ m) = (24,\ 12)}$

問題 **133** $z = \cos\dfrac{2}{5}\pi + i\sin\dfrac{2}{5}\pi$ とする。

(1) $z^n = 1$ となる最小の正の整数 n を求めよ。

(2) $z^4 + z^3 + z^2 + z + 1$ の値を求めよ。

(3) $(1+z)(1+z^2)(1+z^4)(1+z^8)$ の値を求めよ。

(4) $\cos\dfrac{2}{5}\pi + \cos\dfrac{4}{5}\pi$ の値を求めよ。　（富山県立大）

---

(1) ド・モアブルの定理により

$$z^n = \left(\cos\frac{2}{5}\pi + i\sin\frac{2}{5}\pi\right)^n = \cos\frac{2n}{5}\pi + i\sin\frac{2n}{5}\pi$$

$z^n = 1$ となるのは $\cos\dfrac{2n}{5}\pi = 1$ かつ $\sin\dfrac{2n}{5}\pi = 0$ より

◀ $1 = \cos 2k\pi + i\sin 2k\pi$ （k は整数）

$$\frac{2n}{5}\pi = 2k\pi$$

よって　$n = 5k$　（k は整数）

したがって，$k = 1$ のとき n は最小の正の整数となり　$\boldsymbol{n = 5}$

(2) (1) より　$z^5 - 1 = (z-1)(z^4 + z^3 + z^2 + z + 1) = 0$

$z \neq 1$ であるから　$\boldsymbol{z^4 + z^3 + z^2 + z + 1 = 0}$

(3) 方程式 $x^5 - 1 = 0$ …① を考える。

$z^5 - 1 = 0$ より $x = z$ は ① を満たす複素数解である。

また　$(z^2)^5 - 1 = (z^5)^2 - 1 = 1^2 - 1 = 0$

　　　$(z^3)^5 - 1 = (z^5)^3 - 1 = 1^3 - 1 = 0$

　　　$(z^4)^5 - 1 = (z^5)^4 - 1 = 1^4 - 1 = 0$

よって，$x = z$，z^2，z^3，z^4 はすべて異なり，いずれも方程式 ① を満たす。

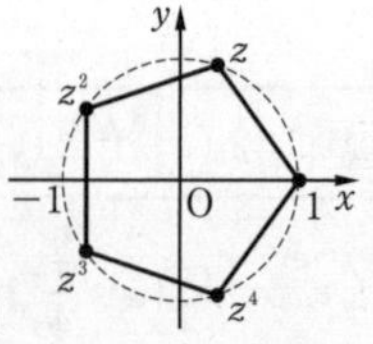

◀ 点 1，z，z^2，z^3，z^4 は正五角形の異なる頂点である。

① を変形すると　$(x-1)(x^4 + x^3 + x^2 + x + 1) = 0$

ここで，方程式 ① は 5 次方程式であるから 5 つの複素数解をもつ。

$z \neq 1$ であるから，方程式 ① の解は

$$x = 1,\ z,\ z^2,\ z^3,\ z^4$$

よって，方程式 $x^4 + x^3 + x^2 + x + 1 = 0$ の解は $x = z$，z^2，z^3，z^4 であるから

$$x^4 + x^3 + x^2 + x + 1 = (x-z)(x-z^2)(x-z^3)(x-z^4)$$

両辺に $x = -1$ を代入すると

$$(-1-z)(-1-z^2)(-1-z^3)(-1-z^4)=1-1+1-1+1$$
$$(1+z)(1+z^2)(1+z^3)(1+z^4)=1$$

ここで $z^8=z^5\cdot z^3=1\cdot z^3=z^3$ であるから

$$\mathbf{(1+z)(1+z^2)(1+z^4)(1+z^8)=1}$$

〔別解〕

$z-1\neq 0$ より

$$(1+z)(1+z^2)(1+z^4)(1+z^8)$$
$$=\frac{(1-z)(1+z)(1+z^2)(1+z^4)(1+z^8)}{1-z}$$
$$=\frac{1-z^{16}}{1-z}$$

◀分母・分子に $1-z$ を掛けた。$z\neq 1$

$z^{16}=z^{5\cdot 3+1}=1^3\times z=z$

よって　$(1+z)(1+z^2)(1+z^4)(1+z^8)=\dfrac{1-z}{1-z}=1$

(4)　(2) より　$z^4+z^3+z^2+z+1=0$

両辺の実部を比較すると

$$\cos\frac{8}{5}\pi+\cos\frac{6}{5}\pi+\cos\frac{4}{5}\pi+\cos\frac{2}{5}\pi+1=0$$

ここで，$\cos\dfrac{8}{5}\pi=\cos\dfrac{2}{5}\pi$，$\cos\dfrac{6}{5}\pi=\cos\dfrac{4}{5}\pi$ より

◀$\cos(2\pi-\theta)=\cos\theta$

$$2\left(\cos\frac{2}{5}\pi+\cos\frac{4}{5}\pi\right)+1=0$$

よって　$\boldsymbol{\cos\dfrac{2}{5}\pi+\cos\dfrac{4}{5}\pi=-\dfrac{1}{2}}$

問題 **134** $z=\cos\dfrac{2}{7}\pi+i\sin\dfrac{2}{7}\pi$ とおく。

(1)　$z+z^2+z^3+z^4+z^5+z^6$ を求めよ。

(2)　$\alpha=z+z^2+z^4$ とするとき，$\alpha+\overline{\alpha}$，$\alpha\overline{\alpha}$ および α を求めよ。　（千葉大）

---

(1)　$z^7=\left(\cos\dfrac{2}{7}\pi+i\sin\dfrac{2}{7}\pi\right)^7=\cos 2\pi+i\sin 2\pi=1$

◀ド・モアブルの定理

これより　$z^7=1$

よって　$(z-1)(z^6+z^5+z^4+z^3+z^2+z+1)=0$

$z\neq 1$ であるから　$z^6+z^5+z^4+z^3+z^2+z+1=0$

ゆえに　$\mathbf{z+z^2+z^3+z^4+z^5+z^6=-1}$

(2)　$|z|=1$ より $|z|^2=1$ であるから　$z\overline{z}=1$

よって，$\overline{z}=\dfrac{1}{z}$ であるから　$\overline{\alpha}=\overline{z}+(\overline{z})^2+(\overline{z})^4=\dfrac{1}{z}+\dfrac{1}{z^2}+\dfrac{1}{z^4}$

(1) より，$z^7=1$ であるから　$\dfrac{1}{z}=\dfrac{z^7}{z}=z^6$

ゆえに　$\overline{\alpha}=z^6+z^5+z^3$

◀$\dfrac{1}{z^2}=\dfrac{z^7}{z^2}=z^5$，$\dfrac{1}{z^4}=\dfrac{z^7}{z^4}=z^3$

したがって　$\alpha+\overline{\alpha}=(z+z^2+z^4)+(z^6+z^5+z^3)$
$$=\mathbf{-1}$$

また　$\alpha\overline{\alpha}=(z+z^2+z^4)(z^6+z^5+z^3)$
$$=z^4+z^5+z^6+3z^7+z^8+z^9+z^{10}$$
$$=z+z^2+z^3+z^4+z^5+z^6+3$$

$= \mathbf{2}$

◀(1) で求めた $z+\cdots+z^6=-1$ を代入する。

$\alpha+\overline{\alpha}=-1$，$\alpha\overline{\alpha}=2$ より，α，$\overline{\alpha}$ は2次方程式 $x^2+x+2=0$ の

解 $x=\dfrac{-1\pm\sqrt{7}i}{2}$ である。

α の虚部は　$\sin\dfrac{2}{7}\pi+\sin\dfrac{4}{7}\pi+\sin\dfrac{8}{7}\pi$

$=\left(\sin\dfrac{2}{7}\pi-\sin\dfrac{1}{7}\pi\right)+\sin\dfrac{4}{7}\pi>0$

◀$\sin(\pi+\theta)=-\sin\theta$

ゆえに　$\boldsymbol{\alpha=\dfrac{-1+\sqrt{7}i}{2}}$

問題 135 n を正の整数，a を正の実数とし，i を虚数単位とする。実数 x に対して $(x+ai)^n=P(x)+iQ(x)$ とする。ただし，$P(x)$，$Q(x)$ は実数を係数とする多項式とする。

(1) $P(x)$ を1次式 $x-a$ で割った余りは，$(\sqrt{2}a)^n\cos\dfrac{n}{4}\pi$ であることを示せ。

(2) $P(x)$ が $x-a$ で割り切れるならば，$x+a$ でも割り切れることを示せ。

---

(1) $P(x)$ を $x-a$ で割った余りは　$P(a)$

◀剰余の定理により

よって　$(a+ai)^n=P(a)+iQ(a)$

◀$(x+ai)^n=P(x)+iQ(x)$ に $x=a$ を代入

$a+ai=\sqrt{2}a\left(\cos\dfrac{\pi}{4}+i\sin\dfrac{\pi}{4}\right)$ であるから

$(a+ai)^n=(\sqrt{2}a)^n\left(\cos\dfrac{n}{4}\pi+i\sin\dfrac{n}{4}\pi\right)$

ゆえに　$P(a)+iQ(a)=(\sqrt{2}a)^n\left(\cos\dfrac{n}{4}\pi+i\sin\dfrac{n}{4}\pi\right)$

両辺の実部を比較すると　$P(a)=(\sqrt{2}a)^n\cos\dfrac{n}{4}\pi$

(2) $P(x)$ が $x-a$ で割り切れるから　$P(a)=0$

$a>0$ であるから　$\cos\dfrac{n}{4}\pi=0$

このとき　$\dfrac{n}{4}\pi=\dfrac{\pi}{2}+k\pi$　(k は整数)

よって　$n=2+4k$

また　$(-a+ai)^n=P(-a)+iQ(-a)$

$-a+ai=\sqrt{2}a\left(\cos\dfrac{3}{4}\pi+i\sin\dfrac{3}{4}\pi\right)$ であるから

$(-a+ai)^n=(\sqrt{2}a)^n\left(\cos\dfrac{3}{4}n\pi+i\sin\dfrac{3}{4}n\pi\right)$

ゆえに　$P(-a)+iQ(-a)=(\sqrt{2}a)^n\left(\cos\dfrac{3}{4}n\pi+i\sin\dfrac{3}{4}n\pi\right)$

両辺の実部を比較すると　$P(-a)=(\sqrt{2}a)^n\cos\dfrac{3}{4}n\pi$

$n=2+4k$ を代入すると

$P(-a)=(\sqrt{2}a)^{2+4k}\cos\dfrac{3}{4}(2+4k)\pi$

$=(\sqrt{2}a)^{2+4k}\cos\left(\dfrac{3}{2}\pi+3k\pi\right)=0$

◀$\cos\left(\dfrac{3}{2}\pi+3k\pi\right)=\cos\left(\dfrac{3}{2}\pi+k\pi\right)=0$

したがって，$P(x)$ は $x+a$ でも割り切れる。

p.267 **本質を問う9**

1 次のうち，複素数をすべて選べ。また，実数をすべて選べ。

$2+3i$,　$\frac{1}{3}i$,　$1-\sqrt{2}i$,　$\sqrt{2.5}$,　0

複素数は　$2+3i$, $\frac{1}{3}i$, $1-\sqrt{2}i$, $\sqrt{2.5}$, 0

実数は　$\sqrt{2.5}$, 0

◀複素数は，a, b を任意の実数として，$a+bi$ の形に表される数。

2 複素数 z について，次の文章は常に正しいかどうか述べよ。また，正しくない場合は z について どのような条件があるとき正しくなるか述べよ。

(1) z が実数である $\iff \overline{z}=z$

(2) z が純虚数である $\iff \overline{z}=-z$

a, b を実数として，$z=a+bi$ とおく。

(1) z が実数のとき　$b=0$

よって　$\begin{cases} z=a+bi=a \\ \overline{z}=a-bi=a \end{cases}$　であるから　$\overline{z}=z$

一方，$\overline{z}=z$ のとき　$a-bi=a+bi$.

よって　$2bi=0$　であるから　$b=0$

したがって　z は実数

以上より　z が実数である $\iff \overline{z}=z$　は **正しい**

(2) $a=b=0$ のとき　$\begin{cases} z=a+bi=0 \\ \overline{z}=a-bi=0 \end{cases}$　であるから　$\overline{z}=-z$

◀反例を考える。

しかし，$z=0$ は純虚数ではない。

よって　z が純虚数である $\iff \overline{z}=-z$　は **正しくない**

◀$\overline{z}=-z$ $\Longrightarrow$ z が純虚数である は偽である。

z が純虚数のとき　$a=0$, $b\neq0$

このとき　$\begin{cases} z=a+bi=bi \\ \overline{z}=a-bi=-bi \end{cases}$　であるから

$\overline{z}=-z$ かつ $z\neq0$

一方，$\overline{z}=-z$ かつ $z\neq0$ のとき　$a-bi=-(a+bi)$

よって　$2a=0$　であるから　$a=0$

また，$z\neq0$ より　$b\neq0$

したがって　z は純虚数

◀z が純虚数 $\iff a=0$ かつ $b\neq0$

以上より　z が純虚数である $\iff$ **$\overline{z}=-z$ かつ $z\neq0$**　は **正しい**

3 複素数平面上の点 $\mathrm{P}(\alpha)$ を考える。次の各点は，点 P の位置をどのように変化させた位置であるか。

(1) 点 $\mathrm{Q}(\alpha+\beta)$ (β は複素数)　(2) 点 $\mathrm{R}(3\alpha)$

(3) 点 $\mathrm{S}(-\alpha)$　(4) 点 $\mathrm{T}(i\alpha)$

$\alpha = a+bi$ とする。

(1) $\beta = c+di$ とすると

$$\alpha+\beta = (a+bi)+(c+di)$$
$$= (a+c)+(b+d)i$$

よって，点Qは点Pを実軸方向に c，虚軸方向に d だけ平行移動した点，すなわち，**点 α を複素数 β だけ平行移動した点** である。

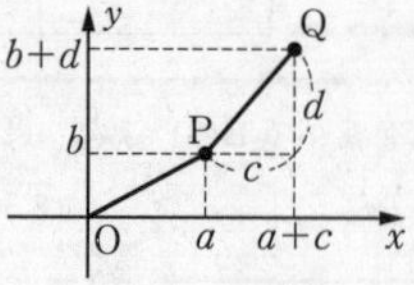

(2) $3\alpha = 3(a+bi) = 3a+3bi$

よって，点Rは **半直線OP上の点であり，原点からの距離ORをOPの3倍にした点** である。

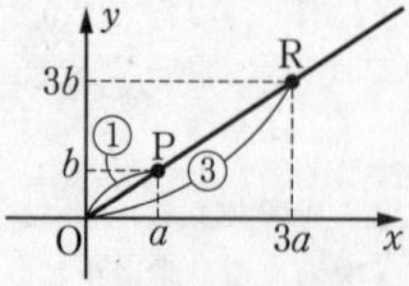

(3) $-\alpha = -(a+bi) = -a-bi$

よって，点Sは，**点Pを原点に関して対称に移動した点** である。

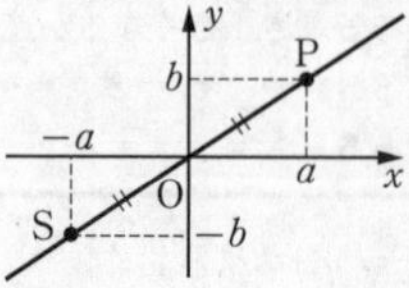

◀複素数の積を考えて $-\alpha=(\cos180°+i\sin180°)\alpha$ より，原点を中心に180°だけ回転した点と考えてもよい。

(4) $i\alpha = i(a+bi) = -b+ai$

よって，点Tは **点Pを原点を中心に90°だけ回転した点** である。

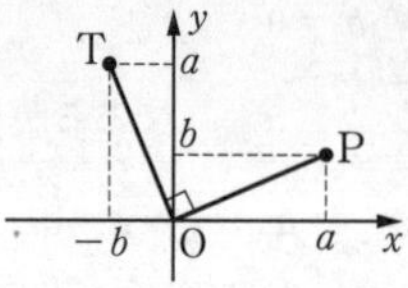

◀複素数の積を考えて $i\alpha = (\cos90°+i\sin90°)\alpha$ より，原点を中心に90°だけ回転した点と考えてもよい。

4 1の n 乗根（n は自然数）について，次の問に答えよ。
(1) 1の n 乗根が表す点は複素数平面上でどのように表されるか。
(2) 1の n 乗根の総和は0であることを示せ。

(1) $z = \cos\dfrac{2k}{n}\pi + i\sin\dfrac{2k}{n}\pi$ $(k=0,\ 1,\ \cdots,\ n-1)$ とおくと

ド・モアブルの定理により

$$z^n = \left(\cos\frac{2k}{n}\pi + i\sin\frac{2k}{n}\pi\right)^n$$
$$= \cos\left(n\cdot\frac{2k}{n}\pi\right) + i\sin\left(n\cdot\frac{2k}{n}\pi\right)$$
$$= \cos2k\pi + i\sin2k\pi = 1$$

よって，$z = \cos\dfrac{2k}{n}\pi + i\sin\dfrac{2k}{n}\pi$

$(k=0,\ 1,\ \cdots,\ n-1)$ はすべて異なる1の n 乗根を表す。

したがって，複素数平面上でこれらが表す点は，**原点を中心とし，半径が1である円上にあって，点1を1つの頂点とする正 n 角形をつくる**。

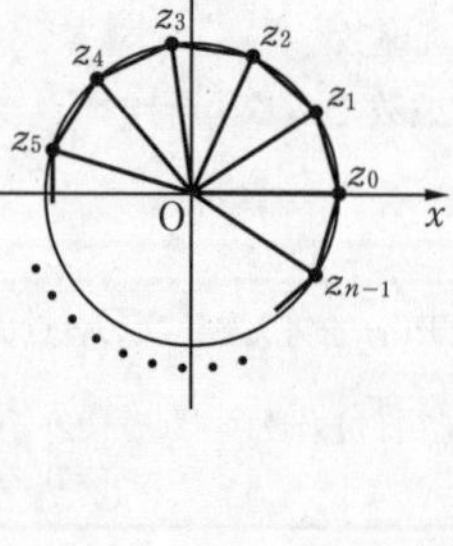

◀$k=0$ のとき
$z = \cos0 + i\sin0 = 1$
よって，この正 n 角形の頂点の1つは点1である。

(2) 1のn乗根は，方程式 $x^n=1$ すなわち $x^n-1=0$ …① の解である。

1のn乗根を z_0，z_1，…，z_{n-1} とすると，これらは①の解であるから

$$x^n-1=(x-z_0)(x-z_1)\cdots(x-z_{n-1})$$

右辺を展開すると

$$x^n-1=x^n-(z_0+z_1+\cdots+z_{n-1})x^{n-1}+\cdots+(-1)^n z_0 z_1\cdot\cdots\cdot z_{n-1}$$

これは，xについての恒等式であるから，x^{n-1} の係数について，両辺を比較して

$$z_0+z_1+\cdots+z_{n-1}=0$$

◀(1)より，1のn乗根は，単位円に内接する正n角形の頂点で，1つの頂点は1にある。ベクトルで考えると，大きさが1で原点から正n角形の頂点に向かうn個のベクトルがある。これらのベクトルの和を考えると，正n角形の重心は原点であるから，それらのベクトルの和は$\vec{0}$となることから考えてもよい。

p.268 Let's Try! 9

① 複素数α，β，γは $|\alpha|=|\beta|=|\gamma|=1$ を満たしている。このとき

$$\frac{(\beta+\gamma)(\gamma+\alpha)(\alpha+\beta)}{\alpha\beta\gamma}$$

は実数であることを証明せよ。 (茨城大)

$w=\dfrac{(\beta+\gamma)(\gamma+\alpha)(\alpha+\beta)}{\alpha\beta\gamma}$ とおくと

$$\overline{w}=\overline{\left\{\frac{(\beta+\gamma)(\gamma+\alpha)(\alpha+\beta)}{\alpha\beta\gamma}\right\}}$$

$$=\frac{(\overline{\beta}+\overline{\gamma})(\overline{\gamma}+\overline{\alpha})(\overline{\alpha}+\overline{\beta})}{\overline{\alpha}\,\overline{\beta}\,\overline{\gamma}}\quad\cdots①$$

◀$\overline{\alpha+\beta}=\overline{\alpha}+\overline{\beta}$，$\overline{\alpha\beta}=\overline{\alpha}\,\overline{\beta}$

$|\alpha|=|\beta|=|\gamma|=1$ すなわち $|\alpha|^2=|\beta|^2=|\gamma|^2=1$ より

$$\alpha\overline{\alpha}=\beta\overline{\beta}=\gamma\overline{\gamma}=1$$

◀$|z|^2=z\overline{z}$

α，β，γは0でないから

$$\overline{\alpha}=\frac{1}{\alpha},\quad \overline{\beta}=\frac{1}{\beta},\quad \overline{\gamma}=\frac{1}{\gamma}$$

よって　(①の分子) $=\left(\dfrac{1}{\beta}+\dfrac{1}{\gamma}\right)\left(\dfrac{1}{\gamma}+\dfrac{1}{\alpha}\right)\left(\dfrac{1}{\alpha}+\dfrac{1}{\beta}\right)$

$$=\frac{(\beta+\gamma)(\gamma+\alpha)(\alpha+\beta)}{(\alpha\beta\gamma)^2}$$

(①の分母) $=\dfrac{1}{\alpha}\cdot\dfrac{1}{\beta}\cdot\dfrac{1}{\gamma}=\dfrac{1}{\alpha\beta\gamma}$

ゆえに　$\overline{w}=\dfrac{(\beta+\gamma)(\gamma+\alpha)(\alpha+\beta)}{(\alpha\beta\gamma)^2}\cdot\alpha\beta\gamma$

$$=\frac{(\beta+\gamma)(\gamma+\alpha)(\alpha+\beta)}{\alpha\beta\gamma}=w$$

したがって，wは実数である。

◀wが実数 $\Longleftrightarrow \overline{w}=w$

② (1) 複素数平面上の 2 点を z_1，z_2，それらの偏角をそれぞれ θ_1，θ_2 とするとき

$$z_1\overline{z_2}+\overline{z_1}z_2=2|z_1||z_2|\cos(\theta_1-\theta_2)$$

であることを示せ。

(2) $|\alpha|=2$，$|\beta|=1$，$\arg\dfrac{\beta}{\alpha}=\dfrac{\pi}{3}$ のとき

(ア) $\alpha\overline{\beta}+\overline{\alpha}\beta$ を求めよ。　　(イ) $|\alpha-\beta|$，$|\alpha+\beta|$ を求めよ。

(1) $|z_1|=r_1$，$|z_2|=r_2$ とすると

$$z_1=r_1(\cos\theta_1+i\sin\theta_1),\quad z_2=r_2(\cos\theta_2+i\sin\theta_2)$$

また

$$\overline{z_1}=r_1\{\cos(-\theta_1)+i\sin(-\theta_1)\}$$
$$\overline{z_2}=r_2\{\cos(-\theta_2)+i\sin(-\theta_2)\}$$

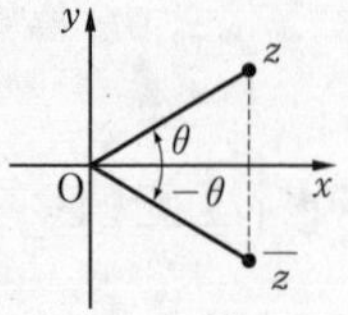

よって

$$z_1\overline{z_2}=r_1r_2(\cos\theta_1+i\sin\theta_1)\{\cos(-\theta_2)+i\sin(-\theta_2)\}$$
$$=r_1r_2\{\cos(\theta_1-\theta_2)+i\sin(\theta_1-\theta_2)\}$$

同様に

$$\overline{z_1}z_2=r_1r_2\{\cos(-\theta_1+\theta_2)+i\sin(-\theta_1+\theta_2)\}$$
$$=r_1r_2\{\cos(\theta_1-\theta_2)-i\sin(\theta_1-\theta_2)\}$$

◀ $\cos(-\theta)=\cos\theta$
$\sin(-\theta)=-\sin\theta$

したがって

$$z_1\overline{z_2}+\overline{z_1}z_2=2r_1r_2\cos(\theta_1-\theta_2)$$
$$=2|z_1||z_2|\cos(\theta_1-\theta_2)$$

(2) (ア) (1) の結果より

$$\alpha\overline{\beta}+\overline{\alpha}\beta=2|\alpha||\beta|\cos\left(-\arg\frac{\beta}{\alpha}\right)$$
$$=2\cdot2\cdot1\cdot\cos\left(-\frac{\pi}{3}\right)=2$$

◀ $\arg\alpha-\arg\beta$
$=-(\arg\beta-\arg\alpha)$
$=-\arg\dfrac{\beta}{\alpha}$

(イ) $|\alpha-\beta|^2=|\alpha|^2-(\alpha\overline{\beta}+\overline{\alpha}\beta)+|\beta|^2$

$=2^2-2+1^2=3$

$|\alpha-\beta|\geqq0$ より　　$|\boldsymbol{\alpha}-\boldsymbol{\beta}|=\sqrt{3}$

また　$|\alpha+\beta|^2=|\alpha|^2+\alpha\overline{\beta}+\overline{\alpha}\beta+|\beta|^2$

$=2^2+2+1^2=7$

$|\alpha+\beta|\geqq0$ より　　$|\boldsymbol{\alpha}+\boldsymbol{\beta}|=\sqrt{7}$

◀ $|\alpha-\beta|^2$
$=(\alpha-\beta)(\overline{\alpha}-\overline{\beta})$
$=\alpha\overline{\alpha}-\alpha\overline{\beta}-\overline{\alpha}\beta+\beta\overline{\beta}$
$=|\alpha|^2-(\alpha\overline{\beta}+\overline{\alpha}\beta)+|\beta|^2$

③ 複素数平面上で，2 点 B，C を表す複素数をそれぞれ $1+2i$，3 とする。

(1) BC を 1 辺とする正三角形 ABC の頂点 A を表す複素数を求めよ。

(2) (1) の BA，BC を 2 辺とする平行四辺形 ABCD の頂点 D を表す複素数を求めよ。

点 A，B，C，D を表す複素数を，それぞれ α，β，γ，δ とする。

◀ $\beta=1+2i$，$\gamma=3$

(1) 点 B を中心に，点 C を $\pm\dfrac{\pi}{3}$ 回転した点が A であるから

◀

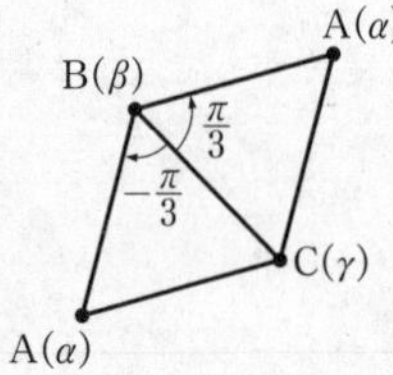

$$\alpha=(\gamma-\beta)\left\{\cos\left(\pm\frac{\pi}{3}\right)+i\sin\left(\pm\frac{\pi}{3}\right)\right\}+\beta$$

$$=\{3-(1+2i)\}\left(\frac{1}{2}\pm\frac{\sqrt{3}}{2}i\right)+1+2i\quad（複号同順）$$

$$=(2+\sqrt{3})+(1+\sqrt{3})i,\ (2-\sqrt{3})+(1-\sqrt{3})i$$

(2) (ア) $\alpha=(2+\sqrt{3})+(1+\sqrt{3})i$ のとき

4点A，B，C，Dの位置関係は右の図のようになるから

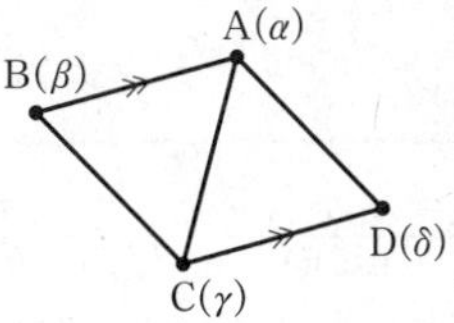

$$\begin{aligned}\delta&=\gamma+(\alpha-\beta)\\&=3+[\{(2+\sqrt{3})+(1+\sqrt{3})i\}\\&\qquad-(1+2i)]\\&=(4+\sqrt{3})+(-1+\sqrt{3})i\end{aligned}$$

(イ) $\alpha=(2-\sqrt{3})+(1-\sqrt{3})i$ のとき

4点A，B，C，Dの位置関係は右の図のようになるから

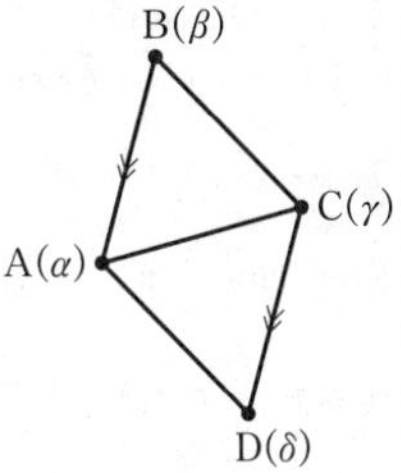

$$\begin{aligned}\delta&=\gamma+(\alpha-\beta)\\&=3+[\{(2-\sqrt{3})+(1-\sqrt{3})i\}\\&\qquad-(1+2i)]\\&=(4-\sqrt{3})+(-1-\sqrt{3})i\end{aligned}$$

(ア)，(イ) より，求める点Dを表す複素数は

$$\boldsymbol{(4+\sqrt{3})+(-1+\sqrt{3})i,\ (4-\sqrt{3})+(-1-\sqrt{3})i}$$

◀(ア)，(イ) とも点Bを点Aに移す平行移動 $(\alpha-\beta)$ で点Cを移した点がDである。

◀線分ACの中点と線分BDの中点が一致することから δ を求めてもよい。

④ 複素数 $z=\cos\theta+i\sin\theta$ について，次の問に答えよ。ただし，$0<\theta<\pi$ とする。

(1) $z+1$ を極形式で表せ。

(2) $\dfrac{1}{z+1}$ の実部の値を求めよ。 (大阪市立大　改)

(1) $$\begin{aligned}z+1&=(1+\cos\theta)+i\sin\theta\\&=2\cos^2\frac{\theta}{2}+2i\sin\frac{\theta}{2}\cos\frac{\theta}{2}\\&=2\cos\frac{\theta}{2}\left(\cos\frac{\theta}{2}+i\sin\frac{\theta}{2}\right)\end{aligned}$$

$0<\dfrac{\theta}{2}<\dfrac{\pi}{2}$ であるから　　$\cos\dfrac{\theta}{2}>0$

よって　　$\boldsymbol{z+1=2\cos\frac{\theta}{2}\left(\cos\frac{\theta}{2}+i\sin\frac{\theta}{2}\right)}$

◀

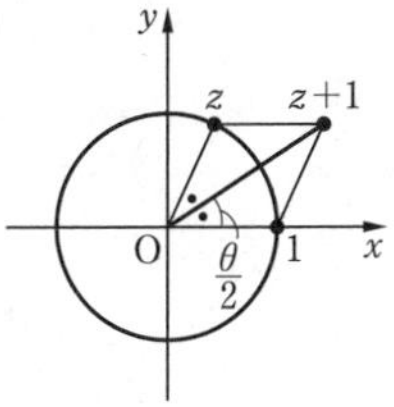

$|z+1|=2\cos\dfrac{\theta}{2}$

(2) (1) より　　$\dfrac{1}{z+1}=\dfrac{1}{2\cos\frac{\theta}{2}}\left\{\cos\left(-\dfrac{\theta}{2}\right)+i\sin\left(-\dfrac{\theta}{2}\right)\right\}$

よって，$\dfrac{1}{z+1}$ の実部は

$$\frac{1}{2\cos\frac{\theta}{2}}\cdot\cos\left(-\frac{\theta}{2}\right)=\frac{\cos\frac{\theta}{2}}{2\cos\frac{\theta}{2}}=\boldsymbol{\frac{1}{2}}$$

◀

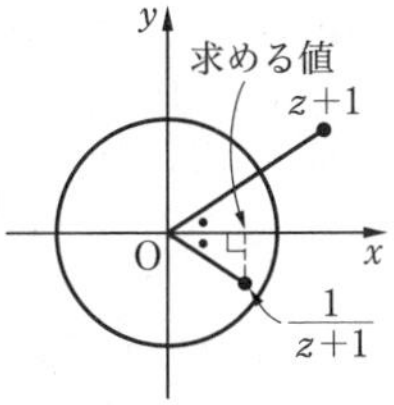

$$\left|\frac{1}{z+1}\right|\cdot\cos\frac{\theta}{2}=\frac{\cos\frac{\theta}{2}}{2\cos\frac{\theta}{2}}=\frac{1}{2}$$

⑤ $z=\dfrac{1-\sin\theta-i\cos\theta}{1-\sin\theta+i\cos\theta}$ $\left(0<\theta<\dfrac{\pi}{2}\right)$ のとき，z^{-4} の絶対値と偏角を求めよ。　（鳥取大）

$$z=\frac{(1-\sin\theta-i\cos\theta)^2}{(1-\sin\theta+i\cos\theta)(1-\sin\theta-i\cos\theta)}$$
$$=\frac{(1-\sin\theta)^2-\cos^2\theta-2(1-\sin\theta)\cos\theta\cdot i}{(1-\sin\theta)^2+\cos^2\theta}$$
$$=\frac{(1-\sin\theta)^2-(1-\sin^2\theta)-2(1-\sin\theta)\cos\theta\cdot i}{2(1-\sin\theta)}$$
$$=\frac{(1-\sin\theta)-(1+\sin\theta)-2\cos\theta\cdot i}{2}$$
$$=-\sin\theta-i\cos\theta$$
$$=\cos\left(\frac{3}{2}\pi-\theta\right)+i\sin\left(\frac{3}{2}\pi-\theta\right)$$

よって　$|z|=1,\ \arg z=\dfrac{3}{2}\pi-\theta$

ゆえに　$|z^{-4}|=\mathbf{1}$

$$\arg z^{-4}=(-4)\cdot\left(\frac{3}{2}\pi-\theta\right)=4\theta-6\pi$$

よって　$\arg z^{-4}=\boldsymbol{4\theta}$

◀ $z=\cos\theta_1+i\sin\theta_1$ の形に変形する。

◀ $0<\theta<\dfrac{\pi}{2}$ より
$1-\sin\theta-i\cos\theta\neq 0$
$1-\sin\theta+i\cos\theta\neq 0$

◀ $\cos\left(\dfrac{3}{2}\pi-\theta\right)=-\sin\theta$
$\sin\left(\dfrac{3}{2}\pi-\theta\right)=-\cos\theta$

◀ $|z^{-4}|=|z|^{-4}=1$

◀ $\arg z^n=n\cdot\arg z$

10 図形への応用

練習 136 複素数平面上に，2 点 A$(-1+2i)$，B$(5+3i)$ がある。
(1) 線分 AB を 3:2 に内分する点 C を表す複素数を求めよ。
(2) 線分 AB を 3:2 に外分する点 D を表す複素数を求めよ。
(3) (1)，(2) のとき，△CDE の重心が原点 O となるような点 E を表す複素数を求めよ。

(1) 点 C を表す複素数は

$$\frac{2(-1+2i)+3(5+3i)}{3+2}=\boldsymbol{\frac{13}{5}+\frac{13}{5}i}$$

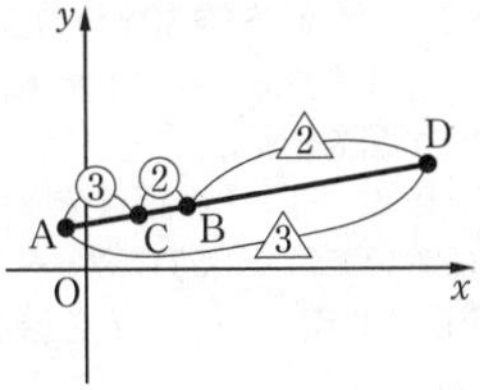

(2) 点 D を表す複素数は

$$\frac{(-2)(-1+2i)+3(5+3i)}{3-2}=\boldsymbol{17+5i}$$

◀ 3:(−2) に内分すると考えて公式を用いる。

(3) 点 E を表す複素数を α とおくと，
△CDE の重心を表す複素数は

$$\frac{\left(\frac{13}{5}+\frac{13}{5}i\right)+(17+5i)+\alpha}{3}=\frac{\alpha+\frac{98}{5}+\frac{38}{5}i}{3}$$

◀ 3 点 A(α)，B(β)，C(γ) において，△ABC の重心を表す複素数は $\dfrac{\alpha+\beta+\gamma}{3}$

これが 0 に等しいから　$\dfrac{\alpha+\frac{98}{5}+\frac{38}{5}i}{3}=0$

したがって　$\alpha=\boldsymbol{-\frac{98}{5}-\frac{38}{5}i}$

練習 137 複素数平面上に点 A$(1+4i)$，B(-3)，C$(2+3i)$，D(z) がある。4 点 A，B，C，D を頂点とする四角形が平行四辺形であるとき，絶対値が最小となる z を求めよ。

(ア) 四角形 ABDC が平行四辺形のとき
2 本の対角線 AD，BC の中点が一致することから

$$\frac{z+(1+4i)}{2}=\frac{(-3)+(2+3i)}{2}$$

よって　$z=-2-i$
このとき　$|z|=\sqrt{(-2)^2+(-1)^2}=\sqrt{5}$

◀

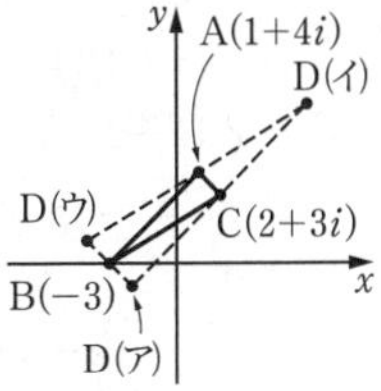

(イ) 四角形 ABCD が平行四辺形のとき
2 本の対角線 BD，AC の中点が一致することから

$$\frac{z+(-3)}{2}=\frac{(1+4i)+(2+3i)}{2}$$

よって　$z=6+7i$
このとき　$|z|=\sqrt{6^2+7^2}=\sqrt{85}$

(ウ) 四角形 ADBC が平行四辺形のとき
2 本の対角線 CD，AB の中点が一致することから

$$\frac{z+(2+3i)}{2}=\frac{(1+4i)+(-3)}{2}$$

よって　$z=-4+i$
このとき　$|z|=\sqrt{(-4)^2+1^2}=\sqrt{17}$

(ア)〜(ウ) より，絶対値が最小のものは　$\boldsymbol{z=-2-i}$

練習 138 複素数 z が次の方程式を満たすとき，複素数平面において点 z はどのような図形をえがくか。

(1) $|z-3|=|z-2i|$　　(2) $|2-z|=|z+1+i|$

(3) $|z-i|=3$　　(4) $|3z-1+2i|=6$

(1) $|z-3|$ は点 z と点 3 の距離を表し，$|z-2i|$ は点 z と点 $2i$ の距離を表す。
よって，複素数平面において点 z は 2 点 3, $2i$ からの距離が等しい点であるから，点 z は **2 点 3, $2i$ を結ぶ線分の垂直二等分線** をえがく。

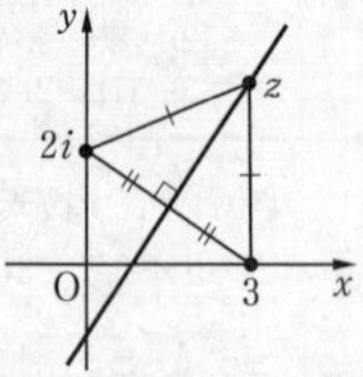

(2) $|2-z|=|z+1+i|$ より　$|z-2|=|z-(-1-i)|$
$|z-2|$ は点 z と点 2 の距離を表し，
$|z-(-1-i)|$ は点 z と点 $-1-i$ の距離を表す。
よって，複素数平面において点 z は 2 点 2, $-1-i$ からの距離が等しい点であるから，点 z は **2 点 2, $-1-i$ を結ぶ線分の垂直二等分線** をえがく。

◀ $|2-z|=|-(z-2)|$
$=|z-2|$

(3) $|z-i|$ は，点 z と点 i の距離を表すから，複素数平面において点 z は **点 i を中心とする半径 3 の円** をえがく。

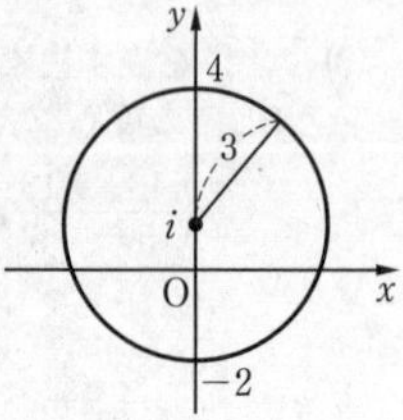

(4) $|3z-1+2i|=6$ の両辺を 3 で割ると　$\left|z-\dfrac{1-2i}{3}\right|=2$

$\left|z-\dfrac{1-2i}{3}\right|$ は点 z と点 $\dfrac{1}{3}-\dfrac{2}{3}i$ の距離を表すから，複素数平面において点 z は **点 $\dfrac{1}{3}-\dfrac{2}{3}i$ を中心とする半径 2 の円** をえがく。

◀ z の係数を 1 にするために，両辺を 3 で割る。

練習 139 複素数平面において，次の方程式を満たす点 z はどのような図形をえがくか。

(1) $|z+1|=2|z-2|$　　(2) $|z-7i|=3|z+i|$

(1) $|z+1|=2|z-2|$ の両辺を 2 乗すると　$|z+1|^2=4|z-2|^2$

◀ 2 も 2 乗することに注意する。

$(z+1)(\overline{z+1})=4(z-2)(\overline{z-2})$

◀ $|\alpha|^2=\alpha\overline{\alpha}$

$(z+1)(\overline{z}+1)=4(z-2)(\overline{z}-2)$

◀ $\overline{\alpha+\beta}=\overline{\alpha}+\overline{\beta}$
r が実数 $\Longleftrightarrow \overline{r}=r$

$z\overline{z}+z+\overline{z}+1=4(z\overline{z}-2z-2\overline{z}+4)$

整理すると　$z\overline{z}-3z-3\overline{z}+5=0$

よって　$(z-3)(\overline{z}-3)=4$

◀ $z\overline{z}-3z-3\overline{z}$
$=(z-3)(\overline{z}-3)-9$

$\overline{z}-3=\overline{z-3}$ であるから

$(z-3)(\overline{z-3})=4$ となり　$|z-3|^2=4$

$|z-3|\geqq 0$ より　$|z-3|=2$

したがって，点 z は **点 3 を中心とする半径 2 の円** をえがく。

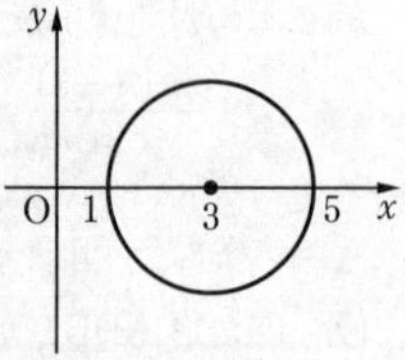

(2) $|z-7i|=3|z+i|$ の両辺を 2 乗すると　$|z-7i|^2=9|z+i|^2$

$(z-7i)(\overline{z-7i})=9(z+i)(\overline{z+i})$

$(z-7i)(\overline{z}+7i)=9(z+i)(\overline{z}-i)$

◀ $\overline{z-7i}=\overline{z}-\overline{7i}$
$=\overline{z}-(-7i)=\overline{z}+7i$

$z\overline{z}+7iz-7i\overline{z}+49=9(z\overline{z}-iz+i\overline{z}+1)$

整理すると　$z\overline{z}-2iz+2i\overline{z}-5=0$

よって　$(z+2i)(\overline{z}-2i)=9$

◀ $z\overline{z}-2iz+2i\overline{z}$
$=(z+2i)(\overline{z}-2i)-4$

$\overline{z}-2i=\overline{z+2i}$ であるから

$(z+2i)(\overline{z+2i})=9$ となり　$|z+2i|^2=9$

$|z+2i| \geqq 0$ より　　$|z+2i|=3$

したがって，点 z は **点 $-2i$ を中心とする半径 3 の円** をえがく。

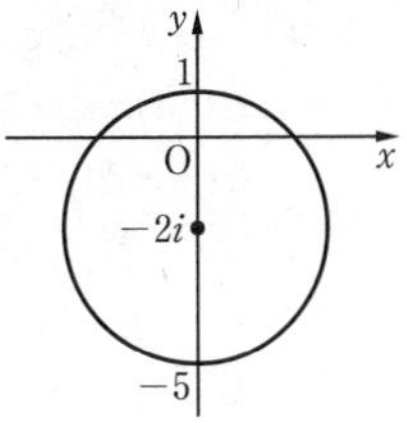

練習 140 複素数平面上で，点 z が原点を中心とする半径 3 の円上を動くとき，次の条件を満たす点 w はどのような図形をえがくか。

(1) $w=2z-i$　　　(2) $w=\dfrac{z+3i}{z-3}$　$(z \neq 3)$

点 z は原点を中心とする半径 3 の円上を動くから　$|z|=3$　…①

(1) $w=2z-i$ より　　$z=\dfrac{w+i}{2}$

◀ z について解く。

① に代入すると　　$\left|\dfrac{w+i}{2}\right|=3$

$\dfrac{|w+i|}{2}=3$ となり　　$|w+i|=6$

したがって，点 w は，**点 $-i$ を中心とする半径 6 の円** をえがく。

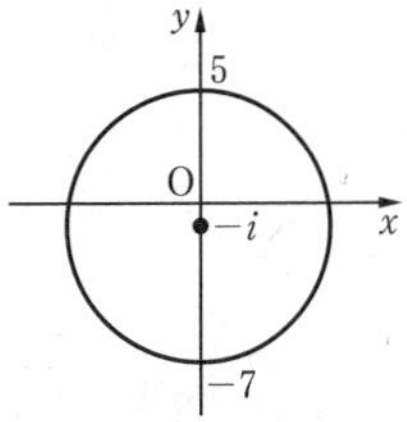

(2) $w=\dfrac{z+3i}{z-3}$ より　　$w(z-3)=z+3i$

整理すると　　$(w-1)z=3w+3i$

$w-1 \neq 0$ であるから　　$z=\dfrac{3w+3i}{w-1}$

◀ $w-1=0$ とすると $0=3+3i$ となり矛盾。

① に代入すると　　$\left|\dfrac{3w+3i}{w-1}\right|=3$

$\dfrac{3|w+i|}{|w-1|}=3$ となり　　$|w+i|=|w-1|$

したがって，点 w は，**2 点 $-i$, 1 を結ぶ線分の垂直二等分線** をえがく。

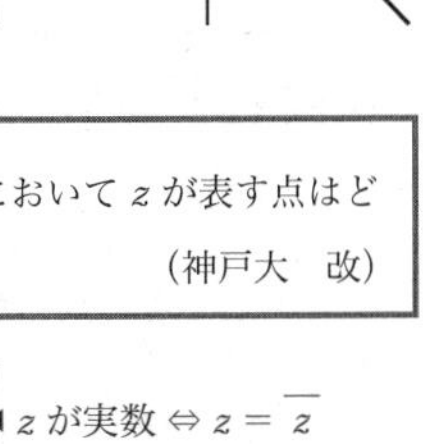

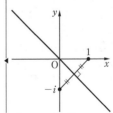

練習 141 $\dfrac{(i-1)z}{i(z-2)}$ が実数となるように複素数 z が変化するとき，複素数平面において z が表す点はどのような図形をえがくか。また，それを図示せよ。　(神戸大　改)

$\dfrac{(i-1)z}{i(z-2)}$ が実数であるから　　$\overline{\left\{\dfrac{(i-1)z}{i(z-2)}\right\}}=\dfrac{(i-1)z}{i(z-2)}$

◀ z が実数 ⇔ $z=\overline{z}$ であることを利用して，複素数 $\dfrac{(i-1)z}{i(z-2)}$ が実数となる条件式をつくる。

ここで　　$\overline{\left\{\dfrac{(i-1)z}{i(z-2)}\right\}}=\dfrac{(-i-1)\overline{z}}{-i(\overline{z}-2)}=\dfrac{(i+1)\overline{z}}{i(\overline{z}-2)}$

よって　　$\dfrac{(i-1)z}{i(z-2)}=\dfrac{(i+1)\overline{z}}{i(\overline{z}-2)}$

ゆえに　　$z \neq 2$

◀ $z \neq 2$ かつ $\overline{z} \neq 2$ であるが，$z \neq 2$ ならば $\overline{z} \neq 2$ であるから，$z \neq 2$ だけでよい。

かつ　$(i-1)z(\overline{z}-2)=(i+1)\overline{z}(z-2)$

$(i-1)z\overline{z}-2(i-1)z=(i+1)z\overline{z}-2(i+1)\overline{z}$

$2z\overline{z}+2(i-1)z-2(i+1)\overline{z}=0$

$z\overline{z}-(1-i)z-(1+i)\overline{z}=0$

$\{z-(1+i)\}\{\overline{z}-(1-i)\}=(1+i)(1-i)$

$\{z-(1+i)\}\{\overline{z-(1+i)}\}=2$

$|z-(1+i)|^2=2$

よって　$|z-(1+i)|=\sqrt{2}$

したがって，点 z は，**点 $1+i$ を中心とする半径 $\sqrt{2}$ の円** をえがく。**ただし，点 2 は除く。**

図示すると **右の図**。

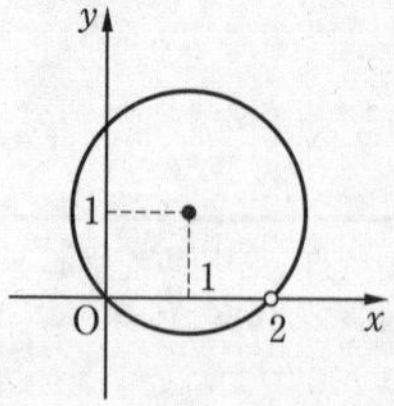

◀ $\overline{z}-(1-i)=\overline{z-(1+i)}$

◀ $w\overline{w}=|w|^2$

Plus One

実数条件を含む問題で

　　複素数 $a+bi$ が実数 $\iff$ $b=0$

を用いる練習 141 の別解。

$z=x+yi$（x，y は実数）とおくと

$$\frac{(i-1)z}{i(z-2)}=\frac{(i-1)(x+yi)}{i(x-2+yi)}=\frac{-(x+y)+i(x-y)}{-y+(x-2)i}$$

$$=\frac{(x^2+y^2-2x+2y)+(x^2+y^2-2x-2y)i}{y^2+(x-2)^2}$$

これが実数であるから　$x^2+y^2-2x-2y=0$　かつ　$(x,\ y)\neq(2,\ 0)$

よって　$(x-1)^2+(y-1)^2=2$

ゆえに，点 z の軌跡は点 $1+i$ を中心とする半径 $\sqrt{2}$ の円で，点 2 を除く。

練習 142 不等式 $|z+1-\sqrt{3}i|\leqq\sqrt{2}$ を満たす複素数 z について

(1) 複素数平面上の点 $\mathrm{P}(z)$ の存在範囲を図示せよ。

(2) $|z-2\sqrt{3}i|$ の最大値，最小値を求めよ。

(3) z の偏角を θ $(0\leqq\theta<2\pi)$ とするとき，θ の最大値，最小値およびそのときの z の値を求めよ。

(1) $|z+1-\sqrt{3}i|\leqq\sqrt{2}$ より

　　$|z-(-1+\sqrt{3}i)|\leqq\sqrt{2}$

よって，点 $\mathrm{P}(z)$ の存在範囲は **右の図の斜線部分**。

ただし，**境界線を含む**。

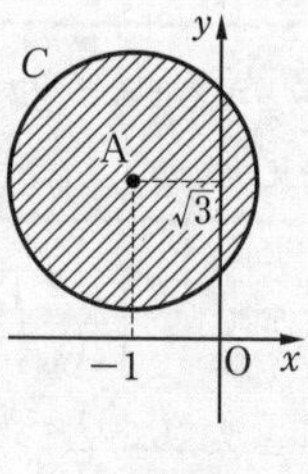

◀点 $-1+\sqrt{3}i$ からの距離が $\sqrt{2}$ 以下となる点であるから，中心が点 $\mathrm{A}(-1+\sqrt{3}i)$，半径が $\sqrt{2}$ の円 C の周および内部である。

(2) 中心が点 $\mathrm{A}(-1+\sqrt{3}i)$，半径が $\sqrt{2}$ の円を C とする。

$|z-2\sqrt{3}i|$ は，(1) で求めた領域内の点 z と点 $2\sqrt{3}i$ の距離を表す。

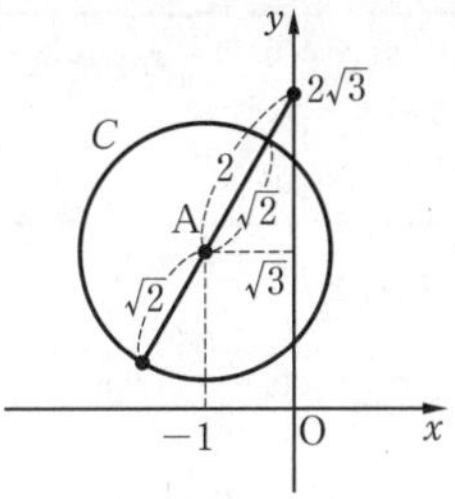

◀ 点 $2\sqrt{3}i$ は円の外部の点であることに注意する。

円 C の半径は $\sqrt{2}$ であり，点 $2\sqrt{3}i$ と点 $\mathrm{A}(-1+\sqrt{3}i)$ の距離は

$$|(-1+\sqrt{3}i)-2\sqrt{3}i| = |-1-\sqrt{3}i| = 2$$

よって，$|z-2\sqrt{3}i|$ は

最大値 $2+\sqrt{2}$，最小値 $2-\sqrt{2}$

(3) 原点 O を通る直線と円 C が接するときの接点を P とすると

$$\mathrm{AP}:\mathrm{OA} = \sqrt{2}:2 = 1:\sqrt{2}$$

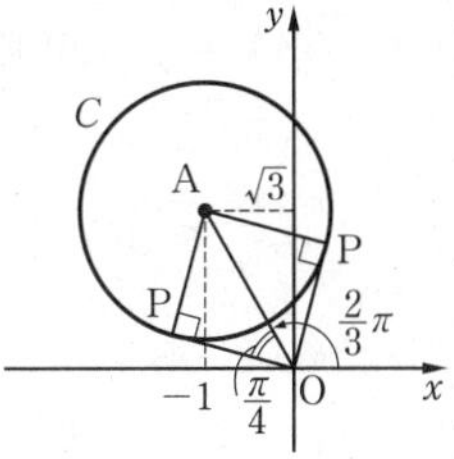

◀ $\mathrm{OA}=\sqrt{(-1)^2+(\sqrt{3})^2} = 2$

$\angle\mathrm{APO} = \dfrac{\pi}{2}$ より　$\angle\mathrm{POA} = \dfrac{\pi}{4}$

◀ △POA は直角二等辺三角形。

また，直線 OA と実軸の正の部分のなす角は $\dfrac{2}{3}\pi$

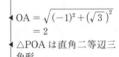

◀ 点 A を表す複素数は $-1+\sqrt{3}i$ であり $\arg(-1+\sqrt{3}i) = \dfrac{2}{3}\pi$

よって，z の偏角 θ は

最大値 $\dfrac{2}{3}\pi+\dfrac{\pi}{4}=\dfrac{11}{12}\pi$，　最小値 $\dfrac{2}{3}\pi-\dfrac{\pi}{4}=\dfrac{5}{12}\pi$

θ が最大値をとるとき，点 $\mathrm{P}(z)$ は点 A を原点を中心に $\dfrac{\pi}{4}$ だけ回転して，原点からの距離を $\dfrac{1}{\sqrt{2}}$ 倍にしたものであるから

$$z = (-1+\sqrt{3}i)\cdot\frac{1}{\sqrt{2}}\left(\cos\frac{\pi}{4}+i\sin\frac{\pi}{4}\right)$$
$$= (-1+\sqrt{3}i)\left(\frac{1}{2}+\frac{1}{2}i\right) = -\frac{\sqrt{3}+1}{2}+\frac{\sqrt{3}-1}{2}i$$

また，θ が最小値をとるとき，点 $\mathrm{P}(z)$ は点 A を原点を中心に $-\dfrac{\pi}{4}$ だけ回転して，原点からの距離を $\dfrac{1}{\sqrt{2}}$ 倍したものであるから

$$z = (-1+\sqrt{3}i)\cdot\frac{1}{\sqrt{2}}\left\{\cos\left(-\frac{\pi}{4}\right)+i\sin\left(-\frac{\pi}{4}\right)\right\}$$
$$= (-1+\sqrt{3}i)\left(\frac{1}{2}-\frac{1}{2}i\right) = \frac{\sqrt{3}-1}{2}+\frac{\sqrt{3}+1}{2}i$$

したがって，z の偏角 θ は

$z=-\dfrac{\sqrt{3}+1}{2}+\dfrac{\sqrt{3}-1}{2}i$ のとき　最大値 $\dfrac{11}{12}\pi$

$z=\dfrac{\sqrt{3}-1}{2}+\dfrac{\sqrt{3}+1}{2}i$ のとき　最小値 $\dfrac{5}{12}\pi$

練習 143 複素数平面上で，原点Oと異なる2点 $A(\alpha)$，$B(\beta)$ がある。α，β が次の関係式を満たすとき，△OABはどのような三角形か。

(1) $2\beta=(1+i)\alpha$　　(2) $\beta=(1+\sqrt{3}i)\alpha$

(1) $\alpha \neq 0$，$2\beta=(1+i)\alpha$ より

$$\frac{\beta}{\alpha}=\frac{1+i}{2}=\frac{1}{\sqrt{2}}\left(\cos\frac{\pi}{4}+i\sin\frac{\pi}{4}\right)$$

◀点Aは点Oと異なるから　$\alpha \neq 0$

よって，$\left|\frac{\beta}{\alpha}\right|=\frac{1}{\sqrt{2}}$ より　$OA:OB=|\alpha|:|\beta|=\sqrt{2}:1$

また　$\angle AOB=\arg\left(\frac{\beta}{\alpha}\right)=\frac{\pi}{4}$

したがって，△OABは **$\angle OBA=\frac{\pi}{2}$ の直角二等辺三角形**

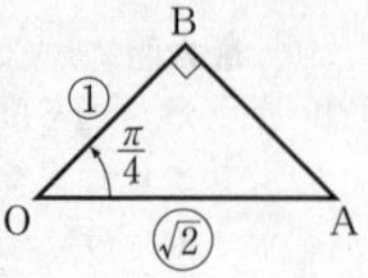

(2) $\alpha \neq 0$，$\beta=(1+\sqrt{3}i)\alpha$ より

$$\frac{\beta}{\alpha}=1+\sqrt{3}i=2\left(\cos\frac{\pi}{3}+i\sin\frac{\pi}{3}\right)$$

よって，$\left|\frac{\beta}{\alpha}\right|=2$ より　$OA:OB=|\alpha|:|\beta|=1:2$

また　$\angle AOB=\arg\left(\frac{\beta}{\alpha}\right)=\frac{\pi}{3}$

したがって，△OABは **$\angle OAB=\frac{\pi}{2}$，$\angle AOB=\frac{\pi}{3}$ の直角三角形**

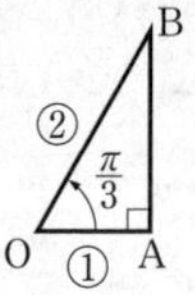

練習 144 複素数平面上で，2点 $A(\alpha)$，$B(\beta)$ が，$|\alpha|=4$，$\beta=(1+2i)\alpha$ の関係を満たすとき

(1) △OABの面積 S を求めよ。　　(2) 2点A，B間の距離を求めよ。

(1) $|\alpha|=4$，$\beta=(1+2i)\alpha$ より

$OA=|\alpha|=4$

$OB=|\beta|=|(1+2i)\alpha|$

$\quad=|1+2i||\alpha|=\sqrt{5}\cdot 4=4\sqrt{5}$

◀$|1+2i|=\sqrt{1^2+2^2}=\sqrt{5}$

また，$\alpha \neq 0$ より　$\frac{\beta}{\alpha}=1+2i$　…①

◀$|\alpha|=4$ より　$\alpha \neq 0$

◀$\left|\frac{\beta}{\alpha}\right|=|1+2i|=\sqrt{5}$

$\left|\frac{\beta}{\alpha}\right|=\sqrt{5}$ より，$\angle AOB=\theta$ とおくと

$$\frac{\beta}{\alpha}=\sqrt{5}(\cos\theta+i\sin\theta)\quad\cdots②$$

①，②より

$$1+2i=\sqrt{5}(\cos\theta+i\sin\theta)$$

よって　$\cos\theta=\frac{1}{\sqrt{5}}$，$\sin\theta=\frac{2}{\sqrt{5}}$

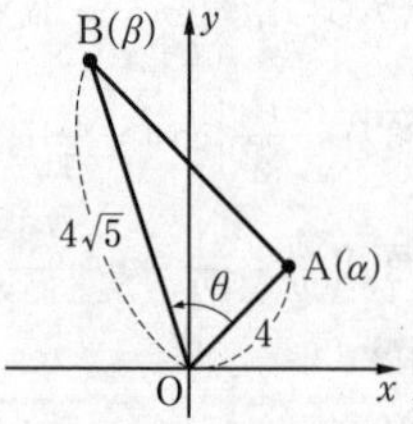

◀θ を具体的に求めることはできないが，$\sin\theta$，$\cos\theta$ の値は求められる。

ゆえに，$0<\theta<\frac{\pi}{2}$ であるから

$$S=\frac{1}{2}OA\cdot OB\sin\theta=\frac{1}{2}\cdot 4\cdot 4\sqrt{5}\cdot\frac{2}{\sqrt{5}}=\mathbf{16}$$

(2) $AB=|\beta-\alpha|=|(1+2i)\alpha-\alpha|=|2i\alpha|$

$\quad=|2i||\alpha|=2\cdot 4=\mathbf{8}$

〔別解〕

(1) より $\cos\theta=\dfrac{1}{\sqrt{5}}$ であり，余弦定理により

$$AB^2=OA^2+OB^2-2OA\cdot OB\cos\theta$$
$$=64$$

よって　$AB=8$

練習 145 複素数平面上に原点Oと異なる2点 $A(\alpha)$，$B(\beta)$ があり，α，β は次の等式を満たすとき，△OAB はどのような三角形か。

(1) $\alpha^2+\beta^2=0$　　　(2) $\alpha^2-\alpha\beta+\beta^2=0$

---

(1) $\alpha\neq0$ より，$\alpha^2+\beta^2=0$ の両辺を α^2 で割ると

$$1+\left(\frac{\beta}{\alpha}\right)^2=0$$

よって　$\dfrac{\beta}{\alpha}=\pm i=\cos\left(\pm\dfrac{\pi}{2}\right)+i\sin\left(\pm\dfrac{\pi}{2}\right)$　（複号同順）

ゆえに　$\arg\left(\dfrac{\beta}{\alpha}\right)=\pm\dfrac{\pi}{2}$，$\left|\dfrac{\beta}{\alpha}\right|=1$

よって，∠AOB の大きさは $\dfrac{\pi}{2}$ であり　$OA=OB$

したがって，△OAB は $\angle AOB=\dfrac{\pi}{2}$ **の直角二等辺三角形** である。

◀ $\dfrac{\beta}{\alpha}$ についての2次方程式と考える。

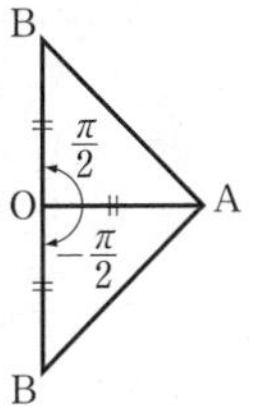

(2) $\alpha\neq0$ より $\alpha^2-\alpha\beta+\beta^2=0$ の両辺を α^2 で割ると

$$1-\frac{\beta}{\alpha}+\left(\frac{\beta}{\alpha}\right)^2=0$$

よって　$\dfrac{\beta}{\alpha}=\dfrac{1\pm\sqrt{3}i}{2}=\cos\left(\pm\dfrac{\pi}{3}\right)+i\sin\left(\pm\dfrac{\pi}{3}\right)$　（複号同順）

ゆえに　$\arg\left(\dfrac{\beta}{\alpha}\right)=\pm\dfrac{\pi}{3}$，$\left|\dfrac{\beta}{\alpha}\right|=1$

よって，∠AOB の大きさは $\dfrac{\pi}{3}$ であり　$OA=OB$

したがって，△OAB は **正三角形** である。

◀

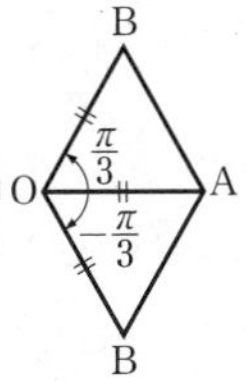

練習 146 複素数平面上で $\alpha=1+2i$，$\beta=(1-\sqrt{3})+(2+\sqrt{3})i$，$\gamma=2+3i$ で表される点を，それぞれ A，B，C とする。

(1) ∠CAB の大きさを求めよ。　　　(2) △ABC はどのような三角形か。

---

(1) $\angle CAB=\arg\left(\dfrac{\beta-\alpha}{\gamma-\alpha}\right)$ であるから

$$\frac{\beta-\alpha}{\gamma-\alpha}=\frac{\{(1-\sqrt{3})+(2+\sqrt{3})i\}-(1+2i)}{(2+3i)-(1+2i)}$$
$$=\frac{-\sqrt{3}+\sqrt{3}i}{1+i}$$
$$=\frac{(-\sqrt{3}+\sqrt{3}i)(1-i)}{(1+i)(1-i)}=\sqrt{3}i$$
$$=\sqrt{3}\left(\cos\frac{\pi}{2}+i\sin\frac{\pi}{2}\right)$$

◀

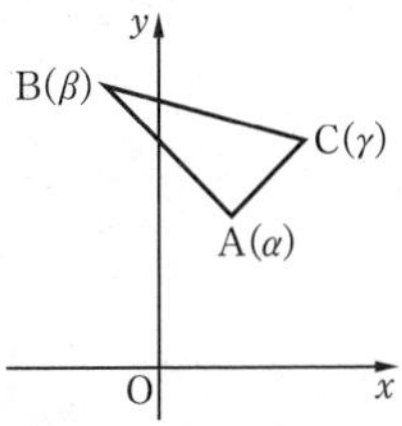

よって，$\arg\left(\dfrac{\beta-\alpha}{\gamma-\alpha}\right)=\dfrac{\pi}{2}$ より　　$\angle\mathbf{CAB}=\dfrac{\boldsymbol{\pi}}{\mathbf{2}}$

(2)　(1)より　　$\left|\dfrac{\beta-\alpha}{\gamma-\alpha}\right|=\sqrt{3}$

$\dfrac{|\beta-\alpha|}{|\gamma-\alpha|}=\sqrt{3}$ より　　$\mathrm{AB}=\sqrt{3}\,\mathrm{AC}$

◀ $|\beta-\alpha|=\mathrm{AB}$, $|\gamma-\alpha|=\mathrm{AC}$

したがって，△ABC は，$\angle\mathbf{ACB}=\dfrac{\boldsymbol{\pi}}{\mathbf{3}}$，$\angle\mathbf{CAB}=\dfrac{\boldsymbol{\pi}}{\mathbf{2}}$ **の直角三角形**

である。

◀ 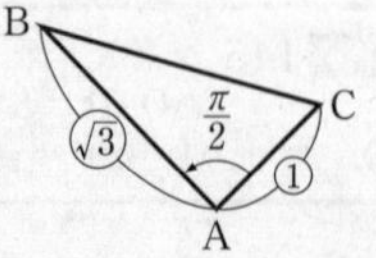

練習 **147**　$\alpha=1+2i$，$\beta=3+ai$，$\gamma=a+4i$ とする。複素数平面上の 3 点 A(α)，B(β)，C(γ) について，次の条件が成り立つとき，実数 a の値を求めよ。

(1)　3 点 A，B，C は一直線上にある。　　(2)　AB ⊥ AC

$$\frac{\gamma-\alpha}{\beta-\alpha}=\frac{(a+4i)-(1+2i)}{(3+ai)-(1+2i)}=\frac{(a-1)+2i}{2+(a-2)i}$$
$$=\frac{\{(a-1)+2i\}\{2-(a-2)i\}}{\{2+(a-2)i\}\{2-(a-2)i\}}$$
$$=\frac{2(2a-3)-(a^2-3a-2)i}{4+(a-2)^2}$$

◀ $\angle\mathrm{BAC}=\arg\left(\dfrac{\gamma-\alpha}{\beta-\alpha}\right)$ より，まず，$\dfrac{\gamma-\alpha}{\beta-\alpha}$ を求める。

(1)　3 点 A，B，C が一直線上にあるとき

$\angle\mathrm{BAC}=\arg\left(\dfrac{\gamma-\alpha}{\beta-\alpha}\right)=0$，$\pi$ より，$\dfrac{\gamma-\alpha}{\beta-\alpha}$ は実数となる。

◀ $\angle\mathrm{BAC}=0$，π より $\sin\angle\mathrm{BAC}=0$ $\left(\dfrac{\gamma-\alpha}{\beta-\alpha}\text{ の虚部}\right)=0$

よって　　$a^2-3a-2=0$

したがって　　$\boldsymbol{a}=\dfrac{\mathbf{3}\pm\sqrt{\mathbf{17}}}{\mathbf{2}}$

(2)　AB ⊥ AC となるとき

$\angle\mathrm{BAC}=\arg\left(\dfrac{\gamma-\alpha}{\beta-\alpha}\right)=\pm\dfrac{\pi}{2}$ より，$\dfrac{\gamma-\alpha}{\beta-\alpha}$ は純虚数となる。

◀ $\angle\mathrm{BAC}=\pm\dfrac{\pi}{2}$ より $\cos\angle\mathrm{BAC}=0$ $\left(\dfrac{\gamma-\alpha}{\beta-\alpha}\text{ の実部}\right)=0$ かつ　虚部 $\neq 0$

よって　　$2(2a-3)=0$　かつ　$a^2-3a-2\neq 0$

したがって　　$\boldsymbol{a}=\dfrac{\mathbf{3}}{\mathbf{2}}$

練習 **148**　次の点 P(z) に対して，z が満たす関係式を求めよ。

(1)　中心が点 C($2i$)，半径が 5 の円上の点 A($3+6i$) における接線上の点 P(z)

(2)　2 点 A($1+i$)，B(2) を通る直線上の点 P(z)

(1)　点 P は接線上の点であるから

CA ⊥ AP　または　点 P が点 A に一致する

よって　　$\arg\dfrac{z-(3+6i)}{2i-(3+6i)}=\pm\dfrac{\pi}{2}$　または　$z=3+6i$

ゆえに，$\dfrac{z-(3+6i)}{-3-4i}$ は純虚数または

0 であるから

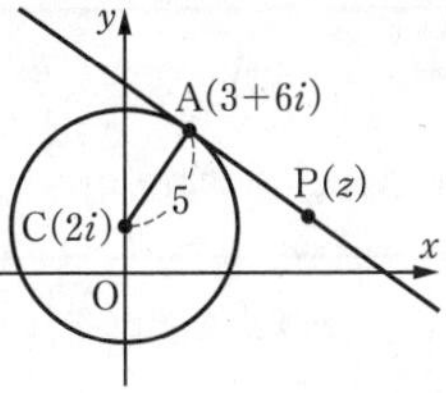

$$\overline{\left(\frac{z-(3+6i)}{-3-4i}\right)}=-\frac{z-(3+6i)}{-3-4i}$$

$$\frac{\overline{z}-(3-6i)}{-3+4i}=\frac{z-(3+6i)}{3+4i}$$

$$(3+4i)\{\overline{z}-(3-6i)\}=(-3+4i)\{z-(3+6i)\}$$

$$(3-4i)z+(3+4i)\overline{z}=(3-4i)(3+6i)+(3+4i)(3-6i)$$

$$\boldsymbol{(3-4i)z+(3+4i)\overline{z}=66}$$

(2) 3 点 A，B，P が一直線上にあるから

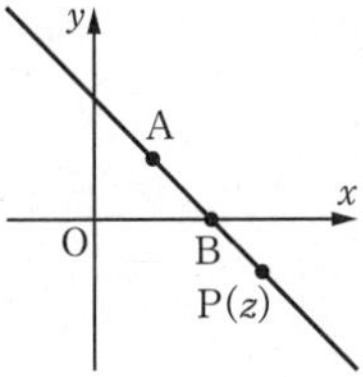

$$\arg\frac{z-\beta}{\alpha-\beta}=0,\ \pi$$

よって，$\dfrac{z-2}{(1+i)-2}=\dfrac{z-2}{-1+i}$ は実数で

あるから

$$\overline{\left(\frac{z-2}{-1+i}\right)}=\frac{z-2}{-1+i}$$

$$(-1+i)(\overline{z}-2)=(-1-i)(z-2)$$

$$\boldsymbol{(1+i)z-(1-i)\overline{z}=4i}$$

練習 149 $\alpha=-1-5i$，$\beta=2i$，$\gamma=6+2i$，$\delta=7+i$ とする。複素数平面上の 4 点 A(α)，B(β)，C(γ)，D(δ) は同一円周上にあることを示せ。

4 点 A，B，C，D を複素数平面上に図示すると右の図のようになる。

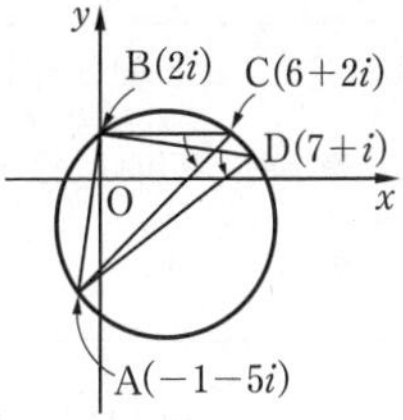

◀ 4 点の位置関係を調べ，比べる角を決める。

$$\frac{\alpha-\gamma}{\beta-\gamma}=\frac{(-1-5i)-(6+2i)}{2i-(6+2i)}$$

$$=\frac{7}{6}(1+i)$$

$$=\frac{7\sqrt{2}}{6}\left(\cos\frac{\pi}{4}+i\sin\frac{\pi}{4}\right)$$

よって　$\angle \mathrm{BCA}=\arg\left(\dfrac{\alpha-\gamma}{\beta-\gamma}\right)=\dfrac{\pi}{4}$

また　$\dfrac{\alpha-\delta}{\beta-\delta}=\dfrac{(-1-5i)-(7+i)}{2i-(7+i)}=\dfrac{8+6i}{7-i}$

$$=1+i=\sqrt{2}\left(\cos\frac{\pi}{4}+i\sin\frac{\pi}{4}\right)$$

◀ $z=\dfrac{\alpha-\gamma}{\beta-\gamma}=\dfrac{7}{6}(1+i)$
$w=\dfrac{\alpha-\delta}{\beta-\delta}=1+i$
より，z，w は実数ではない。$\dfrac{z}{w}=\dfrac{7}{6}$ より $\dfrac{z}{w}$ は実数。よって，4 点 A，B，C，D は同一平面上にあるとしてもよい。
例題 149 **Point** 参照。

よって　$\angle \mathrm{BDA}=\arg\left(\dfrac{\alpha-\delta}{\beta-\delta}\right)=\dfrac{\pi}{4}$

ゆえに　$\angle \mathrm{BCA}=\angle \mathrm{BDA}=\dfrac{\pi}{4}$

2 点 C，D は直線 AB に関して同じ側にあるから，円周角の定理の逆により，4 点 A，B，C，D は同一円周上にある。

練習 150 複素数 α, β が, $|\alpha|=|\beta|=2$, $\arg\dfrac{\beta}{\alpha}=\dfrac{\pi}{2}$ を満たすとき, $\dfrac{\gamma-\alpha}{\beta-\alpha}$ を実数とし, $0\leqq\dfrac{\gamma-\alpha}{\beta-\alpha}\leqq1$ を満たす複素数 γ が表す点の存在範囲を複素数平面上に図示せよ。

複素数平面上で α, β, γ が表す点をそれぞれ A, B, C とおく。

$|\alpha|=|\beta|=2$, $\arg\left(\dfrac{\beta}{\alpha}\right)=\dfrac{\pi}{2}$ であるから

$$\mathrm{OA}=\mathrm{OB}=2,\ \angle\mathrm{AOB}=\frac{\pi}{2}$$

また, $\dfrac{\gamma-\alpha}{\beta-\alpha}$ は $0\leqq\dfrac{\gamma-\alpha}{\beta-\alpha}\leqq1$ を満たす実数であるから

$$\arg\left(\frac{\gamma-\alpha}{\beta-\alpha}\right)=0$$

よって, 3 点 A, B, C は一直線上にあり　$\angle\mathrm{BAC}=0$

ゆえに, 点 C は半直線 AB 上にある。 …①

ここで, $0\leqq\dfrac{\gamma-\alpha}{\beta-\alpha}\leqq1$ より

$$0\leqq\left|\frac{\gamma-\alpha}{\beta-\alpha}\right|\leqq1$$

よって　$|\gamma-\alpha|\leqq|\beta-\alpha|$

すなわち　$\mathrm{AC}\leqq\mathrm{AB}$ …②

①, ② より, 点 C は線分 AB 上にある。

したがって, γ が表す点の存在範囲は, **右の図の斜線部分。ただし, 境界線を含む**。

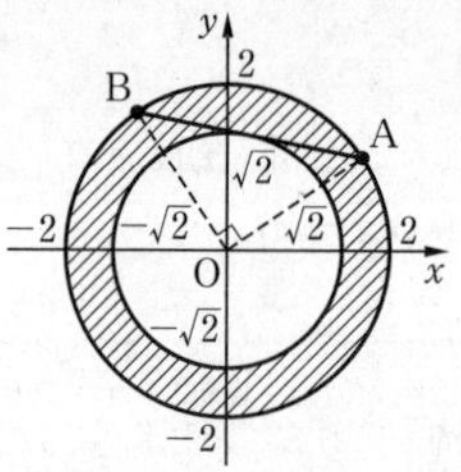

◀ A(α), B(β) の位置関係を考える。

◀ 条件 $0\leqq\dfrac{\gamma-\alpha}{\beta-\alpha}\leqq1$ より $\arg\left(\dfrac{\gamma-\alpha}{\beta-\alpha}\right)=\pi$ となることはない。

◀ 3 点を通る直線において, 点 B, C は点 A に関して同じ側にある。

練習 151 線分 AB 上に 1 点 C をとり, 線分 AB に関して同じ側に正方形 ACDE, CBGF をつくる。このとき, AF ⊥ BD かつ AF = BD であることを, 複素数平面を利用して証明せよ。

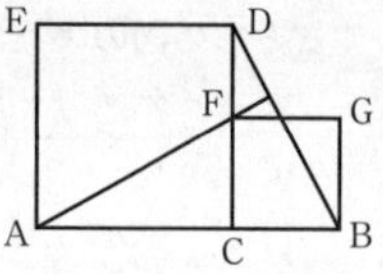

点 C を原点とし, 直線 AB を実軸, 直線 CD を虚軸とする複素数平面を考え, 2 点 A, B を表す複素数をそれぞれ a, b (a, b は実数, $a<0$, $b>0$) とする。

2 点 D, F を表す複素数をそれぞれ γ, δ とおくと

$$\gamma=-ai,\ \delta=bi$$

よって

$$\frac{\gamma-b}{\delta-a}=\frac{-ai-b}{bi-a}=\frac{-ai+bi^2}{bi-a}=\frac{(bi-a)i}{bi-a}=i$$

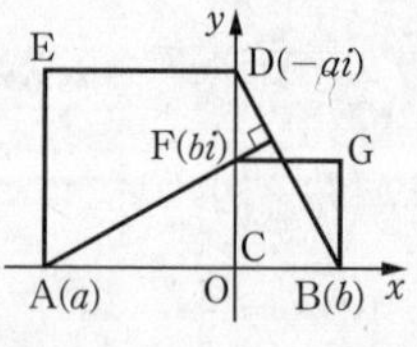

ゆえに, $\dfrac{\gamma-b}{\delta-a}$ が純虚数であるから　AF ⊥ BD

また, $\left|\dfrac{\gamma-b}{\delta-a}\right|=1$ より　$\dfrac{\mathrm{BD}}{\mathrm{AF}}=1$

したがって　AF = BD

◀ $\mathrm{OD}=-a$
$\mathrm{OF}=b$

◀ $\dfrac{\gamma-b}{\delta-a}$ が純虚数 $\Longleftrightarrow$ AF ⊥ BD

問題 **136** 複素数平面上に，3 点 A(z_1)，B(z_2)，C(z_3) がある。
(1) 辺 BC，CA，AB をそれぞれ 2:1 に内分する点を D(w_1)，E(w_2)，F(w_3) とするとき，w_1，w_2，w_3 を z_1，z_2，z_3 を用いて表せ。
(2) △ABC の重心と △DEF の重心は一致することを示せ。

(1) 点 D は辺 BC を 2:1 に内分する点であるから

$$\boldsymbol{w_1 = \frac{z_2 + 2z_3}{3}}$$

w_2，w_3 も同様にして

$$\boldsymbol{w_2 = \frac{z_3 + 2z_1}{3}},\quad \boldsymbol{w_3 = \frac{z_1 + 2z_2}{3}}$$

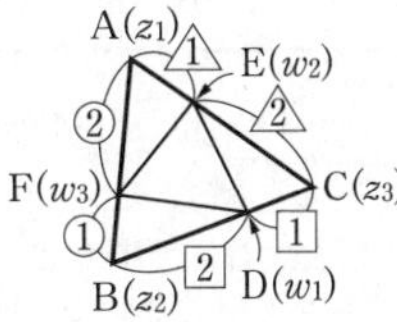

(2) △ABC，△DEF の重心を表す複素数を，それぞれ γ_1，γ_2 とおくと

$$\gamma_1 = \frac{z_1 + z_2 + z_3}{3}$$

$$\gamma_2 = \frac{w_1 + w_2 + w_3}{3}$$

$$= \frac{1}{3}\left(\frac{z_2 + 2z_3}{3} + \frac{z_3 + 2z_1}{3} + \frac{z_1 + 2z_2}{3}\right)$$

$$= \frac{z_1 + z_2 + z_3}{3}$$

よって　$\gamma_1 = \gamma_2$
したがって，△ABC の重心と △DEF の重心は一致する。

◀複素数平面上で，△ABC の重心の位置と △DEF の重心の位置は一致する。

問題 **137** 複素数平面上で 3 点 A($1+i$)，B($-3-2i$)，C(z) を頂点とする △ABC の重心が G(-1) である。
(1) z を求めよ。
(2) 点 A，B，C を 3 辺の中点とする三角形の頂点を表す複素数を求めよ。
(3) (2) で求めた三角形の重心が，△ABC の重心と一致することを示せ。

(1) △ABC の重心が G であるから

$$\frac{(1+i)+(-3-2i)+z}{3} = -1$$

よって　$\boldsymbol{z = -1 + i}$

(2) 3 点 A，B，C を 3 辺の中点とする三角形の 3 頂点を P(z_1)，Q(z_2)，R(z_3) とする。

$\dfrac{z_1 + z_2}{2} = 1 + i$ より　$z_1 + z_2 = 2 + 2i$　…①　◀PQ の中点が A

$\dfrac{z_2 + z_3}{2} = -3 - 2i$ より　$z_2 + z_3 = -6 - 4i$　…②　◀QR の中点が B

$\dfrac{z_3 + z_1}{2} = -1 + i$ より　$z_3 + z_1 = -2 + 2i$　…③　◀RP の中点が C

①～③ を連立して解くと

$$z_1 = 3 + 4i,\ z_2 = -1 - 2i,\ z_3 = -5 - 2i$$

よって，求める三角形の頂点を表す複素数は

$$\boldsymbol{3 + 4i,\ -1 - 2i,\ -5 - 2i}$$

(3) △PQR の重心は

$$\frac{(3+4i)+(-1-2i)+(-5-2i)}{3}=-1$$

よって，△PQR の重心と △ABC の重心は一致する。

問題 138 複素数 z が次の条件を満たすとき，複素数平面において点 z はどのような図形をえがくか。
(1) $(z-1)(\overline{z}-1)=9$　　(2) $|z+2i|\leqq 2$

(1) $(z-1)(\overline{z}-1)=9$ より　$(z-1)(\overline{z-1})=9$

ゆえに　$|z-1|^2=9$

$|z-1|\geqq 0$ であるから　$|z-1|=3$

よって，求める図形は，**点 1 を中心とする半径 3 の円** である。

(2) $|z+2i|$ は，点 z と点 $-2i$ の距離を表す。

よって，点 z は点 $-2i$ からの距離が 2 以下である点である。

したがって，求める図形は，**点 $-2i$ を中心とする半径 2 の円の周およびその内部** である。

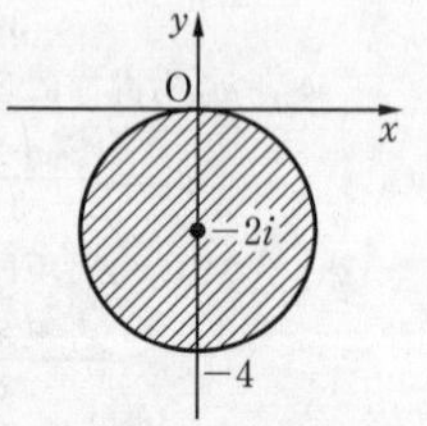

斜線部分。境界線を含む。

問題 139 複素数 z が $3|z-4-4i|=|z|$ を満たすとき，複素数平面において点 z はどのような図形をえがくか。

$3|z-4-4i|=|z|$ の両辺を 2 乗すると　$9|z-4-4i|^2=|z|^2$

これより　$9(z-4-4i)(\overline{z-4-4i})=z\overline{z}$

$9\{z-(4+4i)\}\{\overline{z}-(4-4i)\}=z\overline{z}$

$9\{z\overline{z}-(4-4i)z-(4+4i)\overline{z}+32\}=z\overline{z}$

$z\overline{z}-\frac{9}{2}(1-i)z-\frac{9}{2}(1+i)\overline{z}+36=0$

よって　$\left\{z-\frac{9}{2}(1+i)\right\}\left\{\overline{z}-\frac{9}{2}(1-i)\right\}=\frac{9}{2}$

$\overline{z}-\frac{9}{2}(1-i)=\overline{z-\frac{9}{2}(1+i)}$ であるから

$\left\{z-\frac{9}{2}(1+i)\right\}\left\{\overline{z-\frac{9}{2}(1+i)}\right\}=\frac{9}{2}$

ゆえに　$\left|z-\frac{9}{2}(1+i)\right|^2=\frac{9}{2}$

$\left|z-\frac{9}{2}(1+i)\right|\geqq 0$ であるから　$\left|z-\frac{9}{2}(1+i)\right|=\frac{3\sqrt{2}}{2}$

したがって，点 z は **点 $\frac{9}{2}+\frac{9}{2}i$ を中心とする半径 $\frac{3\sqrt{2}}{2}$ の円** をえがく。

◀ $(\overline{z-4-4i})$
$=\overline{\{z-(4+4i)\}}$
$=\overline{z}-\overline{(4+4i)}$
$=\overline{z}-(4-4i)$

◀ $z\overline{z}-\frac{9}{2}(1-i)z$
$-\frac{9}{2}(1+i)\overline{z}$
$=\left\{z-\frac{9}{2}(1+i)\right\}$
$\times\left\{\overline{z}-\frac{9}{2}(1-i)\right\}$
$-\frac{9}{2}(1+i)\cdot\frac{9}{2}(1-i)$
$=\left\{z-\frac{9}{2}(1+i)\right\}$
$\times\left\{\overline{z}-\frac{9}{2}(1-i)\right\}-\frac{81}{2}$

問題 140 複素数平面上で，点 z が $|z|=1$ を満たしながら動くとき，次の条件を満たす点 w はどのような図形をえがくか。
(1) 点 $4i$ と点 z を結ぶ線分の中点 w　　(2) $w=\frac{4z+i}{2z-i}$

(1) 点 $4i$ と点 z を結ぶ線分の中点が点 w であるから　$w=\dfrac{4i+z}{2}$

ゆえに　$z=2w-4i$

$|z|=1$ に代入すると　$|2w-4i|=1$

$2|w-2i|=1$ となり　$|w-2i|=\dfrac{1}{2}$

したがって，点 w は，**点 $2i$ を中心とする半径 $\dfrac{1}{2}$ の円** をえがく。

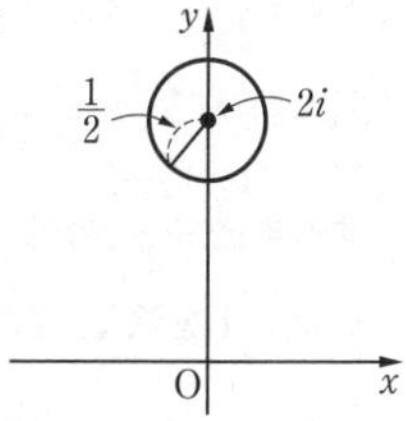

(2) $w=\dfrac{4z+i}{2z-i}$ より　$w(2z-i)=4z+i$

整理すると　$(2w-4)z=iw+i$

$2w-4\neq 0$ であるから　$z=\dfrac{iw+i}{2w-4}$

$|z|=1$ に代入すると　$\left|\dfrac{iw+i}{2w-4}\right|=1$

$\dfrac{|w+1|}{2|w-2|}=1$ となり　$2|w-2|=|w+1|$

両辺を 2 乗して　$4|w-2|^2=|w+1|^2$

$$4(w-2)(\overline{w-2})=(w+1)(\overline{w+1})$$
$$4(w-2)(\overline{w}-2)=(w+1)(\overline{w}+1)$$
$$w\overline{w}-3w-3\overline{w}+5=0$$
$$(w-3)(\overline{w}-3)=4$$

すなわち　$|w-3|^2=4$

$|w-3|\geqq 0$ であるから　$|w-3|=2$

したがって，点 w は，**点 3 を中心とする半径 2 の円** をえがく。

◀ $2w-4=0$ とすると $0=3i$ となり矛盾。

◀ $\left|\dfrac{iw+i}{2w-4}\right|=\left|\dfrac{i(w+1)}{2(w-2)}\right|=\dfrac{|i||w+1|}{|2||w-2|}=\dfrac{|w+1|}{2|w-2|}$

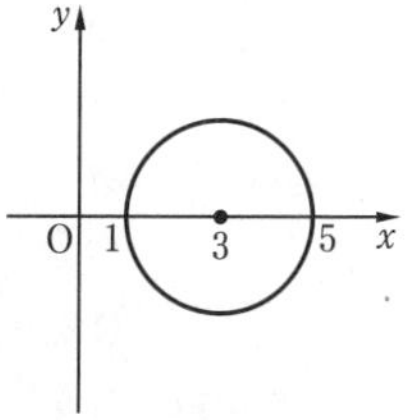

問題 141 $\dfrac{(1+i)(z-1)}{z}$ が純虚数となるように複素数 z が変化するとき，複素数平面において z が表す点はどのような図形をえがくか。また，それを図示せよ。

問題文より　$z\neq 0$

$\dfrac{(1+i)(z-1)}{z}$ が純虚数であるから

$$\overline{\left\{\frac{(1+i)(z-1)}{z}\right\}}=-\frac{(1+i)(z-1)}{z} \quad かつ \quad \frac{(1+i)(z-1)}{z}\neq 0$$

◀ z が純虚数 $\iff \overline{z}=-z$ かつ $z\neq 0$

よって　$\dfrac{(1-i)(\overline{z}-1)}{\overline{z}}=-\dfrac{(1+i)(z-1)}{z}$　かつ　$z\neq 1$

$$(1-i)(\overline{z}-1)z=-(1+i)(z-1)\overline{z}$$
$$(1-i)z\overline{z}-(1-i)z=-(1+i)z\overline{z}+(1+i)\overline{z}$$
$$2z\overline{z}-(1-i)z-(1+i)\overline{z}=0$$
$$z\overline{z}-\frac{1-i}{2}z-\frac{1+i}{2}\overline{z}=0$$
$$\left(z-\frac{1+i}{2}\right)\left(\overline{z}-\frac{1-i}{2}\right)=\frac{1+i}{2}\cdot\frac{1-i}{2}$$

$$\left(z-\frac{1+i}{2}\right)\overline{\left(z-\frac{1+i}{2}\right)}=\frac{1}{2}$$

$$\left|z-\frac{1+i}{2}\right|^2=\frac{1}{2}$$

ゆえに　$\left|z-\dfrac{1+i}{2}\right|=\dfrac{\sqrt{2}}{2}$

ただし，$z=0,\ 1$ を除く。

したがって，点 z は**点 $\dfrac{1}{2}+\dfrac{1}{2}i$ を中心とする半径 $\dfrac{\sqrt{2}}{2}$ の円**をえがく。**ただし，原点と点 1 を除く**。図示すると，**右の図**。

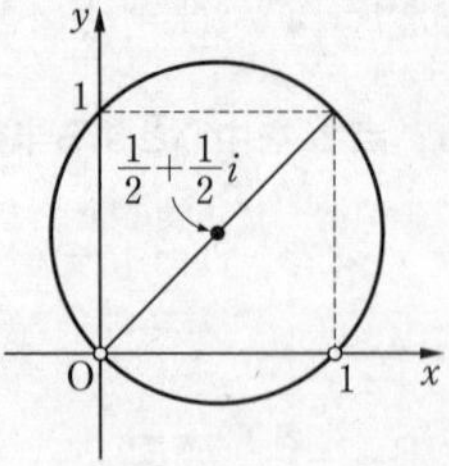

◀ $z \neq 0$ より，原点が除かれることに注意する。

問題 **142** (1)　z が虚数で，$z+\dfrac{1}{z}$ が実数のとき，$|z|$ の値 a を求めよ。

(2)　(1)の a に対して，$|z|=a$ を満たす z について，$w=\left(z+\sqrt{2}+\sqrt{2}i\right)^4$ の絶対値 r と偏角 θ $(0 \leqq \theta < 2\pi)$ のとり得る値の範囲を求めよ。

---

(1)　$z+\dfrac{1}{z}$ が実数であるから

$$\overline{z+\frac{1}{z}}=z+\frac{1}{z}\quad \text{すなわち}\quad \overline{z}+\frac{1}{\overline{z}}=z+\frac{1}{z}$$

よって　$z(\overline{z})^2+z=z^2\overline{z}+\overline{z}$

$$(z\overline{z}-1)(z-\overline{z})=0$$

$$(|z|^2-1)(z-\overline{z})=0$$

z が虚数であるから，$z \neq \overline{z}$ より　$|z|^2=1$

$|z|>0$ より　$|z|=1$

よって　$\boldsymbol{a=1}$

◀ z が虚数であるから虚部は 0 でない。
よって　$z \neq \overline{z}$

(2)　$|z|=1$ より，点 z は複素数平面上で単位円上を動く。

ここで，$z'=z+\sqrt{2}+\sqrt{2}i$ とおくと，点 z' は，中心が点 $\mathrm{A}(\sqrt{2}+\sqrt{2}i)$，半径 1 の円 C 上を動く。

このとき，右の図のように，原点 O を通る直線と円 C が接するときの接点を T，T′ とすると

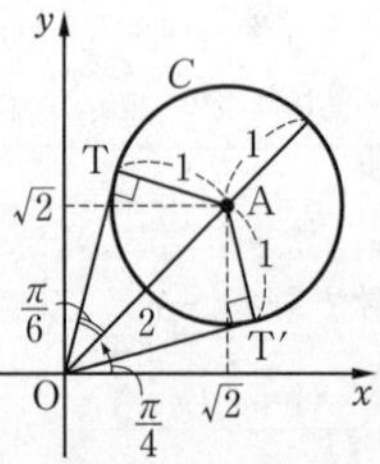

◀ $z=z'-(\sqrt{2}+\sqrt{2}i)$ を $|z|=1$ に代入して
$|z'-(\sqrt{2}+\sqrt{2}i)|=1$
または，$|z|=1$ を $\sqrt{2}+\sqrt{2}i$ 平行移動すると考える。

$$\mathrm{OA}=|\sqrt{2}+\sqrt{2}i|=2,\ \angle\mathrm{AOT}=\frac{\pi}{6}$$

◀ AT : OA = 1 : 2
$\angle\mathrm{ATO}=\dfrac{\pi}{2}$ より，
△AOT は $\angle\mathrm{AOT}=\dfrac{\pi}{6}$ の直角三角形である。

また，直線 OA と実軸の正の部分のなす角は　$\dfrac{\pi}{4}$

よって

$$\mathrm{OA}-1 \leqq |z'| \leqq \mathrm{OA}+1\quad \text{すなわち}\quad 1 \leqq |z'| \leqq 3$$

$$\frac{\pi}{4}-\frac{\pi}{6} \leqq \arg z' \leqq \frac{\pi}{4}+\frac{\pi}{6}\quad \text{すなわち}\quad \frac{\pi}{12} \leqq \arg z' \leqq \frac{5}{12}\pi$$

$w=(z')^4$ であるから　$|w|=|z'|^4,\ \arg w=4\arg z'$

◀ $\alpha=r(\cos\theta+i\sin\theta)$ のとき
$\alpha^4=r^4(\cos 4\theta+i\sin 4\theta)$

したがって　$1 \leqq r \leqq 81,\ \dfrac{\pi}{3} \leqq \theta \leqq \dfrac{5}{3}\pi$

問題 143 複素数平面上で，原点 O と異なる 2 点 A(α)，B(β) がある。△OAB が直角二等辺三角形であるとき，$\dfrac{\beta}{\alpha}$ の値を求めよ。

(ア)　∠AOB が直角のとき　$\arg\left(\dfrac{\beta}{\alpha}\right) = \pm\dfrac{\pi}{2}$

OA = OB より　$\left|\dfrac{\beta}{\alpha}\right| = 1$

よって　$\dfrac{\beta}{\alpha} = 1\cdot\left\{\cos\left(\pm\dfrac{\pi}{2}\right) + i\sin\left(\pm\dfrac{\pi}{2}\right)\right\} = \pm i$　（複号同順）

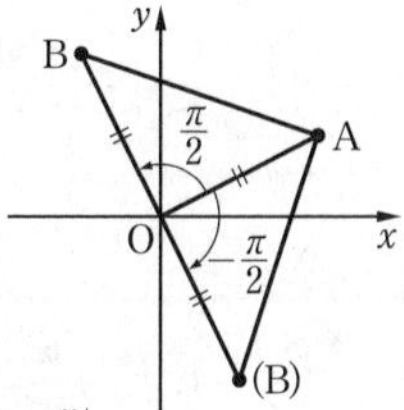

(イ)　∠OAB が直角のとき　$\arg\left(\dfrac{\beta}{\alpha}\right) = \pm\dfrac{\pi}{4}$

OA : OB = 1 : $\sqrt{2}$ より　$\left|\dfrac{\beta}{\alpha}\right| = \sqrt{2}$

よって　$\dfrac{\beta}{\alpha} = \sqrt{2}\cdot\left\{\cos\left(\pm\dfrac{\pi}{4}\right) + i\sin\left(\pm\dfrac{\pi}{4}\right)\right\}$

$= \sqrt{2}\left(\dfrac{1}{\sqrt{2}} \pm \dfrac{1}{\sqrt{2}}i\right) = 1 \pm i$　（複号同順）

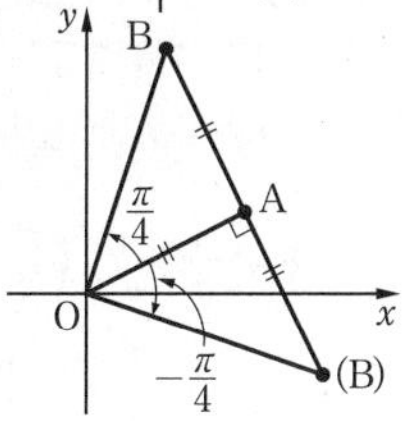

(ウ)　∠OBA が直角のとき　$\arg\left(\dfrac{\beta}{\alpha}\right) = \pm\dfrac{\pi}{4}$

OA : OB = $\sqrt{2}$: 1 より　$\left|\dfrac{\beta}{\alpha}\right| = \dfrac{1}{\sqrt{2}}$

よって　$\dfrac{\beta}{\alpha} = \dfrac{1}{\sqrt{2}}\cdot\left\{\cos\left(\pm\dfrac{\pi}{4}\right) + i\sin\left(\pm\dfrac{\pi}{4}\right)\right\}$

$= \dfrac{1}{\sqrt{2}}\left(\dfrac{1}{\sqrt{2}} \pm \dfrac{1}{\sqrt{2}}i\right) = \dfrac{1}{2} \pm \dfrac{1}{2}i$　（複号同順）

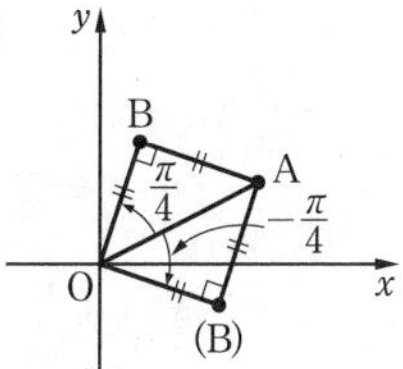

(ア)〜(ウ) より　$\boldsymbol{\dfrac{\beta}{\alpha} = \pm i,\ 1 \pm i,\ \dfrac{1}{2} \pm \dfrac{1}{2}i}$

◀ 6 通りの解がある。

問題 144 複素数平面上で，2 点 A(α)，B(β) が，$|\alpha| = 3$，$\beta = (6+ki)\alpha$ の関係を満たし，△OAB の面積は 9 になるとき，実数 k の値を求めよ。ただし，$k > 0$ とする。

$|\alpha| = 3$，$\beta = (6+ki)\alpha$ より

OA $= |\alpha| = 3$

OB $= |\beta| = |(6+ki)\alpha|$

$= |6+ki||\alpha| = 3\sqrt{k^2+36}$

◀ $|6+ki| = \sqrt{6^2+k^2}$

また，$\alpha \neq 0$ より　$\dfrac{\beta}{\alpha} = 6+ki$　…①

◀ $|\alpha| = 3$ より　$\alpha \neq 0$

$\left|\dfrac{\beta}{\alpha}\right| = \sqrt{k^2+36}$ より，∠AOB $= \theta$ とおくと

$\dfrac{\beta}{\alpha} = \sqrt{k^2+36}(\cos\theta + i\sin\theta)$　…②

①，② より　$6+ki = \sqrt{k^2+36}(\cos\theta + i\sin\theta)$

よって　　$\cos\theta=\dfrac{6}{\sqrt{k^2+36}}$, $\sin\theta=\dfrac{k}{\sqrt{k^2+36}}$

$k>0$ より $\sin\theta>0$, $\cos\theta>0$ となり，$0<\theta<\dfrac{\pi}{2}$ であるから

$$S=\frac{1}{2}\mathrm{OA}\cdot\mathrm{OB}\sin\theta$$

$$=\frac{1}{2}\cdot3\cdot3\sqrt{k^2+36}\cdot\frac{k}{\sqrt{k^2+36}}=\frac{9}{2}k$$

これが9に等しいことより　　$\dfrac{9}{2}k=9$

したがって　　$\boldsymbol{k=2}$

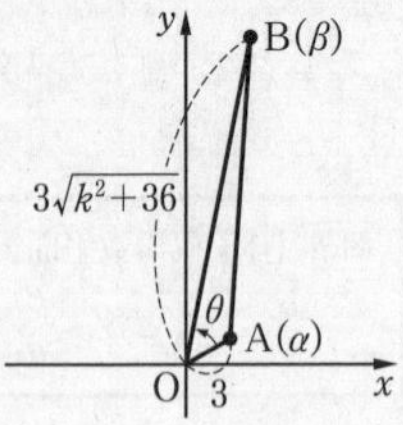

◀これは $k>0$ を満たす

問題 145 複素数平面上に原点Oと異なる2点A(α), B(β)があり，α, β は等式 $\beta^3+8\alpha^3=0$ を満たしている。このとき，△OABはどのような三角形か。

$\beta^3+8\alpha^3=0$ の両辺を α^3 $(\neq0)$ で割ると　　$\left(\dfrac{\beta}{\alpha}\right)^3+8=0$

$$\left(\frac{\beta}{\alpha}+2\right)\left\{\left(\frac{\beta}{\alpha}\right)^2-2\left(\frac{\beta}{\alpha}\right)+4\right\}=0$$

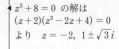

◀$z^3+8=0$ の解は $(z+2)(z^2-2z+4)=0$ より　$z=-2,\ 1\pm\sqrt{3}i$

よって　　$\dfrac{\beta}{\alpha}=-2,\ 1\pm\sqrt{3}i$

(ア)　$\dfrac{\beta}{\alpha}=-2$ のとき

3点O, A, Bは一直線上にあり，三角形はできないから不適。

◀$\dfrac{\beta}{\alpha}$ が実数のとき，3点O, A, Bは一直線上にある。

(イ)　$\dfrac{\beta}{\alpha}=1\pm\sqrt{3}i$ のとき

$$\frac{\beta}{\alpha}=2\left\{\cos\left(\pm\frac{\pi}{3}\right)+i\sin\left(\pm\frac{\pi}{3}\right)\right\}\quad（複号同順）$$

よって，∠AOBの大きさは $\dfrac{\pi}{3}$,　　$\dfrac{|\beta|}{|\alpha|}=2$

ゆえに　　$\mathrm{OA}:\mathrm{OB}=|\alpha|:|\beta|=1:2$

これは $\angle\mathrm{OAB}=\dfrac{\pi}{2}$, $\angle\mathrm{AOB}=\dfrac{\pi}{3}$ の直角三角形を表す。

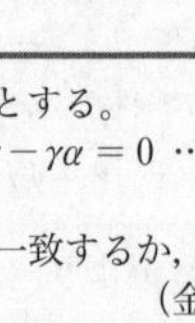

(ア), (イ)より，△OABは $\boldsymbol{\angle\mathrm{OAB}=\dfrac{\pi}{2}}$, $\boldsymbol{\angle\mathrm{AOB}=\dfrac{\pi}{3}}$ **の直角三角形**である。

問題 146 複素数平面上で，複素数 α, β, γ で表される点をそれぞれA, B, Cとする。

(1)　A, B, Cが正三角形の3頂点であるとき，$\alpha^2+\beta^2+\gamma^2-\alpha\beta-\beta\gamma-\gamma\alpha=0$ …(＊) が成立することを示せ。

(2)　逆に，この関係式（＊）が成立するとき，3点A, B, Cがすべて一致するか，またはA, B, Cが正三角形の3頂点となることを示せ。　　（金沢大　改）

(1) A, B, C が正三角形の 3 頂点であるとき

$\angle BAC$ の大きさは $\dfrac{\pi}{3}$ であり，かつ $AB = AC$ であるから

$$\arg\left(\frac{\gamma-\alpha}{\beta-\alpha}\right) = \pm\frac{\pi}{3} \quad \text{かつ} \quad \left|\frac{\gamma-\alpha}{\beta-\alpha}\right| = 1$$

よって $\dfrac{\gamma-\alpha}{\beta-\alpha} = \cos\left(\pm\dfrac{\pi}{3}\right) + i\sin\left(\pm\dfrac{\pi}{3}\right)$ （複号同順） …①

また，$\angle CBA$ の大きさは $\dfrac{\pi}{3}$ であり，かつ $BA = BC$ であるから

$$\frac{\alpha-\beta}{\gamma-\beta} = \cos\left(\pm\frac{\pi}{3}\right) + i\sin\left(\pm\frac{\pi}{3}\right) \quad \text{（複号同順）} \quad \cdots②$$

ただし，① と ② の複号は同順である。

①，② より $\dfrac{\gamma-\alpha}{\beta-\alpha} = \dfrac{\alpha-\beta}{\gamma-\beta}$

分母をはらって $(\gamma-\alpha)(\gamma-\beta) = (\alpha-\beta)(\beta-\alpha)$

これを整理して $\alpha^2+\beta^2+\gamma^2-\alpha\beta-\beta\gamma-\gamma\alpha = 0$

(2) 関係式（$*$）が成立するとき

$$(\gamma-\alpha)(\gamma-\beta) = (\alpha-\beta)(\beta-\alpha) \quad \cdots③$$

(ア) $\alpha = \beta$ のとき

③ は $(\gamma-\alpha)^2 = 0$ より $\alpha = \gamma$

よって，$\alpha = \beta = \gamma$ となり，このとき 3 点 A, B, C はすべて一致する。

(イ) $\alpha \neq \beta$ のとき

③ より $\alpha \neq \gamma$ かつ $\beta \neq \gamma$ となり，3 点 A, B, C は異なる。

③ の両辺を $(\beta-\alpha)(\gamma-\beta)$ で割ると $\dfrac{\gamma-\alpha}{\beta-\alpha} = \dfrac{\alpha-\beta}{\gamma-\beta}$

両辺の偏角を考えることにより $\angle BAC = \angle CBA$

同様にして $\angle CBA = \angle ACB$

よって，3 つの内角がすべて等しいから，三角形 ABC は正三角形である。

(ア)，(イ) より，関係式（$*$）が成立するとき，3 点 A, B, C がすべて一致するか，または A, B, C が正三角形の 3 頂点となる。

◀(ア)

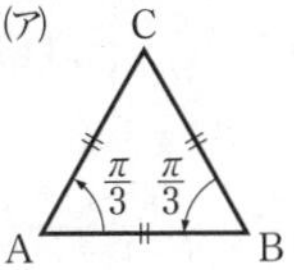

(イ)

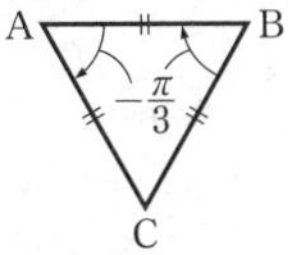

◀① と ② の右辺の偏角は，上の (ア) の場合はともに $\dfrac{\pi}{3}$，(イ) の場合はともに $-\dfrac{\pi}{3}$ となる。

◀（$*$）と，この式は同値である。

◀（$*$）は α, β, γ について対称式である。**Plus One** 参照。

Plus One

解答において，$\angle CBA = \angle ACB$ が成り立つことは，次のように考えている。
（$*$）が α, β, γ の対称式であることから，③ の文字を $\alpha \to \beta$，$\beta \to \gamma$，$\gamma \to \alpha$ と置き換えた式も成り立つ。この式を考えることにより，(2) の 1 行目から 9 行目までの解答において [A, α] → [B, β]，[B, β] → [C, γ]，[C, γ] → [A, α] と置き換えたものはすべて成り立つから，$\angle CBA = \angle ACB$ が成り立つことがいえるのである。

問題 **147** $\alpha = -1+2i$，$\beta = 5-6i$，$\gamma = x+i$ とする。複素数平面上の 3 点 A(α), B(β), C(γ) について，点 C が線分 AB を直径とする円上にあるとき，実数 x の値を求めよ。

$\gamma \neq \alpha$，$\gamma \neq \beta$ であり，点 C が線分 AB を直径とする円上にあるから

$$\angle ACB = \frac{\pi}{2}$$

◀α, β, γ の虚部はすべて異なっているから $\gamma \neq \alpha$，$\gamma \neq \beta$

3章 10 図形への応用

よって，$\dfrac{\beta-\gamma}{\alpha-\gamma}$ は純虚数となる。

$$\alpha-\gamma=(-1-x)+i,\ \beta-\gamma=(5-x)-7i$$

ゆえに，$\dfrac{(5-x)-7i}{(-1-x)+i}=ki$ （k は 0 以外の実数）とおける。

整理すると　$(5-x)-7i=ki\{(-1-x)+i\}$

$(5-x)-7i=-k-k(1+x)i$

k，x は実数であるから

$$\begin{cases}5-x=-k & \cdots ①\\ -7=-k(1+x) & \cdots ②\end{cases}$$

①，② より，k を消去すると　$-7=(5-x)(1+x)$

$x^2-4x-12=0$ より　$(x+2)(x-6)=0$

したがって　$\boldsymbol{x=-2,\ 6}$

これらは実数であるから，適する。

◀ $\angle ACB=\dfrac{\pi}{2}$ より
$\cos\angle ACB=0$
すなわち
$\left(\dfrac{\beta-\gamma}{\alpha-\gamma}\text{の実部}\right)=0$
かつ（虚部）$\neq 0$

◀ x と k の連立方程式と考える。

◀ 線分 AB を直径とする円
$|z-2+2i|=5$
を求めて，$z=x+i$ を代入して解いてもよい。

問題 148 3点 $A(3+2i)$，$B(-1+i)$，$C(1+3i)$ に対して，点 A を通り直線 BC に平行な直線上の点を $P(z)$ とするとき，z が満たす関係式を求めよ。

$\alpha=3+2i$，$\beta=-1+i$，$\gamma=1+3i$ とおくと，$\dfrac{z-\alpha}{\gamma-\beta}$ は実数であるから

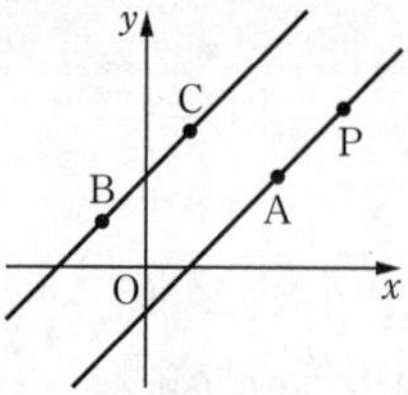

$$\overline{\left(\frac{z-\alpha}{\gamma-\beta}\right)}=\frac{z-\alpha}{\gamma-\beta}$$

$$(\overline{z}-\overline{\alpha})(\gamma-\beta)=(\overline{\gamma}-\overline{\beta})(z-\alpha)$$

$$(\overline{\gamma}-\overline{\beta})z-(\gamma-\beta)\overline{z}$$
$$=\alpha(\overline{\gamma}-\overline{\beta})-\overline{\alpha}(\gamma-\beta)$$

$\overline{\alpha}=3-2i$，$\overline{\beta}=-1-i$，$\overline{\gamma}=1-3i$ より

$$(2-2i)z-(2+2i)\overline{z}=(3+2i)(2-2i)-(3-2i)(2+2i)$$

$$2(1-i)z-2(1+i)\overline{z}=-4i$$

よって　$\boldsymbol{(1-i)z-(1+i)\overline{z}=-2i}$

◀ AP ∥ BC
$\Leftrightarrow \dfrac{z-\alpha}{\gamma-\beta}$ が実数

問題 149 複素数平面上の 4 点 $1+i$，$7+i$，$-6i$，a が同一円周上にあるような，実数 a の値を求めよ。

$\alpha=1+i$，$\beta=7+i$，$\gamma=-6i$，$\delta=a$ とおく。

$z=\dfrac{\beta-\gamma}{\alpha-\gamma}$，$w=\dfrac{\beta-\delta}{\alpha-\delta}$ とおくと

$$z=\frac{(7+i)-(-6i)}{(1+i)-(-6i)}=\frac{7+7i}{1+7i}=\frac{(7+7i)(1-7i)}{(1+7i)(1-7i)}=\frac{7(4-3i)}{25}$$

$$w=\frac{(7+i)-a}{(1+i)-a}=\frac{(7-a)+i}{(1-a)+i}=\frac{\{(7-a)+i\}\{(1-a)-i\}}{\{(1-a)+i\}\{(1-a)-i\}}$$

$$=\frac{(a^2-8a+8)-6i}{(a-1)^2+1}$$

$$\frac{w}{z}=\frac{25}{(a-1)^2+1}\cdot\frac{(a^2-8a+8)-6i}{7(4-3i)}$$

◀ 例題 149 **Point** 参照。

◀ z は実数にはならない。

◀ w は実数にはならない。

$$= \frac{25}{(a-1)^2+1} \cdot \frac{\{(a^2-8a+8)-6i\}(4+3i)}{7(4-3i)(4+3i)}$$
$$= \frac{1}{(a-1)^2+1} \cdot \frac{(4a^2-32a+50)+3a(a-8)i}{7}$$

4 点が同一円周上にある条件は，z，w が実数でなく，$\frac{w}{z}$ が実数であるから　$3a(a-8)=0$

したがって　$\boldsymbol{a=0,\ 8}$

◀$a=0$ のとき，点 a は原点と一致する。

問題 **150**　0 でない複素数 z に対し，$w=z^2-\frac{1}{z^2}$ とおく。このとき，w の実部が正になるような z の値の範囲を複素数平面上に図示せよ。　（北海道大）

$z=x+yi$（x，y は実数）とおく。

$$z^2=(x+yi)^2=(x^2-y^2)+2xyi$$

$\frac{1}{z}=\frac{x-yi}{x^2+y^2}$ より　$\frac{1}{z^2}=\left(\frac{1}{z}\right)^2=\frac{(x^2-y^2)-2xyi}{(x^2+y^2)^2}$

◀$z=x+yi$ とおいて $z^2-\frac{1}{z^2}$ の実部を x, y で表す。

よって，$w=z^2-\frac{1}{z^2}$ の実部は

$$(x^2-y^2)-\frac{x^2-y^2}{(x^2+y^2)^2}$$
$$=\frac{(x^2-y^2)\{(x^2+y^2)^2-1\}}{(x^2+y^2)^2}$$
$$=\frac{(x+y)(x-y)(x^2+y^2+1)(x^2+y^2-1)}{(x^2+y^2)^2}$$

これが正となることから

$$(x+y)(x-y)(x^2+y^2-1)>0$$

◀$x^2+y^2+1>0$
$(x^2+y^2)^2>0$

ゆえに

$$\begin{cases} x^2+y^2-1>0 \\ (x+y)(x-y)>0 \end{cases} \quad \text{または} \quad \begin{cases} x^2+y^2-1<0 \\ (x+y)(x-y)<0 \end{cases}$$

したがって，境界線は

直線　$x+y=0$，$x-y=0$

円　$x^2+y^2=1$

であり，求める領域は，**右の図の斜線部分。ただし，境界線は含まない。**

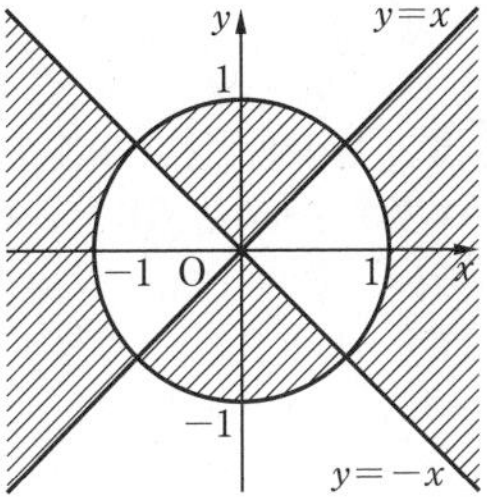

問題 **151**　△ABC の 2 辺 AB, AC をそれぞれ 1 辺とする正方形 ABDE, ACFG を △ABC の外側につくる。
BG = CE，BG ⊥ CE であることを証明せよ。

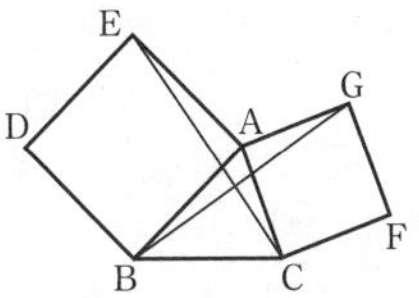

A(α)，B(β)，C(γ) とする。

このとき点 $E(z_1)$ は，点Aを中心に点Bを $-\dfrac{\pi}{2}$ だけ回転した点であ

るから　$z_1=(\beta-\alpha)\left\{\cos\left(-\dfrac{\pi}{2}\right)+i\sin\left(-\dfrac{\pi}{2}\right)\right\}+\alpha$

$=\alpha+i\alpha-i\beta$

◀例題 124 参照。

同様に，点 $G(z_2)$ は，点Aを中心に点Cを $\dfrac{\pi}{2}$ だけ回転した点である

から　$z_2=(\gamma-\alpha)\left(\cos\dfrac{\pi}{2}+i\sin\dfrac{\pi}{2}\right)+\alpha$

$=\alpha-i\alpha+i\gamma$

よって，$E(\alpha+i\alpha-i\beta)$，$G(\alpha-i\alpha+i\gamma)$ と表すことができる。

したがって　$\dfrac{\gamma-(\alpha+i\alpha-i\beta)}{\beta-(\alpha-i\alpha+i\gamma)}=\dfrac{i\beta-i\alpha-\alpha+\gamma}{\beta-\alpha+i\alpha-i\gamma}=i$

よって　BG ⊥ CE

また，$|i|=1$ より　BG = CE

$P(z_1)$，$Q(z_2)$，$R(z_3)$，
◀$S(z_4)$ のとき，
$\dfrac{z_4-z_3}{z_2-z_1}$ が純虚数
$\Longleftrightarrow$ PQ ⊥ RS

p.295

本質を問う 10

1　複素数平面上で，方程式 $|z+2i|=2|z-i|$ を満たす点 $P(z)$ は，どのような図形をえがくか。
(1)　$|z|^2=z\overline{z}$ を用いて求めよ。　　(2)　$z=x+yi$（x，y は実数）とおいて求めよ。

(1)　与式の両辺を 2 乗すると　$|z+2i|^2=4|z-i|^2$

$(z+2i)(\overline{z+2i})=4(z-i)(\overline{z-i})$

$(z+2i)(\overline{z}-2i)=4(z-i)(\overline{z}+i)$

$z\overline{z}-2iz+2i\overline{z}+4=4(z\overline{z}+iz-i\overline{z}+1)$

整理すると　$z\overline{z}+2iz-2i\overline{z}=0$

よって　$(z-2i)(\overline{z}+2i)=4$

$(z-2i)(\overline{z-2i})=4$

ゆえに　$|z-2i|^2=4$

$|z-2i|\geqq 0$ より　$|z-2i|=2$

したがって，点 z は **点 $2i$ を中心とする半径 2 の円** をえがく。

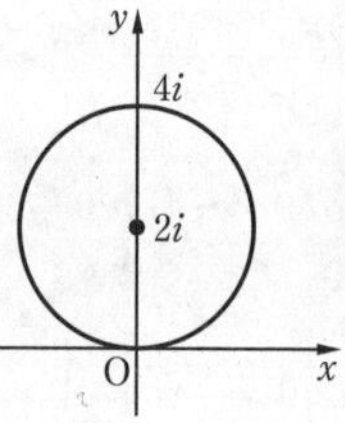

◀2 も 2 乗することに注意する。

◀$|\alpha|^2=\alpha\overline{\alpha}$

◀$\overline{z+2i}=\overline{z}+\overline{2i}$
$=\overline{z}-2i$

◀z と $\overline{z}$ の係数に着目して
$z\overline{z}+2iz-2i\overline{z}$
$=(z-2i)(\overline{z}+2i)+4i^2$
と変形する。

(2)　$x=x+yi$（x，y は実数）を方程式に代入して

$|(x+yi)+2i|=2|(x+yi)-i|$

両辺を 2 乗すると　$|x+(y+2)i|^2=4|x+(y-1)i|^2$

$x^2+(y+2)^2=4\{x^2+(y-1)^2\}$

◀$|a+bi|^2=a^2+b^2$

整理すると　$x^2+y^2-4y=0$

ゆえに　$x^2+(y-2)^2=4$

これは，xy 平面上において，点 $(0,\ 2)$ を中心とする半径 2 の円を表す。

よって，点 z は複素数平面上において，**点 $2i$ を中心とする半径 2 の円** をえがく。

Plus One

一般に，$A(\alpha)$，$B(\beta)$ $(\alpha \neq \beta)$，$m>0$，$n>0$，$m \neq n$ のとき，方程式 $n|z-\alpha|=m|z-\beta|$ を満たす点 $P(z)$ を考える。

$n|z-\alpha|=m|z-\beta|$ より　$|z-\alpha|:|z-\beta|=m:n$

すなわち，α からの距離と β からの距離の比が $m:n$ であるから，点 $P(z)$ は，線分 AB を $m:n$ に内分する点と外分する点を直径の両端とする **アポロニウスの円** である。

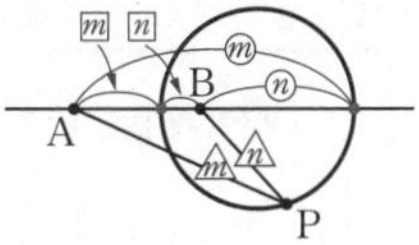

2 (1) 異なる 3 点 $P(z_1)$，$Q(z_2)$，$R(z_3)$ が一直線上にあるならば，$\dfrac{z_3-z_1}{z_2-z_1}$ が実数となることを証明せよ。

(2) 異なる 3 点 $P(z_1)$，$Q(z_2)$，$R(z_3)$ に対し，$PQ \perp PR$ であるならば，$\dfrac{z_3-z_1}{z_2-z_1}$ が純虚数となることを証明せよ。

(1) 3 点 $P(z_1)$，$Q(z_2)$，$R(z_3)$ が一直線上にあるとき，

$\arg\left(\dfrac{z_3-z_1}{z_2-z_1}\right)=0$ または $\arg\left(\dfrac{z_3-z_1}{z_2-z_1}\right)=\pi$ である。

$\arg\left(\dfrac{z_3-z_1}{z_2-z_1}\right)=0$ のとき，$\dfrac{z_3-z_1}{z_2-z_1}=r(\cos 0+i\sin 0)=r$ となり，

$\dfrac{z_3-z_1}{z_2-z_1}$ は実数

$\arg\left(\dfrac{z_3-z_1}{z_2-z_1}\right)=\pi$ のとき，$\dfrac{z_3-z_1}{z_2-z_1}=r(\cos\pi+i\sin\pi)=-r$ となり，$\dfrac{z_3-z_1}{z_2-z_1}$ は実数

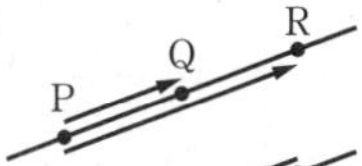

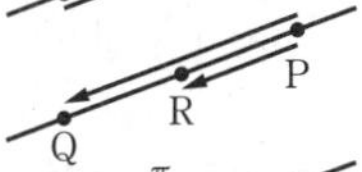

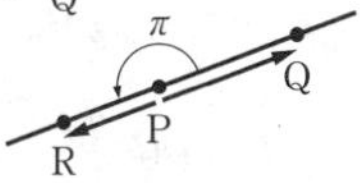

したがって，3 点 $P(z_1)$，$Q(z_2)$，$R(z_3)$ が一直線上にあるならば，$\dfrac{z_3-z_1}{z_2-z_1}$ は実数となる。

(2) 3 点 $P(z_1)$，$Q(z_2)$，$R(z_3)$ に対し，$PQ \perp PR$ であるとき，

$\arg\left(\dfrac{z_3-z_1}{z_2-z_1}\right)=\dfrac{\pi}{2}$ または $\arg\left(\dfrac{z_3-z_1}{z_2-z_1}\right)=\dfrac{3}{2}\pi$ である。

$\arg\left(\dfrac{z_3-z_1}{z_2-z_1}\right)=\dfrac{\pi}{2}$ のとき，$\dfrac{z_3-z_1}{z_2-z_1}=r\left(\cos\dfrac{\pi}{2}+i\sin\dfrac{\pi}{2}\right)=ri$ となり，$\dfrac{z_3-z_1}{z_2-z_1}$ は純虚数

◀ $r>0$

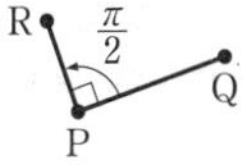

$\arg\left(\dfrac{z_3-z_1}{z_2-z_1}\right)=\dfrac{3}{2}\pi$ のとき，

$\dfrac{z_3-z_1}{z_2-z_1}=r\left(\cos\dfrac{3}{2}\pi+i\sin\dfrac{3}{2}\pi\right)=-ri$ となり，$\dfrac{z_3-z_1}{z_2-z_1}$ は純虚数

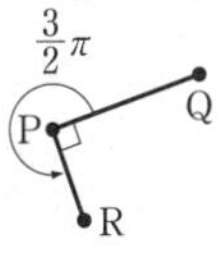

したがって，3 点 $P(z_1)$，$Q(z_2)$，$R(z_3)$ に対し，$PQ \perp PR$ であるならば，$\dfrac{z_3-z_1}{z_2-z_1}$ は純虚数 となる。

p.296

Let's Try! 10

① (1) 複素数平面上で，条件 $\left|\dfrac{z+i}{z+1}\right|=2$ を満たす点 z を図示せよ。

(2) 条件 $1<\left|\dfrac{z+i}{z+1}\right|<2$ を満たす点 z を図示せよ。 （三重大）

(1) $\left|\dfrac{z+i}{z+1}\right|=2$ より　$|z+i|=2|z+1|$

◀アポロニウスの円である。

両辺を2乗すると　$|z+i|^2=4|z+1|^2$

$(z+i)\overline{(z+i)}=4(z+1)\overline{(z+1)}$

$(z+i)(\overline{z}-i)=4(z+1)(\overline{z}+1)$

$3z\overline{z}+(4+i)z+(4-i)\overline{z}+3=0$

$z\overline{z}+\dfrac{4+i}{3}z+\dfrac{4-i}{3}\overline{z}+1=0$

$\left(z+\dfrac{4-i}{3}\right)\left(\overline{z}+\dfrac{4+i}{3}\right)=\dfrac{8}{9}$

$\left|z+\dfrac{4-i}{3}\right|^2=\dfrac{8}{9}$

◀ $\overline{z}+\dfrac{4+i}{3}=\overline{z}+\overline{\dfrac{4-i}{3}}=\overline{z+\dfrac{4-i}{3}}$

$\left|z+\dfrac{4-i}{3}\right|=\dfrac{2\sqrt{2}}{3}$

よって，点 z は，点 $-\dfrac{4}{3}+\dfrac{i}{3}$ を中心とする半径 $\dfrac{2\sqrt{2}}{3}$ の円であり，**右の図**。

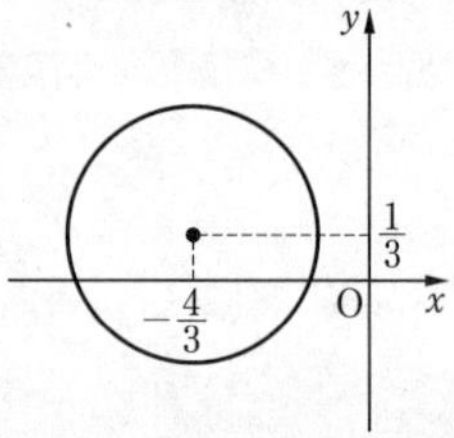

(2) $1<\left|\dfrac{z+i}{z+1}\right|<2$ より　$|z+1|<|z+i|<2|z+1|$

すなわち　$|z+1|<|z+i|$　かつ　$|z+i|<2|z+1|$

$|z+1|<|z+i|$ は，2点 -1, $-i$ を結ぶ線分の垂直二等分線に関して，点 -1 を含む側の領域を表す。

◀ $|z-\alpha|=|z-\beta|$ は，2点 α, β を結ぶ線分の垂直二等分線を表す。

また，$|z+i|<2|z+1|$ は，(1)の円の外部の領域を表す。

したがって，与式を満たす点 z が存在する領域は，**右の図の斜線部分。ただし，境界線は含まない**。

◀点 -1 からの距離が，点 $-i$ からの距離より小さい。

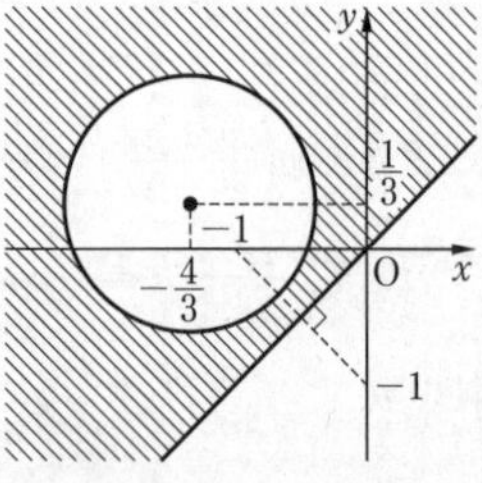

② 2つの複素数 z と w の間に，$w=\dfrac{z+i}{z+1}$ なる関係がある。ただし，$z+1\neq0$ である。

(1) z が複素数平面上の虚軸を動くとき，w の軌跡を求め，図示せよ。

(2) z が複素数平面上の原点を中心とする半径1の円上を動くとき，w の軌跡を求め，図示せよ。

（名古屋市立大）

$w=\dfrac{z+i}{z+1}$ より　$w(z+1)=z+i$

$wz+w=z+i$ より　$(w-1)z=-w+i$

◀ $w-1=0$ とすると，$0=-1+i$ となり矛盾。

$w-1 \neq 0$ であるから　　$z=\dfrac{-w+i}{w-1}$　…①

(1)　z が虚軸上を動くとき　　$\overline{z}=-z$

◀ z が純虚数
$\iff \overline{z}=-z,\ z \neq 0$
ただし，この場合は虚軸上であるから $z=0$ も含む。

①を代入すると　　$\overline{\left(\dfrac{-w+i}{w-1}\right)}=-\dfrac{-w+i}{w-1}$

よって　　$\dfrac{-\overline{w}-i}{\overline{w}-1}=\dfrac{w-i}{w-1}$

◀ $\overline{-w+i}=\overline{-w}+\overline{i}$
$=-\overline{w}-i$

分母をはらうと　　$(-\overline{w}-i)(w-1)=(w-i)(\overline{w}-1)$

整理すると　　$w\overline{w}+\dfrac{-1+i}{2}w-\dfrac{1+i}{2}\overline{w}=0$

$$\left(w-\frac{1+i}{2}\right)\left(\overline{w}+\frac{-1+i}{2}\right)=-\frac{(1+i)(-1+i)}{4}$$

$$\left(w-\frac{1+i}{2}\right)\overline{\left(w-\frac{1+i}{2}\right)}=\frac{1}{2}$$

$$\left|w-\frac{1+i}{2}\right|^2=\frac{1}{2}$$

$\left|w-\dfrac{1+i}{2}\right| \geqq 0$ より

$$\left|w-\frac{1+i}{2}\right|=\frac{\sqrt{2}}{2}\quad ただし，w \neq 1$$

◀ 円 $\left|w-\dfrac{1+i}{2}\right|=\dfrac{\sqrt{2}}{2}$ は，点1を通る。$w \neq 1$ より，点1を除いた図形が求める軌跡である。

したがって，w の軌跡は，**点 $\dfrac{1}{2}+\dfrac{i}{2}$ を中心とする半径 $\dfrac{\sqrt{2}}{2}$ の円から，点1を除いた図形** であり，**右の図**。

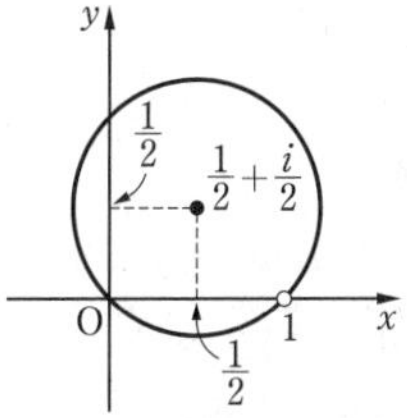

(2)　z が原点を中心とする半径1の円上を動くから　　$|z|=1$

①を代入すると　　$\left|\dfrac{-w+i}{w-1}\right|=1$

よって　　$|w-i|=|w-1|$

◀ $|-w+i|=|-(w-i)|$
$=|w-i|$

したがって，w の軌跡は，**2点1，i を結ぶ線分の垂直二等分線** であり，**右の図**。

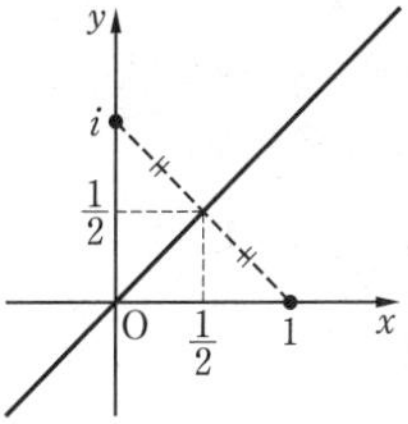

---

③　$\alpha,\ \beta,\ \gamma$ を複素数とする。次について，正しければ証明し，正しくなければ反例を挙げよ。
$\alpha,\ \beta,\ \gamma$ が複素数平面の一直線上にあるとき，$\beta+\gamma,\ \gamma+\alpha,\ \alpha+\beta$ も一直線上にある。
ただし，$\alpha,\ \beta,\ \gamma$ はすべて異なるものとする。　　　　（名古屋工業大）

正しい。

〔証明〕

3点 $\alpha,\ \beta,\ \gamma$ はすべて異なり，一直線上にあるから，$\dfrac{\beta-\gamma}{\alpha-\gamma}$ は実数である。

◀ 異なる3点 $\alpha,\ \beta,\ \gamma$ が一直線上にある
$\iff \dfrac{\beta-\gamma}{\alpha-\gamma}$ は実数

このとき，$\dfrac{(\gamma+\alpha)-(\alpha+\beta)}{(\beta+\gamma)-(\alpha+\beta)}=\dfrac{\gamma-\beta}{\gamma-\alpha}=\dfrac{\beta-\gamma}{\alpha-\gamma}$ も実数となり，

3点 $\beta+\gamma,\ \gamma+\alpha,\ \alpha+\beta$ は一直線上にある。

◀ α,β,γ はすべて異なる点であるから，$\beta+\gamma,\gamma+\alpha,\alpha+\beta$ もすべて異なる。

④ 複素数平面上の原点 O と 2 点 A(α), B(β) について

(1) α, β が $\dfrac{\alpha}{\beta}=\dfrac{1+\sqrt{3}i}{2}$ を満たすとき，△OAB は正三角形であることを示せ。

(2) α, β が $\alpha^2+a\alpha\beta+b\beta^2=0$ を満たすとき，△OAB が角 O の大きさが $\dfrac{\pi}{4}$ である直角二等辺三角形となるように，実数 a, b の値を決めよ。 （津田塾大）

(1) $\dfrac{\alpha}{\beta}=\dfrac{1}{2}+\dfrac{\sqrt{3}}{2}i=\cos\dfrac{\pi}{3}+i\sin\dfrac{\pi}{3}$

よって　$\angle\mathrm{BOA}=\arg\dfrac{\alpha}{\beta}=\dfrac{\pi}{3}$

$\left|\dfrac{\alpha}{\beta}\right|=1$ より $\mathrm{OA}:\mathrm{OB}=|\alpha|:|\beta|=1:1$ であるから　$\mathrm{OA}=\mathrm{OB}$

したがって，△OAB は正三角形である。

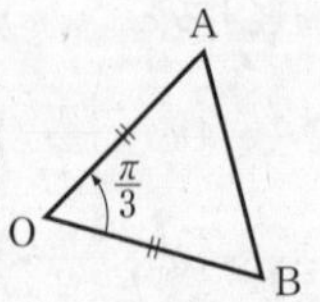

(2) 条件を満たす三角形は 2 種類できる。

(ア) $\angle\mathrm{OAB}$ が直角であり，$\mathrm{OA}=\mathrm{AB}$ のとき

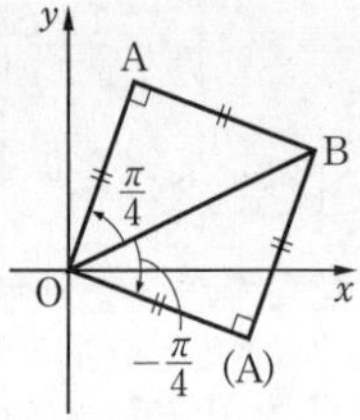

$\angle\mathrm{BOA}=\pm\dfrac{\pi}{4}$, $\dfrac{\mathrm{OA}}{\mathrm{OB}}=\dfrac{1}{\sqrt{2}}$ であるから

$$\frac{\alpha}{\beta}=\frac{1}{\sqrt{2}}\left\{\cos\left(\pm\frac{\pi}{4}\right)+i\sin\left(\pm\frac{\pi}{4}\right)\right\}$$

$$=\frac{1}{\sqrt{2}}\left(\frac{1}{\sqrt{2}}\pm\frac{1}{\sqrt{2}}i\right)=\frac{1}{2}(1\pm i)\quad(\text{複号同順})$$

よって　$\alpha=\dfrac{1}{2}(1\pm i)\beta$

$\alpha^2+a\alpha\beta+b\beta^2=0$ に代入すると

$$\pm\frac{1}{2}\beta^2 i+\frac{1}{2}a(1\pm i)\beta^2+b\beta^2=0\quad(\text{複号同順})$$

◀ $(1+i)^2=1+2i+i^2=2i$

$\beta=0$ のときは三角形ができないから　$\beta\neq 0$

両辺を β^2 で割って整理すると

$$\left(\frac{1}{2}a+b\right)\pm\frac{1}{2}(a+1)i=0$$

a, b は実数であるから，$\dfrac{1}{2}a+b$, $a+1$ も実数である。

ゆえに，$\dfrac{1}{2}a+b=0$, $a+1=0$ より　$a=-1$, $b=\dfrac{1}{2}$

(イ) $\angle\mathrm{OBA}$ が直角であり，$\mathrm{OB}=\mathrm{AB}$ のとき

$\angle\mathrm{BOA}=\pm\dfrac{\pi}{4}$, $\dfrac{\mathrm{OA}}{\mathrm{OB}}=\sqrt{2}$ であるから

$$\frac{\alpha}{\beta}=\sqrt{2}\left\{\cos\left(\pm\frac{\pi}{4}\right)+i\sin\left(\pm\frac{\pi}{4}\right)\right\}$$

$$=\sqrt{2}\left(\frac{1}{\sqrt{2}}\pm\frac{1}{\sqrt{2}}i\right)=1\pm i\quad(\text{複号同順})$$

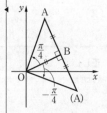

よって　$\alpha=(1\pm i)\beta$

$\alpha^2+a\alpha\beta+b\beta^2=0$ に代入して整理すると

$$(a+b)\pm(a+2)i=0$$

◀ $\pm 2i\beta^2+a(1\pm i)\beta^2+b\beta^2=0$ この両辺を β^2 $(\neq 0)$ で割る。

a, b は実数であるから，$a+b$, $a+2$ も実数である。

ゆえに，$a+b=0$, $a+2=0$ より　$a=-2$, $b=2$

(ア), (イ) より　$a=-1,\ b=\dfrac{1}{2}$　**または**　$a=-2,\ b=2$

⑤ 複素数 α, β が $|\alpha|=|\beta|=1$, $\dfrac{\beta}{\alpha}$ の偏角は $\dfrac{2}{3}\pi$ を満たす定角であるとき，$\gamma=(1-t)\alpha+t\beta$, $0\leqq t\leqq 1$ を満たす複素数 γ は複素数平面上のどのような図形上にあるか。　(九州工業大　改)

原点を O とし，A(α), B(β), C(γ) とおく。

$|\alpha|=|\beta|=1$, $\arg\dfrac{\beta}{\alpha}=\dfrac{2}{3}\pi$ であるから

$$\mathrm{OA}=\mathrm{OB}=1,\quad \angle\mathrm{AOB}=\frac{2}{3}\pi$$

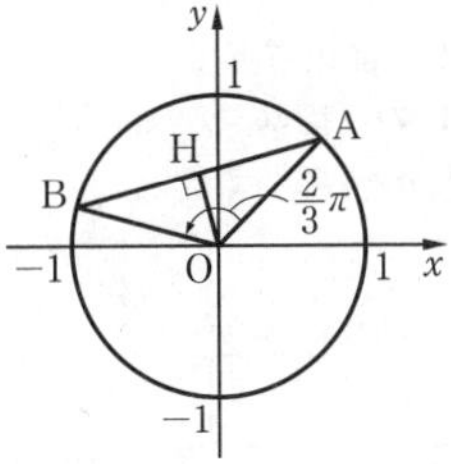

$\gamma=(1-t)\alpha+t\beta$, $0\leqq t\leqq 1$ より

$$\overrightarrow{\mathrm{OC}}=(1-t)\overrightarrow{\mathrm{OA}}+t\overrightarrow{\mathrm{OB}},\quad 0\leqq t\leqq 1$$

よって，点 C は線分 AB 上にある。

◀ 点 C は線分 AB を $t:(1-t)$ に内分する点である。

また，原点 O と線分 AB の距離 h は，原点から線分 AB に下ろした垂線 OH の長さに等しいから　$h=\mathrm{OH}=\dfrac{1}{2}$

◀ 点 H は線分 AB の中点に一致する。

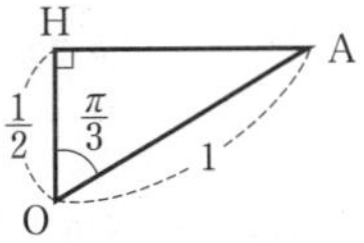

よって，点 C は原点を中心とする半径 1 の円と半径 $\dfrac{1}{2}$ の円に囲まれた領域内にある。

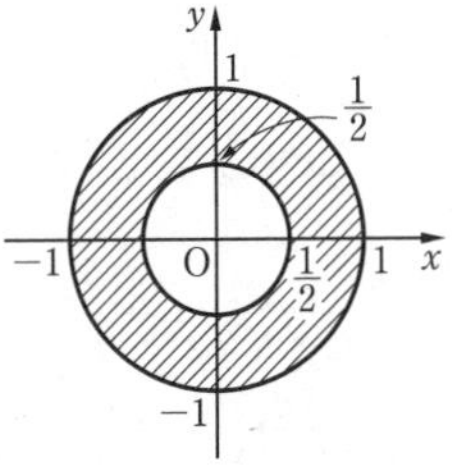

したがって，**右の図の斜線部分** にある。
ただし，**境界線を含む。**

⑥ 四角形 OABC について，$\mathrm{OA}^2+\mathrm{BC}^2=\mathrm{OC}^2+\mathrm{AB}^2$ ならば $\mathrm{OB}\perp\mathrm{AC}$ であることを複素数を用いて証明せよ。

点 O を原点とし，直線 OA を実軸，点 O を通り直線 OA に垂直な直線を虚軸とする複素数平面を考える。

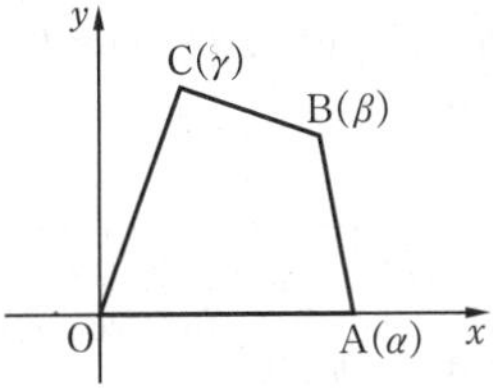

点 A, B, C を表す複素数をそれぞれ α, β, γ とすると，$\mathrm{OA}^2+\mathrm{BC}^2=\mathrm{OC}^2+\mathrm{AB}^2$ より

◀ OB ⊥ AC を示すために $\dfrac{\gamma-\alpha}{\beta-0}$ すなわち $\dfrac{\gamma-\alpha}{\beta}$ が純虚数であることを示す。

$$|\alpha|^2+|\beta-\gamma|^2=|\gamma^2|+|\alpha-\beta|^2$$

$$|\alpha|^2+(\beta-\gamma)\overline{(\beta-\gamma)}=|\gamma|^2+(\alpha-\beta)\overline{(\alpha-\beta)}$$

$$|\alpha|^2+|\beta|^2-\beta\overline{\gamma}-\overline{\beta}\gamma+|\gamma|^2=|\gamma|^2+|\alpha|^2-\alpha\overline{\beta}-\overline{\alpha}\beta+|\beta|^2$$

◀ $(\beta-\gamma)\overline{(\beta-\gamma)}$
$=(\beta-\gamma)(\overline{\beta}-\overline{\gamma})$
$=\beta\overline{\beta}-\beta\overline{\gamma}-\gamma\overline{\beta}+\gamma\overline{\gamma}$
$=|\beta|^2-\beta\overline{\gamma}-\overline{\beta}\gamma+|\gamma|^2$

$$\beta\overline{\gamma}+\overline{\beta}\gamma=\alpha\overline{\beta}+\overline{\alpha}\beta$$

$$\beta(\overline{\gamma}-\overline{\alpha})=-\overline{\beta}(\gamma-\alpha)$$

両辺を $\beta\overline{\beta}\ (\neq 0)$ で割ると　$\dfrac{\overline{\gamma}-\overline{\alpha}}{\overline{\beta}}=-\dfrac{\gamma-\alpha}{\beta}$

◀ $\beta\overline{\beta}=0$ すなわち $\beta=0$ のときは，四角形ができない。

すなわち　$\overline{\left(\dfrac{\gamma-\alpha}{\beta}\right)}=-\dfrac{\gamma-\alpha}{\beta}$

$\dfrac{\gamma-\alpha}{\beta}\neq 0$ より，$\dfrac{\gamma-\alpha}{\beta}$ は純虚数であるから，OB ⊥ AC である。

◀ z が純虚数 $\Longleftrightarrow \overline{z}=-z,\ z\neq 0$

思考の戦略編

練習 1　$\triangle$OCD の外側に OC を 1 辺とする正方形 OABC と，OD を 1 辺とする正方形 ODEF をつくる。このとき，AD ⊥ CF であることを証明せよ。　(茨城大)

頂点 O を原点，C(c, 0)，D(a, b) ($b>0$, $c>0$) としても一般性を失わない。

このとき，四角形 OABC は正方形であるから　　A(0, $-c$)

また，下の図より，点 F の座標は，a の正負にかかわらず　　F($-b$, a)

◀ 辺 OC の外側に正方形をつくるから，その正方形の辺が座標軸上にくるように，OC が x 軸上にあるようにした。OD を軸上にとってもよい。

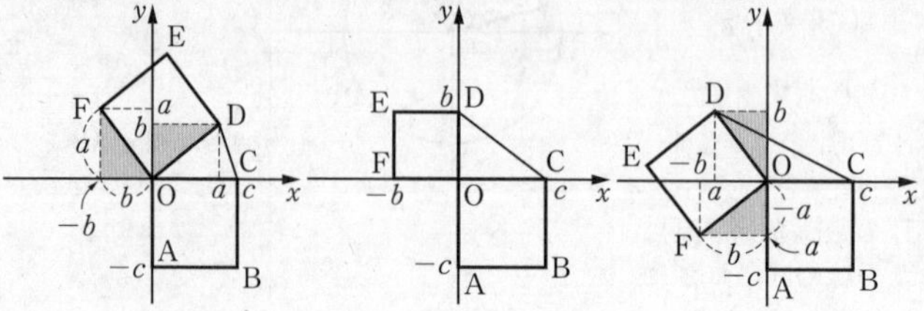

◀  に着目して考える。

(ア)　$a=0$ のとき

直線 AD は y 軸上，直線 CF は x 軸上にあるから　　AD ⊥ CF

(イ)　$a \neq 0$ のとき

直線 AD の傾きは　　$\dfrac{b-(-c)}{a-0}=\dfrac{b+c}{a}$

直線 CF の傾きは　　$\dfrac{0-a}{c-(-b)}=-\dfrac{a}{b+c}$

$\dfrac{b+c}{a}\cdot\left(-\dfrac{a}{b+c}\right)=-1$ であるから　　AD ⊥ CF

〔別解〕　(4 行目までは同様)

よって，$\overrightarrow{\mathrm{AD}}=(a,\ b+c)$，$\overrightarrow{\mathrm{CF}}=(-b-c,\ a)$ であるから

$\overrightarrow{\mathrm{AD}}\cdot\overrightarrow{\mathrm{CF}}=a(-b-c)+(b+c)a=0$

$\overrightarrow{\mathrm{AD}}\neq\vec{0}$，$\overrightarrow{\mathrm{CF}}\neq\vec{0}$ であるから　　AD ⊥ CF

◀ ベクトルで考えると，直線の傾きのような場合分けは必要ない。

練習 2　右の図はある三角錐 V の展開図である。ここで AB $=4$，AC $=3$，BC $=5$，$\angle$ACD $=90^\circ$ で $\triangle$ABE は正三角形である。このとき，V の体積を求めよ。　(北海道大)

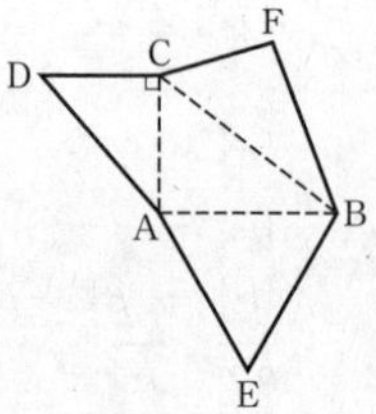

この展開図を組み立てたときに，3 点 D，E，F が重なる点を P とする。

座標空間において，三角錐 V を右の図のように，A(0, 0, 0)，B(4, 0, 0)，C(0, 3, 0)，P(x, y, z) ($z>0$) と設定しても一般性を失わない。

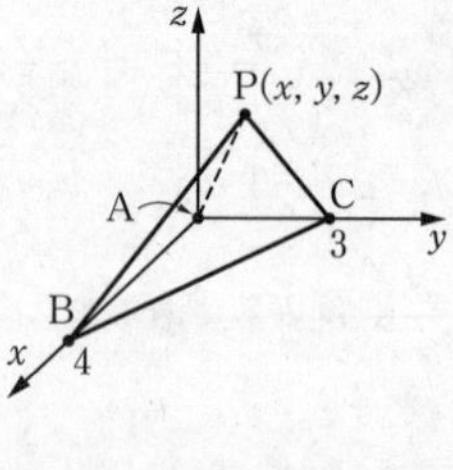

◀ 座標空間を設定する。

◀ $\angle$BAC $=90^\circ$ であるから，点 A を原点，点 B を x 軸上，点 C を y 軸上にとる。

△ABE は正三角形であるから，AB = BE = EA であり，組み立てたときに重なるから

AE = AD = AP より　　AP = 4　　… ①

BE = BF = BP より　　BP = 4　　… ②

また，△ACD は直角三角形であるから

$$CD = \sqrt{AD^2 - AC^2}$$
$$= \sqrt{4^2 - 3^2} = \sqrt{7}$$

◀ 三平方の定理を利用する。

組み立てたときに重なるから

CD = CP より　　$CP = \sqrt{7}$　　… ③

① より　　$x^2 + y^2 + z^2 = 16$　　… ④

② より　　$(x-4)^2 + y^2 + z^2 = 16$　　… ⑤

③ より　　$x^2 + (y-3)^2 + z^2 = 7$　　… ⑥

④，⑤ より

$x^2 = (x-4)^2$　　$x^2 = x^2 - 8x + 16$

よって　　$x = 2$

④，⑥ より

$y^2 - (y-3)^2 = 9$　　$y^2 - y^2 + 6y - 9 = 9$

よって　　$y = 3$

④ より

$2^2 + 3^2 + z^2 = 16$

$z > 0$ より　　$z = \sqrt{3}$

したがって，V の体積は

$$V = \triangle ABC \times z \times \frac{1}{3} = \left(4 \times 3 \times \frac{1}{2}\right) \times \sqrt{3} \times \frac{1}{3} = \mathbf{2\sqrt{3}}$$

◀ △ABC を底面とすると，z の値が高さとなる。

練習 3　半径 r の円に内接する正方形 ABCD がある。弧 AB 上を動く点 P から 4 頂点 A，B，C，D までの距離の積の最大値を求めよ。（信州大）

正方形の 4 頂点 A，B，C，D を表す複素数をそれぞれ r，ri，$-r$，$-ri$ として，正方形 ABCD を複素数平面上に設定する。弧 AB 上の点 P を表す複素数を z とすると

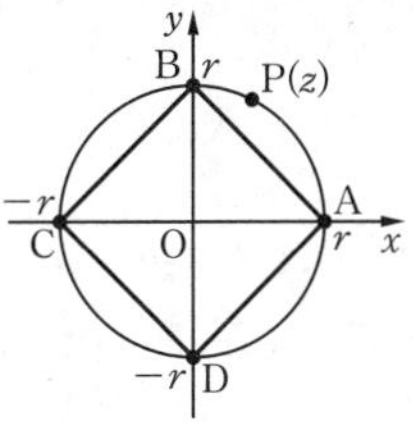

◀ 複素数平面上に正方形 ABCD を設定する。各軸上に頂点を設定した。

$$z = r(\cos\theta + i\sin\theta)\ \left(0 \leqq \theta \leqq \frac{\pi}{2}\right)$$

とおける。点 P から 4 頂点 A，B，C，D までの距離の積を k とおくと

◀ 点 P は弧 AB 上を動くことから，偏角 θ の範囲を確認する。

$$k = PA \cdot PB \cdot PC \cdot PD$$
$$= |z - r||z - ri||z + r||z + ri|$$
$$= |(z-r)(z+r)(z-ri)(z+ri)|$$
$$= |z^4 - r^4|$$
$$= |r^4(\cos 4\theta + i\sin 4\theta) - r^4|$$
$$= r^4|\cos 4\theta - 1 + i\sin 4\theta|$$
$$= r^4\sqrt{(\cos 4\theta - 1)^2 + \sin^2 4\theta}$$
$$= r^4\sqrt{2 - 2\cos 4\theta}$$

◀ $|z_1 z_2| = |z_1||z_2|$

◀ ド・モアブルの定理

◀ 複素数の絶対値の定義

ここで，$0 \leqq \theta \leqq \dfrac{\pi}{2}$ より $0 \leqq 4\theta \leqq 2\pi$ であるから

戦略

$-1 \leqq \cos 4\theta \leqq 1$

よって　　$0 \leqq 2-2\cos 4\theta \leqq 4$

したがって，$0 \leqq k \leqq 2r^4$ であるから，点Pから4頂点A，B，C，Dまでの距離の積の最大値は　　$\boldsymbol{2r^4}$

◀ $-1 \leqq \cos 4\theta \leqq 1$
$\Leftrightarrow -2 \leqq -2\cos 4\theta \leqq 2$
$\Leftrightarrow 0 \leqq 2-2\cos 4\theta \leqq 4$

◀ $\cos 4\theta = -1$ すなわち $4\theta = \pi$，$\theta = \dfrac{\pi}{4}$ のとき最大となる。

練習 4　点Oを中心とする半径1の円 C に含まれる2つの円 C_1，C_2 を考える。ただし，C_1，C_2 の中心は C の直径AB上にあり，C_1 は点Aで，また C_2 は点Bでそれぞれ C と接している。また，C_1，C_2 の半径をそれぞれ a，b とする。C 上の点Pから C_1，C_2 に1本ずつ接線を引き，それらの接点をQ，Rとする。Pを C 上で動かしたときのPQ＋PRの最大値を求めよ。
(京都大　改)

円 C，C_1，C_2 の中心をそれぞれO，O_1，O_2 とする。

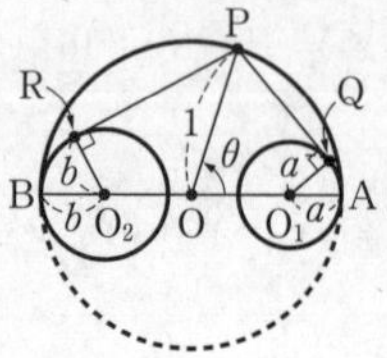

円の対称性より，$\angle AOP = \theta$ $(0 \leqq \theta \leqq \pi)$ としても対称性を失わない。

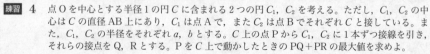

◀ 与えられた条件を満たす図は，直径ABに関して対称である。
よって，θ のとり得る値の範囲は $0 \leqq \theta \leqq \pi$ と定める。

$\triangle OO_1P$ において余弦定理により

$$\begin{aligned} O_1P^2 &= OP^2 + OO_1{}^2 - 2 \cdot OP \cdot OO_1 \cdot \cos\theta \\ &= 1^2 + (1-a)^2 - 2 \cdot 1 \cdot (1-a) \cdot \cos\theta \\ &= a^2 - 2a + 2 - 2(1-a)\cos\theta \end{aligned}$$

よって，$\triangle O_1PQ$ において三平方の定理により

$$\begin{aligned} PQ &= \sqrt{O_1P^2 - O_1Q^2} = \sqrt{-2a+2-2(1-a)\cos\theta} \\ &= \sqrt{2(1-a)(1-\cos\theta)} = \sqrt{2(1-a) \cdot 2\sin^2\frac{\theta}{2}} \\ &= 2\sqrt{1-a}\sin\frac{\theta}{2} \end{aligned}$$

◀ 半角の公式

◀ $0 \leqq \theta \leqq \pi$ より $0 \leqq \dfrac{\theta}{2} \leqq \dfrac{\pi}{2}$ であるから $\sin\dfrac{\theta}{2} \geqq 0$

また，$\triangle OO_2P$ において余弦定理により

$$\begin{aligned} O_2P^2 &= OP^2 + OO_2{}^2 - 2 \cdot OP \cdot OO_2 \cdot \cos(\pi-\theta) \\ &= 1^2 + (1-b)^2 + 2 \cdot 1 \cdot (1-b) \cdot \cos\theta \\ &= b^2 - 2b + 2 + 2(1-b)\cos\theta \end{aligned}$$

よって，$\triangle O_2PR$ で三平方の定理により

$$\begin{aligned} PR &= \sqrt{O_2P^2 - O_2R^2} = \sqrt{-2b+2+2(1-b)\cos\theta} \\ &= \sqrt{2(1-b)(1+\cos\theta)} = \sqrt{2(1-b) \cdot 2\cos^2\frac{\theta}{2}} \\ &= 2\sqrt{1-b}\cos\frac{\theta}{2} \end{aligned}$$

◀ 半角の公式

◀ $0 \leqq \theta \leqq \pi$ より $0 \leqq \dfrac{\theta}{2} \leqq \dfrac{\pi}{2}$ であるから $\cos\dfrac{\theta}{2} \geqq 0$

したがって

$$\begin{aligned} PQ + PR &= 2\left(\sqrt{1-a}\sin\frac{\theta}{2} + \sqrt{1-b}\cos\frac{\theta}{2}\right) \\ &= 2\sqrt{2-a-b}\sin\left(\frac{\theta}{2} + \alpha\right) \end{aligned}$$

◀ 三角関数の合成

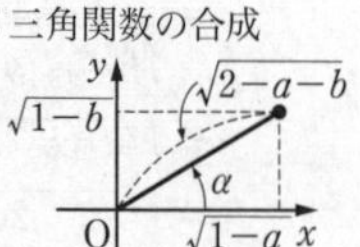

ただし，α は $\cos\alpha = \dfrac{\sqrt{1-a}}{\sqrt{2-a-b}}$，$\sin\alpha = \dfrac{\sqrt{1-b}}{\sqrt{2-a-b}}$ を満たす鋭角である。

$0 \leqq \theta \leqq \pi$ より $0 \leqq \dfrac{\theta}{2} \leqq \dfrac{\pi}{2}$ から $\alpha \leqq \dfrac{\theta}{2} + \alpha \leqq \alpha + \dfrac{\pi}{2}$

よって，$\dfrac{\theta}{2}+\alpha=\dfrac{\pi}{2}$ のとき $\sin\left(\dfrac{\theta}{2}+\alpha\right)$ は最大値1をとり，

PQ＋PR は最大となり，その値は

$$\boldsymbol{2\sqrt{2-a-b}}$$

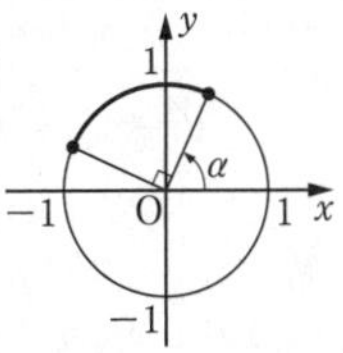

◀より，$\sin\left(\dfrac{\theta}{2}+\alpha\right)=1$ となるとき，PQ＋PR は最大となる。

練習 5　連立方程式 $\begin{cases} y=2x^2-1 \\ z=2y^2-1 \\ x=2z^2-1 \end{cases}$ …(＊) を考える。

(1) $(x,\ y,\ z)=(a,\ b,\ c)$ が(＊)の実数解であるとき，$|a|\leqq 1$，$|b|\leqq 1$，$|c|\leqq 1$ であることを示せ。

(2) (＊)は全部で8組の相異なる実数解をもつことを示せ。　（京都大）

戦略

(1) $|a|>1$ であると仮定する。　◀背理法による。

このとき，$a^2>1$ であるから　$b=2a^2-1>1$

よって，$b^2>1$ であるから　$c=2b^2-1>1$

ゆえに，$c^2>1$ であるから　$a=2c^2-1>1$

したがって，$a>1$，$b>1$，$c>1$ となる。

ここで　$b-a=2a^2-a-1$

$=(2a+1)(a-1)>0$　◀$a>1$ より $2a+1>0$，$a-1>0$

よって　$b>a$

同様に，$c>b$，$a>c$ が成り立つから

$a>c>b>a$　◀$a>a$ となってしまう。

となり矛盾。

同様にして，$|b|>1$ や $|c|>1$ を仮定しても矛盾する。

したがって，$(x,\ y,\ z)=(a,\ b,\ c)$ が（＊）の実数解であるとき，$|a|\leqq 1$，$|b|\leqq 1$，$|c|\leqq 1$ である。

(2) （＊）の解 x は $|x|\leqq 1$ を満たすから，$x=\cos\theta$ $(0\leqq\theta\leqq\pi)$ とおくことができる。このとき

$y=2x^2-1=2\cos^2\theta-1=\cos 2\theta$　◀2倍角の公式

$z=2y^2-1=2\cos^2 2\theta-1=\cos 4\theta$

$x=2z^2-1=2\cos^2 4\theta-1=\cos 8\theta$

よって　$\cos 8\theta=\cos\theta$

$\cos 8\theta-\cos\theta=0$

$-2\sin\dfrac{9}{2}\theta\sin\dfrac{7}{2}\theta=0$　◀和・差を積に直す公式 $\cos A-\cos B=-2\sin\dfrac{A+B}{2}\sin\dfrac{A-B}{2}$

$\sin\dfrac{9}{2}\theta=0$ のとき

$\dfrac{9}{2}\theta=n\pi$　すなわち　$\theta=\dfrac{2}{9}n\pi$（n は整数）

$\sin\dfrac{7}{2}\theta=0$ のとき

$\dfrac{7}{2}\theta=m\pi$　すなわち　$\theta=\dfrac{2}{7}m\pi$（m は整数）

$0 \leqq \theta \leqq \pi$ であるから

$$\theta = 0,\ \frac{2}{9}\pi,\ \frac{2}{7}\pi,\ \frac{4}{9}\pi,\ \frac{4}{7}\pi,\ \frac{2}{3}\pi,\ \frac{6}{7}\pi,\ \frac{8}{9}\pi$$

これら8個の θ の値に対して，$\cos\theta$ の値はすべて異なるから（＊）を満たす x の値は8個あり，それぞれの値に対して（＊）より，y，z の値が1つに定まる。
したがって，（＊）は8個の相異なる実数解をもつ。

練習 6 座標空間に4点 A(2, 1, 0)，B(1, 0, 1)，C(0, 1, 2)，D(1, 3, 7) がある。3点 A，B，C を通る平面に関して点 D と対称な点を E とするとき，点 E の座標を求めよ。　（京都大）

点 E の座標を $(p,\ q,\ r)$ とおくと，線分 DE の中点 M の座標は

$$\mathrm{M}\left(\frac{p+1}{2},\ \frac{q+3}{2},\ \frac{r+7}{2}\right)$$

これが，平面 ABC 上にあるから，s，t を実数として

$$\overrightarrow{\mathrm{OM}} = \overrightarrow{\mathrm{OA}} + s\overrightarrow{\mathrm{AB}} + t\overrightarrow{\mathrm{AC}} \quad \cdots ①$$

とおける。

$$\overrightarrow{\mathrm{OA}} + s\overrightarrow{\mathrm{AB}} + t\overrightarrow{\mathrm{AC}}$$
$$= (2,\ 1,\ 0) + s(1-2,\ 0-1,\ 1-0) + t(0-2,\ 1-1,\ 2-0)$$
$$= (-s-2t+2,\ -s+1,\ s+2t)$$

① より
$$\begin{cases} -s-2t+2 = \dfrac{p+1}{2} & \cdots ② \\ -s+1 = \dfrac{q+3}{2} & \cdots ③ \\ s+2t = \dfrac{r+7}{2} & \cdots ④ \end{cases}$$

次に，DE ⊥ △ABC であるから

$$\overrightarrow{\mathrm{DE}} \perp \overrightarrow{\mathrm{AB}} \quad かつ \quad \overrightarrow{\mathrm{DE}} \perp \overrightarrow{\mathrm{AC}}$$

$\overrightarrow{\mathrm{DE}} \cdot \overrightarrow{\mathrm{AB}} = 0$ より

$$(p-1)\times(-1) + (q-3)\times(-1) + (r-7)\times 1 = 0$$

すなわち　$p+q-r+3 = 0 \quad \cdots ⑤$

$\overrightarrow{\mathrm{DE}} \cdot \overrightarrow{\mathrm{AC}} = 0$ より

$$(p-1)\times(-2) + (q-3)\times 0 + (r-7)\times 2 = 0$$

すなわち　$p-r+6 = 0 \quad \cdots ⑥$

⑥ より　$r = p+6 \quad \cdots ⑦$

⑤ に代入すると　$p+q-(p+6)+3 = 0$

よって　$q = 3$

③ に代入すると　$-s+1 = 3$

よって　$s = -2 \quad \cdots ⑧$

⑦，⑧ を ②，④ に代入すると，それぞれ

$$-2t+4 = \frac{p+1}{2} \ \cdots ②',\quad 2t-2 = \frac{p+13}{2} \ \cdots ④'$$

②′＋④′ より　$2 = p+7$

ゆえに　$p = -5$

⑦ より　$r = 1$

◀この問題の次元を下げて考える。

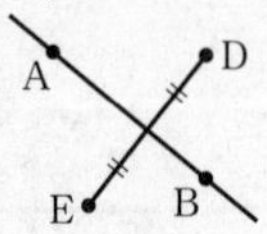

・線分 DE の中点が直線 AB 上にある。
・DE ⊥ AB
（LEGEND 数学Ⅱ+B 例題 90 参照）

⇩ 類推

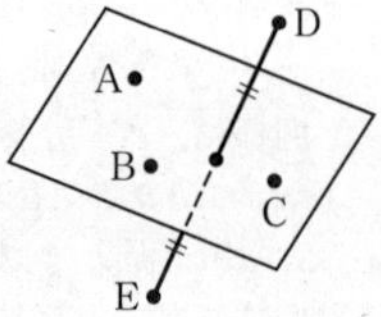

・線分 DE の中点が平面 ABC 上にある
・DE ⊥ △ABC

したがって，点Eの座標は　**E(−5, 3, 1)**

練習 7　a, b, c が実数，x, y, z が正の実数であるとき，次の不等式を証明せよ。

$$\frac{a^2}{x}+\frac{b^2}{y}+\frac{c^2}{z} \geqq \frac{(a+b+c)^2}{x+y+z}$$

(左辺)−(右辺)

$$=\frac{1}{xyz(x+y+z)}\{a^2yz(x+y+z)+b^2zx(x+y+z)+c^2xy(x+y+z)-(a+b+c)^2xyz\}$$

$$=\frac{1}{xyz(x+y+z)}\{a^2yz(x+y+z)+b^2zx(x+y+z)+c^2xy(x+y+z)-a^2xyz-b^2xyz-c^2xyz-2abxyz-2bcxyz-2caxyz\}$$

$$=\frac{1}{xyz(x+y+z)}(a^2y^2z+a^2yz^2+b^2zx^2+b^2z^2x+c^2x^2y+c^2xy^2-2abxyz-2bcxyz-2caxyz)$$

$$=\frac{1}{xyz(x+y+z)}\{z(a^2y^2-2abxy+b^2x^2)+y(c^2x^2-2caxz+a^2z^2)+x(b^2z^2-2bcyz+c^2y^2)\}$$

$$=\frac{1}{xyz(x+y+z)}\{z(ay-bx)^2+y(cx-az)^2+x(bz-cy)^2\}$$

a, b, c は実数，x, y, z は正の実数であるから

(左辺)−(右辺) $\geqq 0$

すなわち　$\dfrac{a^2}{x}+\dfrac{b^2}{y}+\dfrac{c^2}{z} \geqq \dfrac{(a+b+c)^2}{x+y+z}$

◀証明する不等式の文字を2文字にした $\dfrac{a^2}{x}+\dfrac{b^2}{y} \geqq \dfrac{(a+b)^2}{x+y}$ を考える。
(左辺)−(右辺)
$=\dfrac{1}{xy(x+y)}\{a^2y(x+y)+b^2x(x+y)-(a+b)^2xy\}$
$=\dfrac{1}{xy(x+y)}(a^2y^2+b^2x^2-2abxy)$
$=\dfrac{1}{xy(x+y)}(ay-bx)^2$
$\geqq 0$
この証明のような変形が3文字の場合でもできないか考える。

◀$x>0$, $y>0$, $z>0$, $(ay-bx)^2 \geqq 0$, $(cx-az)^2 \geqq 0$, $(bz-cy)^2 \geqq 0$

p.315 問題編

問題 1　鋭角三角形ABCにおいて，辺BCの中点をM，AからBCに引いた垂線をAHとする。点Pを線分MH上にとるとき，$AB^2+AC^2 \geqq 2AP^2+BP^2+CP^2$ となることを示せ。　(京都大)

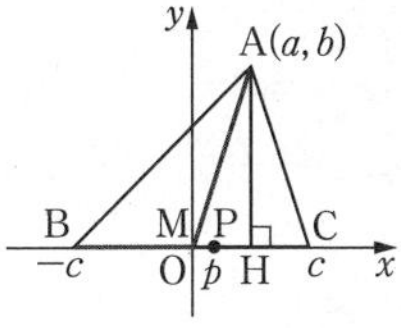

辺BCを x 軸，辺BCの中点Mを原点にとり，A(a, b), B($-c$, 0), C(c, 0), P(p, 0) ($a \geqq 0$, $b>0$, $c>0$) としても一般性を失わない。このとき，H(a, 0) であるから，線分MH上に点Pをとるとき，$0 \leqq p \leqq a$ である。

$AB^2+AC^2-(2AP^2+BP^2+CP^2)$

$=(a+c)^2+b^2+(a-c)^2+b^2-[2\{(a-p)^2+b^2\}+(p+c)^2+(c-p)^2]$

$=a^2+2ac+c^2+b^2+a^2-2ac+c^2+b^2-(2a^2-4ap+2p^2+2b^2+p^2+2pc+c^2+c^2-2pc+p^2)$

$=4ap-4p^2$

$=4p(a-p) \geqq 0$

よって　$AB^2+AC^2 \geqq 2AP^2+BP^2+CP^2$

◀座標平面を設定する。

◀AB < AC のときは，B(c, 0), C($-c$, 0) と考えることで，このように座標設定できる。

◀点Pは線分MH上の点

◀$0 \leqq p \leqq a$ より $a-p \geqq 0$

戦略

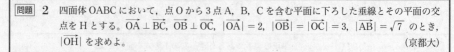

問題 2　四面体 OABC において，点 O から 3 点 A，B，C を含む平面に下ろした垂線とその平面の交点を H とする。$\overrightarrow{OA} \perp \overrightarrow{BC}$，$\overrightarrow{OB} \perp \overrightarrow{OC}$，$|\overrightarrow{OA}| = 2$，$|\overrightarrow{OB}| = |\overrightarrow{OC}| = 3$，$|\overrightarrow{AB}| = \sqrt{7}$ のとき，$|\overrightarrow{OH}|$ を求めよ。　（京都大）

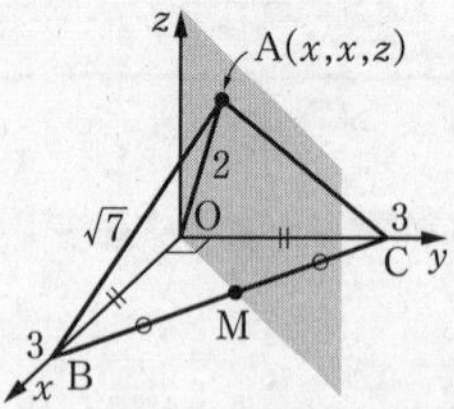

座標空間において，四面体 OABC は右の図のように設定できる。

辺 BC の中点を M とすると

$|\overrightarrow{OB}| = |\overrightarrow{OC}|$ より　　OM ⊥ BC

また，$\overrightarrow{OA} \perp \overrightarrow{BC}$ より　　BC ⊥ 平面 OAM

よって，点 A は線分 BC の垂直二等分面上にあるから，点 A の座標は $(x,\ x,\ z)$ $(z>0)$ とおける。

◀ $z>0$ としても一般性を失わない。

OA = 2 より　　$\sqrt{x^2+x^2+z^2} = 2$

よって　　$2x^2+z^2=4$　　…①

また，点 B(3，0，0) であり，AB $= \sqrt{7}$ より

$$\sqrt{(x-3)^2+x^2+z^2} = \sqrt{7}$$

よって　　$(x-3)^2+x^2+z^2=7$

① を代入すると　　$(x-3)^2+x^2+(4-2x^2)=7$

$-6x+13=7$ より　　$x=1$

① より，$z>0$ であるから　　$z=\sqrt{2}$

◀ $2+z^2=4$
$z^2=2$ より　$z=\pm\sqrt{2}$
$z>0$ より　$z=\sqrt{2}$

ここで，四面体 OABC は辺 BC の垂直二等分面に関して対称であるから，点 H は線分 AM 上にある。

点 M の座標は $\left(\frac{3}{2},\ \frac{3}{2},\ 0\right)$ であるから

$$AM = \sqrt{\left(\frac{3}{2}-1\right)^2+\left(\frac{3}{2}-1\right)^2+\left(0-\sqrt{2}\right)^2}$$

$$= \sqrt{\frac{1}{4}+\frac{1}{4}+2} = \frac{\sqrt{10}}{2}$$

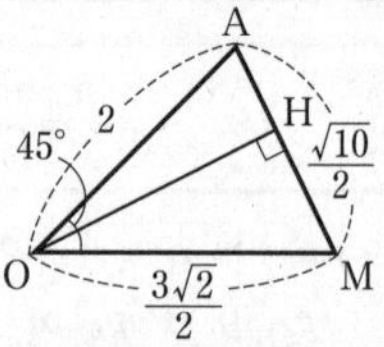

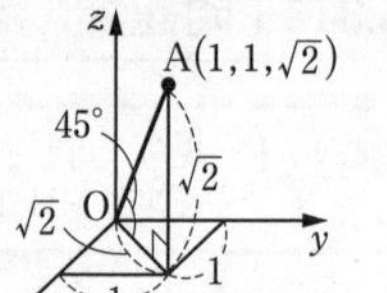

△OAM において，正弦定理により

◀ 図より　∠AOM = 45°

$$\frac{2}{\sin\angle AMO} = \frac{\frac{\sqrt{10}}{2}}{\sin 45^\circ}$$

よって　　$\sin\angle AMO = \frac{2}{\sqrt{5}}$

また　　$OM = \frac{3}{\sqrt{2}} = \frac{3\sqrt{2}}{2}$

したがって　　$|\overrightarrow{OH}| = OH = OM\sin\angle AMO$

$$= \frac{3\sqrt{2}}{2}\cdot\frac{2}{\sqrt{5}} = \mathbf{\frac{3\sqrt{10}}{5}}$$

〔別解〕

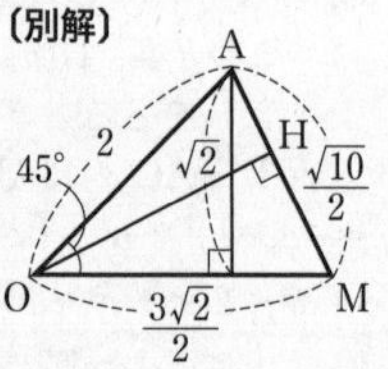

◀ △OAM の面積を 2 通りに表して

$$\frac{1}{2}\cdot\frac{3\sqrt{2}}{2}\cdot\sqrt{2} = \frac{1}{2}\cdot\frac{\sqrt{10}}{2}\cdot OH$$

よって　$OH = \frac{3\sqrt{10}}{5}$

問題 3 異なる4点A，B，C，Dについて，不等式

$$AB\cdot CD + AD\cdot BC \geqq AC\cdot BD \quad \text{（トレミーの不等式）}$$

が成り立つことを示せ。

複素数平面上で考え，4点A，B，C，Dを表す複素数をそれぞれα，β，γ，δとする。このとき

$$\begin{aligned}&AB\cdot CD + AD\cdot BC - AC\cdot BD\\
&= |\beta-\alpha||\delta-\gamma| + |\delta-\alpha||\gamma-\beta| - |\gamma-\alpha||\delta-\beta|\\
&= |(\beta-\alpha)(\delta-\gamma)| + |(\delta-\alpha)(\gamma-\beta)| - |(\gamma-\alpha)(\delta-\beta)|\\
&\geqq |(\beta-\alpha)(\delta-\gamma) + (\delta-\alpha)(\gamma-\beta)| - |(\gamma-\alpha)(\delta-\beta)| \quad \cdots ①\end{aligned}$$

ここで

$$\begin{aligned}&(\beta-\alpha)(\delta-\gamma) + (\delta-\alpha)(\gamma-\beta)\\
&= \beta\delta - \beta\gamma - \alpha\delta + \alpha\gamma + \gamma\delta - \beta\delta - \alpha\gamma + \alpha\beta\\
&= -\alpha(\delta-\beta) + \gamma(\delta-\beta)\\
&= (\gamma-\alpha)(\delta-\beta)\end{aligned}$$

となるから，①より

$$\begin{aligned}&AB\cdot CD + AD\cdot BC - AC\cdot BD\\
&\geqq |(\gamma-\alpha)(\delta-\beta)| - |(\gamma-\alpha)(\delta-\beta)| = 0\end{aligned}$$

したがって　$AB\cdot CD + AD\cdot BC \geqq AC\cdot BD$

◀複素数平面を設定する。4点に特に条件がないから，それぞれ文字でおく。

◀$|z_1||z_2| = |z_1z_2|$

◀三角不等式 $|p+q| \leqq |p|+|q|$ を利用する。

4点A，B，C，Dが同一円周上にあるとき，等号が成り立つ。（トレミーの定理）

問題 4 平面上に互いに平行な相異なる3直線l，m，nがあり，nはlとmの間にある。lとnの距離をa，nとmの距離をbとする。このとき，3頂点がそれぞれl，m，n上にある正三角形の1辺の長さを求めよ。（大阪大　改）

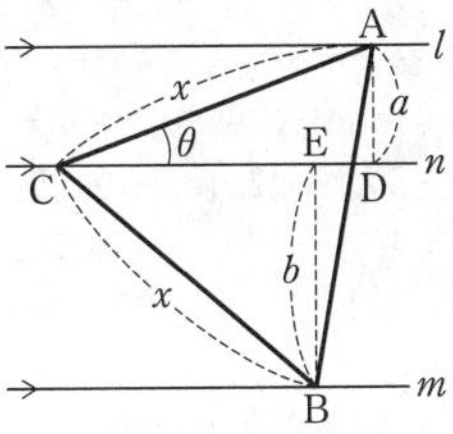

l，m，n上にある頂点をそれぞれA，B，Cとし，A，Bから直線nに垂線AD，BEをそれぞれ下ろすと　$AD=a$，$BE=b$

また，正三角形の1辺の長さをxとおき，$\angle ACD = \theta \left(0<\theta<\dfrac{\pi}{2}\right)$とおく。

◀角を設定する。

$\triangle$ACDにおいて　$\sin\theta = \dfrac{a}{x}$　$\cdots ①$

また，$\triangle$BCEにおいて　$\sin\left(\dfrac{\pi}{3}-\theta\right) = \dfrac{b}{x}$　$\cdots ②$

◀$\triangle$ACD，$\triangle$BCEに着目する。

◀①，②からθを消去し，xを求める。

$0<\theta<\dfrac{\pi}{2}$より，$\cos\theta>0$であるから①より

$$\cos\theta = \sqrt{1-\frac{a^2}{x^2}} = \frac{\sqrt{x^2-a^2}}{x} \quad \cdots ③$$

◀$\cos\theta>0$より $\cos\theta = \sqrt{1-\sin^2\theta}$

次に，②から

$$\sin\frac{\pi}{3}\cos\theta - \cos\frac{\pi}{3}\sin\theta = \frac{b}{x}$$

◀加法定理

①，③より　$\dfrac{\sqrt{3}}{2}\cdot\dfrac{\sqrt{x^2-a^2}}{x} - \dfrac{1}{2}\cdot\dfrac{a}{x} = \dfrac{b}{x}$

すなわち　$\sqrt{3}\cdot\sqrt{x^2-a^2} = a+2b$

両辺を2乗して

$$3(x^2-a^2) = a^2+4ab+4b^2$$

よって　　$x^2=\dfrac{4(a^2+ab+b^2)}{3}$

$x>0$ より

$$x=\frac{2\sqrt{3}}{3}\sqrt{a^2+ab+b^2}$$

したがって，正三角形の１辺の長さは

$$\boldsymbol{\frac{2\sqrt{3}}{3}\sqrt{a^2+ab+b^2}}$$

問題 5　a_1，b_1，c_1 は正の整数で $a_1{}^2+b_1{}^2=c_1{}^2$ を満たしている。$n=1,\ 2,\ \cdots$ について，a_{n+1}，b_{n+1}，c_{n+1} を次式で決める。

$$a_{n+1}=|2c_n-a_n-2b_n|$$
$$b_{n+1}=|2c_n-2a_n-b_n|$$
$$c_{n+1}=3c_n-2a_n-2b_n$$

(1)　$a_n{}^2+b_n{}^2=c_n{}^2$ を数学的帰納法により証明せよ。

(2)　$c_n>0$ および $c_n\geqq c_{n+1}$ を示せ。　　（京都大　改）

(1)　$a_n{}^2+b_n{}^2=c_n{}^2$　　…①

［1］　$n=1$ のとき

与えられた条件から ① は成り立つ。

◀ $a_1{}^2+b_1{}^2=c_1{}^2$ より成り立つ。

［2］　$n=k$（k：自然数）のとき，① が成り立つと仮定すると

$$a_k{}^2+b_k{}^2=c_k{}^2$$

このとき

◀ $n=k+1$ のときにも成り立つことを示す。

$$\begin{aligned}
&a_{k+1}{}^2+b_{k+1}{}^2\\
&=|2c_k-a_k-2b_k|^2+|2c_k-2a_k-b_k|^2\\
&=4c_k{}^2+a_k{}^2+4b_k{}^2-4a_kc_k+4a_kb_k-8b_kc_k\\
&\qquad\qquad+4c_k{}^2+4a_k{}^2+b_k{}^2-8a_kc_k+4a_kb_k-4b_kc_k\\
&=8c_k{}^2+5a_k{}^2+5b_k{}^2-12a_kc_k+8a_kb_k-12b_kc_k\\
&=9c_k{}^2+4a_k{}^2+4b_k{}^2-12a_kc_k+8a_kb_k-12b_kc_k\\
&=(3c_k-2a_k-2b_k)^2\\
&=c_{k+1}{}^2
\end{aligned}$$

◀ $a_k{}^2+b_k{}^2=c_k{}^2$ を用いる。

となり，$n=k+1$ のときも ① が成り立つ。

［1］，［2］より，すべての自然数 n に対して　　$a_n{}^2+b_n{}^2=c_n{}^2$

(2)　$c_n>0$ … ② を数学的帰納法により示す。

［1］　$n=1$ のとき

c_1 は正の整数であるから，② は成り立つ。

［2］　$n=k$（k：自然数）のとき，② が成り立つと仮定すると

$$c_k>0$$

(1) より，$a_k{}^2+b_k{}^2=c_k{}^2$ が成り立ち，与えられた漸化式より $a_k\geqq 0$，$b_k\geqq 0$ であることから

$$a_k=c_k\sin\theta_k,\ b_k=c_k\cos\theta_k\quad\left(0\leqq\theta_k\leqq\frac{\pi}{2}\right)$$

とおくことができる。

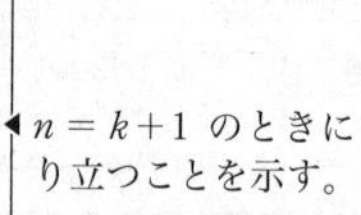

$a_k{}^2+b_k{}^2=c_k{}^2$ から

◀ $\left(\dfrac{a_k}{c_k}\right)^2+\left(\dfrac{b_k}{c_k}\right)^2=1$ より

$\dfrac{a_k}{c_k}=\sin\theta_k$，$\dfrac{b_k}{c_k}=\cos\theta_k$

とおける。

このとき

$$\begin{aligned}
c_{k+1}&=3c_k-2a_k-2b_k=c_k(3-2\sin\theta_k-2\cos\theta_k)\\
&=c_k\left\{3-2\sqrt{2}\sin\left(\theta_k+\frac{\pi}{4}\right)\right\}
\end{aligned}$$

◀ 三角関数の合成

であり，$0 \leqq \theta_k \leqq \dfrac{\pi}{2}$ より $\dfrac{\pi}{4} \leqq \theta_k + \dfrac{\pi}{4} \leqq \dfrac{3}{4}\pi$ から

$$\frac{\sqrt{2}}{2} \leqq \sin\left(\theta_k + \frac{\pi}{4}\right) \leqq 1$$

よって，$3-2\sqrt{2} \leqq 3-2\sqrt{2}\sin\left(\theta_k + \dfrac{\pi}{4}\right) \leqq 1$ であり，仮定より

$c_k > 0$ であるから

$$(3-2\sqrt{2})c_k \leqq c_{k+1} \leqq c_k \qquad \cdots ③$$

ここで，仮定より $c_k > 0$ であり，$3-2\sqrt{2} > 0$ であることから

$$c_{k+1} > 0$$

となり，$n = k+1$ のときも ② が成り立つ。

[1]，[2] より，すべての自然数 n に対して　$c_n > 0$

また，③ はすべての自然数 k に対して成り立つから，$c_n \geqq c_{n+1}$ が成り立つ。

問題 **6**　xyz 座標空間内の 3 点 O(0, 0, 0)，A(0, 0, 1)，B(2, 4, −1) を考える。直線 AB 上の点 C_1，C_2 はそれぞれ次の条件を満たす。

直線 AB 上を点 C が動くとき，$|\overrightarrow{OC}|$ は C が C_1 に一致するとき最小となる

直線 AB 上を点 C が動くとき，$\dfrac{|\overrightarrow{AC}|}{|\overrightarrow{OC}|}$ は C が C_2 に一致するとき最大となる

このとき，次の問に答えよ。

(1) $|\overrightarrow{OC_1}|$ の値および内積 $\overrightarrow{AC_1}\cdot\overrightarrow{OC_1}$ の値を求めよ。

(2) $\dfrac{|\overrightarrow{AC_2}|}{|\overrightarrow{OC_2}|}$ の値および内積 $\overrightarrow{OA}\cdot\overrightarrow{OC_2}$ の値を求めよ。

(3) $\triangle AC_1O$ と $\triangle AOC_2$ は相似であることを示せ。　(京都工芸繊維大)

(1) 点 C は直線 AB 上を動くから，$\overrightarrow{OC} = \overrightarrow{OA} + t\overrightarrow{AB}$（$t$ は実数）とおくと，$\overrightarrow{AB} = (2, 4, -2)$ であるから

$$\overrightarrow{OC} = (2t, 4t, 1-2t)$$

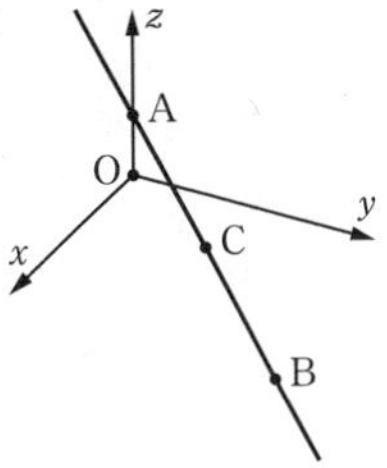

よって

$$|\overrightarrow{OC}|^2 = (2t)^2 + (4t)^2 + (1-2t)^2$$
$$= 24t^2 - 4t + 1$$
$$= 24\left(t - \frac{1}{12}\right)^2 + \frac{5}{6}$$

よって，$|\overrightarrow{OC}|$ は

$$t = \frac{1}{12} \text{ のとき，最小値 } \sqrt{\frac{5}{6}} = \frac{\sqrt{30}}{6}$$

よって　$|\overrightarrow{OC_1}| = \dfrac{\sqrt{30}}{6}$

このとき，C_1 の座標は　$\left(\dfrac{1}{6}, \dfrac{1}{3}, \dfrac{5}{6}\right)$

ゆえに

$$\overrightarrow{AC_1} = \overrightarrow{OC_1} - \overrightarrow{OA} = \left(\frac{1}{6}, \frac{1}{3}, -\frac{1}{6}\right)$$

よって

◀ $|\overrightarrow{OC}|$ が最小のときは，C が C_1 に一致する。$\overrightarrow{OC} = (2t, 4t, 1-2t)$ に $t = \dfrac{1}{12}$ を代入すると，C_1 の座標が分かる。

$$\overrightarrow{AC_1}\cdot\overrightarrow{OC_1}=\frac{1}{6}\cdot\frac{1}{6}+\frac{1}{3}\cdot\frac{1}{3}+\left(-\frac{1}{6}\right)\cdot\frac{5}{6}$$
$$=\frac{1}{36}+\frac{1}{9}-\frac{5}{36}=0$$

◀ OC_1 が最小 $\iff OC_1\perp AC_1$

(2) $\overrightarrow{AB}=(2,\ 4,\ -2)$ より
$$|\overrightarrow{AB}|=\sqrt{2^2+4^2+(-2)^2}=\sqrt{24}=2\sqrt{6}$$
点 C は直線 AB 上を動くから，(1) と同様に $\overrightarrow{AC}=t\overrightarrow{AB}$ とおくと
$$|\overrightarrow{AC}|=2\sqrt{6}\,t$$
また，(1) より
$$|\overrightarrow{OC}|=\sqrt{24t^2-4t+1}$$

◀ $\overrightarrow{OC}=(2t,\ 4t,\ 1-2t)$

よって
$$\frac{|\overrightarrow{AC}|}{|\overrightarrow{OC}|}=\frac{2\sqrt{6}\,t}{\sqrt{24t^2-4t+1}}$$
ここで，$\dfrac{|\overrightarrow{AC}|}{|\overrightarrow{OC}|}$ が最大となるとき，$\dfrac{|\overrightarrow{OC}|}{|\overrightarrow{AC}|}$ は最小となるから，

◀ $\dfrac{|\overrightarrow{AC}|}{|\overrightarrow{OC}|}$ の最大を考えるのは難しいから，その逆数 $\dfrac{|\overrightarrow{OC}|}{|\overrightarrow{AC}|}$ の最小を考える。

$\dfrac{|\overrightarrow{OC}|}{|\overrightarrow{AC}|}$ の最小値を求めると
$$\frac{|\overrightarrow{OC}|^2}{|\overrightarrow{AC}|^2}=\frac{24t^2-4t+1}{24t^2}$$
$$=1-\frac{1}{6t}+\frac{1}{24t^2}$$
$$=\frac{1}{24}\left(\frac{1}{t}-2\right)^2+\frac{5}{6}$$

◀ 分子の各項を分母で割る。

◀ $1-\dfrac{1}{6t}+\dfrac{1}{24t^2}=\dfrac{1}{24}\left(\dfrac{1}{t^2}-\dfrac{4}{t}\right)+1$

ゆえに，$\dfrac{|\overrightarrow{OC}|}{|\overrightarrow{AC}|}$ は，$\dfrac{1}{t}=2$ すなわち $t=\dfrac{1}{2}$ のとき

最小値 $\sqrt{\dfrac{5}{6}}=\dfrac{\sqrt{30}}{6}$ をとる。

これより，$\dfrac{|\overrightarrow{AC}|}{|\overrightarrow{OC}|}$ は

$t=\dfrac{1}{2}$ のとき　最大値 $\dfrac{6}{\sqrt{30}}=\dfrac{\sqrt{30}}{5}$

$\dfrac{|\overrightarrow{OC}|}{|\overrightarrow{AC}|}$ の最小値 $\dfrac{\sqrt{30}}{6}$ の逆数 $\dfrac{6}{\sqrt{30}}$ が $\dfrac{|\overrightarrow{AC}|}{|\overrightarrow{OC}|}$ の

◀ 最大値。

◀ $\dfrac{|\overrightarrow{AC}|}{|\overrightarrow{OC}|}$ が最大のときは，C が C_2 に一致する。

よって　$\dfrac{|\overrightarrow{AC_2}|}{|\overrightarrow{OC_2}|}=\dfrac{\sqrt{30}}{5}$

このとき，C_2 の座標は $(1,\ 2,\ 0)$ であるから
$$\overrightarrow{OA}\cdot\overrightarrow{OC_2}=0\cdot1+0\cdot2+1\cdot0=0$$

◀ $\overrightarrow{OC}=(2t,\ 4t,\ 1-2t)$ に $t=\dfrac{1}{2}$ を代入すると，C_2 の座標が分かる。

(3) $\overrightarrow{AC_1}\cdot\overrightarrow{OC_1}=0$ であるから　$\angle AC_1O=\dfrac{\pi}{2}$

$\overrightarrow{OA}\cdot\overrightarrow{OC_2}=0$ であるから　$\angle AOC_2=\dfrac{\pi}{2}$

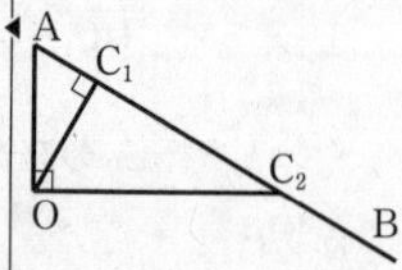

よって，$\triangle AC_1O$ と $\triangle AOC_2$ において
$$\angle AC_1O=\angle AOC_2$$
$$\angle OAC_1=\angle C_2AO\ （共通）$$
であるから，$\triangle AC_1O$ と $\triangle AOC_2$ は相似である。

◀ 2 組の角がそれぞれ等しい。

問題 7　実数 a, b, c に対して，次の不等式を証明せよ。

$$3(a^4+b^4+c^4) \geqq (a+b+c)(a^3+b^3+c^3)$$

（和歌山県立医科大　改）

(左辺)－(右辺)

$= 3(a^4+b^4+c^4)-(a+b+c)(a^3+b^3+c^3)$

$= 3(a^4+b^4+c^4)-(a^4+b^4+c^4+ab^3+ac^3+a^3b+bc^3+a^3c+b^3c)$

$= (a^4-a^3b-ab^3+b^4)+(b^4-b^3c-bc^3+c^4)+(c^4-c^3a-ca^3+a^4)$

$= \{a^3(a-b)-b^3(a-b)\}+\{b^3(b-c)-c^3(b-c)\}+\{c^3(c-a)-a^3(c-a)\}$

$= (a-b)(a^3-b^3)+(b-c)(b^3-c^3)+(c-a)(c^3-a^3)$

$= (a-b)^2(a^2+ab+b^2)+(b-c)^2(b^2+bc+c^2)+(c-a)^2(c^2+ca+a^2)$

$= (a-b)^2\left\{\left(a+\dfrac{b}{2}\right)^2+\dfrac{3}{4}b^2\right\}+(b-c)^2\left\{\left(b+\dfrac{c}{2}\right)^2+\dfrac{3}{4}c^2\right\}+(c-a)^2\left\{\left(c+\dfrac{a}{2}\right)^2+\dfrac{3}{4}a^2\right\}$

$\geqq 0$

したがって　$3(a^4+b^4+c^4) \geqq (a+b+c)(a^3+b^3+c^3)$

◀証明する不等式の文字を2文字にした
$2(a^4+b^4) \geqq (a+b)(a^3+b^3)$
を考える。
(左辺)－(右辺)
$= 2(a^4+b^4)-(a^4+a^3b+ab^3+b^4)$
$= a^4-a^3b-ab^3+b^4$
$= a^3(a-b)-b^3(a-b)$
$= (a-b)(a^3-b^3)$
$= (a-b)^2(a^2+ab+b^2)$
$= (a-b)^2\left\{\left(a+\dfrac{b}{2}\right)^2+\dfrac{3}{4}b^2\right\}$
$\geqq 0$
この証明のような変形ができないか考える。

戦略

入試攻略

p.316　1章　ベクトル

1　1辺の長さが1である正六角形ABCDEFにおいて，辺BCを1:3に内分する点をMとし，線分ADを$t:(1-t)$（ただし，$0<t<1$）に内分する点をPとする。

(1)　ベクトル$\overrightarrow{AM}$をベクトル$\overrightarrow{AB}$とベクトル$\overrightarrow{AF}$を使って表すと，$\overrightarrow{AM}=\dfrac{\square}{\square}\overrightarrow{AB}+\dfrac{\square}{\square}\overrightarrow{AF}$ である。

(2)　ベクトル$\overrightarrow{PM}$をベクトル$\overrightarrow{AB}$，ベクトル$\overrightarrow{AF}$，実数tを使って表すと，$\overrightarrow{PM}=\square$ である。

(3)　ベクトル$\overrightarrow{AC}$とベクトル$\overrightarrow{PM}$の内積を求めると，$\overrightarrow{AC}\cdot\overrightarrow{PM}=\dfrac{\square}{\square}-\square\, t$ である。

したがって，$t=\dfrac{\square}{\square}$ であるとき，線分ACと線分PMは垂直である。　（慶應義塾大）

(1)　$\overrightarrow{AM}=\overrightarrow{AB}+\overrightarrow{BM}=\overrightarrow{AB}+\dfrac{1}{4}\overrightarrow{BC}$

$=\overrightarrow{AB}+\dfrac{1}{4}(\overrightarrow{AB}+\overrightarrow{AF})$

$=\boldsymbol{\dfrac{5}{4}}\overrightarrow{AB}+\boldsymbol{\dfrac{1}{4}}\overrightarrow{AF}$

◀ $\overrightarrow{BC}=\overrightarrow{AB}+\overrightarrow{AF}$

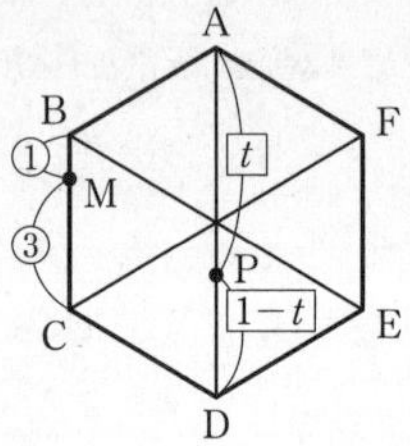

(2)　$\overrightarrow{AP}=t\overrightarrow{AD}=t(2\overrightarrow{BC})=2t(\overrightarrow{AB}+\overrightarrow{AF})$

◀ $\overrightarrow{AD}=2\overrightarrow{BC}$

よって

$\overrightarrow{PM}=\overrightarrow{AM}-\overrightarrow{AP}=\dfrac{5}{4}\overrightarrow{AB}+\dfrac{1}{4}\overrightarrow{AF}-2t(\overrightarrow{AB}+\overrightarrow{AF})$

$=\boldsymbol{\left(\dfrac{5}{4}-2t\right)\overrightarrow{AB}+\left(\dfrac{1}{4}-2t\right)\overrightarrow{AF}}$

(3)　$\overrightarrow{AC}=\overrightarrow{AB}+\overrightarrow{BC}=\overrightarrow{AB}+(\overrightarrow{AB}+\overrightarrow{AF})=2\overrightarrow{AB}+\overrightarrow{AF}$

ABCDEFは1辺の長さ1の正六角形であるから

$\overrightarrow{AB}\cdot\overrightarrow{AF}=|\overrightarrow{AB}||\overrightarrow{AF}|\cos\angle BAF$

$=1\times1\times\cos120°$

$=-\dfrac{1}{2}$

◀ 正六角形より
$\angle BAD=\angle DAF=60°$
から $\angle BAF=120°$

よって

$\overrightarrow{AC}\cdot\overrightarrow{PM}$

$=(2\overrightarrow{AB}+\overrightarrow{AF})\cdot\left\{\left(\dfrac{5}{4}-2t\right)\overrightarrow{AB}+\left(\dfrac{1}{4}-2t\right)\overrightarrow{AF}\right\}$

$=2\left(\dfrac{5}{4}-2t\right)|\overrightarrow{AB}|^2+\left(\dfrac{7}{4}-6t\right)\overrightarrow{AB}\cdot\overrightarrow{AF}+\left(\dfrac{1}{4}-2t\right)|\overrightarrow{AF}|^2$

$=\boldsymbol{\dfrac{15}{8}}-\boldsymbol{3}t$

また，線分ACと線分PMが垂直であるためには　$\overrightarrow{AC}\cdot\overrightarrow{PM}=0$

ゆえに　$\dfrac{15}{8}-3t=0$

よって　$t=\boldsymbol{\dfrac{5}{8}}$

2 座標平面に 3 点 O(0, 0), A(2, 6), B(3, 4) をとり，点 O から直線 AB に垂線 OC を下ろす。
また，実数 s と t に対し，点 P を

$$\overrightarrow{OP} = s\overrightarrow{OA} + t\overrightarrow{OB}$$

で定める。このとき，次の問に答えよ。

(1) 点 C の座標を求め，$|\overrightarrow{CP}|^2$ を s と t を用いて表せ。

(2) $s = \dfrac{1}{2}$ とし，t を $t \geqq 0$ の範囲で動かすとき，$|\overrightarrow{CP}|^2$ の最小値を求めよ。

(3) $s = 1$ とし，t を $t \geqq 0$ の範囲で動かすとき，$|\overrightarrow{CP}|^2$ の最小値を求めよ。　(九州大)

(1) 直線 AB と線分 OC は垂直に交わるから

$$\overrightarrow{AB}\cdot\overrightarrow{OC} = 0$$

◀垂直であれば内積が 0 であることを利用する。

$\overrightarrow{OC} = (x,\ y)$ とおく。$\overrightarrow{AB} = (1,\ -2)$ であるから

$$\overrightarrow{AB}\cdot\overrightarrow{OC} = x - 2y = 0 \quad \cdots ①$$

また，点 C は直線 AB 上の点であるから

$$\overrightarrow{OC} = (1-u)\overrightarrow{OA} + u\overrightarrow{OB}$$

◀C は線分 AB の分点と考える。

とおくと

$$(x,\ y) = (2-2u,\ 6-6u) + (3u,\ 4u) = (2+u,\ 6-2u)$$

よって　$x = 2+u$,　$y = 6-2u$　$\cdots ②$

①, ② を解くと　$x = 4$, $y = 2$

◀② を ① に代入すると $(2+u) - 2(6-2u) = 0$ よって　$u = 2$ ② より　$x = 4$, $y = 2$

したがって　**C(4, 2)**

また　$\overrightarrow{CP} = \overrightarrow{OP} - \overrightarrow{OC}$

$$= s\overrightarrow{OA} + t\overrightarrow{OB} - \overrightarrow{OC}$$
$$= (2s + 3t - 4,\ 6s + 4t - 2)$$

よって　$|\overrightarrow{CP}|^2 = (2s+3t-4)^2 + (6s+4t-2)^2$

$$= \mathbf{40s^2 + 25t^2 + 60st - 40s - 40t + 20}$$

(2) $s = \dfrac{1}{2}$ を $|\overrightarrow{CP}|^2$ に代入すると

$$|\overrightarrow{CP}|^2 = 25t^2 - 10t + 10 = 25\left(t - \frac{1}{5}\right)^2 + 9$$

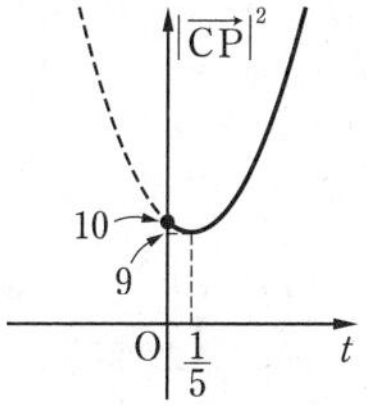

$t \geqq 0$ において，$t = \dfrac{1}{5}$ のとき **最小値　9**

(3) $s = 1$ を $|\overrightarrow{CP}|^2$ に代入すると

$$|\overrightarrow{CP}|^2 = 25t^2 + 20t + 20 = 25\left(t + \frac{2}{5}\right)^2 + 16$$

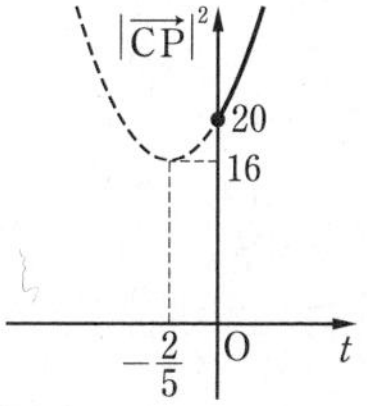

$t \geqq 0$ において，$t = 0$ のとき **最小値　20**

3 △OAB があり，3 点 P, Q, R を

$$\overrightarrow{OP} = k\overrightarrow{BA},\ \overrightarrow{AQ} = k\overrightarrow{OB},\ \overrightarrow{BR} = k\overrightarrow{AO}$$

となるように定める。ただし，k は $0<k<1$ を満たす実数である。$\overrightarrow{OA} = \vec{a}$, $\overrightarrow{OB} = \vec{b}$ とおくとき，次の問に答えよ。

(1) $\overrightarrow{OP}$, $\overrightarrow{OQ}$, $\overrightarrow{OR}$ をそれぞれ $\vec{a}$, $\vec{b}$, k を用いて表せ。

(2) △OAB の重心と △PQR の重心が一致することを示せ。

(3) 辺 AB と辺 QR の交点を M とする。点 M は，k の値によらずに辺 QR を一定の比に内分することを示せ。（茨城大）

(1) $\overrightarrow{OP} = k\overrightarrow{BA} = k(\overrightarrow{OA}-\overrightarrow{OB}) = \boldsymbol{k(\vec{a}-\vec{b})}$

$\overrightarrow{AQ} = \overrightarrow{OQ}-\overrightarrow{OA} = k\overrightarrow{OB}$ より

$$\overrightarrow{OQ} = \overrightarrow{OA}+k\overrightarrow{OB} = \boldsymbol{\vec{a}+k\vec{b}}$$

$\overrightarrow{BR} = \overrightarrow{OR}-\overrightarrow{OB} = k\overrightarrow{AO} = -k\overrightarrow{OA}$ より

$$\overrightarrow{OR} = -k\overrightarrow{OA}+\overrightarrow{OB} = \boldsymbol{-k\vec{a}+\vec{b}}$$

◀ $\overrightarrow{AB} = \overrightarrow{OB}-\overrightarrow{OA}$ を利用して，始点を O にそろえる。

(2) △OAB の重心を G, △PQR の重心を G′ とする。

$$\overrightarrow{OG} = \frac{1}{3}(\overrightarrow{OA}+\overrightarrow{OB}) = \frac{1}{3}(\vec{a}+\vec{b})$$

◀ 重心の位置ベクトルの公式を利用。

$$\overrightarrow{OG'} = \frac{1}{3}(\overrightarrow{OP}+\overrightarrow{OQ}+\overrightarrow{OR})$$

$$= \frac{1}{3}\{k(\vec{a}-\vec{b})+\vec{a}+k\vec{b}-k\vec{a}+\vec{b}\} = \frac{1}{3}(\vec{a}+\vec{b})$$

よって　$\overrightarrow{OG} = \overrightarrow{OG'}$

ゆえに，△OAB の重心と △PQR の重心は一致する。

(3) 点 M は辺 AB 上にあるから，AM : MB $= t : (1-t)$ とおくと

◀ 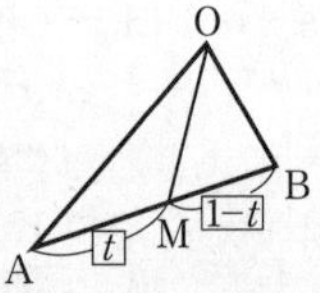

$$\overrightarrow{OM} = (1-t)\overrightarrow{OA}+t\overrightarrow{OB}$$

$$= (1-t)\vec{a}+t\vec{b} \quad \cdots①$$

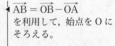

同様に，点 M は辺 QR 上にあるから，QM : MR $= s : (1-s)$ とおくと

◀ 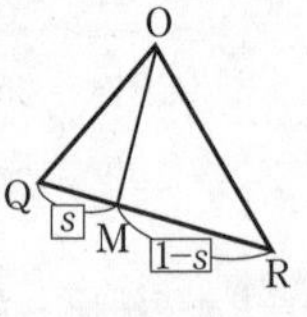

$$\overrightarrow{OM} = (1-s)\overrightarrow{OQ}+s\overrightarrow{OR}$$

$$= (1-s)(\vec{a}+k\vec{b})+s(-k\vec{a}+\vec{b})$$

$$= (1-s-ks)\vec{a}+(k-ks+s)\vec{b} \quad \cdots②$$

$\vec{a} \neq \vec{0}$, $\vec{b} \neq \vec{0}$ であり，$\vec{a}$ と $\vec{b}$ は平行でないから，①, ② より

$$1-t = 1-s-ks \quad \cdots③$$

$$t = k-ks+s \quad \cdots④$$

④ を ③ に代入すると　$k(2s-1) = 0$

$0<k<1$ より　$s = \dfrac{1}{2}$

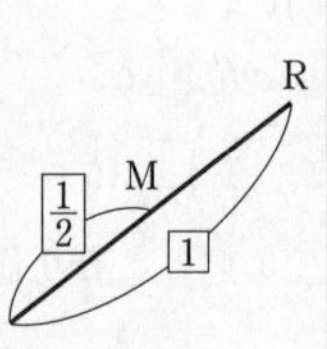

よって　$\overrightarrow{OM} = \dfrac{1}{2}\overrightarrow{OQ}+\dfrac{1}{2}\overrightarrow{OR}$

ゆえに，点 M は k の値によらずに辺 QR を 1 : 1 に内分する。

4 AB = 4, BC = 2, AD = 3, AD // BC である四角形 ABCD において，$\overrightarrow{AB} = \vec{a}$, $\overrightarrow{AD} = \vec{b}$ とする。∠A の二等分線と辺 CD の交わる点を M, ∠B の二等分線と辺 CD の交わる点を N とする。また，線分 AM と線分 BN との交点を P とする。$\overrightarrow{AM}$, $\overrightarrow{AN}$, $\overrightarrow{AP}$ をそれぞれ $\vec{a}$, $\vec{b}$ で表せ。（東京理科大）

DM：MC $= s:(1-s)$ とおくと

$$\overrightarrow{AM}=(1-s)\overrightarrow{AD}+s\overrightarrow{AC}$$

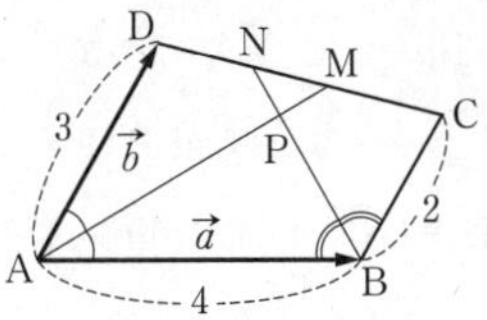

ここで，$\overrightarrow{AD}=\vec{b}$，$\overrightarrow{AC}=\vec{a}+\frac{2}{3}\vec{b}$

であるから

$$\overrightarrow{AM}=(1-s)\vec{b}+s\left(\vec{a}+\frac{2}{3}\vec{b}\right)$$

$$=s\vec{a}+\left(1-\frac{1}{3}s\right)\vec{b} \qquad \cdots①$$

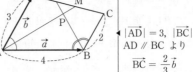

◀ $|\overrightarrow{AD}|=3$，$|\overrightarrow{BC}|=2$ で AD // BC より
$\overrightarrow{BC}=\frac{2}{3}\vec{b}$

また，AM は ∠A の二等分線であるから

$$\overrightarrow{AM}=k\left(\frac{\overrightarrow{AB}}{|\overrightarrow{AB}|}+\frac{\overrightarrow{AD}}{|\overrightarrow{AD}|}\right)$$

$$=k\left(\frac{\vec{a}}{4}+\frac{\vec{b}}{3}\right)=\frac{k}{4}\vec{a}+\frac{k}{3}\vec{b} \qquad \cdots②$$

◀ ひし形の性質を利用。

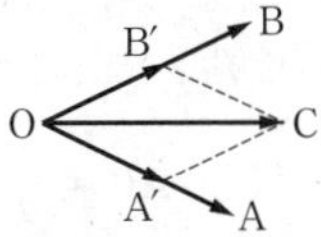

$\overrightarrow{OA}$，$\overrightarrow{OB}$ と同じ向きの単位ベクトル $\overrightarrow{OA'}$，$\overrightarrow{OB'}$ をとり，$\overrightarrow{OC}=\overrightarrow{OA'}+\overrightarrow{OB'}$ とすると OC は，∠AOB の二等分線である。

$\vec{a}\neq\vec{0}$，$\vec{b}\neq\vec{0}$ であり，$\vec{a}$ と $\vec{b}$ は平行でないから，①，② より

$$\begin{cases} s=\dfrac{k}{4} \\ 1-\dfrac{1}{3}s=\dfrac{k}{3} \end{cases}$$

これを解いて　　$s=\frac{3}{5}$，$k=\frac{12}{5}$

よって　　$\overrightarrow{\mathbf{AM}}=\mathbf{\frac{3}{5}}\vec{\boldsymbol{a}}+\mathbf{\frac{4}{5}}\vec{\boldsymbol{b}}$

同様に，DN：NC $= t:(1-t)$ とおくと

$$\overrightarrow{AN}=(1-t)\overrightarrow{AD}+t\overrightarrow{AC}$$

$$=(1-t)\vec{b}+t\left(\vec{a}+\frac{2}{3}\vec{b}\right)=t\vec{a}+\left(1-\frac{1}{3}t\right)\vec{b} \qquad \cdots③$$

BN は ∠B の二等分線であるから

$$\overrightarrow{BN}=l\left(\frac{\overrightarrow{BA}}{|\overrightarrow{BA}|}+\frac{\overrightarrow{BC}}{|\overrightarrow{BC}|}\right)$$

$$=l\left(-\frac{\vec{a}}{4}+\frac{\frac{2}{3}\vec{b}}{2}\right)=-\frac{l}{4}\vec{a}+\frac{l}{3}\vec{b}$$

$\overrightarrow{AN}=\overrightarrow{AB}+\overrightarrow{BN}$ であるから

$$\overrightarrow{AN}=\vec{a}+\left(-\frac{l}{4}\vec{a}+\frac{l}{3}\vec{b}\right)=\left(1-\frac{l}{4}\right)\vec{a}+\frac{l}{3}\vec{b} \qquad \cdots④$$

$\vec{a}\neq\vec{0}$，$\vec{b}\neq\vec{0}$ であり，$\vec{a}$ と $\vec{b}$ は平行でないから，③，④ より

$$\begin{cases} t=1-\dfrac{l}{4} \\ 1-\dfrac{1}{3}t=\dfrac{l}{3} \end{cases}$$

これを解いて　　$t=\frac{1}{3}$，$l=\frac{8}{3}$

よって　　$\overrightarrow{\mathbf{AN}}=\mathbf{\frac{1}{3}}\vec{\boldsymbol{a}}+\mathbf{\frac{8}{9}}\vec{\boldsymbol{b}}$

点 P は線分 AM 上にあるから

$$\overrightarrow{AP}=u\overrightarrow{AM}=\frac{3}{5}u\vec{a}+\frac{4}{5}u\vec{b} \quad \cdots ⑤$$

また，点 P は線分 BN 上にあるから，BP : PN $= v:(1-v)$ とおくと

$$\overrightarrow{AP}=(1-v)\overrightarrow{AB}+v\overrightarrow{AN}=(1-v)\vec{a}+v\left(\frac{1}{3}\vec{a}+\frac{8}{9}\vec{b}\right)$$

◀始点を A に変える。

$$=\left(1-\frac{2}{3}v\right)\vec{a}+\frac{8}{9}v\vec{b} \quad \cdots ⑥$$

$\vec{a}\neq\vec{0}$，$\vec{b}\neq\vec{0}$ であり，$\vec{a}$ と $\vec{b}$ は平行でないから，⑤，⑥ より

$$\begin{cases}\frac{3}{5}u=1-\frac{2}{3}v\\ \frac{4}{5}u=\frac{8}{9}v\end{cases}$$

これを解いて　　$u=\frac{5}{6}$，$v=\frac{3}{4}$

よって　　$\boldsymbol{\overrightarrow{AP}=\frac{1}{2}\vec{a}+\frac{2}{3}\vec{b}}$

5 3 点 A，B，C が点 O を中心とする半径 1 の円上にあり，$13\overrightarrow{OA}+12\overrightarrow{OB}+5\overrightarrow{OC}=\vec{0}$ を満たしている。$\angle AOB=\alpha$，$\angle AOC=\beta$ として

(1) $\overrightarrow{OB}\perp\overrightarrow{OC}$ であることを示せ。

(2) $\cos\alpha$ および $\cos\beta$ を求めよ。

(3) A から BC へ引いた垂線と BC との交点を H とする。AH の長さを求めよ。　　(長崎大)

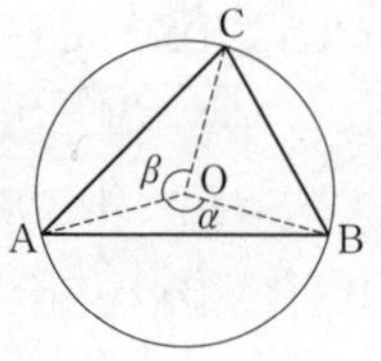

(1) $13\overrightarrow{OA}+12\overrightarrow{OB}+5\overrightarrow{OC}=\vec{0}$ より

$$13\overrightarrow{OA}=-12\overrightarrow{OB}-5\overrightarrow{OC}$$

$$|13\overrightarrow{OA}|^2=|-12\overrightarrow{OB}-5\overrightarrow{OC}|^2$$

$$169|\overrightarrow{OA}|^2=144|\overrightarrow{OB}|^2+120\overrightarrow{OB}\cdot\overrightarrow{OC}+25|\overrightarrow{OC}|^2$$

$|\overrightarrow{OA}|=|\overrightarrow{OB}|=|\overrightarrow{OC}|=1$ より

$$169=144+120\overrightarrow{OB}\cdot\overrightarrow{OC}+25$$

よって　　$\overrightarrow{OB}\cdot\overrightarrow{OC}=0$

$\overrightarrow{OB}\neq\vec{0}$，$\overrightarrow{OC}\neq\vec{0}$ より　　$\overrightarrow{OB}\perp\overrightarrow{OC}$

(2) $13\overrightarrow{OA}+12\overrightarrow{OB}+5\overrightarrow{OC}=\vec{0}$ より

$$5\overrightarrow{OC}=-13\overrightarrow{OA}-12\overrightarrow{OB}$$

◀α は $\overrightarrow{OA}$, $\overrightarrow{OB}$ のなす角であるから，$\overrightarrow{OA}\cdot\overrightarrow{OB}$ の値を求める。

$$|5\overrightarrow{OC}|^2=|-13\overrightarrow{OA}-12\overrightarrow{OB}|^2$$

$$25=169+312\overrightarrow{OA}\cdot\overrightarrow{OB}+144$$

$$\overrightarrow{OA}\cdot\overrightarrow{OB}=-\frac{12}{13}$$

$\overrightarrow{OA}\cdot\overrightarrow{OB}=|\overrightarrow{OA}||\overrightarrow{OB}|\cos\alpha=\cos\alpha$ であるから

$$\boldsymbol{\cos\alpha=-\frac{12}{13}}$$

同様にして

$$12\overrightarrow{OB}=-13\overrightarrow{OA}-5\overrightarrow{OC}$$

◀β は $\overrightarrow{OA}$, $\overrightarrow{OC}$ のなす角であるから，$\overrightarrow{OA}\cdot\overrightarrow{OC}$ の値を求める。

$$|12\overrightarrow{OB}|^2=|-13\overrightarrow{OA}-5\overrightarrow{OC}|^2$$

$$144 = 169 + 130\overrightarrow{OA}\cdot\overrightarrow{OC} + 25$$

$$\overrightarrow{OA}\cdot\overrightarrow{OC} = -\frac{5}{13}$$

$\overrightarrow{OA}\cdot\overrightarrow{OC} = |\overrightarrow{OA}||\overrightarrow{OC}|\cos\beta = \cos\beta$ であるから

$$\boldsymbol{\cos\beta = -\frac{5}{13}}$$

(3) $\sin^2\alpha = 1-\cos^2\alpha = \dfrac{25}{169}$ より

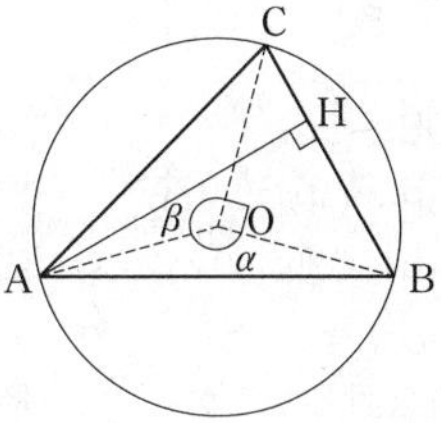

$$\sin\alpha = \frac{5}{13}$$

◀ $0° < \alpha < 180°$ より $\sin\alpha > 0$

$\sin^2\beta = 1-\cos^2\beta = \dfrac{144}{169}$ より

$$\sin\beta = \frac{12}{13}$$

◀ $0° < \beta < 180°$ より $\sin\beta > 0$

よって　(△OAB の面積) $= \dfrac{1}{2}\cdot1\cdot1\cdot\sin\alpha = \dfrac{5}{26}$

(△OBC の面積) $= \dfrac{1}{2}\cdot1\cdot1 = \dfrac{1}{2}$

◀ (1) より　$\overrightarrow{OB} \perp \overrightarrow{OC}$

(△OCA の面積) $= \dfrac{1}{2}\cdot1\cdot1\cdot\sin\beta = \dfrac{6}{13}$

ゆえに　(△ABC の面積) $= \dfrac{6}{13} + \dfrac{1}{2} + \dfrac{5}{26} = \dfrac{15}{13}$　…①

一方，$BC = \sqrt{2}$ より

◀ $BC = \sqrt{OB^2 + OC^2} = \sqrt{2}$

(△ABC の面積) $= \dfrac{1}{2}\cdot\sqrt{2}\cdot AH$　…②

①，② より　$\dfrac{\sqrt{2}}{2}AH = \dfrac{15}{13}$

したがって　$\boldsymbol{AH = \dfrac{15\sqrt{2}}{13}}$

〔別解〕

$\angle ACB = \dfrac{1}{2}\angle AOB = \dfrac{\alpha}{2}$

$\cos\alpha = -\dfrac{12}{13}$ より　$\cos^2\dfrac{\alpha}{2} = \dfrac{1+\cos\alpha}{2} = \dfrac{1}{26}$

◀ $0° < \alpha < 180°$ より $\sin\dfrac{\alpha}{2} > 0$

よって　$\sin\dfrac{\alpha}{2} = \sqrt{1-\cos^2\dfrac{\alpha}{2}} = \dfrac{5}{\sqrt{26}}$

$$\begin{aligned} &|\overrightarrow{AC}|^2 \\ &= |\overrightarrow{OC}-\overrightarrow{OA}|^2 \\ &= |\overrightarrow{OC}|^2 - 2\overrightarrow{OC}\cdot\overrightarrow{OA} + |\overrightarrow{OA}|^2 \\ &= 1^2 - 2\left(-\frac{5}{13}\right) + 1^2 \\ &= \frac{36}{13} \end{aligned}$$

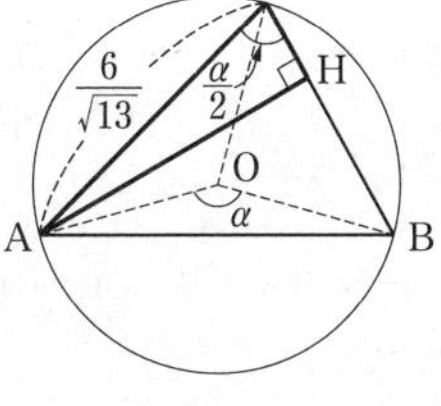

◀ △OAC において，余弦定理により $|\overrightarrow{AC}|$ を求めてもよい。

◀ (2) より $\overrightarrow{OA}\cdot\overrightarrow{OC} = -\dfrac{5}{13}$

よって　$|\overrightarrow{AC}| = \dfrac{6}{\sqrt{13}}$

したがって　$AH = AC\sin\dfrac{\alpha}{2} = \dfrac{6}{\sqrt{13}}\cdot\dfrac{5}{\sqrt{26}} = \dfrac{15\sqrt{2}}{13}$

6 点Oを中心とする半径1の円上に異なる3点A，B，Cがある。次のことを示せ。

(1) △ABCが直角三角形ならば $|\overrightarrow{OA}+\overrightarrow{OB}+\overrightarrow{OC}|=1$ である。

(2) 逆に $|\overrightarrow{OA}+\overrightarrow{OB}+\overrightarrow{OC}|=1$ ならば△ABCは直角三角形である。　(大阪市立大)

(1) $\angle BAC=90°$ とする。

このとき，線分BCが円Oの直径となるから

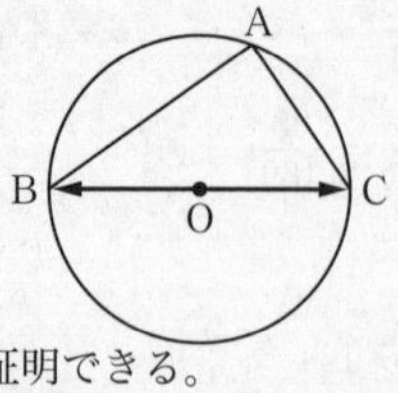

$$\overrightarrow{OC}=-\overrightarrow{OB}$$

よって　$|\overrightarrow{OA}+\overrightarrow{OB}+\overrightarrow{OC}|$

$$=|\overrightarrow{OA}+\overrightarrow{OB}-\overrightarrow{OB}|=|\overrightarrow{OA}|=1$$

$\angle ABC=90°$，$\angle ACB=90°$ のときも同様に証明できる。

(2) (ア) $\overrightarrow{OC}=-\overrightarrow{OB}$ のとき

線分BCが円Oの直径となるから，△ABCは $\angle BAC=90°$ の直角三角形となる。

(イ) $\overrightarrow{OC}\neq-\overrightarrow{OB}$ のとき

$\overrightarrow{OC}$ と $\overrightarrow{OB}$ は一次独立であるから

$$\overrightarrow{OA}=s\overrightarrow{OB}+t\overrightarrow{OC}\quad\cdots①$$

と表すことができる。

$$|\overrightarrow{OA}+\overrightarrow{OB}+\overrightarrow{OC}|^2=|\overrightarrow{OA}|^2+|\overrightarrow{OB}|^2+|\overrightarrow{OC}|^2+2\overrightarrow{OA}\cdot\overrightarrow{OB}+2\overrightarrow{OB}\cdot\overrightarrow{OC}+2\overrightarrow{OC}\cdot\overrightarrow{OA}$$

$$=3+2\overrightarrow{OA}\cdot(\overrightarrow{OB}+\overrightarrow{OC})+2\overrightarrow{OB}\cdot\overrightarrow{OC}$$

◀ $(a+b+c)^2=a^2+b^2+c^2+2ab+2bc+2ca$

$|\overrightarrow{OA}+\overrightarrow{OB}+\overrightarrow{OC}|=1$ であるから

$$3+2\overrightarrow{OA}\cdot(\overrightarrow{OB}+\overrightarrow{OC})+2\overrightarrow{OB}\cdot\overrightarrow{OC}=1$$

$$2(s\overrightarrow{OB}+t\overrightarrow{OC})\cdot(\overrightarrow{OB}+\overrightarrow{OC})+2\overrightarrow{OB}\cdot\overrightarrow{OC}+2=0$$

$$s|\overrightarrow{OB}|^2+t|\overrightarrow{OC}|^2+(s+t+1)\overrightarrow{OB}\cdot\overrightarrow{OC}+1=0$$

$$s+t+1+(s+t+1)\overrightarrow{OB}\cdot\overrightarrow{OC}=0$$

$$(s+t+1)(\overrightarrow{OB}\cdot\overrightarrow{OC}+1)=0$$

よって　$s+t+1=0$ または $\overrightarrow{OB}\cdot\overrightarrow{OC}+1=0$

ここで，$|\overrightarrow{OB}|=|\overrightarrow{OC}|=1$ より，$\overrightarrow{OB}\cdot\overrightarrow{OC}=-1$ のとき，$\overrightarrow{OC}=-\overrightarrow{OB}$ となり，不適。

◀ $\overrightarrow{OB}$ と $\overrightarrow{OC}$ のなす角を α とすると $\cos\alpha=\dfrac{\overrightarrow{OB}\cdot\overrightarrow{OC}}{|\overrightarrow{OB}||\overrightarrow{OC}|}=-1$

よって　$s+t+1=0$ すなわち $s=-t-1$

①より

$$\overrightarrow{OA}=-(t+1)\overrightarrow{OB}+t\overrightarrow{OC}$$

$$|\overrightarrow{OA}|^2=(t+1)^2|\overrightarrow{OB}|^2-2t(t+1)\overrightarrow{OB}\cdot\overrightarrow{OC}+t^2|\overrightarrow{OC}|^2$$

$$=2t(t+1)+1-2t(t+1)\overrightarrow{OB}\cdot\overrightarrow{OC}$$

$|\overrightarrow{OA}|=1$ であるから

$$2t(t+1)+1-2t(t+1)\overrightarrow{OB}\cdot\overrightarrow{OC}=1$$

$$2t(t+1)(\overrightarrow{OB}\cdot\overrightarrow{OC}-1)=0$$

$|\overrightarrow{OB}|=|\overrightarrow{OC}|=1$ より，$\overrightarrow{OB}\cdot\overrightarrow{OC}=1$ のとき $\overrightarrow{OB}=\overrightarrow{OC}$ となり，不適。

よって　$2t(t+1)=0$

ゆえに　　$t=-1,\ 0$

$t=-1$ のとき，$s=0$ であるから，① より

$\overrightarrow{\mathrm{OA}}=-\overrightarrow{\mathrm{OC}}$

このとき，線分 AC が円 O の直径となるから，△ABC は

$\angle\mathrm{ABC}=90^\circ$ の直角三角形となる。

$t=0$ のとき，$s=-1$ であるから，① より

$\overrightarrow{\mathrm{OA}}=-\overrightarrow{\mathrm{OB}}$

このとき，線分 AB が円 O の直径となるから，△ABC は

$\angle\mathrm{ACB}=90^\circ$ の直角三角形となる。

(ア)，(イ) より，$|\overrightarrow{\mathrm{OA}}+\overrightarrow{\mathrm{OB}}+\overrightarrow{\mathrm{OC}}|=1$ ならば，△ABC は直角三角形である。

〔別解〕

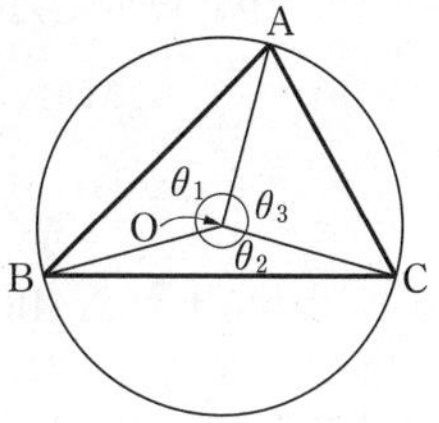

$|\overrightarrow{\mathrm{OA}}+\overrightarrow{\mathrm{OB}}+\overrightarrow{\mathrm{OC}}|=1$ とする。

$\angle\mathrm{AOB}=\theta_1$，$\angle\mathrm{BOC}=\theta_2$，$\angle\mathrm{COA}=\theta_3$ とおくと

$\theta_1+\theta_2+\theta_3=360^\circ$ より　　$\theta_3=360^\circ-(\theta_1+\theta_2)$

また　　$\overrightarrow{\mathrm{OA}}\cdot\overrightarrow{\mathrm{OB}}=|\overrightarrow{\mathrm{OA}}||\overrightarrow{\mathrm{OB}}|\cos\theta_1=\cos\theta_1$

$\overrightarrow{\mathrm{OB}}\cdot\overrightarrow{\mathrm{OC}}=|\overrightarrow{\mathrm{OB}}||\overrightarrow{\mathrm{OC}}|\cos\theta_2=\cos\theta_2$

$\overrightarrow{\mathrm{OC}}\cdot\overrightarrow{\mathrm{OA}}=|\overrightarrow{\mathrm{OC}}||\overrightarrow{\mathrm{OA}}|\cos\theta_3=\cos\theta_3$

ゆえに

$$\begin{aligned}&|\overrightarrow{\mathrm{OA}}+\overrightarrow{\mathrm{OB}}+\overrightarrow{\mathrm{OC}}|^2\\&=|\overrightarrow{\mathrm{OA}}|^2+|\overrightarrow{\mathrm{OB}}|^2+|\overrightarrow{\mathrm{OC}}|^2+2(\overrightarrow{\mathrm{OA}}\cdot\overrightarrow{\mathrm{OB}}+\overrightarrow{\mathrm{OB}}\cdot\overrightarrow{\mathrm{OC}}+\overrightarrow{\mathrm{OC}}\cdot\overrightarrow{\mathrm{OA}})\\&=3+2(\cos\theta_1+\cos\theta_2+\cos\theta_3)\end{aligned}$$

$|\overrightarrow{\mathrm{OA}}+\overrightarrow{\mathrm{OB}}+\overrightarrow{\mathrm{OC}}|=1$ であるから，

$3+2(\cos\theta_1+\cos\theta_2+\cos\theta_3)=1$ より

$$\cos\theta_1+\cos\theta_2+\cos\theta_3=-1 \quad\cdots①$$

ここで　　$\cos\theta_1+\cos\theta_2=2\cos\dfrac{\theta_1+\theta_2}{2}\cdot\cos\dfrac{\theta_1-\theta_2}{2}$

◀ 和と積の変換公式
LEGEND 数学Ⅱ＋B
Go Ahead 10 参照。

$$\begin{aligned}\cos\theta_3&=\cos\{360^\circ-(\theta_1+\theta_2)\}\\&=\cos\{-(\theta_1+\theta_2)\}\\&=\cos(\theta_1+\theta_2)\\&=\cos\left(2\cdot\frac{\theta_1+\theta_2}{2}\right)=2\cos^2\frac{\theta_1+\theta_2}{2}-1\end{aligned}$$

◀ 2 倍角の公式

よって，① より

$$2\cos\frac{\theta_1+\theta_2}{2}\cdot\cos\frac{\theta_1-\theta_2}{2}+2\cos^2\frac{\theta_1+\theta_2}{2}-1=-1$$

$$2\cos\frac{\theta_1+\theta_2}{2}\left(\cos\frac{\theta_1-\theta_2}{2}+\cos\frac{\theta_1+\theta_2}{2}\right)=0 \quad\cdots②$$

ここで，さらに

$$\cos\frac{\theta_1+\theta_2}{2}=\cos\frac{360^\circ-\theta_3}{2}=\cos\left(180^\circ-\frac{\theta_3}{2}\right)=-\cos\frac{\theta_3}{2}$$

$$\begin{aligned}&\cos\frac{\theta_1+\theta_2}{2}+\cos\frac{\theta_1-\theta_2}{2}\\&=2\cos\frac{\frac{\theta_1+\theta_2}{2}+\frac{\theta_1-\theta_2}{2}}{2}\cos\frac{\frac{\theta_1+\theta_2}{2}-\frac{\theta_1-\theta_2}{2}}{2}\end{aligned}$$

◀ $\cos\left(\dfrac{\theta_1}{2}+\dfrac{\theta_2}{2}\right)+\cos\left(\dfrac{\theta_1}{2}-\dfrac{\theta_2}{2}\right)$
と変形して加法定理を用いてもよい。

◀ 和・差を積に直す公式

$$= 2\cos\frac{\theta_1}{2}\cos\frac{\theta_2}{2}$$

ゆえに，② は　$-4\cos\frac{\theta_1}{2}\cos\frac{\theta_2}{2}\cos\frac{\theta_3}{2} = 0$

よって

$$\cos\frac{\theta_1}{2} = 0 \quad \text{または} \quad \cos\frac{\theta_2}{2} = 0 \quad \text{または} \quad \cos\frac{\theta_3}{2} = 0$$

◀ $abc = 0$
$\Longleftrightarrow a,\ b,\ c$ の少なくとも 1 つが 0

$0° < \frac{\theta_1}{2} < 180°$，$0° < \frac{\theta_2}{2} < 180°$，$0° < \frac{\theta_3}{2} < 180°$ であるから

$$\frac{\theta_1}{2} = 90° \quad \text{または} \quad \frac{\theta_2}{2} = 90° \quad \text{または} \quad \frac{\theta_3}{2} = 90°$$

円周角と中心角の関係より

$$\angle ACB = \frac{\theta_1}{2},\ \angle BAC = \frac{\theta_2}{2},\ \angle CBA = \frac{\theta_3}{2}$$

であるから

$$\angle ACB = 90° \quad \text{または} \quad \angle BAC = 90° \quad \text{または} \quad \angle CBA = 90°$$

すなわち △ABC は直角三角形である。

7 △ABC を 1 辺の長さが 1 の正三角形とする。次の問に答えよ。

(1) 実数 $s,\ t$ が $s+t=1$ を満たしながら動くとき，$\overrightarrow{AP} = s\overrightarrow{AB} + t\overrightarrow{AC}$ を満たす点 P の軌跡 G を正三角形 ABC とともに図示せよ。

(2) 実数 $s,\ t$ が $s \geqq 0,\ t \geqq 0,\ 1 \leqq s+t \leqq 2$ を満たしながら動くとき，$\overrightarrow{AP} = s\overrightarrow{AB} + t\overrightarrow{AC}$ を満たす点 P の存在範囲 D を正三角形 ABC とともに図示し，領域 D の面積を求めよ。

(3) 実数 $s,\ t$ が $1 \leqq |s| + |t| \leqq 2$ を満たしながら動くとき，$\overrightarrow{AP} = s\overrightarrow{AB} + t\overrightarrow{AC}$ を満たす点 P の存在範囲 E を正三角形 ABC とともに図示し，領域 E の面積を求めよ。 (甲南大)

(1) $s+t=1$ であるから，点 P の軌跡 G は直線 BC であり，**右の図** のようになる。

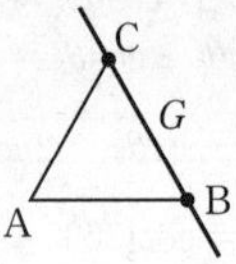

(2) $s \geqq 0,\ t \geqq 0,\ 1 \leqq s+t \leqq 2$ であるから

$$s \geqq 0,\ t \geqq 0,\ s+t \geqq 1 \quad \cdots ①$$

かつ　$s \geqq 0,\ t \geqq 0,\ s+t \leqq 2 \quad \cdots ②$

◀ ① のとき

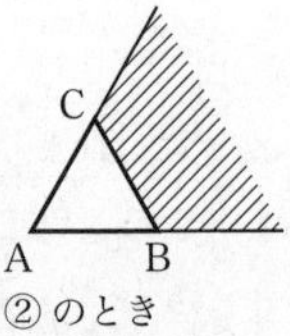

② について，$s' = \frac{1}{2}s$，$t' = \frac{1}{2}t$ とおくと

$$s' \geqq 0,\ t' \geqq 0,\ s'+t' \leqq 1$$

$s = 2s'$，$t = 2t'$ であるから

$$\overrightarrow{AP} = 2s'\overrightarrow{AB} + 2t'\overrightarrow{AC}$$
$$= s'(2\overrightarrow{AB}) + t'(2\overrightarrow{AC})$$

◀ ② のとき

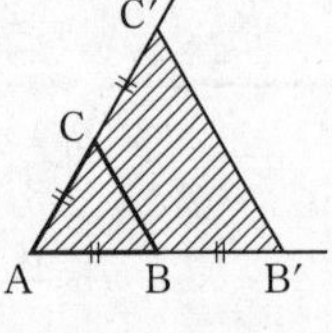

よって，$\overrightarrow{AB'} = 2\overrightarrow{AB}$，$\overrightarrow{AC'} = 2\overrightarrow{AC}$ とおくと領域 D は台形 BB′C′C の周および内部であり，**右の図の斜線部分**。ただし，**境界線を含む**。

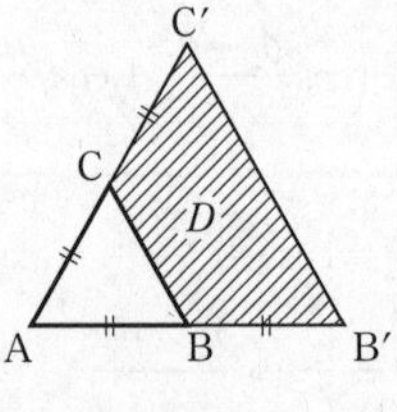

ゆえに，領域 D の面積は

$$\triangle AB'C' - \triangle ABC = \frac{1}{2}\cdot 2\cdot 2\sin 60° - \frac{1}{2}\cdot 1\cdot 1\cdot \sin 60°$$

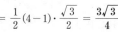

$$= \frac{1}{2}(4-1)\cdot\frac{\sqrt{3}}{2} = \frac{3\sqrt{3}}{4}$$

(3) $1 \leqq |s|+|t| \leqq 2$ …③ とおく。

(ア) $s \geqq 0,\ t \geqq 0$ のとき

③は　$1 \leqq s+t \leqq 2$

よって，Pの存在範囲は(2)の領域 D となる。

◀絶対値記号を外すために
(ア) $s \geqq 0,\ t \geqq 0$
(イ) $s \leqq 0,\ t \geqq 0$
(ウ) $s \geqq 0,\ t \leqq 0$
(エ) $s \leqq 0,\ t \leqq 0$
に場合分けする。

(イ) $s \leqq 0,\ t \geqq 0$ のとき

③は　$1 \leqq (-s)+t \leqq 2$

よって，$s_1=-s$ とおくと

$s_1 \geqq 0,\ t \geqq 0,\ 1 \leqq s_1+t \leqq 2$

$s=-s_1$ であるから

$$\overrightarrow{\mathrm{AP}} = -s_1\overrightarrow{\mathrm{AB}}+t\overrightarrow{\mathrm{AC}}$$
$$= s_1(-\overrightarrow{\mathrm{AB}})+t\overrightarrow{\mathrm{AC}}$$

ゆえに，$\overrightarrow{\mathrm{AB_1}} = -\overrightarrow{\mathrm{AB}}$ とおくと，点Pの存在範囲は，右の図のようになる。

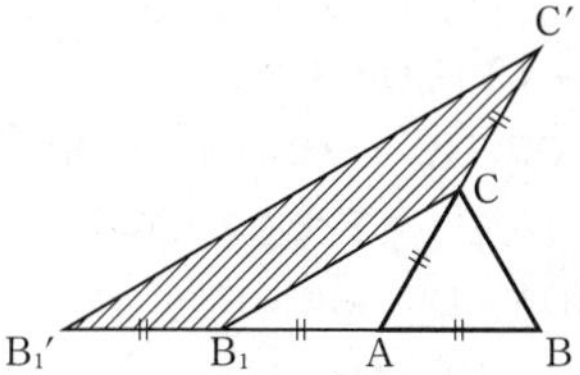

◀$\overrightarrow{\mathrm{AP}} = s_1\overrightarrow{\mathrm{AB_1}}+t\overrightarrow{\mathrm{AC}}$
$s_1 \geqq 0,\ t \geqq 0,$
$1 \leqq s_1+t \leqq 2$ となり，
$\triangle \mathrm{AB_1C}$ に対して(2)と同様の関係式となる。

(ウ) $s \geqq 0,\ t \leqq 0$ のとき

③は　$1 \leqq s+(-t) \leqq 2$

よって，$t_1=-t$ とおくと

$s \geqq 0,\ t_1 \geqq 0,\ 1 \leqq s+t_1 \leqq 2$

$t=-t_1$ であるから

$$\overrightarrow{\mathrm{AP}} = s\overrightarrow{\mathrm{AB}}+(-t_1)\overrightarrow{\mathrm{AC}}$$
$$= s\overrightarrow{\mathrm{AB}}+t_1(-\overrightarrow{\mathrm{AC}})$$

ゆえに，$\overrightarrow{\mathrm{AC_1}} = -\overrightarrow{\mathrm{AC}}$ とおくと，点Pの存在範囲は，右の図のようになる。

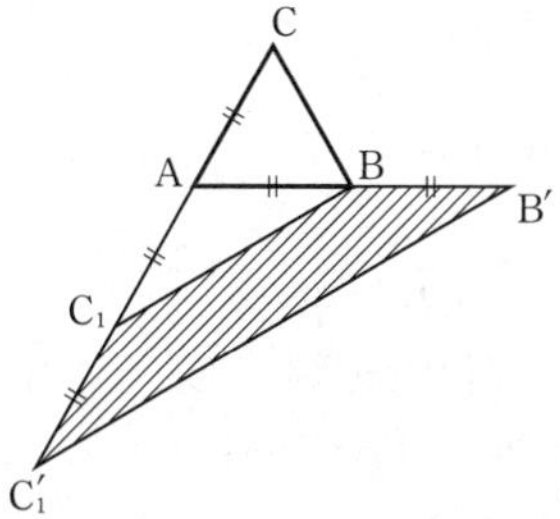

◀(イ)のときの領域と点Aに関して対称である。

(エ) $s \leqq 0,\ t \leqq 0$ のとき

③は　$1 \leqq (-s)+(-t) \leqq 2$

よって，$s_1=-s,\ t_1=-t$ に対して

$s_1 \geqq 0,\ t_1 \geqq 0,\ 1 \leqq s_1+t_1 \leqq 2$

$$\overrightarrow{\mathrm{AP}} = -s_1\overrightarrow{\mathrm{AB}}+(-t_1)\overrightarrow{\mathrm{AC}}$$
$$= s_1(-\overrightarrow{\mathrm{AB}})+t_1(-\overrightarrow{\mathrm{AC}})$$

ゆえに，点Pの存在範囲は右の図のようになる。

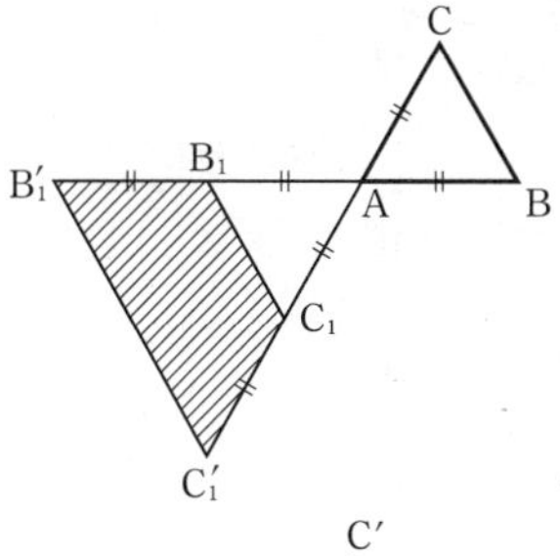

◀(ア)のときの領域 D と点Aに関して対称である。

(ア)〜(エ)より，領域 E は**右の図の斜線部分**。ただし，**境界線を含む**。

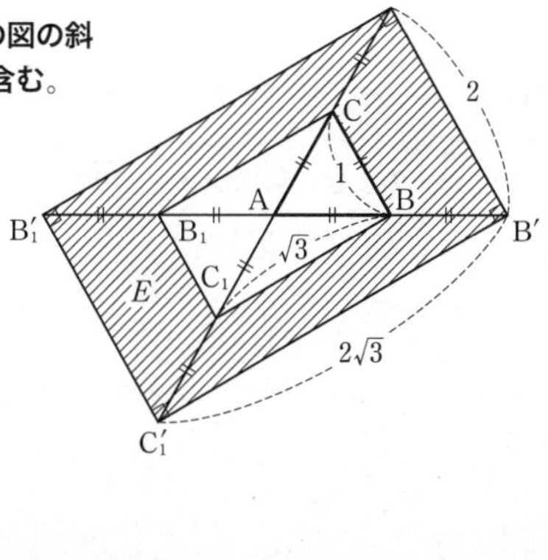

ここで

$$\mathrm{C_1B} = \sqrt{2^2-1^2}$$
$$= \sqrt{3}$$

よって

$$\mathrm{C_1'B'} = 2\mathrm{C_1B}$$
$$= 2\sqrt{3}$$

◀対角線の長さが等しく，互いに中点で交わっているから四角形 $\mathrm{B_1'C_1'B'C'}$，$\mathrm{B_1C_1BC}$ はともに長方形である。

したがって，領域 E の面積は

$$(\text{長方形 } B_1'C_1'B'C') - (\text{長方形 } B_1C_1BC)$$
$$= 2\cdot 2\sqrt{3} - 1\cdot\sqrt{3}$$
$$= \mathbf{3\sqrt{3}}$$

8 平面上に 2 点 A(2, 0), B(1, 1) がある。点 P(x, y) が円 $x^2+y^2=1$ 上を動くとき，内積 $\overrightarrow{PA}\cdot\overrightarrow{PB}$ の最大値を求め，そのときの点 P の座標を求めよ。 (名城大)

点 P は円 $x^2+y^2=1$ 上を動くから　$|\overrightarrow{OP}|=1$

◀原点中心，半径 1 の円のベクトル方程式である。

$$\overrightarrow{PA}\cdot\overrightarrow{PB} = (\overrightarrow{OA}-\overrightarrow{OP})\cdot(\overrightarrow{OB}-\overrightarrow{OP})$$
$$= \overrightarrow{OA}\cdot\overrightarrow{OB} - (\overrightarrow{OA}+\overrightarrow{OB})\cdot\overrightarrow{OP} + |\overrightarrow{OP}|^2$$

ここで，$\overrightarrow{OA}\cdot\overrightarrow{OB} = 2\cdot 1 + 0\cdot 1 = 2$ であるから

$$\overrightarrow{PA}\cdot\overrightarrow{PB} = 2 - (\overrightarrow{OA}+\overrightarrow{OB})\cdot\overrightarrow{OP} + 1^2$$
$$= -(\overrightarrow{OA}+\overrightarrow{OB})\cdot\overrightarrow{OP} + 3$$

◀$|\overrightarrow{OP}|=1$ より $|\overrightarrow{OP}|^2=1$

$\overrightarrow{OA}+\overrightarrow{OB}$ と $\overrightarrow{OP}$ のなす角を θ とする。

$\overrightarrow{OA}+\overrightarrow{OB}=(3,\ 1)$ より

$$|\overrightarrow{OA}+\overrightarrow{OB}| = \sqrt{3^2+1^2} = \sqrt{10}$$

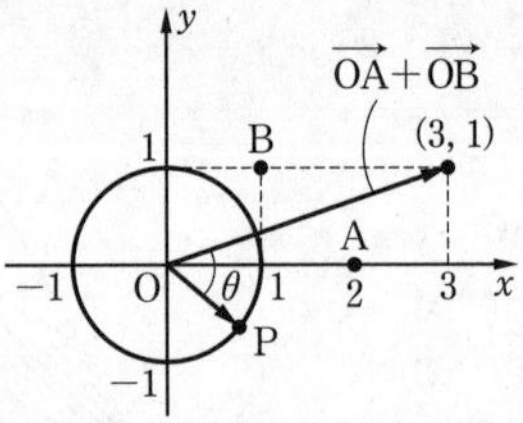

よって

$$(\overrightarrow{OA}+\overrightarrow{OB})\cdot\overrightarrow{OP} = \sqrt{10}\cdot 1\cdot\cos\theta$$

ゆえに　$\overrightarrow{PA}\cdot\overrightarrow{PB} = -\sqrt{10}\cos\theta + 3$

$-1 \leqq \cos\theta \leqq 1$ であるから，$\overrightarrow{PA}\cdot\overrightarrow{PB}$ は

$\cos\theta=-1$ すなわち $\theta=180°$ のとき　最大値 $3+\sqrt{10}$

このとき，点 P は，点 C を (3, 1) として，円 $x^2+y^2=1$ と直線 OC の交点のうち，C から遠い方である。

◀

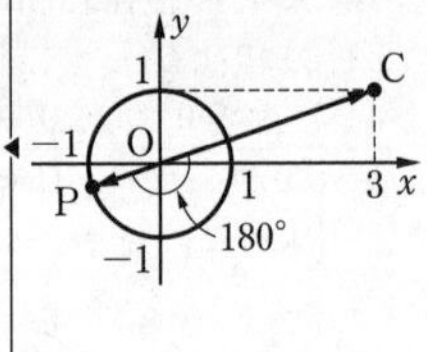

直線 OC の方程式は　$y=\frac{1}{3}x$　すなわち　$x=3y$　…①

$x^2+y^2=1$ に代入すると　$10y^2=1$

よって　$y = \pm\frac{1}{\sqrt{10}} = \pm\frac{\sqrt{10}}{10}$

$y<0$ であるから　$y = -\frac{\sqrt{10}}{10}$

① に代入すると　$x = -\frac{3\sqrt{10}}{10}$

したがって，$\overrightarrow{PA}\cdot\overrightarrow{PB}$ は

点 P$\left(-\frac{3\sqrt{10}}{10},\ -\frac{\sqrt{10}}{10}\right)$ のとき　最大値 $3+\sqrt{10}$

9 1辺の長さが1の正四面体OABCにおいて，$\overrightarrow{OA}=\vec{a}$, $\overrightarrow{OB}=\vec{b}$, $\overrightarrow{OC}=\vec{c}$ とする。線分OAを $s:(1-s)$ に内分する点をL，線分BCの中点をM，線分LMを $t:(1-t)$ に内分する点をPとし，$\angle\mathrm{POM}=\theta$ とする。$\angle\mathrm{OPM}=90^\circ$，$\cos\theta=\dfrac{\sqrt{6}}{3}$ のとき，次の問に答えよ。

(1) 直角三角形OPMにおいて，内積 $\overrightarrow{OP}\cdot\overrightarrow{OM}$ を求めよ。

(2) $\overrightarrow{OP}$ を $\vec{a}$, $\vec{b}$, $\vec{c}$ を用いて表せ。

(3) 平面OPCと直線ABとの交点をQとするとき，$\overrightarrow{OQ}$ を $\vec{a}$, $\vec{b}$, $\vec{c}$ を用いて表せ。（名古屋市立大）

(1) $|\vec{a}|=|\vec{b}|=|\vec{c}|=1$, $\vec{a}\cdot\vec{b}=\vec{b}\cdot\vec{c}=\vec{c}\cdot\vec{a}=1\cdot1\cdot\cos60^\circ=\dfrac{1}{2}$ より

$$\overrightarrow{OM}=\frac{1}{2}\vec{b}+\frac{1}{2}\vec{c}$$

$$|\overrightarrow{OM}|^2=\frac{1}{4}|\vec{b}|^2+\frac{1}{2}\vec{b}\cdot\vec{c}+\frac{1}{4}|\vec{c}|^2=\frac{3}{4}$$

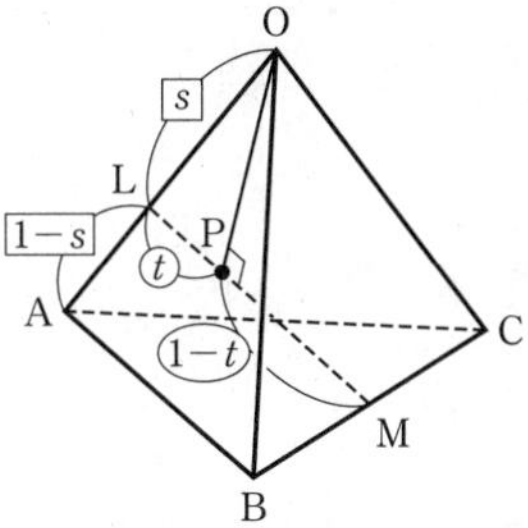

$|\overrightarrow{OM}|\geqq 0$ より　　$|\overrightarrow{OM}|=\dfrac{\sqrt{3}}{2}$

◀ $|\overrightarrow{OM}|$ は，三角比を利用して求めてもよい。

$\angle\mathrm{POM}=\theta$，$\angle\mathrm{OPM}=90^\circ$ より　　$|\overrightarrow{OP}|=|\overrightarrow{OM}|\cos\theta$

◀ 三角比の定義より

$\cos\theta=\dfrac{|\overrightarrow{OP}|}{|\overrightarrow{OM}|}$

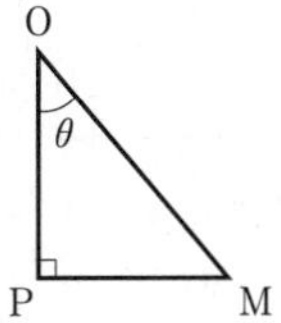

これらを用いると

$$\overrightarrow{OP}\cdot\overrightarrow{OM}=|\overrightarrow{OP}||\overrightarrow{OM}|\cos\theta$$

$$=|\overrightarrow{OM}|^2\cos^2\theta=\frac{3}{4}\cdot\left(\frac{\sqrt{6}}{3}\right)^2=\mathbf{\frac{1}{2}}$$

(2) $\overrightarrow{OL}=s\vec{a}$ であり，Pは線分LMの内分点であるから

$$\overrightarrow{OP}=(1-t)\overrightarrow{OL}+t\overrightarrow{OM}$$

$$=(1-t)s\vec{a}+\frac{1}{2}t\vec{b}+\frac{1}{2}t\vec{c}$$

$\angle\mathrm{OPM}=90^\circ$ より

$$\overrightarrow{OP}\cdot\overrightarrow{LM}=\overrightarrow{OP}\cdot(\overrightarrow{OM}-\overrightarrow{OL})$$

$$=\overrightarrow{OP}\cdot\overrightarrow{OM}-\overrightarrow{OP}\cdot\overrightarrow{OL}=0$$

よって，(1)より　　$\overrightarrow{OP}\cdot\overrightarrow{OL}=\overrightarrow{OP}\cdot\overrightarrow{OM}=\dfrac{1}{2}$

$$\overrightarrow{OP}\cdot\overrightarrow{OM}=\left\{(1-t)s\vec{a}+\frac{1}{2}t\vec{b}+\frac{1}{2}t\vec{c}\right\}\cdot\left(\frac{1}{2}\vec{b}+\frac{1}{2}\vec{c}\right)=\frac{1}{2}$$

すなわち　　$\dfrac{3}{4}t+\dfrac{1}{2}s-\dfrac{1}{2}st=\dfrac{1}{2}$　　…①

$$\overrightarrow{OP}\cdot\overrightarrow{OL}=\left\{(1-t)s\vec{a}+\frac{1}{2}t\vec{b}+\frac{1}{2}t\vec{c}\right\}\cdot s\vec{a}=\frac{1}{2}$$

すなわち　　$(1-t)s^2+\dfrac{1}{2}st=\dfrac{1}{2}$　　…②

①×2s−② より

◀ $(1-t)s^2$ を消去する。

$$st=s-\frac{1}{2}$$

$$t=1-\frac{1}{2s}\quad\cdots③$$

③ を ① に代入すると　　$s=\frac{3}{4}$, $t=\frac{1}{3}$

したがって　　$\overrightarrow{\mathbf{OP}}=\frac{1}{2}\vec{\boldsymbol{a}}+\frac{1}{6}\vec{\boldsymbol{b}}+\frac{1}{6}\vec{\boldsymbol{c}}$

(3) 平面 OPC 上に点 Q があるから

$\overrightarrow{OQ}=\alpha\overrightarrow{OP}+\beta\vec{c}$ (α, β は実数) と表すことができる。

$$\overrightarrow{OQ}=\alpha\left(\frac{1}{2}\vec{a}+\frac{1}{6}\vec{b}+\frac{1}{6}\vec{c}\right)+\beta\vec{c}$$

$$=\frac{1}{2}\alpha\vec{a}+\frac{1}{6}\alpha\vec{b}+\left(\frac{1}{6}\alpha+\beta\right)\vec{c}$$

ここで，Q が直線 AB 上にあるのは

$$\frac{1}{2}\alpha+\frac{1}{6}\alpha=1,\qquad \frac{1}{6}\alpha+\beta=0$$

となるときである。

これを解くと　　$\alpha=\frac{3}{2}$, $\beta=-\frac{1}{4}$

したがって　　$\overrightarrow{\mathbf{OQ}}=\frac{3}{4}\vec{\boldsymbol{a}}+\frac{1}{4}\vec{\boldsymbol{b}}$

◀ Q が平面 OAB 上にあるから，$\overrightarrow{OQ}$ は $\vec{a}$ と $\vec{b}$ だけで表すことができ

$\frac{1}{6}\alpha+\beta=0$

また，Q が直線 AB 上にあるから，$\vec{a}$ と $\vec{b}$ の係数の和が 1 となり

$\frac{1}{2}\alpha+\frac{1}{6}\alpha=1$

10 空間に四面体 OABC と点 P がある。$\overrightarrow{OA}=\vec{a}$, $\overrightarrow{OB}=\vec{b}$, $\overrightarrow{OC}=\vec{c}$ とする。$r+s+t=1$ を満たす実数 r, s, t によって $\overrightarrow{OP}=r\vec{a}+s\vec{b}+t\vec{c}$ と表されるとき

(1) 4 点 A, B, C, P は同一平面上にあることを示せ。

(2) $|\vec{a}|=1$, $|\vec{b}|=2$, $|\vec{c}|=3$ で，$\angle AOB=\angle BOC=\angle COA$ が成り立つとする。点 P が $\angle AOP=\angle BOP=\angle COP$ を満たすとき，r, s, t の値を求めよ。　　(千葉大)

(1) $r+s+t=1$ より　　$r=1-s-t$

$$\overrightarrow{OP}=r\vec{a}+s\vec{b}+t\vec{c}$$

$$=(1-s-t)\vec{a}+s\vec{b}+t\vec{c}=\vec{a}+s(\vec{b}-\vec{a})+t(\vec{c}-\vec{a})$$

ゆえに　　$\overrightarrow{OP}-\overrightarrow{OA}=s\overrightarrow{AB}+t\overrightarrow{AC}$

すなわち　　$\overrightarrow{AP}=s\overrightarrow{AB}+t\overrightarrow{AC}$

よって，点 P は平面 ABC 上にある。

すなわち，4 点 A, B, C, P は同一平面上にある。

◀ $\vec{b}-\vec{a}=\overrightarrow{AB}$
$\vec{c}-\vec{a}=\overrightarrow{AC}$

(2) $\angle AOB=\angle BOC=\angle COA=\alpha$, $\cos\alpha=m$ とおくと

$0°<\alpha<180°$ より　　$-1<m<1$

また $|\vec{a}|=1$, $|\vec{b}|=2$, $|\vec{c}|=3$ より

$$\vec{a}\cdot\vec{b}=2m,\ \vec{b}\cdot\vec{c}=6m,\ \vec{c}\cdot\vec{a}=3m \qquad \cdots ①$$

◀ $\vec{a}\cdot\vec{b}=|\vec{a}|\cdot|\vec{b}|\cos\alpha$
$=1\cdot2\cdot m=2m$

次に，$\angle AOP=\angle BOP=\angle COP=\theta$, $\overrightarrow{OP}=\vec{p}$ とおくと

$$\cos\theta=\frac{\vec{a}\cdot\vec{p}}{|\vec{a}||\vec{p}|}=\frac{\vec{b}\cdot\vec{p}}{|\vec{b}||\vec{p}|}=\frac{\vec{c}\cdot\vec{p}}{|\vec{c}||\vec{p}|}$$

$|\vec{a}|=1$, $|\vec{b}|=2$, $|\vec{c}|=3$ を代入すると

$$\vec{a}\cdot\vec{p}=\frac{\vec{b}\cdot\vec{p}}{2}=\frac{\vec{c}\cdot\vec{p}}{3}$$

この式の値を n とおくと

$$\vec{a}\cdot\vec{p}=n \qquad \cdots ②$$

$\vec{b}\cdot\vec{p}=2n$ $\quad\cdots③$

$\vec{c}\cdot\vec{p}=3n$ $\quad\cdots④$

①，②より $\quad n=\vec{a}\cdot\vec{p}=\vec{a}\cdot(r\vec{a}+s\vec{b}+t\vec{c})$

$=r|\vec{a}|^2+s\vec{a}\cdot\vec{b}+t\vec{a}\cdot\vec{c}$

$=r+2ms+3mt$

すなわち $\quad n=r+2ms+3mt$ $\quad\cdots⑤$

①，③より $\quad 2n=\vec{b}\cdot\vec{p}=\vec{b}\cdot(r\vec{a}+s\vec{b}+t\vec{c})$

$=r\vec{a}\cdot\vec{b}+s|\vec{b}|^2+t\vec{b}\cdot\vec{c}$

$=2mr+4s+6mt$

よって $\quad n=mr+2s+3mt$ $\quad\cdots⑥$

①，④より $\quad 3n=\vec{c}\cdot\vec{p}=\vec{c}\cdot(r\vec{a}+s\vec{b}+t\vec{c})$

$=r\vec{c}\cdot\vec{a}+s\vec{b}\cdot\vec{c}+t|\vec{c}|^2$

$=3mr+6ms+9t$

よって $\quad n=mr+2ms+3t$ $\quad\cdots⑦$

⑤－⑥より $\quad 0=(1-m)r+2(m-1)s$ ◀⑤，⑥，⑦の3元連立1次方程式を解く。

$(m-1)(r-2s)=0$

$-1<m<1$ より $\quad r=2s$ $\quad\cdots⑧$ ◀$m\neq 1$

⑥－⑦より $\quad 0=2(1-m)s+3(m-1)t$

$(m-1)(2s-3t)=0$

$-1<m<1$ より $\quad t=\dfrac{2}{3}s$ $\quad\cdots⑨$

⑧，⑨を $r+s+t=1$ に代入すると

$2s+s+\dfrac{2}{3}s=1$ より $\quad s=\dfrac{3}{11}$

⑧，⑨に代入すると $\quad r=\dfrac{6}{11}$，$t=\dfrac{2}{11}$

以上より $\quad \boldsymbol{r=\dfrac{6}{11}}$，$\boldsymbol{s=\dfrac{3}{11}}$，$\boldsymbol{t=\dfrac{2}{11}}$

入試攻略

11 1辺の長さが1の正十二面体を考える。点O，A，B，C，D，E，Fを図に示す正十二面体の頂点とし，$\overrightarrow{OA}=\vec{a}$，$\overrightarrow{OB}=\vec{b}$，$\overrightarrow{OC}=\vec{c}$ とおくとき，次の問に答えよ。なお，正十二面体では，すべての面は合同な正五角形であり，各頂点は3つの正五角形に共有されている。

(1) 1辺の長さが1の正五角形の対角線の長さを求めて，内積 $\vec{a}\cdot\vec{b}$ を求めよ。

(2) $\overrightarrow{CD}$，$\overrightarrow{OF}$ を $\vec{a}$，$\vec{b}$，$\vec{c}$ を用いて表せ。

(3) Oから平面ABDに垂線OHを下ろす。$\overrightarrow{OH}$ を $\vec{a}$，$\vec{b}$，$\vec{c}$ を用いて表せ。さらにその大きさを求めよ。 (福井大)

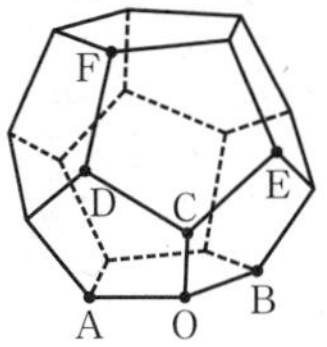

(1) 正五角形は円に内接し，等しい長さの弧がつくる円周角は等しいから，右の図において

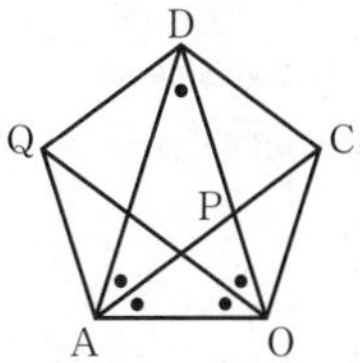

$\angle DOQ=\angle QOA$

$=\angle ADO=\angle OAC$

$=\angle CAD$

$\triangle DAO$ と $\triangle APO$ において

$\angle ADO=\angle PAO$，$\angle DOA=\angle AOP$ であるから

$\triangle DAO \backsim \triangle APO$

また，$\triangle APO$，$\triangle PDA$ は二等辺三角形であるから

$PD = PA = AO = 1$

ここで，$DO = t$ とおくと，$DO : AO = AO : PO$ より

$t : 1 = 1 : (t-1)$

ゆえに　$t^2 - t - 1 = 0$

したがって　$t = \dfrac{1 \pm \sqrt{5}}{2}$

$t > 0$ であるから，正五角形の対角線の長さは　$t = \mathbf{\dfrac{1+\sqrt{5}}{2}}$

さらに，$|\overrightarrow{AB}| = |\overrightarrow{OB} - \overrightarrow{OA}| = |\vec{b} - \vec{a}| = \dfrac{1+\sqrt{5}}{2}$ であるから

$$|\vec{b} - \vec{a}|^2 = \left(\frac{1+\sqrt{5}}{2}\right)^2$$

$$|\vec{b}|^2 - 2\vec{a}\cdot\vec{b} + |\vec{a}|^2 = \frac{3+\sqrt{5}}{2}$$

したがって　$\boldsymbol{\vec{a}\cdot\vec{b} = \dfrac{1-\sqrt{5}}{4}}$

(2)　(1)の図において，$DA \parallel CO$，$DA : CO = \dfrac{1+\sqrt{5}}{2} : 1$ であるから

$$\overrightarrow{AD} = \frac{1+\sqrt{5}}{2}\overrightarrow{OC} = \frac{1+\sqrt{5}}{2}\vec{c}$$

$$\overrightarrow{CD} = \overrightarrow{CO} + \overrightarrow{OA} + \overrightarrow{AD} = -\vec{c} + \vec{a} + \frac{1+\sqrt{5}}{2}\vec{c}$$

$$= \boldsymbol{\vec{a} + \frac{-1+\sqrt{5}}{2}\vec{c}}$$

同様にして　$\overrightarrow{CE} = \vec{b} + \dfrac{-1+\sqrt{5}}{2}\vec{c}$

また，$\overrightarrow{EF} = \dfrac{1+\sqrt{5}}{2}\overrightarrow{CD}$ であるから

$$\overrightarrow{OF} = \overrightarrow{OC} + \overrightarrow{CE} + \overrightarrow{EF}$$

$$= \vec{c} + \vec{b} + \frac{-1+\sqrt{5}}{2}\vec{c} + \frac{1+\sqrt{5}}{2}\overrightarrow{CD}$$

$$= \vec{b} + \frac{1+\sqrt{5}}{2}\vec{c} + \frac{1+\sqrt{5}}{2}\left(\vec{a} + \frac{-1+\sqrt{5}}{2}\vec{c}\right)$$

$$= \frac{1+\sqrt{5}}{2}\vec{a} + \vec{b} + \frac{1+\sqrt{5}}{2}\vec{c} + \vec{c}$$

$$= \boldsymbol{\frac{1+\sqrt{5}}{2}\vec{a} + \vec{b} + \frac{3+\sqrt{5}}{2}\vec{c}}$$

(3)　点 H は平面 ABD 上にあるから，

$\overrightarrow{OH} = k\vec{a} + l\vec{b} + m\overrightarrow{OD}$ かつ $k + l + m = 1$

とおける。

よって，(2)より

$$\overrightarrow{OH} = k\vec{a} + l\vec{b} + m\left(\vec{a} + \frac{1+\sqrt{5}}{2}\vec{c}\right)$$

◀ $\angle APO = \angle ADP + \angle DAP$

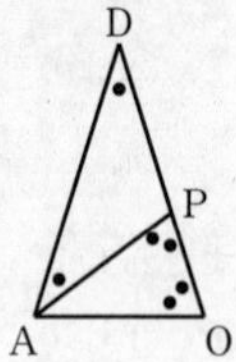

ゆえに $\angle APO = \angle AOP$

◀ $|\vec{a}| = |\vec{b}| = 1$

◀ 錯角が等しい。

◀ $EB \parallel CO$，
$EB : CO = \dfrac{1+\sqrt{5}}{2} : 1$，
$\overrightarrow{CE} = \overrightarrow{CO} + \overrightarrow{OB} + \overrightarrow{BE}$

◀ 同様にして
$\overrightarrow{DF} = \overrightarrow{CE} + \dfrac{-1+\sqrt{5}}{2}\overrightarrow{CD}$
を用いてもよい。

$$= (k+m)\vec{a}+l\vec{b}+\frac{1+\sqrt{5}}{2}m\vec{c}$$

$$= (1-l)\vec{a}+l\vec{b}+\frac{1+\sqrt{5}}{2}m\vec{c}$$

◀ $k+l+m=1$ より，$k+m=1-l$

また，$\vec{a}\cdot\vec{b}=\vec{b}\cdot\vec{c}=\vec{c}\cdot\vec{a}=\dfrac{1-\sqrt{5}}{4}$ に注意すると，$\overrightarrow{\mathrm{OH}}\perp\overrightarrow{\mathrm{AB}}$ より，$\overrightarrow{\mathrm{OH}}\cdot\overrightarrow{\mathrm{AB}}=0$ であるから

$$\overrightarrow{\mathrm{OH}}\cdot\overrightarrow{\mathrm{AB}}=\left\{(1-l)\vec{a}+l\vec{b}+\frac{1+\sqrt{5}}{2}m\vec{c}\right\}\cdot(\vec{b}-\vec{a})$$

$$=(1-l)\vec{a}\cdot\vec{b}+l|\vec{b}|^2+\frac{1+\sqrt{5}}{2}m\vec{c}\cdot\vec{b}$$

$$-(1-l)|\vec{a}|^2-l\vec{b}\cdot\vec{a}-\frac{1+\sqrt{5}}{2}m\vec{c}\cdot\vec{a}$$

$$=(1-l)\frac{1-\sqrt{5}}{4}+l+\frac{1+\sqrt{5}}{2}m\frac{1-\sqrt{5}}{4}$$

$$-(1-l)-l\frac{1-\sqrt{5}}{4}-\frac{1+\sqrt{5}}{2}m\frac{1-\sqrt{5}}{4}$$

$$=\frac{3+\sqrt{5}}{2}l-\frac{3+\sqrt{5}}{4}=0$$

ゆえに　$l=\dfrac{1}{2}$

さらに，$\overrightarrow{\mathrm{OH}}\perp\overrightarrow{\mathrm{AD}}$ より，$\overrightarrow{\mathrm{OH}}\cdot\overrightarrow{\mathrm{AD}}=0$ であるから

$$\overrightarrow{\mathrm{OH}}\cdot\overrightarrow{\mathrm{AD}}=\left\{(1-l)\vec{a}+l\vec{b}+\frac{1+\sqrt{5}}{2}m\vec{c}\right\}\cdot\frac{1+\sqrt{5}}{2}\vec{c}$$

$$=\frac{1+\sqrt{5}}{2}\left\{(1-l)\vec{a}\cdot\vec{c}+l\vec{b}\cdot\vec{c}+\frac{1+\sqrt{5}}{2}m|\vec{c}|^2\right\}$$

$$=\frac{1+\sqrt{5}}{2}\left\{(1-l)\frac{1-\sqrt{5}}{4}+l\frac{1-\sqrt{5}}{4}+\frac{1+\sqrt{5}}{2}m\right\}$$

$$=\frac{1+\sqrt{5}}{2}\left(\frac{1-\sqrt{5}}{4}+\frac{1+\sqrt{5}}{2}m\right)=0$$

ゆえに　$\dfrac{1+\sqrt{5}}{2}m=\dfrac{\sqrt{5}-1}{4}$

したがって　$\boldsymbol{\overrightarrow{\mathrm{OH}}=\dfrac{1}{2}\vec{a}+\dfrac{1}{2}\vec{b}+\dfrac{\sqrt{5}-1}{4}\vec{c}}$

また

$$|\overrightarrow{\mathrm{OH}}|^2=\left|\frac{1}{2}\vec{a}+\frac{1}{2}\vec{b}+\frac{\sqrt{5}-1}{4}\vec{c}\right|^2$$

$$=\frac{1}{4}|\vec{a}|^2+\frac{1}{4}|\vec{b}|^2+\left(\frac{\sqrt{5}-1}{4}\right)^2\times|\vec{c}|^2$$

$$+\frac{1}{2}\vec{a}\cdot\vec{b}+\frac{\sqrt{5}-1}{4}\vec{b}\cdot\vec{c}+\frac{\sqrt{5}-1}{4}\vec{c}\cdot\vec{a}$$

$$=\frac{1}{4}+\frac{1}{4}+\left(\frac{\sqrt{5}-1}{4}\right)^2+\frac{1}{2}\times\frac{1-\sqrt{5}}{4}$$

$$+\frac{\sqrt{5}-1}{4}\times\frac{1-\sqrt{5}}{4}+\frac{\sqrt{5}-1}{4}\times\frac{1-\sqrt{5}}{4}$$

$$= \frac{1}{4} + \frac{1}{4} + \frac{3-\sqrt{5}}{8} + \frac{1-\sqrt{5}}{8} + \frac{\sqrt{5}-3}{8} + \frac{\sqrt{5}-3}{8}$$
$$= \frac{1}{4}$$

$|\overrightarrow{OH}| > 0$ より　　$|\overrightarrow{OH}| = \mathbf{\frac{1}{2}}$

12 点Oを1つの頂点とする4面体OABCを考える。$\overrightarrow{OA} = \vec{a}$，$\overrightarrow{OB} = \vec{b}$，$\overrightarrow{OC} = \vec{c}$ とし，$\vec{a}$ と $\vec{b}$，$\vec{b}$ と $\vec{c}$，$\vec{c}$ と $\vec{a}$ がそれぞれ直交するとき，次の問に答えよ。

(1) k，l，m を実数とする。空間の点Pを $\overrightarrow{OP} = k\vec{a} + l\vec{b} + m\vec{c}$ とするとき，内積 $\overrightarrow{OP}\cdot\overrightarrow{AP}$ を k，l，m，$\vec{a}$，$\vec{b}$，$\vec{c}$ を用いて表せ。

(2) 点Oから△ABCに垂線OHを下ろすとする。$\overrightarrow{OH}$ を $\vec{a}$，$\vec{b}$，$\vec{c}$ を用いて表せ。

(3) △ABCの面積 S を $\vec{a}$，$\vec{b}$，$\vec{c}$ を用いて表せ。

(4) △OABの面積を S_1，△OBCの面積を S_2，△OCAの面積を S_3 とする。△ABCの面積 S を S_1，S_2，S_3 を用いて表せ。　　(同志社大)

(1) $\vec{a}$，$\vec{b}$，$\vec{c}$ はどの2つも直交するから

$\vec{a}\cdot\vec{b} = \vec{b}\cdot\vec{c} = \vec{c}\cdot\vec{a} = 0$

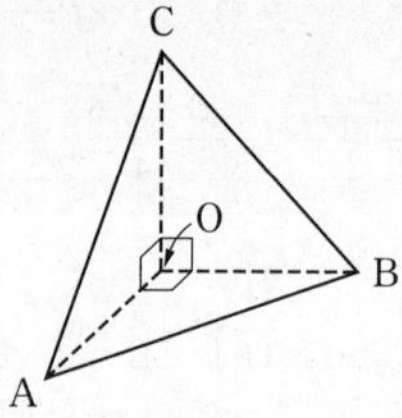

内積 $\overrightarrow{OP}\cdot\overrightarrow{AP}$ を求めると

$$\overrightarrow{OP}\cdot\overrightarrow{AP}$$
$$= \overrightarrow{OP}\cdot(\overrightarrow{OP} - \overrightarrow{OA})$$
$$= (k\vec{a} + l\vec{b} + m\vec{c})\cdot(k\vec{a} + l\vec{b} + m\vec{c} - \vec{a})$$
$$= k^2|\vec{a}|^2 - k|\vec{a}|^2 + l^2|\vec{b}|^2 + m^2|\vec{c}|^2$$
$$= \boldsymbol{(k^2 - k)|\vec{a}|^2 + l^2|\vec{b}|^2 + m^2|\vec{c}|^2}$$

◀ $\vec{a}\cdot\vec{b} = \vec{b}\cdot\vec{c} = \vec{c}\cdot\vec{a} = 0$ を代入する。

(2) $\overrightarrow{OH} = x\vec{a} + y\vec{b} + z\vec{c}$ とする。

点Hは△ABC上にあるから　　$x + y + z = 1$　　…①

$\overrightarrow{OH}$ は平面ABCと垂直であるから

$\overrightarrow{OH} \perp \overrightarrow{AB}$，$\overrightarrow{OH} \perp \overrightarrow{BC}$

すなわち　　$\overrightarrow{OH}\cdot\overrightarrow{AB} = 0$ …②，$\overrightarrow{OH}\cdot\overrightarrow{BC} = 0$ …③

②より　　$\overrightarrow{OH}\cdot\overrightarrow{AB} = (x\vec{a} + y\vec{b} + z\vec{c})\cdot(\vec{b} - \vec{a}) = 0$

$-x|\vec{a}|^2 + y|\vec{b}|^2 = 0$

よって　　$x|\vec{a}|^2 = y|\vec{b}|^2$　　…④

③より　　$\overrightarrow{OH}\cdot\overrightarrow{BC} = (x\vec{a} + y\vec{b} + z\vec{c})\cdot(\vec{c} - \vec{b}) = 0$

$-y|\vec{b}|^2 + z|\vec{c}|^2 = 0$

よって　　$y|\vec{b}|^2 = z|\vec{c}|^2$　　…⑤

④，⑤より　　$x|\vec{a}|^2 = y|\vec{b}|^2 = z|\vec{c}|^2$

ここで，$x|\vec{a}|^2 = y|\vec{b}|^2 = z|\vec{c}|^2 = s$ とおくと

$$x = \frac{s}{|\vec{a}|^2},\ y = \frac{s}{|\vec{b}|^2},\ z = \frac{s}{|\vec{c}|^2}$$

①に代入すると　　$\dfrac{s}{|\vec{a}|^2} + \dfrac{s}{|\vec{b}|^2} + \dfrac{s}{|\vec{c}|^2} = 1$

$$s=\frac{|\vec{a}|^2|\vec{b}|^2|\vec{c}|^2}{|\vec{a}|^2|\vec{b}|^2+|\vec{b}|^2|\vec{c}|^2+|\vec{c}|^2|\vec{a}|^2}$$

したがって

$$\overrightarrow{\mathrm{OH}}=\frac{|\vec{b}|^2|\vec{c}|^2\vec{a}+|\vec{c}|^2|\vec{a}|^2\vec{b}+|\vec{a}|^2|\vec{b}|^2\vec{c}}{|\vec{a}|^2|\vec{b}|^2+|\vec{b}|^2|\vec{c}|^2+|\vec{c}|^2|\vec{a}|^2}$$

◀ x, y, z に s を代入する。

(3) $S=\dfrac{1}{2}\sqrt{|\overrightarrow{\mathrm{AB}}|^2|\overrightarrow{\mathrm{AC}}|^2-(\overrightarrow{\mathrm{AB}}\cdot\overrightarrow{\mathrm{AC}})^2}$

ここで，$|\overrightarrow{\mathrm{AB}}|=|\vec{b}-\vec{a}|$，$|\overrightarrow{\mathrm{AC}}|=|\vec{c}-\vec{a}|$ より

◀ $\vec{a}\cdot\vec{b}=\vec{b}\cdot\vec{c}=\vec{c}\cdot\vec{a}=0$

$$|\overrightarrow{\mathrm{AB}}|^2=|\vec{b}|^2-2\vec{a}\cdot\vec{b}+|\vec{a}|^2=|\vec{a}|^2+|\vec{b}|^2$$

$$|\overrightarrow{\mathrm{AC}}|^2=|\vec{c}|^2-2\vec{c}\cdot\vec{a}+|\vec{a}|^2=|\vec{c}|^2+|\vec{a}|^2$$

$$\overrightarrow{\mathrm{AB}}\cdot\overrightarrow{\mathrm{AC}}=(\vec{b}-\vec{a})\cdot(\vec{c}-\vec{a})=|\vec{a}|^2$$

よって　$S=\dfrac{1}{2}\sqrt{(|\vec{a}|^2+|\vec{b}|^2)(|\vec{c}|^2+|\vec{a}|^2)-(|\vec{a}|^2)^2}$

$$=\frac{1}{2}\sqrt{|\vec{a}|^2|\vec{b}|^2+|\vec{b}|^2|\vec{c}|^2+|\vec{c}|^2|\vec{a}|^2}$$

(4) $\vec{a}$, $\vec{b}$, $\vec{c}$ はどの2つも直交するから，△OAB，△OBC，△OCA は直角三角形である。

よって　$S_1=\dfrac{1}{2}|\vec{a}||\vec{b}|$，　$S_2=\dfrac{1}{2}|\vec{b}||\vec{c}|$，　$S_3=\dfrac{1}{2}|\vec{c}||\vec{a}|$

ゆえに　$|\vec{a}|^2|\vec{b}|^2=4S_1{}^2$，　$|\vec{b}|^2|\vec{c}|^2=4S_2{}^2$，　$|\vec{c}|^2|\vec{a}|^2=4S_3{}^2$

したがって，(3) の結果より

$$S=\frac{1}{2}\sqrt{4(S_1{}^2+S_2{}^2+S_3{}^2)}=\sqrt{S_1{}^2+S_2{}^2+S_3{}^2}$$

13 a，b を正の数とする。空間内の3点 A$(a,\ -a,\ b)$，B$(-a,\ a,\ b)$，C$(a,\ a,\ -b)$ を通る平面を α，原点 O を中心とし3点 A，B，C を通る球面を S とする。

(1) 線分 AB の中点を D とするとき，$\overrightarrow{\mathrm{DC}}\perp\overrightarrow{\mathrm{AB}}$ および $\overrightarrow{\mathrm{DO}}\perp\overrightarrow{\mathrm{AB}}$ であることを示せ。また，△ABC の面積を求めよ。

(2) ベクトル $\overrightarrow{\mathrm{DC}}$ と $\overrightarrow{\mathrm{DO}}$ のなす角を θ とするとき，$\sin\theta$ を求めよ。また，平面 α に垂直で原点 O を通る直線と平面 α との交点を H とするとき，線分 OH の長さを求めよ。

(3) 点 P が球面 S 上を動くとき，四面体 ABCP の体積の最大値を求めよ。ただし，P は平面 α 上にないものとする。　（九州大）

(1) $\overrightarrow{\mathrm{OD}}=(0,\ 0,\ b)$ であるから

$$\overrightarrow{\mathrm{DC}}=(a,\ a,\ -2b),\ \overrightarrow{\mathrm{DO}}=(0,\ 0,\ -b)$$

また，$\overrightarrow{\mathrm{AB}}=(-2a,\ 2a,\ 0)$ より

$$\overrightarrow{\mathrm{DC}}\cdot\overrightarrow{\mathrm{AB}}=a\times(-2a)+a\times2a+(-2b)\times0=0$$

$$\overrightarrow{\mathrm{DO}}\cdot\overrightarrow{\mathrm{AB}}=0\times(-2a)+0\times2a+(-b)\times0=0$$

$a>0$，$b>0$ より $\overrightarrow{\mathrm{DC}}\neq\vec{0}$，$\overrightarrow{\mathrm{DO}}\neq\vec{0}$，$\overrightarrow{\mathrm{AB}}\neq\vec{0}$ であるから

$$\overrightarrow{\mathrm{DC}}\perp\overrightarrow{\mathrm{AB}},\ \overrightarrow{\mathrm{DO}}\perp\overrightarrow{\mathrm{AB}}$$

また，$|\overrightarrow{\mathrm{DC}}|=\sqrt{2(a^2+2b^2)}$，$|\overrightarrow{\mathrm{AB}}|=2\sqrt{2}a$ であるから，△ABC の面積は

◀ 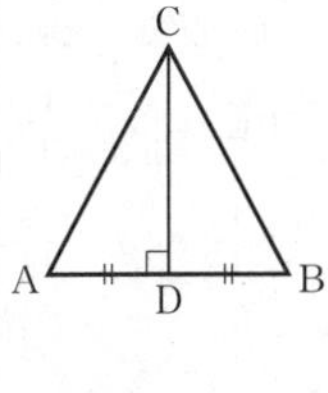

$$\frac{1}{2}|\overrightarrow{\mathrm{DC}}||\overrightarrow{\mathrm{AB}}|=\frac{1}{2}\sqrt{2(a^2+2b^2)}\cdot2\sqrt{2}a$$

$$= \boldsymbol{2a\sqrt{a^2+2b^2}}$$

(2) $\overrightarrow{DC}\cdot\overrightarrow{DO} = a\times 0 + a\times 0 + (-2b)\times(-b) = 2b^2$ より

$$\cos\theta = \frac{2b^2}{\sqrt{2(a^2+2b^2)}\times b} = \frac{\sqrt{2}\,b}{\sqrt{a^2+2b^2}}$$

◀ $\cos\theta = \dfrac{\overrightarrow{DC}\cdot\overrightarrow{DO}}{|\overrightarrow{DC}||\overrightarrow{DO}|}$

よって　$\sin\theta = \sqrt{1-\cos^2\theta}$

$$= \sqrt{1-\frac{2b^2}{a^2+2b^2}} = \boldsymbol{\frac{a}{\sqrt{a^2+2b^2}}}$$

◀ $0° < \theta < 180°$ より $\sin\theta > 0$

◀ $a > 0$ より $\sqrt{a^2} = a$

(1) より，$AB \perp$ 平面 DOC であるから

平面 $\alpha \perp$ 平面 DOC

◀ $AB \perp DC$, $AB \perp DO$ より

よって，点 H は直線 CD 上にある。

したがって　$OH = |\overrightarrow{DO}|\sin\theta = \boldsymbol{\dfrac{ab}{\sqrt{a^2+2b^2}}}$

◀

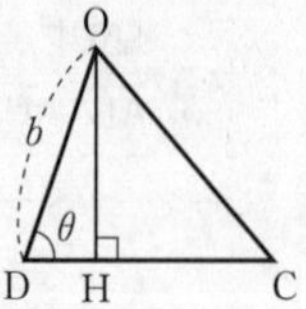

(3) 点 P は球面 S 上を動くことより

$$|\overrightarrow{OP}| = |\overrightarrow{OA}| = \sqrt{2a^2+b^2}$$

◀ OP は球 S の半径である。

であり一定であるから，四面体 ABCP の体積が最大となるのは，点 P から平面 α への距離が最大となるとき，すなわち 3 点 P，O，H がこの順に一直線上にあるときである。

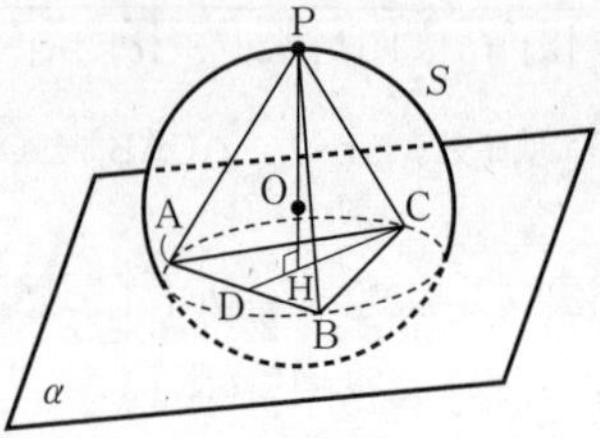

このとき　$PO + OH = \sqrt{2a^2+b^2} + \dfrac{ab}{\sqrt{a^2+2b^2}}$

よって，四面体 ABCP の体積の最大値は

◀ $\dfrac{1}{3}\times$底面積$\times$高さ

$$\frac{1}{3}\times 2a\sqrt{a^2+2b^2}\times\left(\sqrt{2a^2+b^2}+\frac{ab}{\sqrt{a^2+2b^2}}\right)$$

$$= \boldsymbol{\frac{2a}{3}\left\{\sqrt{(2a^2+b^2)(a^2+2b^2)}+ab\right\}}$$

◀ (1) より，△ABC の面積は $2a\sqrt{a^2+2b^2}$

p.319　2章　平面上の曲線

14　2 つの放物線 $C_1 : y = x^2$，$C_2 : y = -4x^2 + a$（a は正の定数）の 2 つの交点と原点を通る円の中心を F とする。点 F が放物線 C_2 の焦点になっているときの a の値と点 F の座標を求めよ。

（東京医科大）

C_2 の方程式より　$x^2 = 4\cdot\left(-\dfrac{1}{16}\right)(y-a)$

◀ $-4x^2 = y - a$
$x^2 = 4\cdot\left(-\dfrac{1}{16}\right)(y-a)$

F は C_2 の焦点であり，その座標は

$$F\left(0,\ a-\frac{1}{16}\right) \quad \cdots ①$$

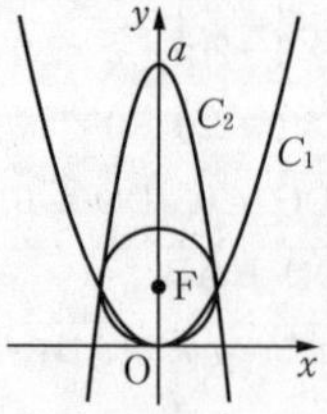

C_1 と C_2 の交点と原点を通る円 C の中心は F であり，半径は $\left|a-\dfrac{1}{16}\right|$ であるから，円 C の方程式は

◀ C_1 と C_2 の交点と原点を通る円は x 軸に接する。

$$x^2 + \left\{y-\left(a-\frac{1}{16}\right)\right\}^2 = \left(a-\frac{1}{16}\right)^2 \quad \cdots ②$$

C_1 と C_2 の交点の x 座標は，$x^2=-4x^2+a$ より　$x=\pm\sqrt{\dfrac{a}{5}}$

◀ $5x^2=a$

よって，交点の座標は　$\left(\pm\sqrt{\dfrac{a}{5}},\ \dfrac{a}{5}\right)$　…③

C_1 と C_2 の交点が円 C 上にあることから，③ を ② に代入して

$$\left(\pm\sqrt{\frac{a}{5}}\right)^2+\left\{\frac{a}{5}-\left(a-\frac{1}{16}\right)\right\}^2=\left(a-\frac{1}{16}\right)^2$$

$$\frac{a}{5}+\frac{a^2}{25}-\frac{2}{5}a\left(a-\frac{1}{16}\right)=0$$

◀ $5a+a^2-10a\left(a-\dfrac{1}{16}\right)=0$

$5a+a^2-10a^2+\dfrac{5}{8}a=0$

$-a\left(9a-\dfrac{45}{8}\right)=0$

$a\neq 0$ より　$\boldsymbol{a=\dfrac{5}{8}}$

① より，F の座標は　$\mathbf{F}\left(\mathbf{0},\ \dfrac{\mathbf{9}}{\mathbf{16}}\right)$

---

15 点 $\mathrm{P}(x,\ y)$ が双曲線 $\dfrac{x^2}{2}-y^2=1$ 上を動くとき，点 $\mathrm{P}(x,\ y)$ と点 $\mathrm{A}(a,\ 0)$ との距離の最小値を $f(a)$ とする。

(1) $f(a)$ を a で表せ。

(2) $f(a)$ を a の関数と見なすとき，ab 平面上に曲線 $b=f(a)$ の概形をかけ。　(筑波大)

---

(1) $\dfrac{x^2}{2}-y^2=1$ …① とおく。

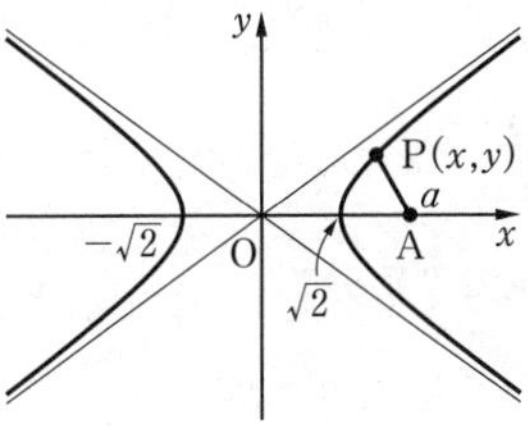

双曲線 ① は y 軸に関して対称であるから，まず $a\geqq 0$ として考える。

◀ $f(-a)=f(a)$ である。

このとき，AP が最小となるような点 P は $x\geqq 0$ の範囲にあるから，$x\geqq\sqrt{2}$ で考える。

$$\begin{aligned}\mathrm{AP}^2&=(x-a)^2+y^2\\&=(x-a)^2+\left(\frac{x^2}{2}-1\right)\\&=\frac{3}{2}x^2-2ax+a^2-1\\&=\frac{3}{2}\left(x-\frac{2}{3}a\right)^2+\frac{a^2}{3}-1\end{aligned}$$

◀ ① より $y^2=\dfrac{x^2}{2}-1$ を代入する。

(ア) $0\leqq\dfrac{2}{3}a\leqq\sqrt{2}$ すなわち

$0\leqq a\leqq\dfrac{3\sqrt{2}}{2}$ のとき

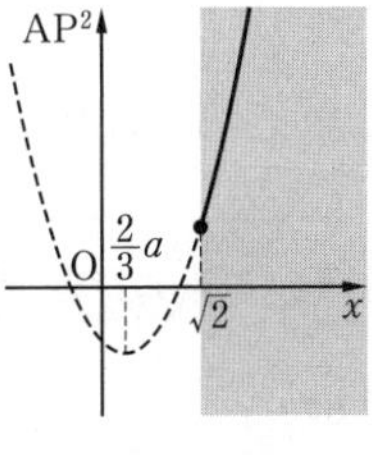

AP^2 は $x=\sqrt{2}$ のとき最小となり

$$\begin{aligned}f(a)&=\sqrt{\frac{3}{2}\cdot(\sqrt{2})^2-2\sqrt{2}a+a^2-1}\\&=\sqrt{a^2-2\sqrt{2}a+2}\\&=\sqrt{(a-\sqrt{2})^2}=|a-\sqrt{2}|\end{aligned}$$

◀ $0\leqq a\leqq\dfrac{3\sqrt{2}}{2}$ であるから絶対値を外してはいけない。

(イ) $\frac{2}{3}a > \sqrt{2}$ すなわち $a > \frac{3\sqrt{2}}{2}$ のとき

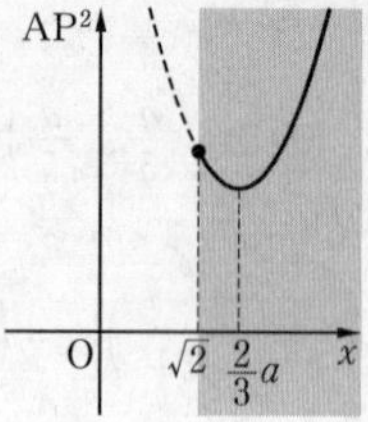

AP^2 は $x = \frac{2}{3}a$ のとき最小となり

$$f(a) = \sqrt{\frac{a^2}{3} - 1}$$

次に，$a \leqq 0$ のとき，対称性に注意すると

(ウ) $-\frac{3\sqrt{2}}{2} \leqq a \leqq 0$ のとき

AP^2 は $x = -\sqrt{2}$ のとき最小となり　　$f(a) = |a + \sqrt{2}|$

◀ $f(a) = f(-a)$
$= |-a-\sqrt{2}|$
$= |a+\sqrt{2}|$

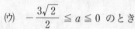

(エ) $a < -\frac{3\sqrt{2}}{2}$ のとき

AP^2 は $x = \frac{2}{3}a$ のとき最小となり　　$f(a) = \sqrt{\frac{a^2}{3} - 1}$

(ア)〜(エ)より

$$f(a) = \begin{cases} \sqrt{\frac{a^2}{3} - 1} & \left(a < -\frac{3\sqrt{2}}{2},\ \frac{3\sqrt{2}}{2} < a \text{ のとき}\right) \\ |a - \sqrt{2}| & \left(0 \leqq a \leqq \frac{3\sqrt{2}}{2} \text{ のとき}\right) \\ |a + \sqrt{2}| & \left(-\frac{3\sqrt{2}}{2} \leqq a \leqq 0 \text{ のとき}\right) \end{cases}$$

(2) $a < -\frac{3\sqrt{2}}{2}$，$\frac{3\sqrt{2}}{2} < a$ のとき

$b = \sqrt{\frac{a^2}{3} - 1}$ の両辺を 2 乗すると

$$b^2 = \frac{a^2}{3} - 1$$

よって　$\frac{a^2}{3} - b^2 = 1$

したがって，$b = f(a)$ のグラフは**右の図**。

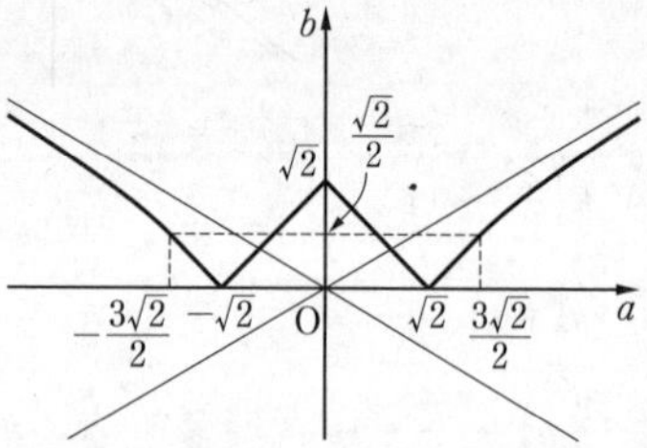

◀ この曲線は双曲線であり，漸近線は

$b = \pm\frac{1}{\sqrt{3}}a$

である。

16 xy 平面において，$x^2 + 2y^2 = 2$ で与えられる楕円を C とする。点 $P(2,\ p)$ を通る C の 2 本の接線の接点をそれぞれ A，B とする。$\angle APB = \theta$ $(0 \leqq \theta \leqq \pi)$ とおいて，$\tan^2\theta$ を p を用いて表せ。
(京都工芸繊維大)

C 上の点 $(x_1,\ y_1)$ における接線の方程式は

$$x_1x + 2y_1y = 2 \quad \cdots ①$$

これが点 $P(2,\ p)$ を通るから

$$2x_1 + 2py_1 = 2$$
$$x_1 + py_1 = 1 \quad \cdots ②$$

また，$x_1{}^2 + 2y_1{}^2 = 2$ より

$$(1 - py_1)^2 + 2y_1{}^2 = 2$$
$$(p^2 + 2)y_1{}^2 - 2py_1 - 1 = 0 \quad \cdots ③$$

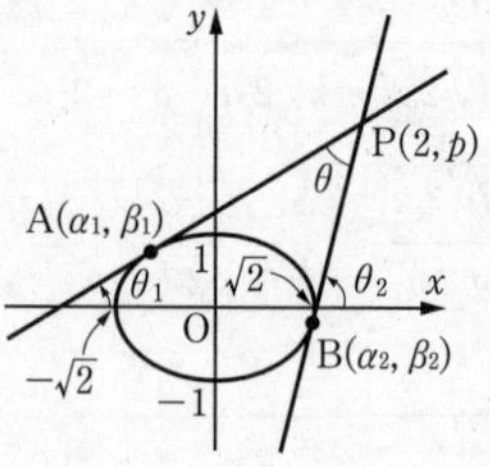

◀ ② より　$x_1 = 1 - py_1$
これを $x_1{}^2 + 2y_1{}^2 = 2$ に代入する。

ここで，2つの接点を $A(\alpha_1,\ \beta_1)$，$B(\alpha_2,\ \beta_2)$ とする。
2本の接線と x 軸の正の向きとのなす角をそれぞれ $\theta_1, \theta_2\ (0 \leqq \theta_1 < \theta_2 < \pi)$ とすると，① より，接点 A における接線の方程式は

$$\alpha_1 x + 2\beta_1 y = 2$$

$\beta_1 \neq 0$ であるから　$\tan\theta_1 = -\dfrac{\alpha_1}{2\beta_1}$

◀接線 $\alpha_1 x + 2\beta_1 y = 2$ の傾き $-\dfrac{\alpha_1}{2\beta_1}$ が $\tan\theta_1$ と一致する。

② より，$\alpha_1 + p\beta_1 = 1$ であるから　$\alpha_1 = 1 - p\beta_1$

よって　$\tan\theta_1 = -\dfrac{1-p\beta_1}{2\beta_1} = \dfrac{1}{2}\left(p - \dfrac{1}{\beta_1}\right)$

同様にして　$\tan\theta_2 = \dfrac{1}{2}\left(p - \dfrac{1}{\beta_2}\right)$

$\theta = \theta_2 - \theta_1$ または $\theta = \pi - (\theta_2 - \theta_1)$ より

$$\tan(\theta_2 - \theta_1) = \frac{\tan\theta_2 - \tan\theta_1}{1 + \tan\theta_2 \tan\theta_1}$$

$$= \frac{\dfrac{1}{2}\left(p - \dfrac{1}{\beta_2}\right) - \dfrac{1}{2}\left(p - \dfrac{1}{\beta_1}\right)}{1 + \dfrac{1}{2}\left(p - \dfrac{1}{\beta_2}\right)\cdot\dfrac{1}{2}\left(p - \dfrac{1}{\beta_1}\right)}$$

$$= \frac{\dfrac{1}{2}\left(\dfrac{1}{\beta_1} - \dfrac{1}{\beta_2}\right)}{1 + \dfrac{1}{4}\left(p - \dfrac{1}{\beta_2}\right)\left(p - \dfrac{1}{\beta_1}\right)}$$

$$= \frac{2(\beta_2 - \beta_1)}{(p^2+4)\beta_1\beta_2 - p(\beta_1 + \beta_2) + 1}$$

また，$\beta_1 + \beta_2 = \dfrac{2p}{p^2+2}$，$\beta_1\beta_2 = -\dfrac{1}{p^2+2}$ より

◀β_1，β_2 は2次方程式③の解であるから，解と係数の関係より

$$\beta_1 + \beta_2 = \frac{2p}{p^2+2}$$

$$\beta_1\beta_2 = -\frac{1}{p^2+2}$$

$$(\text{分子})^2 = 4(\beta_2 - \beta_1)^2 = 4\{(\beta_2 + \beta_1)^2 - 4\beta_1\beta_2\} = \frac{32(p^2+1)}{(p^2+2)^2}$$

$$(\text{分母})^2 = \left\{(p^2+4)\left(-\frac{1}{p^2+2}\right) - p\cdot\frac{2p}{p^2+2} + 1\right\}^2 = \frac{4(p^2+1)^2}{(p^2+2)^2}$$

よって　$\tan^2(\theta_2 - \theta_1) = \dfrac{8}{p^2+1}$

また　$\tan^2\{\pi - (\theta_2 - \theta_1)\} = \{-\tan(\theta_2 - \theta_1)\}^2 = \tan^2(\theta_2 - \theta_1)$

したがって　$\boldsymbol{\tan^2\theta = \dfrac{8}{p^2+1}}$

17 楕円 $\dfrac{x^2}{9} + \dfrac{y^2}{4} = 1$ を C とする。C を直線 $y = x + t$（t は実数）に関して対称移動した曲線を C_t とする。
(1) C_t の方程式を求めよ。
(2) t が実数全体を動くとき，C_t の通過する領域を表す不等式を求めよ。
(3) C_t と C が外接するとき，その接点の座標を求めよ。　　（明治大）

(1) 直線 $y=x+t$ を l とする。
C 上の点を $(p,\ q)$ とし，直線 l に関して対称移動した点を $(X,\ Y)$ とおくと

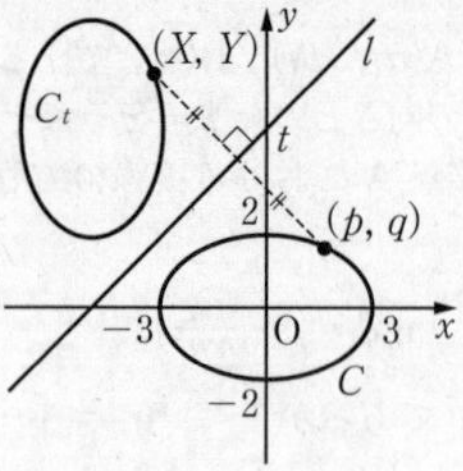

$$\frac{q+Y}{2}=\frac{p+X}{2}+t$$

よって　$p-q=-X+Y-2t$　…①

また，$\dfrac{Y-q}{X-p}=-1$ より

$$p+q=X+Y \quad \cdots ②$$

◀点 $(p,\ q)$ と点 $(X,\ Y)$ の中点 $\left(\dfrac{p+X}{2},\ \dfrac{q+Y}{2}\right)$ が直線 l 上にある。
点 $(p,\ q)$ と点 $(X,\ Y)$ を結ぶ直線は l と直交する。

①，②より　$p=Y-t,\ q=X+t$　…③

ここで，点 $(p,\ q)$ は C 上にあるから　$\dfrac{p^2}{9}+\dfrac{q^2}{4}=1$　…④

③を④に代入して　$\dfrac{(Y-t)^2}{9}+\dfrac{(X+t)^2}{4}=1$

ゆえに，C_t の方程式は　$\boldsymbol{\dfrac{(x+t)^2}{4}+\dfrac{(y-t)^2}{9}=1}$　…⑤

◀点 $(X,\ Y)$ は図形 $\dfrac{(x+t)^2}{4}+\dfrac{(y-t)^2}{9}=1$ 上にあることを示している。よって，C_t の方程式は⑤である。

(2) ⑤を t について整理すると
$13t^2+2(9x-4y)t+9x^2+4y^2-36=0$
t は実数であるから，判別式 $D_1 \geqq 0$ より
$(9x-4y)^2-13(9x^2+4y^2-36) \geqq 0$
$x^2+y^2+2xy-13 \leqq 0$
$(x+y)^2 \leqq 13$

よって　$\boldsymbol{-\sqrt{13} \leqq x+y \leqq \sqrt{13}}$

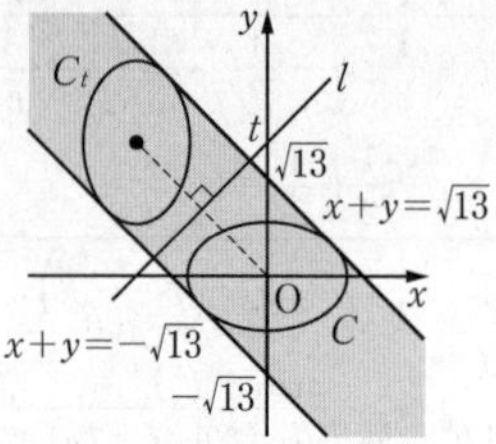

(3) C_t と C が外接するのは，C と l が接するときであるから

$$\frac{x^2}{9}+\frac{(x+t)^2}{4}=1$$

$$13x^2+18tx+9t^2-36=0$$

判別式 $\dfrac{D_2}{4}=81t^2-13(9t^2-36)=0$ より　$t^2=13$

よって　$t=\pm\sqrt{13}$

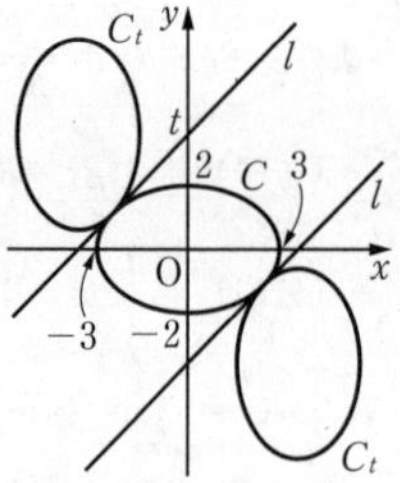

(ア) $t=\sqrt{13}$ のとき

$$x=-\frac{9}{13}t=-\frac{9\sqrt{13}}{13},\ y=-\frac{9\sqrt{13}}{13}+\sqrt{13}=\frac{4\sqrt{13}}{13}$$

◀解の公式により
$x=\dfrac{-9t\pm\sqrt{\dfrac{D_2}{4}}}{13}=-\dfrac{9}{13}t$

したがって　**接点** $\boldsymbol{\left(-\dfrac{9\sqrt{13}}{13},\ \dfrac{4\sqrt{13}}{13}\right)}$

(イ) $t=-\sqrt{13}$ のとき

$$x=-\frac{9}{13}t=\frac{9\sqrt{13}}{13},\ y=\frac{9\sqrt{13}}{13}-\sqrt{13}=-\frac{4\sqrt{13}}{13}$$

したがって　**接点** $\boldsymbol{\left(\dfrac{9\sqrt{13}}{13},\ -\dfrac{4\sqrt{13}}{13}\right)}$

18 楕円 $\dfrac{x^2}{a^2}+\dfrac{y^2}{b^2}=1\ (a>b>0)$ について，次の問に答えよ。
(1) 楕円上の点 $\mathrm{P}(x_1,\ y_1)$ における接線の方程式を求めよ。
(2) 原点を通り，(1)で求めた接線に垂直な直線 m の方程式を求めよ。
(3) 点Pを通り楕円の短軸に平行な直線を l とする。l と m が異なるとき定まるそれらの交点Qの軌跡を求めよ。
(高知大)

(1) $\dfrac{x_1x}{a^2}+\dfrac{y_1y}{b^2}=1$ すなわち $\boldsymbol{b^2x_1x+a^2y_1y=a^2b^2}$

(2) 直線 m は，原点を通り，直線 $b^2x_1x+a^2y_1y=a^2b^2$ に垂直な直線であるから，その方程式は $a^2y_1(x-0)-b^2x_1(y-0)=0$

よって $\boldsymbol{a^2y_1x-b^2x_1y=0}$

◀点 $(x_1,\ y_1)$ を通り，直線 $ax+by+c=0$ に垂直な直線の方程式は $b(x-x_1)-a(y-y_1)=0$

(3) 直線 l は，点 P を通り，y 軸に平行であるから $x=x_1$

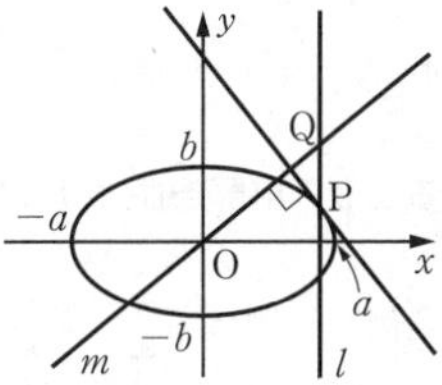

$x_1=0$ のとき，直線 l は $x=0$

直線 m は $x=0$ となり，l と m が一致する。よって，$x_1\neq 0$ として考える。

l と m の交点を $Q(X,\ Y)$ とおくと

$a^2y_1X-b^2x_1Y=0$ …①

$X=x_1$ …②

② を ① に代入すると $a^2y_1X-b^2XY=0$

$X\neq 0,\ a>0$ より $y_1=\dfrac{b^2}{a^2}Y$ …③

点 P は楕円上にあるから $\dfrac{x_1{}^2}{a^2}+\dfrac{y_1{}^2}{b^2}=1$

これに ②，③ を代入すると $\dfrac{X^2}{a^2}+\dfrac{Y^2}{\frac{a^4}{b^2}}=1\ (X\neq 0)$

◀x_1，y_1 を消去して，X と Y の関係式をつくる。

したがって，求める軌跡は

楕円 $\boldsymbol{\dfrac{x^2}{a^2}+\dfrac{y^2}{\frac{a^4}{b^2}}=1}$ **ただし，**$\boldsymbol{\left(0,\ \dfrac{a^2}{b}\right),\ \left(0,\ -\dfrac{a^2}{b}\right)}$ **を除く。**

入試攻略

---

19 座標平面上の楕円 $\dfrac{x^2}{4}+y^2=1$ の $x>0,\ y>0$ の部分を C で表す。曲線 C 上に点 $P(x_1,\ y_1)$ をとり，点 P での接線と 2 直線 $y=1$ および $x=2$ との交点をそれぞれ Q，R とする。点 $(2,\ 1)$ を A で表し，△AQR の面積を S とする。このとき，次の問に答えよ。

(1) $x_1+2y_1=k$ とおくとき，積 x_1y_1 を k を用いて表せ。

(2) S を k を用いて表せ。

(3) 点 P が曲線 C 上を動くとき，S の最大値を求めよ。 (三重大)

---

(1) 点 P は楕円上にあるから

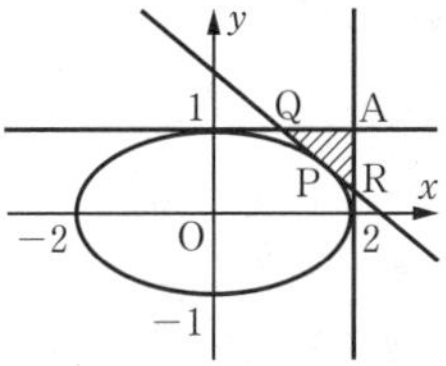

$\dfrac{x_1{}^2}{4}+y_1{}^2=1$

すなわち $x_1{}^2+4y_1{}^2=4$ …①

$x_1+2y_1=k$ の両辺を 2 乗すると

$x_1{}^2+4x_1y_1+4y_1{}^2=k^2$

① を代入して $\boldsymbol{x_1y_1=\dfrac{k^2-4}{4}}$

(2) 点 P における接線の方程式は $\dfrac{x_1x}{4}+y_1y=1$ …②

② と $y=1$ の交点の座標は $Q\left(\dfrac{4(1-y_1)}{x_1},\ 1\right)$

◀② と $y=1$ を連立させる。

② と $x=2$ の交点の座標は $R\left(2,\ \dfrac{2-x_1}{2y_1}\right)$

◀② と $x=2$ を連立させる。

$$S=\frac{1}{2}\mathrm{AQ}\cdot\mathrm{AR}=\frac{1}{2}\cdot\frac{2x_1+4y_1-4}{x_1}\cdot\frac{x_1+2y_1-2}{2y_1}$$

$$=\frac{(x_1+2y_1-2)^2}{2x_1y_1}=\frac{2(k-2)^2}{k^2-4}=\boldsymbol{\frac{2(k-2)}{k+2}}$$

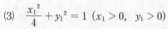

◀ $\mathrm{AQ}=2-\dfrac{4(1-y_1)}{x_1}=\dfrac{2x_1+4y_1-4}{x_1}$

$\mathrm{AR}=1-\dfrac{2-x_1}{2y_1}=\dfrac{x_1+2y_1-2}{2y_1}$

(3) $\dfrac{{x_1}^2}{4}+{y_1}^2=1$ $(x_1>0,\ y_1>0)$

を満たす x_1, y_1 に対して，$k=x_1+2y_1$ とおく。

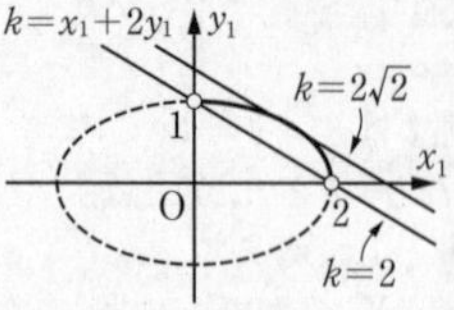

右の図のように接するとき，重解条件より

$k=2\sqrt{2}$

◀ 2式を連立した2次方程式 $2{x_1}^2-2kx_1+k^2-4=0$ の判別式 D が $D=0$ となる k の値を考えて $\dfrac{D}{4}=-k^2+8=0$

よって，k のとり得る値の範囲は

$2<k\leqq 2\sqrt{2}$

ここで

$$S=\frac{2(k-2)}{k+2}=2-\frac{8}{k+2}$$

$2<k\leqq 2\sqrt{2}$ より　$-\dfrac{8}{2+2}<-\dfrac{8}{k+2}\leqq-\dfrac{8}{2\sqrt{2}+2}$

◀ $2+2<k+2\leqq 2\sqrt{2}+2$

$\dfrac{1}{2\sqrt{2}+2}\leqq\dfrac{1}{k+2}<\dfrac{1}{2+2}$

$-\dfrac{1}{2+2}<-\dfrac{1}{k+2}\leqq-\dfrac{1}{2\sqrt{2}+}$

すなわち　$-2<-\dfrac{8}{k+2}\leqq 4-4\sqrt{2}$

よって　$0<S\leqq 6-4\sqrt{2}$

したがって，S は $k=2\sqrt{2}$ のとき，

最大値　$6-4\sqrt{2}$

20 座標平面上に原点Oを中心とする半径5の円 C がある。$n=2$ または $n=3$ とし，半径 n の円 C_n が円 C に内接して滑ることなく回転していくとする。円 C_n 上に点 P_n がある。最初，円 C_n の中心 O_n が $(5-n,\ 0)$ に；点 P_n が $(5,\ 0)$ にあったとして，円 C_n の中心が円 C の内部を反時計回りに n 周して，もとの位置に戻るものとする。円 C と円 C_n の接点を S_n とし，線分 OS_n が x 軸の正の方向となす角を t とする。

(1) 点 P_n の座標を t と n を用いて表せ。

(2) 点 P_2 のえがく曲線と点 P_3 のえがく曲線は同じであることを示せ。　(大阪大)

(1) $\mathrm{Q}(5,\ 0)$ とおくと，$\overset{\frown}{\mathrm{P}_n\mathrm{S}_n}=\overset{\frown}{\mathrm{QS}_n}$ であるから　$n\times\angle\mathrm{P}_n\mathrm{O}_n\mathrm{S}_n=5t$

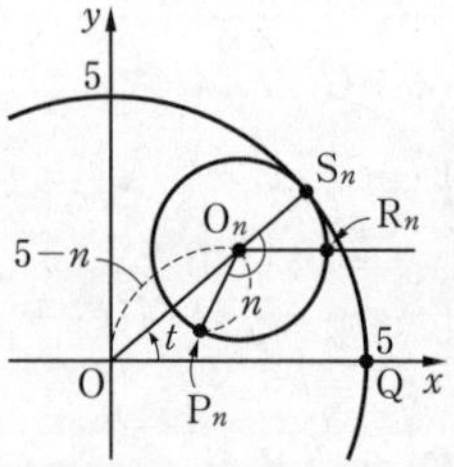

よって　$\angle\mathrm{P}_n\mathrm{O}_n\mathrm{S}_n=\dfrac{5t}{n}$

◀ 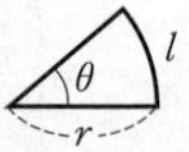

$l=r\theta$

点 O_n を通り x 軸に平行な直線と内接円の交点を R_n とおくと，$\angle\mathrm{S}_n\mathrm{O}_n\mathrm{R}_n=t$

より　$\angle\mathrm{R}_n\mathrm{O}_n\mathrm{P}_n=t-\dfrac{5t}{n}$

ゆえに

◀ $\angle\mathrm{R}_n\mathrm{O}_n\mathrm{P}_n$ は負の角を含めた一般角である。

$$\overrightarrow{\mathrm{OP}_n}=\overrightarrow{\mathrm{OO}_n}+\overrightarrow{\mathrm{O}_n\mathrm{P}_n}$$

$$=(5-n)(\cos t,\ \sin t)+n\left(\cos\left(t-\frac{5t}{n}\right),\ \sin\left(t-\frac{5t}{n}\right)\right)$$

◀ $\mathrm{OO}_n=5-n$

$\mathrm{O}_n\mathrm{P}_n=n$

$$=\left((5-n)\cos t+n\cos\left(t-\frac{5t}{n}\right),\ (5-n)\sin t+n\sin\left(t-\frac{5t}{n}\right)\right)$$

したがって

$$\mathrm{P}_n\left((5-n)\cos t+n\cos\left(t-\frac{5t}{n}\right),\ (5-n)\sin t+n\sin\left(t-\frac{5t}{n}\right)\right)$$

$$(0 \leqq t \leqq 2n\pi)$$

(2) (1)より，点 P_2 の座標は

$$\left(3\cos t+2\cos\left(-\frac{3}{2}t\right),\ 3\sin t+2\sin\left(-\frac{3}{2}t\right)\right)$$

◀ $\cos(-\theta)=\cos\theta$
$\sin(-\theta)=-\sin\theta$

すなわち　$\left(3\cos t+2\cos\frac{3}{2}t,\ 3\sin t-2\sin\frac{3}{2}t\right)$

ただし，$0 \leqq t \leqq 4\pi$ である。

また，点 P_3 の座標は

$$\left(2\cos t+3\cos\left(-\frac{2}{3}t\right),\ 2\sin t+3\sin\left(-\frac{2}{3}t\right)\right)$$

すなわち　$\left(2\cos t+3\cos\frac{2}{3}t,\ 2\sin t-3\sin\frac{2}{3}t\right)$

ただし，$0 \leqq t \leqq 6\pi$ である。

ここで，$\mathrm{P}_2(x_2(t),\ y_2(t))$，$\mathrm{P}_3(x_3(u),\ y_3(u))$ とおく。

このとき，$t=-\frac{2}{3}u+4\pi$ とおくと

◀ $t=-\frac{2}{3}u$ とおくと
$x_2(t)=x_3(u)$,
$y_2(t)=y_3(u)$ を満たすが
$0 \leqq -\frac{2}{3}u \leqq 4\pi$ つまり
$-6\pi \leqq u \leqq 0$ となり範囲が一致しない。

$0 \leqq t \leqq 4\pi$ より　$0 \leqq -\frac{2}{3}u+4\pi \leqq 4\pi$

すなわち　$-4\pi \leqq -\frac{2}{3}u \leqq 0$

よって　$0 \leqq u \leqq 6\pi$

また

$$\begin{aligned} x_2(t) &= 3\cos\left(-\frac{2}{3}u+4\pi\right)+2\cos\left\{\frac{3}{2}\left(-\frac{2}{3}u+4\pi\right)\right\} \\ &= 3\cos\left(-\frac{2}{3}u\right)+2\cos\left\{\frac{3}{2}\cdot\left(-\frac{2}{3}u\right)\right\} \\ &= 3\cos\frac{2}{3}u+2\cos(-u) \\ &= 2\cos u+3\cos\frac{2}{3}u = x_3(u) \end{aligned}$$

$$\begin{aligned} y_2(t) &= 3\sin\left(-\frac{2}{3}u+4\pi\right)-2\sin\left\{\frac{3}{2}\left(-\frac{2}{3}u+4\pi\right)\right\} \\ &= 3\sin\left(-\frac{2}{3}u\right)-2\sin\left\{\frac{3}{2}\cdot\left(-\frac{2}{3}u\right)\right\} \\ &= -3\sin\frac{2}{3}u-2\sin(-u) \\ &= 2\sin u-3\sin\frac{2}{3}u = y_3(u) \end{aligned}$$

ゆえに，$0 \leqq t \leqq 4\pi$，$0 \leqq u \leqq 6\pi$ において

$$(x_2(t),\ y_2(t))=(x_3(u),\ y_3(u))$$

したがって，点 P_2 のえがく曲線と点 P_3 のえがく曲線は同じである。

21 図のように2円O，O′ の周上にそれぞれ点P，P′ がある。OP，O′P′ が x 軸の正の方向となす角はそれぞれ $\theta+\dfrac{\pi}{2}$，θ である。θ が0から 2π まで変化するとき，線分PP′ の中点Qの軌跡の方程式を求め，そのグラフの概形をかけ。ただし，中心O，O′ 間の距離を a，2円O，O′ の半径をそれぞれ r，r' とする。（熊本大）

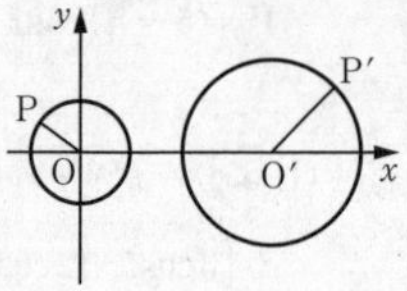

点Pの座標は

$\mathrm{P}\left(r\cos\left(\theta+\dfrac{\pi}{2}\right),\ r\sin\left(\theta+\dfrac{\pi}{2}\right)\right)$ より　　$\mathrm{P}(-r\sin\theta,\ r\cos\theta)$

◀ $\cos\left(\theta+\dfrac{\pi}{2}\right)=-\sin\theta$
$\sin\left(\theta+\dfrac{\pi}{2}\right)=\cos\theta$

点P′ の座標は　　$\mathrm{P}'(a+r'\cos\theta,\ r'\sin\theta)$

点Qの座標を $(X,\ Y)$ とおくと，点Qは線分PP′ の中点であるから

$$X=\frac{-r\sin\theta+(a+r'\cos\theta)}{2}=\frac{1}{2}(a+r'\cos\theta-r\sin\theta)$$

よって　　$X-\dfrac{a}{2}=\dfrac{1}{2}(r'\cos\theta-r\sin\theta)$　　…①

$$Y=\frac{r\cos\theta+r'\sin\theta}{2}=\frac{1}{2}(r'\sin\theta+r\cos\theta)\quad\cdots②$$

①，②の両辺をそれぞれ2乗して加えると

$$\left(X-\frac{a}{2}\right)^2+Y^2=\frac{1}{4}(r'\cos\theta-r\sin\theta)^2+\frac{1}{4}(r'\sin\theta+r\cos\theta)^2$$

$$\left(X-\frac{a}{2}\right)^2+Y^2=\frac{r'^2+r^2}{4}$$

したがって，点Qの軌跡の方程式は

$$\boldsymbol{\left(x-\frac{a}{2}\right)^2+y^2=\frac{r'^2+r^2}{4}}$$

グラフは **右の図**。

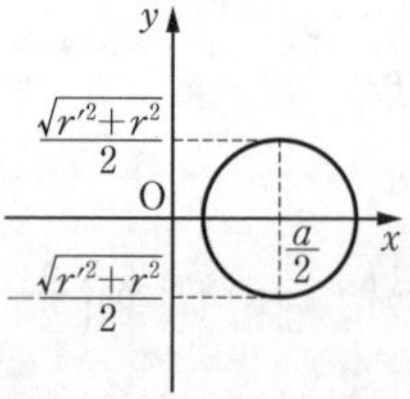

◀ 点 $\mathrm{Q}(X,\ Y)$ は図形 $\left(x-\dfrac{a}{2}\right)^2+y^2=\dfrac{r'^2+r^2}{4}$ 上にある。

22 曲線 C は極方程式 $r=2\cos\theta$ で定義されているとする。このとき，次の各問に答えよ。

(1) 曲線 C を直交座標 $(x,\ y)$ に関する方程式で表し，さらに図示せよ。

(2) 点 $(-1,\ 0)$ を通る傾き k の直線を考える。この直線が曲線 C と2点で交わるような k の値の範囲を求めよ。

(3) (2)のもとで，2交点の中点の軌跡を求めよ。

（鹿児島大）

(1) $r=2\cos\theta$ より　　$r^2=2r\cos\theta$

$r\cos\theta=x$，$r^2=x^2+y^2$ を代入すると

$$x^2+y^2=2x$$

よって　　$\boldsymbol{(x-1)^2+y^2=1}$　　…①

したがって，グラフは **右の図**。

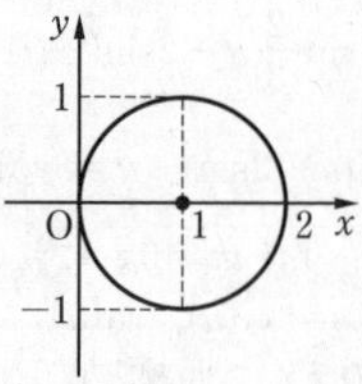

(2) 直線の方程式は $y=k(x+1)$ とおける。

①に代入すると　　$(x-1)^2+k^2(x+1)^2=1$

$(k^2+1)x^2+2(k^2-1)x+k^2=0$　　…②

$k^2+1\neq 0$ であるから，②の方程式の判別式を D とすると

◀ $k^2+1\neq 0$ より②は2次方程式である。

$$\frac{D}{4}=(k^2-1)^2-(k^2+1)k^2=-3k^2+1$$

直線が曲線 C と2点で交わるためには　　$\dfrac{D}{4}>0$

よって，$-3k^2+1>0$ より　$k^2-\dfrac{1}{3}<0$

ゆえに　$-\dfrac{\sqrt{3}}{3}<\boldsymbol{k}<\dfrac{\sqrt{3}}{3}$

(3) 2つの交点をP，Qとし，それぞれの x 座標を α，β とおくと

$\mathrm{P}(\alpha,\ k\alpha+k)$，　$\mathrm{Q}(\beta,\ k\beta+k)$

◀ $y=k(x+1)$ より

中点を $\mathrm{M}(x,\ y)$ とおくと　$\mathrm{M}\left(\dfrac{\alpha+\beta}{2},\ \dfrac{k(\alpha+\beta)}{2}+k\right)$

ここで，α，β は方程式②の解であるから，解と係数の関係より

$$\alpha+\beta=-\frac{2(k^2-1)}{k^2+1}$$

◀ $ax^2+bx+c=0$ の解を α，β とすると
$$\alpha+\beta=-\frac{b}{a}$$

よって，点Mの座標は

$\left(-\dfrac{k^2-1}{k^2+1},\ -\dfrac{k(k^2-1)}{k^2+1}+k\right)$　すなわち　$\left(\dfrac{1-k^2}{k^2+1},\ \dfrac{2k}{k^2+1}\right)$

ゆえに，$x=\dfrac{1-k^2}{k^2+1}$，$y=\dfrac{2k}{k^2+1}$ であるから

$$x^2+y^2=\frac{(1-k^2)^2}{(k^2+1)^2}+\frac{4k^2}{(k^2+1)^2}=\frac{k^4+2k^2+1}{(k^2+1)^2}$$
$$=\frac{(k^2+1)^2}{(k^2+1)^2}=1$$

(2) より，$k=\pm\dfrac{\sqrt{3}}{3}$ のとき　$x=\dfrac{1}{2}$

したがって，求める軌跡は **円** $\boldsymbol{x^2+y^2=1}$

の $\boldsymbol{x>\dfrac{1}{2}}$ **の部分。**

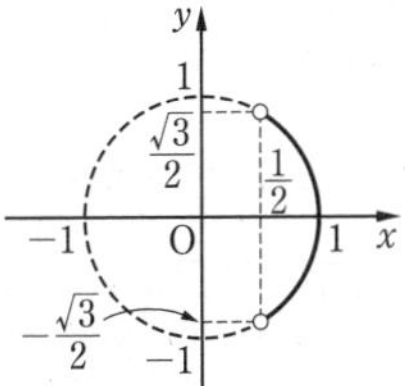

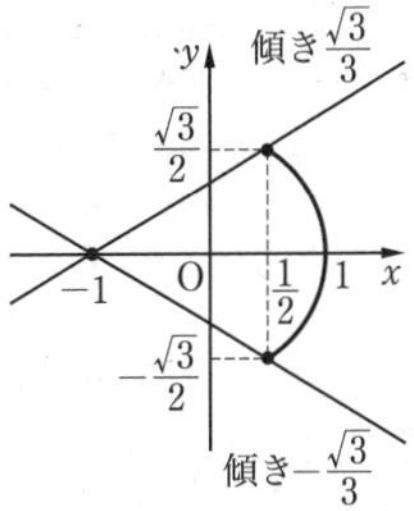

---

23 (1) 直交座標において，点 $\mathrm{A}(\sqrt{3},\ 0)$ と準線 $x=\dfrac{4}{\sqrt{3}}$ からの距離の比が $\sqrt{3}:2$ である点 $\mathrm{P}(x,\ y)$ の軌跡を求めよ。

(2) (1)におけるAを極，x 軸の正の部分の半直線AXとのなす角 θ を偏角とする極座標を定める。このとき，Pの軌跡を $r=f(\theta)$ の形の極方程式で求めよ。ただし，$0\leqq\theta<2\pi$，$r>0$ とする。

(3) Aを通る任意の直線と(1)で求めた曲線との交点をR，Qとする。このとき $\dfrac{1}{\mathrm{RA}}+\dfrac{1}{\mathrm{QA}}$ は一定であることを示せ。

（帯広畜産大）

---

(1) 点Pから準線 $x=\dfrac{4}{\sqrt{3}}$ に垂線を下ろし，

準線との交点をHとすると

$$\mathrm{PH}=\left|\frac{4}{\sqrt{3}}-x\right|$$

$$\mathrm{PA}=\sqrt{\left(x-\sqrt{3}\right)^2+y^2}$$

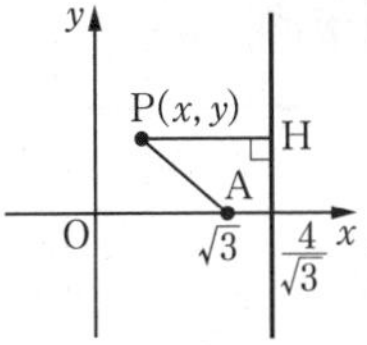

◀ 点Pと準線 $x=\dfrac{4}{\sqrt{3}}$ との距離がPHとなる。

$\mathrm{PA}:\mathrm{PH}=\sqrt{3}:2$ より，$4\mathrm{PA}^2=3\mathrm{PH}^2$ であるから

$4\left\{\left(x-\sqrt{3}\right)^2+y^2\right\}=3\left(\dfrac{4}{\sqrt{3}}-x\right)^2$ より　$\dfrac{x^2}{4}+y^2=1$

よって，点Pの軌跡は　**楕円** $\boldsymbol{\dfrac{x^2}{4}+y^2=1}$

(2) (1)より　$\dfrac{x^2}{4}+y^2=1$　…①

点 P$(x,\ y)$ の極座標を $(r,\ \theta)$ とすると

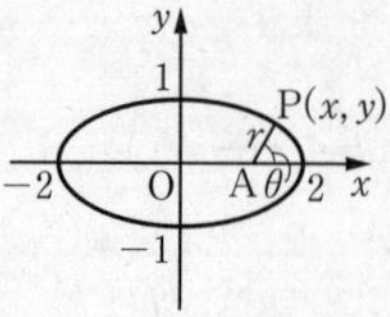

◀点Aを極とする。

$$\begin{cases} x=\sqrt{3}+r\cos\theta \\ y=r\sin\theta \end{cases}\quad\cdots②$$

②を①に代入して

$$\frac{(\sqrt{3}+r\cos\theta)^2}{4}+(r\sin\theta)^2=1$$

整理すると　$(4-3\cos^2\theta)r^2+2\sqrt{3}\,r\cos\theta-1=0$

$0\leqq\cos^2\theta\leqq1$ より $4-3\cos^2\theta\neq0$ であるから，r の2次方程式として解くと　$r=\dfrac{-\sqrt{3}\cos\theta\pm2}{4-3\cos^2\theta}$

$r>0$ より　$r=\dfrac{2-\sqrt{3}\cos\theta}{4-3\cos^2\theta}=\boldsymbol{\dfrac{1}{2+\sqrt{3}\cos\theta}}$

◀ $\dfrac{2-\sqrt{3}\cos\theta}{4-3\cos^2\theta}$
$=\dfrac{2-\sqrt{3}\cos\theta}{(2+\sqrt{3}\cos\theta)(2-\sqrt{3}\cos\theta)}$
$=\dfrac{1}{2+\sqrt{3}\cos\theta}$

(3)　2点R，Qの極座標を，それぞれ $(r_1,\ \theta_1)$，$(r_2,\ \theta_2)$ とすると，点Aが極であるから

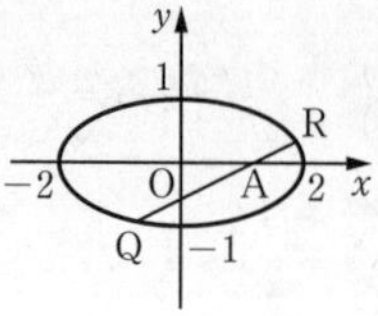

$$\mathrm{RA}=r_1,\ \mathrm{QA}=r_2$$

A，R，Qが一直線上にあるから

$$\theta_2=\theta_1+\pi$$

さらに，R，Qは楕円上の点であるから

$$r_1=\frac{1}{2+\sqrt{3}\cos\theta_1},\ r_2=\frac{1}{2+\sqrt{3}\cos\theta_2}$$

よって

$$\begin{aligned}\frac{1}{\mathrm{RA}}+\frac{1}{\mathrm{QA}}&=\frac{1}{r_1}+\frac{1}{r_2}\\&=(2+\sqrt{3}\cos\theta_1)+(2+\sqrt{3}\cos\theta_2)\\&=4+\sqrt{3}\cos\theta_1+\sqrt{3}\cos(\theta_1+\pi)\\&=4+\sqrt{3}\cos\theta_1-\sqrt{3}\cos\theta_1\\&=4\end{aligned}$$

◀ $\theta_2=\theta_1+\pi$

◀ $\cos(\theta_1+\pi)=-\cos\theta_1$

したがって，$\dfrac{1}{\mathrm{RA}}+\dfrac{1}{\mathrm{QA}}$ は一定である。

p.321　3章　複素数平面

24 複素数 $z=x+yi$（$x,\ y$ は実数）において，

$x\geqq0$ ならば　$|1+z|\geqq\dfrac{1+|z|}{\sqrt{2}}$

であることを証明せよ。　（神戸大）

$z=x+yi$ であるから

$$|1+z|=|(1+x)+yi|=\sqrt{(1+x)^2+y^2}>0$$

$$\frac{1+|z|}{\sqrt{2}}=\frac{1}{\sqrt{2}}(1+\sqrt{x^2+y^2})>0$$

よって　$|1+z|^2-\left(\dfrac{1+|z|}{\sqrt{2}}\right)^2$

$$= (1+x)^2+y^2-\frac{1}{2}\left(1+\sqrt{x^2+y^2}\right)^2$$

$$= 1+2x+x^2+y^2-\frac{1}{2}\left(1+2\sqrt{x^2+y^2}+x^2+y^2\right)$$

$$= \frac{1}{2}\left(x^2+y^2-2\sqrt{x^2+y^2}+1\right)+2x$$

$$= \frac{1}{2}\left(\sqrt{x^2+y^2}-1\right)^2+2x \geqq 0$$

◀ $x \geqq 0$

ゆえに　$|1+z|^2 \geqq \left(\dfrac{1+|z|}{\sqrt{2}}\right)^2$

$$|1+z| \geqq \frac{1+|z|}{\sqrt{2}}$$

◀ $A \geqq 0,\ B \geqq 0$ のとき
$A \geqq B \Longleftrightarrow A^2 \geqq B^2$

等号が成り立つのは，$\sqrt{x^2+y^2}=1$ かつ $x=0$，すなわち
$x=0,\ y=\pm 1$ のときである。

---

25 α は複素数平面上の点で，$0<|\alpha|<1$ を満たしている。原点と α から等距離にある点 z について，次の問に答えよ。

(1) $1+\overline{\alpha}z \neq 0$ を示せ。

(2) $|z| \leqq 1$ のとき，$\left|\dfrac{z-2\alpha}{1+\overline{\alpha}z}\right| \leqq 1$ を示せ。　（和歌山大）

---

(1) 点 z は原点と点 α から等距離にあるから　$|z|=|z-\alpha|$

両辺を 2 乗して　$|z|^2=|z-\alpha|^2$

$$z\overline{z}=(z-\alpha)(\overline{z}-\overline{\alpha})$$

◀ $\overline{z-\alpha}=\overline{z}-\overline{\alpha}$

$$z\overline{z}=z\overline{z}-\overline{\alpha}z-\alpha\overline{z}+\alpha\overline{\alpha}$$

よって　$|\alpha|^2=\overline{\alpha}z+\alpha\overline{z}$　…①

ここで，$1+\overline{\alpha}z=0$ と仮定すると　$\overline{\alpha}z=-1$　…②

◀ 背理法を用いる。

また，② の両辺の共役複素数をとると　$\alpha\overline{z}=-1$　…③

◀ $\overline{\alpha}z=-1$ より
$\overline{\overline{\alpha}z}=\overline{-1}$
よって　$\alpha\overline{z}=-1$

① に ②，③ を代入すると　$|\alpha|^2=-2$

これは $|\alpha|^2>0$ であることに矛盾する。

したがって　$1+\overline{\alpha}z \neq 0$

(2) $|z| \leqq 1$ のとき，$|z-2\alpha| \leqq |1+\overline{\alpha}z|$ を示せばよい。

◀ $1+\overline{\alpha}z \neq 0$ であるから
$\left|\dfrac{z-2\alpha}{1+\overline{\alpha}z}\right| \leqq 1$
$\Longleftrightarrow |z-2\alpha| \leqq |1+\overline{\alpha}z|$

$|z-2\alpha| \geqq 0,\ |1+\overline{\alpha}z|>0$ であるから

$$(\text{右辺})^2-(\text{左辺})^2=|1+\overline{\alpha}z|^2-|z-2\alpha|^2$$

$$=(1+\overline{\alpha}z)(1+\alpha\overline{z})-(z-2\alpha)(\overline{z}-2\overline{\alpha})$$

$$=(1+\alpha\overline{z}+\overline{\alpha}z+|\alpha|^2|z|^2)-(|z|^2-2\overline{\alpha}z-2\alpha\overline{z}+4|\alpha|^2)$$

$$=1+3\alpha\overline{z}+3\overline{\alpha}z+|\alpha|^2|z|^2-|z|^2-4|\alpha|^2$$

$$=1+3|\alpha|^2+|\alpha|^2|z|^2-|z|^2-4|\alpha|^2$$

◀ ① より
$\overline{\alpha}z+\alpha\overline{z}=|\alpha|^2$

$$=1+|\alpha|^2|z|^2-|z|^2-|\alpha|^2$$

$$=(1-|\alpha|^2)(1-|z|^2) \geqq 0$$

◀ $|z| \leqq 1,\ 0<|\alpha|<1$

よって，$|z-2\alpha|^2 \leqq |1+\overline{\alpha}z|^2$ が成り立つから

$$|z-2\alpha| \leqq |1+\overline{\alpha}z|$$

したがって，$|z| \leqq 1$ のとき $\left|\dfrac{z-2\alpha}{1+\overline{\alpha}z}\right| \leqq 1$

◀等号は $|z|=1$ のとき成り立つ。

26 (1) 0でない複素数 α，β が $|\alpha|=|\beta|$，$\arg\alpha=\arg\beta+\dfrac{\pi}{6}$ を満たすとき，$\alpha^n=\beta^n$ となる最小の自然数 n を求めよ。

(2) $z=\cos\theta+i\sin\theta$ $(0 \leqq \theta < 2\pi)$ とするとき，$\left|z+\dfrac{1}{iz}\right|$ の最小値と，そのときの θ の値を求めよ。

(宮崎大)

(1) 0でない複素数 α，β が $|\alpha|=|\beta|$ を満たすから $\left|\dfrac{\alpha}{\beta}\right|=1$

また，$\arg\alpha=\arg\beta+\dfrac{\pi}{6}$ より $\arg\dfrac{\alpha}{\beta}=\dfrac{\pi}{6}$

◀$\arg\alpha-\arg\beta=\arg\dfrac{\alpha}{\beta}$

よって $\dfrac{\alpha}{\beta}=\cos\dfrac{\pi}{6}+i\sin\dfrac{\pi}{6}$

ここで，$\alpha^n=\beta^n$ となるのは $\left(\dfrac{\alpha}{\beta}\right)^n=1$ となるときであるから，

$\cos\dfrac{n}{6}\pi+i\sin\dfrac{n}{6}\pi=\cos0+i\sin0$ を満たす最小の自然数 n を求める。

◀$\cos0+i\sin0=1$

$\dfrac{n}{6}\pi=2k\pi$（k は整数）であるから，最小の自然数 n は $k=1$ のときであり $\boldsymbol{n=12}$

◀$n=12k$

(2) $z+\dfrac{1}{iz}=z-\dfrac{i}{z}=\cos\theta+i\sin\theta-i\{\cos(-\theta)+i\sin(-\theta)\}$

$=\cos\theta+i\sin\theta-i(\cos\theta-i\sin\theta)$

$=(\cos\theta-\sin\theta)+i(\sin\theta-\cos\theta)$

◀ $\dfrac{1}{z}=z^{-1}$
$=\cos(-\theta)+i\sin(-\theta)$

◀$\cos(-\theta)=\cos\theta$，
$\sin(-\theta)=-\sin\theta$

よって $\left|z+\dfrac{1}{iz}\right|^2=(\cos\theta-\sin\theta)^2+(\sin\theta-\cos\theta)^2$

$=2-4\sin\theta\cos\theta=2-2\sin2\theta$

$=2(1-\sin2\theta)$

◀2倍角の公式
$2\sin\theta\cos\theta=\sin2\theta$

$0 \leqq \theta < 2\pi$ であるから $0 \leqq 2\theta < 4\pi$

したがって，$\left|z+\dfrac{1}{iz}\right|$ は $2\theta=\dfrac{\pi}{2}$，$\dfrac{5}{2}\pi$ すなわち $\boldsymbol{\theta=\dfrac{\pi}{4}}$，$\boldsymbol{\dfrac{5}{4}\pi}$ **のとき　最小値0**

27 複素数平面上に3点A(z_1)，B(z_2)，C(z_3)があり，$z_1=\cos\alpha+i\sin\alpha$，$z_2=\cos\beta+i\sin\beta$，$z_3=\cos\gamma+i\sin\gamma$ とする。△ABCが正三角形のとき

(1) $\cos\alpha+\cos\beta+\cos\gamma=\sin\alpha+\sin\beta+\sin\gamma$ であることを示せ。

(2) $z_2=z_1w$，$z_3=z_1w^2$ となる複素数 w を求めよ。

(3) $\cos2\alpha+\cos2\beta+\cos2\gamma=\sin2\alpha+\sin2\beta+\sin2\gamma$ であることを示せ。

(新潟大)

(1) $|z_1|=|z_2|=|z_3|=1$ であるから，△ABCの外心は原点である。

正三角形ABCの外心と重心は一致するから $\dfrac{z_1+z_2+z_3}{3}=0$

◀△ABCの重心を表す複素数は $\dfrac{z_1+z_2+z_3}{3}$

よって $z_1+z_2+z_3=0$ …①

$(\cos\alpha+\cos\beta+\cos\gamma)+i(\sin\alpha+\sin\beta+\sin\gamma)=0$

ゆえに $\cos\alpha+\cos\beta+\cos\gamma=0$

$\sin\alpha + \sin\beta + \sin\gamma = 0$

したがって　$\cos\alpha + \cos\beta + \cos\gamma = \sin\alpha + \sin\beta + \sin\gamma$

(2) ① に $z_2 = z_1 w$, $z_3 = z_1 w^2$ を代入して

$z_1 + z_1 w + z_1 w^2 = 0$

$z_1(1 + w + w^2) = 0$

$z_1 \neq 0$ であるから　$w^2 + w + 1 = 0$

よって　$\boldsymbol{w = \dfrac{-1 \pm \sqrt{3}i}{2}}$

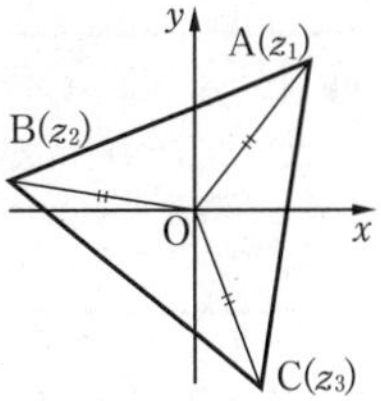

(3) $z_1{}^2 + z_2{}^2 + z_3{}^2 = z_1{}^2 + z_1{}^2 w^2 + z_1{}^2 w^4$

$= z_1{}^2(1 + w^2 + w^4)$

$= z_1{}^2(w^2 + w + 1)$

$= 0$

よって　$z_1{}^2 + z_2{}^2 + z_3{}^2 = 0$

$(\cos 2\alpha + \cos 2\beta + \cos 2\gamma) + i(\sin 2\alpha + \sin 2\beta + \sin 2\gamma) = 0$

ゆえに　$\cos 2\alpha + \cos 2\beta + \cos 2\gamma = 0$

$\sin 2\alpha + \sin 2\beta + \sin 2\gamma = 0$

したがって　$\cos 2\alpha + \cos 2\beta + \cos 2\gamma = \sin 2\alpha + \sin 2\beta + \sin 2\gamma$

◀ $\cos 2\alpha + \cos 2\beta + \cos 2\gamma$, $\sin 2\alpha + \sin 2\beta + \sin 2\gamma$ は，それぞれ $z_1{}^2 + z_2{}^2 + z_3{}^2$ の実部と虚部であることに着目する。

◀ $w^2 + w + 1 = 0$ より $w^3 = 1$

28 複素数 a, b, c は連立方程式 $\begin{cases} a - ib - ic = 0 \\ ia - ib - c = 0 \\ ac = 1 \end{cases}$ を満たすとする。

(1) a, b, c を求めよ。

(2) 複素数平面上の点 z が原点を中心とする半径 1 の円上を動くとき，$w = \dfrac{bz + c}{az}$ で定まる点 w の軌跡を求めよ。　（愛媛大）

(1) $\begin{cases} a - ib - ic = 0 & \cdots ① \\ ia - ib - c = 0 & \cdots ② \\ ac = 1 & \cdots ③ \end{cases}$

①－② より　$(1 - i)(a + c) = 0$

これより　$c = -a$

これを ③ に代入して，$a^2 = -1$ より　$a = \pm i$

このとき　$c = \mp i$　（複号同順）

① より　$b = \dfrac{1}{i}a - c = \dfrac{1}{i}(\pm i) - (\mp i) = \pm(1 + i)$　（複号同順）

よって　$\boldsymbol{(a,\ b,\ c) = (i,\ 1 + i,\ -i),\ (-i,\ -1 - i,\ i)}$

(2) (1) のいずれの $(a,\ b,\ c)$ に対しても

$w = \dfrac{(1 + i)z - i}{iz}$　すなわち　$w = \dfrac{(1 - i)z - 1}{z}$

整理すると　$(w - 1 + i)z = -1$

$w \neq 1 - i$ であるから　$z = -\dfrac{1}{w - 1 + i}$　$\cdots ④$

z は原点を中心とする半径 1 の円上を動くから　$|z| = 1$

④ を代入すると　$\left| -\dfrac{1}{w - 1 + i} \right| = 1$

よって　$|w - 1 + i| = 1$

したがって，点 w の軌跡は，**点 $1 - i$ を中心とする半径 1 の円** である。

◀ b を消去する。

◀ 解は 2 組ある。

◀ 分母・分子に i を掛けて整理する。

◀ $w = 1 - i$ のとき，$0 \cdot z = -1$ となり矛盾。

入試攻略

29 (1) 方程式 $z^3=i$ を解け。

(2) 任意の自然数 n に対して，複素数 z_n を $z_n=(\sqrt{3}+i)^n$ で定義する。
複素数平面上で z_{3n}，$z_{3(n+1)}$，$z_{3(n+2)}$ が表す3点をそれぞれA，B，Cとするとき，∠ABCは直角であることを証明せよ。 (島根大)

(1) $i=\cos\dfrac{\pi}{2}+i\sin\dfrac{\pi}{2}$ であるから，

$z=r(\cos\theta+i\sin\theta)$ $(r>0,\ 0\leqq\theta<2\pi)$ とおくと，$z^3=i$ は

$$r^3(\cos3\theta+i\sin3\theta)=\cos\frac{\pi}{2}+i\sin\frac{\pi}{2}$$

よって　$r^3=1,\ 3\theta=\dfrac{\pi}{2}+2k\pi$　(k は整数)

$r>0$ より　$r=1$

$\theta=\dfrac{\pi}{6}+\dfrac{2}{3}k\pi,\ 0\leqq\theta<2\pi$ より，$k=0,\ 1,\ 2$ として

$$\theta=\frac{\pi}{6},\ \frac{5}{6}\pi,\ \frac{3}{2}\pi$$

したがって　$\boldsymbol{z=\dfrac{\sqrt{3}+i}{2},\ \dfrac{-\sqrt{3}+i}{2},\ -i}$

(2) $\sqrt{3}+i=2\left(\cos\dfrac{\pi}{6}+i\sin\dfrac{\pi}{6}\right)$ であるから

$$z_{3n}=\left\{2\left(\cos\frac{\pi}{6}+i\sin\frac{\pi}{6}\right)\right\}^{3n}=2^{3n}\left(\cos\frac{\pi}{2}+i\sin\frac{\pi}{2}\right)^n$$
$$=8^n\cdot i^n=(8i)^n$$

◀ $\left(\cos\dfrac{\pi}{6}+i\sin\dfrac{\pi}{6}\right)^{3n}$
$=\left\{\left(\cos\dfrac{\pi}{6}+i\sin\dfrac{\pi}{6}\right)^3\right\}^n$
$=\left(\cos\dfrac{\pi}{2}+i\sin\dfrac{\pi}{2}\right)^n$

これより　$z_{3(n+1)}=(8i)^{n+1}$，$z_{3(n+2)}=(8i)^{n+2}$

ゆえに
$$\frac{z_{3(n+2)}-z_{3(n+1)}}{z_{3n}-z_{3(n+1)}}=\frac{(8i)^{n+2}-(8i)^{n+1}}{(8i)^n-(8i)^{n+1}}$$
$$=\frac{(8i)^{n+1}(8i-1)}{(8i)^n(1-8i)}$$
$$=\frac{8i(8i-1)}{1-8i}=-8i$$

◀ 分母・分子をそれぞれ共通因数でくくり，$(8i)^n$ で約分する。

したがって，$\dfrac{z_{3(n+2)}-z_{3(n+1)}}{z_{3n}-z_{3(n+1)}}$ は純虚数であるから，∠ABCは直角である。

30 複素数平面上の3点 $z_0=1+i$，$z_1=a-i$，$z_2=(b+2)+bi$ (a，b は実数) について

(1) 3点 z_0，z_1，z_2 が一直線上にあるとき，a を b で表せ。

(2) 3点 z_0，z_1，z_2 を頂点とする三角形が正三角形であるように，z_1，z_2 を定めよ。(室蘭工業大)

(1)
$$\frac{z_2-z_0}{z_1-z_0}=\frac{(b+2)+bi-(1+i)}{a-i-(1+i)}$$
$$=\frac{(b+1)+(b-1)i}{(a-1)-2i}$$
$$=\frac{\{(b+1)+(b-1)i\}\{(a-1)+2i\}}{\{(a-1)-2i\}\{(a-1)+2i\}}$$
$$=\frac{(ab+a-3b+1)+(ab-a+b+3)i}{(a-1)^2+4}$$

3 点 z_0，z_1，z_2 が一直線上にあるための条件は，$\dfrac{z_2-z_0}{z_1-z_0}$ が実数であることから　$ab-a+b+3=0$

◀ 3 点が一直線上にある条件。

よって　$(b-1)a=-b-3$

$b \neq 1$ であるから　$\boldsymbol{a=-\dfrac{b+3}{b-1}}$

◀ $b=1$ とすると，$0\cdot a=-4$ となり矛盾。

(2)　(ア)　点 z_0 を中心に，点 z_1 を $\dfrac{\pi}{3}$ だけ回転した点が z_2 であるとき ◀

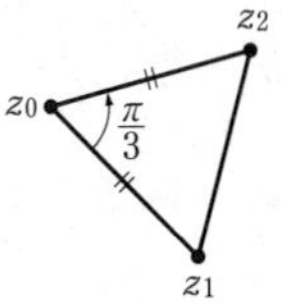

$z_2=(z_1-z_0)\left(\cos\dfrac{\pi}{3}+i\sin\dfrac{\pi}{3}\right)+z_0$ より

$$(b+2)+bi=\{(a-1)-2i\}\left(\frac{1}{2}+\frac{\sqrt{3}}{2}i\right)+1+i$$
$$=\frac{1}{2}(a+1+2\sqrt{3})+\frac{\sqrt{3}}{2}(a-1)i$$

a，b は実数であるから，$b+2$，$\dfrac{1}{2}(a+1+2\sqrt{3})$，$\dfrac{\sqrt{3}}{2}(a-1)$ も実数である。

よって　$b+2=\dfrac{1}{2}(a+1+2\sqrt{3})$，$b=\dfrac{\sqrt{3}}{2}(a-1)$

◀ 第 2 式を第 1 式に代入して b を消去すると　$(\sqrt{3}-1)a=3\sqrt{3}-3$

これを解くと　$a=3$，$b=\sqrt{3}$

(イ)　点 z_0 を中心に，点 z_1 を $-\dfrac{\pi}{3}$ だけ回転した点が z_2 であるとき ◀

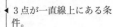

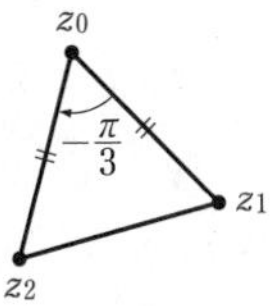

$z_2=(z_1-z_0)\left\{\cos\left(-\dfrac{\pi}{3}\right)+i\sin\left(-\dfrac{\pi}{3}\right)\right\}+z_0$ より

$$(b+2)+bi=\{(a-1)-2i\}\left(\frac{1}{2}-\frac{\sqrt{3}}{2}i\right)+1+i$$
$$=\frac{1}{2}(a+1-2\sqrt{3})-\frac{\sqrt{3}}{2}(a-1)i$$

a，b は実数であるから，$b+2$，$\dfrac{1}{2}(a+1-2\sqrt{3})$，$-\dfrac{\sqrt{3}}{2}(a-1)$ も実数である。

よって　$b+2=\dfrac{1}{2}(a+1-2\sqrt{3})$，$b=-\dfrac{\sqrt{3}}{2}(a-1)$

これを解くと　$a=3$，$b=-\sqrt{3}$

(ア)，(イ) より

$\boldsymbol{z_1=3-i,\ z_2=(2+\sqrt{3})+\sqrt{3}i}$　**または**

$\boldsymbol{z_1=3-i,\ z_2=(2-\sqrt{3})-\sqrt{3}i}$

◀ $z_1=a-i$，$z_2=(b+2)+bi$ に代入する。

31　$n=1,\ 2,\ 3,\ \cdots$ に対して，$\alpha_n=(2+i)\left(\dfrac{-\sqrt{2}+\sqrt{6}i}{2}\right)^n$ とおく。

(1)　$\dfrac{-\sqrt{2}+\sqrt{6}i}{2}$ を極形式で表せ。

(2)　α_1，α_2，α_3 をそれぞれ $a+bi$（a，b は実数）の形で表せ。

(3)　α_n の実部と虚部がともに整数となるための n の条件と，そのときの α_n の値を求めよ。

(4)　複素数平面上で，原点を中心とする半径 100 の円の内部に存在する α_n の個数を求めよ。

（電気通信大）

(1) $\left|\dfrac{-\sqrt{2}+\sqrt{6}\,i}{2}\right| = \sqrt{\left(-\dfrac{\sqrt{2}}{2}\right)^2 + \left(\dfrac{\sqrt{6}}{2}\right)^2} = \sqrt{2}$ より

$$\frac{-\sqrt{2}+\sqrt{6}\,i}{2} = \sqrt{2}\left(-\frac{1}{2}+\frac{\sqrt{3}}{2}i\right)$$

$$= \boldsymbol{\sqrt{2}\left(\cos\frac{2}{3}\pi + i\sin\frac{2}{3}\pi\right)}$$

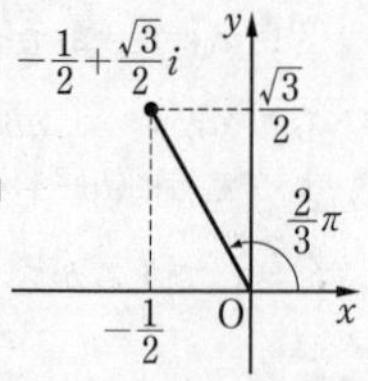

(2) $\alpha_1 = (2+i)\left(\dfrac{-\sqrt{2}+\sqrt{6}\,i}{2}\right) = \boldsymbol{-\dfrac{2\sqrt{2}+\sqrt{6}}{2} + \dfrac{-\sqrt{2}+2\sqrt{6}}{2}i}$

$$\alpha_2 = (2+i)(\sqrt{2})^2\left(\cos\frac{4}{3}\pi + i\sin\frac{4}{3}\pi\right)$$

◀ド・モアブルの定理
$\left(\cos\frac{2}{3}\pi + i\sin\frac{2}{3}\pi\right)^2 = \left(\cos\frac{4}{3}\pi + i\sin\frac{4}{3}\pi\right)$

$$= (2+i)\cdot 2\cdot\left(-\frac{1}{2}-\frac{\sqrt{3}}{2}i\right)$$

$$= \boldsymbol{(-2+\sqrt{3})+(-1-2\sqrt{3})i}$$

$$\alpha_3 = (2+i)(\sqrt{2})^3(\cos 2\pi + i\sin 2\pi)$$

$$= (2+i)\cdot 2\sqrt{2}\cdot 1$$

$$= \boldsymbol{4\sqrt{2}+2\sqrt{2}\,i}$$

(3) $\alpha_n = (2+i)(\sqrt{2})^n\left(\cos\dfrac{2}{3}n\pi + i\sin\dfrac{2}{3}n\pi\right)$

$$= (\sqrt{2})^n\left(2\cos\frac{2}{3}n\pi - \sin\frac{2}{3}n\pi\right) + (\sqrt{2})^n\left(\cos\frac{2}{3}n\pi + 2\sin\frac{2}{3}n\pi\right)i$$

◀

n	$3k$	$3k+1$	$3k+2$
$\cos\frac{2}{3}n\pi$	1	$-\frac{1}{2}$	$-\frac{1}{2}$
$\sin\frac{2}{3}n\pi$	0	$\frac{\sqrt{3}}{2}$	$-\frac{\sqrt{3}}{2}$

(k は整数)

実部と虚部がともに整数となるのは

$$(\sqrt{2})^n,\ \cos\frac{2}{3}n\pi,\ \sin\frac{2}{3}n\pi$$

がすべて整数になるときである。

よって，求める n の条件は，**n が 6 の倍数である**ことである。

◀$(\sqrt{2})^n$ が整数となるためには，n が 2 の倍数であり，$\cos\frac{2}{3}n\pi$ と $\sin\frac{2}{3}n\pi$ がともに整数となるためには，n が 3 の倍数であるから，n は 6 の倍数となる。

このとき，$n=6k$ (k は整数) とおくと

$$\alpha_n = \alpha_{6k}$$

$$= (\sqrt{2})^{6k}(2\cos 4k\pi - \sin 4k\pi) + (\sqrt{2})^{6k}(\cos 4k\pi + 2\sin 4k\pi)i$$

$$= 2^{3k+1} + 2^{3k}i$$

$$= \boldsymbol{2^{\frac{n+2}{2}} + 2^{\frac{n}{2}}i}$$

◀$k=\frac{n}{6}$ を代入して n の式で表す。

(4) $|\alpha_n| < 100$ より　$\left|(2+i)(\sqrt{2})^n\left(\cos\dfrac{2}{3}n\pi + i\sin\dfrac{2}{3}n\pi\right)\right| < 100$

◀原点を中心とする半径 100 の円の内部は，$|z|<100$ で表される。

$$|(2+i)(\sqrt{2})^n| < 100$$

◀$\left|\cos\frac{2}{3}n\pi + i\sin\frac{2}{3}n\pi\right| = 1$

$|2+i| = \sqrt{5}$ より　$2^{\frac{n}{2}} < \dfrac{100}{\sqrt{5}}$

両辺を 2 乗して整理すると　$2^n < 2000$

$2^{10}=1024$，$2^{11}=2048$ であるから，これを満たす自然数 n は $n \leqq 10$ である。

よって，求める個数は　**10 個**

---

32 z を複素数とする。複素数平面上の 3 点 A(1)，B(z)，C(z^2) が鋭角三角形をなすような z の範囲を求め，図示せよ。(東京大)

△ABC が三角形をなすとき，3 点 A，B，C はすべて異なる点であるから

$z \neq 1,\ z^2 \neq 1,\ z \neq z^2$

よって　$z \neq 1,\ z \neq -1,\ z \neq 0$

また，異なる 3 点 A，B，C は一直線上にないから $\dfrac{z^2-1}{z-1} = z+1$ は実数ではない。

よって，z は実数ではない。　…①

① において，△ABC が鋭角三角形をなすのは

∠CAB が鋭角　…②
∠ABC が鋭角　…③
∠BCA が鋭角　…④

をすべて満たすときである。

② のとき　$0 < \left|\arg\dfrac{z^2-1}{z-1}\right| < \dfrac{\pi}{2}$

$0 < |\arg(z+1)| < \dfrac{\pi}{2}$

このとき，($z+1$ の実部) > 0 すなわち (z の実部) > −1 …②′ である。

③ のとき　$0 < \left|\arg\dfrac{z^2-z}{1-z}\right| < \dfrac{\pi}{2}$

$0 < |\arg(-z)| < \dfrac{\pi}{2}$

このとき，($-z$ の実部) > 0 すなわち (z の実部) < 0 …③′ である。

④ のとき　$0 < \left|\arg\dfrac{1-z^2}{z-z^2}\right| < \dfrac{\pi}{2}$

$0 < \left|\arg\left(1+\dfrac{1}{z}\right)\right| < \dfrac{\pi}{2}$

このとき，$\left(1+\dfrac{1}{z}\text{の実部}\right) > 0$ すなわち $\left(\dfrac{1}{z}\text{の実部}\right) > -1$ である。

ここで，$\dfrac{1}{z}$ の実部は $\dfrac{\frac{1}{z}+\overline{\left(\frac{1}{z}\right)}}{2}$ であるから

$$\frac{\frac{1}{z}+\frac{1}{\overline{z}}}{2} > -1$$

整理すると　$2z\overline{z}+z+\overline{z} > 0$

よって　$\left(z+\dfrac{1}{2}\right)\left(\overline{z}+\dfrac{1}{2}\right) > \dfrac{1}{4}$

$\left|z+\dfrac{1}{2}\right|^2 > \dfrac{1}{4}$

$\left|z+\dfrac{1}{2}\right| \geqq 0$ より　$\left|z+\dfrac{1}{2}\right| > \dfrac{1}{2}$　…④′

①，②′～④′ より，求める z の範囲は **右の図の斜線部分**。ただし，**境界線は含まない**。

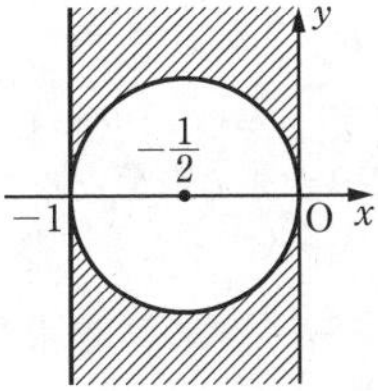

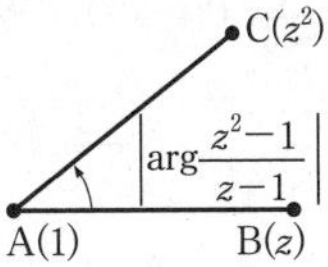

◀ $z+1 = r(\cos\theta + i\sin\theta)$ とすると $0 < |\theta| < \dfrac{\pi}{2}$ のとき $0 < \cos\theta$ である。

◀ 複素数 $z = a+bi$ において，$\overline{z} = a-bi$ であるから

$z+\overline{z} = 2a$

すなわち　$a = \dfrac{z+\overline{z}}{2}$

◀ $z\overline{z}+\dfrac{1}{2}z+\dfrac{1}{2}\overline{z} > 0$

◀ ④′ は，点 $-\dfrac{1}{2}$ を中心とする半径 $\dfrac{1}{2}$ の円の外部を表す。ただし，境界線は含まない。

入試攻略

33 右の図のように，4つの内角がいずれも 180° より小さい四角形 ABCD の頂点A, B, C, Dが表す複素数をそれぞれ α, β, γ, δ とする。この四角形の外部に各辺を斜辺とする直角二等辺三角形 ABP, BCQ, CDR, DAS をつくる。

(1) 点Pが表す複素数を α, β を用いて表せ。

(2) PR = QS かつ PR ⊥ QS となることを証明せよ。

(3) 四角形 PQRS が正方形になるための条件を求めよ。　　(新潟大　改)

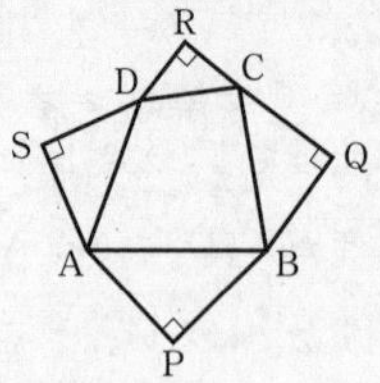

4点P, Q, R, Sが表す複素数を，それぞれ p, q, r, s とおく。

(1) 点Pは，点Aを点Bを中心に $\frac{\pi}{4}$ だけ回転し，点Bからの距離を $\frac{1}{\sqrt{2}}$ 倍に縮小した点であるから

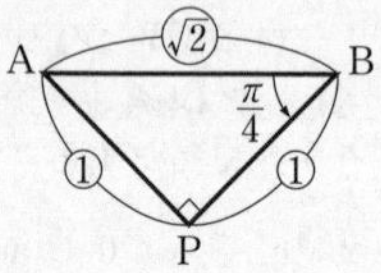

$$p = \frac{1}{\sqrt{2}}\left(\cos\frac{\pi}{4} + i\sin\frac{\pi}{4}\right)(\alpha-\beta)+\beta$$

$$= \frac{1}{\sqrt{2}}\left(\frac{1}{\sqrt{2}} + \frac{1}{\sqrt{2}}i\right)(\alpha-\beta)+\beta$$

$$= \boldsymbol{\frac{1}{2}(1+i)\alpha + \frac{1}{2}(1-i)\beta} \quad \cdots①$$

(2) (1)と同様にして

$$q = \frac{1}{2}(1+i)\beta + \frac{1}{2}(1-i)\gamma \quad \cdots②$$

$$r = \frac{1}{2}(1+i)\gamma + \frac{1}{2}(1-i)\delta \quad \cdots③$$

$$s = \frac{1}{2}(1+i)\delta + \frac{1}{2}(1-i)\alpha \quad \cdots④$$

◀ q は，p の α, β の代わりにそれぞれ β, γ を代入すればよい。

よって

$$r-p = \left\{\frac{1}{2}(1+i)\gamma + \frac{1}{2}(1-i)\delta\right\} - \left\{\frac{1}{2}(1+i)\alpha + \frac{1}{2}(1-i)\beta\right\}$$

$$= -\frac{1}{2}(1+i)\alpha - \frac{1}{2}(1-i)\beta + \frac{1}{2}(1+i)\gamma + \frac{1}{2}(1-i)\delta$$

$$s-q = \left\{\frac{1}{2}(1+i)\delta + \frac{1}{2}(1-i)\alpha\right\} - \left\{\frac{1}{2}(1+i)\beta + \frac{1}{2}(1-i)\gamma\right\}$$

$$= \frac{1}{2}(1-i)\alpha - \frac{1}{2}(1+i)\beta - \frac{1}{2}(1-i)\gamma + \frac{1}{2}(1+i)\delta$$

◀ PR = QS かつ PR ⊥ QS を示すために $|r-p| = |s-q|$ …① かつ $\frac{r-p}{s-q} =$ (純虚数) …② を示す。①, ② がともに成り立つとき，$\frac{r-p}{s-q}$ は i または $-i$ となる。

ゆえに　　$-i(s-q) = r-p$　すなわち　$\frac{r-p}{s-q} = -i$

したがって，PR ⊥ QS であり，$\left|\frac{r-p}{s-q}\right| = 1$ より　　PR = QS

(3) (2)より　　PR ⊥ QS　かつ　PR = QS

よって，四角形 PQRS が正方形になるための条件は，線分 PR の中点と線分 QS の中点が一致することである。

◀ PR ⊥ QS かつ PR = QS の条件より，一般には PQRS は下のような四角形である。

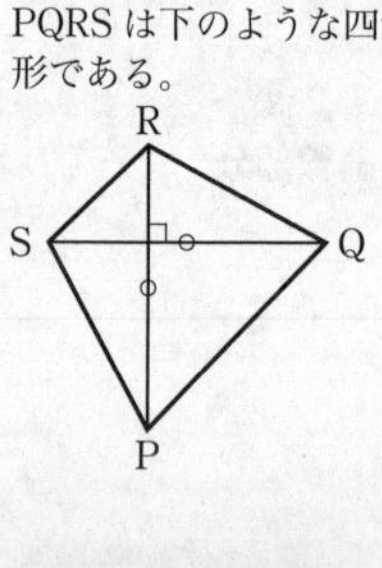

ゆえに　　$\frac{p+r}{2} = \frac{q+s}{2}$ …⑤　すなわち　$p+r = q+s$

①～④ を代入すると

$$\left\{\frac{1}{2}(1+i)\alpha + \frac{1}{2}(1-i)\beta\right\} + \left\{\frac{1}{2}(1+i)\gamma + \frac{1}{2}(1-i)\delta\right\}$$

$$= \left\{\frac{1}{2}(1+i)\beta + \frac{1}{2}(1-i)\gamma\right\} + \left\{\frac{1}{2}(1+i)\delta + \frac{1}{2}(1-i)\alpha\right\}$$

整理すると　　$\alpha+\gamma=\beta+\delta$　　…⑥

すなわち　　$\dfrac{\alpha+\gamma}{2}=\dfrac{\beta+\delta}{2}$

これは，線分 AC の中点と線分 BD の中点が一致することを表す。
このとき，四角形 ABCD は平行四辺形となる。
逆に，四角形 ABCD が平行四辺形であるとき，⑥ が成り立つから

$$(p+r)-(q+s)$$
$$= \left\{\frac{1}{2}(1+i)\alpha + \frac{1}{2}(1-i)\beta + \frac{1}{2}(1+i)\gamma + \frac{1}{2}(1-i)\delta\right\}$$
$$- \left\{\frac{1}{2}(1+i)\beta + \frac{1}{2}(1-i)\gamma + \frac{1}{2}(1+i)\delta + \frac{1}{2}(1-i)\alpha\right\}$$
$$= i(\alpha-\beta+\gamma-\delta)$$
$$=0$$

◀ ⑥ より
$\alpha-\beta+\gamma-\delta=0$

よって，⑤ が成り立ち，線分 PR の中点と線分 QS の中点は一致する。
これと (2) の結果より，PQRS は正方形となる。
したがって，求める条件は **四角形 ABCD が平行四辺形であること** である。

34 すべての複素数 z に対して，$|z|^2+az+\overline{a}\,\overline{z}+1 \geqq 0$ となる複素数 a の集合を求め，これを複素数平面上に図示せよ。　(名古屋大)

$|z|^2+az+\overline{a}\,\overline{z}+1 \geqq 0$ より
$$z\overline{z}+az+\overline{a}\,\overline{z}+1 \geqq 0$$
$$(z+\overline{a})(\overline{z}+a) \geqq a\overline{a}-1$$

よって　　$|z+\overline{a}|^2 \geqq a\overline{a}-1$

◀ $a=\overline{(\overline{a})}$ であるから
$\overline{z}+a=\overline{z}+\overline{(\overline{a})}$
$=\overline{z+\overline{a}}$

ここで，$|z+\overline{a}|^2 \geqq 0$ であり，$|z+\overline{a}|^2$ は $z=-\overline{a}$ のとき最小値 0 をとる。
よって，任意の複素数 z に対して
$$|z+\overline{a}|^2 \geqq a\overline{a}-1$$
が成り立つことより　　$a\overline{a}-1 \leqq 0$

◀ $a\overline{a}-1$ は $|z+\overline{a}|^2$ の最小値以下である。

したがって
$$|a|^2 \leqq 1 \quad \text{すなわち} \quad |\boldsymbol{a}| \leqq \boldsymbol{1}$$
となり，これを満たす複素数 a の存在する範囲は，**右の図の斜線部分** である。ただし，**境界線を含む**。

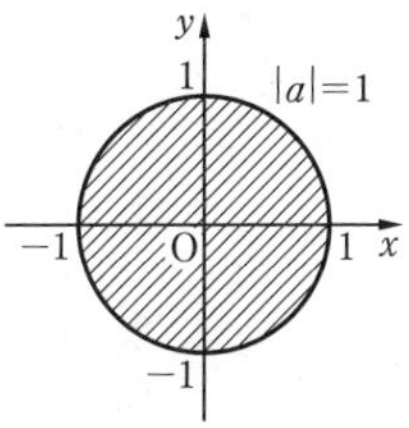